Auftragsmanagement der industriellen Produktion

Hans-Hermann Wiendahl

Auftragsmanagement der industriellen Produktion

Grundlagen, Konfiguration, Einführung

Springer

Priv.-Doz. Dr.-Ing. habil. Hans-Hermann Wiendahl
Institut für Industrielle Fertigung und Fabrikbetrieb
Universität Stuttgart
Allmandring 35
70569 Stuttgart
Deutschland
hhw@iff.uni-stuttgart.de

ISBN 978-3-642-19148-0 e-ISBN 978-3-642-19149-7
DOI 10.1007/978-3-642-19149-7
Springer Heidelberg Dordrecht London New York

Die Deutsche Nationalbibliothek verzeichnet diese Publikation in der Deutschen Nationalbibliografie; detaillierte bibliografische Daten sind im Internet über http://dnb.d-nb.de abrufbar.

Einbandentwurf: WMXDesign GmbH, Heidelberg

Gedruckt auf säurefreiem Papier

Springer ist Teil der Fachverlagsgruppe Springer Science+Business Media (www.springer.com)

Vorwort

Die Globalisierung ist innerhalb eines einzigen Jahrzehnts infolge niedriger Transport- und Kommunikationskosten von einer Vision zur Realität geworden. Damit einher geht eine dramatische Veränderung der Wettbewerbssituation, die durch junge und stark wachstumsorientierte Industrienationen bestimmt wird. In diesem Zusammenhang ist für Hochlohnländer neben überlegener Produktfunktionalität und effizienter Produktionstechnologie die Logistik zu einem relativ neuen Wettbewerbsfaktor produzierender Unternehmen geworden. Eine zuverlässige und schnelle Lieferung kann Kunden langfristig binden und rückt damit das Auftragsmanagement in den Vordergrund strategischer Überlegungen.

Der Erkenntniskreislauf

Die Einführung, aber auch die Anpassung der entsprechenden neuen Geschäftsprozesse und ERP-Software, ist eine komplexe und risikoreiche Aufgabe, die häufig wesentlich länger dauert und aufwendiger ist als geplant. Die Ursachen hierfür liegen typischerweise nicht in der Softwarefunktionalität, sondern in widersprüchlichen Zielen, ungeklärten Zuständigkeiten, mangelhaftem Projektmanagement und falschen Modellvorstellungen logistischer Abläufe sowie der unzureichenden Berücksichtigung der Interessen von Beteiligten und Betroffenen.

Das Buch will in diesem Zusammenhang einen Beitrag zu einem nachhaltigen Projekterfolg leisten und stellt hierzu erstmals einen sozio-technischen Ansatz für das Auftragsmanagement vor. Dieser berücksichtigt die Wechselwirkungen zwischen den Systemfunktionen des Auftragsmanagements, den Nutzern (also Mitarbeitern und Vorgesetzten) sowie der formellen und informellen Organisation. Er basiert auf fundierten systemtheoretischen Überlegungen, einem intensiven Dialog mit Praktikern und den Erfahrungen des Autors bei der Konzeption und Einführung derartiger Systeme in zahlreichen Unternehmen der Einzel- und Serienfertigung. Dabei geht es nicht um die Auswahl und Einführung von Softwarewerkzeugen (wie bspw. eines ERP- oder MES-Systems), sondern um die Durchdringung der Gestaltungsfelder und Funktionen des Auftragsmanagements. Letztere bilden die Grundlage für die Ausgestaltung und Einführung der Software; sie erfolgt im engen Verbund mit den in diesem Buch dargestellten Projektumfängen unter einem Gesamtprojektmanagement.

Zunächst werden typische *Defizite* des Auftragsmanagements und Stellhebel zu dessen Verbesserung vorgestellt, ehe die inhaltlichen und formalen Grundlagen entwickelt werden, aus denen sich die Sichten auf das System, das grundlegende Konstruktionsprinzip und das ganzheitliche Projektvorgehen entfalten. Die *Konfiguration* des Auftragsmanagements bildet den zweiten Schwerpunkt des Buches. Ausgangspunkt ist eine sorgfältig erläuterte Analyse der logistischen Rahmenbedingungen und der sogenannten Stolpersteine. Sie kommt erfahrungsgemäß häufig zu kurz und führt später zu Missverständnissen hinsichtlich der Ziele und Funktionen des Auftragsmanagements. Die anschließend entwickelte Logistikstrategie beschreibt die spezifische Positionierung des Auftragsmanagements als Wettbewerbsfaktor, um darauf aufbauend im intensiven Dialog mit den Anwendern das Fachkonzept auf Grob- und Feinebene auszuformen. Auch hier wird das Vorgehen schrittweise und anhand von Beispielen erklärt. Wesentlich beim dritten Schwerpunkt – der *Einführung* eines Auftragsmanagements – ist die gleichrangige Behandlung der fachlichen, organisatorischen und sozialen Aspekte durch das Projektmanagement. Besonderer Wert wurde wiederum auf ein gut nachvollziehbares Vorgehen gelegt, unterstützt durch zahlreiche Bilder und Praxisbeispiele. Insgesamt wird so die Mitarbeiterakzeptanz wesentlich erhöht, das Projektrisiko verringert und ein nachhaltig stabiler Systembetrieb erreicht.

Das Buch richtet sich an die Gestalter und Betreiber von Auftragsmanagement-Systemen in Produktion, Logistik sowie an Softwareentwickler und Projektmanager, die nach einem ganzheitlichen Ansatz zur Konfiguration und Einführung eines Auftragsmanagement-Systems suchen, der theoretisch fundiert und praktisch erprobt ist. Darüber hinaus bietet es eine konzentrierte Übersicht über dieses Thema für Studierende der Produktionstechnik, Logistik, Betriebswirtschaft und Wirtschaftsinformatik.

Basis des Buches bildet meine Habilitationsschrift „Sozio-technisches Auftragsmanagement“ an der Universität Stuttgart. Die Erkenntnisse entstanden während meiner Tätigkeit in Forschungs- und Industrieprojekten am Fraunhofer Institut für Produktionstechnik und Automatisierung (IPA) sowie am Institut für Industrielle Fertigung und Fabrikbetrieb (IFF) der Universität Stuttgart, wesentlich unterstützt durch ein Projekt der Deutschen Forschungsgemeinschaft (DFG).

Für die vielfältige Unterstützung während der Erstellung möchte ich herzlich danken: Zunächst meinem Habilitationsvater Herrn Prof. Engelbert Westkämper für die akademische Freiheit und die wohlwollende Unterstützung meiner Ideen, meinen Mitberichtern Prof. Paul. Schönsleben und Prof. Dieter Spath für die fachlich anregenden Diskussionen sowie Prof. Oliver Sawodny für das meiner Arbeit entgegengebrachte Interesse.

Die Ergebnisse sind sowohl Ausdruck zahlreicher Diskussionen mit ehemaligen Kollegen in der Forschung als auch operativ Verantwortlichen in der Industrie. Beim – wohl unvermeidlichen – mehrfachen Durchlaufen des Erkenntniskreislaufes haben mich besonders unterstützt: Prof. Hermann Lödding, Dipl.-Psych. Hubert R. Schübel, Dr.-Ing. Matthias Bornhäuser, Dipl.-Ing. Ute Mussbach-Winter, Dipl.-Ing. Michael Lickefett sowie die Industriekollegen des Arbeitskreises Produktionslogistik. Durch den intensiven Erfahrungsaustausch unter fachlichen, methodischen und atmosphärischen Aspekten habe ich nun einen viel klareren Blick auf das Auftragsmanagement und kann es gleichzeitig durch sehr viel mehr Brillen betrachten. Hier möchte ich insbesondere den Karikaturisten Marcel Ockel nennen, der diese und weitere typische Szenen in der Logistik „mit spitzer Feder“ umgesetzt hat. Das positive Echo hierauf hat mich bewogen, ausgewählte Szenen in das Buch aufzunehmen.

Ebenfalls danke ich Frau Anita Wenzel-Ortlieb für die operative Unterstützung während der Entstehungszeit bis hin zur kritischen Durchsicht des Manuskripts sowie den Kolleginnen unserer Institutsbibliothek, hier insbesondere Frau Melanie Pfefferle, die präzise, schnell und stets freundlich ein wahrer Quell des Wissens und vor allem Findens sind.

Nachhaltige Unterstützung leistete meine Familie: Meine Frau Regina – bei der man viele theoretische Erkenntnisse der Planung und Organisation praktisch umgesetzt beobachten kann – und meine beiden Kinder Katharina und Thomas, die die erforderliche Zeit am privaten Schreibtisch respektierten. Abschließend möchte ich mich bei meinem Vater bedanken: Ihm verdanke ich eine Fülle persönlicher und fachlicher Anregungen, die Inhalte und Ergebnisse wohl sehr viel stärker prägten, als es mir bewusst ist. Ihnen widme ich deshalb dieses Buch.

Korntal
im Dezember 2010

Hans-Hermann Wiendahl

Inhalt

Abkürzungsverzeichnis

AM	Auftragsmanagement
AT	Arbeitstag(e)
BDE	Betriebsdatenerfassung
bspw.	beispielsweise
bzw.	beziehungsweise
CRM	Customer Relationship Management
d. h.	das heißt
EDV	Elektronische Datenverarbeitung
ERP	Enterprise Resource Planning
FIR	Forschungsinstitut für Rationalisierung, Aachen
ggü.	gegenüber
GPS	Gesellschaft zur Prüfung von Software, Ulm
i. d. R.	in der Regel
i. e. S.	im engeren Sinne
IFA	Institut für Fabrikanlagen und Logistik der Leibniz-Universität, Hannover
IPA	Fraunhofer Institut für Produktionstechnik und Automatisierung, Stuttgart
MRP I	Material Requirements Planning
MRP II	Manufacturing Ressource Planning
OEM	Original Equipment Manufacturer (Hersteller, dessen Produkte unter einem Markennamen als Einheit den Endkunden verkauft werden; z. B. Automobilhersteller)
o. g.	oben genannt(e)
PLM	Product Lifecycle Management
PMI	Project Management Institute, Newtown Square, PA, USA
PPS	Produktionsplanung und -steuerung
s. a.	siehe auch
s. o.	siehe oben
SCM	Supply Chain Management

SE	Systems Engineering
Std	Stunde(n)
u. a.	unter anderem
u. U.	unter Umständen
v. a.	vor allem
vgl.	vergleiche
z. B.	zum Beispiel
z. T.	zum Teil

Kapitel 1
Einleitung

Produktionsunternehmen sind in neuartiger Weise gefordert, sich in globalen Märkten zu behaupten. Sinkende Differenzierungsmöglichkeiten über Funktionalität, Qualität oder Preis ihrer Produkte rücken die Logistikleistung als Wettbewerbsfaktor in den Vordergrund. Eine besondere Herausforderung besteht im sehr unterschiedlichen Nachfrageverhalten der Kunden, so dass heterogene Anforderungen an die Logistik resultieren. Eine gemeinsame Befragung des Fraunhofer IPA und der Trovarit AG im Jahr 2006 von 161 Produktionsunternehmen zeigt dies am Beispiel von Auftragstypen und Lieferanforderungen, Abb. 1.1 [WS07]: Zum einen sind vier grundsätzlich unterschiedliche Auftragstypen anzutreffen Abb. 1.1a. Sie reichen von kundenindividuell konstruierten und produzierten Aufträgen (engineer-to-order) bis zu weitgehend standardisierten und auf Lager produzierten Aufträgen (make-to-stock). Die Auswertung der Mehrfachnennungen zeigt, dass 60 % der Befragten gleichzeitig mindestens zwei Auftragstypen planen und steuern müssen, Abb. 1.1b.

Brauchen wir eine logistische Toleranz?

H.-H. Wiendahl, *Auftragsmanagement der industriellen Produktion*,
DOI 10.1007/978-3-642-19149-7_1, © Springer-Verlag Berlin Heidelberg 2011

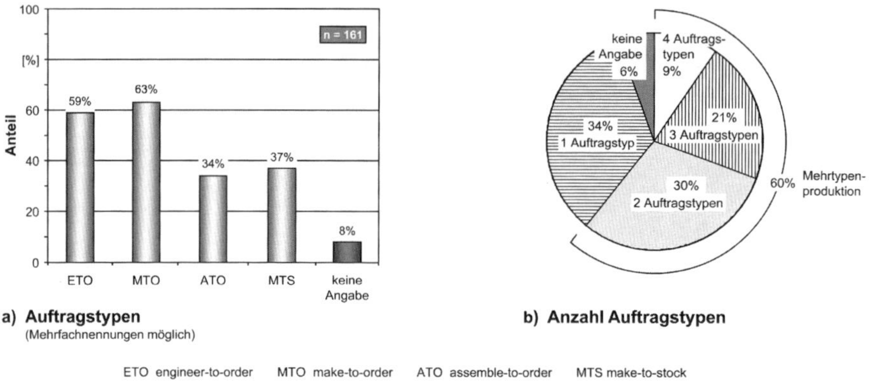

Abb. 1.1 Auftragstypen von Produktionsunternehmen (Befragungsergebnis)

Zum anderen besteht ein breites Anforderungsspektrum hinsichtlich Lieferzeit und -toleranz. Deren typische Werte stellt Abb. 1.2 in Form des Lieferzeit-Liefertoleranz-Portfolios gegenüber. Im Bereich nicht plausibler Anforderungen übersteigt die Liefertoleranz die Lieferzeit. Im plausiblen Bereich sind unterschiedliche logistische Genauigkeitsklassen GK definiert. GK 0 umfasst die Fälle, bei denen Lieferzeit- und Liefertoleranzklasse übereinstimmen; mit 17 % ordnen sich hier vergleichsweise wenig Befragte ein. In den jeweils höheren Klassen übersteigt die geforderte Toleranz die Lieferzeit um die entsprechende Klasse. In GK 1 befinden sich 39 % der Fälle; in GK 2 sind es 29 % und in GK 3 sind es 16 %. Mit 24 % fordern die meisten Kunden Lieferzeiten im Wochenbereich bei tagesgenauer Belieferung. Das Auftragsmanagement muss demnach in der Regel mehrere Auftragstypen mit jeweils unterschiedlichen Lieferanforderungen beherrschen. Damit wird es zu einem strategischen Faktor für produzierende Unternehmen.

Die Vorteile einer überlegenen Logistikleistung sind heute allgemein anerkannt. Sowohl Langzeitstudien als auch jüngere Untersuchungen unterstreichen den Einfluss auf die Wettbewerbsfähigkeit von Produktionsunternehmen, vgl. u.a. [HoSta90; Bau93; Rom93; Eid95; WilH96; WieP97; Del98; Löd05; Stra05; West07b; Bau08]. Die Kunden erkennen drei Vorteile:

- Logistikführer liefern *zuverlässig*. Eingehaltene Versprechen fördern das Vertrauen beim Kunden durch Planungssicherheit und vermeiden Folgekosten unpünktlicher Lieferungen.
- Logistikführer liefern *schnell*. Eine kurzfristige Belieferung erhöht die Flexibilität für die Kunden und eröffnet darüber hinaus Wachstumschancen.
- Logistikführer sind *informationsbereit*. Eine hohe Transparenz über die eigene Logistikkette ermöglicht belastbare Aussagen über den Auftragsfortschritt sowie die voraussichtliche Fertigstellung georderter Aufträge und fördert so ebenfalls das Vertrauen der Kunden.

Der immer noch zu beobachtende Ansatz, eine schnelle und pünktliche Belieferung mit höheren Lagerbeständen an Fertigwaren zu erkaufen, greift zu kurz. Vielmehr folgen Logistikführer dem Grundgedanken des Qualitätsmanagements, ausgehend von den Kundenanforderungen die geforderte Reaktionsgeschwindigkeit, Mengenflexibilität und Zuverlässigkeit durch marktgerechte und sichere Prozesse zu erzeugen. Im Idealfall gelingt es ihnen damit, kurze Durchlaufzeiten mit einer hohen Termintreue zu verbinden. Eine hohe Transparenz in der Auftragsabwicklung ermöglicht den gezielten Einsatz verfügbarer Flexibilität, um Bedarfsschwankungen zu beherrschen. Das erhöht die Auslastung kritischer Ressourcen und damit den Gesamtdurchsatz der Produktion bzw. der Logistikkette [GolE81].

Dementsprechend verbinden die Verantwortlichen intern unterschiedliche *Nutzenerwartungen* an eine Verbesserung der Logistikleistung:

- Aus *Produktionssicht* erhöhen kürzere Durchlaufzeiten die Flexibilität für die Hereinnahme kurzfristiger Aufträge. Auch besteht so die Möglichkeit, die Aufträge entweder später zu beginnen – um damit die Änderungsanfälligkeit im Auftragsdurchlauf zu verringern – oder durch gezieltes Verschieben ihrer Starttermine Schwankungen im Kapazitätsbedarf zu glätten – falls die Lieferzeiten die Durchlaufzeiten signifikant übersteigen.
- Aus *Planungssicht* wecken kürzere Reaktionszeiten die Erwartung, den eigenen Planungshorizont entsprechend zu verringern und so die Qualität der Bedarfsprognosen zu erhöhen. Darüber hinaus sagt eine zuverlässige Planung Kapazitätsbedarfe besser voraus und unterstützt damit eine gleichmäßigere und damit höhere Auslastung von Engpassressourcen.
- Aus *Finanzsicht* verringern geringe Lager- und Umlaufbestände sowohl die Kapitalbindung als auch das Verwurfsrisiko infolge einer Überalterung. So freigesetzte Finanzmittel können die Unternehmen gezielt zur Stärkung ihrer Wettbewerbsposition z. B. in der Produkt- und Technologieentwicklung oder auch im Marketing verwenden.

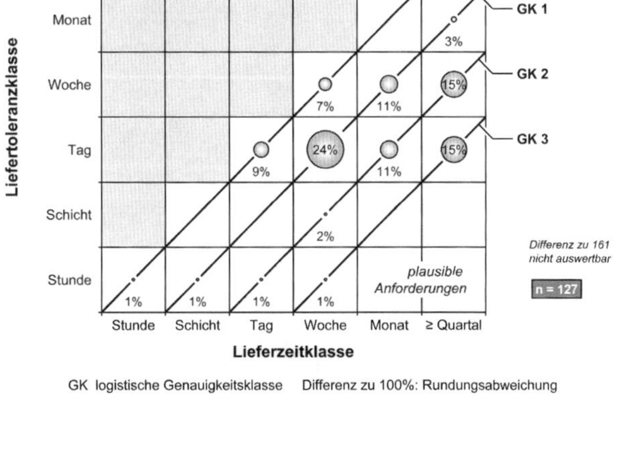

Abb. 1.2 Lieferzeit-Liefertoleranz-Portfolio (Befragungsergebnis)

Zunächst beleuchtet Abschn. 1.1 die bislang angewendeten Stellhebel zur Verbesserung der logistischen Abwicklung und die von den Unternehmen in diesem Zusammenhang gemachten typischen Betriebserfahrungen. Daran anschließend behandelt Abschn. 1.2 typische strukturelle Defizite einer Auftragsmanagement-Gestaltung, die auf Grundlage der klassischen technikorientierten Sicht auf die Planung und Steuerung von Produktionsunternehmen nur unzureichend erklärbar sind. Hieraufaufbauend werden Wirkungen und Nebenwirkungen logistischer Verbesserungsanstrengungen untersucht (Abschn. 1.3). Abschließend gibt Abschn. 1.4 einen Überblick über den Gesamtaufbau des Buches.

1.1 Stellhebel und Erfahrungen zur Verbesserung der logistischen Abwicklung

In den Industrieunternehmen ist es Aufgabe der Produktionsplanung und -steuerung (PPS), dieses Nutzenpotenzial zu erschließen. Die methodischen Wurzeln der PPS entstammen den Arbeiten von Taylor und Hippler [Tay09; Tay13; Hip21]: Ihr Hauptmotiv war die Überwindung der in den Betrieben damals üblichen, stark handwerklich geprägten Fertigungs- und Organisationsmethoden. Dementsprechend strebten sie über eine Systematisierung der Tätigkeiten eine technisch-organisatorische Perfektion an. Insbesondere Hippler konzentrierte sich auf die planenden Tätigkeiten, legte für „Arbeitsverteilung und Terminwesen“ die Grundlagen für die bis heute übliche stücklisten- und arbeitsplanbasierte Planungslogik und damit gleichzeitig auch die einer stark technisch geprägten Sicht auf die PPS. Diese Systeme waren ursprünglich vollständig als manuelle Lösungen konzipiert. Mit dem Einzug der elektronischen Datenverarbeitung wurden die Aufgaben schrittweise durch Rechner übernommen und die Mitarbeiter so von Routineaufgaben entlastet: Beginnend in den 1960er Jahren mit der sogenannten BOM-Explosion (BOM engl. Bill of Material = Stückliste), d. h. Bruttobedarfsrechnung, entwickelte sich MRP I (engl. Material Requirements Planning), d. h. die Nettobedarfsrechnung mit Vorlaufverschiebung sowie ggf. einer Losgrößenbildung. Später trat dann die Termin- und Kapazitätsplanung hinzu, und MRP I wurde zu MRP II (engl. Manufacturing Resource Planning) erweitert. Der Begriff PPS entstand Anfang der 1980er Jahre in Deutschland aus der Integration der Material- und Zeitwirtschaft in der produzierenden Industrie. Trotz großer Erfolge der inzwischen mächtigen PPS-Systeme blieb in den Industriebetrieben ein „Unbehagen an der Fertigungssteuerung“ bestehen, denn noch immer waren Terminjäger und Eilaufträge tägliche Praxis [WieP87, S. 22 f.].

Bis Ende der 1970er Jahre waren sich Wissenschaft und Praxis jedoch über die Notwendigkeit einer PPS nahezu einig. Doch die teilweise mit beachtlichen Erfolgen eingeführten Kanban-Systeme versprachen eine bestechend einfache Alternative. Ein Verzicht auf die klassische PPS – und damit auf die mannigfaltig kritisierte MRP-Planung – schien greifbar nah. So entbrannte etwa Mitte der 1980er Jahre eine grundsätzliche Diskussion über den Erfolgsbeitrag der PPS zur Verbesserung der Logistikleistung. Zwar bestand Einigkeit in der Kritik an der bisherigen Lösung, doch die völlig unterschiedlichen Schlussfolgerungen teilte die Fachwelt in zwei Lager. Deren Argumente werden bis heute kontrovers diskutiert:

- Die eine Gruppe setzt auf eine konsequente Weiterentwicklung der klassischen PPS und führt die Schwächen des MRP auf die geringen Rechnerleistungen früherer Hardwaregenerationen zurück: Das provozierte die Forderung, die tatsächlichen Bedingungen einer Produktion immer detaillierter und zeitnäher abzubilden und die Funktionen und Methoden entsprechend weiterzuentwickeln. Die daraus resultierende logistische Vision ist eine vorausschauende Planung mit simultaner Berücksichtigung von Material- und Kapazitätsrestriktionen, vgl. u. a. [HTB92; Dre94; Loe99; Stad02; WCW05; SCB05; BL06, S. 30].
- Die andere Gruppe sieht die hohe Komplexität des MRP als eigentliches Problem und setzt auf „einfache" PPS-Lösungen. Durch Gliederung der Produktion in Segmente entstehen überschaubare Einheiten, die mit einfachen Verfahren wie Kanban zu steuern sind. Sie seien dem komplexen MRP prinzipbedingt überlegen; auf eine optimierende Steuerungssoftware könne weitgehend verzichtet werden. Diese logistische Vision ist eine Steuerung der Produktion im Kundentakt, bei der ein Verbrauch die Nachproduktion unmittelbar auslöst, vgl. u. a. [Suz87; Ohn88; WJ96; WCW05; Lean06; Sod06; LicM07, S. 2, 4].

Während die erste Gruppe also auf verbesserte Planungsmethoden mit immer genauerer Abbildung der Realität setzt, propagiert die zweite Gruppe eine kurzfristige, eher reaktive Steuerung unter Einbezug des lokalen Mitarbeiterwissens, weil das Nachführen aller Planabweichungen und Störungen im Rechner sehr aufwendig ist (deshalb auch „Papier- und Bleistiftfraktion"). Die Potenziale sind unstrittig. Doch selbst der Fall einer Komplettbearbeitung in einem Segment – bei der die kurzfristige übergeordnete Abstimmung zwischen den Segmenten vollständig entfallen würde – macht weder die Planung noch Steuerung überflüssig:

- In der Phase der *Leistungsverpflichtung* erwarten Kunden Lieferzusagen und für Lieferanten sind Bestellungen aufzugeben. Eine Planung – also die Vorausbetrachtung des Produktionsablaufs für eine bestimmte Zeit in der Zukunft – ist also unumgänglich.
- In der Phase der *Leistungserfüllung* erfordern unerwartete Ereignisse gegenüber der Planung – wie Änderungen von Kundenaufträgen, Maschinenstörungen und Personalausfälle oder auch Fehlteile – steuernde Eingriffe in das laufende Betriebsgeschehen.

Der Vergleich einer segmentierten mit einer funktional organisierten Produktion identifiziert also unterschiedlich komplexe – aber prinzipiell ähnliche – Grundfunktionen in Planung und Steuerung, und zwar unabhängig von den Marktbedingungen und Produktionsformen. Darüber hinaus gilt: Für eine pünktliche Belieferung ist das zuverlässige Zusammenspiel von Planung und Steuerung entscheidend. Naturgemäß kann ein Plan nie exakt ausgeführt werden. Deshalb ist die Definition einer *Toleranz*, also einer zulässigen Abweichung der Istwerte von einer Vorgabe der Planung, erforderlich. Allerdings zeigte eine empirische Studie zur Liefertreue im Maschinen- und Anlagenbau, dass nur weniger als die Hälfte der 80 befragten Unternehmen diese auch explizit festlegen [WB06, S. 31].

Im Spannungsfeld dieser Grundsatzdiskussion suchten viele Industrieunternehmen ihren eigenen Weg und verbesserten – häufig basierend auf dem Prinzip der schlanken Produktion – die Logistikleistungen konsequent: Sie halbierten ihre Lieferzeiten in den letzten 10 Jahren – Logistikführern gelang oft eine Reduzierung auf ein Drittel oder weniger – und erhöhten gleichzeitig ihre Liefertreue signifikant. Die Fortschritte der Informationstechnologie ermöglichten außerdem eine drastische Personalreduktion im PPS-Bereich. Im Vergleich zu den 1980er Jahren ist eine zentrale Planungs- und Dispositionsabteilung heute – etwa zwanzig Jahre später – lediglich mit einem Fünftel oder nur einem Zehntel des Personals ausgestattet.

Doch trotz der erreichten Verbesserungen zeigen sich Produktions- und Logistikverantwortliche insgesamt immer noch nicht zufrieden. Zum Teil ist dies sicher auf gestiegene und teilweise übertriebene Erwartungen zurückzuführen, nicht zuletzt dank vollmundiger Versprechen von Softwareanbietern. Bedeutender ist aber die Erkenntnis, dass eine drastische Durchlaufzeitreduzierung die Planung und Steuerung nicht zwangsläufig vereinfacht. Das hat zwei Ursachen: Zum einen werden Voraussetzungen und organisatorische Rahmenbedingungen kurzer Durchlaufzeiten zu wenig beachtet und zum anderen die Konsequenzen einer erfolgreichen Umgestaltung nicht bedacht. In beiden Fällen resultieren unerwünschte Nebenwirkungen, die zwei Praxisbeispiele illustrieren sollen.

Der erste Fall – ein Serienfertiger – betrifft die erforderlichen Voraussetzungen und organisatorischen Rahmenbedingungen und zeigt das Konfliktpotenzial zwischen den Unternehmenszielen und den Individualzielen der Produktionsmitarbeiter auf [WBN02; WCW05]: Die Produktionsleitung verfolgte mit der Einführung einer Kanban-Steuerung das Ziel, Durchlaufzeiten und Umlaufbestände in der Fertigung deutlich zu senken. Konzeption und Auslegung erfolgte im Wesentlichen durch die zentrale Planungsabteilung. Diese berechnete auf der Basis von Bedarfssituation und Ziel-Wiederbeschaffungszeiten auch die Anzahl der erforderlichen Kanban-Karten. Nach der problemlosen Probephase mit kurzer Mitarbeiterinformation bewertete die Produktionsleitung die Einführung der neuen Steuerungslogik als Erfolg.

Umso überraschter war das Management über die geringe Nachhaltigkeit der Veränderungen, denn das ursprüngliche Niveau der Bestands- und Durchlaufzeitwerte stellte sich bald wieder ein. Eine darauf hin angestoßene Vor-Ort-Analyse verdeutlichte die mangelnde Einbeziehung der Produktionsmitarbeiter: Diese verfolgten nämlich die Ziele Arbeitsplatzsicherung und gleichmäßige Auftragsbearbeitung durch das ‚Hamstern' von Auftragsvorräten für schlechte Zeiten. Dies führte neben unnötigen Sicherheitsbeständen zu dauernden Reihenfolgevertauschungen und verschlechterte damit die Termintreue. Die der Kanban-Steuerung zugrunde liegende verbrauchsorientierte Nachfertigung mit gelegentlichem Leerlauf widersprach den

Interessen der Produktionsmitarbeiter. Daher schleusten sie kopierte Kanban-Karten in die Produktion ein und entschärften so scheinbar die Konflikte zwischen den Unternehmens- und Mitarbeiterzielen. Die Produktionsleitung bemerkte erst nach einer längeren Zeit die unerwünschten Anpassungen und die eigentliche Ursache der Verschlechterung.

Hier vernachlässigte das Management zwei Voraussetzungen für einen nachhaltigen Erfolg: die gründliche Mitarbeiterschulung sowie die Berücksichtigung der Wechselwirkungen mit dem Entlohnungssystem. In diesem Fall sind in Zukunft die Ziele termingerechtes Abarbeiten (zum Vermeiden der Reihenfolgevertauschungen) sowie flexible Arbeitszeiten (zum bedarfsnahen Bearbeiten) gegenüber dem Auslastungsziel angemessen zu berücksichtigen.

Der zweite Fall betrifft die Konsequenzen erfolgreicher Umgestaltung und verdeutlicht die konkreten Auswirkungen am Beispiel eines Herstellers komplexer Geräte, Abb. 1.3: Aufgrund der überlegenen Produktqualität und -funktionalität akzeptierten die Kunden vergleichsweise lange Lieferzeiten von 2 bis 3 Monaten. Ausgewogene Liefer- und Durchlaufzeiten (4 Wochen Endmontagedurchlaufzeit plus 2 Monate Wiederbeschaffungszeit für Langläufer) ermöglichten sowohl eine bedarfsbezogene Disposition der Endmontage (Auftragsfreigabe und Erstellen der Schichtpläne) als auch der Langläufermaterialien in einer (kurzfristigen) Planungsebene mit einem geringen Prognoseanteil, Abb. 1.3a.

Das Auftreten neuer Wettbewerber einerseits sowie sinkende Differenzierungsmöglichkeiten über Produktqualität und -funktionalität andererseits erhöhten den Druck zur Lieferzeitreduzierung. Dies zeigte sich an einem zunehmenden Anteil an Kundenauftragsänderungen und Kurzfristaufträgen, so dass die Flexibilität der Endmontage regelmäßig an ihre Grenzen stieß.

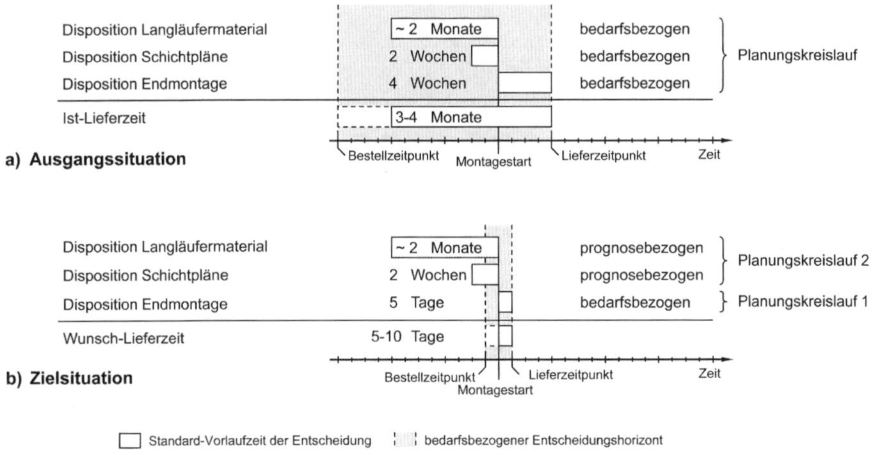

Abb. 1.3 Verbesserung der Logistikleistung (Praxisbeispiel Gerätehersteller)

Um verlorene Marktanteile zurückzugewinnen und gleichzeitig die kurzfristigen Turbulenzen zu vermeiden, führte das Unternehmen ein komplettes Redesign der Produkte durch, reorganisierte die Montage in produktbezogenen Segmenten und reduzierte die Fertigungstiefe drastisch. Auf 5 Tage verkürzte Montagedurchlaufzeiten realisieren nunmehr die Kundenwunsch-Lieferzeiten von 5 bis 10 Tagen. Aus Marktsicht ist das Unternehmen sehr erfolgreich und die angestrebten Ziele wurden größtenteils übertroffen. Doch die Dispositionssicht zeigt den Preis der erzielten logistischen Verbesserungen, Abb. 1.3b. Kürzere Lieferzeiten reduzieren nämlich die Auftragsreichweiten und ein zweiter Planungskreislauf entsteht: Sowohl die Schichtplanung der Endmontage als auch die Disposition des Langläufermaterials müssen nun prognosebezogen erfolgen. Auch fehlen im Auftragsdurchlauf Bestands- und Zeitreserven, so dass Verzögerungen oder unabgestimmte Entscheidungen die Logistikleistung unmittelbar beeinträchtigen. Die Anforderungen an die Terminüberwachung steigen spürbar.

Gestiegene Erwartungen einerseits sowie die geschilderten Gestaltungsdefizite hinsichtlich unerwarteter Wechselwirkungen und Konsequenzen andererseits erklären, warum der genauere Blick in die Betriebspraxis nach wie vor erheblichen Handlungsbedarf offenbart. Deshalb setzt sich in Wissenschaft und Praxis die Erkenntnis durch, dass für die beobachteten Leistungsdefizite die Voraussetzungen und organisatorischen Rahmenbedingungen bislang zu wenig beachtet wurden. Um unerwünschte Nebenwirkungen künftig zu überwinden, sind zunächst die Analyseergebnisse aus unzufriedenen Unternehmen zu betrachten. Darauf aufbauend werden die Konsequenzen exzellenter Logistikleistungen untersucht.

1.2 Strukturelle Defizite der Auftragsmanagement-Gestaltung

Ausgangspunkt der Analyse bilden die klassischen Symptome des logistischen Unbehagens am Auftragsmanagement. Für die Führungskräfte ist es die unbefriedigende logistische Zielerreichung. Die für die Auftragsabwicklung operativ Verantwortlichen bemängeln die geringe Transparenz in der Auftragsabwicklungskette, den unnötig hohen Aufwand für die Auftragsverfolgung, Steuerung und Disposition, ausufernde Terminrunden sowie vom Einzelereignis getriebene Dispositionsentscheidungen. Ausführliche Befragungen von betrieblichen Experten, Forschern aus dem Bereich der PPS sowie eigene Untersuchungen haben zu den sogenannten Stolpersteinen der PPS geführt.

Ein PPS-Stolperstein ist ein Konfigurationsfehler in der Planung und Steuerung. Bezogen auf eine gewählte Systemgrenze (Bereich, Unternehmen, Unternehmensschnittstelle Beschaffungs- und Anlieferprozess, etc.) sind die Gestaltungsaspekte inkonsistent ausgelegt oder nicht angemessen wirkungsvoll in Planungs- und Steuerungswerkzeuge umgesetzt. Ein Stolperstein liegt auch vor, wenn die Verantwortlichen Gestaltungsentscheidungen im Betrieb nicht konsequent um- bzw. durchsetzen. Damit ist in einem Einzelfall ein Stolperstein immer als konkrete Ursache-

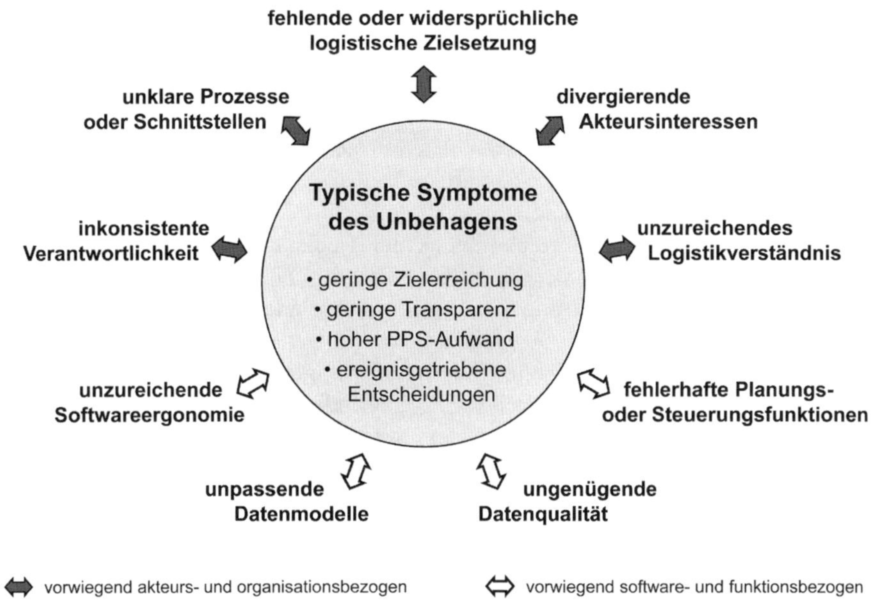

Abb. 1.4 Typische Stolpersteine der Planung und Steuerung

Wirkungskombination definiert. Die Stolpersteine gelten brachenübergreifend, sind in neun Gruppen zusammengefasst und ihren vorwiegenden Ursachen[1] (akteurs- und organisationsbezogen versus software- und funktionsbezogen) zugeordnet, Abb. 1.4 [WWC05; WCW05; WieH06; WieH08].

Oft behindern fehlende oder *widersprüchliche logistische Zielsetzungen* und *divergierende Interessen* der beteiligten Akteure die Zielerreichung maßgeblich. Ein Leiterplattenbestücker bildet ein prägnantes Beispiel für diese Stolpersteine. Das Unternehmen beschäftigt 300 Mitarbeiter und setzt auf ein konsequentes Führen durch Ziele. Die jeweiligen Produktionsbereichsleiter haben Zielvereinbarungen mit klaren Prioritäten; ein Erreichen wirkt unmittelbar auf ihre Vergütung. Doch die Detailanalyse zeigte erhebliche Widersprüche: Während für das Gesamtunternehmen das Ziel Liefertreue die höchste Zielpriorität hat, fehlte dies in der Zielvereinbarung der Produktionsbereiche vollständig; hier stehen Produktivität sowie

[1] Streng genommen resultieren damit *mehrstufige Ursache-Wirkungsbeziehungen*: Auslöser einer Stolpersteinbetrachtung bilden die in Abb. 1.4 Mitte dargestellten vier Symptome. Sie lassen sich auf die – empirisch abgeleiteten – neun Ursachengruppen zurückführen (Ursachen 1. Ordnung, in der Abb. 1.4 zusätzlich den zwei Kategorien akteurs- und organisationsbezogen versus software- und funktionsbezogen zugeordnet). Die vertiefende Diagnose identifiziert die Ursachen 2. Ordnung, also die drei beschriebenen Punkte *Gestaltungskonsistenz*, *angemessene Werkzeuge* sowie *Umsetzungskonsequenz* (meist also die Einhaltung vereinbarter Arbeitsprinzipien). Diese drei ‚Wurzeln des Übels' erfordern eine Behandlung, also anschließende Umgestaltungsmaßnahmen mit Überprüfung ihrer Wirksamkeit, vgl. dazu ausführlich Abschn. 5.3.

Bestück- und Lötqualität an erster Stelle. Lediglich der Logistikleiter hat die Liefertreue als Bestandteil seiner persönlichen Ziele, allerdings auch nur an zweiter Stelle nach der Umschlagshäufigkeit. Bei diesen Zielprioritäten überrascht es nicht, dass die Verantwortlichen die Liefertreue vernachlässigen. Dies führte im konkreten Fall dazu, dass das Unternehmen in Zeiten höherer Nachfrage den erforderlichen Kapazitätsaufbau zu spät einleitete; eine geringe Liefertreue und damit der Verlust von Marktanteilen waren unvermeidlich.

Eine weitere wichtige Ursache schlechter Logistikleistung ist ein unzureichendes oder fehlendes *Logistikverständnis* der verschiedenen Akteure (Abb. 1.4 rechts). Betrifft dies das Management, sind wechselnde Zielvorgaben oder auch direkte Eingriffe oberer Führungskräfte in das operative Tagesgeschäft typische Symptome. Vor allem kurzfristige Lieferterminzusagen für die schon sprichwörtlichen Geschäftsführeraufträge ziehen Prioritätsänderungen anderer Aufträge nach sich, die das Einhalten bereits zugesagter Liefertermine dieser Aufträge praktisch unmöglich machen. Bemerkenswert ist hierbei auch die oft zu beobachtende Ungleichbehandlung von technischen und logistischen Prozessen durch die Geschäftsleitung: So überlässt sie die Justierung technischer Prozesse ihren Fachexperten und würde nicht auf die Idee kommen, bei auftretenden Prozessstörungen technische Maschinenparameter zu verstellen. Doch die Logistikverantwortlichen müssen immer wieder mit Eingriffen der Geschäftsführung rechnen und werden dennoch an der ursprünglichen Planung gemessen. Darüber hinaus fehlt vielen operativ Verantwortlichen wie Disponenten, Planern, Terminverantwortlichen oder Meistern eine tiefer gehende logistische Ausbildung, so dass die Planungs- und Steuerungsentscheidungen teilweise durch nachweislich falsche Erfahrungsregeln getrieben sind, vgl. u. a. [IBM75; Kiv79; KeBe81; WieP97, S. 7 f; WCW05].

Eine wesentliche Aufgabe der PPS-Software ist die wirkungsvolle Unterstützung der Dispositionsaktivitäten. Als Grundlage der teilweise automatisierten Dispositionsentscheidungen dienen die entsprechenden *Planungs- und Steuerungsfunktionen*, d. h. die ausgewählten Planungs- und Steuerungsmethoden und ihre Parametrierung in der Software (Abb. 1.4 rechts). Somit hängt ihre Leistungsfähigkeit einerseits von einer anforderungsgerechten Konfiguration der PPS-Funktionen bzw. Methoden, andererseits aber auch von der anforderungsgerechten Einstellung der Dispositionsparameter ab. Offensichtlich beeinflusst ein gutes logistisches Verständnis der Nutzer beides positiv. Zu den zentralen PPS-Parametern gehören die Planwerte für Vorlauf- und Wiederbeschaffungszeiten sowie Auftrags- und Arbeitsvorgangsdurchlaufzeiten. Da auf dieser Basis Bestellungen ausgelöst und die Produktionsaufträge terminiert werden, bilden sie das Fundament für das gesamte Termingerüst der Aufträge eines Unternehmens. Oftmals unterschätzen die Betriebe die herausragende Bedeutung der Parametrierung: Dann werden diese Werte lediglich abgeschätzt oder auf der Basis von Vergangenheitsdaten ermittelt und eine regelmäßige Nachführung bspw. bei Änderungen von Arbeitsplänen oder beim Layout der Fertigung unterbleibt.

Jede sorgfältige Planung und Steuerung erfordert eine vollständige, konsistente und aktuelle Datenbasis als Grundlage für Planungs-, Steuerungs-, Durchführungs- und Controllingaktivitäten. Die *Datenqualität* betrifft sowohl die Stamm- als auch die Bewegungsdaten (Abb. 1.4 unten). Nach der bereits zitierten Untersuchung bei 80 Maschinen- und Anlagenbauern bemängeln viele Verantwortliche die Transparenz im innerbetrieblichen Auftragsfortschritt [WB06, S. 24 ff.]. So empfindet die Hälfte der Befragten die Informationen über den Stand der Konstruktionsaufträge als nicht transparent, die Teilefertigung und Montage schneiden mit 34 % bzw. 28 % deutlich besser ab. Dies kann unterschiedlichste Ursachen haben: Nach einer ISI-Studie betreiben mehr als 60 % der befragten Unternehmen die vorhandenen BDE-Systeme als Insellösungen ohne Anbindung an die restliche DV-Infrastruktur [BeHu02]. Darüber hinaus zeigen Praxisbeispiele, dass erforderliche Konsistenzprüfungen von Rückmeldungen zusätzlich einen Zeitversatz von bis zu 1,5 Tagen verursachen. Rechtzeitige und reaktionsschnelle Eingriffe der Produktionssteuerung sind so nicht realisierbar.

Das verwendete *Datenmodell* strukturiert die zur Planung und Steuerung erforderlichen Daten (Abb. 1.4 unten). Es bestimmt damit gleichzeitig auch Möglichkeiten und Grenzen der Planung, Überwachung und Analyse der logistischen Prozesse. Ein einprägsames Beispiel hierfür bildet ein Unternehmen der Zulieferbranche, in dem bei der Auslieferung der Ware die mit dem Kunden vereinbarten Soll-Liefertermine durch die Ist-Liefertermine überschrieben werden. Eine sinnvolle Auswertung der Termineinhaltung und Termintreue ist unter solchen Randbedingungen nicht möglich. So überrascht die Unzufriedenheit der Kunden mit der Liefertreue des Unternehmens wenig. Neben solch offensichtlichen Unzulänglichkeiten sind vor allem individuell programmierte Zusatzprogramme für ERP-Standardsoftware ein guter Indikator für unpassende Datenmodelle. Neben unzureichender Funktionalität bilden unterschiedliche Datenanforderungen die Hauptursache für Zusatzprogramme, denn unternehmensspezifische Gegebenheiten stellen verschiedenartige Anforderungen an die zu verwendenden Datenmodelle und erschweren somit das Bereitstellen passender Datenmodelle.

Aus Werkzeugsicht beeinflusst schließlich die *Softwareergonomie* wesentlich die Bereitschaft der Nutzer, softwaregestützt zu planen, zu steuern und zu überwachen, Abb. 1.4 links. Deshalb bieten viele Standardsoftware-Lösungen die Möglichkeit, Masken unternehmensindividuell anzupassen. Doch in anderen Bereichen offenbart der Blick in die Betriebspraxis noch erhebliche Schwachstellen: Auftragsänderungen oder Störungen im Produktionsprozess erfordern eine laufende Überwachung des Auftragsdurchlaufs, um rechtzeitig steuernd einzugreifen. Eine angemessene Visualisierung sollte die operativ Verantwortlichen beim Erkennen erforderlicher Handlungsbedarfe wirkungsvoll unterstützen. So hat bspw. ein Teilefertiger mit 300 Mitarbeitern ca. 2.500 Produktionsaufträge mit mehr als 16.000 Arbeitsvorgängen im Umlaufbestand. Die Terminüberwachung stellt die Disponenten also vor die Herausforderung, die potentiell kritischen Ereignisse rechtzeitig zu erkennen, um zielgerichtet einzugreifen. Doch bis heute sind auf den Bildschirmen die Wurzeln der alphanumerischen Darstellungen früherer Softwaregenerationen erkennbar. Es dominieren tabellenbasierte Darstellungen wie bspw. die bekannten Bedarfs-Bestandslisten zur Materialdisposition, die vor allem das dispositionsstufenübergreifende Controlling erschweren.

Die klare Definition von Prozessen und die Verteilung der Aufgaben auf Verantwortlichkeiten in einem Unternehmen ist eine der wichtigsten Aufgaben der Geschäftsführung. Die Stolpersteine *inkonsistente Verantwortlichkeit* und *unklare Prozesse oder Schnittstellen* (Abb. 1.4 links oben) sprechen diese Punkte an. Die Praxis der innerbetrieblichen Auftragssteuerung offenbart auch hier organisatorische Defizite [WB06, S. 31 f.]. Für 29 % der Befragten fehlte eine klare Verantwortungsbeschreibung, in 25 % der Fälle die Kompetenz für das Durchsetzen der Steuerungsentscheidungen und in 48 % waren Standardprozeduren für das Eingreifen bei Abweichungen nicht definiert. Auch waren die Schnittstellen zwischen unterschiedlichen Verantwortungsbereichen oftmals unklar: Typische Symptome hierfür sind hohe Bestände in Zwischenlagern oder regelmäßige Diskussionen über die Verbindlichkeit von Bestellungen bzw. ihre zuverlässige Erfüllung.

Zusammenfassend ist festzustellen, dass die Wirksamkeit von PPS-Systemen viel stärker als bei rein technischen Systemen durch ein komplexes Zusammenwirken von konzept-, system- und personenbezogenen Erfolgsfaktoren bestimmt wird.

Es beginnt mit der Qualität des Planungs- und Steuerungskonzeptes unter Einbezug der Fähigkeiten und Interessen der am Auftragsmanagement Beteiligten, die dessen erreichbaren Nutzen bestimmt. Dies spricht für eine partizipativ abgestimmte und auf die spezifischen Anforderungen ausgerichtete Konzeptentwicklung. Doch in der betrieblichen Realität neigen Verantwortliche zu Lösungen, die sich an Einzelerfahrungen ausrichten. Begründet wird dies mit der hohen Belastung durch das Tagesgeschäft gepaart, mit einer oft anzutreffenden Skepsis gegenüber theoretisch anmutenden Konzepten: Dies führt dazu, dass unter dem Vorwand der Praxistauglichkeit alternative Konzepte vernachlässigt und Konsequenzen kaum überdacht werden. Der resultierende Fehlerkreis symptomgetriebener Verbesserungsanstrengungen erscheint unausweichlich, Abb. 1.5.

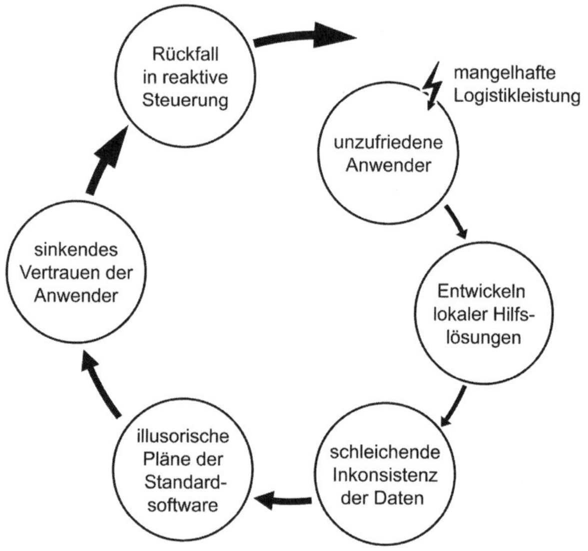

Abb. 1.5 Typischer Fehlerkreis symptomgetriebener Verbesserungsanstrengungen

Ausgangspunkt dieses Fehlerkreises sind die mit der Softwareunterstützung im Tagesgeschäft unzufriedenen Anwender. Typischerweise scheuen sie den aufwendigen Weg über die zentrale IT-Abteilung und es entwickeln sich schrittweise lokale Hilfslösungen. Solche sogenannten Workarounds basieren meist auf lokalen Tabellenkalkulationsprogrammen und nur wenige Anwender können auf die Daten zugreifen. Um Doppelaufwand zu vermeiden, vernachlässigen die Nutzer die Datenpflege in der übergeordneten Standardsoftware, so dass diese zunehmend „falsche" Termine vorgibt. Die unrealistischen Pläne führen zu einem schleichenden Vertrauensverlust der Anwender in die Software und zu wachsender Kritik an der Standard-Software, d. h. am ERP-System (Enterprise Resource Planning).

Als Folge davon plant jeder nach eigenem Gutdünken und das Gesamtunternehmen fällt in einen Zustand reaktiver Steuerung zurück: Anstatt also die Ursachen zu beseitigen, „meistern" die operativ Verantwortlichen die Ausnahmen im wahrsten Sinne des Wortes. Der Aufwand für die manuelle Auftragssteuerung steigt damit auf bis zu 90 % des gesamten PPS-Personalaufwands. Nach einer bestimmten Zeit wird die Unhaltbarkeit des Zustandes deutlich und der Ruf nach einem neuen ERP-System wird laut. Durch die vielfach vorhandene Bindung an ein mächtiges ERP-System ist dies aber meist unrealistisch und so wird die nächste Runde eines neuen Logistikprojektes eingeläutet. Hier kann ein Blick auf die Grundgedanken der schlanken Produktion hilfreich sein: Erst einmal aufräumen und das vorhandene System verstehen und nutzen, ehe umfangreiche Projekte gestartet werden.

Die beschriebene Analyse weitet den Blick für Ursachen und Wechselwirkungen, die bislang bei der Auftragsmanagement-Gestaltung nur am Rande und in der Praxis meist intuitiv gelöst werden. Die Beispiele belegen: Vorhandene Defizite sind zwar anhand ihrer Symptome leicht zu erkennen, aber auf der Grundlage der klassischen technikorientierten Sicht auf die PPS kaum zu bewältigen. Erst das Ausweiten des Systemverständnisses um weitere Aspekte bereichert das Interventionsrepertoire wirkungsvoll. Eine nachhaltige Verbesserung erfordert also einen sozio-technischen Ansatz, der Prozesse und ihre Verantwortlichkeiten genauso berücksichtigt wie die Interessen der beteiligten Akteure und ihre Logistikqualifikation.

1.3 Wirkungen und Nebenwirkungen exzellenter Logistikleistung

Logistikexzellenz und Zeitführerschaft werden heute in Wissenschaft und Praxis weitgehend gleichgesetzt. Ein historischer Rückblick weist auf die Ursachen: Nach klassischem Verständnis müssen sich die Unternehmen zwischen den alternativen Wettbewerbsstrategien Kostenführerschaft oder Differenzierung hinsichtlich bestimmter Leistungsmerkmale entscheiden [Por80, S. 34 ff.; Por04, S. 35 ff.]. Dahinter steckt die Annahme eines grundlegenden Zielkonfliktes zwischen dem Erreichen von Mengenvorteilen (Economies of Scale) und Spezialisierungsvorteilen (Economies of Scope). Der zunehmend schärfere Wettbewerb deckte die Grenzen dieses Verständnisses auf und löste einen Paradigmenwechsel aus. Einen empirischen Beleg hierfür lieferte die Langzeitstudie der Unternehmensberatung McKinsey ‚Einfach Überlegen' [Rom93, S. 3 ff.]. Demzufolge zeigten erfolgreiche Unternehmen zwar alle eine markante Stärke, überlegen waren sie im Vergleich zu den Schwächeren aber in den Dimensionen Kosten, Zeit und Qualität. Scheinbar lösten diese Unternehmen den postulierten Zielkonflikt zwischen Mengen- und Spezialisierungsvorteilen auf und entgingen damit dem klassischen Problem der Stückkostendegression.

Die in neuerer Zeit stark diskutierte Sicht des Lean Thinking (schlankes Denken) liefert ein plausibles Erklärungsmodell: Eine geringere Verschwendung in den Prozessen entschärft den Grundkonflikt [SchuG09]; heute gilt deshalb die Konzentration auf den Wertstrom einer Produktion als der Schlüssel zum Erfolg. Die auf Ohno zurückgehenden Methoden und Techniken [Ohn88] aus den 1940er Jahren wurden schrittweise ergänzt, Womack und Jones beschrieben die fünf zugrunde liegenden Schlüsselprinzipien des Lean Thinking [WJ96; WJ05].

Demnach ist die logistische Vision eine Produktion im Kundentakt, ein Verbrauch löst unmittelbar die Nachproduktion[2] aus. Dieses Just-in-Time-Prinzip betont die Bestandsrisiken und streicht die Vorteile kurzer Durchlaufzeiten heraus: So werden niedrige Kapitalbindung und eine hohe Flexibilität für kurzfristige Kundenwünsche miteinander verbunden. Ein solcher Ansatz setzt die Weitergabe fehlerfreier Produkte, eine in Produktsegmenten organisierte Produktion mit möglichst gleichmäßigen Arbeitsinhalten und eine angemessene Kapazitätsflexibilität voraus. Neben diesen Paradigmen einer Logistikgestaltung ist die geänderte Grundhaltung hinsichtlich der Aspekte Pünktlichkeit und Terminsicherung hervorzuheben:

- *Pünktlichkeit*: Galt früher lediglich eine Verspätung als unpünktlich, ist heute auch eine zu frühe Lieferung nicht akzeptabel. So geben vor allem der Handel und die Automobilbranche enge Zeitfenster vor und weisen auch zu frühe Lieferungen ab.
- *Terminsicherung*: Früher galt das Einplanen von Zeitreserven als probates Mittel zur Sicherstellung der gewünschten Liefertreue. Heute ist eine vorbeugende Terminsicherung durch eine laufende Überwachung des Auftragsfortschritts während der Ausführung üblich. Darüber hinaus ist die Prozesszuverlässigkeit mit den Mitteln der kontinuierlichen Verbesserung ständig zu erhöhen.

Deshalb stellen Logistikführer die Betrachtung der Streuung wichtiger Prozessparameter wie Durchlaufzeiten und Terminabweichung in den Vordergrund. Das hat zur Folge, dass der Toleranzbegriff – also die zulässige Abweichung von geplantem bzw. zugesagtem und tatsächlichem Auftragsdurchlauf – einen neuen Ansatz ihrer Gestaltungsüberlegungen darstellt. Erst ein Überschreiten der zulässigen Abweichung hinsichtlich Menge oder Termin erfordert ein Eingreifen durch die Steuerung während der Ausführung.

[2] Teilweise findet sich auch die Formulierung, dass der Bedarf die Produktion auslöst. Dies erscheint nicht präzise: Ein Supermarktprinzip setzt einen direkt für den Kunden verfügbaren Bestand an Endprodukten voraus.

Die Chancen einer Zeitführerschaft sind unstrittig, doch das einseitige Betonen der Vorteile verstellt oft den Blick für den Preis exzellenter Logistikleistung. Viele Logistikführer mussten erkennen, dass ein drastisches Reduzieren der Fristen die Planung und Steuerung nicht zwangsläufig vereinfacht und zum Selbstläufer macht. Dieser Aspekt soll aus der Innensicht und Außensicht des Unternehmens näher untersucht werden.

Innensicht exzellenter Logistikleistung

In aller Regel repräsentieren die Warte- und Liegezeiten der Produkte in Bearbeitung den Großteil der Durchlaufzeiten. Deshalb ist das Verkürzen dieser Zeitanteile wesentlicher Ansatzpunkt zum Erreichen einer Durchlaufzeitverkürzung. Es geht also darum, nicht schneller zu arbeiten, sondern die Aufträge kürzer warten zu lassen. Die Aufgabe der Terminüberwachung besteht also darin, drohende Verzögerungen im Auftragsdurchlauf frühzeitig zu erkennen und unverzüglich einzugreifen. Hier wirken zwei gegenläufige Effekte:

- Von Vorteil ist, dass mit kürzeren Durchlaufzeiten der Umlaufbestand sinkt. Gleichzeitig befinden sich also weniger Aufträge in der Produktion, was ihre Überwachung vereinfacht.
- Von Nachteil ist, dass kürzere Wartezeiten die Zeitreserven senken: Bei langen Wartezeiten besteht die Chance, verzögerte Aufträge auch nach Auftragsstart über Reihenfolgevertauschungen noch deutlich zu beschleunigen. Doch kurze Wartezeiten verringern diese Einflussmöglichkeiten der Steuerung, so dass Verzögerungen oder unabgestimmte Entscheidungen die pünktliche Fertigstellung viel eher gefährden.

In dieser Situation reagieren Logistiksysteme zunehmend empfindlicher und erhöhen die Anforderungen an die Terminüberwachung. Dies betrifft sowohl Kapazitätsplanung und -steuerung als auch Materialdisposition: Verzögern Fehlteile den Auftragsstart oder Störungen den Auftragsdurchlauf, ist die Verspätung wegen der geringen Zeitpuffer kaum mehr aufzuholen. Liegen weniger Aufträge in der Produktion, verringern sich auch die Bestände vor den Arbeitsplätzen, und die Gefahr ungeplanter Stillstände steigt.

Dieses Phänomen ist auch unternehmensübergreifend zu beobachten: In der Automobilindustrie verkürzen die Konzepte einer Direktbelieferung die Beschaffungszeiten deutlich, bergen aber auch Risiken. Die bekannten Hubschraubereinsätze zur Sicherstellung der Versorgung des belieferten Endmontagebandes zeigen dies regelmäßig. Generell gilt also: Kurze Durchlaufzeiten verringern die Freiheitsgrade der Steuerung, so dass die Verantwortlichen über weniger Improvisationsmöglichkeiten vor Ort verfügen.

Diese Überlegungen gelten sowohl für einstufige als auch für mehrstufige Produkte. Doch bei Letzteren lässt sich noch ein weiterer wichtiger Effekt beobachten: Mehrstufige Produkte führen zu Auftragsnetzen, so dass der kritische Pfad – also die im Auftragsnetz längste Zeitstrecke – die Durchlaufzeit des Gesamtauftrags bestimmt. Mit kürzeren Wartezeiten werden sich die Durchlaufzeiten auf den jeweiligen Strukturebenen zunehmend angleichen. Somit können schon verhältnismäßig geringe Terminabweichungen im Auftragsdurchlauf dazu führen, dass sich der kri-

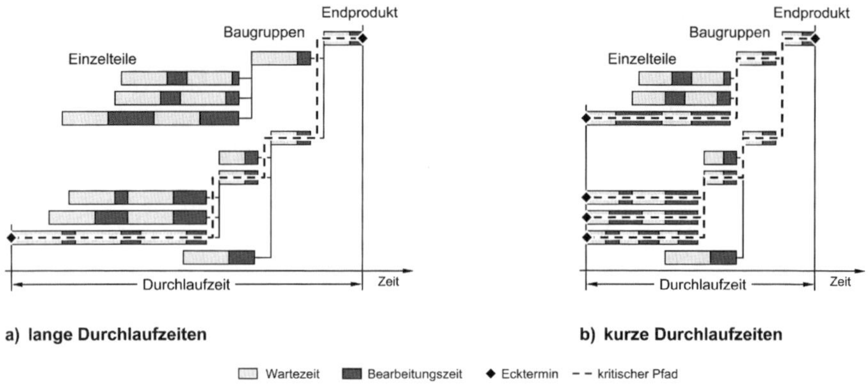

Abb. 1.6 Konsequenzen kürzerer Durchlaufzeiten aus Auftragssicht

tische Pfad verschiebt. Abbildung 1.6 visualisiert den Preis der Durchlaufzeitverkürzung: Lange – und weitgehend einheitliche – Wartezeiten je Stücklistenebene führen erfahrungsgemäß zu einem eindeutigen kritischen Pfad, Abb. 1.6a. Demgegenüber können bei kurzen – und ungleichmäßigen – Wartezeiten oft mehrere kritische Pfade auftreten, Abb. 1.6b. Vergleichbare Effekte entstehen, wenn zur Durchlaufzeitverkürzung Aktivitäten parallelisiert werden, bspw. durch ein Simultaneous Engineering in der Produktentwicklung.

Die Erfahrungen eines Anlagenbauers bestätigen diese Schlussfolgerungen: Eine typische Anlage umfasst acht Strukturebenen mit ca. 350 Montagebaugruppen und 200.000 Einzelteilen. In der untersuchten Ausgangssituation befanden sich ca. 400.000 Arbeitsvorgänge im Umlaufbestand der Produktion und stellten hohe Anforderungen an die Terminüberwachung. Nun reduzierte eine massive Durchlaufzeitverkürzung den Umlaufbestand fast auf die Hälfte, so dass heute „nur noch" etwa 250.000 Arbeitsvorgänge zu überwachen sind. Aufgrund der geschilderten Folgen kürzerer Liegezeiten ist nun zu beobachten, dass die Terminüberwacher heute mit wechselnden kritischen Pfaden der Auftragsnetze konfrontiert sind.

Das zweite wichtige Element einer Zeitführerschaft ist eine *Segmentierung* der Fertigung nach Produktfamilien, vgl. u. a. [Suz89, S. 43 ff.; Eid95, S. 103 ff.; WJ05, S. 87 ff.]. Aus Logistiksicht eröffnet eine Komplettbearbeitung im Segment zwei wesentliche Potenziale: Zunächst entfallen die kurzfristigen übergeordneten Abstimmungen zwischen Segmenten – und damit die vergleichsweise langen Sicherheitszeiten. Außerdem ermöglichen drastisch reduzierte Rüstzeiten im Idealfall eine Einzelstückfertigung. Beide Maßnahmen reduzieren wiederum im Schwerpunkt die Warte- und Liegezeiten der Produkte während der Bearbeitung. Die Erfolgsbeispiele des Lean Thinking [WJ05; RoSo00; Lean06] sowie die am Fraunhofer IPA durchgeführten Untersuchungen belegen, dass eine Durchlaufzeitreduzierung bis auf ein Fünftel gegenüber klassisch funktional organisierten Produktionsabläufen möglich ist.

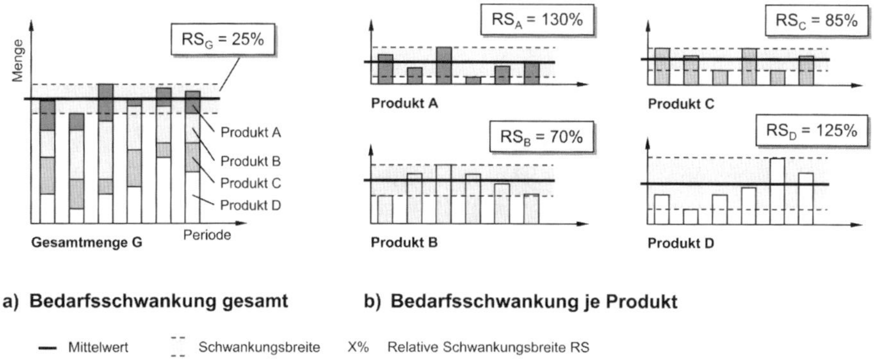

Abb. 1.7 Konsequenzen einer Segmentierung aus Produktsicht

Den Preis einer Segmentierung zeigt Abb. 1.7 an einem vereinfachten Beispiel von vier Produkten. Die Periodenbedarfe schwanken im Ablauf der Zeit. Für den Gesamtbedarf und je Produkt sind im Bild jeweils Mittelwert, Schwankungsbreite als absolute Differenz zwischen dem höchsten und niedrigsten Wert sowie der Quotient aus beiden als Maß für die relative Schwankungsbreite angegeben. Meist übertreffen die Schwankungen auf Produktebene die Gesamtschwankungen, da zwei Effekte zusammenwirken: Zum einen ist die Schwankungsbreite je Produkt oft größer, da sich einzelne Schwankungen insgesamt zu einem gewissen Grade ausgleichen. Zum anderen wirkt die gleiche absolute Schwankung nun auf einen viel geringeren Grundwert und steigt damit prozentual. Es resultieren also bei einer Segmentierung höhere Anforderungen an die Kapazitätsflexibilität, die der oben beschriebene Effekt kürzerer Wartezeiten verschärft.

Die Erfahrungen eines Herstellers von Trägerwerkzeugen für Zerspanungsaufgaben bestätigen die diskutierten Folgen: Der Standort mit 300 Mitarbeitern beliefert weltweit mehrere Zentralläger; 35 % des Produktionsvolumens umfassen Kundenaufträge. Der Bedarfsverlauf schwankt saisonal mit bekannten Spitzen. Kontinuierliche Verbesserungsanstrengungen über mehrere Jahre ermöglichten es, die mittlere Durchlaufzeit aller Produktfamilien von 30 auf 8 Arbeitstage schrittweise zu reduzieren und die tagesgenau gemessene Termintreue im Mittel größer als 95 % zu halten.

Die Einführung einer Software zur Kapazitätsplanung und -steuerung brachte den ersten Verbesserungssprung und reduzierte die mittlere Durchlaufzeit auf etwa 20 Arbeitstage. Die Reorganisation der Produktion vom Werkstättenprinzip in sechs produktgruppenbezogene Fertigungssegmente mit einer weitgehenden Dezentralisierung der Planungs- und Steuerungsverantwortung brachte den zweiten Verbesserungssprung. Begleitet wurden diese Maßnahmen durch ein konsequentes Veränderungsmanagement sowie eine umfangreiche Logistikqualifikation der operativ Verantwortlichen. Trotz der beeindruckenden Verbesserungen zeigte sich der Logistikleiter nach wie vor unzufrieden:

- Zum einen erwartet sein Management eine hohe Maschinenauslastung und investiert kaum in Kapazitätsflexibilität. Die Kapazitätsauslegung erfolgt aufgrund der erwarteten Jahresgesamtlast standardmäßig auf 17 Schichten/Woche; also wochentags 3-schichtig und samstags 2-schichtig. Somit stoßen die Segmente insbesondere in den saisonbedingten Spitzen sehr schnell an ihre – im Grundsatz vorhersehbaren – Kapazitätsgrenzen. Temporär längere Durchlaufzeiten und damit das Risiko von Fehlbeständen im Zentrallager sind die unvermeidliche Folge.
- Zum anderen reagiert das System nunmehr sehr empfindlich auf Ausschuss sowie Verfügbarkeitsschwankungen der Maschinen. Insbesondere bei kundenspezifischen Sonderwerkzeugen verzögern immer wieder fehlende Fertigungshilfsmittel den geplanten Auftragsstart, so dass die Termintreue gegenüber den anderen Bereichen signifikant geringer ist.

Das Beispiel verdeutlicht, dass geringere Umlaufbestände Schwächen im Prozess offen legen und so den Weg zum nächsten Verbesserungsschritt weisen, vgl. auch [Suz89, S. 17]. Darüber hinaus bleibt festzuhalten, dass auch eine signifikante Verbesserung der Logistikleistungen die grundsätzlichen Aufgaben der Planung und Steuerung nicht ändert.

Weiterhin sind die Konsequenzen von Durchlaufzeitverkürzungen auf die Schwankungen der Kapazitätsbedarfe näher zu betrachten. Kapazitäten und ihre Flexibilität verknüpfen Durchlaufzeit und Umlaufbestand: Eine Kapazitätserhöhung reduziert – bei gleichem Umlaufbestand – die Durchlaufzeiten; eine Reduzierung erhöht sie. Abbildung 1.8 verdeutlicht diese Wechselwirkungen von Auftrags- und Ressourcensicht an einem vereinfachten Beispiel: Es sind jeweils vier Kundenaufträge im Neugeschäft zu produzieren. Das drastische Verkürzen von Warte- und Liegezeiten ermöglicht entsprechend reduzierte Durchlaufzeiten auf ein Drittel des ursprünglichen Wertes, Abb. 1.8a. Naturgemäß verdichten kürzere Durchlaufzeiten den Kapazitätsbedarf pro Auftrag auf eine kürzere Zeitspanne, Abb. 1.8b. Aus Gründen der Vergleichbarkeit sind deshalb jeweils identische Endtermine und Kapazitätsbedarfe unterstellt.

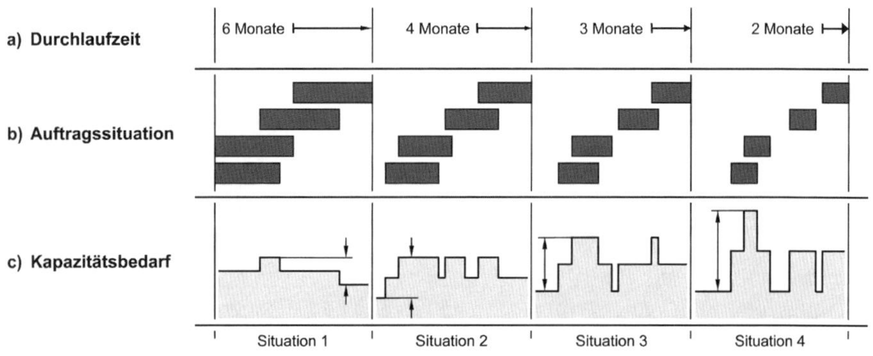

Abb. 1.8 Konsequenzen kürzerer Durchlaufzeiten aus Ressourcensicht. (Nach M. Tacke)

Die Folge kürzerer Durchlaufzeiten sind somit stärkere Schwankungen der Kapazitätsbedarfe, zumindest bei nicht vollständig gleich verteilten Bedarfsterminen der Kundenaufträge. Abbildung 1.8c zeigt diese Auswirkungen schwankender Bedarfe im Neugeschäft bei einer unterstellten stabilen Grundlast aus Service und Reparaturaufträgen: Gelingt es dem Unternehmen nicht, in die so entstandenen Kapazitätsbedarfslücken zusätzliche Aufträge hineinzuakquirieren, muss die Produktion bei identischer Gesamtlast eine deutlich höhere Kapazitätsflexibilität realisieren. Saisonale oder konjunkturelle Bedarfsschwankungen verstärken diesen Effekt.

Doch genau diese Schlussfolgerung stellen Vertreter des Lean Managements in Frage: Sie sehen das traditionelle, durch Losgrößendenken und lange Warteschlangen gekennzeichnete Produktionsverständnis – welches zu langen Vorlaufzeiten und großen Lagerbeständen führt – als eigentliche Ursache der Bedarfsschwankungen. Sie argumentieren, dass die Nachfrage der Endprodukte vergleichsweise stabil ist und lediglich die in jeder Lieferstufe übliche Losbildung diesen Effekt verursacht. Sonderangebote oder Werbeaktionen in Zeiten geringer Nachfrage verstärken diesen Effekt zusätzlich [WJ05, S. 129 ff.]. Dieses Phänomen des Aufschaukelns der Nachfrageschwankungen vom Endkunden über Produktionsstufen hinweg beschrieb erstmals Forrester als bullwhip-Effekt [For58]. Wenn also der eigentliche Grund von Bedarfsschwankungen das Zusammenfassen mehrerer Bedarfe zu größeren Produktionslosen ist, müssen kürzere Lieferzeiten zu geringeren Bestellmengen mit regelmäßigen, kurzzyklischen Bestellungen führen [WJ05, S. 103 f., S. 112 f., S. 117 f.]. Mit kürzeren Lieferzeiten werden die Bedarfsschwankungen im Laufe der Zeit also schrittweise abnehmen.

Eine solche Argumentation stellt die in Abb. 1.8 getroffene Annahme vergleichbarer Bedarfsmengen und damit vergleichbarer Arbeitsinhalte in Frage. Dieses Infragestellen erscheint für Serienfertiger mit entsprechender Wiederholhäufigkeit plausibel, da genau hier die beschriebenen Bedarfszusammenfassungen häufig auftreten. Allerdings gelten diese Überlegungen für Einzelfertiger wie bspw. Investitionsgüterhersteller nur eingeschränkt: Werden die Kundenbedarfe direkt in Produktionsaufträge umgesetzt, sind verringerte Bestellmengen oder ein gleichmäßigeres Bestellverhalten sehr unwahrscheinlich. Nur für den Fall, dass die Teilefertigung mehrere Einzelbedarfe zu Produktionsaufträgen zusammenfasst, sind geringere Bedarfsschwankungen plausibel.

Somit tritt – neben den bereits einleitend in Abb. 1.1 aufgeführten unterschiedlichen Auslöseformen von Kundenaufträgen – eine wichtige Fallunterscheidung hervor: Die Wiederholhäufigkeit der Produkte bzw. Aufträge. Darüber hinaus legt die bisherige Betrachtung Wechselwirkungen zwischen Innen- und Außensicht offen, die nun näher untersucht werden.

Außensicht exzellenter Logistikleistung

Eine Zeitführerschaft eröffnet nicht nur intern, sondern auch extern Chancen. In der Auftragsfertigung bildet die interne Durchlaufzeit die Untergrenze der Lieferzeit. Somit resultieren Wechselwirkungen, die die Unternehmen unterschiedlich nutzen können: Entweder setzen sie kürzere Lieferzeiten aktiv zur Stärkung der Wettbewerbsposition ein. Empirische Untersuchungen aus den 1980er Jahren belegen, dass

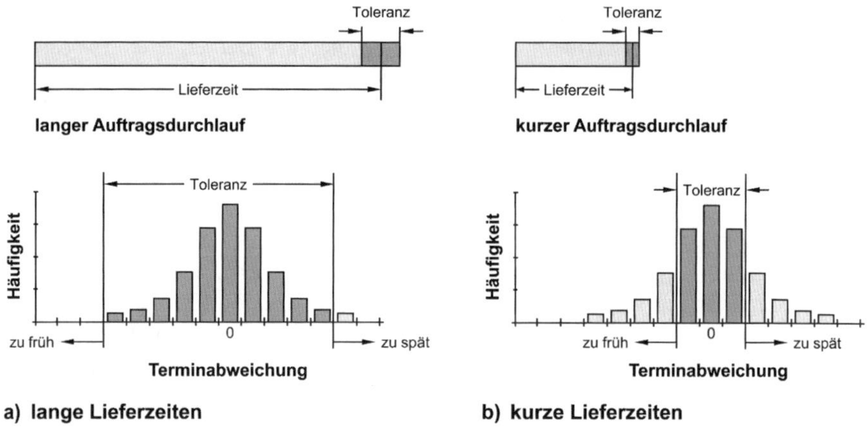

Abb. 1.9 Konsequenzen kürzerer Lieferzeiten aus Auftragssicht

Unternehmen mit kurzen Lieferzeiten schneller als der Markt wachsen und zudem höhere Gewinne erzielen [HoSta90; Rom93]. Oder sie reagieren auf den Marktdruck und die Lieferzeiten sinken schleichend. In beiden Fällen resultieren kürzere Lieferzeiten, deren Konsequenzen aus Auftrags- und Ressourcensicht zu bewerten sind.

Mit kürzeren Lieferzeiten erwarten die Kunden tendenziell eine engere *Liefertoleranz*, die Auslieferung muss also innerhalb eines engeren Zeitfensters erfolgen. Abbildung 1.9 zeigt dies am oben dargestellten Beispiel der Lieferzeitverkürzung von 6 auf 2 Monate: In der Ausgangssituation beträgt das Lieferfenster zwei Kalenderwochen, also 10 Arbeitstage, Abb. 1.9a. Um den Kunden nach der Lieferzeitreduzierung auf ein Drittel eine entsprechende Liefergenauigkeit anzubieten, wäre das Produkt in einem Zeitfenster von 3 Tagen auszuliefern, Abb. 1.9b.

Engere Toleranzen beeinflussen die Liefertreue (Anteil der innerhalb der Toleranz fertig gestellten und gelieferten Aufträge) in erheblicher Weise: Abb. 1.9 unten hebt den Zusammenhang zwischen der Häufigkeitsverteilung der Terminabweichung (Differenz zwischen dem tatsächlichen und geplanten Endtermin) und dem Anteil pünktlich fertig gestellter Aufträge hervor. Um im Beispiel die ursprüngliche Liefertreue wieder zu erreichen, muss die Verteilung der Terminabweichung schlanker werden. Dies erhöht die Anforderungen an die Planungsgenauigkeit und Termineinhaltung deutlich. Sicher betrifft diese Grundtendenz Auftragsfertiger in besonderem Maße. Doch insbesondere in der Investitionsgüterindustrie ist eine weitere Entwicklung zu beobachten: Früher bestellten die Kunden Maschinen aufgrund langfristiger Kapazitätsüberlegungen oder der Altersstruktur des eigenen Maschinenparks. Heute wird es zunehmend üblich, Maschinen erst dann zu bestellen, wenn der eigene Kunde einen größeren Auftrag erteilt hat. Demzufolge wird eine kürzestmögliche und vor allem pünktliche Belieferung in einem engen Zeitfenster gefordert und ihr Verletzen mit entsprechenden Vertragsstrafen belegt.

Aus Ressourcensicht verringern kürzere Lieferzeiten aber auch die *Auftragsreichweite* verbindlicher Aufträge. Abbildung 1.10 zeigt die Konsequenzen am vorhergehenden Beispiel: Kommuniziert der Vertrieb am Markt kürzere Lieferzeiten, stellen sich die Kunden schrittweise darauf ein und platzieren ihre Aufträge zu-

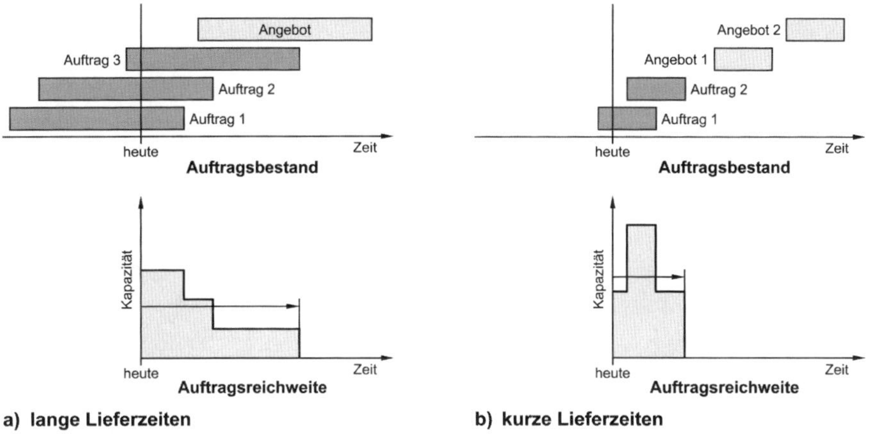

Abb. 1.10 Konsequenzen kürzerer Lieferzeiten aus Ressourcensicht

nehmend später – eine zuverlässige Lieferung vorausgesetzt. Auftragsbestand und Auftragsreichweite sinken, im Beispiel entsprechend der Lieferzeitreduzierung auf weniger als die Hälfte des Ursprungswertes, Abb. 1.10 unten. Die dort dargestellten unterschiedlich hohen Kapazitätsbedarfe resultieren aus der in Abb. 1.8c beschriebenen zeitlichen Verdichtung der Kapazitätsbedarfe durch kürzere Durchlaufzeiten.

Die Erfahrungen eines Herstellers von Steuerungen für Getriebemotoren bestätigen dies: Mit einer den Prinzipien des Lean Thinking folgenden Umgestaltung seiner Produktion bietet dieser Serienfertiger seinen Kunden eine exzellente Logistikleistung und erhielt hierfür mehrere Logistikpreise. Kundenspezifische Produkte liefert er heute innerhalb von 3 bis 5 Tagen. Als Folge davon bestellen die Kunden bspw. am Mittwoch mit Wunsch-Liefertermin Freitag; mit etwa einer halben Woche ist die durchschnittliche Auftragsreichweite verbindlicher Kundenbestellungen dementsprechend kurz. Hiermit lässt sich die voraussichtliche Größenordnung der Auftragsreichweiten abschätzen: In Zeiten ausgeglichener Nachfrage-/Angebotssituation entsprechen die Auftragsreichweiten etwa den am Markt angebotenen Lieferzeiten.

Zusammenfassend gilt: eine exzellente Logistikleistung eröffnet eine Fülle von Chancen. Die Zeitführerschaft lässt allerdings Nebenwirkungen erwarten, auf die sich das Unternehmen einstellen muss. Der ‚logistische Preis' einer Produktsegmentierung, der Parallelisierung von Aktivitäten sowie kurzer Durchlauf- und Lieferzeiten besteht darin, Bedarfsschwankungen mit kürzeren Vorlaufzeiten zu bewältigen. Dies bedingt eine Belieferung mit engeren Liefertoleranzen.

Die Überlegungen widerlegen die gängige Meinung, dass die Notwendigkeit einer sorgfältigen Planung mit kürzer werdenden Liefer- und Durchlaufzeiten zwangsläufig sinkt. Der Blick in viele Industriebetriebe belegt vielmehr die genannten steigenden Anforderungen, denn eine verbesserte Logistikleistung erhöht die Empfindlichkeit des Logistiksystems in vielen Fällen. Operiert das System an seinen Stabilitätsgrenzen, sind in der Praxis die im Folgenden geschilderten Einflussfaktoren und Effekte zu erwarten:

- Kürzere Durchlaufzeiten erfordern eine zeitnahe Rückführung von Istdaten sowie eine höhere Planungsfrequenz. Deshalb wird einerseits die Echtzeitfähigkeit von Planung und Steuerung gefordert und andererseits werden Ansätze zur Selbststeuerung diskutiert, vgl. u. a. [WeGo96; VaBru05; SoHö06; MVK06; HW07; BNW07; West08].
- Größere Bedarfsschwankungen erschweren die Material- und Kapazitätsdisposition und erklären die Bemühungen zur Flexibilitätserhöhung, die in der Industrie bspw. unter dem Stichwort der atmenden Produktion [MC03] und in der Forschung unter dem Begriff der Wandlungsfähigkeit diskutiert werden [West07a; WeZa09; ElMa09].
- Kürzere Auftragsreichweiten erklären die steigende Tendenz der Industrie, die Qualität von Prognosemethoden zu hinterfragen. Auch verstärken die Verantwortlichen ihre Bemühungen, die Logistikentscheidungen unternehmensübergreifend abzustimmen. Dies ist plausibel, wenn Liefervereinbarungen über eine höhere Prognosequalität die eigene Planungssicherheit steigern sollen.
- Engere Liefertoleranzen erhöhen den Bedarf für eine vorausschauende Engpasserkennung, bspw. mit Planungsverfahren unter Berücksichtigung begrenzter Kapazitäten. Neben dem vorgeschlagenen Logistik-humanorientierten Ansatz ergeben sich damit zusätzlich Forderungen an die Prozessbeherrschung, die es zu bewältigen gilt.
- Der Trend zu einer geringeren Eigenfertigungstiefe erschwert die Planung, da die Anzahl der zu koordinierenden Partner steigt. Werden in den entstehenden Lieferketten und -netzen zusätzlich die Bestände konsequent reduziert, steigt die Notwendigkeit kurzfristiger, steuernder Eingriffe. Kritisch sind vor allem deutliche Abweichungen von den prognostizierten Bedarfsmengen und ihren Schwankungen – sowohl nach oben als auch unten. Zur Dämpfung empfiehlt Ohno ein Level Selling – also eine die Marktschwankungen ausgleichende Verkaufs- und Belieferungsstrategie [Ohn88, S. 38 ff., 126 ff; Suz89, S. 119 ff.].
- In der Investitionsgüterindustrie erschließen die Lieferanten neue Geschäftsfelder und erhöhen den Dienstleistungsanteil technischer Produkte. Doch insbesondere kundenspezifische Dienstleistungen verzahnen die Interaktion zwischen Kunde und Lieferant enger: Dies erschwert einerseits die Planung, da vor allem Vor-Ort-Leistungsanteile detaillierter zu betrachten sind: Teilweise beeinflusst hier der Kunde den Auftragsfortschritt durch den eigenen Betriebsablauf direkt. Andererseits steigt auch dort die Notwendigkeit kurzfristiger steuernder Eingriffe: Für den Lieferanten entsteht leicht Handlungsdruck, da der Kunde Planabweichungen unmittelbar erkennt.

Die Entwicklungen erklären das in den letzten Jahren wieder zunehmende Interesse der Unternehmen an neuen Methoden zur Planung und Steuerung.

Zur Bewältigung der unterschiedlichen und schnell wechselnden Anforderungen schlägt Westkämper vor, die *Fabrik als Produkt* zu verstehen [West08]: Fabriken müssen modular und offen organisiert sein sowie agil und wissensbasiert in Echtzeit handeln. Sie sind demnach langlebige, komplexe und sich ständig verändernde Produkte, die wandlungsfähig sein müssen. Veränderungen sind möglichst proaktiv zu gestalten und vor einer Einführung realitätsnah – bspw. mit Hilfe digitaler Werkzeuge – zu simulieren. So ist ein modellbasiertes Lernen möglich, was bereits Lerneffekte *vor* dem realen Produktionsstart anstrebt, um Verschwendung vorbeugend zu vermeiden, vgl. dazu ausführlich [West08; JWW09].

Zur *Wandlungsfähigkeit* von Unternehmen und Fabriken will dieses Buch einen Beitrag durch eine Verbesserung der logistischen Abläufe leisten. Wandlungsfähigkeit heißt auch, den Menschen mit seiner Kreativität stärker als bislang bei der Gestaltung und dem Betrieb von Produktionssystemen einzubinden und seine Fähigkeit zu nutzen, mit Unvorhergesehenem umzugehen. Hierzu wird der Ansatz der sozio-technischen Systemgestaltung verfolgt, welcher die Aspekte Technik, Mensch und Organisation angemessen ausbalanciert.

Der Schwerpunkt der entwickelten Ansätze liegt hierbei auf der industriellen Stückgüterproduktion. Als Beispiel erscheint die Einzelfertigung komplexer Produkte besonders geeignet: Hier wechseln die logistischen Anforderungen besonders stark und der logistische Reifegrad ist in diesen Unternehmen meist geringer als in einer technisch ausgereiften Serienproduktion einfacher Güter. Eine Übertragung auf die anderen industriellen Produktionstypen Chargen- und Massenproduktion sowie die Handels- und Dienstleistungsbetriebe ist grundsätzlich möglich und wurde für Teilaspekte bereits in der Praxis erprobt.

1.4 Aufbau der Arbeit

Zur Gestaltung eines Auftragsmanagements unter sozio-technischen Gesichtspunkten ist die Arbeit in die drei Teile Grundlagen, Konfiguration und Einführung gegliedert, Abb. 1.11.

Der erste Teil ist den *Grundlagen* eines sozio-technischen Auftragsmanagements gewidmet:

- *Kapitel 2* beinhaltet die methodischen Vorüberlegungen: Ausgehend von einer modelltheoretischen Betrachtung werden die formalen und inhaltlichen Grundlagen der Modellbildung beschrieben. Daraus leiten sich Anforderungen an das sozio-technische Auftragsmanagement-Modell ab.
- *Kapitel 3* erläutert das Grundmodell des Auftragsmanagements: Zu Beginn werden typische Blickwinkel auf das komplexe System Auftragsmanagement mit seinen Funktionen, Planungsobjekten, Prozessen, Verantwortlichkeiten und Akteuren identifiziert. Eine Gestaltungsmatrix gliedert die Gestaltungsaktivitäten und unterstützt die angestrebte Wandlungsfähigkeit im Auftragsmanagement. Für den Betrieb wird der geschlossene Handlungskreis als zentrales Prinzip der Handlungstheorie zugrunde gelegt. Daraus wird das regelkreisbasierte Auftragsmanagement der Innensicht und das verhandlungsbasierte Auftragsmanagement der Außensicht abgeleitet.
- *Kapitel 4* erörtert das für eine Stückgüterproduktion erforderliche logistische Grundverständnis: Aufbauend auf dem Hannover'schen Trichtermodell werden

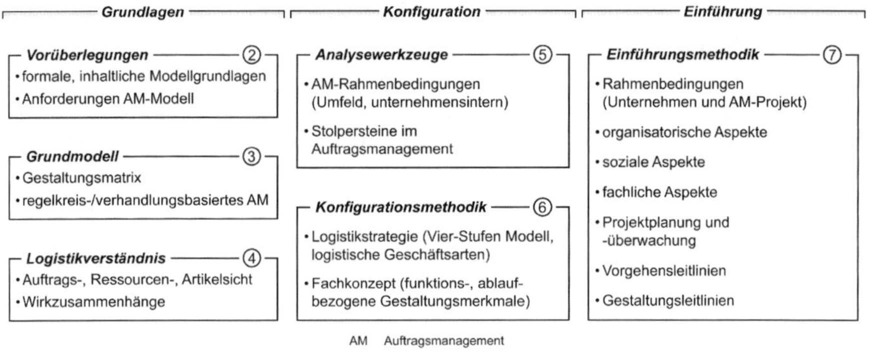

Abb. 1.11 Gliederung der Arbeit

die üblichen Logistikkennzahlen auf die vier Grundtypen Leistung, Durchlaufzeit, Bestand, Zuverlässigkeit zurückgeführt. Sie beschreiben das Logistikverhalten eines Produktionssystems aus Auftrags-, Ressourcen- und Artikelsicht und sind nach Prozessabschnitten gegliedert. Abschließend werden die zentralen Wirkzusammenhänge mithilfe der logistischen Kennlinien modelliert.

Der zweite Teil befasst sich mit der *Konfiguration* des Auftragsmanagement-Systems:

- *Kapitel 5* erläutert die Werkzeuge, die zur logistischen Analyse der externen und internen Ausgangsbedingungen des Auftragsmanagements erforderlich sind: Dies beinhaltet einerseits eine Sammlung praxisbewährter Bausteine zur Beschreibung der unternehmensspezifischen Rahmenbedingungen. Andererseits werden Methoden zur Ermittlung von Stolpersteinen – also typischer Gestaltungsdefizite im Auftragsmanagement – vorgestellt.
- *Kapitel 6* behandelt die fachliche Konfigurationsmethodik für das Auftragsmanagement mit den drei Schritten Ist-Analyse durchführen, logistische Anforderungen vereinbaren sowie Auftragsmanagement ausgestalten. Die Konfiguration beinhaltet die Logistikstrategie mit den Elementen Vier-Stufenmodell und logistische Geschäftsarten sowie das Fachkonzept mit seinen funktions- und ablaufbezogenen Gestaltungsmerkmalen.

Der dritte Teil betrachtet die *Einführung* eines neuen Auftragsmanagement-Systems mit den erforderlichen Verhaltensänderungen der betroffenen Akteure. Kapitel 7 ist dreigeteilt:

- Der erste Teil behandelt die Projektmethodik zur Einführung. Den Grundgedanken des Systems Engineering zur sozio-technischen Systemgestaltung folgend, werden als vier notwendige Projektaspekte eines Auftragsmanagement-Projekts die Rahmenbedingungen sowie die organisatorischen, sozialen und fachlichen Aspekte entwickelt.

- Der zweite Teil folgt der Logik der Projektaspekte und wird um die durchführungsbegleitende Projektplanung und -überwachung ergänzt: Für jeden Aspekt werden einleitend die zum Verständnis notwendigen Grundlagen erläutert. Die nachfolgend beschriebenen Projektbausteine dienen als praktische Hilfestellung für die Projektarbeit.
- Der dritte Teil verdichtet die Erkenntnisse eines akteursorientierten Wandels des Auftragsmanagements zu Vorgehens- und Gestaltungsleitlinien.

Abschließend fasst Kap. 8 die wesentlichen Erkenntnisse der Arbeit zusammen.

Kapitel 2
Vorüberlegungen

Die Einführung in das Thema verdeutlichte die Notwendigkeit, die Konfiguration des Auftragsmanagements aus den unternehmensspezifischen Marktanforderungen einerseits und der gewählten Logistikstrategie andererseits unter Berücksichtigung der Produktionsrahmenbedingungen abzuleiten. Darüber hinaus sind bereits vorhersehbare Auswirkungen einer verbesserten Logistikleistung zu betrachten und in die Gestaltungsüberlegungen mit einzubeziehen.

Unter den sich schnell ändernden Rahmenbedingungen eines turbulenten Umfelds bedarf es eines methodischen Ansatzes, der

- eine ganzheitliche Gestaltung sowohl der Planungs- und Steuerungslogik als auch der Prozesse und ihrer Verantwortlichen unter der Berücksichtigung der logistischen Zielprioritäten erlaubt,
- eine sozio-technische Betrachtung der Einflussgrößen einschließt, die sowohl in der Entwurfs- als auch in der Betriebsphase Anwendung findet,
- in allen Lebensphasen eines Auftragsmanagement-Systems anwendbar ist und
- hierbei die Interessen der Akteure mit ihrer Logistikqualifikation berücksichtigt,

um eine permanente Umgestaltung zu ermöglichen.

Fachbezogen und akteursbezogen analysieren

H.-H. Wiendahl, *Auftragsmanagement der industriellen Produktion*,
DOI 10.1007/978-3-642-19149-7_2, © Springer-Verlag Berlin Heidelberg 2011

Diese Anforderungen werden nicht mehr mit einem Auftragsmanagement erfüllt, das sich vorwiegend auf die erfahrungsbasierte und evolutionäre Weiterentwicklung vorhandener Lösungen stützt. Vielmehr ist ein theoriegeleiteter, modellbasierter Ansatzes zwingend, weil dieser die Komplexität der Aufgabenstellung auf die entscheidungsrelevanten Einflussgrößen reduziert.

2.1 Modelle

Generell geht es bei einer Theorie darum, Wissen über einen Gegenstandsbereich zu erzeugen, es auf Basis der Theorie anzuwenden und es schließlich zu verbreiten. Abbildung 2.1 fasst wesentliche Nutzenaspekte bezogen auf die Logistik zusammen [NW07; NyP08a]: Der Nutzen der ersten Phase betrifft vor allem Begriffsbildung und Systemverständnis, was die Kommunikation der Experten eines Fachgebiets erleichtert. In der zweiten Anwendungsphase nutzen die Fachexperten gewonnene Erkenntnisse einerseits zum Systementwurf; Ergebnis wären also beispielsweise Planungs- und Steuerungsfunktionalitäten oder ihre Parametrierung. Andererseits können Anwender die Erkenntnisse im Systembetrieb anwenden. Im Hinblick auf die Verantwortlichkeiten im Auftragsmanagement ist beispielsweise das Offenlegen strukturell bedingter Ziel- und Rollenkonflikte hilfreich. Die dritte Phase der Wissensverbreitung stellt die Systemschulung mit systematischer Systemverbesserung in den Fokus bspw. zur Überprüfung des Erfahrungswissens operativ Verantwortlicher oder zur Klärung der Rollenverteilung in der logistischen Kette.

Ein wesentliches Merkmal theoriegeleiteter Ansätze ist die Verwendung von Modellen. Diese sollen das reale System veranschaulichen und die beim Systementwurf und -betrieb erforderlichen Entscheidungen unterstützen. Hierzu genutzte Modelle bilden die Realität i. d. R. vereinfacht ab. Dies ist insbesondere in Situationen vorteilhaft, in denen sich vielfältige interne und externe Einflussfaktoren gegenseitig beeinflussen und somit ihre Wirkzusammenhänge nicht ohne weiteres

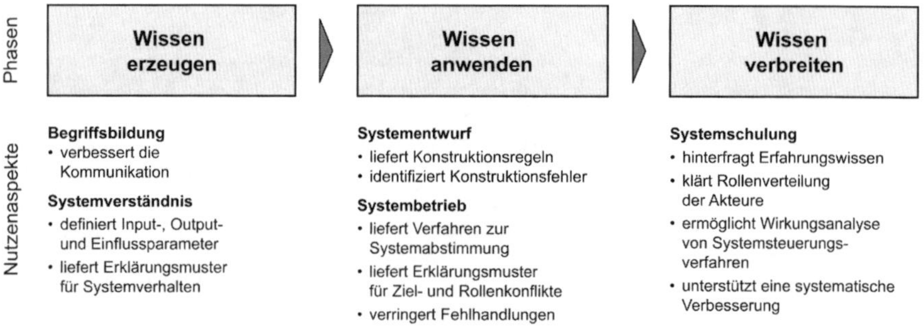

Abb. 2.1 Nutzenaspekte einer Logistiktheorie. (Nach H.-P. Wiendahl)

überschaubar sind. Erst durch Reduktion (Verzicht auf unwichtige Eigenschaften) und Idealisierung (Vereinfachung unverzichtbarer Eigenschaften) stellen Modelle reale Zusammenhänge überschaubar dar; immer vorausgesetzt, das Modell besitzt die für den jeweiligen Anwendungszweck erforderliche Modellgüte. Sie ist dann gegeben, wenn die hier wichtigen Systemeigenschaften in hinreichender Genauigkeit wiedergegeben sind [Sta73, S. 57; Bae74, S. 48; Riep92, S. 29 ff.; SchoA04; NW03, S. 8].

Die daraus resultierende Verständlichkeit birgt noch zwei weitere, sehr praktische Vorteile: Erstens sind modellgestützte Entscheidungen für die am Entscheidungsprozess nicht direkt Beteiligten leichter nachzuvollziehen, da sie das Ergebnis über eine logische Darstellung von Eingangsgrößen und ihrer Wirkzusammenhänge unter den bereits genannten Voraussetzungen Reduktion und Idealisierung schlüssig begründen. Die in den heutigen Industriebetrieben üblichen verteilten Entscheidungen mit unterschiedlichen Verantwortlichen verlangen eine solche Nachvollziehbarkeit. Zweitens sind bei der Änderung von Eingangsgrößen bzw. Rahmenbedingungen die Entscheidungen vergleichsweise einfach anpassbar. Beides erklärt auch das zunehmende Interesse von Praktikern an systematisch fundierten Ansätzen für Gestaltung und Betrieb.

Modellklassifikation nach Einsatzzweck

Die Entwicklung von Modellen erfolgt immer zweckbezogen, also für eine bestimmte Aufgabe oder Problemstellung, vgl. u. a. [Wü63; Sta83b, S. 118]. Zum einen ist deshalb die Unterteilung nach ihrem Einsatzzweck in Beschreibungs-, Wirk- und Entscheidungsmodelle wichtig. Zum anderen lassen sich Modelle nach dem ihnen zugrunde liegenden Systemverständnis in technokratisch und soziologisch geprägte Modelle unterteilen.

Abbildung 2.2 zeigt die Klassifikation für logistische Modelle nach ihrem Einsatzzweck, vgl. u. a. [AW76; Riep92, S. 87 ff.; WD05, S. 18 f.; Schn91, S. 74; SchoA04; NW07]:

- *Beschreibungsmodelle* bilden das beobachtete System ab. Die reine Darstellung empirischer Erscheinungen dient der Informationsgewinnung ohne sie zu erklären oder zu analysieren. Meist erlauben sie aber eine Problemstrukturierung und

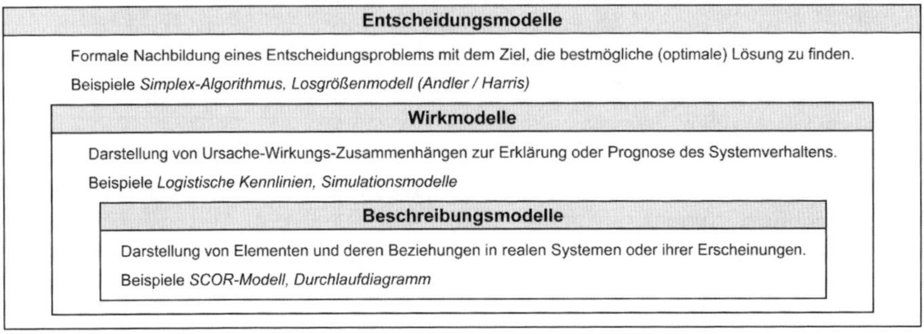

Abb. 2.2 Klassifikation von Modellen für logistische Systeme nach Einsatzzweck

identifizieren bspw. relevante Objekte oder Prozesse. Ein Beispiel hierfür ist das Supply Chain Operations Reference Model [SCC06].

- *Wirkmodelle* stellen Hypothesen über Ursache-Wirkungs-Beziehungen zwischen Variablen auf und erklären hiermit das Systemverhalten (deshalb auch Erklärungs- oder Kausalmodelle). Die Gültigkeit der Wirkzusammenhänge ist an Voraussetzungen und Beschränkungen gebunden. Prognosemodelle formulieren die Wirkzusammenhänge in eine Voraussage um und bilden eine wichtige Teilgruppe [Bae74, S. 55; Raf74, S. 33 f.]. Sie lassen sich sowohl zur Vorhersage zukünftiger Daten (Entwicklungsprognose) als auch zur Abschätzung von Konsequenzen von Handlungsalternativen (Wirkungsprognose) einsetzen. Simulationsmodelle sowie bedientheoretische Modelle sind spezielle Prognosemodelle für komplexe Systeme, deren Wirkzusammenhänge nicht ohne weiteres analytisch handhabbar sind [SchoA04]. Sie sind deshalb auch den Wirkmodellen zugeordnet. Ein weiteres Beispiel für Wirkmodelle der Produktionslogistik sind logistische Kennlinien [NW03].
- *Entscheidungsmodelle* sollen das Bestimmen optimaler Handlungsmöglichkeiten erleichtern. Neben den Wirkzusammenhängen müssen sie Zielfunktionen zur Bewertung und Auswahl von Handlungsalternativen enthalten, um die günstigste realisierbare (optimale) Lösung zu ermitteln. Der Simplex-Algorithmus [Dan98] oder die Losgrößenformel von Andler oder Harris [And29; Harr13] sind bekannte Beispiele für Entscheidungsmodelle.

Diese Klassifikation ist als Stufeneinteilung zu verstehen. Wirkmodelle erscheinen ohne einen Beschreibungsanteil nicht denkbar. Entsprechendes gilt für Entscheidungsmodelle, die Wirk- und Beschreibungsmodelle (zumindest implizit) enthalten. Auch birgt eine gute Beschreibung bereits Erklärungskeime in sich. Die Klassifikation eines Modells hängt darüber hinaus vom Einsatzfall ab: So ordnen bspw. P. Nyhuis und H.-P. Wiendahl das Durchlaufdiagramm den Beschreibungsmodellen zu [NW07]. Es visualisiert aber auch die unerwünschten Konsequenzen des viel diskutierten Fehlerkreises der PPS so anschaulich, dass die Grenze zur Erklärung hier verschwimmt [WCW05]. Scharfe Grenzen lassen sich demnach nicht ziehen, wie auch Beispiele aus anderen Disziplinen belegen, vgl. u. a. [Sta73, S. 160; Bae74, S. 56; AW76].

Modellklassifikation nach Systemverständnis

Neben dem Einsatzzweck ist eine Klassifikation nach dem bei der Modellierung zugrunde gelegten Systemverständnis für diese Arbeit von besonderer Bedeutung. Die beiden Kriterien *Kenntnis über den Lösungsraum* und *Akteursverhalten* charakterisieren diese Annahmen des Modellentwicklers bzw. -anwenders über den untersuchten Sachverhalt.

Das erste Kriterium Kenntnis über den Lösungsraum beschreibt die unterstellten oder tatsächlichen Voraussetzungen von Entscheidungen im Auftragsmanagement [NE90, S. 9; SüWa94][1]:

[1] Nowotny und Eisikovic unterscheiden darüber hinaus noch *Entscheidungen unter Nicht-Wissen*, d. h. kein Wissen über mögliche Optionen und deren Konsequenzen [NE90; SüWa94]. Solche Situationen betreffen bspw. Technikfolgenabschätzungen und erscheinen für eine AM-Gestaltung vernachlässigbar.

- *Entscheidungen unter Sicherheit*, d. h. Kenntnis der möglichen Optionen und eindeutige Zuordnung von positiven und negativen Konsequenzen;
- *Entscheidungen unter Risiko*, d. h. Kenntnis möglicher Optionen und eindeutige Zuordnung der Wahrscheinlichkeit von Konsequenzen sowie
- *Entscheidungen unter Unsicherheit*, d. h. keine vollständige Kenntnis möglicher Optionen und/oder keine Kenntnis der Wahrscheinlichkeiten von Konsequenzen.

Das zweite Kriterium beschreibt die Annahmen zum Akteursverhalten:

- Die idealtypisch technische Sicht auf einen Sachverhalt unterstellt *passive Subjekte*. Kennt der Modellanwender alle Variablen und Zusammenhänge, ist eine deterministische Beschreibung von Ursache-Wirkungs-Beziehungen möglich. Aufwand-Nutzen-Überlegungen begrenzen die Zweckmäßigkeit einer umfassenden Modellierung. Alternativ könnte dann eine stochastische Beschreibung von Ursache-Wirkungs-Beziehungen bei reduziertem Modellierungsaufwand die erforderliche Aussagegenauigkeit erreichen. Allerdings ist dies nur bei unabhängigen Ursachenzusammenhängen zulässig. Wichtig ist das damit implizit zugrunde gelegte Systemverständnis einer weitestgehenden (mathematischen) Verhaltensprognose. Dieser Ansatz erscheint vor allem für technische Systeme angemessen möglich.
- Demgegenüber unterstellt die idealtypisch soziologische bzw. psychologische Sicht auf einen Sachverhalt *aktiv handelnde Subjekte*. Der Modellanwender begreift reale Zusammenhänge als Handlungsergebnis (begrenzt) autonomer Personen. Ein so modelliertes System entzieht sich oft der mathematischen Berechenbarkeit. Um dennoch Verhaltensprognosen zu ermöglichen, werden Annahmen über ein zweckrationales Verhalten der Akteure auf der Basis von internen Zielen oder Werthaltungen getroffen. Der Modellanwender reduziert damit den Anspruch an die Berechenbarkeit, was vor allem für soziale Systeme angemessen erscheint.

Abbildung 2.3 ordnet die in der Logistik angewendeten deterministischen, stochastischen und spieltheoretischen Modelle anhand dieser Systematik ein, vgl. u. a. [WD05, S. 19 f.; SchoA04]:

- *Deterministische Modelle* unterstellen, dass alle dem Modell zugrunde liegenden Informationen mit Sicherheit bekannt sind. Somit treten alle Ergebnisse mit 100 % Wahrscheinlichkeit ein, die Ergebnisse der Handlungsalternativen sind ebenfalls vollständig bekannt und die Organisation ist passiv, denn die Teilnehmer verfolgen keine Individualziele [Ada80, S. 28]. Die deterministische Sekundärbedarfsauflösung ist ein Beispiel hierfür; sie unterstellt bekannte Primärbedarfe sowie Stücklisten – d. h. deterministische Verhältniszahlen zwischen Primär- und Sekundärbedarf – und berechnet letzteren auf dieser Basis.
- *Stochastische Modelle* unterstellen demgegenüber eine Risikosituation für den Entscheider. Diese ist durch Zufallsvariablen beschrieben, deren Wahrscheinlichkeitsmaße bekannt sind. Die Modellierung von Prozessstörungen über sto-

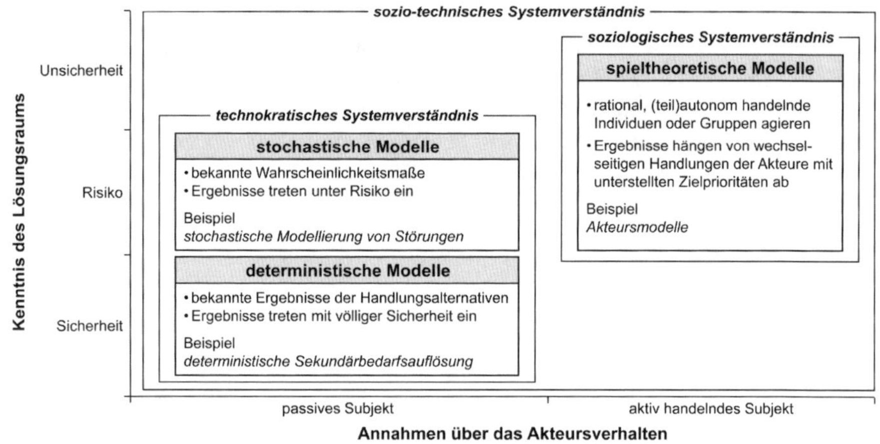

Abb. 2.3 Klassifikation von Modellen für logistische Systeme nach dem Systemverständnis. (H.-H. Wiendahl/H. R. Schübel)

chastische Verteilungen in Simulationen bildet ein Beispiel hierfür. Deshalb sind deterministische Modelle auch als Sonderfall stochastischer Modelle mit $p=1$ für alle Kausalbeziehungen interpretierbar.

- *Spieltheoretische Modelle* unterstellen, dass für die Variablen keine Wahrscheinlichkeiten angegeben werden können. Um dennoch Ergebnisse zu erhalten, sind Annahmen über das Verhalten von Individuen oder Gruppen zu treffen (z. B. rationales Handeln). Ein solcher Modellierungsansatz verwischt die Trennlinie zwischen Unsicherheit und Risiko und rückt den Akteur mit seinen Handlungsmotiven in den Mittelpunkt der Analyse. Bekanntestes Beispiel der Spieltheorie ist das Gefangendilemma [RieC93, S. 36 f.]. In der Logistik kommen Akteursmodelle zum Einsatz, die das Verhalten und mögliche aus einer Rollenverantwortung resultierende Konflikte (z. B. zwischen Produktionsleiter und Mitarbeiter oder zwischen Vertrieb und Produktion) auf der Basis von Zielprioritäten oder persönlicher Präferenzen untersuchen [WSF05; WCW05].

Gleichzeitig visualisiert Abb. 2.3 das zugrunde liegende Systemverständnis: Deterministische und stochastische Modelle legen ein technokratisches Systemverständnis zugrunde. Demgegenüber sind spieltheoretische Modelle durch ein soziologisches Systemverständnis gekennzeichnet. Die Kombination beider Ansätze führt zum sozio-technischen Systemverständnis, in dem Mensch, Technik und Organisation das Systemverhalten wechselseitig bestimmen [Uli99].

Darüber hinaus finden sich weitere Klassifikationskriterien, vgl. u. a. [Bae74, S. 51 f.; Riep92, S. 87 ff.; SchoA04]: So werden je nach Informationsart quantitative (d. h. kardinal messbare) von qualitativen (oft nur verbal formulierten) Modellen unterschieden. Die Aufteilung nach zeitlicher Abstraktion in statische (zeitunabhängige) und dynamische (zeitabhängige) Modelle findet im Auftragsmanagement in der Unterteilung in Stamm- und Bewegungsdaten ihren Ausdruck. Für Simulationsmodelle – welche die Realität über Zustandsfolgen im Zeitverlauf abbilden – ist es hilfreich, die Art der dynamischen Modellierung (z. B. kontinuierlich oder diskret; zeit- oder ereignisgesteuerte Zeitfortschreibung) nochmals feiner zu differenzieren [MM89; KW04].

Generell bestimmt der Anwendungsbezug die Brauchbarkeit der Klassifikationskriterien. So können bislang hilfreiche Strukturierungen durch neue Erkenntnisse auch leicht an Trennschärfe[2] verlieren. Ein gutes Beispiel hierfür bildet die kontrovers diskutierte vermeintliche Überlegenheit einer Pull- gegenüber einer Push-Steuerung. Historisch aus der Gegenüberstellung von Kanban und MRP entstanden, erscheint diese Typbildung aus heutiger Sicht als Kombination mehrerer Merkmalsausprägungen zu Extremtypen. Denn auf erkannte Defizite hin neu entwickelte Methoden bilden Zwischentypen und führen damit zwangsläufig zu Einordnungsschwierigkeiten, vgl. dazu ausführlich [WieH02, S. 60 ff.].

Für die Modellentwicklung und -anwendung bietet es sich an, zwischen Entscheidungen in der Entwurfs- und der Betriebsphase eines logistischen Systems zu unterscheiden: Erstere gestalten das System und besitzen damit Richtliniencharakter. Sie legen Strukturen und/oder grundlegende Verhaltensweisen fest und sollten für eine gewisse Zeit gelten, wie bspw. die Auswahl der Bevorratungsstrategie [HoeRo85, S. 20 ff.] oder des logistischen Leitbilds [WieH03b]. Demgegenüber beziehen sich Entscheidungen in der Betriebsphase typischerweise auf einzelne Objekte, im Auftragsmanagement also bspw. auf den Start von Aufträgen oder Kapazitätsanpassungen von Arbeitsplätzen.

2.2 Formale Grundlagen der Modellbildung

Die Grundlagen der Modellbildung umfassen formale und inhaltliche Aspekte. Erstere beschreiben Kriterien für Modelle und ihren Erstellungsprozess weitgehend allgemeingültig. Letztere charakterisieren das hier zugrunde liegende Systemverständnis des Auftragsmanagements. Im Anschluss daran werden Modellzweck und Modellanforderungen abgeleitet, wiederum getrennt nach formalen und inhaltlichen Kriterien.

Die Beschreibung der formalen Grundlagen beginnt mit den Vorgehensschritten zur Modellbildung. Hieran schließt sich die Erläuterung heute anerkannter Grundgedanken zur Modellierung komplexer Systeme an: Dies umfasst zum einen die aspektweise und zum anderen die hierarchische Modellierung.

[2] Auch Klassifikationen sind Modelle, die als Abbildungen von Originalen nur zeitbezogen Gültigkeit haben [Sta83b, S. 118]. Die Entwicklung neuer Methoden (Veränderung des Originals) birgt also prinzipbedingt die Gefahr, dass die Klassifikation (Modell) selbst an Aussagekraft verliert. Der Volksmund kommentiert dies prägnant als Murphy's Law: „Die Lösung des Problems verändert das Problem."

Vorgehen zur Modellbildung
Aus formaler Sicht verdichten Modelle Erkenntnisprozesse auf Grund sorgfältiger Reflexion und bilden damit stets eine konstruierte Wirklichkeit ab [Sta83a]. Sie besitzen drei Hauptmerkmale [Wü63; Sta73, S. 128 ff., 157; Sta83b, S. 118; Pit83]: Erstens sind Modelle stets Modelle von etwas, also Abbildungen oder Repräsentationen natürlicher oder künstlicher Originale (*Abbildungsmerkmal*). Letztere können selbst wieder Modelle sein. Zweitens erfassen Modelle im Allgemeinen nicht alle Originalattribute, sondern nur die für die Modellbildner oder -verwender relevanten Attribute (*Verkürzungsmerkmal*). Drittens ersetzen Modelle das Original für bestimmte Erkenntnis- oder Aktionssubjekte, d. h. für jemanden. Sie gelten innerhalb bestimmter Zeitintervalle sowie für bestimmte Zwecke und Ziele, d. h. unter Einschränkung auf bestimmte gedankliche oder tatsächliche Operationen (*pragmatisches Merkmal*)[3].

Die Literatur strukturiert das Vorgehen zur Modellbildung unterschiedlich, hebt jedoch durchgängig ihren iterativen Charakter schleifenartiger Verbesserungen hervor. Dies betont, dass Modelle vor allem während der Anwendung laufend überprüft und dann ggf. auch verbessert oder bei geänderten Rahmenbedingungen angepasst werden sollten. Für die hier relevante Problemstellung einer modellbasierten Auftragsmanagement-Gestaltung erscheinen vier Schritte wesentlich, vgl. u. a. [HeiE68, S. 14; Bae74, S. 49; AW75; Ada80, S. 11 ff.; Pat82, S. 309; Riep92, S. 22; DaHu97; NW99, S. 6 ff.; NW07]:

1. *Systemabgrenzung*: Zunächst ist der abzubildende Sachverhalt abzugrenzen. Die damit erfolgte Definition des realen Systems (d. h. des Wirklichkeitsausschnitts) ist abhängig vom Modellkonstrukteur, beruht weitestgehend auf Konventionen und ist unter Zweckmäßigkeitsgesichtspunkten von Fall zu Fall festzusetzen [Sta73, S. 120]. Problemstellung und Zieldefinition beschreiben den Abbildungszweck und sind Bestandteil dieser Phase. Oft ist es günstig, das Gesamtproblem in handhabbare Teilprobleme zu zerlegen. Entsprechend den Empfehlung des Systems Engineering empfiehlt sich ein Vorgehen „Vom Groben zum Detail" [DaHu97, S. 30; KW04; VDI3633-1].
2. *Merkmalsbeschreibung*: Für die Fragestellung sind die relevanten Merkmale und ihre Beziehungen untereinander auszuwählen, also das Erfahrungsobjekt bzw. Phänomensystem (die in der Realität vorkommenden Erscheinungen des Wirk-

[3] Hiermit betont Stachowiak das Fehlen von totaler Intersubjektivität, unbeschränkter Geltungsdauer und absoluter Zweckfreiheit der Original-Modell-Abbildung und trifft den sogenannten pragmatischen Entschluss: „Beschließe über dasjenige, was du unter ‚Erkenntnis' verstehen willst, immer nur *bezüglich der Intentionen* (Absichten, Zwecke, Ziele), die du dir (…) für eine gewisse Zeitspanne gesetzt hast." [Sta73, S. 52] Ein solches Modellkonzept greift den Abbildgedanken des erkenntnistheoretischen Realismus auf, relativiert ihn jedoch pragmatisch, vgl. [Sta73, S. 56, 133]. Ohne die philosophisch-wissenschaftstheoretischen Diskussionen aufzugreifen, resultieren daraus zwei wichtige Schlussfolgerungen: Erstens unterliegt empirische Erkenntnis dem Antrieb von Motiven. Sie ist damit immer kontextbezogen; verwendete Modelle sind nur vor diesem Hintergrund bewertbar. Zweitens bleibt Wissenschaft Heuristik und letztlich fußt die Modellbildung auf Übereinkünften – also auf subjektiven Basisentscheidungen. Damit steigen allerdings die Exaktheitsanforderungen an die Modellbildung und -prüfung, vgl. [Sta73, S. 48, 56 f., 60].

lichkeitsausschnitts) vom Erkenntnisobjekt (das durch gedankliche Isolierung gewonnene Denkobjekt) zu trennen [Raf74, S. 55]. Diese Reduktion auf wenige relevante Attribute (Verzicht auf zweckbezogen unwichtige Eigenschaften) beschreibt die in das Modell eingehenden Zustände und ist eben nur möglich, wenn der Abbildungszweck vorher definiert ist [Sta73, S. 57, 155 f.].

3. *Modellformalisierung*: Der definierte Zweck bestimmt den Schritt dieser Modellbildung i. e. S. ebenfalls, also das Aufstellen qualitativer oder quantitativer Relationen zwischen den Modellmerkmalen bzw. -variablen. Die Zusammenhänge sind ggf. in Form von Gesetzmäßigkeiten formuliert – bspw. „Durchlaufzeit und Reichweite an einem Arbeitssystem ergeben sich aus dem Verhältnis von Bestand und Leistung" [NW99, S. 123]. Entscheidend ist also das Hervorheben von Merkmalen und ihrer Relationen. Diese Idealisierung betont bestimmte Eigenschaften überdeutlich [Sta73, S. 157].
4. *Modellüberprüfung*: Der letzte Schritt bewertet das Modell auf seine Eignung hinsichtlich der Erfüllung des angestrebten Zwecks. Die fortlaufende kritische Prüfung ist nicht nur in der Phase der Modellentwicklung wichtig, sondern vor allem auch während seiner Anwendung. Sie bezieht sich auf das Modell selbst sowie auf die hieraus abgeleiteten Lösungen [NW07; KW04]. Operationalisierbar ist die Prüfung über die Erfüllung gestellter Anforderungen, also den Modellzweck – ggf. differenziert nach Sach- und Formalkriterien [FeSi06, S. 92][4]. Mit der Prüfung, ob das Modell die Anforderungen erfüllt, bewertet der Modellnutzer die Praxistauglichkeit des Modells. Dieses Prüfkriterium betont den technologischen Aspekt (funktioniert es?).

Reale Systeme sind meist so komplex, dass sie kaum als Ganzes fassbar sind. Deshalb ist eine Komplexitätsreduktion erforderlich. Hierbei dominieren zwei Grundgedanken: die hierarchische und aspektweise Modellierung von Systemen. Diese beiden Formen sind mit dem in Abschn. 2.3 erläuterten Systemkonzepten eng verwandt.

Hierarchische Modellierung

Die hierarchische Modellierung bildet die erste Form. Ein solcher Ansatz gliedert das System in mehrere Systeme niederer Ordnung und reduziert so die komplexe Realität. So gebildete Systeme heißen Subsysteme [Rop79, S. 55 f.]. Grundsätzlich sind Vererbungs- von Bestandteilhierarchien zu unterscheiden. Eine Vererbungshierarchie drückt aus, dass ein Element seine Eigenschaften an die darunter liegenden Elemente weitergibt und diese Spezialformen darstellen. Demgegenüber besagen Bestandteilhierarchien, dass ein Element die darunterliegenden Elemente als Bestandteile einschließt, vgl. u. a. [BalH99, S. 39 ff., 56 f.; Spe05, S. 32]:

[4] Wissenschaftstheoretisch sind hier zwei Punkte hervorzuheben: Zum einen der vonPopper betonte Charakter der Vorläufigkeit von Erkenntnissen. Zum anderen der Hinweis vonStachowiak auf die schrittweise Abschwächung des Wahrheitsbegriffs im Zeitverlauf der Wissenschaftsgeschichte (in den Schritten Wahrscheinlichkeit, Bestätigbarkeit, Falsifizierbarkeit bis hin zur Bewährbarkeit). Beide Autoren betonen als wichtigstes Prüfkriterium für Modelle ihre innere Widerspruchsfreiheit [Pop05, S. 16 ff., 90 ff.; Sta73, S. 54, 63].

- Die *Generalisierung* (Kind of-Beziehung) beschreibt als Vererbungshierarchie eine Über-/Unterordnungsbeziehung zwischen einer allgemeinen und spezialisierten Klasse. In dieser Arbeit wird dann von einer Kind of-Beziehung gesprochen, wenn die Beziehung über „ist vom (übergeordneten) Typ“ (von unten nach oben) charakterisiert ist [BalH99, S. 51 ff., 553].
- Die *Aggregation* (strenge Part of-Beziehung) beschreibt als Bestandteilhierarchie eine Über-/Unterordnungsbeziehung zwischen Objekten einer oder mehrerer Klassen. Eine strenge Part of-Beziehung liegt vor, wenn die Beziehung über „ist Teil von“ (von unten nach oben) bzw. „besteht aus“ (von oben nach unten) charakterisiert ist [BalH99, S. 46 f., 534 f.].
- Die *Assoziation* (erweiterte Part of-Beziehung) beschreibt als Bestandteilhierarchie eine Über-/Unterordnungsbeziehung zwischen Objekten einer oder mehrerer Klassen. Eine erweiterte Part of-Beziehung liegt vor, wenn die Beziehung über „gehört zu“ (von unten nach oben) bzw. „besitzt“ (von oben nach unten) charakterisiert ist. [BalH99, S. 40, 534 f.].

Im Rahmen dieser Arbeit sind alle drei Formen relevant.

Aspektweise Modellierung

Die aspektweise Modellierung bildet die zweite Form. Ein solcher Ansatz untersucht das System unter einem bestimmten Gesichtspunkt und reduziert so die komplexe Realität. Eine Sicht stellt einen oder wenige Aspekte in den Vordergrund und rückt damit andere zwangsläufig in den Hintergrund. Zur Konkretisierung dieses Sichtenskonzeptes sind für den jeweiligen Anwendungsfall *Betrachtungsposition* (von wo aus wird das System betrachtet?, auch Perspektive oder Orientierung des sehenden Subjekts), *Betrachtungsobjekt* (was steht im Fokus?, auch Ausschnitt des Systems) sowie ergänzend der *Betrachtungsinhalt* (welche Merkmale des Betrachtungsobjektes werden aus der jeweiligen Betrachtungsposition wahrgenommen?, auch Wahrnehmungsprozess) zu unterscheiden. Das Gruppieren des gewählten Realitätsausschnitts auf diesen Aspekt hin soll die Systemanalyse – durch die so entstandene einfachere Struktur – erleichtern. So gebildete Systeme heißen Teilsysteme [DaHu97, S. 13 ff.; Spe05, S. 33 f.].

Abbildung 2.4 visualisiert diese Gruppierung anhand von Sichtweisen am Beispiel der Elemente eines betrachteten Systems hinsichtlich Form und Größe. Eine weitere Sicht würde sich bspw. durch Ordnen nach der Intensität der Beziehungen ergeben. Für die Analyse und Gestaltung des Auftragsmanagements ergeben sich hieraus zwei wichtige Schlussfolgerungen:

- Erstens ordnet ein Aspekt das System und bildet so den Ausgangspunkt einer systematischen Analyse; analog einem Wollknäuel, bei dem das gefundene Ende ein ordnungsgemäßes Aufrollen ermöglicht. Unregelmäßigkeiten oder Abweichungen von Vorgaben werden augenfällig, in Abb. 2.4b bspw. das fehlende große und das doppelte kleine Dreieck.
- Zweitens sind so gebildete Teilsysteme nicht voneinander unabhängig, sondern beziehen sich aufeinander [Spe05, S. 34]. Dies unterstützt eine Prüfung auf Konsistenz und Vollständigkeit. So verdeutlicht das Gegenüberstellen der Elemente

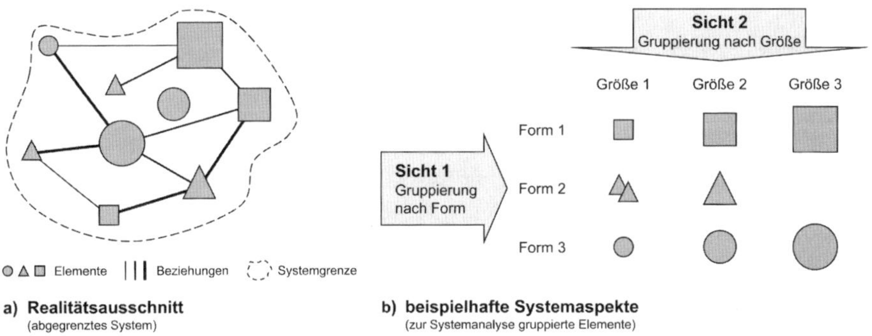

Abb. 2.4 Aspektweise Modellierung komplexer Systeme

und ihrer Beziehungen des in Abb. 2.4a dargestellten Systems, dass der mittelgroße Kreis keine Beziehung zu anderen Elementen besitzt. Eine solche Abweichung wirft zunächst die Frage auf, ob alle Beziehungen vollständig modelliert sind. Im Sinne einer konsistenten Gestaltung ist zu prüfen, ob dies auch künftig so bleiben kann oder ob hier Umgestaltungsbedarf besteht.

Beide Schlussfolgerungen sind für die Analyse der in Abschn. 1.1 erläuterten Stolpersteine der PPS wichtig. In diesem Fall sind die Gestaltungsaspekte nicht konsistent ausgelegt und die Analyse unterstützt das Erkennen der strukturellen Defizite.

Im Anschluss werden nun die inhaltlichen Grundlagen der Modellbildung näher beschrieben.

2.3 Inhaltliche Grundlagen der Modellbildung

Aus inhaltlicher Sicht ist das Ablaufgeschehen einer Produktion durch wechselseitige Einflüsse bestimmt: Offensichtlich bestimmt die eingesetzte Produktions- und Informationstechnik die maximal mögliche Logistikleistung. Doch die einleitend beschriebenen Praxiserfahrungen zeigen, dass die gewählte Organisation sowie die für die Planung und Produktionsausführung verantwortlichen Menschen mit ihren Interessen die tatsächliche Logistikleistung ebenfalls beeinflussen. Deshalb ist heute allgemein anerkannt, dass das Zusammenspiel von Mensch, Technik und Organisation das Ablaufgeschehen einer Produktion bestimmt. Somit greift ein rein auf Funktionslogik und Datenmodellierung reduziertes Auftragsmanagement-Modell zu kurz, da es lediglich die technischen Aspekte betreffen würde. Vielmehr muss ein Grundmodell das Auftragsmanagement als sozio-technisches System interpretieren und abbilden können, vgl. u. a. [UK72; War93; Schwa94; Uli99; SuGi06, S. 12 ff.].

Um beide Aspekte ausgewogen berücksichtigen zu können, wird der systemtheoretische Ansatz gewählt. Deshalb leiten die Grundlagen der Systemtheorie zur strukturierten Analyse komplexer Zusammenhänge die Beschreibung des Systemverständnisses für das zu entwickelnde AM-Modell ein. Als zweites folgt eine knappe Darstellung der Handlungstheorie mit einer Beschreibung des zentralen Konzeptes der Kybernetik, dem Regelkreis. Die drittens erläuterte Kontrolltheorie für hierarchische Systeme erweitert diese Grundüberlegungen zu einer hierarchischen Planung. Viertens werden die Eigenschaften von Systemen beschrieben, die sich in einem schlecht vorhersagbaren Umfeld bewegen. Aus dem Systems Engineering stammende Empfehlungen zur Systemgestaltung und zum Projektmanagement schließen die inhaltlichen Grundlagen der Modellbildung ab.

2.3.1 Grundlagen der Systemtheorie

Zur Beschreibung und Analyse komplexer Zusammenhänge hat sich die Systemtheorie bewährt. Für die hier notwendige, sozio-technische Sichtweise formulierten Trist und Bamforth die methodischen Grundlagen aus mikrosozialer Sicht [TrBa51, RieH82, S. 48 ff.]. Aus technischer Sicht entwickelte Ropohl die heute allgemein anerkannten Grundlagen der Systemtheorie [Rop75; Rop79]. Zur Analyse identifiziert er drei Systemkonzepte, Abb. 2.5a [Rop99, S. 75 ff.]:

- Das *funktionale Systemkonzept* interpretiert das System als Black Box. Kennzeichnend sind die Zusammenhänge zwischen den äußeren Elementen (Was tut das System?). Es wird (vollständig) durch Input, Zustand, Output sowie eine Funktion beschrieben.
- Das *strukturale Systemkonzept* beschreibt ein System als eine Ganzheit miteinander verknüpfter Elemente. Letztere bilden mit ihren Relationen eine Struktur.
- Das *hierarchische Systemkonzept* betont, dass die Elemente eines Systems wiederum als Systeme aufgefasst und damit in Systeme niederer Ordnung zerlegt werden können.

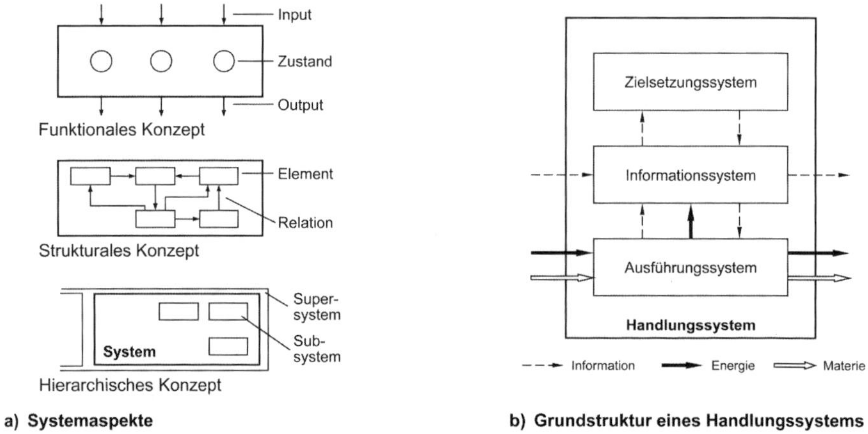

Abb. 2.5 Systemaspekte und Grundstruktur eines Handlungssystems. (Ropohl)

Die Beschreibung und Analyse der Aktionen von Systemen erfordert einen handlungstheoretischen Ansatz. Die Struktursicht auf ein Handlungssystem unterscheidet gemäß Abb. 2.5b drei Teilsysteme [Rop99, S. 101 ff.]:

- Das *Ausführungssystem* leistet die Arbeit i. e. S. und bewirkt stofflich-energetische Umgebungsveränderungen. Ihm sind materielle und energetische Attribute zugeordnet.
- Das *Informationsverarbeitungssystem* verarbeitet Informationen und sichert die Interaktion mit anderen Handlungssystemen. Ihm sind vor allem informationelle Attribute zugeordnet.
- Das *Zielsetzungssystem* generiert systemintern Zielsysteme als Leitlinien des Handelns. Diese sind aus einer Außensicht verborgen. Es besitzt über das Informationsverarbeitungssystem lediglich eine indirekte Außenbeziehung.

Diese Unterteilung klärt die Aufgaben zu Analysezwecken und ist unabhängig von der gewählten Organisationsform (z. B. zentrale oder dezentrale Planung und Steuerung) anwendbar [Rop99, S. 111 ff.; Schwa94, S. 21 ff.].

2.3.2 Grundlagen der Handlungstheorie

Aus Ablaufsicht spalten sich die vom Handlungssystem zu erfüllenden Funktionen in verschiedene Teilaktivitäten auf [Geh40, S. 54 ff.]. Im allgemeinen Fall entsteht der sogenannte Handlungskreis mit den Schritten Test, Operate, Test und Exit (TOTE) [MGP60, S. 25 ff.] bzw. Zielsetzung, Planung, Handlung und Prüfung, der sich über mehrere Rückkopplungsschleifen schließt [Rop99, S. 99 ff.]. Dies entspricht dem zentralen Konzept der Kybernetik, dem Regelkreis. In seiner einfachsten Form werden die Ausgangsvariablen eines operativen Wirksystems an eine Lenkungsinstanz zurückgemeldet und dort mit vorgegebenen Zielwerten verglichen; Abweichungen erfordern korrigierende Lenkungseingriffe. Dies erfüllt gleichzeitig die notwendige Bedingung des Konzepts der Regelung, nämlich die Informationsrückführung. So kann auf innere oder äußere Störgrößen reagiert werden. Darüber hinaus verzeihen Regelungskonzepte Unzulänglichkeiten des Reglers (Robustheit gegenüber vereinfachten Näherungen der realen Regelstrecke), vgl. u. a. [DIN 19226-1; For72, S. 89 ff.; Bae74, S. 23 ff.,Leh80, S. 1574 f.; Pat82, S. 82 ff.; BalP02, S. 46 f.; Schwa94, S. 22; Föl94, S. 7 ff., 565 ff.].

Hinreichende Bedingung im Sinne der Regelungstechnik ist das Berücksichtigen der Ablaufdynamik eines Systems. Zur Beschreibung des Zeitverhaltens sind Stell-, Regel- und Störgrößen zu definieren sowie ein Modell der Regelstrecke – also des Wirksystems – aufzubauen. Hierzu entworfene Regler sollen das Verhalten so beeinflussen, dass die Regelabweichung (Differenz zwischen Regel- und Führungsgröße) minimiert wird. Wichtige Beurteilungskriterien sind Stabilität, Führungs- und Störverhalten. Eine modellgestützte Regelung erfordert eine detaillierte Kenntnis und mathematische Beschreibung der Wirkzusammenhänge. Erst

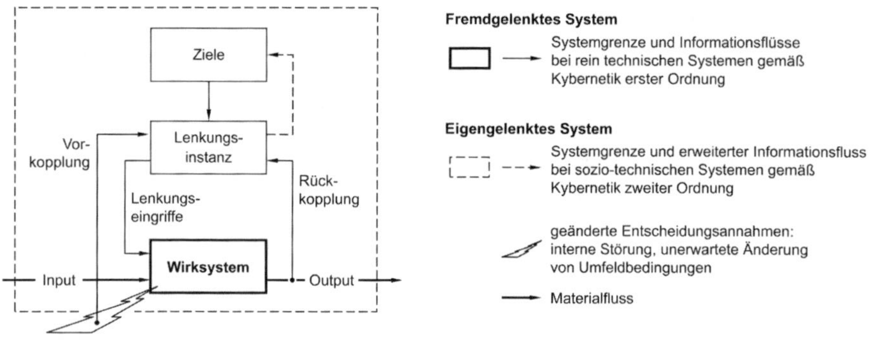

Abb. 2.6 Erweitertes Regelkreisschema. (Schwaninger zitiert nach Balve)

so kann der Kerngedanke klassischer Regelungstheorie wirksam werden, vgl. u. a. [DIN 19226-1; WPM93; Föl94, S. 10 f.; PetD96, S. 12, 33 f.; Brei01, S. 4 f.].

Sobald Systeme zeitverzögert auf Regeleingriffe reagieren, ist das Regelkreisschema zu erweitern, Abb. 2.6. Dies betrifft vor allem die Arten der Kopplung von Lenkungsinstanz und Wirksystem: Die dem klassischen Regelkreisgedanken folgende Rückkopplung (feedback) kann Störungen[5] prinzipbedingt nur im Nachhinein berücksichtigen (mit dem beschriebenen Vorteil der Robustheit des Reglers gegenüber Vereinfachungen). Die Differenzierung des Gesamtprozesses in Teile ermöglicht eine Zwischenkopplung und unterteilt den Gesamt-Regelkreis in kleinere Regelkreise. Demgegenüber ermöglicht eine Vorkopplung (feed forward) ein vorausschauendes Berücksichtigen von Störgrößen und stellt dementsprechend höhere Anforderungen an die Abbildung der Regelstrecke durch den Regler. Die für solche Anforderungen entworfenen prädiktiven Regelkonzepte treffen Verhaltensvorhersagen über einen bestimmten Zeithorizont und greifen dann gegebenenfalls ein. Ein Unterscheiden von Situationen ohne und mit Reglereingriff (future without/ with control) ermöglicht die Auswahl der besten Stellstrategie [Schwa94, S. 22 f.; DR04, S. 38 f.].

Die in Abb. 2.3 dargestellten Unterschiede von technischen und sozio-technischen Systemen wirken auch auf die Ausgestaltung des Regelkreises in Abb. 2.6: Technische Systeme sind durch das Prinzip der Fremdlenkung gekennzeichnet. Das System ist zweckorientiert, die Lenkungsinstanz steht außerhalb des zu lenkenden Systems und die Ziele sind von außen vorgegeben (Kybernetik erster Ordnung). Demgegenüber sind sozio-technische Systeme durch das Prinzip der Eigenlenkung gekennzeichnet und arbeiten zielorientiert. Die Lenkungsinstanz ist damit Teil des gelenkten Systems (Kybernetik zweiter Ordnung) und das System kann innerhalb vorgegebener Rahmenvorgaben – dem sogenannten Handlungsspielraum – eigene Ziele verfolgen. Nach heutigem Wissen begünstigt eine solche Struktur die

[5] Störungen gelten in diesem erweiterten Kontext als unerwartete Änderung der Umfeldbedingungen, d. h. der ursprünglichen Entscheidungsannahmen. Signifikante Änderungen beeinflussen das Systemverhalten unerwünscht und erfordern demzufolge korrigierende Lenkungseingriffe.

zur Komplexitätsbewältigung erforderliche Autonomie von Subsystemen [Leh80, S. 1572; Esp89, S. 89; Schwa94, S. 24 f.; Mal96, S. 102; Thi98, S. 16 ff.].

Somit umfasst die Teilautonomie solcher Systeme einerseits das Festlegen eigener Ziele und andererseits das Abstimmen seiner operativen Pläne mit anderen, teilautonomen Systemen. Dementsprechend bietet sich eine weitergehende Unterscheidung der Sollwerte oder Führungsgrößen in Zielwerte und Planungswerte an, vgl. u. a. [Uli94, S. 168; Rop99, S. 99 ff.; WieH02, S. 82]. Gelten erstere für einen längeren Zeitraum (z. B. Zielwerte für Durchlaufzeit- oder Termintreue einer Berichtsperiode), bilden letztere Eingangs- oder Ausgangsgröße laufender Planungs- und Steuerungsentscheidungen (z. B. Material- und Kapazitätsverfügbarkeiten oder Auftragsstart- und Endtermine).

Die Forderung, auch im Auftragsmanagement offene Steuerketten durch geschlossene Wirkungskreisläufe zu ersetzen, wurde schon früh erhoben [Dro65; BranK67, S. 12 ff.]. Die zunächst aus technischer Sicht formulierten Anforderungen unterstellen eher eine Fremdlenkung, vgl. u. a. [War89; Wed89; WieP90; WPM93; JB94; PetD96; Brei01; Rem03; KD04; Bri05]. Spätere Arbeiten weisen auf den sozio-technischen Charakter einer Planung und Steuerung hin und betonen Eigenlenkung und Teilautonomie zur Komplexitätsbeherrschung, vgl. u. a. [Wei92; WW96; Man97; Ahr98; Thi98; Bis99; VolL00; BalP02; WieH02; Burr09]. Ein solches Grundkonzept unterstützt die in der Realität unvermeidbaren Plankorrekturen und betont den iterativen und zyklischen Charakter von Planungs- und Steuerungsaktivitäten [Stau79, S. 35 ff.].

Die aus Teilaktivitäten zur Lenkung und Ausführung bestehenden Handlungen weisen logische Abhängigkeiten auf. Für das zu entwickelnde Auftragsmanagement-Modell werden hierzu zwei Ansatzpunkte detaillierter betrachtet. Zum einen der dem sozio-technischen Gedankengut entstammende Ansatz von Ulrich & Krieg und zum anderen das aus der Qualitätswissenschaft stammende Konzept des Deming-Zyklus.

Nach Ulrich & Krieg entspricht Führen einem regelkreisähnlichen Zyklus, Abb. 2.7a. Er läuft nach dem ersten In-Gang-Setzen mit den Schritten Entscheiden, In-Gang-Setzen und Kontrollieren parallel zum Ausführen ohne eigentlichen Anfang und Ende weiter [UK72, S. 30]. Gemäß dem sozio-technischen Verständnis arbeitet das System zielorientiert und der Regler ist ein Teil des Systems. Abbildung 2.7a deutet die für Erkenntniszwecke wichtige gedankliche Trennung zwischen Lenkungseinheit und gelenkter Einheit (Lenkung und Ausführung) an. Diese ist insbesondere dann von Nutzen, wenn es sich um die gleiche Person handelt [Schwa94, S. 23 ff.].

Ergebnis einer solchen Modellvorstellung ist die bereits genannte (Teil-)Autonomie der Subsysteme, der Handlungsspielraum. Hierbei spielt die Vollständigkeit übertragener Aufgaben eine wichtige Rolle, die das Setzen von Zielen, das Wahrnehmen von Planungsfunktionen, die Auswahl der Mittel zur Umsetzung sowie Ausführungsfunktionen mit Ablauf- und Resultatsfeedback umfasst. Basierend auf dem kybernetischen Grundprinzip entwickelt Schüpbach ein vollständiges Modell eines zielgerichteten und plangeleiteten Prozesses mit drei Ebenen: Zielbildungs-, Dispositions- und Operationsebene [Uli94, S. 168; Schüp94, S. 117 f., 249 f.].

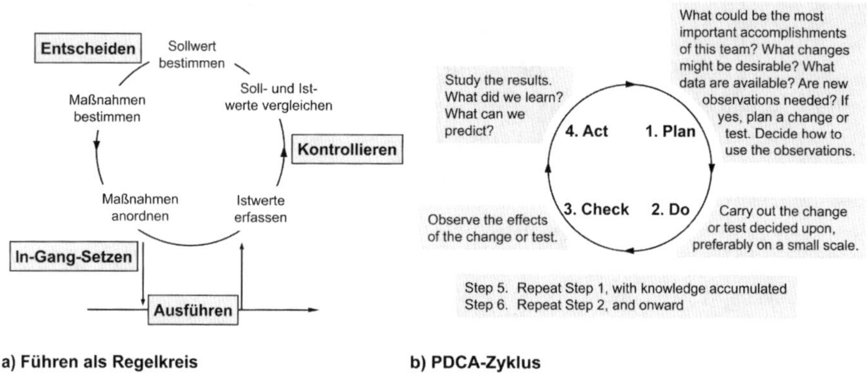

Abb. 2.7 Handlungszyklen sozio-technischer Systeme. (Ulrich/Krieg; Deming)

Demgegenüber sind die Überlegungen von Deming auf die ständige Verbesserung im Sinne einer umfassenden Qualitätsphilosophie ausgerichtet. Er betrachtet jeden Vorgang als Prozess, der schrittweise verbessert werden kann: Der ursprünglich von Shewhart stammende Zyklus beinhaltet die Schritte specification, production, inspection. [She39, S. 45]. Deming erweitert ihn zum heute bekannten Plan-Do-Check-Act-Zyklus (Abb. 2.7b) und ordnet dem vierten Schritt ‚Act' ausdrücklich die Funktion Verbessern (d. h. Lernen) zu [Dem92, S. 88 f.]. Damit deutet er an, dass der allgemein formulierte Schritt Kontrollieren eigentlich in zwei Arten von Maßnahmen mündet, einerseits das sogenannte Ablauffeedback zur regelmäßigen Handlungskorrektur und andererseits das sogenannte Resultatsfeedback, mit der Möglichkeit, Ergebnisse der Pläne oder Handlungen auf Übereinstimmung mit den gesetzten Zielen zu überprüfen und Maßnahmen auf höherer Ebene durchzuführen, z. B. eine Zielveränderung oder eine Strukturanpassung [Uli94, S. 168; Rop99, S. 101]. Der Zyklus ist – wie das Modell von Ulrich & Krieg – als Prozess ohne eigentlichen Anfangs- und Endpunkt zu verstehen [She86, S. 44 f.; Dem92, S. 89; KaBr06, S. 289 f.].

Alle Handlungskonzepte betonen den Zukunftsbezug von Entscheidungen, vgl. u. a. [Hal62, S. 75; MGP73, S. 8, 25 ff.]. Ein analoges Verständnis findet sich auch in der Betriebswirtschaftslehre. Planung ist dort definiert als „gedankliche Vorwegnahme künftigen Geschehens durch systematische Entscheidungsvorbereitung und -fällung" [Hah96, S. 1522]. Die eigentliche Planungs-, d. h. Entscheidungssituation (Phasen Entscheiden und In-Gang-Setzen in Abb. 2.7a bzw. Phase Plan in Abb. 2.7b) ist demnach durch die folgenden vier Merkmale Zielsetzung, Ausgangssituation, Handlungsalternativen und Handlungsergebnisse beschreibbar, vgl. u. a. [Ada80, S. 18, 27 ff.; Gab88, S. 2136 ff.; SchoA04]:

- *Zielsetzungen*: Der angestrebte Zustand ist durch Ziele bzw. Zielvorgaben beschrieben, die von der subjektiven Einschätzung des Planungsträgers abhängen. Im Rahmen des Auftragsmanagements stehen diese Ziele typischerweise in Konkurrenz zueinander.

- *Ausgangssituation*: Das zu planende System ist durch Sachverhalte gekennzeichnet, die der Planende selbst nicht beeinflussen kann. Diese Eingangsinformationen gehen als Daten in die Planung ein und über zukünftige Sachverhalte besteht i. d. R. Unsicherheit.
- *Handlungsalternativen*: Dieses Merkmal umfasst die verschiedenen verfügbaren Entscheidungsmöglichkeiten zum Erreichen des angestrebten Zustands. Handlungsalternativen wirken auf beeinflussbare Tatbestände (Variablen) des Systems ein. Variablen und Daten stehen in bestimmten Wirkzusammenhängen.
- *Handlungsergebnisse*: Die Handlungsalternativen werden danach beurteilt, inwieweit sie unter Beachtung der Wirkzusammenhänge zur Zielerreichung beitragen.

Zur Beschreibung der Ausgangssituation und Bewertung der Handlungsalternativen hat sich im Auftragsmanagement eine Differenzierung in zwei Sichten bewährt: Aus Außen- oder Liefersicht sind demnach Prognosen bezüglich Marktentwicklung bzw. Kundenverhalten erforderlich. Aus Innen- oder Dispositionssicht ist das künftige logistische Produktionsverhalten zu prognostizieren. Letzteres bildet die Basis für die Ermittlung von Lieferterminen und -mengen sowie für die Artikel- und Ressourcendisposition. Ein (periodischer) Neuaufwurf der Planung reagiert auf unvorhergesehene Veränderungen von Eingangsgrößen oder Abweichungen im Produktionsablauf.

2.3.3 Kontrolltheorie hierarchischer Systeme

In industriell organisierten Betrieben sind die Ausführungs- und Lenkungsaktivitäten auf verschiedene Verantwortungsbereiche bzw. Personen verteilt. Damit wird die aufbauorganisatorische Struktur zum Untersuchungs- und Gestaltungsgegenstand. Die unterschiedlichen Zielstellungen bzw. -setzungen, Horizonte und Freiheitsgrade erfordern zwangsläufig Entscheidungsebenen mit unterschiedlichem Detaillierungsgrad, eine hierarchische Planung im Auftragsmanagement ist heute unumstritten, vgl. u. a. [Riep79; Stad88; WinR91; HTB92; Dre94; SteM94; Kuhl94; KSB95; HS96, S. 387 ff.; BWW90, S. 8 ff., 55 ff.; Obs00]. Dies teilt den in Abb. 2.7 dargestellten einfachen Regelkreis in mehrere auf und macht es erforderlich, den aufbauorganisatorischen Bezug der Prozesse und ihrer Teilaktivitäten näher zu betrachten.

Theoretische Grundlage einer hierarchischen Planung bildet das von Hax & Meal beschriebene hierarchische Planungskonzept [HM75] sowie die kontrolltheoretische Systemanalyse von Mesarović, Macko & Takahara [MMT70]. Letztere definieren Systeme mit hierarchischer Struktur (vertical arrangement) über ihre Eigenschaften (characteristics). Demnach kennzeichnen hierarchische Entscheidungssysteme zwei Eigenschaften: Dekomposition in mindestens zwei Teilentscheidungssysteme (Entscheidungsebenen) sowie eine Über-/Unterordnungsbeziehung hin-

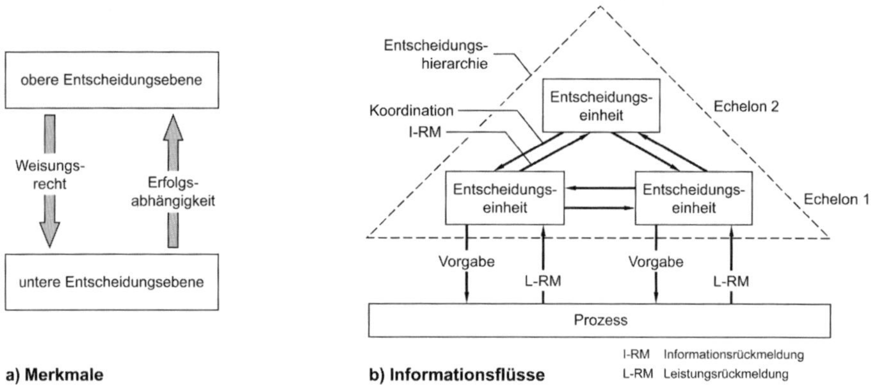

Abb. 2.8 Merkmale und Informationsflüsse hierarchischer Systeme. (Nach Mesarović/Macko/Takahara)

sichtlich eines bestimmten Aspekts[6] [MMT70, S. 36 f.; Riep79, S. 120 ff.]. Hierbei beschreibt die Überordnungsbeziehung die Weisungsrechte (right of intervention), also das Recht der oberen Ebene, Vorgaben zu setzen. Diese sind sachlogisch oder formal übergeordnet bzw. zeitlich vorgelagert. Die Unterordnungsbeziehung zeigt sich in der Erfolgs- bzw. Leistungsabhängigkeit (performance interdependence) der oberen Ebene von der unteren Ebene [MMT70, S. 36]. Abbildung 2.8a visualisiert ihre gegenseitige Abhängigkeit.

Aus kontrolltheoretischer Sicht existieren drei Konzepte zur Problemzerlegung für hierarchische Systeme. Sie klassifizieren gleichzeitig mögliche Entscheidungsebenen ihrer Planung und Steuerung [MMT70, S. 37 ff.; WinR91, S. 78 ff.; WieH02, S. 38, 107]:

- *Strata* modellieren das Systemverhalten in unterschiedlichem Detaillierungsgrad, bilden also Ebenen der Abstraktion hinsichtlich des zeitdynamischen Verhaltens. Ein Ebenenwechsel erhöht das Verständnis des Modellanwenders: in Richtung detaillierter Erklärung einzelner Abhängigkeiten durch eine feinere

[6] Die Schwierigkeit dieser Definition besteht darin, dass sie die faktische Macht aufgrund von Monopolsituationen vernachlässigt. De jure besteht zwischen Kunden und Lieferanten keine hierarchische Beziehung. De facto diktieren Kunden ihren Lieferanten insbesondere in Käufermärkten Bedingungen; diese sind zu erfüllen, um erfolgreich am Markt zu sein. Mit dieser Argumentation ergäbe sich auch hier ein hierarchisches System, was allerdings vom gängigen PPS-Verständnis abweicht, vgl. u. a. [Wei94, S. 9 ff.; WW96; Zäp98; Man97, S. 23 ff.; VolL00, S. 40 ff.; WieH02, S. 107]. Der Machtaspekt wird im Folgenden vernachlässigt, so dass die hier verfolgte Argumentation eher das Gedankengut der neuen Institutionenökonomik aufgreift und zwischen hierarchischer (planwirtschaftlicher) und marktlicher (verhandlungsbasierter) Koordination unterscheidet, vgl. hierzu [Coa37; WilO85] sowie Abschn. 3.1. Die diskutierte Teilautonomie sozio-technischer Systeme zeigt wegen des Handlungsspielraums auch hier Abgrenzungsschwierigkeiten und belegt einmal mehr die bereits erwähnte zeitbezogene Gültigkeit von Modellen [Sta83b, S. 118], vgl. auch Fußnote 2.

Modellierung, zum Erkennen eines Gesamtverhaltens und des Kontextes durch eine gröbere Modellierung.

- *Layers* fokussieren auf die Entscheidungskomplexität und damit eine sachlogische bzw. zeitliche Entscheidungsreihenfolge, bilden also Ebenen der Problemlösung. Aus Komplexitätsgründen ist eine Problemzerlegung erforderlich. Mesarović, Macko & Takahara nennen drei logische Ebenen, die den von Schwaninger identifizierten Lenkungsfunktionen zur Bewertung der Fitness ähneln: Operativ besteht der Zielmaßstab darin, die Effizienz des Systems sicherzustellen (die Dinge richtig tun). Strategisch ist die Effektivität (die richtigen Dinge tun) und normativ die Legitimität (die Gesamtaufgabe aus Sicht des größeren Ganzen erfüllen) sicherzustellen [MMT 70, S. 46 ff.; Schwa94, S. 51].
- *Echolons* repräsentieren den Arbeitsteilungsaspekt und damit Entscheidungseinheiten der Aufbauorganisation. Diese sollten die bereits ausführlich diskutierte Autonomie besitzen.

Abbildung 2.8b zeigt die Informationsflüsse in hierarchischen Systemen: Einerseits verbinden sie die Entscheidungseinheit und den Ausführungsprozess (Vorgabe – Leistungsrückmeldung). Andererseits existieren Flüsse zwischen Entscheidungseinheiten (Koordination – Informationsrückmeldung) [MMT70, S. 49]. Letztere bedürfen genauerer Betrachtung:

- Scherr erweitert das klassische Geschäftsprozessverständnis unter dem Aspekt verteilter Verantwortung, untersucht Rollen, deren Beziehungen und Vereinbarungen [Scherr93] und bezieht sich auf die Vorarbeiten von Flores und Winograd [Flo62; WF86]. Bidirektionale Informationsflüsse zwischen Kunde (Leistungsempfänger) und Lieferant (Leistungserbringer) bilden ein Grundelement als generische Vorschrift zur Geschäftsprozessgestaltung. Werden Geschäftsprozesse als ein ‚Umsetzen von Vereinbarungen' verstanden, führt dies zu den vier Kommunikationsphasen Eröffnung, Verhandlung, Leistungserbringung sowie Abnahme mit jeweils spezifischen Aktivitäten [Scherr93, S. 82 ff.].
- Aus den Empfehlungen des Projekt Management Institutes (PMI) lässt sich die Notwendigkeit bidirektionaler Informationsflüsse ebenfalls ableiten. Das PMI empfiehlt die Definition von Kommunikationsregeln im Projekt, um ein Feedback sicherzustellen. Hierbei ist zwischen der formalen Empfangsbestätigung und der inhaltlichen Beantwortung einer Nachricht zu unterscheiden; sowohl Sender als auch Empfänger von Nachrichten haben Pflichten [PMI04, S. 224, 229]. Wesoly et al. betonen hier den Zeitbezug in Informationskreisläufen: Erfolgt die Rückmeldung nicht innerhalb der vom Kunden gewünschten Zeit, resultieren zusätzliche Nachfragen. Dieser sogenannte Bumerang-Bedarf ist zu bearbeiten, erzeugt im Sinne des Lean-Gedankenguts aber keinen Mehrwert für den Kunden und stellt somit Verschwendung dar [Weso06, S. 39].
- Die Gesellschaft zur Prüfung von Software (GPS Ulm) begann Mitte der 1990er Jahre einen Ansatz zur Analyse und Gestaltung software-gestützter Geschäftsprozesse bei verteilter Verantwortung zu entwickeln und schrittweise auszubauen. Dieser stellt eine Weiterentwicklung der zur formalen Modellierung von Systemen bzw. Transformationsprozessen entwickelten Petri-Netze dar [Petr62;

Rei86] und bewertet einen Prozess als vollständig, wenn er zu einem Wirkungskreislauf geschlossen ist [GPS07, S. 5, 11, 18 ff.].

Alle Ansätze betonen den Organisationsbezug von Prozessen. Aus der bidirektionalen Verbindung folgt die Notwendigkeit geschlossener Informationskreisläufe: Analog zum Grundprinzip des Regelkreises wird ein Informationsfluss dann als geschlossen (kreisförmig) bzw. vollständig modelliert definiert, wenn Start- und Endpunkt des Prozesses bei derselben Person liegen.[7] Unter pragmatischen Gesichtspunkten wäre diese Rückkopplung dann verzichtbar, wenn sich der Auslösende auf die Ausführung ohne weitere Rückfragen oder Rückmeldungen vom Ausführenden quasi ‚blind' verlassen kann, also eine hohe Prozesssicherheit vorliegt. Dies würde den Informationsaustausch um den Preis offener Steuerketten reduzieren.

2.3.4 Wandlungsfähigkeit von Systemen

Seit den 1990er Jahre gewinnen die Phänomene Turbulenz und Komplexität zunehmend an Interesse. Seitdem werden ihre Auswirkungen auf die Gestaltung und Führung von Unternehmen im Hinblick auf technische und organisatorische Lösungsansätze intensiv in Forschung und Praxis diskutiert, vgl. u. a. [MinH94; Gol95; War92; Kun97; SuWi97; Kor99; ReHo00; Til05; West07a]. Produktionsunternehmen müssen demnach die Fähigkeit besitzen, auf schnelle und unvorhergesehene Entwicklungen ihres Umfeldes zu reagieren. Hierfür hat sich der Begriff Wandlungsfähigkeit (changeability) als Oberbegriff herausgebildet, der auf den verschiedenen Strukturebenen eines Produktionsunternehmens spezifische Eigenschaften aufweist [WieP07]. Wandlungsfähigkeit umfasst ein Anpassen an geplante oder ungeplante Änderungen und ist durch eigene Aktionsfähigkeit gekennzeichnet, welche auf System- und Umfeldveränderungen hinwirkt. Gezielt Wandlungsprozesse zu initiieren sowie Veränderung selbst aktiv zu gestalten, wird zur Handlungsmaxime; der Mensch mit seiner Kreativität und Intelligenz ist hierfür unabdingbar, vgl. u. a. [VolH96; BecH96, S. 73; Hart97, S. 18 ff.; BK99; West99; West00a; WH00; WieH02, S. 19 f., 228; Til05, S. 31 ff.; WieP07].

Im Auftragsmanagement zielen die Überlegungen darauf ab, die Wandlungsfähigkeit des Auftragsmanagement-Systems, also seiner Funktions- und Ablauflogik sowie der verwendeten Software-Werkzeuge zu erhöhen. Hier sind vor allem die Arbeiten relevant, die den sozio-technischen Charakter und die Prinzipien der Eigenlenkung berücksichtigen, vgl. u. a. [Ahr98; Thi98; VolL00; BalP02; WieH02].

Abbildung 2.9 fasst die drei wesentlichen Merkmale für wandlungsfähige Systeme differenziert nach Gestaltungs- und Betriebsphase zusammen:

---

[7] Interessanterweise zeigt sich dieses Kommunikationsverständnis auch in Romanen; im zitierten Fall ein Beispiel aus der Sciencefiction-Literatur zur Kommunikation auf Raumschiffen [BraM81, S. 17]: ‚Danke' ist demnach keine leere Höflichkeit, sondern eine unumgängliche Bestätigung. Eine nicht zur Kenntnis genommene Meldung ist wenig wert. Erst die Bestätigung enthebt den Meldenden der Pflicht, die Meldung zu wiederholen.

	Ultra-Stabilität	Selbstähnlichkeit	Autonomie
Gestaltung	*Entwicklungsfähigkeit* Ändern von Verhaltensweisen oder Neubestimmen des Gleichgewichtszustandes gegenüber unvorhergesehenen und das ganze System beeinflussende Störungen durch Rückkopplung zweiter Ordnung.	*Rekursionsprinzip* ebenenunabhängige Lenkungsstruktur eines Systems, bei der die Detailanalyse (Auflösen) des operativen Teilsystems wieder ein System mit allen Lenkungsfunktionen zeigt (Skaleninvarianz).	*Selbstgestaltung* Freiraum in der Gestaltung, bestimmte Entscheidungen innerhalb durch Ziele definierter Freiheitsgrade selbst zu treffen sowie die Ziele zu verhandeln.
Betrieb	*Regelungsfähigkeit* Stabilisieren gegebener Gleichgewichtszustände gegenüber grundsätzlich vorhergesehenen Störungen bestimmter Art und Intensität durch Rückkopplung erster Ordnung.	*Standardisierung* Vereinheitlichen der betrachteten Gegenstände (Prozess, Objekt, ...) nach einem bestimmten Muster mit dem Ziel, sie operativ gleich zu behandeln und eine Differenzierung zu vermeiden.	*Eigenlenkung* Freiraum im operativen Betrieb, bestimmte Entscheidungen innerhalb definierter Freiheitsgrade selbst zu treffen bzw. selbst zu verhandeln.

Abb. 2.9 Merkmale wandlungsfähiger Systeme

- Der Begriff *Ultra-Stabilität* wurde von Ashby als Grundschema zur Erklärung des Anpassungsverhaltens von Lebewesen eingeführt [Ash56] und ist durch zwei sich überlagernde Rückkopplungsschleifen gekennzeichnet: Die in der Betriebsphase relevante *Regelungsfähigkeit* stabilisiert das System mit aktiver Rückkopplung gegenüber prinzipiell vorgedachten Störungen (operative Ebene). Die *Entwicklungsfähigkeit* betrifft die Gestaltungsphase. Sie stellt die vitale Existenz eines Systems in einer dynamischen Umwelt durch Anpassung und Weiterentwicklung sicher und wird der reflektierende Ebene zugeordnet [Hal62, S. 70 ff.; MMT70, S. 47 f.; Krie71, S. 82; Leh80, S. 1576; Mal96, S. 80; BalP02, S. 50, 53].
- Der Begriff *Selbstähnlichkeit* stammt ursprünglich aus der Mathematik und beschreibt Strukturen, die im Detail die Gesamtstruktur widerspiegeln. H.-J. Warnecke überträgt diesen Gedanken auf Industriebetriebe und leitet hieraus Grundmuster für ihre Gestaltung unter dem Begriff des Fraktals ab [War93, S. 148 ff.]. Für die Betriebsphase ist insbesondere die *Standardisierung* relevant. Dieser in der Industrie weit verbreitete Ansatz bildet eine wesentliche Säule im Lean-Gedankengut und soll über eine Vereinheitlichung geringere Aufwände mit verbesserten Arbeitsabläufen bei höherer Qualität kombinieren, vgl. u. a. [Suz89, S. 129 ff.; Mey98, S. 22; MülG92, S. 557; Tak95, S. 137 ff.; Spa03, S. 66 f.; Erl07, S. 12]. Für die Gestaltung unterstützt das *Rekursionsprinzip* die angestrebte Entwicklungsfähigkeit [Esp89, S. 89; Mal96, S. 102; BalP02, S. 54].
- Der Begriff *Autonomie* bedeutet Eigengesetzlichkeit. Diese relative, regelorientierte Verhaltensfreiheit des Systems bewegt sich innerhalb inhaltlicher und zeitlicher Begrenzungen und führt zu einer Teilautonomie [SchuW91, S. 36; Pro87, S. 82]. Aus Betriebssicht beinhaltet Autonomie vor allem eine *Eigenlenkung*, aus Gestaltungssicht *Selbstgestaltung*; beide innerhalb definierter Freiheitsgrade. Autonomie ist kein Selbstzweck, sondern Mittel zur dezentralen Komplexitätsbewältigung, vgl. u. a. [Beer95, S. 158; VolL00, S. 34 ff.; BalP02, S. 55].

2.3.5 Systemgestaltung und Projektmanagement

Komplexe Systeme sind zielgerichtet auf ihren jeweiligen Zweck hin zu entwerfen. Hier liefert das bereits angesprochene *Systems Engineering* methodische Grundlagen [DaHu97; Zü04]. Die Methodik beinhaltet neben dem bereits beschriebenen Systemdenken ein Vorgehensmodell zur Problemlösung. Das Vorgehensmodell selbst besteht aus vier Grundgedanken, die als kombiniert zu verwendende Komponenten betrachtet werden sollen [DaHu97, S. 29 ff.]:

- Vom *Groben zum Detail* vorzugehen, also zunächst grundlegende Fragen und ein Gesamtkonzept zu erarbeiten, bevor detaillierte Überlegungen einen hohen Aufwand verursachen,
- Das Prinzip der *Variantenbildung* zu verfolgen, also systematisch nach alternativen Grundideen zu fragen und so einen möglichst umfassenden Überblick über Lösungsmöglichkeiten zu bekommen,
- den Prozess der Systementwicklung und -realisierung in zeitliche *Phasen* zu gliedern, also eine Makro-Logik der Projektbearbeitung vorzugeben sowie
- mit Hilfe des *Problemlösungszyklus* einen formalen Vorgehensleitfaden zur Problemlösung vorzugeben, also eine generische Mikro-Logik der Projektbearbeitung zu nutzen, die für jede Art von Problemen in jeder Projektphase angewendet werden soll.

Dieser Grundansatz erscheint zur Gestaltung des Auftragsmanagements besonders geeignet: Zunächst wurde das Systems Engineering ausdrücklich für die Gestaltung komplexer Systeme entwickelt, hat sich hierfür bewährt und ist auch im Kontext eines AM-Systems einsetzbar [DaHu97, S. XVIII ff.; Zü99, S. 1; BalP02, S. 95 ff.; Spe05, S. 170 f., 190 f.]. Zum zweiten adressiert die Methode explizit die Gestaltung sozio-technischer Systeme [Zü99, S. 6, 14] und erscheint damit in der Lage, im Auftragsmanagement auftretende Interessenkonflikte zu berücksichtigen (vgl. Abschn. 1.1). Zum dritten unterscheidet das Systems Engineering zwischen den Lebensphasen eines Systems und den Projektphasen zur Entwicklung und Realisierung einer solchen Lösung und bezieht diese aufeinander [DaHu97, S. 37]. Wie bereits erläutert, ist diese Unterscheidung zwischen dem zu gestaltenden System einerseits und dem Gestaltungsprozess anderseits besonders zur Analyse eigengelenkter Systeme vorteilhaft (vgl. a. Abschn. 2.3.1, 2.3.2).

Abbildung 2.10 gibt einen Überblick über das Phasenkonzept des Systems Engineering mit den Lebensphasen eines Systems (Abb. 2.10a), den Projektphasen (Abb. 2.10b) und dem Problemlösezyklus (Abb. 2.10c). Lebensphasen eines Systems und seine Projektphasen sind gegenübergestellt. Diese *Makro-Logik* der Projektphasen sieht eine ausdrückliche Entscheidung über Abbruch oder Weiterführung in jeder Phase vor; Rückschritte zu Vorphasen sind möglich und nur aus Vereinfachungsgründen nicht dargestellt.

Die Phasen haben unterschiedliche Zwecke und Ergebnisse, vgl. u. a. [DaHu97, S. 39 ff., 240 ff.; Zü99, S. 14 ff.; Spe05, S. 170]:

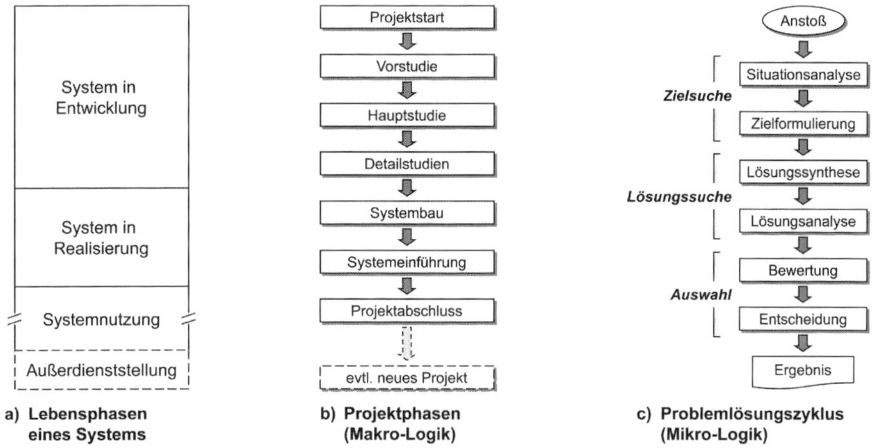

Abb. 2.10 Phasenkonzept des Systems Engineering. (Daenzer/Huber)

- Der *Projektstart* umfasst die erforderlichen Vorarbeiten für ein Projekt (Projektauftrag klären, Projektleiter und -gruppe benennen) und schließt die eher unstrukturierte Anstoßphase (Unbehagen mit dem Ist-Zustand, Entscheidungsträger sensibilisieren, Problembewusstsein schaffen und Handlungsbereitschaft klären) ab. Ergebnis ist ein Projektantrag, der bei Genehmigung in einen Projektauftrag mündet.
- Die *Vorstudie* untersucht das Bedürfnis nach einer neuen oder modifizierten Lösung (Problemstellung und Zielsetzung klären; mögliche Lösungsprinzipien ausarbeiten und auf Realisierbarkeit prüfen). Ergebnis ist ein Grobkonzept.
- Die *Hauptstudie* vertieft die Konzeptvarianten inhaltlich umfassender und detaillierter, meist auch unter Wirtschaftlichkeits- und Investitionsaspekten (vertiefte Informationen beschaffen, alternative Lösungskonzepte erarbeiten hinsichtlich Funktionsweise, -tüchtigkeit, Schnittstellen, Zweckmäßigkeit und Wirtschaftlichkeit). Ergebnis ist ein Gesamtkonzept.
- Die *Detailstudien* erarbeiten separat detaillierte Lösungskonzepte (Teilsysteme/-aspekte isolieren, Teilkonzeptvarianten erarbeiten, Unterlagen für Realisierung bereitstellen). Ergebnis sind Detailkonzepte, ggf. in bzw. über verschiedene Systemebenen, sowie Hinweise auf die Außerdienststellung bestehender Systeme oder -teile.
- Der *Systembau* realisiert das System (Systembestandteile herstellen/beschaffen, geordneter Zusammenbau, Systemeinführung vorbereiten). Ergebnis ist ein funktionsfähiges, aber noch nicht eingeführtes System; hierzu gehören auch Schulungsunterlagen, Systemdokumentationen und Benutzerhandbücher.
- Die *Systemeinführung* nimmt das neue System in Betrieb und übergibt es an die Benutzer (Benutzer unterweisen, Neu-System betreiben, ggf. Alt-System ablösen). Ergebnis ist ein eingeführtes, dem Systemnutzer übergebenes System.

- Der *Projektabschluss* beendet das Projekt formal und beinhaltet eine Erfolgskontrolle (Abschlussarbeiten durchführen, Übergabezeitpunkte und -prozeduren planen, Manöverkritik als Lernchance für Folgeprojekte durchführen, Projektteam auflösen). Die Erfolgskontrolle setzt eine gewisse Betriebszeit vor einer abschließenden Beurteilung voraus.

In der Phase der *Systemnutzung* (Abb. 2.10a, unten) steht der operative Zweck des Systems im Vordergrund. Eine laufende Leistungsüberprüfung (systematisches Sammeln der Betriebserfahrungen und Änderungswünsche) stößt kleinere Verbesserungen an. Eine zunehmende Unzufriedenheit könnte eine umfangreichere Um- oder sogar Neugestaltung anstoßen.

Neben dieser Makro-Logik des Gesamtprojektes gibt der Problemlösungszyklus einen formalen Vorgehensleitfaden zur Problemlösung im Sinne einer generischen *Mikro-Logik* der Projektbearbeitung vor, Abb. 2.10c. Die Autoren beziehen sich auf die Dewey'sche Problemlösungslogik [Hal62, S. 88 ff.] und ordnen die notwendigen Arbeitsschritte in drei Stufen, um innerhalb eines beliebigen Planungsabschnittes zu einer Lösung zu gelangen: Nach dem Anstoß erfolgt die Zielsuche mit den Schritten Situationsanalyse und Zielformulierung, dann die Lösungssuche mit den Schritten Synthese und Analyse von Lösungen sowie Auswahl einer Alternative mit den Schritten Bewertung und Entscheidung. Die Rückschritte dieser iterativen Arbeitslogik sind wiederum aus Vereinfachungsgründen nicht dargestellt [DaHu97, S. 59, 98].

Obwohl in der Anwendungsrealität eng miteinander verknüpft, unterscheidet die Methodik des Systems Engineering analytisch scharf zwischen der inhaltlichen Systemgestaltung (Problemlösung im eigentlichen Sinn mit ihren Techniken) einerseits und dem Projektmanagement (Management des Problemlösungsprozesses mit den entsprechenden Techniken) anderseits [DaHu97, S. 37, 240, 245]. Dies verdeutlicht die unterschiedlichen Rollen und Verantwortlichkeiten im Projekt und unterstützt die sinnvolle Aufteilung zwischen Fachexpertenrolle einerseits (verantwortlich für die Fach- und Sachthemen) sowie der Projektleiterrolle (verantwortlich für Projektorganisation, -termine, Methodik und Ergebnis) andererseits. Darüber hinaus beeinflussen emotionale und soziale Aspekte den Projektverlauf. Dieser dritte Aspekt systemischer Projektgestaltung ist durch die Moderatorenrolle ohne fachlich-inhaltliche Interessen repräsentiert. Ein solcher Begleiter der Kommunikations- und Gruppenprozesse kann die aus organisations-psychologischer Sicht notwendigen Reflexions- und Lernprozesse in der Gruppe anstoßen. Schließlich sind die Rahmen- und Randbedingungen des Projektes angemessen zu berücksichtigen. Ein solches Vorgehen hat sich vor allem für inter-, trans- oder multidisziplinäre Projektteams mit ihren unterschiedlichen Ausbildungsvoraussetzungen und Denkgewohnheiten bewährt [DaHu97, S. 282 ff.; MaKr01, S. 41 ff.; Schüb02; Schüb07].

2.4 Anforderungen an ein Auftragsmanagement-Modell

Aufbauend auf diesen systemtheoretischen Grundlagen zur Struktur- und Verhaltensanalyse lassen sich die formalen und inhaltlichen Anforderungen an das AM-Modell ableiten.

Wie ausführlich dargelegt, ersetzen Modelle das Original sowohl für einen bestimmten Zweck als auch für bestimmte Personen. Diese Modellbildner oder Modellnutzer sind Menschen mit naturgemäß begrenzten kognitiven Kapazitäten. Deshalb sind bei der Modellbildung folgende Formalkriterien zu beachten [Pop35; Bae74, S. 56 f.; Oer77, S. 17 f.; Pat82, S. 309 f.]:

- *Direkter Realitätsbezug*: Das Modell sollte das abzubildende Realsystem[8] möglichst realitätsnah im interessierenden Sachverhalt (meist Struktur oder Verhalten) abbilden. Das Modellverhalten lässt sich anhand der Kriterien Genauigkeit (Bandbreite der Aussagen, die noch als richtig zugelassen werden) und Sicherheit (Wahrscheinlichkeit, mit der gemachte Aussagen zutreffen) untersuchen.
- *Große Allgemeingültigkeit*: Das Modell sollte sich direkt bzw. ohne größeren Anpassungsaufwand auf verschiedene Realsysteme anwenden lassen. Nur wiederholbare Ergebnisse lassen sich nachprüfen [Pop05, S. 22], Ergebnisse sind möglichst quantitativ zu formulieren.
- *Gute Verständlichkeit*: Ausgehend von der Zielsetzung, die der Modellanwendung zugrunde liegt, sollten die interessierenden Sachverhalte einfach, aber prägnant darstellbar sein. Oftmals sind Graphiken leichter zu interpretieren als Listen oder Tabellen. Neben Einfachheit und Kürze sowie Prägnanz unterstützen innere Ordnung und äußere Gliederung die Verständlichkeit [LST06, S. 21 ff.]. Idealerweise sollte ein schrittweises Verstehen mit unterschiedlichen Kompetenzstufen unterstützt werden.
- *Beschränkung auf das Wesentliche*: Eine praktische Forderung an Modelle besteht darin, dass sie sich in der Abbildung des Realsystems sowie in den Aussagen auf das Wesentliche beschränken. Sie sollten also – jeweils bezogen auf den Modellzweck – inhaltlich und formal brauchbare Antworten liefern.
- *Ökonomie*: Schließlich sollte das Aufwand-Nutzen-Verhältnis zwischen für Modellerstellung und -anwendung einerseits sowie Modellnutzen und Modellgüte andererseits möglichst günstig sein [Prof77].

Somit stehen auch Modellerstellung und -nutzung im Spannungsfeld ökonomischer Überlegungen: Die Modellgenauigkeit bzw. die Abbildungsgüte bestimmen den Modellnutzen sowie den Nutzungsaufwand und sind deshalb im Einzelfall gegeneinander abzuwägen. Geforderte Mindestgüte einerseits und maximal zulässiger Aufwand andererseits bestimmen also die Brauchbarkeit von Modellen. Es leuchtet

[8] Erkenntnistheoretisch setzt dies die Existenz einer Realität an sich als notwendiges Regulativ für eine subjektive Erkenntnis voraus. Im Sinne des pragmatischen Modellismus wird die Annahme getroffen, dass eine zweiseitige Wechselwirkungsbeziehung zwischen der Erkenntnis eines Subjektes und seiner Realität besteht. Damit wird Subjektivität zum zentralen Erkenntnismerkmal, vgl. hierzu [Schlitt04, S. 18 ff., 51 f.] und die dort zitierte Literatur.

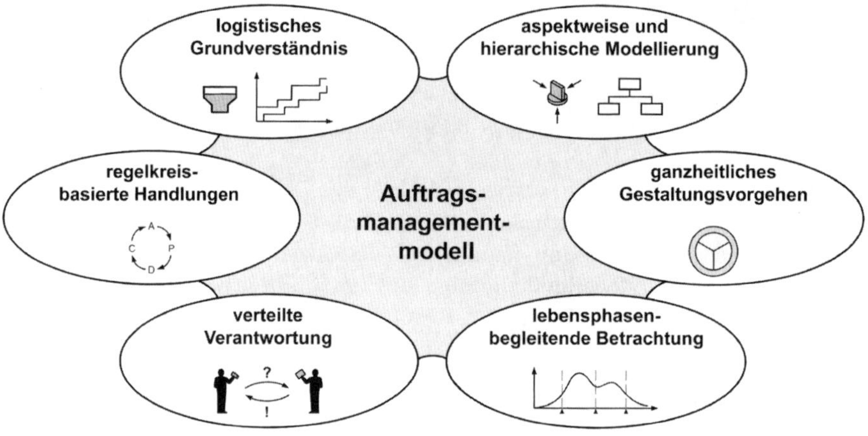

Abb. 2.11 Anforderungsfelder an ein sozio-technisches Auftragsmanagement-Modell

ein, dass der Nutzungsaufwand umso geringer sein sollte, je routinemäßiger die Anwendung erfolgen soll [Pat82, S. 309; NW07].

Inhalt dieses Buches ist ein Modell zur Gestaltung des Auftragsmanagements einer Stückgüterproduktion. Modellnutzer sind Personen, die das Auftragsmanagement eines Unternehmens systematisch (um-)gestalten möchten. Abbildung 2.11 ordnet die einleitend geschilderten Erkenntnisse zu sechs inhaltlichen Anforderungsfeldern an das Modell.

Aspektweise und hierarchische Modellierung

Geeignete Abstraktionen machen komplexe Systeme für Menschen mit ihren begrenzten kognitiven Kapazitäten besser verstehbar und gestaltbar. Daher ist zunächst die aspektweise und hierarchische Modellierung von besonderer Bedeutung:

- Systeme lassen sich nicht als Ganzes fassen, so dass eine aspektweise oder auch aspektbezogene Modellierung vorteilhaft erscheint [DaHu97, S. 13 ff.; Rop99, S. 75]. In sozio-technischen Systemen bilden Tätigkeiten – vollzogen durch Handlungen – das zentrale Systemkriterium [Leo77, S. 37 f.]. Ausgehend von sogenannten Operationen als feinsten Handlungseinheiten lässt sich deren Gesamtheit nach unterschiedlichen Gesichtspunkten zusammenfassen und bildet dann eigene Teilsysteme. Diese gelten für ein gegebenes Analysestadium und lassen sich bei Bedarf später nochmals unterteilen. Bekannte Beispiele hierfür bilden die Differenzierung in Gestaltungs- und Betriebssicht, die Gestaltungsaspekte von Informationssystemen (Prozess, Funktion, Objekt, Aufgabe/Stelle sowie Technik) [Spe05, S. 33 f.] oder auch die Unterscheidung von Artikel-, Auftrags- und Ressourcensicht für das Monitoring logistischer Prozesse, vgl. u. a. [SchoP96, S. 84 ff.; SuRo06, S. 62 f.; WieP06, S. 480 f., 492; NyF07a, b].
- Systeme sind in sich gegliedert. Eine hierarchische Modellierung identifiziert Systemhierarchien mit Subsystemen. Für diese Arbeit sind hauptsächlich die beiden Formen Vererbungs- und Bestandteilhierarchie relevant (vgl. Abschn. 2.2:

Hierarchische Modellierung). Im ersten Fall gibt ein Element seine Eigenschaften an untergeordnete Elemente weiter (Kind of-Beziehung). Ein Beispiel sind unterschiedliche Varianten, die alle derselben Artikelfamilie angehören. Im zweiten Fall schließt das Element der übergeordneten Ebene alle Elemente der darunter liegenden Ebene mit ein (Part of-Beziehung). Ein Beispiel bildet der aus mehreren Komponenten bestehende Artikel, wie in einer Stückliste abgebildet, vgl. u. a. [Rop99, S. 77; BalH99, S. 534 f., 553; WieH02, S. 215 ff.; Spe05, S. 32].

Logistisches Grundverständnis

Das AM-Modell muss weiterhin das logistische Grundverständnis fördern und hier insbesondere bekannte Erkenntnisse logistischer Wirkzusammenhänge zwischen den wesentlichen Logistikkennzahlen berücksichtigen. Für die Stückgüterproduktion hat sich das Trichtermodell als allgemeingültiges Modell für Produktionsprozesse sowie die daraus aufbauende Kennlinientheorie in Theorie und Praxis bewährt [WieP87; WieP97; NW03; NW07]. Folgende Erkenntnisse und inhaltliche Anforderungen resultieren daraus:

- Zur Analyse logistischer Abläufe ist eine Problemzerlegung üblich. Schwerpunkt dieser Arbeit bildet die Versorgung eines Marktes mit Gütern mit den Prozessen Beschaffen, Produzieren und Verteilen sowie ggf. Rücksenden. Die Materialflusslogistik differenziert die sog. STULB-Prozesse, also Sammeln, Transportieren, Umschlagen, Lagern und Behandeln. Im Bereich der Produktion werden meist die Referenzprozesse Produzieren und Prüfen, Transportieren, Lagern und Bereitstellen unterschieden, vgl. u. a. [ISO90, S. 12; HiRe91; Gre91; Emm94; WilH96, S. 15-1; Kuhn95, S. 18, 43; NW03, S. 10 f.; SCC07].
- In Theorie und Praxis existiert eine Fülle logistischer Zielgrößen wie bspw. Durchlaufzeit, Umlaufbestand, Auslastung, Servicegrad, Lagerbestand und Lagerverweilzeit. Das Modell muss diese geeignet systematisieren.
- Zwischen diesen logistischen Zielgrößen in Produktion und Lagerhaltung bestehen teilweise Konflikte. Somit führen Verbesserungen bei einem Ziel (z. B. kürzere Durchlaufzeiten) typischerweise zu Verschlechterungen bei einem andern (z. B. geringere Auslastung). Bereits Gutenberg beschrieb dies als „Dilemma der Ablaufplanung" [Gut51, S. 159], wobei er allerdings unveränderte Produktionsstrukturen unterstellt. Erschwerend kommt hinzu, dass Veränderungen im Unternehmensumfeld die Gewichtung der Teilziele stark verschieben können. In der Konsequenz bedeutet dies: Eine von den spezifischen Anforderungen und Randbedingungen unabhängige Zieloptimierung ist nicht möglich; vielmehr ist eine logistische Positionierung erforderlich. Ausgehend von Marktanforderungen und strategischen Unternehmensentscheidungen ist zunächst die logistische Zielpriorität unternehmensweit festzulegen, um dann die Auswirkungen auf die anderen Ziele zu bewerten[9]. Für das Ableiten konkreter Zielvorgaben bieten

[9] Demgegenüber interpretiert Goldratt die Existenz widersprüchlicher Ziele völlig anders: Ein Zielkonflikt stellt für ihn kein Optimierungsproblem dar, sondern weist seines Erachtens auf eine unklare Problemdefinition – also falsche Annahmen – hin. Am Beispiel des viel diskutierten Problems der Losgrößenoptimierung löst er den Zielkonflikt zwischen Bestands- und Auftragswech-

die logistischen Kennlinien eine gute Hilfestellung [WilH96, S. 15-1 f.; NW03, S. 4 f.; NW07].

- Ein Grundelement logistischer Beschreibung definiert den zur Analyse und Gestaltung üblicherweise genutzten feinsten Detaillierungsgrad der Betrachtung. Dies grenzt logistische und technische Prozessebene voneinander ab. In der Stückgüterindustrie ist das Durchlaufelement als finites Element der Logistik mit dem Bezug Los und Arbeitsgang üblich [NW07].
- Trennung der Koordinationsdimensionen Menge und Zeit. Die Mengendimension beschreibt entweder die Menge an Arbeit bzw. Artikeln, die Zeitdimension die Durchlaufzeit. Die Unterscheidung von Übergangszeit und Durchführungszeit trennt logistische von technologischen Maßnahmen. Die Kapazität (Leistungsvermögen) bzw. Leistung (geleistetes Arbeitsergebnis) verknüpfen die beiden Koordinationsdimensionen [WieP84; WieP97, S. 37 ff., 128; WieH02, S. 47 f., 113 f.; NW03, S. 19; NW07].
- Das Zusammenspiel von Lenkungs- und Ausführungsaktivitäten bestimmt das Verhalten dynamischer Systeme. In sozio-technischen Systemen ist diese Erkenntnis deshalb hervorhebenswert, da die Akteure Eigeninteressen besitzen (vgl. Abschn. 2.1: Modellklassifikation nach Systemverständnis) und so das Betriebsverhalten z. T. unerwünscht beeinflussen, vgl. Abb. 1.4. Ein Beschreiben und Erklären dieses zeitdynamischen Verhaltens ist demnach nur aus der Außensicht eines Beobachters möglich und deshalb unabdingbar, vgl. u. a. [Schwa94, S. 25; WieH02, S. 87]. Hier haben sich Durchlaufdiagramm und Kennlinie zur logistischen Analyse bewährt. Bei der Interpretation ist dementsprechend zu beachten, dass implizit immer auch ein spezifisches Lenkungsverhalten unterstellt wird. So beeinflusst bspw. die Reihenfolgeregel (auch Prioritätsregel) den Kennlinienverlauf der Durchlaufzeit [NW03, S. 89; Fis07].

Regelkreisbasierte Handlungen

Die klassische PPS-Kritik konzentriert sich auf die geringe Realitätsnähe der Planung: „Der Produktionsplan ist veraltet, bevor er die Fertigung nur gesehen hat!" lautet der im Grunde seit dem Einsatz von EDV erhobene Vorwurf. Eine systematische Überwindung der Kritik erfordert regelkreisbasierte Handlungen zur Planung und Steuerung einer Produktion. Aus den sowohl aus technischer Sicht als auch aus sozio-technischer Sicht formulierten Arbeiten (vgl. Abschn. 2.3.2) resultieren folgende Erkenntnisse und inhaltliche Anforderungen:

---

selkosten wie folgt auf: Eine Differenzierung in Transportlosgröße (kleine Transportlose minimieren die Bestandskosten) und Bearbeitungslosgröße (große Bearbeitungslose minimieren die Auftragswechselkosten) unterstützt beide Ziele gleichzeitig. Zur Auflösung des Konfliktes schlägt er die Evaporating Clouds Method (verdampfende Wolke) vor [GolE90, S. 48 ff.; GolE02, S. 106]. Die Grundargumentation von Goldratt legt allerdings den Schluss nahe, dass ein Auflösen oder Entschärfen solcher Konflikte Strukturänderungen, also tiefer greifende Gestaltungsmaßnahmen bedingt. Bei gegebenen Strukturen verschwindet also die Fragestellung einer sinnvoll gewählten Losgröße nicht zwangsläufig, und somit sind Modelle und Methoden zur Entscheidungsunterstützung hier weiterhin notwendig.

- Logisches Trennen der Teilaspekte des Handelns in Ausführungs- und Lenkungsaktivitäten (d. h. Planungs- und Steuerungsentscheidungen) sowie Modellieren als logischen Ablaufzyklus. Dies erfüllt gleichzeitig die notwendige Bedingung einer Regelung, nämlich die Informationsrückführung entsprechend dem Grundaufbau kybernetischer Regelkreise.
- Informationsflüsse verbinden Regler und Wirksystem (vgl. Abb. 2.6). Die Häufigkeit des Informationsaustausches bestimmt die Qualität des Regelergebnisses. Übertragen auf das Auftragsmanagement sind demnach sowohl die Häufigkeit der Rückmeldungen (bspw. über Auftragsfortschritt oder Ressourcenverfügbarkeit) als auch die der Planungs- und Steuerungseingriffe (bspw. zyklisch jede Woche oder ereignisorientiert bei Maschinenstörung, bei Eintreffen eines Kundenauftrags) wichtig.
- Nach dem Verständnis der Regelungstechnik verursachen Störgrößen unerwünschte Abweichungen vom angestrebten Systemverhalten, was korrigierende Regeleingriffe auslöst, ggf. aufgeteilt auf mehrere Planungsebenen. Übertragen auf das Auftragsmanagement erscheint der Begriff Trigger als Auslöser für Planungs- und Steuerungseingriffe passender [WieH02, S. 69, 129]. Analog zur Regelungstechnik sind Innen- und Außensicht zu unterscheiden. Zur Innensicht zählen unerwartete Ereignisse im laufenden Betriebsgeschehen wie Maschinen- oder Personalausfall. Typische Trigger der Außensicht sind geänderte Eingangsgrößen der Planung wie Eilaufträge oder Terminänderungen von Lieferanten, vgl. u. a. [Lud91; PetD93; PetD96, S. 67 f.].
- Da logistische Systeme aus unterschiedlichen Gründen zeitverzögert auf Regeleingriffe reagieren, stößt eine rein gegenwartsbezogene Regelung schnell an Grenzen. Somit sind Verhaltensvorhersagen über einen bestimmten Zeithorizont zu treffen, um Eingriffe auf Basis dieser Informationen zu ermöglichen (prädiktive Regelung, feed forward). Die Erstellung unterschiedlicher Planvarianten ist deshalb wichtig und in der heutigen Praxis einer softwaregestützten Planung und Steuerung auch üblich. Hier wird der Begriff Simulation im Sinne einer „Was-wäre-wenn Proberechnung" zur Entscheidungsunterstützung verwendet, vgl. u. a. [WieP90; Trov07b, S. 59].

Verteilte Verantwortung

Industriebetriebe sind durch Arbeitsteilung gekennzeichnet. Die verteilte Verantwortung betrifft sowohl die Lenkungs- als auch die Ausführungsaktivitäten und bedingt einen Handlungsspielraum (vgl. Abschn. 2.3.2). Wie erwähnt, ist die Zielbildung von den laufenden Planungs- und Steuerungseingriffen zu unterscheiden. Darüber hinaus ist der Organisationsbezug der Prozesse mit ihren Teilaktivitäten zu beachten. Für das AM-Modell resultieren daraus folgende Erkenntnisse und inhaltliche Anforderungen:

- Der einfachste Fall eines geregelten Systems kennt lediglich eine Art von Sollwerten, bei der eine Abweichung unmittelbar Regeleingriffe auslöst. Die hier untersuchten Systeme sind teilautonom, ihr Handlungsspielraum lässt Ablauf- und Resultatsfeedback zu. Dementsprechend ist eine weitergehende Unterscheidung der Sollwerte in Planungswerte (Ablauffeedback zur operativen

Plananpassung oder für steuernde Eingriffe zur Plan-Erreichung) und Zielwerte (Resultatsfeedback zur Zielveränderung oder Umgestaltung) zu fordern.

- Eine verteilte Verantwortung mit teilautonomen Subsystemen begünstigt die Komplexitätsbewältigung (Abb. 2.9). Wird diese Autonomie genutzt, sind Planungs- und Steuerungsentscheidungen sowohl Ergebnis hierarchischer Anweisungen als auch Verhandlungsergebnis zwischen mehr oder weniger Gleichberechtigten (externe oder interne Kunden-Lieferanten-Beziehungen). Für das Modell sind deshalb Prozesse mit Informationsaustausch und unterschiedlichen Prozess- bzw. Verhandlungszuständen vorzusehen. Letztere können sowohl für die laufenden Planungs- und Steuerungsaktivitäten mit ihren Ergebnissen (z. B. angefragte, angebotene, vereinbarte Leistung) als auch für das Festlegen der Ziele selbst gelten, wie dies Führungsmodelle vorsehen, vgl. u. a. [Odi67, S. 166 ff.; RF74, S. 1; Scherr93, S. 83 f.; Hopf95, S. 527 ff.; Blei96a, S. 1-9; Burr09, S. 23 f., 28 f.; WieH02, S. 34]. Um die Auswirkungen von Entscheidungen im Zuge der Verhandlungen abzuschätzen, können die Partner die bereits erwähnten Proberechnungen einsetzen.
- Um Verbesserungsmaßnahmen systematisch zu unterstützen, bietet sich eine Differenzierung von Betriebs- und Gestaltungssicht an: Ziele aus Betriebssicht spiegeln die aktuellen strukturellen Rahmenbedingungen des logistischen Betrachtungsgegenstands wider und sollten demnach auch die logistischen Zielkonflikte beachten (vgl. Abschn. 2.4: Logistisches Grundverständnis). Demgegenüber sind Ziele aus Gestaltungssicht (Projekt- oder Verbesserungsziele) auf einen bestimmten Zeitraum zu beziehen und bilden die Messlatte des Veränderungserfolgs.
- Der Organisationsbezug von Prozessen betrifft einerseits die Ausführungsaktivitäten. Um diese wirkungsvoll zu analysieren und zu gestalten, ist das aus der logistischen Analyse bekannte Durchlaufelement [WieP97, S. 36 ff.; NW03, S. 21 f.] um seinen Organisationsbezug zu ergänzen. Dies unterstützt die Gestaltung organisatorischer Schnittstellen und vermeidet die einleitend ausgeführten Stolpersteine (vgl. Abb. 1.4). Andererseits betrifft der Organisationsbezug die Lenkungsaktivitäten, für die analoge Überlegungen gelten. Für beide Aktivitätsarten sind die Übergabeprinzipien von Interesse [WieH02, S. 63]. Um eine gewisse Unabhängigkeit von der individuellen Organisationsform zu ermöglichen, bietet sich die Definition typischer Rollen im Auftragsmanagement an, die ggf. von unterschiedlichen Personen ausgefüllt werden.
- Darüber hinaus sind in Systemen mit verteilter Verantwortung typischerweise auch die Informationen verteilt. Eine – aus kybernetischer Sicht – ideale Systemgestaltung stellt demnach sicher, dass die Verantwortlichen zu den definierten Entscheidungs- und Ausführungszeitpunkten über die erforderlichen Informationen verfügen. Diese können mit dem Materialfluss fest gekoppelt sein (wie dies bspw. bei der Kanban-Methode erfolgt), dies muss aber nicht so sein. Das zentrale kybernetische Prinzip des Regelkreises liefert Prüfkriterien und vereinfacht so die Analyse: Es formalisiert, wann Informationsprozesse als geschlossen bzw. vollständig modelliert gelten; damit sind gleichzeitig geeignete Start- und Endpunkte zur Prozessanalyse und -modellierung festgelegt (vgl. Abschn. 2.3.3).

- Schließlich ist eine verteilte Verantwortung nicht nur für Betriebs-, sondern auch für Gestaltungsaktivitäten denkbar. Hier erscheint es empfehlenswert, die unterschiedlichen Verantwortungsebenen wie bspw. Unternehmensleitung, Logistikleitung und operative Verantwortliche hinsichtlich der Logistikgestaltung zu berücksichtigen. Das bereits geforderte Grundelement logistischer Beschreibung grenzt logistische und technische Prozessebene voneinander ab – und damit auch die Hauptansatzpunkte zur Verbesserung.[10]

Lebensphasenbegleitende Betrachtung

Auch ein Auftragsmanagement-System wird eingeführt und auch abgelöst, so dass eine lebensphasenbegleitende Betrachtung sinnvoll ist. Heute werden ERP-Systeme i. d. R. 6-10 Jahre betrieben. Ihr mittleres Alter liegt in Deutschland bei 5,9 Jahren. Ca. 15 % der Systeme sind älter als 10 Jahre (Bezug 4689 Installationen) [ERP-Z06, S. 30]. Meist nutzen die Unternehmen eine solche Ablösung auch dazu, die bestehende Funktionslogik sowie die Prozesse und Verantwortlichkeiten auf den Prüfstand zu stellen. Für das AM-Modell resultieren daraus folgende Erkenntnisse und inhaltliche Anforderungen:

- Veränderungen im Unternehmensumfeld können Anpassungen des AM-Systems erfordern; es sollte also entwicklungsfähig sein, vgl. Abb. 2.9. Es bietet sich an, die erforderlichen Gestaltungsaktivitäten mit Hilfe der Zielmaßstäbe (operative Effizienz, strategische Effektivität sowie normative Legitimität, vgl. Abschn. 2.3.3) des St. Galler Managementmodells zu strukturieren [UK72, S. 29; Schwa94, S. 51]. Diese wurden bereits auf das Supply Chain Management übertragen, und ein Bezug zu den bereits identifizierten Verantwortungsebenen im Unternehmen erscheint zweckmäßig, vgl. u. a. [WieH06c, S. SeSn08, S. 12 ff.].
- Eine Beschreibung typischer Lebensphasen von Systemen verdeutlicht die grundlegenden Zusammenhänge. Hier bieten die aus dem Systems Engineering bekannten Lebensphasen einen guten Ausgangspunkt der Beschreibung [DaHu97, S. 37 f.]. Das vor allem aus der Automobilindustrie bekannte Facelifting weist auf eine wichtige Zusatzphase hin; analog hierzu nennt die PPS-Fachliteratur den Begriff PPS/ERP-Tuning oder -Optimierung, vgl. u. a. [Muß93; GM94; Jäg00; FIR02].
- Die ursprünglich für die Absatz- und Marketingplanung von Produkten entwickelten Lebenszyklusmodelle für Gebrauchs- und Investitionsgüter geben ergänzende Hinweise, vgl. u. a. [Lev65; VerR66; BranK71, S. 24 f.; HJ98, S. 92 ff.;

[10] Um Verbesserungen abzuleiten, unterteilen Vertreter des Lean Thinking die Aktivitäten typischerweise in drei Kategorien: 1. Verschwendung (Verbesserung dieser Blindleistung erfordert organisatorische Ansatzpunkte oder eine verbesserte Planung und Steuerung), 2. erforderliche Nebenarbeiten (Verbesserung dieser Scheinleistung betrifft meist Unterstützungsfunktionen wie bspw. Qualitätssicherung oder Logistik) sowie 3. Wertschöpfung (Verbesserung dieser Nutzleistung erfordert technische Ansatzpunkte wie bspw. neue Bearbeitungstechnologien, vgl. u. a. [Suz89, S. 10 ff.; Erl07, S. 11, 106 ff.]). Diese Unterteilung entstand, um den Blick auf einfache, schnelle Verbesserungen zu schärfen. Implizit repräsentieren sie auch unterschiedliche methodische Ansätze, fußend auf der jeweiligen Fachdisziplin.

WEP00; SeWi04, S. 106 ff.]. Bei einer Übertragung auf das Auftragsmanagement sind zwei Aspekte zu beachten: Zum einen beschreibt der klassische Produktlebenszyklus die Lebensdauer eines Gutes oder einer Produktfamilie nicht aus der Nutzungssicht des Käufers (Nutzungsdauer des Verbrauchers), sondern aus der Verkaufssicht eines Produzenten (bspw. idealtypischer Verlauf des Umsatzes) [Mich72, S. 95 f.; BranK96, S. 7-1 f.]. Zum zweiten ist eine Gegenüberstellung von Aufwand und Nutzen schwierig und nur sehr eingeschränkt möglich. Deshalb betont C.Schmidt bei dem von ihm vorgestellten ERP-Lebenszyklus den qualitativen Aspekt: Es existiert ein Anfangsaufwand, der Nutzen entsteht zeitversetzt [SchmC07].
- Im Sinne einer geordneten Einführungs- und Ablösungsstrategie für das eigene AM-System sollten die grundlegenden Einflussfaktoren auf den Verlauf des Zyklus bekannt sein. Aus externer Sicht beeinflusst die technische Evolution (z. B. S-Kurvenkonzept von McKinsey, vgl. u. a. [Bul96, S. 4-43 ff.; Eve03, S. 178 ff) oder die von den Anbietern verfolgte Release- und Preispolitik den Verlauf. Aus interner Sicht beeinflussen die Zufriedenheit mit der logistischen Zielerreichung und dem Aufwand sowie die logistische Einbindung (z. B. Veränderungen der Make-or-buy Strategie, Zukauf bzw. Verkauf von Unternehmensteilen) Überlegungen zu punktuellen Veränderungen oder einer vollständigen Ablösung des AM-Systems. Das Ziel dieser Arbeit besteht nicht darin, mit Hilfe der identifizierten Einflüsse den Lebenszyklus vorherzusagen. Vielmehr sind die Verantwortlichen auf solche Faktoren hin zu sensibilisieren, um rechtzeitig angemessene Anpassungen für das eigene Auftragsmanagement hinsichtlich funktionaler, organisatorischer oder informationstechnischer Aspekte einerseits sowie verhaltensbezogener Aspekte andererseits anzustoßen.

Ganzheitliches Gestaltungsvorgehen

Fachberater neigen meist dazu, sich bei Umgestaltungen auf die Fach- und Sachthemen zu konzentrieren und hieraus die erforderlichen organisatorisch-methodischen Aspekte abzuleiten. Ein ganzheitliches Gestaltungsvorgehen überwindet daraus resultierende Unzulänglichkeiten und berücksichtigt darüber hinaus organisatorisch-methodische sowie soziale und emotionale Aspekte, vgl. S. 50. Für das AM-Modell resultieren daraus folgende Erkenntnisse und inhaltliche Anforderungen.

Aus *fachlich-sachlicher Sicht* lösen vielfältige Anlässe Umgestaltungsprojekte aus:

- Zunächst sind unterschiedliche Einstiegspunkte für solche Projekte vorzusehen. Auch beeinflussen das individuelle Unternehmensumfeld einerseits sowie die Unternehmensleitung andererseits Gestaltungsmöglichkeiten und Grenzen im Projekt. Dementsprechend ergeben sich spezifische Gestaltungsfragestellungen, so dass die darauf aufbauende inhaltliche Ausgestaltung Unterschiede in Konzeptreife (Vorarbeiten aus Konzeptüberlegungen zur AM-Umgestaltung) und Umsetzungsgrad berücksichtigen sollte.
- Für die Lösungsfindung selbst empfiehlt sich eine Variantenbildung [DaHu97, S. 33 ff.]. Hier sind Extrem- von Idealtypen zu unterscheiden: Extremtypen stel-

len quasi eine obere und untere Merkmalsausprägung dar und sind meist theoretisch abgeleitet. Idealtypen charakterisieren typische Merkmalsausprägungen und repräsentieren eher die in der Praxis auftretenden Alternativen. Die Typbildung kann mehrere Merkmale zu festen Merkmalsausprägungen kombinieren. Die oben erwähnte Gegenüberstellung von Push- versus Pull-Steuerung bildet ein Beispiel für Extremtypen, vgl. S. 32. Im Fall von Idealtypen könnten besonders häufig auftretende Merkmalsausprägungen zu einem prototypischen Logistik- oder Unternehmenstyp zusammengefasst werden. Die aus dem Aachener PPS-Modell bekannten Auftragsabwicklungstypen (Auftrags-, Rahmenauftrags-, Varianten- und Lagerfertiger) [SuSm06, S. 135 f.], die von Sennheiser & Schnetzler vorgestellten Unternehmenstypen zum Logistik-Benchmarking [SeSn08, S. 251 ff.] oder die von Siemens entwickelten Geschäftsarten [FraFr01, S. 6 ff.] sind hierfür anschauliche Beispiele.

- Das Prüfen der Lösungsvarianten erfolgt u. a. im Hinblick auf ihre Realisierbarkeit. Praktiker neigen zu einseitigen, von der aktuellen Problemlage getriebenen Prüfkriterien (z. B. Konzeptdesign für eine Überlastsituation). Um die damit verbundenen Risiken (z. B. Vernachlässigung der Verhaltensweisen und Konsequenzen bei Unterlastsituationen) zu reduzieren, sind zwei Aspekte zu beachten: Zunächst muss das Konzept in unterschiedlichen Situationen funktionieren, so ist bspw. das Verhalten bei guter und schlechter Marktlage, bei zuverlässigem und unzuverlässigem Forecast, bei hoher und geringer Zuverlässigkeit der Produktionsmittel zu prüfen. Wichtig ist also, nicht nur Belastungsspitzen, sondern auch Belastungstäler gedanklich vorwegzunehmen. Darüber hinaus sind die Systeme vernetzt, es sind also Wechselwirkungen zu beachten und in der Konzeption auch Gestaltungsschleifen möglich. Dies wirkt bis auf die Analysemethoden und erklärt, warum bspw. die ABC-Analyse (die ja Unabhängigkeit der Einflussursachen unterstellt) in diesem Bereich schnell an Grenzen stößt, so dass andere Methoden zielführender erscheinen (vgl. dazu ausführlich [Mal96]).
- Die Bewertung der Lösungsvarianten erfolgt im Hinblick auf vorgegebene Ziele. Aus logistischer Sicht sind zunächst Betriebsziele (operative Zielprioritäten mit Quantifizierung) und Gestaltungsziele (Verbesserungsziele mit Quantifizierung und Zeitraum) zu unterscheiden. Als zweites lassen sich Sachziele (z. B. Termintreue > 95 %) von Prozesszielen unterscheiden. Letztere beziehen sich entweder auf das Projektmanagement (auch Vorgehensziel) oder auf den Umgang miteinander (Kommunikations- und Gruppenprozesse [SchoW03, S. 19 ff.; ZeSu03]). Drittens empfiehlt sich eine Unterteilung in Muss-, Soll- und Wunschziele. Ziele können angestrebte, aber auch zu vermeidende Zustände beschreiben, sie selbst sollten lösungsneutral, vollständig, operational und realistisch formuliert werden [Oest81, S. 110; Dör93, S. 74 ff.; DaHu97, S. 50 ff.; Bay98, S. 107 ff.; Zü99, S. 34 ff.].

Aus *organisatorisch-methodischer Sicht* stellt eine Umgestaltung des Auftragsmanagements hohe Anforderungen:

- Wegen der diskutierten Grundkomplexität ist es empfehlenswert, eine solche Gestaltungsaufgabe als Projekt anzugehen. Dieses sollte entsprechend sorgfältig strukturiert werden, um den planmäßigen Fortgang kontinuierlich zu überwachen. Das Systems Engineering liefert hierfür geeignete methodische Grundlagen (vgl. Abschn. 2.3.5). Diese beziehen sich zum einen auf die Ablaufstruktur mit ihren – zu den Lebensphasen des Systems korrespondierenden – Projektphasen, vgl. Abb. 2.10b. Zum anderen betrifft dies die Aufbaustruktur mit den Entscheidungsträgern. Auch hier bietet sich die Benennung typischer Rollen wie Auftraggeber, Projektleiter, Systemnutzer und Systembetreiber an [DaHu97, S. 265 ff.].

- Die darüber hinaus vom Systems Engineering empfohlene Vorgehensmethodik „vom Groben ins Detail" sowie die immer wiederkehrende Bildung und Auswahl von Lösungsvarianten (Problemlösungszyklus, vgl. Abb. 2.10c) unterstützt eine effektive und effiziente Projektbearbeitung mit eindeutigen Entscheidungspunkten. Dies erscheint vor dem Hintergrund folgender Praxiserfahrungen sinnvoll: Zum einen neigen viele Beteiligte dazu, bei unklarem Entscheidungsbezug sehr detaillierte Ist-Erhebungen anzustoßen. Ungünstigstenfalls wird also zu viel analysiert, bestenfalls zu früh[11] – mit dem Risiko von Änderungen. Abläufe mit klaren Entscheidungspunkten und vorher festgelegtem Entscheidungsgegenstand reduzieren diese Gefahr deutlich. Zum anderen ist das Logistikverständnis im Management der Produktionsunternehmen oft unzureichend. Gelingt es, den bereits genannten Verantwortungsebenen die Gestaltungsentscheidungen angemessen zuzuordnen, steigt die Bereitschaft der Entscheidungsträger, sich mit dem Thema Logistik auseinanderzusetzen. Darüber hinaus wird es wahrscheinlicher, dass Entscheidungen in der Umsetzung mitgetragen werden.

Aus *sozial-emotionaler Sicht* erzwingt die Einführung eines neuen AM-Systems eine Verhaltensänderung der Mitarbeiter:

- Zunächst stellen veränderte Funktionslogiken, Prozesse und Verantwortlichkeiten bislang erfolgreich eingeübte Verhaltensweisen infrage. Deshalb sind entsprechende Aspekte in der Projektgestaltung zu berücksichtigen. Solche organisationalen Wandlungs- und Lernprozesse durchlaufen typische Phasen, die eine vorausschauende Einführungsplanung berücksichtigt. Hier existieren unterschiedliche Phasenmodelle, deren Übertragbarkeit auf das Auftragsmanagement möglich erscheint, vgl. u. a. [HeWi74; Kot95; KoBu05]. Interessanterweise zeigen viele der Modelle einen Leistungsknick während der Umsetzungsphase; die Ursachen liegen häufig in Eigenheiten der gruppendynamischen Prozesse. Eine partizipativ abgestimmte und auf die spezifischen Anforderungen der Akteure ausgerichtete Konzeptentwicklung erscheint deshalb sinnvoll, vgl. u. a. [TuJe77; SchoW03, S. 29 ff.].
- Im Hinblick auf die Akteure sind darüber hinaus zwei weitere Anforderungen hervorzuheben: Zum einen muss das Gestaltungsvorgehen die Interessenkon-

[11] Hier ergibt sich eine interessante Analogie zur einleitend erwähnten geänderten Grundhaltung hinsichtlich der Pünktlichkeit (vgl. Abschn. 1.3): Nach diesem Verständnis ist zu früh eben auch unpünktlich – also zu vermeiden. Somit folgt das Vorgehen einer schrittweisen Verfeinerung diesem logistischen Grundgedanken.

flikte zwischen Gesamtunternehmen und Einzelpersonen aufdecken, um einen Interessenausgleich solcher Konflikte zu ermöglichen, vgl. Abb. 1.4. Zum anderen ist die Notwendigkeit zur Verhaltensänderung zu formulieren, also das gegenwärtige und zukünftige Verhalten der Akteure gegenüberzustellen. Hieraus lassen sich Lernziele ableiten, der voraussichtliche Veränderungsaufwand einschätzen sowie unterstützende Maßnahmen zur Qualifizierung der Akteure und Unterstützung der betroffenen Organisationsstrukturen formulieren. Gleichzeitig ergeben sich Hinweise auf den von den Betroffenen subjektiv empfundenen Veränderungsumfang [Com95, S. 339 ff.; SoHe06, S. 161 ff.].

Aufbauend auf diesen Vorüberlegungen legen die beiden anschließenden Kapitel die theoretischen Grundlagen eines Auftragsmanagements, das Grundmodell mit seiner Innen- und Außensicht sowie die Logistikkennzahlen zur Messung der Zielerreichung.

Kapitel 3
Grundmodell

Das *Auftragsmanagement-System* ist die zentrale Ordnungsinstanz, welche – nach gängiger Auffassung – die Verfügbarkeit der nachgefragten Güter sicherstellt, vgl. u. a. [Spu07; WebJ08, S. 55]. Seine Kernaufgabe ist das zeit-, mengenmäßige und örtliche Zuordnen von Artikeln (Produkte, Material), Prozessen und Ressourcen (Mensch und Betriebsmittel) zu Aufträgen [WieH02, S. 83]. Als Ergebnis liegt ein Plan vor, der die relevanten Koordinationsfragen (oder Entscheidungsvariablen) vollständig beantwortet. Diese lassen sich mit Hilfe der Fragen: Was? (Endprodukt, Produktspezifikation oder Leistungsbeschreibung) und Wohin? (Zielort), Wieviel? (Menge), Wann? (Termin), Wo? (Herstellort) durch Wen? (Mitarbeiter) bzw. Womit? (Betriebsmittel[1]) mit Was? (Material) sowie zu welchem Preis? konkretisieren[2] [Arl71, S. 11; WieH02, S. 88]. Der Anwendungsbereich des Auftragsmanagements umfasst – der Terminologie des Supply Chain Operation Reference Model (SCOR-

Alle Gestaltungsaspekte schlüssig berücksichtigen

[1] Die Unterscheidung der Fragen Wo? und Womit? ist insbesondere für den Fall ortsvariabler Betriebsmittel (z. B. an zwei Maschinen einsetzbare Werkzeuge) wichtig, ansonsten fallen die Antworten gleich aus.

[2] Hierbei ist ein unterschiedlicher Detaillierungsgrad denkbar: So könnte ein Endprodukt auf der Entscheidungsebene Grobplanung nur hinsichtlich ausgewählter Merkmale (z. B. Materialart) beschrieben sein. Zu einem späteren Zeitpunkt würden dann auf einer unterlagerten Feinplanungsebene weitere Merkmale (z. B. Farbe) ergänzt. Ähnliches ist auch mit allen anderen Attributen (z. B. wochengenaue Terminangabe in der Grobplanung und tagesgenaue Angabe in der Feinplanung) denkbar.

H.-H. Wiendahl, *Auftragsmanagement der industriellen Produktion*,
DOI 10.1007/978-3-642-19149-7_3, © Springer-Verlag Berlin Heidelberg 2011

Modell) [SCC07] folgend – das Beschaffen, Produzieren und Liefern von Gütern. Eingangs- und Ausgangslagerung fallen damit ebenso in den Verantwortungsbereich des Auftragsmanagements wie die Produktion.

Zunächst behandelt Abschn. 3.1 die für das weitere Verständnis erforderlichen Grundlagen zur Analyse von Gestaltung und Betrieb des Auftragsmanagements. Im Anschluss beschreibt Abschn. 3.2 die Gestaltungsmatrix mit ihren Aspekten und Ebenen. Ziele und Grundobjekte erscheinen leichter verallgemeinerbar und werden deshalb in den Abschn. 3.3 und 3.4 erläutert. Für komplexe Systeme hat sich eine Unterscheidung von Innen- und Außensicht bewährt. Diesem Grundgedanken folgend werden für ein sozio-technisch orientiertes Auftragsmanagement in der Betriebsphase diese Sichten unterschieden: Abschn. 3.5 beschreibt das regelkreisbasierte Auftragsmanagement – also die Innensicht – und Abschn. 3.6 das verhandlungsbasierte Auftragsmanagement, also die Außensicht.

3.1 Aspektweise Modellierung

Reale Auftragsmanagement-Systeme sind so komplex, dass sie kaum als Ganzes fassbar sind. Die in Abschn. 2.2 beschriebenen Vorteile einer aspektweisen Modellierung (Ordnen unter einem Blickwinkel, Überprüfen der Konsistenz) sind nun für die Analyse von Gestaltung und Betrieb eines Auftragsmanagement-Systems zu konkretisieren. In Unternehmensbefragungen und zahlreichen Industrieprojekten haben sich die vier Sichten Koordinationsgröße, Betrachtungsgenauigkeit, Prozessabschnitt sowie Dispositionsbezug herauskristallisiert:

- Die *Koordinationsgröße* im Auftragsmanagement kennt Zeit und Menge. Dies setzt die Einhaltung einer geforderten Qualität[3] bezogen auf einen Ort[4] voraus. Dabei beschreibt die Zeitdimension die Durchlaufzeit, sie lässt sich weiter in Übergangs- und Durchführungszeit differenzieren. Die Mengendimension beschreibt entweder die Menge an Arbeit – als Arbeitsinhalt in Vorgabestunden oder Äquivalenten oder die Menge an Artikeln. Die Kapazität (Potenzial zur Leistungserbringung) bzw. Leistung (erbrachtes Arbeitsergebnis) verknüpft die beiden Koordinationsgrößen und bezieht Arbeitsinhalt und Durchlaufzeit rechnerisch aufeinander [WieP84; WieP97, S. 37 ff., 128; WieH02, S. 47f, 113 f.].
- Die *Betrachtungsgenauigkeit* im Auftragsmanagement unterscheidet die mikroskopische Betrachtung von Einzelgrößen von der makroskopischen Betrachtung

[3] Hiermit ist der Ausgangspunkt des Kundenbedarfs auf eine bekannte Produkt- oder Leistungsspezifikation mit definierter Qualität eingeschränkt. Im Rahmen dieser Arbeit begrenzt dies die Problemstellung der Produktkonfiguration auf das Spezifikationsergebnis und vernachlässigt die Betrachtung der erforderlichen methodischen Grundlagen und eingesetzten Verfahren (wie wird spezifiziert?).

[4] Damit ließe sich der Ort als dritte Koordinationsgröße interpretieren: Eine Veränderung des Bezugsortes der Planung zieht zwangsläufig auch eine veränderte Betrachtung der Durchlaufzeiten bzw. Bestände an den verschiedenen Orten nach sich.

von Gruppengrößen (Kennwerte der deskriptiven Statistik: Mittel- oder Modalwerte, Standardabweichung, Variationskoeffizient o. ä.). Die Betrachtungsgenauigkeit lässt sich sowohl auf die Objekte (z. B. Auftrag oder Ressource) und ihre Planungsattribute (Einzel- oder Mittelwerte von Durchlaufzeiten, Kapazitäten, ...) beziehen als auch auf die zeitliche Dimension (z. B. Perioden- oder Terminbedarf) [WieH02, S. 34 f., 67]. Von besonderer Bedeutung für das Auftragsmanagement ist die Charakterisierung des Durchlaufzeitverhaltens. Hier erscheint eine Analogie zur Strömungsphysik hilfreich. Demnach ist die mikroskopische Bewegung einzelner Aufträge von der makroskopischen Sicht auf den gesamten Auftragsstrom zu unterscheiden. Der Vergleich zeigt, inwieweit Mittelwerte repräsentativ für Einzelwerte sind. Hieraus resultieren bestimmte Anforderungen an die Planungs- und Steuerungslogik und die verwendeten Methoden, vgl. [WRS00; WRW00; WieH02, S. 101 ff., 220].

- Der *Prozessabschnitt* unterscheidet Beschaffung, Produktion und Lieferung entsprechend der SCOR-Definition [SCC07]. Erstere beschreibt eine Außensicht auf das System Produktion aus Kundenperspektive; Ausdruck dieser Sicht sind Beschreibungsgrößen wie Lieferzeit und -menge, Lieferfähigkeit oder Liefertreue. Demgegenüber schaut die Produktionssicht auf die durch das eigene Unternehmen direkt beeinflussbare Eigenfertigung; Ausdruck dieser Innensicht sind Beschreibungsgrößen wie Durchlaufzeit, Durchsatz oder Termintreue. Die Beschaffungssicht betrachtet den Fremdbezug. Dies entspricht einer Außensicht auf das System Produktion aus Lieferantenperspektive. Ausdruck dieser Sicht sind Beschreibungsgrößen wie Beschaffungs- oder Wiederbeschaffungszeit und Beschaffungsmenge. Produktions- und Beschaffungssicht werden oft vereinfachend zur Dispositionssicht zusammengefasst, da der verantwortliche Planer bei zu beschaffenden Artikeln im ersten Schritt nicht zwischen Eigenfertigung und Fremdbezug unterscheidet. Bidirektionale Materialflüsse oder Schleifenprozesse können dazu führen, dass Kunden gleichzeitig Lieferanten sind und damit die Sichten in der Praxis ineinander übergehen.
- Als *Dispositionsobjekte* im Auftragsmanagement sind Artikel, Ressource und Auftrag zu unterscheiden. Das Auftragsmanagement hat sicherzustellen, dass Artikelbedarfe und -verfügbarkeit zeitlich und mengenmäßig synchronisiert sind, an den Ressourcen weder eine Über- noch Unterlast herrscht und die Aufträge – bei einem angemessenen Wartezeitanteil – pünktlich ankommen. Somit ist sowohl das geplante als auch das tatsächliche Abfertigungsverhalten eines logistischen Systems aus diesen Sichten zu betrachten. Im Ein-Produktfall eines einstufigen Prozesses auf einer Ressource fallen diese drei Sichten zusammen. Bei komplexeren Produkt- und Produktionsrahmenbedingungen schärft diese Differenzierung die Analyse und bietet sich deshalb für die Industriepraxis an.

Abbildung 3.1 stellt die Sichten mit ihren Ausprägungen im Überblick dar. Sie bilden einen wichtigen Ausgangspunkt zur systematischen Neu- oder Umgestaltung des Auftragsmanagements.

Die unterschiedlichen Rahmenbedingungen der Unternehmen verlangen eine individuelle, auf die speziellen Anforderungen abgestimmte Betriebslogik des

Sicht	Ausprägungen		
Koordinationsgröße	Zeit	Menge	
Betrachtungsgenauigkeit	mikroskopisch	makroskopisch	
Prozessabschnitt	Beschaffung	Produktion	Lieferung
Dispositionsobjekt	Artikel	Ressource	Auftrag

Abb. 3.1 Sichten im Auftragsmanagement

Auftragsmanagements. Gerade unter solchen Bedingungen ist es vorteilhaft, wenn übergeordnete Gestaltungsprinzipien existieren. Gelingt eine Anwendung auf das Auftragsmanagement, können geeignete Leitlinien für eine Betriebslogik abgeleitet werden.

Die Analyse der handlungstheoretischen Grundlagen verdeutlicht den über Rückkopplungsschleifen geschlossenen Handlungskreis als erstes wichtiges Gestaltungsprinzip, vgl. u. a. [MGP60, S. 25 ff.; Rop99, S. 99 f.]. Systeme mit so gestalteten Informationskreisläufen sind in der Lage, nicht vorhergesehene Umweltänderungen zu bewältigen. Zur Analyse komplexer Systeme empfiehlt sich eine Unterscheidung von Innen- und Außensicht [Rop98, S. 73]. Diesem Grundgedanken folgend leitet Abb. 3.2 hieraus Grundprinzipien für die Betriebslogik des Auftragsmanagements differenziert nach Innen- und Außensicht ab.

Aus der *Innensicht* hat sich eine Unterscheidung in die logischen Teilaktivitäten Entscheiden und Ausführen bewährt, vgl. u. a. [Rop99, S. 101 ff.]. Ein Übertragen des Vorschlags von Ropohl auf das Auftragsmanagement erlaubt es, die Entscheidungen in laufende Planungs- und Steuerungsaktivitäten (Betriebsphase) sowie fallweise Zielsetzungsaktivitäten (Gestaltungsphase) weiter zu differenzieren. Für die Innensicht resultiert daraus ein Regelkreisprinzip, Abb. 3.2a: Ergebnis der Entscheidungsaktivität ist ein Produktionsplan, der als Vorgabe für die Ausführung gilt. Nach Beendigung der Ausführungsaktivität erfolgt eine Vollzugsmeldung mit Bezug auf diesen Produktionsplan. Dieses regelkreisbasierte Auftragsmanagement kann bei Bedarf in mehrere Entscheidungsebenen wie Grob- und Feinplanung differenziert werden; seine hierarchische Grundorientierung bleibt hierbei erhalten.

Aus der *Außensicht* verfügt jede Entscheidungseinheit über eine gewisse Autonomie. Sie steht mit ihren Vorgängern und Nachfolgern im Materialfluss in einer Kunden-Lieferanten-Beziehung. Diese Partner tauschen Informationen aus, die sich auf die grundsätzlichen Arten Frage und (zustimmende oder ablehnende) Antwort zurückführen lassen vgl. u. a. [Scherr93, S. 83 f.; PMI04, S. 224, 229]. Das Verhandlungsprinzip entspricht damit der Außensicht, Abb. 3.2b: Ergebnis der Entscheidungsaktivität ist ebenfalls ein Produktionsplan. Als Verhandlungsergebnis gleichberechtigter Partner entspringt der Plan einem nicht-hierarchischen Verständnis.

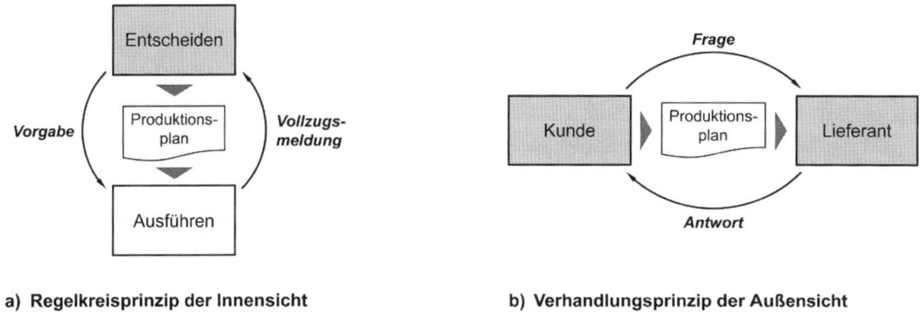

Abb. 3.2 Auftragsmanagement in der Innen- und Außensicht

Das Schließen offener Informationsketten zu geschlossenen Informationskreisläufen führt zum zweiten, wichtigen Gestaltungsprinzip der Handlungstheorie: dem Arbeiten mit *Referenzen*, hier als angestrebte Bezugsgröße zu verstehen. Die Grundidee des hier vorgeschlagenen Auftragsmanagementansatzes besteht darin, aus dem Vergleich des tatsächlich Realisierbaren bzw. Erreichten mit der angestrebten Referenz Handlungsbedarfe abzuleiten:

- Für das *regelkreisbasierte Auftragsmanagement* der Innensicht ist also das intern Gewünschte (bzw. extern Vereinbarte) trotz geänderter Eingangsgrößen oder unerwarteter Abweichungen zu erreichen. Nach regelungstechnischem Verständnis bildet die Führungsgröße die Referenz.
- Für das *verhandlungsbasierte Auftragsmanagement* der Außensicht geht es darum, die Vorstellungen der Verhandlungspartner gegenüberzustellen, um ggf. über gegenseitige Zugeständnisse zu einer Vereinbarung zu finden. Aus der Logik der Verhandlung bildet die Vorstellung des jeweiligen Verhandlungspartners die Referenz.

Um eine Vergleichsgrundlage zu besitzen, sind die unterschiedlichen Zustände des Auftragsfortschritts[5] in Lenkung oder Ausführung (Innensicht) bzw. der Verhandlung (Außensicht) zu dokumentieren. Hierzu dient das sogenannte Koordinationsattribut.

Koordinationsattribute beschreiben den Entscheidungs-, Verhandlungs- oder Fertigstellungsstatus eines Auftrags. Sie dokumentieren wichtige Ereignisse oder Zustände im Auftragsfortschritt und dienen den Verantwortlichen zur Planung, Steuerung und Erfolgskontrolle.

Die Attribute resultieren aus den relevanten Koordinationsfragen oder Entscheidungsvariablen des Auftragsmanagements gemäß der einführend definierten Kern-

[5] Diese Eingrenzung auf die Auftragssicht unterstellt, dass Kunden und Lieferanten lediglich über Aufträge verhandeln und sich vereinbarte Auftragstermine direkt oder indirekt auch auf alle anderen Dispositionsentscheidungen im Auftragsmanagement auswirken. Diese Einschränkung erscheint für die hier betrachteten Stückgüterproduzenten mit ihren Kunden und Lieferanten gerechtfertigt.

aufgabe. Per Definition beantwortet der resultierende Plan diese vollständig. Der jeweils erforderliche Detaillierungsgrad ist je nach Außen- und Innensicht unterschiedlich. Im Sinne einer konsistenten Planerstellung sollte er sich aber widerspruchsfrei ineinander überführen lassen; d. h. bspw. sollte der zugesagte Liefertermin (Außensicht) nicht vor dem geplanten Fertigstellungstermin des Produktionsauftrags (Innensicht) liegen.

Der Blick auf die grundsätzlichen Ähnlichkeiten darf doch die Unterschiede zwischen Innen- und Außensicht nicht verwischen: Soll das Ergebnis für beide Seiten akzeptabel sein, gelten im verhandlungsbasierten Auftragsmanagement die Handlungsbedarfe während der Verhandlungsphasen im Sinne der beiden Verhandlungspartner Kunde und Lieferant wechselseitig. Dies weicht von der Grundidee des regelkreisbasierten Auftragsmanagements ab; hier bildet die Führungsgröße die eindeutige Referenz. In Erweiterung zum klassischen Regelkreisverständnis bietet sich für ein sozio-technisches Auftragsmanagement eine weitere Differenzierung von Führungsgrößen in *Zielgrößen* (Referenzgröße für das Resultatfeedback) sowie *Sollgrößen* für laufende Planungs- oder Steuerungsaktivitäten (Referenzgröße für das Ablauffeedback) an. Hieraus kann in der Praxis ein Spannungsfeld resultieren, was im Rahmen der operativen Entscheidungen aufgelöst werden muss. Gemäß handlungstheoretischer Konvention sind Zielgrößen nur in der Innensicht erkennbar und bleiben in der Außensicht verborgen.

3.2 Gestaltungsmatrix des Auftragsmanagements

Zur Unterstützung der Entwicklungsfähigkeit eines Auftragsmanagement-Systems bietet es sich an, mögliche Veränderungsstufen bzw. -umfänge vorzudenken. Hier sind die Gestaltungsaspekte von den Gestaltungsebenen zu unterscheiden. Ihre Gegenüberstellung führt zur abschließend erläuterten Gestaltungsmatrix [WieH05a].

3.2.1 Gestaltungsaspekte des Auftragsmanagements

Ausgehend von den in Abb. 2.4 skizzierten Überlegungen zur aspektweisen Modellierung ist zu klären, welche Gestaltungsaspekte für ein sozio-technisches Auftragsmanagement von Bedeutung sind. Nach den Erkenntnissen des russischen Psychologen und Systemtheoretikers Leont'ev bilden Tätigkeiten – vollzogen durch Handlungen – einen geeigneten Ausgangspunkt zur Analyse von Handlungssystemen [Leo77, S. 37 f.]. Sogenannte Operationen gelten als feinste Handlungseinheiten für ein gegebenes Analysestadium, die sich nach Bedarf später nochmals weiter unterteilen lassen. Zur aspektweisen Modellierung fasst Specker die Operationen nach den vier Gesichtspunkten Prozess (zeitliche Abfolge der Operationen), Funktion (verwandte Elementaroperationen), Objekt (zugrunde liegende Bearbeitungselemente) und Aufgabe bzw. Stelle (stellenbezogene Zuordnung der Operationen) zusammen. Zur Modellierung von Informationssystemen stellt er diesen die Techniksicht (Werkzeuge zur Unterstützung oder Automation von Operationen) gegenüber [Spe05, S. 33 ff., 138]. Specker baut dabei auf einem Bottom-up-Ansatz auf, der von Elementen der untersten Systemebene – den Operationen – ausgeht und die vier Aspektsysteme Prozess, Funktion, Objekt und Aufgabe/Stelle definiert. Die andere Möglichkeit besteht darin, die vier Aspektsysteme eigenständig und voneinander losgelöst zu definieren [Spe05, S. 35].

Diese Aspekte oder Sichten finden sich z. T. in den bekannten PPS-Modellen wieder: Historisch konzentrierten sich diese zunächst auf eine Funktionssicht, später kamen Daten- und Prozesssicht sowie weitere hinzu, vgl. u. a. [Hac89, S. 5 ff.; Plo73; Wig84; Schot98, S. 30]. Das heutige, erweiterte Aachener PPS-Modell adressiert die o. g. Sichten unterschiedlich detailliert [SuGi06, S. 16 ff.]. Der funktionale Fokus auf eine Planung und Steuerung ist nach wie vor üblich und dominiert bis heute in vielen Fachbüchern, vgl. u. a. [SCB05; VolTh05]. Die notwendige Erweiterung um sozio-technische Aspekte findet erst schrittweise Eingang in die Literatur, bspw. in Form der von Hopp und Spearman formulierten Factory Physics Laws [HS96, S. 622 ff.] oder als Überlegungen zur Produktion als sozio-technisches System, vgl. [SSU96].

Ausgehend von diesen Grundüberlegungen lassen sich im Sinne einer ganzheitlichen Betrachtung *sechs Gestaltungsaspekte* eines Auftragsmanagement-Systems entwickeln, Abb. 3.3. Für das weitere Verständnis erscheint es hervorhebenswert, dass jede der folgenden Sichten das Gesamtsystem aus einem speziellen Blickwinkel betrachtet (vgl. hierzu auch Abb. 2.4) [WieH04; WCW05; WieH08]:

- Der Gestaltungsaspekt *Ziel* steht im Zentrum. Eine aufgrund der logistischen Zielkonflikte theoretisch wünschenswerte, einheitliche Zielausrichtung des betrachteten Systems[6] (z. B. Unternehmen oder Lieferkette) wird nicht immer gelingen, deshalb erscheint ggf. eine Differenzierung in Subsysteme – bspw. anhand von Prozessabschnitten oder Verantwortungsbereichen – sinnvoll. Als klassisches Beispiel kann die unterschiedliche Zielgewichtung in Abhängigkeit der Lage des Prozessabschnittes zum Kundenentkopplungspunkt (s. auch Abschn. 6.3.1) gelten, vgl. u. a. [NW03, S. 4 f.].

[6] Das bereits erwähnte Dilemma der Ablaufplanung erfordert eine logistische Positionierung (vgl. Abschn. 2.4: Logistisches Grundverständnis). Dies erleichtert vor allem die konsistente Zielausrichtung bei verteilten Entscheidungen in Planung und Steuerung auf mehrere Personen bzw. Verantwortungsbereiche. Dann wird eine solche Priorisierung zur Entscheidungsleitlinie im Konfliktfall auch über Verantwortungsbereichsgrenzen hinweg und erleichtert so die Abstimmung logistischer Entscheidungen zwischen den Bereichen. Die alternative Organisationsform einer rollenbezogenen Zuordnung von Zielen (z. B. Auftragsverfolgung fokussiert auf kurze Durchlaufzeiten und hohe Termintreue, Maschinenbelegung fokussiert auf hohe Auslastung) führt zwangsläufig zu aufwendigen Abstimmungsnotwendigkeiten für jeden Einzelfall. Dies erscheint weder effektiv noch effizient und gilt deshalb als Stolperstein, vgl. widersprüchliche logistische Zielsetzungen, Abb. 1.4.

- Der Gestaltungsaspekt *Funktion* betrachtet das System aus Sicht der Entscheidungsaktivitäten, die zur Planung und Steuerung der Ausführungsaktivitäten in Beschaffung, Produktion und Kundenbelieferung erforderlich sind. Diese sind: Ziele setzen, Bedarf und Angebot prognostizieren, Ressourcen belegen und entscheiden (Produktionsplan erstellen und verabschieden), Produktionsfortschritt erfassen und bewerten (Ablauffeedback) sowie lernen (Resultatfeedback, also Verbessern innerhalb des vorgegebenen Rahmens) [WieH02, S. 85 f.]. AM-Methoden oder Verfahren führen diese Funktionen mithilfe von Algorithmen und Daten aus.
- Der Gestaltungsaspekt *Objekt* fokussiert auf die Betrachtungsgegenstände des Auftragsmanagements. Die wesentlichen Objekte sind Artikel (Endprodukte, Komponenten oder Material), Ressourcen (Betriebsmittel und Personal), Ausführungsaktivitäten (darstellbar als Arbeitspläne in den Anwendungsbereichen Beschaffen, Produzieren, Liefern) sowie Aufträge (Einzel, Serie, Ersatzteil usw.). Datenmodelle strukturieren diese Objekte und ihre Beziehungen.
- Der Gestaltungsaspekt *Prozess* ordnet die Entscheidungs- und Ausführungsaktivitäten unter sachlogischer und zeitlicher Abfolge. Idealtypisch sind beide in einem Regelkreis verknüpft (vgl. Abschn. 2.3.2, 2.4: Regelkreisbasierte Handlungen). Im Fokus liegt die Auftragsabwicklung auf Informationsflussebene. Die Ausführungsaktivitäten auf der Materialflussebene lassen sich nach der gleichen Logik beschreiben, sind aber nicht im engeren Sinne AM-Gestaltungsgegenstand [WieH02, S. 84 f.].
- Der Gestaltungsaspekt *Stelle* beschreibt, welche Organisationsstelle oder Rolle – und damit, welche Person – die Aktivität im Rahmen der Organisation verantwortet. Das klassische PPS-Verständnis vernachlässigte die aus einer Verantwortungszuweisung resultierenden Verhaltens- oder Rollenmuster der beteiligten Akteure zunächst, vgl. u. a. [Mag58; EW78; Hac89]. Damit unterstellt es implizit eine zentrale Verantwortung sowie Akteure ohne Eigeninteressen. Eine Stelle definiert gleichzeitig Leistungsanforderungen, die der Inhaber bezüglich Kompetenzen und Qualifikation erfüllen muss.

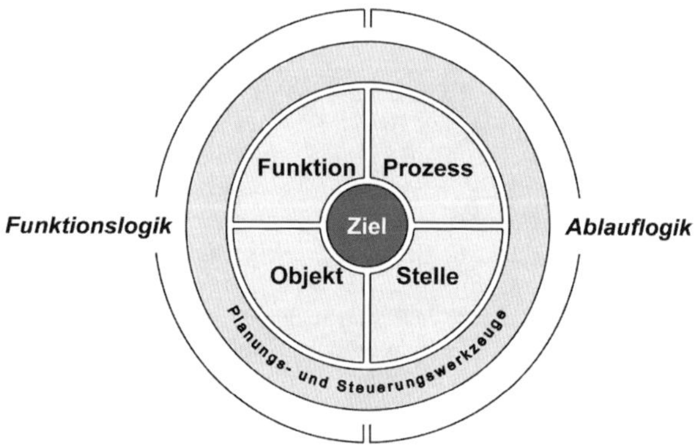

Abb. 3.3 Gestaltungsaspekte des Auftragsmanagements

- Der Gestaltungsaspekt *Planungs- und Steuerungswerkzeuge* betrifft überwiegend die Software, umfasst aber auch andere Werkzeuge und – teilweise in Hardware verankerte – Methoden wie Kanban, FiFo-Bahnen, Heijunka Boards oder Sortierpuffer. Die Werkzeuge sollen die operative Abwicklung der erforderlichen Aktivitäten durch eine Teilautomatisierung wirkungsvoll unterstützen. Dies standardisiert die Abwicklung, verringert das Fehlerrisiko, entlastet die Mitarbeiter von zeitraubenden Routinetätigkeiten der Informationsbeschaffung und -bewertung und setzt mehr Zeit für vorausschauende Entscheidungen frei.

Die in Abb. 3.3 innen angeordneten fünf Gestaltungsaspekte bilden den logisch-organisatorischen Kern eines AM-Systems, damit also die logischen oder organisatorischen Gestaltungsaspekte: Die linke Gestaltungsseite stellt die Funktionslogik der Auftragsabwicklung in den Vordergrund, d. h. die Planungs- und Steuerungslogik. Der Blickwinkel der rechten Gestaltungsseite fokussiert auf die Ablauflogik der Auftragsabwicklung, d. h. den organisatorischen Workflow mit seinen Prozessen und Verantwortlichkeiten. Ziele und Werkzeuge sollen Funktions- und Ablauflogik stimmig und konsistent integrieren. Die Gestaltung dieser Systemaspekte ist je nach Anlass unterschiedlich tiefgreifend und umfasst insgesamt drei Gestaltungsebenen, die sich wie folgt darstellen.

3.2.2 Gestaltungsebenen im Auftragsmanagement

Zur Beschreibung der Entwicklungsfähigkeit von Systemen unterscheidet Schwaninger die operative Effizienz (die Dinge richtig tun), die strategische Effektivität (die richtigen Dinge tun) und die normative Legitimität (die Gesamtaufgabe aus Sicht des größeren Ganzen erfüllen) [Schwa94, S. 51]. Ein Übertragen der Grundüberlegungen auf das Auftragsmanagement identifiziert die drei Gestaltungsebenen Parametrierung, Grundkonfiguration sowie Logistikstrategie. Jede dieser Gestaltungsebenen ist nun auf die sechs Gestaltungsaspekte anzuwenden, so dass sich die sogenannte Gestaltungsmatrix des Auftragsmanagements ergibt, die Abb. 3.4 mit einigen Beispielen zeigt [WieH05a]:

- *Parametrierung*: Die Adaption von Parametern repräsentiert die unterste Veränderungsstufe des AM-Systems, Abb. 3.4, unten. Beispiele hierfür sind veränderte Zielwerte (Gestaltungsaspekt Ziel), Zuordnung neuer Prozessverantwortlicher (Gestaltungsaspekt Prozess und Stelle), die Adaption der Planungsparameter (Gestaltungsaspekt Funktion) oder das Anlegen einer neuen Artikelgruppe (Gestaltungsaspekt Objekt). Zu den zentralen Parametern gehören die Planwerte für Vorlauf- und Wiederbeschaffungszeiten sowie Auftrags- und Arbeitsvorgangsdurchlaufzeiten. Da auf dieser Basis Bestellungen ausgelöst und die Produktionsaufträge terminiert werden, bilden sie das Fundament für das gesamte Termingerüst der Aufträge eines Unternehmens. Oftmals unterschätzen die Betriebe die herausragende Bedeutung der Parametrierung: Dann werden diese Werte

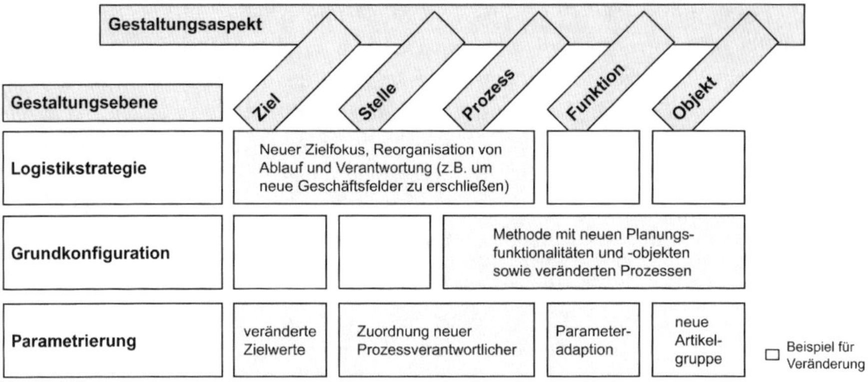

Abb. 3.4 Gestaltungsmatrix des Auftragsmanagements

lediglich abgeschätzt oder auf der Basis von Vergangenheitsdaten ermittelt und eine regelmäßige Nachführung bspw. bei Änderungen von Arbeitsplänen oder des Fertigungslayouts unterbleibt. Die fehlerhafte Parametrierung repräsentiert einen weiteren PPS-Stolperstein (Gestaltungsdefizit im AM) und ist den fehlerhaften PPS-Funktionen zugeordnet, vgl. Abb. 1.4.

- *Grundkonfiguration*: Die mittlere Stufe repräsentiert die logistische Grundkonfiguration. Grundlage der funktionalen Logik bilden die Methoden und Algorithmen. Typischerweise ist ein Austausch von Methoden mit einem Wechsel der funktionalen Logik verbunden. Ein Beispiel hierfür bildet der Wechsel der Losgrößenregel von ‚genaue Losgröße' (z. B. gemäß Kundenbedarf) zu ‚wirtschaftliche Losgröße' (z. B. minimale Stückkosten nach Andler oder Harris [Har13; Andl21]). Die meisten der heute verfügbaren ERP-Softwarelösungen bieten diese Optionen an. Logische Folge eines Methodenwechsels ist eine Parameterüberprüfung und ggf. ihre Adaption (unterste Gestaltungsebene). Die Einführung einer neuen Methode kann neue Planungsobjekte erfordern und die Prozesse verändern (Abb. 3.4 Mitte). Oftmals bietet sich eine Veränderung der Verantwortlichkeiten an, sie ist aber nicht zwingend.
- *Logistikstrategie*: Die höchste Veränderungsstufe ist ein Wechsel der Logistikstrategie. Sie zielt typischerweise auf einen Wechsel der logistischen Zielausrichtung sowie der Gestaltungsoption. Ein Beispiel für Letzteres ist der Wechsel der Bevorratungsstrategie von ‚make-to-order' zu ‚make-to-stock'. Erstens resultieren neue Zielgrößen und -prioritäten; in diesem Fall von ‚Liefertreue' zu ‚Servicegrad'. Zweitens sind AM-Methoden (mittlere Gestaltungsebene) und ihre Parameter (unterste Gestaltungsebene) anzupassen. Nach klassischem Verständnis bedeutet das mindestens eine Änderung der Auftragserzeugungsregel von ‚deterministisch' zu ‚stochastisch'. Ein weiteres Beispiel zeigt Abb. 3.4 oben, bei dem die Erschließung neuer Geschäftsfelder (z. B. Markenhersteller eröffnet – neben dem Fachhandel – einen zweiten Vertriebsweg für einen Teil

seines Produktspektrums im Einzelhandel) sowohl die Ziele als auch Prozesse und Verantwortungsbereiche verändert.

Die Ebenen stehen in Wechselwirkung zueinander. So ziehen Veränderungen auf höherer Ebene meist Veränderungen auf niederer Ebene nach sich. Eine Zuordnung der Ebenen zu Gestaltungsverantwortlichen wie bspw. Unternehmensleitung, Logistikleiter oder operative Logistiker ist unternehmensspezifisch festzulegen.

Im Folgenden werden Ziele und Grundobjekte detaillierter erläutert. Die Beschreibung der anderen Gestaltungsaspekte erfolgt differenziert nach Innen- und Außensicht.

3.3 Ziele im Auftragsmanagement

Der Begriff Ziel bedeutet ursprünglich ‚Eingeteiltes' oder ‚Abgemessenes' und wird heute im Wesentlichen in zwei Bedeutungen verwendet: Zum einen als Bestimmungsort – also ein physischer Punkt, zu dem jemand oder etwas gelangen will oder soll. Zum anderen als Absicht oder Bestreben – also etwas, worauf eine Person ihr logisches Handeln ganz bewusst ausrichtet und welches das angestrebte Ergebnis der Bemühungen beschreibt [Dud03; Dud06].

Diese Arbeit stellt die zweite Bedeutung in den Vordergrund und lässt sich für die Produktion als angestrebte Ausprägung von für das Auftragsmanagement relevanten Logistikkennzahlen eines Systems (vgl. Kap. 4) interpretieren [WieP97, S. 136 f.; Sok98, S. 481]. Generell beinhaltet eine operationale Zielformulierung die Merkmale Zielobjekt (Systemabgrenzung), Zieleigenschaften oder -inhalte, Ausmaß der Erreichung, einen Zeitaspekt sowie ggf. eine Ortsbezeichnung. Im Rahmen der Zielvereinbarung sind ggf. ergänzende Randbedingungen wie Ressourcenbedarfe sowie wichtige Voraussetzungen und Restriktionen zu nennen. Ziele sind als Erreichungs- oder Vermeidungsziele formulierbar, eine Unterscheidung in Muss-Ziele (zwingend zu erreichen), Soll-Ziele (bei der Lösungsfindung besonders zu beachten) und Wunsch-Ziele (nice to have) ist sinnvoll. Hieraus resultieren hohe formale und inhaltliche Anforderungen an die Zielformulierung. Die Zielformulierung soll darüber hinaus auch als ein psychologischer Prozess verstanden werden, der gewissen Gesetzmäßigkeiten folgt und spezifische Fehleranfälligkeiten beinhaltet, vgl. u. a. [Dör93, S. 74 ff.; Ehrl93, S. 199 ff.; DaHu97, S. 138, 142 ff., 148 f.; Sok98, S. 481; DIN 69901-2; Klei06, S. 262 ff.].

Im handlungstheoretischen Sinne bilden Ziele also eine Orientierungsgröße für Handlungen im Rahmen eines Problemlösezyklus. Idealerweise gelten sie für einen längeren Zeitraum und gehören dann zu den Rahmenbedingungen von Entscheidungen. Hierzu sind im ersten Schritt mögliche Umweltentwicklungen vorzudenken. Im zweiten Schritt sind anzustrebendes und unerwünschtes Verhalten des Systems in den vorgedachten Situationen zu beschreiben. Im dritten Schritt sollte dies in eine präzise Zielformulierung münden: aus psychologischer Sicht am besten in Form von Erreichungszielen formuliert, ggf. durch Vermeidungsziele ergänzt

[Dör93, S. 74 ff.; DaHu97, S. 139; Lau03, S. 3; Klei06, S. 256 f.]. Demnach löst auch ein Arbeiten mit Zielen nicht die prinzipbedingte Schwierigkeit der Vorhersagbarkeit der Zukunft, sondern verlagert diese lediglich auf die Reflexionsebene der Zielformulierung und -überwachung. Hierauf geht Abb. 3.14 näher ein. Für ein sozio-technisch geprägtes Auftragsmanagement ist in der Betriebsphase[7] eine Differenzierung in zwei Arten von Führungsgrößen sinnvoll, (vgl. a. Abschn. 2.3.2, 2.4: Verteilte Verantwortung):

- *Logistische Zielgrößen* resultieren aus Zielvorgaben bzw. -verhandlungen der eigenen Organisation und gelten für einen längeren Zeitraum. Sie bilden die Grundlage für das geforderte Resultatfeedback zur Zielveränderung oder Umgestaltung.
- *Logistische Koordinationsattribute* sind Eingangs- oder Ausgangsgrößen für Produktionspläne und resultieren somit sowohl aus Planungs- oder Steuerungsaktivitäten der eigenen Organisation als auch aus solchen der Kunden und Lieferanten. Sie bilden die Grundlage für das Ablauffeedback zur operativen Plananpassung.

Zunächst sind für beide Führungsgrößen die Ausprägungen Soll (Vorgabe) und Ist zu unterscheiden. Wie bereits erläutert, ist ggf. eine Ergänzung um Plan-Werte im Sinne eines Feed Forward sinnvoll (vgl. a. Abb. 2.6 sowie Abschn. 3.5.2). Im Rahmen dieser Arbeit gilt für ein Auftragsmanagement-System folgende Zieldefinition:

Ein logistisches Ziel beschreibt den angestrebten Wert einer Logistikkennzahl, bezieht sich auf ein logistisches System und gilt für einen längeren Zeitraum.

Voraussetzung einer Zieldefinition ist eine *Systemabgrenzung*, die sinnvollerweise über die drei Perspektiven des Logistikcontrollings (Artikel, Auftrag und Ressource, vgl. Abb. 3.1) erfolgt. Die Definition ist sowohl auf Betriebs- als auch auf Gestaltungsziele anwendbar. Für diese Arbeit erscheinen die fünf – teilweise eng verwandten – Eigenschaften Messbarkeit, Priorität, Realisierbarkeit, Informationsverdichtung sowie Informationsfilterung eines Ziels hervorhebenswert, vgl. u. a. [War93, S. 185 f.; DaHu97, S. 142 ff.; Rieg97, S. 83; DIN 69901-2, S. 25].

Erstens sollten Ziele *messbar* sein, um die Zielerreichung nachvollziehbar überprüfen zu können: Ihre inhaltliche Definition mit der bereits genannten Systemabgrenzung sowie festgelegte Messbedingungen mit Messpunkten und Messperioden sind hierfür wichtige Kriterien. Ihre Beschreibung ermöglicht eine Nachvollziehbarkeit und damit eine intersubjektive Ermittlung. Neben klassischen *objektiven* Logistikkennzahlen (z. B. Auslastung oder Durchlaufzeit) sind auch *subjektive* Merkmale wie bspw. Transparenz über die Auftragsabwicklung oder die Erkennbarkeit von Handlungsbedarfen denkbar.

[7] Diese Differenzierung erscheint für die Betriebsphase hinreichend trennscharf: Bspw. gilt nach dieser Definition eine Zielgröße für mehrere Aufträge, während sich eine Planungsgröße auf einen Auftrag bezieht. Demgegenüber tritt in der Gestaltungsphase das Ziel-Mittel-Denken in den Vordergrund [DaHu97, S. 139 ff.]: Hier gilt der Zielbegriff relativ zu einer Betrachtungsebene: Aussagen einer oberen Ebene bezeichnen Ziele, Aussagen einer unteren Ebene Mittel oder Maßnahmen zur Erreichung der Aussage, vgl. a. Abschn. 7.3.2: Baustein Ziel-Mittel-Denken.

Zweitens sollten Ziele *Prioritäten* besitzen, um im Fall von Zielkonflikten nachvollziehbare Entscheidungen zu ermöglichen: Für den Fall mehrerer Zielgrößen sind ihre Zielbeziehungen von Interesse. Grundsätzlich sind Zielkomplementarität (die Zielerreichung von zwei oder mehreren Zielen begünstigt sich gegenseitig), Zielneutralität (die Zielerreichung lässt andere Ziele unberührt) oder Zielkonflikte (die Zielerreichung von zwei oder mehreren Zielen beeinträchtigt sich gegenseitig) zu unterscheiden. Zielkonflikte verlangen eine Abwägung (trade off), vgl. u. a. [Gab88, S. 2869 f.]. Diese sind durch Zielprioritäten lösbar. Eine widerspruchsfreie Vorgabe quantitativer Zielwerte setzt die Kenntnis der Wirkbeziehungen zwischen Logistikkennzahlen voraus. Auf diesen Grundüberlegungen beruht der Vorschlag, mit den logistischen Zielkonflikten differenziert umzugehen und zwei Fälle zu unterscheiden:

- In der *Betriebsphase* bilden Zielprioritäten die Leitlinie operativer Entscheidungen. Im Tagesgeschäft ist der Konflikt nach Priorität zu entscheiden. Dies vereinfacht es, das logistische Ablaufverhalten vorherzusagen, weil die Entscheidungen berechenbar werden.
- In der *Gestaltungsphase* dienen Konzeptions- oder Verbesserungsprojekte dazu, die logistischen Zielkonflikte durch eine Veränderung der Produktionsrahmenbedingungen zu entschärfen: Bspw. könnte eine Rüstzeitreduzierung eine Losgrößenharmonisierung (Teilung großer Lose) ermöglichen. Diese schafft wiederum das Potenzial, geringere Umlaufbestände und kürzere Durchlaufzeiten zu erreichen, ohne die Produktivität zu verringern.

Drittens sollten Ziele *realisierbar* sein. Dies beinhaltet zum einen die objektive Erreichbarkeit des Ziels unter bekannten oder unterstellten Rahmenbedingungen und zum anderen die subjektive Erreichbarkeit durch denjenigen, der das Ziel erfüllen soll. Oftmals wird zusätzlich noch das Attribut anspruchsvoll genannt, d. h. die Erreichbarkeit soll nicht zu leicht sein.

Viertens sollten Ziele *Informationen verdichten*, um eine Abstimmung zwischen Subsystemen zu fördern: Nach heutigem Verständnis begünstigen teilautonome Subsysteme wirkungsvoll eine Komplexitätsbewältigung. Das damit verfügbare Potenzial zur Eigenlenkung und Selbstgestaltung im Rahmen inhaltlicher und zeitlicher Begrenzungen eröffnet eine dezentrale Aktionsfähigkeit der Subsysteme in Betrieb und Gestaltung (vgl. Abschn. 2.3.4). Offensichtlich erleichtert eine verdichtete Beschreibung des Rahmens über Ziele die Abstimmung. Zum einen ist deshalb eine Verdichtungsfunktion zu definieren, die Mess- in Zielwerte umwandelt. Zum anderen sind Einzelwerte (unverdichtete Soll- oder Ist-Werte) von Zielwerten (mit statistischen Methoden verdichtete Soll- oder Ist-Werte) zu unterscheiden – bei komplexen Zusammenhängen erscheinen zusätzlich Plan-Werte für beide Ausprägungen empfehlenswert.

Fünftens sollten Ziele *Informationen filtern*, um über Schwellwerte signifikante von nicht-signifikanten Veränderungen zu unterscheiden. Deshalb fordert bereits Plossl „practical tolerances on these goals" [Plo73, S. 9]: Nach anerkanntem produktionswissenschaftlichem Verständnis begrenzen Ziele die Autonomie lokaler Entscheidungsträger so, dass ihre Entscheidungen dem Gesamtinteresse des Unternehmens dienen, vgl. u. a. [War93, S. 180 ff.; ReiG97, S. 229 ff.; WWB98]. Ohne die zugrunde liegenden theoretischen Überlegungen[8] zu thematisieren, resultieren daraus folgende praktische Anforderungen an eine Filterfunktion der Ziele: Eine Periode filtert als verfügbarer Zeitraum zur Zielerreichung Informationen zeitlich; inhaltlich ermöglicht dies zulässige Abweichungen von Soll- und Ist-Werten. Hier sind zulässige Abweichungen auf zwei Ebenen zu unterscheiden:

- Die *Toleranz* beschreibt die zulässigen Abweichungen auf Ebene der Einzelwerte. Sie entspricht der in Abschn. 3.5.2 erläuterten Toleranz[9] zur Kopplung der operativen Planungs- und Steuerungsentscheidungen. Aus logistischen Gesichtspunkten bestimmt die vom – internen oder externen – Kunden durchsetzbare Lieferabweichung (externe Sicht) die zulässige Abweichung der eigenen Planung (interne Sicht) und damit auch die erforderliche Genauigkeit der eigenen Planungs- und Steuerungsmaßnahmen [WieH02, S. 101]. Neben dieser aus den Marktanforderungen abgeleiteten Genauigkeit ist dann auch zu prüfen, ob der resultierende Dispositionsaufwand durch die heutige Organisation und ihre Planungs- und Steuerungsmethoden leistbar ist. Andernfalls ist eine Umgestaltung erforderlich.
- Der *Zielkorridor* beschreibt die zulässigen Abweichungen auf Ebene der Ziele. Hieraus resultiert ein Spannungsfeld zwischen dem Abstimmungsaufwand zur Zielkorrektur und möglichen Verletzungen des Gesamtinteresses: Eng gezogene Grenzen erhöhen den Abstimmungsaufwand (höhere Wahrscheinlichkeit von Zielverletzungen – und damit notwendige Eingriffe der übergeordneten Entscheidungsinstanz bspw. in Form von Zielkorrekturen), begrenzen aber dafür mögliche Verletzungen des Gesamtinteresses (geringer Entscheidungsspielraum verringert i. d. R. auch den möglichen Kontrollverlust). Für weit gezogene Grenzen verhält es sich umgekehrt.

Je nach Zieldefinition können Toleranz und Zielkorridor zusammenfallen.

Abbildung 3.5 fasst die im Rahmen der logistischen Zielbildung relevanten Gestaltungsaspekte zusammen und verdeutlicht sie anhand eines Vorgehensbeispiels in drei Schritten. Ihre Zuordnung zu den Ausführungsverantwortlichen erfolgt unternehmensspezifisch:

[8] Bspw. untersucht die Principal-Agent-Theorie Situationen mit Informationsasymmetrien und eingeschränkter Beobachtungsfähigkeit zwischen den Akteuren Auftraggeber (Principal) und Auftragnehmer (Agent). Um diese Asymmetrien (verdeckte Eigenschaften – Leistungseigenschaften des Agenten unbekannt, verdeckte Handlungen – Anstrengungen des Agenten nicht bewertbar/beobachtbar und verdeckte Absichten – Absichten des Agenten unbekannt) zu reduzieren, müssen beide Akteure Kosten in Kauf nehmen. Die Gestaltungsaufgabe besteht darin, Risiko, Anreiz und Kontrolle so zu verteilen, dass das angestrebte Gesamtinteresse erreicht wird, vgl. u. a. [Pic99, S. 87 ff.; Pic01, S. 56 ff.; RieC06, S. 318 ff.].

[9] Inkonsistenzen zwischen der Planungstoleranz und der im Rahmen der Zieldefinition vorgegebenen Toleranz gelten deshalb als Stolperstein und werden der logistischen Zielsetzung zugeordnet, vgl. Abb. 1.4.

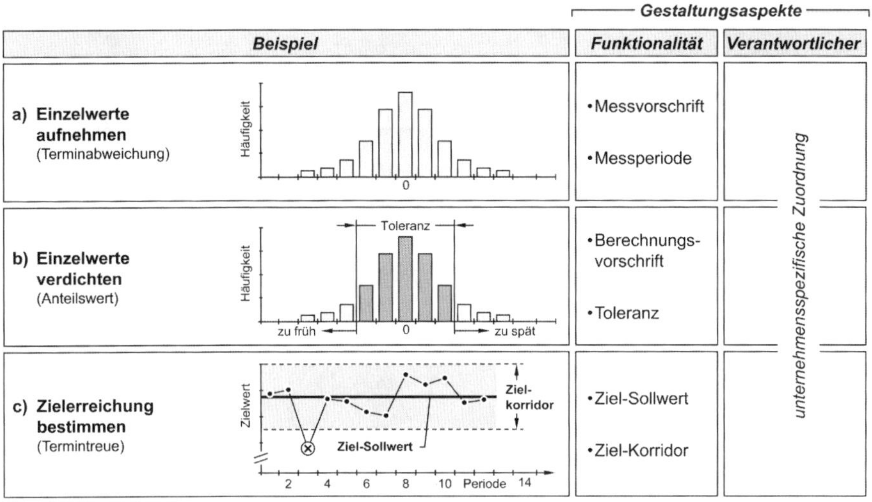

Abb. 3.5 Gestaltungsaspekte logistischer Zieldefinition (Vorgehensbeispiel)

a) *Einzelwerte aufnehmen*: Der erste Schritt misst die Terminabweichung jedes Auftrags innerhalb einer Messperiode und bildet so eine Verteilungsfunktion, Abb. 3.5a.
b) *Einzelwerte verdichten*: Der zweite Schritt verdichtet die Einzelwerte der Messperiode mit Hilfe einer Berechnungsvorschrift zum Ziel-Istwert. Übersteigt die positive oder negative Abweichung vom Einzel-Sollwert ‚0' die vorgegebene Toleranz, gilt der Auftrag als nicht termintreu (zu früh oder zu spät). Im Fall der Termintreue wird also eine Anteilsfunktion gebildet (Anteil der Aufträge innerhalb der Toleranz), Abb. 3.5b. Im Rahmen der Berechnungsvorschrift ist auch die Zuordnung eines Auftrags zur Messperiode (Periodenbezug) festzulegen, hier sind die Alternativen Soll- oder Ist-Endtermin denkbar.
c) *Zielerreichung bestimmen*: Der dritte Schritt vergleicht je Messperiode den Ziel-Istwert mit dem Sollwert und bestimmt anhand der zulässigen Abweichung, ob dieser noch im Zielkorridor liegt. Grundsätzlich ist die Lage des Ziel-Sollwerts im Zielkorridor beliebig denkbar, das Beispiel stellt den symmetrischen Fall dar, Abb. 3.5c.

Aus formaler Sicht erscheinen im Rahmen der Zielbildung zwei Fälle unterscheidenswert, die Abb. 3.6 am Beispiel von Zielen aus Auftragssicht darstellt:

- Die erste Berechnungsart erhält das logistische Merkmal. Typische Beispiele für solche Verdichtungsfunktionen sind Summen- oder Mittelwerte. In einem solchen Fall ist das Festlegen einer Toleranz als zulässige Abweichung des Einzel-Istwertes vom Sollwert nicht zwingend. Verbesserungsbedarf ergibt sich bei Überschreitung des Zielkorridors. Abbildung 3.6a zeigt dies am Beispiel der Terminabweichung.

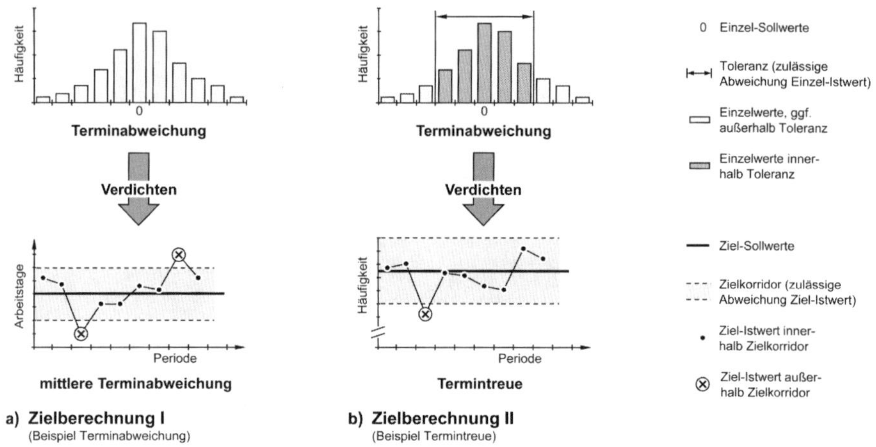

Abb. 3.6 Berechnungsarten logistischer Ziele (Beispiel Auftragssicht)

- Die zweite Berechnungsart verändert das logistische Merkmal. Typische Beispiele für solche Verdichtungsfunktionen sind Anteilswerte oder Varianzen. Abbildung 3.6b zeigt dies am Beispiel der Termintreue. Dieser Fall erfordert das Festlegen einer Toleranz – als zulässige Abweichung des Einzel-Istwertes vom Sollwert – aus dem Gestaltungsaspekt Ziel. Analog zum ersten Fall zeigt eine Überschreitung des Zielkorridors einen Verbesserungsbedarf an.

Neben der beschriebenen zeitlichen Verdichtung ist bei der Zielbildung auch eine inhaltliche Verdichtung möglich, bspw. über die Summation der Durchsatzgrößen von Einzelarbeitsplätzen zum Gesamtdurchsatz einer Arbeitsplatzgruppe, vgl. dazu ausführlich Kap. 4. Grundsätzlich ist die gewählte Berechnungsart eines Ziels sowohl bei der logistischen Interpretation als auch beim Ableiten von Verbesserungsmaßnahmen zu berücksichtigen.

Dieses Grundmodell der logistischen Zielbildung gilt für die interne Zielsetzung und -überwachung eines Ziels innerhalb einer Entscheidungseinheit im AM-Zyklus. Zwei Erweiterungsmöglichkeiten sind offensichtlich: Zum einen die bereits angedeutete Notwendigkeit, für *Zielsysteme* – die aus einer Menge an Zielen und ihren Beziehungen zueinander bestehen –Zielprioritäten und eine Modellierung ihrer logistischen Wirkbeziehungen vorzusehen. Zum anderen ist für eine *Zielvereinbarung* zwischen über- und untergeordneter Entscheidungsinstanz eine Erweiterung sowohl hinsichtlich der Funktionslogik (z. B. Berechnungshäufigkeit[10]) als auch der Ablauflogik (Prozesse und Verantwortlichkeiten) möglich.

Die Erläuterung der Grundobjekte erfolgt im Anschluss.

[10] Bspw. unterscheidet Burr in diesem Zusammenhang Mess- und Führungsperiode: Erstere bezieht sich auf die Ermittlung von Zielwerten und ermöglicht eine frühzeitige interne Reaktion auf Abweichungen. Die zweitere bezieht sich auf die Prüfung der Zielerreichung durch die übergeordnete Entscheidungsinstanz. Deshalb ist die Messperiode kürzer als die Führungsperiode zu wählen

3.4 Grundobjekte im Auftragsmanagement

Ein Objekt im Auftragsmanagement repräsentiert den Betrachtungsgegenstand oder das Bearbeitungselement der Planung und Steuerung. Um das erforderliche logistische Grundverständnis zu unterstützen, werden für diese Arbeit wesentliche Grundobjekte identifiziert. Diese repräsentieren die mindestens zu definierenden Bearbeitungselemente der Planung und Steuerung einer Stückgüterproduktion. Im Folgenden werden zwei Eigenschaften der Grundobjekte näher betrachtet:

- Zum einen sind ihre *hierarchischen Modellierungsformen* relevant. Demnach sind die drei Fälle Generalisierung (Kind of-Beziehung), Aggregation (strenge Part of-Beziehung) sowie Assoziation (erweiterte Part of-Beziehung) zu unterscheiden, vgl. Abschn. 2.2.
- Zum anderen sind ihre *planungsrelevanten Attribute* wichtig. Sie sind aus den in Abschn. 3.1 definierten Koordinationsgrößen Zeit und Menge abgeleitet. Demnach werden Zeitpunkt (Termin), Zeitdauer (Durchlaufzeit) sowie Menge (an Arbeit oder Artikeln) unterschieden. Leistung (Arbeit pro Zeiteinheit) bzw. Kapazität (Leistungspotenzial) ergeben sich aus der Verknüpfung von Menge und Zeitdauer.

Die im Folgenden beschriebenen Grundobjekte basieren wesentlich auf den Arbeiten von Wiedenmann und Schönsleben [DaWi97; Wied01; Schö00; Schö07] sowie eigenen Vorarbeiten [WieH02, S. 45 ff.]. Vorschläge anderer Autoren [Kem91; Scheer94; Kuhl94; SneiU96; Kee98; Aup99; SteJ00; WinK01] dienten zur Absicherung und Ergänzung. Die Grundobjekte entsprechen einer statischen Sicht eines Objektmodells, welche die Klassen mit ihren Assoziationen und Vererbungsstrukturen sowie Attributen beschreibt [BalH99, S. 10]. Ihre Erläuterung umfasst die beschriebenen Eigenschaften.

Zunächst sind die Grundobjekte Artikel, Prozess und Ressource von Bedeutung. Der Prozess wandelt Ausgangs- in Zielartikel um, Abb. 3.7. Hierzu werden Ressourcen (Menschen und Betriebsmittel) benötigt.

Bei ihrer Festlegung war zu entscheiden, ob eine prinzipielle Differenzierung von Artikel und Ressource für eine Stückgüterproduktion sinnvoll ist, denn der Begriff Ressource wird auch in der PPS-Literatur[11] uneinheitlich verwendet. Hier sind drei Gründe zu betrachten, vgl. u. a. [Stei00, S. 56; Schö00, S. 655; Wied01, S. 133 f.; WieH02, S. 48; Schö07, S. 236]:

[Burr09, S. 78 f.]. Dies entspricht dem Feed Forward Gedanken einer vorausschauenden Regelung und damit den oben dargestellten Plan-Werten.

[11] Einige Autoren fassen unter dem Oberbegriff Ressource Artikel (Material), Menschen und Betriebsmittel u. a. zusammen, vgl. u. a. [Pir96, S. 143; WS98, S. 262; Kee98, S. 113]. Andere betonen die Unterschiede zwischen Artikel (Material), Menschen sowie Betriebsmitteln, vgl. u. a. [Kem91, S. 110 ff.; SteJ00, S. 55 ff.; Wied01, S. 134; WinK01, S. 58 ff.].

Artikel
- in sich geschlossenes (physisches) Gut mit definiertem Anfangs- oder Endzustand

Prozess
- zur Herstellung eines Gutes erforderliche Folge von Arbeitsschritten

Ressource
- Leistungserbringer zur Ausführung der zur Herstellung von Gütern erforderlichen Prozesse

a) Definition der Grundobjekte

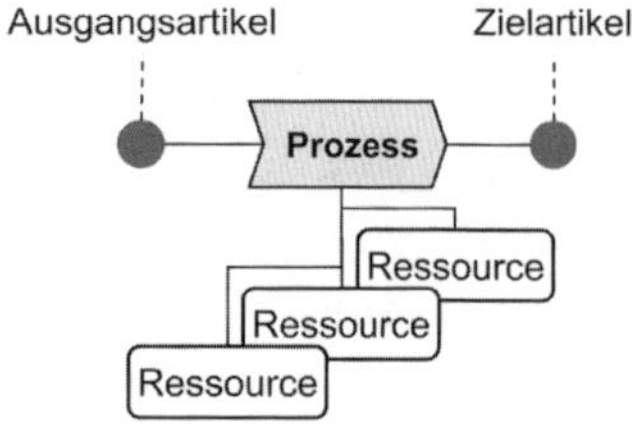

b) Verknüpfung der Grundobjekte

Abb. 3.7 Einfache Grundobjekte und ihre Verknüpfung

- Zunächst sind die *planungsrelevanten Attribute* unterschiedlich: Artikel werden hinsichtlich Menge und Zeitpunkt (Bedarf oder Verfügbarkeit), Ressourcen zusätzlich hinsichtlich der Zeitdauer ihrer Nutzung verplant (vgl. a. Abb. 6.15).
- Zum zweiten unterscheidet sich die *Lagerfähigkeit*. Während Artikel grundsätzlich lagerfähig sind, trifft dies auf Ressourcen a priori nicht zu (ihr Nichtgebrauch in einer Zeitperiode erlaubt i. d. R. keinen vermehrten Gebrauch in einer späteren Periode).
- Schließlich ist der *Objektbezug* zu betrachten. Ein Artikel ist sowohl Bedarfs- als auch Zielobjekt, die Ressource nur Bedarfsobjekt; soweit die Instandhaltung von Maschinen und Werkzeugen nicht Planungs- und Steuerungsgegenstand[12] ist.

Aus diesen Überlegungen heraus erscheint eine prinzipielle Unterscheidung von Artikel und Ressource für die Stückgüterproduktion sinnvoll. Eine solche Festlegung weicht vom heute üblichen Verständnis der Prozessindustrie ab, vgl. dazu ausführlich [Schö07, S. 413].

Artikel

Ein *Artikel* gilt in dieser Arbeit als Oberbegriff für ein in sich geschlossenes (oft physisches) Gut mit definiertem Zustand, Abb. 3.7a. Als hierarchische Modellierungsmöglichkeiten sind Generalisierung und Aggregation üblich, Abb. 3.8. Als Ausgangs- und Zielobjekt besitzt der Artikel eine Zwitterstellung, vgl. u. a. [Kem91, S. 111; SteJ00, S. 56; Wied01, S. 44; Schö07, S. 20 ff.]. *Planungsrelevante Attribute* des Artikels sind Menge (in Einheiten wie Stück, Gewicht oder Währung messbar) und Zeitpunkt (Bedarfs- oder Verfügbarkeitstermin).

Abbildung 3.8a zeigt das generalisierte Objekt mit den hier unterschiedenen Spezialisierungen:

- Produkte bilden die Schnittstelle zum jeweiligen Kunden und repräsentieren die Liefersicht. Sie umfassen mindestens Endprodukte.
- Komponenten repräsentieren die Dispositionssicht; sie werden entweder selbst produziert oder gekauft.
- Die Zuordnung der Baugruppen, Eigen- und Kaufteile zu verkaufbaren Produkten ist individuell: Baugruppen und Eigenteile werden oft als Ersatzteile ange-

[12] In diesem Fall würde die Maschine zum Bedarfs- bzw. Zielobjekt des Produktionsprozesses „Instandhaltung" und insofern die „Rolle" wechseln. Dieser Fall wird im Weiteren nicht betrachtet.

boten, darüber hinaus runden viele Unternehmen ihr eigenes Verkaufsprogramm durch Kaufteile ab.

Darüber hinaus werden Produkte mit ähnlichen Merkmalen oftmals zu sogenannten Produktfamilien zusammengefasst. Dann ist eine Produktvariante ein spezifisches Produkt der Produktfamilie. Im objektorientierten Sinne liegt damit ebenfalls eine Generalisierung (Kind of-Beziehung) zugrunde [BalH99, S. 553; Schö07, S. 21 f].

Außerdem besteht ein Artikel wiederum selbst aus Artikeln. Dieses Verständnis beschreibt die Produktstruktur und ist im objektorientierten Sinne eine Aggregation [BalH99, S. 534; Schö07, S. 22, 853]. Abbildung 3.8b zeigt die Zusammensetzung eines Endproduktes (strenge Part of-Beziehung) beispielhaft. Eine Zuordnung der Komponenten zu unterschiedlichen Strukturstufen ist üblich.

Prozess

Der *Prozess* beschreibt die erforderliche Folge von Arbeitsschritten zur Herstellung von Produkten, was erforderlichenfalls die Entwicklung mit einschließt, Abb. 3.7a. Als hierarchische Modellierungsmöglichkeiten sind Generalisierung und Aggregation üblich, Abb. 3.9. Der Prozessschritt als kleinste Einheit eines Prozesses mit logistischer Steuerungsnotwendigkeit wird in der Produktion als Arbeitsvorgang bezeichnet.

Planungsrelevante Attribute des Prozesses sind Menge, Zeitpunkt und Zeitdauer. Hierbei verbindet die technische Prozessplanung mit den Planungsinformationen Arbeits- und Zeitbedarf den Herstellungs- bzw. Beschaffungsartikel mit den erforderlichen Ressourcen. Für die Koordinationsgröße Arbeit liefert die Rüst- und Bearbeitungszeit den Bezug zur herzustellenden Menge. Dies fixiert gleichzeitig die benötigte Zeitdauer (auch Durchführungszeit), konkrete Start- oder Endeinformationen fixieren dann die Zeitpunkte [Schö07, S. 23 ff.]. Das Durchlaufelement visualisiert die beiden Koordinationsgrößen, vgl. dazu ausführlich Abschn. 4.1.

Abbildung 3.9a visualisiert das generalisierte Objekt mit den hier unterschiedenen Spezialisierungen: Da die Stückgüterproduzenten den Teilefertigungs- und

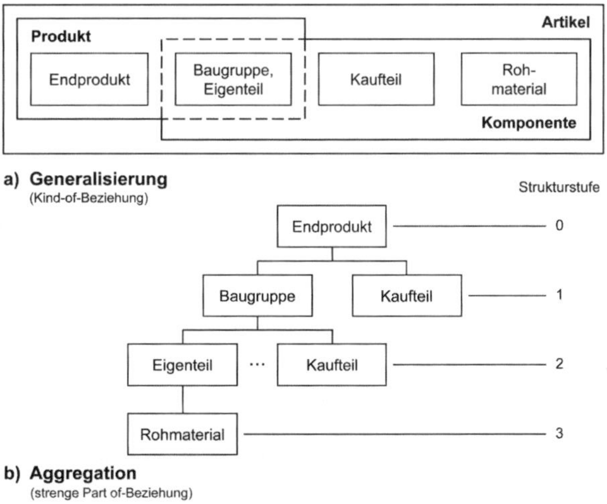

Abb. 3.8 Grundobjekt Artikel. (Nach Schönsleben)

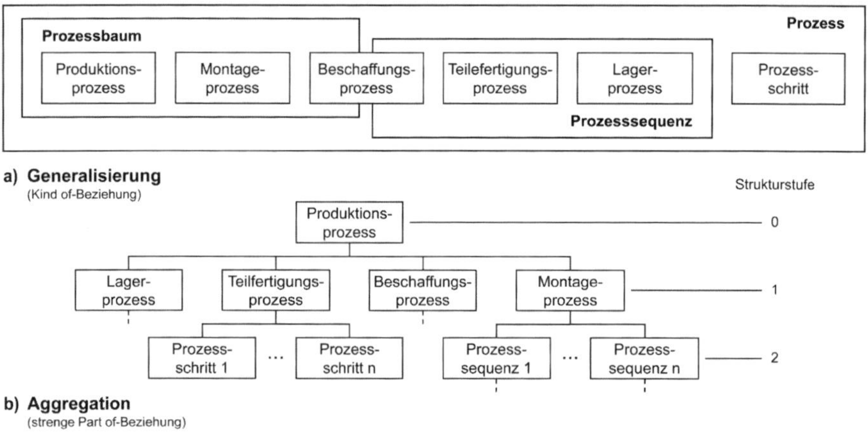

Abb. 3.9 Grundobjekt Prozess

Lagerprozess typischerweise auf ein Material beziehen, resultiert eine Sequenz von Prozessschritten. Demgegenüber ist beim Montageprozess die termingerechte Zuführung der Komponenten sicherzustellen. Daraus resultieren Prozessbäume (Ablauf mit Verzweigungen), die auch in der Beschaffung auftreten können. Meist entstehen Prozessnetze in der Stückgüterindustrie erst durch auftragsübergreifende Zusammenfassungen. Prozessbaum und -sequenz zeigen Unterschiede hinsichtlich der zeitlichen Verplanung: Bspw. ergibt sich der Durchlaufzeitbedarf von Prozesssequenzen durch Addition der Zeitdauern der Einzelschritte, während in Prozessbäumen oder -netzen die längste Strecke (kritischer Pfad) die Durchlaufzeit bestimmt. Hinsichtlich der Mengendimension und der resultierenden Kapazitätsbedarfe sind die Zusammenhänge komplexer.

Abbildung 3.9b zeigt die prinzipielle Aggregation über verschiedene Hierarchiestufen von Prozessschritten bis zum Produktionsprozess. Dieser repräsentiert somit die Produktionsstruktur als Zusammenfassung seiner Produktstruktur (Stückliste) und den dazugehörigen Arbeitsplänen, auch als Ressourcenliste bezeichnet [Kern95, S. 62]. Auf der Zeitachse betrachtet ergibt die Produktionsstruktur den Durchlauf- oder Prozessplan [Schö07, S. 26 f.].

Ressource

Die *Ressource* führt als Leistungserbringer die zur Herstellung von Gütern erforderlichen Prozesse aus, Abb. 3.7a. Sie umfasst die zur Herstellung eines Produktes längerfristig verfügbaren Mittel. Ressourcen führen die Prozesse aus, liefern also Leistung (Arbeit pro Zeiteinheit) ab. Als hierarchische Modellierungsmöglichkeiten sind Generalisierung üblich und eine Aggregation denkbar, Abb. 3.10. Ihre *planungsrelevanten Attribute* sind Menge, Zeitpunkt und -dauer [Kem91, S. 111; Wied01, S. 45; Schö07, S. 27 f.].

Abbildung 3.10a visualisiert das generalisierte Objekt mit den hier unterschiedenen Spezialisierungen Mensch, Maschine und Fertigungshilfsmittel (z. B. Werk-

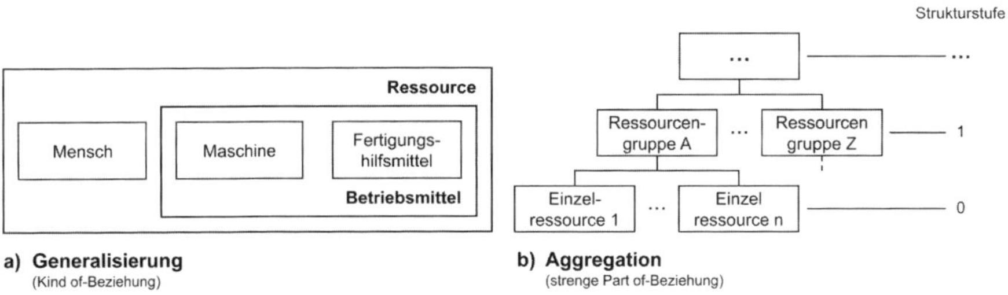

Abb. 3.10 Grundobjekt Ressource

zeuge, NC-Programme). Maschinen und Fertigungshilfsmittel werden meist zu Betriebsmitteln zusammengefasst.

Kapazität und Leistung sind die zentralen Attribute einer Ressource: Erstere quantifiziert das Leistungsvermögen (Potenzial zum Ausstoß von Leistungen), letztere das geleistete Arbeitsergebnis. Gemessen werden sie in Zeit- bzw. Mengeneinheiten pro Zeiteinheit. Die Analyse zeigt auch hier Unterschiede zwischen Planung und Steuerung:

- Die makroskopische *Planungssicht* modelliert die beiden Koordinationsdimensionen Menge und Zeit quasi „zweidimensional", sie entsprechen den beiden Achsen im Durchlaufdiagramm. Kapazität bzw. Leistung überführen Auftrags- und Durchlaufzeit (bzw. Durchführungszeit) rechnerisch ineinander. Die Darstellung im Durchlaufdiagramm verknüpft die beiden Koordinationsdimensionen graphisch augenfällig: Änderungen im Schichtmodell oder der Anzahl an Arbeitsplätzen verändern die Steigung der Kapazität bzw. Leistung [WieP97, S. 102; NW99, S. 19], vgl. dazu ausführlich Abschn. 4.1.
- Die für die mikroskopische *Steuerungssicht* erforderliche ereignisorientierte Betrachtung modelliert die Belegzeit an einem Arbeitsplatz. Änderungen von Auftragszeiten oder Schichtmodellen beeinflussen diese unmittelbar und verändern damit auch die Durchlaufzeit. Die eindeutige 1:1-Beziehung macht das explizite Überführen unnötig [Stei01, S. 56 ff.; VolL00, S. 69 ff., 80 ff.; Wied01, S. 134]. Indiz für diese „eindimensionale" Sicht ist die typische Belegungsdarstellung im Leitstand: Im Gantt-Diagramm sind Zeit- und Belegungsachse identisch [MerP96, S. 14-55 f.].

Abbildung 3.10b zeigt die prinzipiell denkbare Aggregation über verschiedene Hierarchiestufen. Der Aufbau erfolgt üblicherweise ausgehend von einer Einzelressource. Die Hierarchien sind für alle Ressourcenarten denkbar, ihr Aufbau und ihre Stufen sind unternehmensindividuell.

Kapazitätseinheit

Im Rahmen der Planung und Steuerung werden unterschiedliche Ressourcen oft gedanklich zusammengefasst. Aus Funktionssicht reduziert dies die Planungskomplexität auf den begrenzenden Faktor; aus Ablaufsicht sind damit Verantwortlichkeiten definierbar. Deshalb bietet sich die Definition eines eigenständigen Grundobjektes Kapazitätseinheit an.

Eine *Kapazitätseinheit* führt als organisatorische Einheit der Produktion verantwortlich Prozesse aus und verfügt hierzu temporär über Ressourcen. Die Kapazitätseinheit[13] umfasst also eine Gesamtheit von Menschen und Betriebsmitteln, die eine übergreifende Planung und Steuerung nicht mehr unterteilt. Somit ist die interne Planung und Steuerung entweder nicht nötig oder sie erfolgt – unter Berücksichtigung übergreifender Vorgaben – autonom. Im objektorientierten Sinne liegt der vereinfachten Zusammenfassung von Ressourcen zu einer Kapazitätseinheit der Fall der Assoziation zugrunde, d. h. eine Kapazitätseinheit „besitzt" Ressourcen bzw. Ressourcen sind einer Kapazitätseinheit (temporär) zugeordnet. Die Assoziation beschreibt damit den allgemeineren Fall einer Aggregation und ist somit keine strenge Part of-Beziehung [BalH99, S. 534 f.; Wied01, S. 97 ff.; WieH02, S. 49; Schö07, S. 27 ff., 845]. Als hierarchische Modellierungsmöglichkeiten sind Generalisierung und Aggregation üblich, Abb. 3.11. Ihre *planungsrelevanten Attribute* entsprechen denen der Ressource.

Abbildung 3.11a visualisiert das generalisierte Objekt mit den hier unterschiedenen Spezialisierungen: Im Gegensatz zu Arbeitssystemen verfügen Leistungseinheiten über eigene Ziele und eine gewissen Autonomie. Hier besitzt die Arbeitsplatzgruppe eine Zwitterstellung: In Montagebereichen besitzen Montagegruppen oftmals eine merkliche Autonomie – speziell in Bezug auf die Zusammenbaureihenfolge – sowie Ziele. Demgegenüber verfügen Maschinengruppen zwar mitunter über Bearbeitungsreihenfolgeautonomie in bestimmten Zeitrastern, separate Ziele sind aber nicht typisch [WB99; WieH02, S. 49].

Abbildung 3.11b zeigt die Aggregation von Kapazitätseinheiten: Arbeitsplätze sind über Hierarchiestufen zu Werken zusammengefasst. Der Aufbau erfolgt übli-

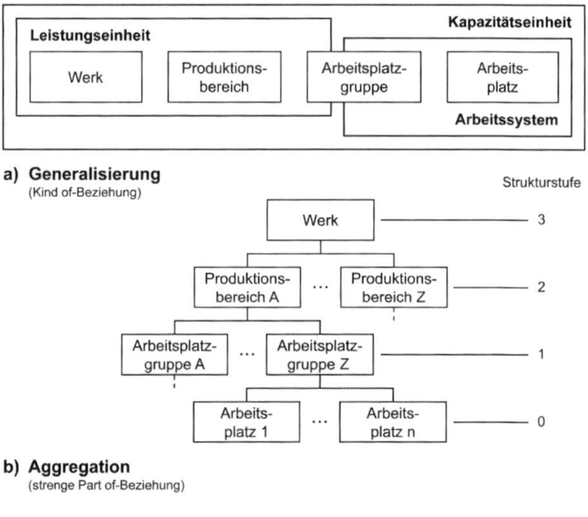

Abb. 3.11 Grundobjekt Kapazitätseinheit

[13] Schönsleben verwendet hier den unüblichen Begriff Kapazitätsplatz, um Verwechslungen mit der alternativen Begriffsbedeutung ‚Maßeinheit der Kapazität' zu vermeiden [Schö00, S. 84]. Die aus der Doppelbedeutung resultierende Verwechslungsgefahr wird zugunsten der üblichen Begriffsverwendung in Kauf genommen.

cherweise ausgehend von einer Einzelressource. Solche Hierarchien und ihre Stufen sind unternehmensindividuell.

Geschäftspartner
Das Auftragsmanagement dient der Erfüllung von internen oder externen Aufträgen. Ihre Beauftragung bzw. Erfüllung erfolgt durch *Geschäftspartner*. Als generalisiertes Objekt stellt er in diesem Zusammenhang die Verallgemeinerung eines – bezogen auf die Unternehmensgrenze – internen oder externen Kunden bzw. Lieferanten dar. Einzelne Geschäftspartner sind als Personen in eine Firmen- oder sogar Konzernhierarchie eingebettet [Schö07, S. 16, 841].

Auftrag
Der *Auftrag* ist ein komplexes Geschäftsobjekt [WieH02, S. 50; Schö07, S. 15 ff., 842 ff.]:

- Aus externer Sicht umfasst er im einfachsten Fall die Geschäftspartner (Auftraggeber und Auftragnehmer), das beauftragte Produkt (Artikel) mit Menge, (End-)Termin und Zielort (Erfüllungsort). Bei Bedarf ist eine Differenzierung in Auftragspositionen (bspw. bei unterschiedlichen Artikeln) notwendig: Im objektorientierten Sinn liegt deshalb zwischen Auftragsposition und Auftrag eine Aggregation vor [BalH99, S. 553; Schö07, S. 845].
- Aus interner Sicht umfasst der Auftrag Mengen und Termine der auszuführenden Arbeitsschritte (Prozesse), benötigte Komponenten und Rohmaterialien (Artikel) sowie ausführungsverantwortliche Kapazitätseinheiten mit den dazugehörenden Ressourcen.

Weitere Auftragsinformationen sind Auftragsstatus, Preis und Gültigkeit. Aggregationsformen und Hierarchiestufen lassen sich analog zum Prozess ableiten, vgl. Abb. 3.12.

Abbildung 3.13 visualisiert eine mögliche Verknüpfung der Grundobjekte über den Kundenauftrag, hier vereinfachend ohne weitere Lieferantenbeziehungen dar-

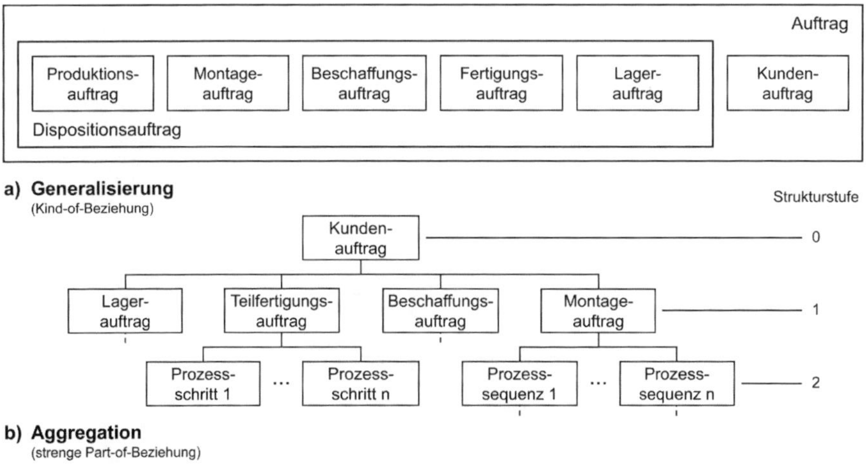

Abb. 3.12 Grundobjekt Auftrag

gestellt: Das Grundobjekt Artikel ist hier in Produkt und Material differenziert. Aus Liefersicht stehen Produkt und Kunde im Vordergrund, Abb. 3.13 oben. Demgegenüber betrachtetet die Dispositionssicht den Herstellungsprozess mit den benötigten Ressourcen und Materialien, Abb. 3.13 unten. Der Einzelauftrag verknüpft Liefer- und Dispositionssicht über Menge und Termin [WieH02, S. 88].

Der Übergang zwischen bekannten relationalen PPS-Datenmodellen und diesen Grundobjekten (statische Sicht des Objektmodells) erscheint fließend: So integriert bspw. Scheer in sein relationales Datenmodell die Klassenbildung als eine wesentliche Eigenschaft des objektorientierten Systementwurfs. Das zur Modellierung verwendete Entity Relationship Model enthält – neben anderen – die Typen Teil, Auftrag, Arbeitsplan, Ressource sowie Organisationseinheit [Scheer94, S. VI, 170 ff.].

Für die weiteren Überlegungen ist festzuhalten: Die Grundobjekte beschreiben die statische Sicht auf das Auftragsmanagement; ihre planungsrelevanten Attribute sind Menge, Zeitpunkt und Zeitdauer. Die identifizierten Beziehungen und ihre Hierarchiestufen schaffen die Grundlage zur Beschreibung von Planungs- bzw. Entscheidungsebenen, vgl. Abschn. 6.3.6.

Zur Analyse der Betriebsphase eines AM-Systems ist das regelkreisbasierte vom verhandlungsbasierten Auftragsmanagement zu unterscheiden (dynamische Sicht). Ersteres reflektiert die Innensicht, zweiteres die Außensicht, vgl. Abb. 3.2. Die folgenden Abschnitte erläutern beide Prinzipien.

3.5 Regelkreisbasiertes Auftragsmanagement

Aus der Innensicht werden die Auftragsmanagement-Aktivitäten als Regelkreis von Entscheidungs- und Ausführungsaktivitäten modelliert, was eher einem hierarchischen Verständnis entspricht: Entscheidungsergebnis ist demnach ein Produktionsplan als Ausführungsvorgabe. Nach Ausführungsende bildet die Fortschritts-

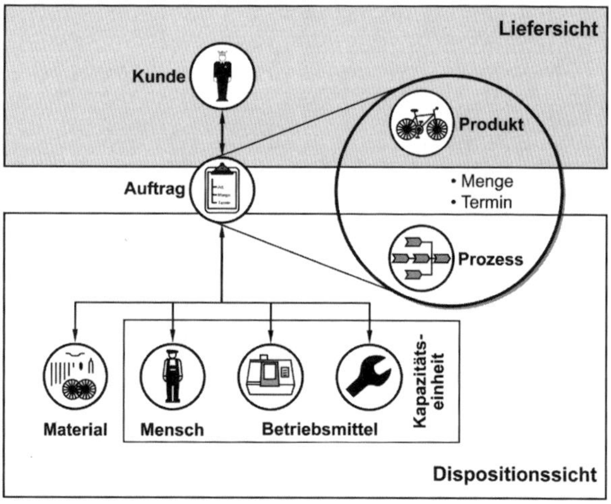

Abb. 3.13 Auftrag als Verknüpfung von Grundobjekten (Beispiel)

meldung die Eingangsgröße des nächsten Plans. Per Definition beantwortet der vorgegebene Plan die relevanten Koordinationsfragen gemäß der kapiteleinleitend definierten Kernaufgabe des Auftragsmanagements vollständig aus der Innensicht.

Zunächst erläutert Abschn. 3.5.1 den Auftragsmanagement-Zyklus; diese Prozesssicht basiert auf dem Regelkreisgedanken. Abschnitt 3.5.2 gibt eine Übersicht der dafür erforderlichen Koordinationsattribute. Abschließend erfolgt die Beschreibung der drei ideal-typischen Rollen der Innensicht in Abschn. 3.5.3. Die Erläuterung des logischen Pendants – des verhandlungsbasierten Auftragsmanagements einer Außensicht – erfolgt in Abschn. 3.6.

3.5.1 Auftragsmanagement-Zyklus

Im Kern geht es darum, die Teilaspekte des Handelns einer Produktion in einen Ablaufzyklus von Aktivitäten zu bringen und sie drei *logischen Ebenen* (vgl. Abb. 2.5b) zuzuordnen [Rop99, S. 101 ff.; Schwa94, S. 24 f., 51]. Abbildung 3.14a unterscheidet dementsprechend drei Ebenen:

- Die *Ausführungsebene* betrachtet die Aktivitäten des Güterflusses. Hier steht die stofflich-energetische Transformation von Material in Produkte nach einem Produktionsplan und die Rückmeldung des Produktionsfortschritts im Vordergrund. Das Ausführungssystem leistet Arbeit im engeren Sinne; das Ergebnis sind materielle oder immaterielle Güter. Der hier betrachtete Kontext stellt also die physische Produktion in den Vordergrund.
- Die *Lenkungsebene* fasst die laufenden Entscheidungstätigkeiten zusammen, die zur Vor- und Nachbereitung der Güterflussaktivitäten unmittelbar notwendig sind (Informationssystem). Die notwendige Führung der Ausführungsprozesse im Sinne einer Eigenlenkung erfolgt entsprechend den Zielvorgaben der höheren

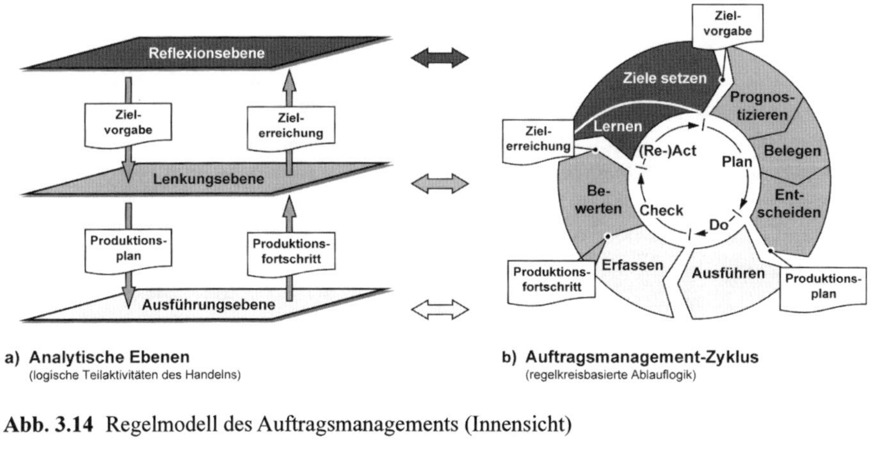

Abb. 3.14 Regelmodell des Auftragsmanagements (Innensicht)

Ebene. Der Lenkungsprozess plant und steuert die materielle Wertschöpfung und realisiert die geforderte Regelungsfähigkeit im Betrieb. Hier werden also die Inhalte betrachtet und es handelt sich um das Ablauffeedback oder eine Rückkopplung erster Ordnung auf operativer Ebene, vgl. Abb. 2.9.

- Die *Reflexionsebene* hinterfragt und gestaltet das Zusammenspiel von Lenken und Ausführen in einem strategischen Sinne, bezieht sich auf die drei Gestaltungsebenen in Abb. 3.4 und ermöglicht so die Entwicklungsfähigkeit des Systems. Dies umfasst zum einen die systeminterne, realistische Zielvorgabe oder das Hinterfragen externer Zielvorgaben auf ihre Realisierbarkeit im Sinne der Selbstgestaltung (Zielsetzungssystem). Zum anderen kann dieses Reflektieren Strukturen oder Verhaltensweisen ändern und das System an geänderte Umweltbedingungen anpassen. Hier werden also die Methodik mit ihren Vorgehensweisen sowie ihre Wirksamkeit betrachtet und es handelt sich um das Resultatfeedback oder eine Rückkopplung zweiter Ordnung auf reflektierender Ebene, vgl. Abb. 2.9.

Gemäß der Konvention hierarchischer Systeme verknüpfen Informationsflüsse – also Vorgaben und Leistungsrückmeldungen – die so gebildeten Teilsysteme miteinander, vgl. Abb. 2.5b, 2.8b [Rop99, S. 101 f.; MMT70, S. 37 f.]: Zwischen Lenkungs- und Ausführungsebene sind dies Produktionsplan und Produktionsfortschritt. Zielvorgabe- und Zielerreichung verbinden die Reflexions- und Lenkungsebene, Abb. 3.14a.

Der *Auftragsmanagement-Zyklus* fasst die Ausführungs-, Lenkungs- und Reflexionsaktivitäten im Sinne eines allgemeingültigen, axiomatischen Ablaufs zusammen und beschreibt ihre logische Folge, vgl. [WSW00, S. 849 ff.; WieH02, S. 85 f.]. Er folgt dem Deming-Zyklus mit den Phasen Plan, Do, Check, (Re-)Act [Dem92, S. 88] und erfüllt so den einleitend geforderten Ansatz des kybernetischen Regelkreises, vgl. Abschn. 2.4.

In Anlehnung an die Entscheidungstheorie sind die vier Phasen in acht Schritte differenziert und den drei analytischen Ebenen mithilfe unterschiedlicher Grautöne zugeordnet, Abb. 3.14b. Dies setzt zunächst vereinfachend voraus, dass dieselbe Person entscheidet und ausführt (Eigenlenkung), die Phasen zyklisch aufeinander folgen – also einen Prozess ohne eigentlichen Anfangs- und Endpunkt bilden – sowie eine Differenzierung zwischen zukunftsbezogener Planung, gegenwartsbezogener Steuerung sowie vergangenheitsbezogener Erfolgskontrolle nicht erforderlich ist. Die nachfolgenden Erläuterungen lösen diese Einschränkungen schrittweise auf.

Am Beginn – und gleichzeitig am Ende – des Auftragsmanagement-Zyklus steht als Schritt der Act-Phase das *Ziele setzen*, Abb. 3.14b, oben. Hier erfolgt die Zielbildung ggf. unter Berücksichtigung von Zielvorgaben einer logisch übergeordneten Entscheidungsebene.

Die Plan-Phase erzeugt die Vorgaben für den Produktionsablauf (Abb. 3.14b, oben rechts). Der resultierende Plan muss sowohl realistisch sein (Realisierbarkeit als notwendige Planungsbedingung) als auch die gesetzten Ziele bestmöglich erreichen (Optimalität bzw. Zielerreichung als hinreichende Planungsbedingung), vgl. [WieH02, S. 38 f., 99 f.]. Die Phase gliedert sich in drei Schritte:

- Das *Prognostizieren* ermittelt zunächst die notwendigen Eingangsgrößen. Dies betrifft einerseits die Bedarfsseite, also den voraussichtlichen Absatz der Produkte mit den dafür benötigten Materialien und Operationen. Andererseits ist auch die Angebotsseite zu betrachten, also die voraussichtliche Verfügbarkeit von Material und Ressourcen wie Menschen, Maschinen oder Werkzeug. Das Erheben der Eingangsgrößen trifft Annahmen über die Zukunft und prognostiziert damit im entscheidungstheoretischen Sinne die Zukunft, vgl. u. a. [Stau79, S. 43 ff.].
- Das *Belegen* ordnet den Bedarf dem Angebot an Artikeln und Ressourcen zu. Dieses Gegenüberstellen beinhaltet je nach Freiheitsgrad ein Anpassen von Angebot und Bedarf. Ergebnis sind ein oder mehrere (vorläufige) Produktionspläne.[14]
- Das *Entscheiden* bewertet die Alternativen, wählt die im Hinblick auf die Zielerreichung besonders günstige aus und gibt den ausgewählten Produktionsplan zur Ausführung frei (idealtypischerweise verbunden mit einer Fixierung der Entscheidung). Per Definition beantwortet dieser Plan die relevanten Koordinationsfragen des Auftragsmanagements gemäß der kapiteleinleitend definierten Kernaufgabe vollständig[15].

Als nächstes schließt sich die Do-Phase an. Das *Ausführen* umfasst hier das eigentliche Herstellen der materiellen oder immateriellen Produkte (Abb. 3.14b, unten).

Die Check-Phase umfasst zwei Schritte: Zunächst ist der Ausführungsfortschritt zu *Erfassen* und im Hinblick auf das Erreichen des vorgegebenen Plans zu *Bewerten* (Abb. 3.14b, unten links). Hierfür sind entsprechende Datenaufbereitungs- und Bewertungsfunktionen mit Hilfe von Kennzahlen sinnvoll, idealerweise anhand der Analyseperspektiven des Auftragsmanagements (vgl. dazu ausführlich Kap. 4 sowie [WieP06]). Diese Phase ist teils der Ausführungs-, teils auch der Lenkungsebene zugeordnet.

Die Re-Act-Phase schließt den Zyklus ab: Ein *Lernen* aus der Vergangenheit reflektiert Differenzen zwischen angestrebten und realisierten Größen mit der Intention, diese künftig zu verringern (Abb. 3.14b, oben links). Die *Act*- und *Re-Act*-Aktiviäten beziehen sich auf sämtliche in Abb. 3.4 dargestellten Gestaltungsebenen.

Das hier entwickelte regelkreisbasierte Auftragsmanagement-Verständnis basierend auf handlungstheoretischen Grundlagen liefert *Erklärungsansätze* für vier aus der Industriepraxis bekannte Phänomene, die unter den Verantwortlichen regelmäßig Diskussionen auslösen:

---

[14] Das Belegen trifft ebenfalls Annahmen über das künftige logistische Produktionsverhalten (z. B. über Plan-Durchlaufzeiten), was sich entscheidungstheoretisch ebenfalls als Prognose interpretieren lässt, vgl. [SchmT00, S. 34 ff.; WSW00].

[15] Wie bereits erläutert, bezieht sich die Vollständigkeit bei mehreren Entscheidungsebenen auf den jeweiligen Detaillierungsgrad dieser Ebene: So könnte der für die Planung verantwortliche Disponent die Frage „Wo? (Ort/Betriebsmittel)" zunächst auf Maschinengruppenebene beantworten, der für die Shop-Floor Steuerung verantwortliche Meister diese dann später auf die Einzelmaschinen detaillieren.

Erstens: Ein Modell, das den zyklischen und iterativen Charakter von Planungs- und Steuerungsentscheidungen betont, entspricht den Erfahrungen der Praxis. Denn ein Antizipieren der Zukunft beinhaltet naturgemäß das Risiko, nicht alles vollständig vorgedacht zu haben. Unvorhergesehene Situationen wie neue oder veränderte Bedarfswünsche, Personalausfall oder auch Fehlteilsituationen erfordern jeweils neue Entscheidungen. Dies kann auch dazu führen, dass bereits getroffene und an den Kunden kommunizierte Entscheidungen wie bspw. Lieferzusagen revidiert werden müssen.

Das unter Praktikern kontrovers diskutierte *Spannungsfeld* zwischen *Planungsdynamik und Planstabilität* erscheint demnach aufgabenimmanent: Einerseits sollen Pläne realistisch und aktuell sein, d. h. geänderte Eingangsgrößen oder Abweichungen ggü. dem unterstellten Auftragsfortschritt in Produktion und Beschaffung können – oder sollten – Plananpassungen nach sich ziehen. Andererseits sollen Pläne risikobehaftete oder unsichere Situationen sicherer machen, idealerweise bleiben sie also trotz Umfeldänderungen stabil. Eine Positionierung in diesem Spannungsfeld ist demnach genauso erforderlich, wie beim bereits erwähnten Dilemma der Ablaufplanung.

Zweitens: Das Modell beschränkt Entscheidungen auf die Lenkungsebene. Um also Ausführungsprozesse zur Bearbeitung freigeben zu können, sind Entscheidungen über den Detaillierungsgrad (z. B. Art, Menge, Termin, Ort) zu einem bestimmten Zeitpunkt zu fixieren. Praktische Bedeutung hat dies insbesondere für den Fall verteilter Entscheidungsverantwortung, bspw. einer hierarchischen Entscheidungsarchitektur mit Grob- und Feinplanungsebene: Die Freigabe des Grobplans erklärt diesen für die Feinplanung als verbindlich. Dies verbindet den Freigabezeitpunkt mit der Verantwortungsübergabe an den Nachfolger (anderer Verantwortungsbereich oder andere Rolle) und macht diesen zum natürlichen Fixierungszeitpunkt eines Plans. Der jeweils Nachfolgende soll diesen Plan dann erfüllen – oder die Nichterfüllbarkeit frühestmöglich zurückmelden. Gemäß dem Regelkreismodell erfolgt diese Fixierung aufgrund interner (dispositiver) Überlegungen. Die so abgeleitete Konvention der Planfixierung ist in der heutigen ERP-Software bspw. mit der Umwandlung von Fertigungs- bzw. Beschaffungsvorschlägen in Fertigungsaufträge bzw. Bestellungen üblich, vgl. u. a. [DKW06, S. 269 ff., 314 f.]. Die Fixierungslogik hat eine grundlegende Bedeutung für das Auftragsmanagement. Bei einer verteilten Verantwortung ist es sinnvoll, klare Rollen zu definieren und diesen entsprechende Verantwortlichkeiten zuzuweisen.

Drittens: Die Modellierung des Auftragsmanagements als Abbild gegenseitiger Abhängigkeit von Entscheidungs- und Ausführungsaktivitäten wirft ein neues Licht auf das Erfordernis realistischer Pläne als notwendige Planungsbedingung. In zyklischen Prozessen sind Pläne einerseits Vorgabe für die Ausführung. Sie werden in der klassischen PPS-Literatur als ‚richtig', d. h. realisierbar angenommen. Das setzt jedoch korrekte Plandaten (Vorgabezeit, Durchlaufzeit, Kapazität) voraus. Andererseits bildet der zeitnah und korrekt rückgemeldete Ausführungsfortschritt auch eine unabdingbare Eingangsgröße für den (nächsten) Plan. Falsche Eingangsgrößen sind damit eine wichtige Ursache unrealistischer Pläne:

- Aus Dispositionssicht sind vollständige, korrekte und aktuelle Plan- und Rückmeldedaten[16] über den Auftragsfortschritt in Produktion und Beschaffung eine wichtige Voraussetzung für realitätsnahe Pläne.
- Aus Liefersicht gilt Analoges für die Verfügbarkeit von Bedarfsinformationen. Ebenfalls denkbare Wechselwirkungen zwischen geäußerten Bedarfswünschen und ihrer Einhaltung sind Gegenstand des AM-Verhandlungsmodells im Abschn. 3.6.1.

Viertens: Nach der beschriebenen Modellvorstellung entsteht die Logistikleistung aus dem Zusammenspiel von Lenkung und Ausführung. Damit ist ihre reflektierende Bewertung offensichtlich auch nur gemeinsam – also aus einer Außensicht – möglich. Dies gilt für alle Logistikkennzahlen und wird in der Fachwelt für ausgewählte Kennzahlen wie bspw. die Termintreue breit diskutiert. Unrealistische Zusagen verschlechtern die Termintreue, denn eine termingerechte Fertigstellung wird deutlich unwahrscheinlicher. Darüber hinaus erschweren Planänderungen – also das Auflösen der Fixierung – während der Ausführung die Berechnung von Kennzahlen und schränken ihre Tauglichkeit als Zielvorgaben ein.

Aus den dargelegten Grundüberlegungen zum regelkreisbasierten Handeln sollen im Folgenden die differenzierten Koordinationsattribute und die idealtypischen Rollen abgeleitet werden, die beide für die Innensicht gelten.

3.5.2 Koordinationsattribute der Innensicht

Regelkreisbasiertes Handeln vergleicht das tatsächliche mit dem angestrebten Systemverhalten, um Abweichungen zu erkennen und korrigierend einzugreifen. Reagieren Systeme zeitverzögert auf Regeleingriffe, empfiehlt die Regelungstheorie ergänzend eine Prognose des voraussichtlichen Systemverhaltens. So ist ein zukunftsbezogener Vergleich mit dem angestrebten Systemverhalten (feed forward) möglich. Dies erleichtert es, die Konsequenzen korrigierender Eingriffe abzuschätzen, vgl. a. Abschn. 2.3.2.

Dementsprechend bezieht die Grundidee des regelkreisbasierten Auftragsmanagements den in Abschn. 3.1 beschriebenen Vergleich mit Referenzen auf die Innensicht: Abweichungen von einer Referenz als zu erreichende Bezugsgröße zeigen Handlungsbedarfe auf, um so interne Planvorgaben bzw. externe Vereinbarungen trotz geänderter Eingangsgrößen oder unerwarteter Abweichungen einzuhalten. Die Koordinationsattribute der Innensicht definieren die erforderlichen Vergleichswerte – teilweise abweichend vom bestehenden Literaturverständnis, vgl. u. a. [TraT96a; Got96, S. 42; PetD96, S. 66; SchoP96, S. 33; WieH02, S. 34, 95 f., 181; NyF02; Beg05, S. 45, 47; Löd05, S. 7 f.; WieP05, S. 348]. Drei unterschiedliche Planungsgrößen sind relevant:

[16] Unvollständige, unkorrekte oder verspätete Rückmeldungen – d. h. Bewegungsdaten – gelten deshalb als Stolperstein, vgl. ungenügende Datenqualität, Abb. 1.4.

- Die *Sollgröße* beschreibt das angestrebte logistische Verhalten, also zu erfüllende Aufträge. Im Sinne eines regelkreisbasierten Handelns gelten sie als Referenz. Aus der hier betrachteten Innensicht tritt die Methode der Bedarfsermittlung – bspw. Vorgaben der übergeordneten Entscheidungsebene, ein externer oder interner Kundenwunsch, erwartete Kundenbedarfe oder auch Unterschreiten eines Bestellbestandes – in den Hintergrund.
- Die *Istgröße* repräsentiert das tatsächliche logistische Verhalten der Produktion. Wie beschrieben resultiert dieses aus dem Zusammenspiel von Lenkungs- und Ausführungsaktivitäten. Das Erreichen des Endtermins beendet den Auftrag aus Innensicht.
- Die *Plangröße* beschreibt das voraussichtliche logistische Verhalten unter Beachtung vorliegender Randbedingungen, also ein prognostiziertes Ist. Unvorhergesehene Änderungen[17] können Abweichungen des Planwertes vom Sollwert verursachen. Hier bewertet eine Vorkopplung (feed forward) sowohl die Einflüsse solcher Störgrößen als auch die Konsequenzen mitlaufender Steuerungsentscheidungen vorausschauend – bspw. auf Basis der aktuellen Material- und Kapazitätsverfügbarkeiten.

Entsprechend der Logik des Regelkreises gilt: Sollgrößen und Istgrößen sind Eingangsgrößen für Lenkungsaktivitäten; Plangrößen sind ihre Ausgangsgrößen. Also bilden Plangrößen Eingangsgrößen der Ausführungsaktivitäten und Istgrößen ihre Ausgangsgrößen. Hieraus lässt sich schlussfolgern: Per Definition sind Plangrößen generell zukunftsbezogen und Istgrößen vergangenheitsbezogen. Nach diesem Verständnis ist eine Unterscheidung der Lenkungsaktivitäten in vorausschauende Planungs- und mitlaufende Steuerungsentscheidungen also nicht zwingend. Diese erfolgt erst bei einer verteilten Verantwortung zwischen Lenkung und Ausführung.

Aus der Innensicht bestimmen dispositive Überlegungen den sinnvollen Auftragsstart: Zum einen sind dies Material- und Kapazitätsrestriktionen, also Mindestdurchlaufzeiten für Fertigungsaufträge, vereinbarte Vorlaufzeiten für eine Schichtanpassung oder verfügbare Materialbestände in Zwischenlägern. Zum anderen beinhaltet dies die logistische Prozesssicherheit, also die Genauigkeit und Zuverlässigkeit, mit der Planvorgaben wie bspw. Durchlaufzeiten eingehalten werden.

Wie bereits beschrieben, bietet sich eine terminliche Kopplung von Auftragsfreigabe und Verantwortungsübergabe an die Ausführung an. Der sich aus diesem Verständnis ergebende idealtypische Fixierungszeitpunkt und -inhalt des Produktionsplans grenzt die vorausschauende Planung von der mitlaufenden Steuerung aus Auftragssicht ab. Abbildung 3.15a visualisiert diese Abgrenzung über die Ereigniszeitpunkte ‚*Bedarf bekannt*', ‚*Plan fixiert*' sowie ‚*Auftrag beendet*' im Auftragsfortschritt am Beispiel eines Ausführungsprozesses mit drei Schritten.

Am Beispiel von Endterminen für den betrachteten Auftrag zeigt Abb. 3.15b den Vergleich der Koordinationsattribute. Sie beziehen sich auf die in Abb. 3.15a num-

[17] Voraussetzung hierfür bilden realistische Sollgrößen. Von vornherein unrealistische Sollgrößen führen zwangsläufig zu nicht unvorhergesehenen (d. h. sachlich vorhersehbare Anpassungen); vgl. auch *Erklärungsansätze* im vorhergehenden Abschnitt.

merierten Ereigniszeitpunkte und repräsentieren typische Vergleichszeitpunkte aus der Innensicht. Je nach gewählter Entscheidungsvariable erscheinen auch andere Koordinationsfragen, wie bspw. die Menge, nach der gleichen Systematik behandelbar. Abweichungen von der jeweiligen Referenz (hier Endtermin) identifizieren entsprechende Handlungsbedarfe, operative Planungs- und Steuerungsentscheidungen der (Re-)Plan-Phase oder adaptierende Gestaltungsentscheidungen einer (Re-) Act-Phase. Dementsprechend sind drei Fälle zu unterscheiden:

- In der *Planungsphase* bildet der Soll-Termin die interne Referenz, im hier angesprochenen Beispiel entspricht er dem Kundenwunsch (1. Mai). Abweichungen des Plan-Termins (4. Mai) identifizieren Handlungsbedarf (Zeitpunkt 1). Nun können Verhandlungen oder aktualisierte Planungsannahmen (z. B. aufgrund anderer Material- oder Kapazitätsverfügbarkeit) zu Veränderungen ggü. der Erstplanung führen: Deshalb weicht im Beispiel der Soll-Termin zum Zeitpunkt 2 (3. Mai) vom ursprünglichen Soll[18] zum Zeitpunkt 1 ab. Er stimmt zum Zeitpunkt 2 auch mit dem Plan-Termin überein – erscheint also aufgrund der vorliegenden Informationen zu diesem Planungszeitpunkt realisierbar.
- In der *Steuerungsphase* bildet der (ggf. fixierte) Soll-Termin nun die Referenz; Abweichungen hiervon erfordern korrigierende Steuerungseingriffe. Im Beispiel ergibt die Hochrechnung zum Zeitpunkt 3 aufgrund des tatsächlichen Auftragsfortschritts nach dem ersten Schritt als Plan-Endtermin den 4. Mai und damit einen voraussichtlichen Terminverzug um einen Tag. Eine daraufhin angestoßene Kapazitätserhöhung war offensichtlich erfolgreich (Zeitpunkt 4) und der Soll-Termin (3. Mai) wurde schließlich im Ist erreicht (Zeitpunkt 5). Mit einer Verfeinerung des Prozesses sind weitere Vergleichszeitpunkte denkbar.
- In der *Gestaltungsphase* bilden Zielwerte die Referenz. Gemäß den vorgestellten handlungstheoretischen Überlegungen macht es keinen Sinn, für einzelne Aufträge Ziele zu vereinbaren. Definitionsgemäß gelten Ziele mindestens für eine Periode (vgl. Abschn. 3.3). Auftragsbezogene Zielwerte beziehen sich meist auf Sollgrößen. In Anlehnung an das Qualitätsmanagement adressieren Abweichungen Verbesserungsbedarfe der logistischen Prozessfähigkeit oder -sicherheit, vgl. [TraT96b: 29; TraRu96; 286 f.; WieP06, S. 503].

Für das regelkreisbasierte Auftragsmanagement resultieren *Schlussfolgerungen* für die laufenden Entscheidungsaktivitäten in Planung und Steuerung. Sie sind nach den Aspekten Steuerung, Planung und ihrer Kopplung getrennt.

In der *Steuerungsphase* eines Auftrags benötigt ein regelkreisbasiertes Auftragsmanagement die bereits erwähnte Zwischenkopplung: Dies setzt detailliertere Annahmen zum Durchlauf- oder Abfertigungsverhalten (z. B. Detaillierung des Gesamtprozesses in Teilprozesse) mit korrespondierenden Zwischenrückmeldungen voraus. In einer Stückgüterproduktion dienen hierzu meist Zwischentermine (De-

[18] Ob und inwieweit der ursprüngliche oder aktuelle Kundenwunsch festgehalten wird und als weitere Referenz dient, ist eine Frage der Außensicht (vgl. hierzu Abb. 3.18). Die Praxis vermischt Innen- und Außensicht oft miteinander, was zu Missverständnissen führen kann.

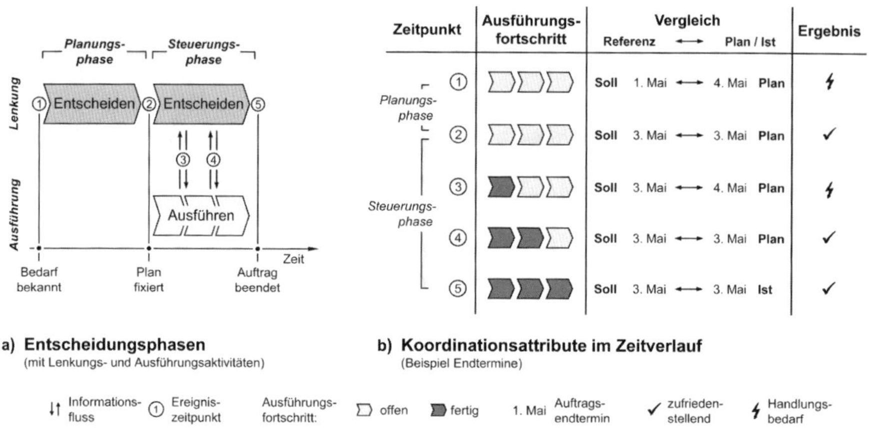

Abb. 3.15 Phasen und Koordinationsattribute im Regelkreis (Innensicht)

taillierung aus Auftragssicht), es ist aber auch eine Detaillierung aus Ressourcensicht über Durchsatzangaben (z. B. gleichmäßige Abarbeitungsgeschwindigkeit) möglich. Hieraus lässt sich schlussfolgern:

- Für das *gegenwartsbezogene Erkennen* von Abweichungen reicht eine Gegenüberstellung des (ggf. fixierten) Soll zum Ist auf dem feineren Detaillierungsgrad aus. Im Beispiel von Abb. 3.15b sind es die einzelnen Prozessschritte.
- Um ein *zukunftsbezogenes Bewerten* der Konsequenzen von Abweichungen auf Endtermine zu ermöglichen, sind darüber hinaus Soll und Plan (d. h. prognostiziertes Ist) gegenüberzustellen. Voraussetzung hierfür ist die Detaillierung aus Auftrags- oder Ressourcensicht (z. B. in die genannten Teilprozesse). Eine Ermittlung dieser Plangrößen muss nicht zwangsläufig rechnergestützt erfolgen, für einfache Fälle reicht eine Abschätzung. Bestehen allerdings enge Wechselwirkungen zwischen Aufträgen (z. B. wegen gemeinsamer Nutzung von Ressourcen, Material oder auch komplexe Materialflüsse in einer Werkstattfertigung), bietet sich eine rechnergestützte Prognose an.

Das Differenzieren zwischen Soll- und Plangröße löst den oben skizzierten, grundsätzlichen Konflikt zwischen Planungsdynamik und Planstabilität (sowie die damit verbundene Fixierung[19] von Plänen) nicht auf, ermöglicht aber einen differenzierten Umgang mit den unterschiedlichen Änderungsimpulsen (z. B. Terminänderungen durch Kunden, Personalausfall oder Fehlteile). Dies eröffnet Chancen zur systematischen Logistikverbesserung. Preis dieser Differenzierung ist ein komplizierteres

[19] Dies löst auch nicht die Frage, welcher Termin dispositionsrelevant ist, also bspw. für Lieferterminbestätigungen dem Kunden gegenüber oder für Materialbestellungen an den Lieferanten Verwendung findet und in welcher Form Aktualisierungen an den Kunden oder Lieferanten kommuniziert werden.

Modell, also ein höherer Modellierungs- und Bedienungsaufwand. Die Abwägung gegenüber dem zu erwartenden Nutzen muss für den jeweiligen Einzelfall erfolgen.

In der *Planungsphase* eines Auftrags entspricht ein regelkreisbasiertes Auftragsmanagement der bereits diskutierten Planaktualisierung bei geänderten Eingangsgrößen. Die in der heutigen Unternehmensplanung übliche zyklisch fortschreibende (rollierende) Planung greift den Grundgedanken auf und bewältigt so geänderte Planannahmen; der Controllingbegriff Beyond Budgeting meint Vergleichbares. Im Auftragsmanagement verfolgen bspw. Serienfertiger solche Ansätze in Form regelmäßig aktualisierter Bestell- und Abrufpläne – oftmals mit immer feiner werdender Detaillierung, vgl. dazu ausführlich [Gab88, S. 1295; Kur03, S. 112 f.; HoFr03; VDA 5000; BarH06; RöFr07].

Das Ändern von Plänen vor einer Planfixierung – und die nach diesem Verständnis verbundene Verantwortungsübergabe mit der Erlaubnis, Folgeaktivitäten zu starten – löst in Forschung und Praxis regelmäßig eine Diskussion über die Sinnhaftigkeit von Planaktualisierungen aus: Ist das Starten von Folgeaktivitäten nämlich nicht unmittelbar erforderlich, erscheinen Planungstätigkeiten zwischen Erstplanung und dem zeitlich sinnvollen Start der Folgeaktivitäten zunächst als Verschwendung (weil nicht zu Handlungen führend). Tatsächlich haben sie aber eine Prüffunktion: Verletzen Veränderungen vorherige Vereinbarungen bzw. Planungsannahmen und sind daher früher getroffene Entscheidungen zu korrigieren?

Für die *Kopplung von Planung und Steuerung* ist ihre Schnittstelle näher zu betrachten. Naturgemäß kann ein Plan nie exakt ausgeführt werden. Somit ist die Frage zu beantworten, welche Veränderungen ggü. der ursprünglichen Planung eine Plananpassung – also ein Auflösen der Fixierung – erfordern. Die Definition der bereits im Einleitungskapitel mehrfach erwähnten *Toleranz* – also einer zulässigen Abweichung der Ist- bzw. Plangröße von der Sollgröße – dient hierzu. Dieser Filter differenziert signifikante von nicht-signifikanten Abweichungen und beschränkt die Eingriffsnotwendigkeit der Steuerung auf die signifikanten Abweichungen. In Abb. 3.15b ist demnach implizit eine tagesgenaue Fertigstellung unterstellt, da darüber hinausgehende Abweichungen mit einem Handlungsbedarf gekennzeichnet sind (z. B. Zeitpunkte 1 und 3).

3.5.3 Rollen im Regelkreis

Die Verantwortung für die Ausführung der Aufgaben tragen Personen. Somit sind die beteiligten Akteure und ihre Rollen im Auftragsmanagement-Zyklus näher zu untersuchen. Unter einer Rolle wird hier ein Bündel von Erwartungen an die Aktivitäten des Rolleninhabers verstanden. Abbildung 3.16 zeigt die drei idealtypischen Rollen im Regelkreis. Sie repräsentieren die drei analytischen Ebenen (Abb. 3.14a) und sind für die dementsprechenden Schritte im AM-Zyklus verantwortlich (Abb. 3.14b) [WieH02, S. 86 f.]:

- In der *Ausführungsrolle* stellt der Verantwortliche entsprechend dem Produktionsplan die Produkte her und meldet den Ausführungsfortschritt. Gemäß der Konvention benötigt bzw. verfügt er hierzu über keine logistikrelevante Entscheidungskompetenz.
- In der *Entscheiderrolle* bereitet der Verantwortliche die tatsächliche Ausführung vor und nach. Entscheidungen zum Auftragsdurchlauf beinhalten sowohl vorausschauende Planungs- als auch mitlaufende Steuerungsentscheidungen. Das Überwachen ihrer Erfüllung erfordert eine vergangenheitsbezogene Erfolgskontrolle im Sinne des Ablauffeedbacks.
- In der *Beobachterrolle* bewertet der Verantwortliche das Zusammenspiel von Lenkungs- und Ausführungsaktivitäten kritisch. Ein solches Reflektieren (Auditieren) beinhaltet ebenfalls eine vergangenheitsbezogene Erfolgskontrolle, hier jedoch im Sinne des Resultatfeedbacks. Diese Phase im Ablaufzyklus beinhaltet sowohl die Zielvorgabe als auch das Anstoßen von Verbesserungsmaßnahmen bezogen auf die drei Gestaltungsebenen Logistikstrategie, Grundkonfiguration und Parametrierung, vgl. Abb. 3.4.

Im einfachsten Fall der Eigenlenkung nimmt eine Person alle drei Rollen wahr. Akteure der industriellen Praxis wie Produktionsleiter, Disponenten, Meister oder Werker beinhalten je nach Organisationsform jeweils mehr oder weniger große Anteile der idealtypischen Rollen.

Erfolgreiches Auftragsmanagement – also ein effektives und effizientes Zusammenspiel der drei Rollen – ist demnach nur möglich, wenn die unterschiedlichen Akteure über ein gemeinsames Verständnis der Aktivitäten und ihres Zusammenwirkens verfügen. Die verteilte Verantwortung in Industriebetrieben ist fast immer mit unterschiedlichen Wissensständen und Interessen der beteiligten Akteure verbunden. Daher sind in Akzeptanz- und Nutzenüberlegungen stets auch die Akteure und ihre Rollen zu beachten:

- Praxiserfahrungen bestätigen regelmäßig die hohe Bedeutung der *Akzeptanz* von Plänen. Hierauf wirken zwei Einflüsse: Einerseits verringern andauernde Plananpassungen das Vertrauen in eine vorausschauende Planung. Bei Entschei-

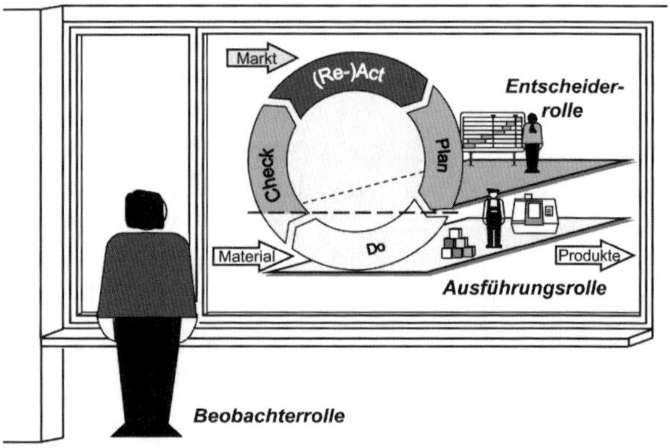

Abb. 3.16 Idealtypische Rollen im Regelkreis (Innensicht)

dern entstehen Zweifel am Sinn der Planung; bei den Ausführenden kommen Zweifel an der Planungsqualität auf („Die sollen erst mal richtig planen und sich entscheiden"). Andererseits bewerten die Akteure Pläne sowohl mit ihrem Wissensstand als auch im Hinblick auf ihre Interessen: Zieht der Entscheider Teilefertigungsaufträge mit dem Ziel eines Belastungsabgleichs vor, könnten Ausführende in der Werkstatt dann die Planung als unrealistisch bewerten, da sie trotz großer Zeitpuffer zwischen dem Auftragsendtermin der Teilefertigung und dem Auftragsstart der Montage die Plantermine einhalten sollen. Dies bestätigt zunächst die bereits geschilderte Bedeutung des Spannungsfelds von Planungsdynamik und Planstabilität. Darüber hinaus zeigt es einen Schulungsbedarf auf, um den beteiligten Akteuren das Nachvollziehen von Planungsergebnissen zu erleichtern.
- Bei verteilter Verantwortung ist darüber hinaus der *Nutzen* einer planungsrelevanten Handlung für die Akteure in die Gestaltungsüberlegungen mit einzubeziehen. Die Analyse des klassischen Beispiels der Rückmeldung aus der Sicht des Ausführenden zeigt die prinzipielle Gestaltungsherausforderung bei verteilter Verantwortung: Fallen Entscheider und Ausführender auseinander, unterscheiden sich Informationserfasser (Ausführender) und Informationsnutzer (Entscheider). Aus mehreren Gründen ist das Interesse des Ausführenden an einer genauen Rückmeldung gering: Zunächst besitzt er Kenntnis über den von ihm erbrachten Auftragsfortschritt. Darüber hinaus nutzt er diese Informationen aber nicht weiter. Schließlich wird oftmals der Eindruck erweckt, den Ausführenden direkt kontrollieren zu wollen. Erst ein Erfahren des unmittelbaren Nutzens einer plausiblen und zeitnahen Rückmeldung für den Ausführenden (unmittelbare Rückmeldungen führen zu einer realistischen Belegungsliste, so dass Eingriffe der Meister – bspw. wegen Eilaufträgen – zurückgehen) kann die gewünschte Verhaltensänderung einleiten [WieH02, S. 87; WWC05].

Die beschriebenen Rollen im Regelkreis vereinfachen die Abgrenzung von Planung und Steuerung: Nach diesem Verständnis entspricht die Freigabe einer Verantwortungsübergabe (Wechsel der Rolle oder Übergabe an den Prozessnachfolger bei einer auf unterschiedliche Personen verteilte Verantwortung). Wie beschrieben, ist damit idealerweise eine Fixierung des Produktionsplans verbunden. Diese lässt sich für hierarchische Planungsansätze z. B. Grob- und Feinplanung verallgemeinern.

3.6 Verhandlungsbasiertes Auftragsmanagement

Aus der Außensicht agieren autonome Entscheidungseinheiten miteinander; sie verfügen hierzu über Entscheidungs- und Ausführungskompetenzen. Dieses nicht-hierarchische Verständnis bildet das Pendant zum regelkreisbasierten Auftragsmanagement: Der Produktionsplan ist damit das Verhandlungsergebnis gleichberechtigter Partner. Per Definition beantwortet der vereinbarte Plan die relevanten Koordinationsfragen gemäß der kapiteleinleitend definierten Kernaufgabe des Auftragsmanagements vollständig aus der Außensicht.

Zunächst erläutert Abschn. 3.6.1 das Verhandlungsmodell; diese Prozesssicht folgt dem Grundgedanken nicht-hierarchischer Beziehungen zwischen (externen oder internen) Kunden und Lieferanten. Abschnitt 3.6.2 gibt eine Übersicht der dafür erforderlichen Koordinationsattribute. Abschließend erfolgt die Beschreibung der drei ideal-typischen Rollen der Außensicht in Abschn. 3.6.3.

3.6.1 Verhandlungsphasen im Auftragsmanagement

Verhandlungsgegenstand zwischen Kunde und Lieferant bildet eine zu erfüllende Leistung. Basis für ein Beschreibungsmodell bilden die Prozesse der Auftragsabwicklung zwischen Kunde und Lieferant. Sie beinhaltet die vier Phasen *Kommunikation eröffnen*, *Leistung verhandeln* (d. h. spezifizieren), *Leistung herstellen* sowie *Leistung abnehmen* [Scherr93, S. 83 f.]. Der auch hier unterstellte Zyklus startet und endet idealerweise beim Kunden, vgl. a. Abschn. 2.3, Kontrolltheorie. Änderungen auf Kunden- oder Lieferantenseite können zu einer zusätzlichen fünften Phase *Leistung ändern* während des Herstellens führen. Nach dem Prozessstart grenzen Ereigniszeitpunkte (angefragt/angeboten, vereinbart, ggf. geändert, erbracht/gebilligt, abgenommen) die Phasen voneinander ab.

Gemäß den bereits beschriebenen Konventionen verhandlungsbasierter Entscheidungsfindung sind die Entscheidungseinheiten über die Informationsflüsse *Koordination* und *Informationsrückmeldung* bidirektional verknüpft, vgl. Abb. 2.8b [MMT70, S. 37 f.]. Das Grundmuster solcher Prozesse ist ähnlich [Scherr93, S. 83 f.; PMI04, S. 224, 229]: Der Sender startet mit einer Frage, der Empfänger antwortet mit einer Aussage, jeweils bezogen auf einen Verhandlungsgegenstand. Zwei dieser Phasen sind durch intensive Kommunikationsflüsse gekennzeichnet, Abb. 3.17a:

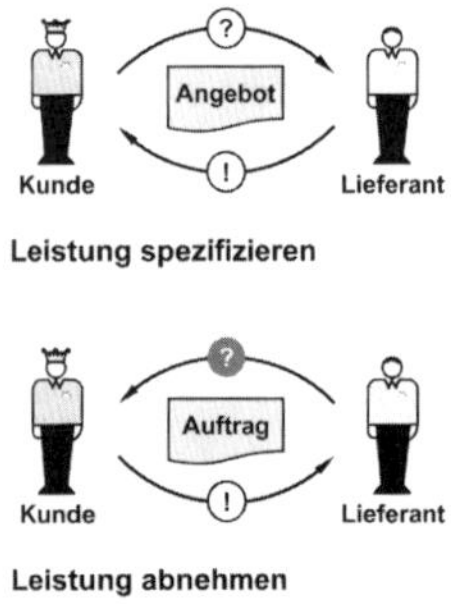

a) Verhandlungsprozess

Kunde	Lieferant
trifft Annahmen über ...	trifft Annahmen über ...
• die künftige eigene Bedarfssituation	• die künftige Bedarfssituation des Kunden
• den Sicherheitspuffer wegen möglicher Lieferabweichungen	• die vom Kunden voraussichtlich akzeptierte Lieferabweichung
• den Verhandlungsspielraum zur Bedarfserfüllung	• den Verhandlungsspielraum zur Bedarfsbefriedigung

b) Verhandlungsannahmen

☐ Verhandlungsbasis (?) Anfrage (?) Leistung erbracht? (!) Bestätigung / Ablehnung → Informationsfluss

Abb. 3.17 Verhandlungsmodell des Auftragsmanagements (Außensicht)

- Der Kunde eröffnet die Phase *Leistung spezifizieren* mit einer Anfrage, der Lieferant antwortet mit einer Bestätigung oder Ablehnung; Verhandlungsbasis ist das Angebot. Ggf. erforderliche Nachfragen und Erklärungen entsprechen diesem Grundmuster und sind deshalb im Bild nicht separat dargestellt. Verhandlungsergebnis ist der Auftrag, also eine zwischen Kunde und Lieferant vereinbarte Leistung mit ihren Abnahmekriterien.
- Nach dem Herstellen eröffnet der Lieferant die Phase *Leistung abnehmen* mit der Frage „Leistung erbracht?". Verhandlungsbasis ist wiederum der Auftrag mit seinen Abnahmekriterien. Der Kunde bestätigt die erbrachte Leistung oder lehnt sie ab; auch hier sind wiederum Nachfragen, Erklärungen oder auch Nachverhandlungen entsprechend des bidirektionalen Grundmusters üblich. Angestrebtes Verhandlungsergebnis ist die abgenommene Leistung, die auch ihre Bezahlung mit einschließen kann.

Kunde oder Lieferant können aus unterschiedlichen Gründen eine Leistungsänderung wünschen. Sie erfordert normalerweise eine Nachverhandlung und folgt der Logik der Phase Leistung spezifizieren. Industrieerfahrungen zeigen, dass eine frühzeitige Verständigung über die Gründe und Zeitpunkte von Leistungsänderungen sowie die hierbei gültigen Verhandlungsregeln eine faire Vertragsgestaltung unterstützen.

Gemäß dem unterstellten sozio-technischen Systemverständnis verfolgen die beschriebenen Akteure Kunde und Lieferant Eigeninteressen. Unterstellt man zweckrationales Verhalten, erscheint eine nähere Betrachtung der zugrunde gelegten Verhandlungsannahmen möglich. Das Grundmodell unterscheidet Annahmen zur Bedarfssituation, Lieferabweichung sowie zum Verhandlungsspielraum[20] – differenziert nach Kunden- und Lieferantenrolle, Abb. 3.17b.

Einschätzungen zur zukünftigen *Bedarfssituation* repräsentiert die erste Annahmenkategorie:

- Der *Kunde* prognostiziert seine eigene Bedarfssituation nach Art (Leistung), Menge und Termin. Produziert der Kunde selbst, resultieren diese typischerweise aus der Terminierung seiner eigenen Produktionsaufträge (z. B. Starttermine oder Einbauzeitpunkte). Diese basiert auf bereits vorliegenden Aufträgen eigener Kunden, auf Vertriebserwartungen oder Bestandsunterschreitungen im Lager (make-to-order, make-to-forecast, make-to-stock).
- Der *Lieferant* trifft – zumindest implizit – Annahmen über die Bedarfssituation des Kunden. In Verhandlungen erfolgt dies meist über Plausibilitätsüberlegungen – z. B. über allgemeine Marktinformationen oder spezifische Kundenaussagen. In anderen Fällen verfügt der Lieferant über detailliertere Informationen,

[20] Per Definition ist das Modell auf Annahmen mit logistischer Relevanz beschränkt und Qualitätsabweichungen werden damit vernachlässigt (vgl. auch Fußnote 3). Diese Einschränkung erscheint leicht auflösbar: Bei Bedarf ist eine vierte Annahmenkategorie zur Erfüllung der technischen Spezifikation zu ergänzen und im entsprechenden Verhandlungsspielraum zu berücksichtigen (vgl. a. Fußnote 21).

die ihm eine explizite Prognose erlauben – z. B. über eine Bestandsüberwachung im Rohmateriallager des Kunden.

Da die Informationen bzw. Informationsstände zwischen Kunde und Lieferant abweichen, differieren die Einschätzungen dementsprechend und beinhalten – wegen ihres Zukunftsbezugs – naturgemäß Unsicherheiten. Oft wird beim Kunden ein Informationsvorsprung unterstellt, da dieser eher Kenntnis über evtl. Spielräume oder Unsicherheiten der Bedarfsannahmen besitzt, als der Lieferant.

Mögliche bzw. zulässige *Lieferabweichungen* bilden die zweite Annahmenkategorie, die zu Zeit- oder Mengenreserven ggü. der eigentlichen Bedarfssituation führen:

- Der *Kunde* schlägt Sicherheitspuffer wegen möglicher oder erwarteter Lieferabweichungen des Lieferanten auf oder sichert sich ergänzend über Vertragsstrafen ab.
- Der *Lieferant* versucht demgegenüber, die aus Kundensicht akzeptable Lieferabweichung abzuschätzen. Ggf. ist ein Vergleich mit der Streuung seiner eigenen Terminabweichung oder ein entsprechender Zuschlag sinnvoll.

In den engen Kunden-Lieferanten-Beziehungen der Automobilbranche sind die erforderlichen Zeit- oder Mengenreserven oftmals ausdrücklich Verhandlungsgegenstand und werden z. T. offengelegt; für Ausnahmefälle sind Notfallkonzepte üblich, vgl. u. a. [WBW05]. Demgegenüber basiert die Abschätzung in loseren Beziehungen eher auf konkreten Erfahrungen dieser Beziehung oder auf branchenüblichem Verhalten, ist damit also vergangenheitsbasiert.

Der erforderliche bzw. verfügbare *Verhandlungsspielraum* bildet die dritte Annahmenkategorie, die – je nach Verhandlungsergebnis – weitere Reserven[21] ggü. der eigentlichen Bedarfssituation verursachen kann. Hier sind sowohl die eigenen Alternativen als auch die des Verhandlungspartners zu berücksichtigen:

- Der *Kunde* sollte Verhandlungsspielräume für seine Bedarfserfüllung vorsehen. Diese werden sowohl von geprüften oder erwarteten Beschaffungsalternativen (messbar über Zeit-, Kosten- und Qualitätskriterien) als auch von Überlegungen beeinflusst, inwieweit der Lieferant auf diesen Auftrag angewiesen ist. Darüber hinaus wird der Kunde versuchen, Verhandlungsverhalten und -taktik des Lieferanten einzubeziehen.
- Der *Lieferant* sollte Verhandlungsspielräume für seine Bedarfsbefriedigung vorsehen. Zunächst bestimmen die Möglichkeiten des Lieferanten, mit anderen Kunden Aufträge abzuschließen, die eigenen Alternativen. Der Lieferant wird ebenfalls versuchen, die Beschaffungsalternativen des Kunden bei Wettbewerbern sowie schließlich das Verhandlungsverhalten und -taktik des Kunden abschätzen.

---

[21] Im Gegensatz zu den Sicherheitspuffern für unzuverlässige Lieferungen sind hier neben Zeit- oder Mengenreserven auch finanzielle Aspekte – also Preiszuschläge oder -abschläge – üblich.

Beim Verhandlungsspielraum sind nicht nur eine Erstverhandlung, sondern auch mögliche Nachverhandlungen zu berücksichtigen. Sie werden sowohl durch nicht vorhergesehene Veränderungen der Leistungserbringung beim Lieferanten als auch der Leistungsanforderungen des Kunden ausgelöst. Dementsprechend hoch ist die Bedeutung bei kundenindividuellen Produkten mit Entwicklungsanteil. Die so begründeten Verhandlungsspielräume lassen sich auch als Ausdruck der Marktmacht der beiden Verhandlungspartner interpretieren und drücken sich letztlich auch in den Preisvorstellungen der Partner aus.

Dementsprechend sind zwei Abweichungsarten der Annahmen zu unterscheiden:

- *Abweichende Annahmen*: Die Verhandlungspartner können in den drei genannten Annahmenkategorien des Verhandlungsmodells (Abb. 3.17b) unterschiedliche Prognosen treffen. Dies ist insofern bedeutsam, als unrealistisch erscheinende Bedarfswünsche des Kunden beim Lieferanten Zweifel an der Notwendigkeit einer zuverlässigen Einhaltung wecken. Am deutlichsten wird dies, wenn durch unzureichende Planungsmethoden oder schlecht gestaltete Informationsflüsse die Bedarfstermine in der Vergangenheit liegen, vgl. u. a. [WBW05].
- *Unrealistische Annahmen*: Entweder erschwert dies ihre zuverlässige Einhaltung – z. B. ein zu geringer Sicherheitspuffer führt zu einer Verspätung von daraufhin eingeplanten Folgeaktivitäten. Oder ihre Einhaltung erscheint durch geänderte Rahmenbedingungen objektiv nicht sinnvoll – z. B. der durch den Kunden ursprünglich geschätzte Bedarfstermin stellt sich als zu früh heraus, sodass eine ggü. dem ursprünglich verhandelten Termin spätere Zulieferung des Lieferanten ausreicht.

Die erste Abweichungsart wäre von einem Beobachter, der über vollständige Informationen verfügt, erkennbar. Prinzipbedingt lässt sich die zweite Abweichungsart erst im Nachhinein ermitteln. Somit beeinflussen – neben den bereits erwähnten vollständigen, korrekten und aktuellen Rückmeldedaten (vgl. Abschn. 3.5.1) – eben auch die Verfügbarkeit aktueller Bedarfsinformationen und übereinstimmende Annahmen der Partner die Planungsqualität. Diese Argumentation verdeutlicht, dass ihre Bewertung stark von der eingenommenen Rolle und dem Wissenstand des Akteurs abhängt, immer also subjektiv bewertet wird.

3.6.2 Koordinationsattribute der Außensicht

Verhandlungen gleichen die Interessen zwischen zwei oder mehreren Partnern aus. Sie ermöglichen über Zugeständnisse der Partner einen Kompromiss oder Konsens, der – in den hier betrachteten industriellen Verhandlungen zwischen Kunde und Lieferant – idealerweise zu Vorteilen für beide Seiten führt [Dud85; Brock07].

Übertragen auf das Auftragsmanagement sind also die Vorstellungen der Verhandlungspartner hinsichtlich der Auftragserfüllung gegenüberzustellen. Abweichungen führen zur Notwendigkeit von Verhandlungen (Grundidee des verhandlungsbasierten AM). In der Außensicht bilden also die Vorstellungen des jeweiligen

Verhandlungspartners die Referenz; Abweichungen zeigen Handlungsbedarfe auf. Diese gelten während der Verhandlungsphasen allerdings wechselseitig für Kunde und Lieferant. Eine so erzeugte Vergleichsgrundlage unterstützt einerseits laufende Verhandlungsaktivitäten im operativen Betrieb und identifiziert andererseits Verbesserungspotenziale einer Umgestaltung.

Das Grundmodell des verhandlungsbasierten AM beinhaltet die folgend erläuterten sieben Koordinationsattribute – zur klaren Unterscheidung ggü. des regelkreisbasierten AM als Adjektive formuliert. Diese Verhandlungsstatus entsprechen im Wesentlichen dem heute allgemein üblichen Verständnis in der Industrie, es ist lediglich der positive Fall[22] beschrieben:

- Der Status *angefragt* beschreibt die vom Kunden gewünschte Auftragserfüllung, hier als Interessenbekundung zum Abschluss einer Vereinbarung zu verstehen.
- Der Status *angeboten* beschreibt die vom Lieferanten vorgeschlagene Auftragserfüllung, ist also ebenfalls eine Interessenbekundung zum Abschluss einer Vereinbarung.
- Der Status *vereinbart* bildet das zwischen Kunde und Lieferant erzielte Verhandlungsergebnis. Per Definition beschreibt er die Koordinationsattribute des Verhandlungsgegenstands Auftrag vollständig.
- Der optionale Status *geändert* beschreibt die zwischen Kunde und Lieferant vereinbarten Veränderungen ggü. dem ursprünglichen Verhandlungsergebnis – per Definition ebenfalls vollständig bezüglich der Koordinationsattribute.
- Der Status *erbracht* beschreibt die Einschätzung aus Lieferantensicht, dass die Leistung vom Kunden abgenommen werden kann (Willensbekundung, den Auftrag abzuschließen). Diese kann sich auf alle oder lediglich einen Teil der vereinbarten Kriterien beziehen und repräsentiert aus Lieferantensicht die Ausgangssituation vor der Abnahmeverhandlung.
- Der Status *gebilligt* beschreibt die Einschätzung aus Kundensicht, inwieweit die Leistung gemäß der Vereinbarung erbracht ist (Willensbekundung, den Auftrag abzuschließen). Diese kann sich auf alle oder lediglich einen Teil der vereinbarten Kriterien beziehen und repräsentiert aus Kundensicht die Ausgangssituation vor der Abnahmeverhandlung.
- Der Status *abgenommen* bildet das zwischen Kunde und Lieferant erzielte Verhandlungsergebnis zur Leistungsabnahme – ggf. abweichend von der ursprünglichen Vereinbarung. Der Auftragsabschluss aus Außensicht kann eine Bezahlung[23] umfassen.

Abweichende Vorstellungen der Verhandlungspartner drücken sich in der Phase *Leistung spezifizieren* in Differenzen des Status *angefragt* und *angeboten*, in der Phase *Leistung abnehmen* in denen des Status *erbracht* und *gebilligt* aus.

[22] Der Status *abgelehnt* könnte an unterschiedlichen Stellen auftreten und würde den Prozess (direkt) beenden.

[23] Bspw. betrachtet Siemens seine Logistikprozesse von der Kundenanfrage bis zum Zahlungseingang, was die Kundenabnahme und Bezahlung ausdrücklich mit einschließt (offer to cash) [FaFr01, S. 10 f.].

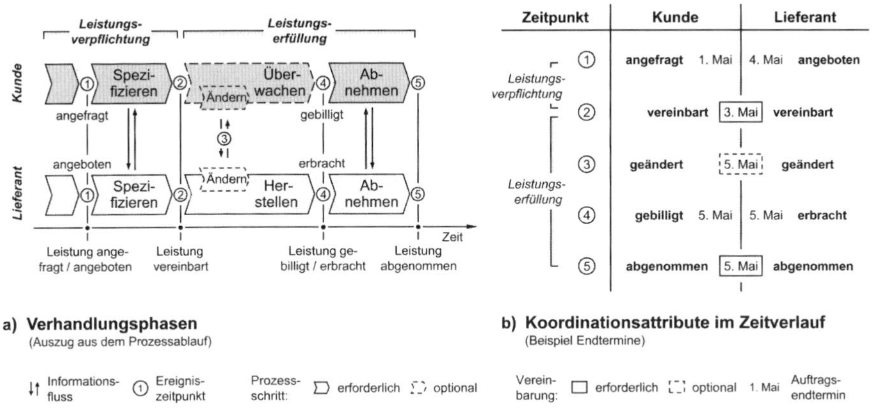

Abb. 3.18 Phasen und Koordinationsattribute im Verhandlungsmodell (Außensicht)

Aus der Außensicht bestimmt der Zeitpunkt der Leistungsvereinbarung den Auftragsstart und entspricht damit einer Fixierung aufgrund der Liefervereinbarung zwischen Kunde und Lieferant. Der sich aus diesem Verständnis ergebende idealtypische Fixierungszeitpunkt und -inhalt der Liefervereinbarung (= Außensicht) grenzt Leistungsverpflichtung und Leistungserfüllung aus Auftragssicht ab, die Abb. 3.18a visualisiert.

Die Ereigniszeitpunkte *Leistung angefragt/angeboten*, *Leistung vereinbart*, *Leistung erbracht/gebilligt* sowie *Leistung abgenommen* gliedern den Gesamtprozess der Auftragsabwicklung zwischen Kunde und Lieferant in die bereits eingangs erläuterten Phasen. Begleitend zum Herstellen der Leistung durch den Lieferanten kann der Kunde den Auftragsfortschritt erfragen (überwachen). Ob der dadurch erzeugte Überwachungsaufwand den Nutzen einer höheren Planungssicherheit rechtfertigt, kann der Kunde anhand der Zuverlässigkeit des Lieferanten entscheiden. Wie beschrieben, ist die Phase *Ändern* optional.

Am Beispiel von Endterminen für den betrachteten Auftrag zeigt Abb. 3.18b die Koordinationsattribute im Zeitverlauf des Verhandlungsprozesses, also ihren jeweiligen Status aus der Außensicht. Das Beispiel korrespondiert zu dem in Abb. 3.15 aus einer Innensicht diskutierten Fall. Die Zeitpunkte 1-5 beziehen sich auf die in Abb. 3.18a nummerierten Ereigniszeitpunkte. Das im Bild dargestellte Datum bezieht sich auf den Auftragsendtermin. Die Zeitpunkte der Leistungsverpflichtung liegen vor diesem Datum, die der Abnahme frühestens an diesem Datum (oder später). Abbildung 3.18b erläutert die drei maximal möglichen Verhandlungsphasen:

- *Leistung spezifizieren*: Zum Verhandlungsbeginn (Zeitpunkt 1) weichen die Vorstellungen von Kunde (angefragt: 1. Mai) und Lieferant (angeboten: 4. Mai) voneinander ab – aus Sicht des jeweiligen Partners existiert ein Handlungsbedarf. Im Laufe des Verhandlungsprozesses – hier nur am Beispiel des Endtermins dargestellt – einigen sich die Partner auf den 3. Mai (Zeitpunkt 2).

- *Leistung ändern*: Im Laufe des Herstellungsprozesses erkennt der Kunde[24], dass sich seine Bedarfssituation geändert hat. Er löst deshalb zum Zeitpunkt 3 einen Änderungsprozess aus. Die Partner einigen sich auf einen neuen Endtermin (geändert: 5. Mai).
- *Leistung abnehmen*: Die Fertigstellung des Produktes erfolgt aus Lieferantensicht vertragsgemäß (erbracht: 5. Mai). Er übermittelt diese Information gemeinsam mit der Leistung an den Kunden zum Zeitpunkt 4. Der Kunde nimmt diese Leistung vorläufig an (gebilligt: 5. Mai). In der abschließenden Verhandlung einigen sich die Partner auf die vertragsgemäße Leistungsabnahme – unter Berücksichtigung der vereinbarten Änderung (abgenommen: 5. Mai).

Im Sinne der eingangs geforderten, konsistenten Planerstellung sollten die so vereinbarten Termine mit denen der Innensicht korrespondieren. Funktionslogik und Aktualisierungsbedingungen sind unternehmensindividuell festzulegen. Viele Unternehmen unterscheiden bspw. den ersten bestätigten vom aktuell gültigen Liefertermin, der dann ggf. in einen ‚Soll 1' und ‚Soll 2' Termin mündet.

Im hier aufgeführten Beispiel zeigt der Vergleich von Innensicht (Abb. 3.15) und Außensicht (Abb. 3.18) zunächst übereinstimmende Termine bezogen auf den Auftrag (zum Zeitpunkt 1 und 2 in Abb. 3.15 bzw. Abb. 3.18). Allerdings führte die Änderung in der Außensicht (Zeitpunkt 3, Abb. 3.18) intern nicht mehr zu einer Anpassung des Soll-Termins. Dementsprechend war der Auftrag aus interner Sicht auch zum 3.5. beendet (Zeitpunkt 5, Abb. 3.15). Im Sinne einer konsistenten Auftragsmanagement-Gestaltung ist demnach ein widerspruchsfreies Überführen der Innen- und Außensicht hinsichtlich der Koordinationsattribute (hier Termine) sowie der Fixierungszeitpunkte sicherzustellen.

3.6.3 Rollen des Verhandlungsmodells

Die bereits beschriebenen Rollen Kunde und Lieferant sind um die Rolle des Beobachters zu ergänzen. Abbildung 3.19 zeigt die idealtypischen Rollen des verhandlungsbasierten Auftragsmanagements. Entsprechend der Außensicht sind allerdings ihre Ziele verborgen:

- Die *Kundenrolle* bezieht eine Leistung und ist für ihre Abnahme gemäß den vereinbarten Bedingungen verantwortlich. Dies schließt ggf. eine Bezahlung mit ein.
- Die *Lieferantenrolle* bietet eine Leistung an und ist für ihre Herstellung gemäß den vereinbarten Bedingungen verantwortlich. Ein Lieferant kann die Leistung selbst herstellen, diese aber auch wiederum selbst – vollständig oder in Teilen – weiteren Lieferanten in Auftrag geben.

---

[24] Die auch denkbare Änderungsanfrage durch den Lieferanten – bspw. aufgrund eines Terminverzugs – ist nicht dargestellt.

- Die *Beobachterrolle* bewertet das Zusammenspiel von Kunde und Lieferant. Ein solches kritisches Reflektieren (Auditieren) umfasst alle Phasen der Auftragsabwicklung im Sinne eines Resultatfeedbacks. Analog zum Beobachter der Innensicht beinhaltet dies also ein Anstoßen von Verbesserungsmaßnahmen.

Im theoretisch einfachsten Fall sind zwei Personen am Verhandlungsprozess beteiligt. Reflektieren sie anschließend mögliche Verbesserungsmaßnahmen, nehmen beide gemeinsam die Beobachterrolle ein. Vor allem in Konfliktsituationen kann ein neutraler Berater oder Moderator diese Rolle übernehmen. Akteure der industriellen Praxis sind hier Unternehmen oder Personen, die je nach Verhandlungssituation unterschiedliche Rollen einnehmen können.

Die eingeführte Beobachterrolle bewertet die Schnittstellengestaltung – vor allem mit Blick auf die aus der Rolle resultierenden Akteursinteressen. So stellt sich bspw. mit steigender Bedeutung von Änderungen die Frage nach der Motivation der Verhandlungspartner, Änderungen bekannt zu geben. Zur Verbesserung der Schnittstellengestaltung sind dann zwei Fragen zu stellen [WWC05, S. 719 f; WCW05, S. 639 f.]:

1. Bestellung (Informationsfluss): Hat der Besitzer einer neuen/veränderten Information einen unmittelbaren, quantifizierbaren Nutzen bzw. einen Vorteil aus ihrer Weitergabe bzw. einen Nachteil, wenn er diese Information nicht weitergibt?
2. Lieferung (Materialfluss): Hat der Lieferant einen unmittelbaren, quantifizierbaren Vorteil von einer pünktlichen (und qualitätsgerechten) Übergabe an den Kunden bzw. einen Nachteil aus einer unpünktlichen (nicht qualitätsgerechten) Übergabe?

Mögliche Lösungen sind dann unternehmensindividuell auf Basis dieser Fragen zu erarbeiten.

Generell macht das Grundmodell deutlich, dass die Annahmen der Akteure über die Realität ihr Verhalten bestimmen. Ihr Offenlegen macht diese zumindest teilweise einer systematischen Analyse zugänglich: So ist zu erwarten, dass die Annahmen des Kunden zur Zuverlässigkeit des Lieferanten die Häufigkeit der Nachfragen

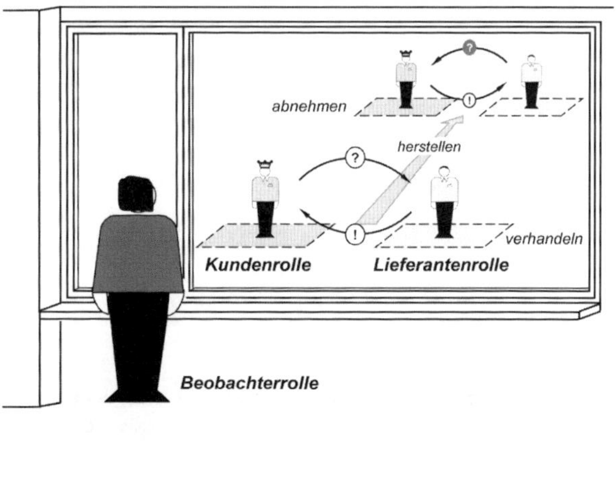

Abb. 3.19 Idealtypische Rollen in der Verhandlung (Außensicht)

zum Auftragsfortschritt bestimmt. Vergleichbares gilt für den Lieferanten, der seine Ablieferung – und damit die Einschätzung kritischer Abweichungen – auf die vom Kunden vermutlich akzeptierte Lieferabweichung ausrichtet. Somit bestimmt die Erfüllung der möglicherweise noch mit Verhandlungsreserven vereinbarten Leistung auch ihre Abnahme. Deshalb sollte jeder Verhandlungspartner eine Vorstellung zur zulässigen Lieferabweichung[25] hinsichtlich Menge oder Termin (die Erfüllung der geforderten Qualität vorausgesetzt) entwickeln. Das Modell gibt also – in Kombination mit den bereits genannten Koordinationsfragen des Auftragsmanagements – eine Struktur vor, die den Akteuren eine Vollständigkeitsprüfung der getroffenen Vereinbarungen erlaubt.

Diese Überlegungen schließen die Beschreibung der Außensicht auf das Auftragsmanagement ab. Das Folgekapitel beschreibt die Logistikkennzahlen. Diese sind sowohl Gegenstand von Zielvereinbarungen als auch von täglichen Planungs- und Steuerungsentscheidungen der Innen- und Außensicht.

[25] Das Fehlen dieser Vereinbarung – also einer Liefertermin- oder -mengentoleranz – gilt deshalb als Stolperstein und ist der Gruppe ‚unklare Prozesse und Schnittstellen' zugeordnet, vgl. Abb. 1.4.

Kapitel 4
Logistisches Grundverständnis

Voraussetzung für zielgerichtete Eingriffe in das logistische Ablaufgeschehen ist ein inhaltliches Grundverständnis der Wirkzusammenhänge – also der Haupt- und Nebenwirkungen von Entscheidungen. Basis hierfür bilden Konventionen über wesentliche Zustandsgrößen eines logistischen Systems (den Logistikkennzahlen) und ihren Abhängigkeiten:

Eine Logistikkennzahl beschreibt eine logistische Zustandsgröße eines Systems. Sie ist sowohl zur Planung und Steuerung als auch zur Zielsetzung und Überwachung logistischer Prozesse einsetzbar.

Jeder hat seine Sichtweise

H.-H. Wiendahl, *Auftragsmanagement der industriellen Produktion*,
DOI 10.1007/978-3-642-19149-7_4,

Abbildung 4.1 ordnet die in der Praxis gebräuchlichen Logistikkennzahlen nach den beiden Sichten Dispositionsobjekt und Prozessabschnitt. Sie lassen sich weiter in absolute und relative Größen differenzieren. Hervorzuheben ist, dass die Kennzahlen das Resultat des Zusammenspiels von Lenkungs- und Ausführungsaktivitäten beschreiben – also implizit immer Annahmen zu beiden Aktivitäten (vgl. Abb. 3.14a) beinhalten. Die Größen haben entweder einen Zeitraum- oder einen Zeitpunktbezug. Je nach Anwendungsfall ist eine Aggregation zeitraumbezogen über mehrere Perioden (z. B. mittlere Durchlaufzeit mehrerer Berichtsperioden) oder über mehrere Bezugsobjekte (z. B. mittlerer Bestand mehrerer Arbeitsplätze) sinnvoll.

In Forschung und Praxis fällt die uneinheitliche und nicht immer konsistente Begriffsverwendung auf: Dies lässt sich zum einen durch das noch vergleichsweise junge Forschungsgebiet Logistik erklären, vgl. hierzu auch [NyP08a; WebJ08; WilH08]. Zum anderen resultieren Unterschiede aus den in Abb. 4.1 dargestellten Bezugsobjekten und unterstellten Verantwortungsübergängen, vgl. hierzu auch [Schö07, S. 53 ff.]. Beide Argumente verdeutlichen die Notwendigkeit, sich im spezifischen Anwendungsfall zunächst über eindeutige und widerspruchsfreie Begriffsverwendungen zu einigen.

Entsprechend der Anforderungen an ein sozio-technisches Auftragsmanagement sind vier *Anwendungsfälle* für Logistikkennzahlen wichtig, wobei die ersten drei für den laufenden Betrieb eines Logistiksystems gelten:

- *Führungsgrößen* sind zu erreichende Vorgaben mit den Ausprägungen Ziel-Wert (längere Zeit gültig) sowie Soll-Wert (ggf. kurzfristige Änderungen möglich), vgl. a. Abschn. 3.3. Einen wichtigen Sonderfall der Führungsgröße repräsentieren die Verfahrens- oder Planungsparameter, die sich logisch aus den Zielwerten ergeben. Diese Parameter sollten einerseits konsistent aus den Ziel-

Prozessabschnitt	Dispositionsobjekt: Auftrag	Dispositionsobjekt: Ressource	Dispositionsobjekt: Artikel
Lieferung	*absolute Größen* • Lieferzeit • Lieferlosgröße • Lieferabweichung *relative Größen* • Liefertreue	*absolute Größen* • Absatz • Rückstand *relative Größen* • Rückstandsreichweite	*absolute Größen* • Fehlmenge *relative Größen* • Lieferverzug • Servicegrad
Disposition	*absolute Größen* • Durchlaufzeit • Bestell- / Fertigungslosgröße • Termin- / Mengenabweichung *relative Größen* • Flussgrad • Termin- / Mengentreue	*absolute Größen* • Durchsatz • Umlaufbestand *relative Größen* • Auslastung • Umlaufbestandsreichweite	*absolute Größen* • Lagerverweilzeit • Lagerbestand *relative Größen* • Lagerumschlag • Lagerbestandsreichweite

Abb. 4.1 Logistikkennzahlen

werten abgeleitet sein und andererseits realistisch bzgl. der Ausführungsbedingungen sein.
- *Stellgrößen* sind diejenigen Größen, die durch Betriebsentscheidungen unmittelbar beeinflusst werden, vgl. a. Abschn. 2.4: Regelkreisbasierte Handlungen, 4.5.2, 5.3.4.
- *Regelgrößen* werden im laufenden Betrieb durch einen Vergleich zu den Führungsgrößen überwacht und über Stellgrößen beeinflusst. Hier sind die Ausprägungen Ist-Wert (gegenwartsbezogen) sowie Plan-Wert (zukunftsbezogen) zu unterscheiden, vgl. a. Abschn. 3.4.2.
- *Verbesserungsgrößen* (bspw. in einem Umgestaltungsprojekt) treten in den Ausprägungen Soll-Wert und Ist-Wert auf, vgl. a. Abschn. 3.3.

Grundsätzlich erzeugt das Erfassen dieser Zustandsgrößen Aufwand, der in Relation zum Nutzen zu sehen ist. Auch greift jede Messung in den beobachteten Prozess ein und es sind unterschiedliche Ursachen für Verfälschungen denkbar. Hierzu sind drei Betrachtungsweisen relevant, vgl. dazu ausführlich [Schü02; Löd05, S. 39; Schö07, S. 53 f.; SeSn08, S. 188 f.]:

- *Fachlich-sachliche Aspekte* stellen die inhaltliche Sicht auf die Kennzahlen dar. Sie lassen sich mit Kriterien wie Aussagekraft der Kennzahlen, Vergleichbarkeit der Definition sowie Konsistenz bei ihrer Verdichtung beschreiben. *Fachliche Verfälschungen* sind wesentlich durch das Verhältnis der notwendigen Rückmelde- zur Bearbeitungszeit bedingt.
- *Organisatorisch-methodische Aspekte* umfassen Kriterien wie Messverfahren und die Festlegung der Verantwortlichkeit – und zwar hinsichtlich der Aspekte Erfassung, Überprüfung und Erreichung der Zielwerte. *Organisationale Verfälschungen* ergeben sich vor allem durch den Zeitverzug von Erfassung, Analyse und ggf. Maßnahmenableitung.
- *Sozial-emotionale Aspekte* beleuchten, dass Betroffene typischerweise über die Wirkungen und Nebenwirkungen der durch die Kennzahlen erzeugten Transparenz – bspw. beim Vorgesetzten – nachdenken. *Intentionale Verfälschungen* entstehen, wenn die Mitarbeiter mit der aus den Kennzahlen resultierenden Transparenz ihrer Tätigkeit so umgehen, dass sie bspw. die Messdaten in ihrem Sinne (unzulässig) beeinflussen.

Generell ist Zweckbezug in den Vordergrund zu stellen und es gilt die allgemeine Regel: So genau wie nötig, nicht so genau wie möglich.

Modellierungsgrundlage bildet das in Theorie und Praxis bewährte Trichtermodell (Abschn. 4.1). Entsprechend den bereits zu Beginn von Abschn. 3.2 beschriebenen system- und handlungstheoretischen Analyseprinzipien existiert auch hier ein Grundelement logistischer Beschreibung, das Durchlaufelement. Es grenzt logistische und technische Prozessebene voneinander ab. Die weitere Gliederung des Kapitels folgt den drei Dispositionsobjekten Auftrag (Abschn. 4.2), Ressource (Abschn. 4.3) und Artikel (Abschn. 4.4). Die Erläuterung der wesentlichen Wirkzusammenhänge für Produktion und Lager bilden den Abschluss (Abschn. 4.5).

4.1 Kennzahlenmodell

In der Stückgüterindustrie hat sich das Trichtermodell als allgemeingültiges Beschreibungs- und Analysemodell für logistische Prozesse bewährt, vgl. u. a. [WieP87; NW99; NW07]. Das am Institut für Fabrikanlagen und Logistik (IFA) der Leibniz-Universität Hannover entwickelte Grundmodell basiert auf drei Annahmen: Ein ortsfestes System (Kapazitätseinheit) bearbeitet bewegliche Elemente (Aufträge). Für den Teilefluss werden ein geschlossener Materialtransport der Aufträge und ihre sequentielle Bearbeitung an der Kapazitätseinheit unterstellt. Das logistisch relevante Verhalten lässt sich vollständig über Zugang (Input), Reihenfolge und Abgang (Output) beschreiben, vgl. u. a. [WieP97, S. 35 ff.; NW07, S. 1027]. Dieses Modell ist zur Betrachtung unterschiedlicher Aggregationsstufen sowie verschiedener Arten des Teileflusses (z. B. überlappte Bearbeitung, Chargenfertigung) leicht erweiterbar. Ursprünglich für die Werkstattfertigung entwickelt, ist es auch auf andere Fälle wie bspw. die Passagierabfertigung in Flughäfen anwendbar, vgl. u. a. [HeiW74, S. 4; WieP97, S. 37; SSW99b; NW99, S. 11; Löd05, S. 98 ff.; NW07; Brei08].

Das *Trichtermodell* beschreibt in Analogie zur Abbildung verfahrenstechnischer Fließprozesse das Durchlaufverhalten einer beliebigen Kapazitätseinheit mit den Größen Zugang, Bestand und Abgang. Abbildung 4.2a stellt eine Kapazitätseinheit als Trichter dar. Die verschiedenen Kreise symbolisieren Aufträge mit unterschiedlichen Arbeitsinhalten. Die ankommenden Aufträge bilden gemeinsam mit dort bereits vorliegenden Aufträgen einen Bestand wartender Aufträge, auch als Warteschlange bezeichnet. Die Aufträge fließen nach ihrer Bearbeitung aus dem Trichter ab. Die Trichteröffnung symbolisiert dabei die innerhalb der Kapazitätsgrenzen variierbare Systemleistung (auch als Durchsatz, Output oder Ausbringung bezeichnet). Die Betrachtung kann in unterschiedlichem Detaillierungsgrad erfolgen und bspw. einen Einzelarbeitsplatz, eine Arbeitsplatzgruppe oder eine ganze Fertigung umfassen [WieP97, S. 83; NW07, S. 1028 f.].

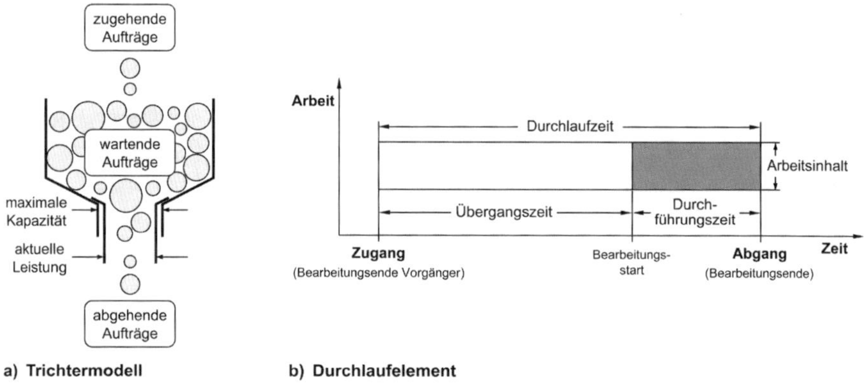

Abb. 4.2 Trichtermodell und Durchlaufelement für ein logistisches System. (Nach IFA)

Die Übertragung der Zugangs- und Abgangsereignisse eines Auftrags auf die Zeitachse führt zum sogenannten *Durchlaufelement*, Abb. 4.2b. Auch als finites Element der Logistik bezeichnet, visualisiert es als zweidimensionales Durchlaufelement die beiden Koordinationsdimensionen im Auftragsmanagement (vgl. a. Abb. 3.1): Die Zeitdimension (Durchlaufzeit) und die Mengendimension, hier Arbeit (Arbeitsinhalt), bilden die beiden Achsen. Demnach ist die Durchlaufzeit als die Zeitspanne definiert, die ein Auftrag vom Bearbeitungsende des Vorgängers (bzw. vom Auftragsstart) bis zum Bearbeitungsende benötigt. Die Durchlaufzeit setzt sich dabei aus der Übergangszeit und der Durchführungszeit zusammen. In einer Produktion bezieht sich das Durchlaufelement auf einen Arbeitsgang und es ist üblich, den Arbeitsinhalt (auch Auftrags- oder Vorgabezeit genannt) weiter in Rüst- und Bearbeitungszeit zu unterteilen. Somit startet die Bearbeitung typischerweise mit einem Rüstvorgang. Das Durchlaufelement bildet die Basis, um über verschiedene Aggregationsstufen den Durchlauf von ein- und mehrstufigen Fertigungsaufträgen bis zu allen in eine Kommission eingehenden Produkte abzubilden, vgl. u. a. [HeiW74, S. 3 f.; WieP97, S. 35 ff.; NW03, S. 17; NW07, S. 1027 f.].

Bei Bedarf ist es möglich, das Durchlaufelement noch weiter zu zerlegen. Das dem klassischen Produktionsverständnis entsprechende arbeitsgangbezogene Durchlaufelement beinhaltet dann fünf Bestandteile: Liegen nach Bearbeiten, Transportieren, Liegen vor Bearbeiten, Rüsten und Bearbeiten. Dabei werden die ersten drei Ablaufschritte zur Übergangszeit zusammengefasst, während Rüsten und Bearbeiten die Durchführungszeit bilden. Abbildung 4.3a visualisiert das arbeitsgangbezogene Durchlaufelement und die sich hieraus ergebende Definition einer *aktivitätsbezogenen Auftrags-Durchlaufzeit* als Differenz zwischen Auftragsstart und -ende – im Beispiel ein Auftrag mit fünf Arbeitsgängen [WieP97, S. 37 f.; NyP08b, S. 191 f.].

Das organisationsbezogene Durchlaufelement berücksichtigt die organisatorische Verankerung logistischer Aktivitäten: Es ergänzt die Ablaufschritte ‚Liegen vor erster Aktivität‘ sowie ‚Liegen nach letzter Aktivität‘ im Verantwortungsbe-

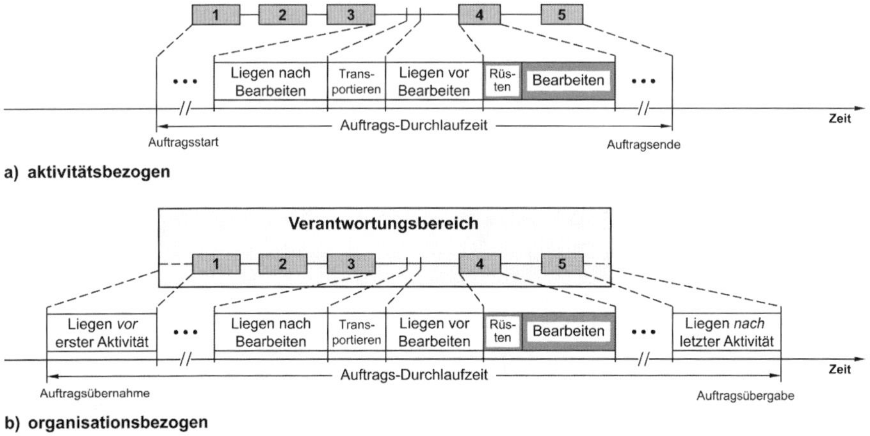

Abb. 4.3 Durchlaufzeitdefinitionen und ihre Zeitanteile. (In Erweiterung zu IFA)

reich. Abbildung 4.3b zeigt das organisationsbezogene Durchlaufelement. Die sich aus diesem Verständnis ergebende *organisationsbezogene Auftrags-Durchlaufzeit* beschreibt die Zeitspanne, in der das bewegliche Element Auftrag oder Artikel den definierten Verantwortungsbereich betritt bzw. verlässt – also die Differenz zwischen Auftragsübernahme und Auftragsübergabe.

Im dargestellten Fall liegt die Verantwortung für den kompletten Auftrag in einem Bereich, so dass nur zu Beginn und Ende zusätzliche Liegezeiten entstehen – was die Auftrags-Durchlaufzeit insgesamt verlängert. Die Verantwortungsübergabe innerhalb eines Auftrags (z. B. zwischen zwei Produktionsbereichen oder an eine Auswärtsbearbeitung) erfordert zusätzliche Messpunkte; hieraus kann eine vom klassischen Verständnis abweichende Zuordnung der Ablaufschritte[1] resultieren. Von Bedeutung ist diese Erweiterung insbesondere für die Untersuchung von Verantwortungsübergängen im Gesamtdurchlauf oder bei der Gestaltung von Bereichen mit einer gewissen Planungs- oder Steuerungsautonomie. Oftmals identifizieren die Analysen die Stolpersteine ‚inkonsistente Verantwortlichkeit' oder ‚unklare Prozesse und Schnittstellen', vgl. Abb. 1.4.

Die organisationsbezogene Definition erscheint etwas umfassender und vor allem zur Beobachtung von Materialbewegungen geeigneter. Demgegenüber entspricht die aktivitätsbezogene Definition eher dem intuitiven Verständnis von Auftragsbewegungen. Beide Definitionen sind zulässig; im konkreten Fall ist eine durchgängige und widerspruchsfreie Anwendung zur Vermeidung der beschriebenen Stolpersteine sicherzustellen.

Zur Visualisierung logistischer Prozesse hat sich das *Durchlaufdiagramm* bewährt. In seiner Grundform als *Arbeitssystem-Durchlaufdiagramm* entwickelt, zeigt es das Abfertigungsverhalten der Aufträge mithilfe einer kumulativen Darstellung von Zugang und Abgang aus Ressourcensicht, Abb. 4.4a. Dazu werden die fertig gestellten Aufträge mit ihrem Arbeitsinhalt (in Vorgabestunden oder Anzahl Aufträgen) über dem Fertigstellungstermin kumulativ aufgetragen (Abgangskurve) und die Zeitdauer typischerweise in Arbeitstagen eingeteilt. Analog dazu erfolgt der Aufbau der Zugangskurve, indem die zugehenden Aufträge mit ihrem Arbeitsinhalt über dem Zugangstermin aufgetragen werden. Der Bestand zu Beginn des Untersuchungszeitraumes am Arbeitssystem (Anfangsbestand) bestimmt den Beginn der Zugangskurve. Am Ende des Untersuchungszeitraums lässt sich aus dem Diagramm der Endbestand ablesen. Die mittlere Steigung der Zugangskurve heißt mittlere Belastung, die mittlere Steigung der Abgangskurve heißt mittlere Leistung; der vertikale Abstand ist der mittlere Bestand, auch als Arbeits- oder Umlaufbestand oder WIP (work in process) bezeichnet, vgl. u. a. [WieP88; WieP89; WieP97, S. 83 f.; NW07, S. 1029].

---

[1] Eine ähnliche Erweiterung schlägt auch Nickel zur Abbildung der für eine Montage typischen konvergierenden Prozesse mit mehreren Versorgungsaufträgen (n:1 Relation der Vorgänger-Nachfolger Beziehung) vor: Hier gilt das Bearbeitungsende des spätesten Vorgängerauftrags als Zugang zum Montagearbeitsplatz. Für alle anderen Vorgängeraufträge entsteht eine zusätzliche Pufferzeit (analog zum Liegen nach Bearbeitung), die die Durchlaufzeit dieses Auftrags verlängert, vgl. dazu ausführlich [Nic08, S. 44 ff., 83 ff.].

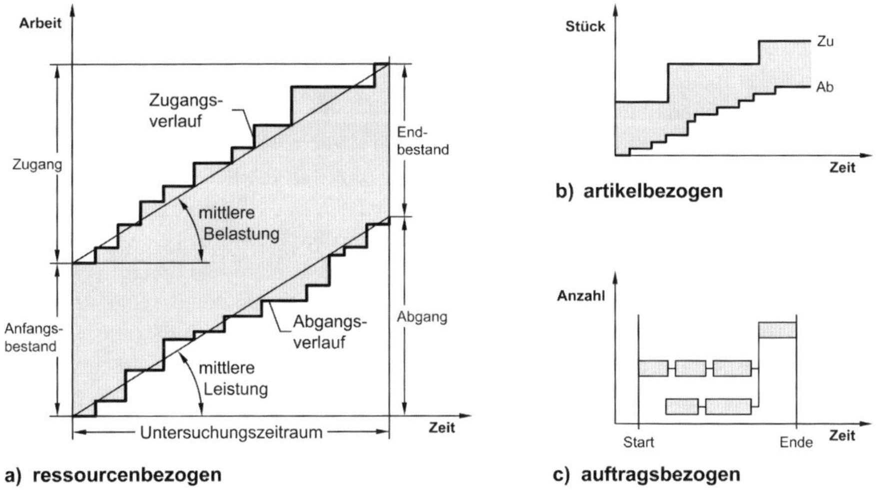

Abb. 4.4 Arten von Durchlaufdiagrammen. (Nach IFA)

Das *Lager-Durchlaufdiagramm* betrachtet Lager- und Lieferprozesse von Rohmaterial, Zwischen- oder Endprodukten und entspricht damit einer Artikelsicht. In seiner Grundform beschreibt es Lagerzugang und -abgang, der vertikale Abstand zwischen diesen Kurven stellt hier den Lagerbestand dar. Die Mengendimension wird hier in Stück (oder Geldeinheiten) gemessen; der typische Verlauf ist durch große Zugangsmengen und kleine Abgangsmengen gekennzeichnet, Abb. 4.4b. Die kumulative Darstellung[2] unterstützt das logistische Monitoring. Eine Ergänzung der beiden Kurven um die der Nachfragekurve ermöglicht die Darstellung von Lieferverzügen. Eine Erweiterung zur Überwachung des gesamten Lieferprozesses ist denkbar [Glä95, S. 33 ff., 38 ff.; SchoP96, S. 87 ff.; WieP97, S. 128 ff.; Fas97, S. 58 ff.; WieP06, S. 486 ff.].

Das *Auftrags-Durchlaufdiagramm* zeigt das logistische Systemverhalten aus Auftragssicht. Abweichend von den anderen beiden Formen resultiert es aus der Produktstruktur mit den auftragsbezogen disponierten Eigenfertigungs- und Fremdbezugskomponenten: Die Aufträge sind zeitlich angeordnet und ggf. in planungs- und steuerungsrelevante Aktivitäten unterteilt. Die Mengendimension wird hier in Anzahl Aufträge (alternativ Geldeinheit) dargestellt. Am Beispiel eines zweistufigen Produktes zeigt Abb. 4.4c die Herstellungsschritte: Die beiden Komponenten besitzen zwei bzw. drei sequentielle Aktivitäten oder Vorgänge und münden in eine Endmontage. Start- und Ende der Einzelvorgänge sowie des Gesamtauftrags

---

[2] Das Fortschrittzahlendiagramm visualisiert das logistische Verhalten ebenfalls über eine kumulierte Darstellung von Materialbewegungen an Messpunkten zwischen Verantwortungsbereichen, so dass – nicht nur graphisch – eine enge Verwandtschaft zum Durchlaufdiagramm besteht. Eine solche Koordination aus Artikelsicht hat sich vor allem für die Wiederholfertigung in der Automobilindustrie bewährt, vgl. u. a. [HeiW88; WieP97, S. 344 ff.; Löd05, S. 249 ff.]. Ähnliche Darstellungen finden sich in der Luftfahrtindustrie unter dem Begriff Schrägkurve.

sind leicht ablesbar; logisch besteht eine enge Verwandtschaft zum Projekt- oder Netzplan. Je nach Ausprägung und Detaillierungsgrad sind unterschiedliche Begriffe (Fristenplan, Kunden- oder Fertigungsauftragsdiagramm) üblich sowie abweichende Ordinateneinheiten (Anzahl Komponenten, Arbeitsinhalt) möglich. Zur Auftragsdisposition ist es hilfreich, die durch diesen Produktionsauftrag zu deckenden Kundenbedarfe zu visualisieren, vgl. u. a. [Dom89; Dom91; REFA91-3, S. 42 f.; REFA91-6, S. 8 ff.; SchoP96, S. 90 f.; Fas97, S. 34; Wah98, S. 52; WieP97, S. 238 ff.; WieP06, S. 503; NyF07b, S. 60 f.; WieP08a, S. 348 ff.].

Aus logistischer Sicht visualisieren Durchlaufdiagramme das dynamische Systemverhalten vollständig quantitativ und zeitpunktgenau aus den drei Sichten Ressource, Artikel und Auftrag. Die zweidimensionale Darstellung der Koordinationsdimensionen Menge und Zeit fördert das logistische Verständnis des Betrachters: Eine kumulierte Darstellung der Ressourcen- und Artikelsicht zeigt grundsätzliche Trends wie Bestandsauf- oder -abbau und verändertes Zu- oder Abgangsverhalten. Die Darstellung der Auftragsnetze verdeutlicht demgegenüber die terminlichen Abhängigkeiten im Auftragsdurchlauf. Grundsätzlich sind sowohl die Koordinationsattribute der Innensicht (Soll, Plan, Ist) als auch die der Außensicht (angefragt/angeboten, vereinbart, erbracht/gebilligt) darstellbar. Zielgrößen wie bspw. ein Ziel-Bestand lassen sich oftmals sinnvoll ergänzen. Die Graphik unterstützt das Auffinden möglicher Ursachen für Planabweichungen und ihre logistischen Zusammenhänge ebenso wie das Ableiten von Planungs- oder Steuerungsmaßnahmen. Praktiker heben den Transparenzgewinn – im Vergleich zu den immer noch alphanumerisch geprägten, tabellenartigen Darstellungen heutiger ERP-Software – hervor.

Die Ausführungen unterstreichen die Notwendigkeit, das komplexe Ablaufgeschehen über Sichten zu ordnen. Dies vereinfacht die Analyse des logistischen Verhaltens, ohne die notwendige inhaltliche Schlüssigkeit zu verlieren. Aus den bereits mehrfach erwähnten Dispositionsobjekten Artikel, Auftrag und Ressource lassen sich die *Analyseperspektiven* des Auftragsmanagements ableiten:

- Die *Artikelsicht* beschreibt das logistische Verhalten des beweglichen Elementes „Artikel“ (in der Praxis typischerweise eine Materialnummer). Nach klassischem PPS-Verständnis werden diese durch die Zu- und Abgänge eines Materials (Bedarfe, Bedarfsdecker) in der Bedarfs-Bestandsliste beschrieben und durch die Rolle „Disponent“ (auch Materialdisponent) geplant und gesteuert, vgl. dazu ausführlich [DKW06, S. 89 ff., 217 ff., 275, 426]. Typische Planungsdaten sind Bedarfe (Menge und Termin), Lagerbestand sowie Wiederbeschaffungszeit.
- Die *Auftragssicht* beschreibt das logistische Verhalten des beweglichen Elementes „Auftrag“ (auch Kommission oder Projekt) in der Folge seiner auftragsbezogenen Aktivitäten (in der Praxis typischerweise Arbeitsgänge). Nach klassischem PPS-Verständnis werden diese durch die Arbeitsgangstart- und Endtermine in den Auftragspapieren beschrieben und durch die Rolle „Fertigungssteuerer“ (auch Auftragsverfolger oder Terminsteuerer) geplant und gesteuert. Zur Überwachung und Steuerung mehrstufiger Aufträge dienen Dispositions-, Termin- oder Fehlteillisten. Typische Planungsdaten sind Start- oder Endtermine

und Losgrößen, Arbeitspläne und Stücklisten sowie ggf. Materialverfügbarkeiten.

- Aus *Ressourcensicht* fließen bewegliche Elemente (Aufträge oder Artikel) durch das ortsfeste System „Kapazitätseinheit“ (in der Praxis typischerweise eine Kostenstelle). Nach klassischem PPS-Verständnis werden diese durch die Zu- und Abgänge der Aufträge in einer Auslastungsübersicht oder Plantafel (Gantt-Diagramm) beschrieben und durch die Rolle „Kapazitätsplaner“ (auch Maschinenbeleger) geplant und gesteuert. Typische Planungsdaten sind Start- oder Endtermine, Auftragsprioritäten, Arbeitspläne, Kapazitäten sowie ggf. Materialverfügbarkeiten.

Zur Betrachtung des Logistikverhaltens eines Produktionssystems mithilfe von Kennzahlen ist demnach zunächst der originäre Bezug zum Dispositionsobjekt festzulegen (bspw. Durchlaufzeit an einer Ressource). Hierauf aufbauend sind ergänzende Einschränkungen für Auswertungen möglich (bspw. Durchlaufzeit einer bestimmten Artikelfamilie an dieser Ressource, vgl. dazu ausführlich [Burr09, S. 71 ff.].

Das Einnehmen einer bestimmten Sicht vereinfacht die komplexe Realität und reduziert sie im Hinblick auf eine gewünschte Aktivität, z. B. Planen, Steuern oder Überwachen. Abbildung 4.5 demonstriert diesen prinzipbedingten Effekt am Beispiel eines dreidimensionalen Objektes. Je nach Perspektive erscheinen unterschiedliche zweidimensionale Abbilder, das abstrakte Objekt Auftrag ergibt sich als inverse Darstellung.

Alle drei Dispositionsobjekte sollten Gegenstand laufender Planungs-, Steuerungs- und Überwachungsmaßnahmen im Auftragsmanagement sein. Damit gibt diese Struktur dem Anwender die Möglichkeit, sein eigenes Planungs- und Steuerungssystem sowie die eingesetzten Softwarewerkzeuge auf den Prüfstand zu stellen. In der bestehenden ERP-Software dominiert nach wie vor die Artikelsicht: Die materialgesteuerte Disposition über die bekannten Bedarfs-Bestandslisten begrün-

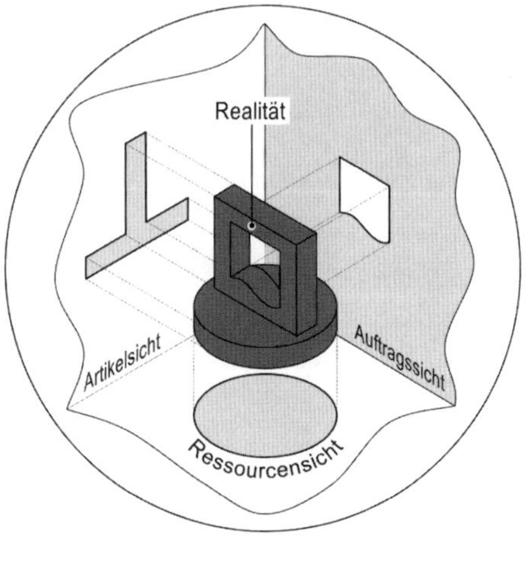

Abb. 4.5 Analyseperspektiven im Auftragsmanagement

det sich aus der historischen Entwicklung, bei der es darum ging, den zeitraubenden Vorgang der Stücklistenauflösung und der Vorlaufverschiebung zu automatisieren. Dadurch wird verständlich, warum eine reine Artikelsicht für die Disposition mehrstufiger Produkte und Aufträge prinzipbedingt an Grenzen stößt. Zur Überwindung dieser Defizite sind das gesamte Auftragsnetz umfassende Planungs- und Steuerungsalgorithmen mit geeigneten Monitoringmethoden erforderlich. Für Letzteres erscheinen Durchlaufdiagramme besonders geeignet. Schließlich ist eine auftragsbezogene Dispositionsverantwortung auch software-technisch zu unterstützen, was dem Konzept vieler heute verfügbarer ERP-Software widerspricht, die eine artikelbezogene Dispositionsverantwortung vorsieht.

Die logistischen Zustandsgrößen lassen sich in folgende vier Kategorien einteilen. Die zu wählende Maßeinheit wird – abhängig vom Bezugsobjekt – in den anschließenden Abschnitten erläutert. Alle Zustandsgrößen sind im Durchlaufdiagramm darstellbar, vgl. dazu ausführlich [WieP88; Glä93; WG94; Brock94; PetD96; Yu01; WieH02, S. 204 ff.; NW03, S. 11, 17 ff.; VDI 2525; VDI 4400; APIC05; SCC07; Schö07, S. 50 ff.; SeSn08, S. 433 ff.].

Durchlaufzeitkennzahlen können Auftrags- oder Artikelbezug haben. Allgemein ist die Durchlaufzeit (engl. lead time) als die Zeitspanne zwischen Übernahme des Elementes Auftrag oder Artikel vom Vorgänger (bzw. dem Aktivitätsstart oder der Auftragsfreigabe) bis zu seiner Übergabe an den Nachfolger (bzw. dem Aktivitätsende) definiert. Als Ist-Größe lässt sie sich prinzipbedingt erst im Nachhinein berechnen, hat also per se Vergangenheitsbezug. Sie ist als waagerechte Länge des Durchlaufelements ablesbar (Abb. 4.3). Beispiele für die Auftragssicht sind Liefer- bzw. Durchlaufzeit als absolute Größen oder Flussgrad als relative Größe; die Lagerverweilzeit ist der Artikelsicht zugeordnet.

Leistungskennzahlen sind analog zur physikalischen Leistung als Abgangsrate definiert und haben deshalb primär einen Ressourcenbezug. Allgemein ist die Leistung als gelieferte bzw. geleistete Menge an Arbeit innerhalb eines Betrachtungszeitraums definiert. Als Ist-Größe lässt sie sich prinzipbedingt erst im Nachhinein berechnen, hat also per se Vergangenheitsbezug. Im ressourcenbezogenen Durchlaufdiagramm entspricht sie der mittleren Steigung der Abgangskurve (Abb. 4.4a). Beispiele sind Absatz bzw. Durchsatz als absolute Größen oder Auslastung als relative Größe.

Bestandskennzahlen messen den Bestand in Lager und Produktion, vornehmlich mit Bezug auf eine Ressource oder einen Artikel. Hier sind absolute von relativen Größen zu unterscheiden:

- Als *absolute Größe* ist der Bestand (engl. inventory oder stock) als die Anzahl beweglicher Elemente (Aufträge, Artikel) definiert, die sich zu einem bestimmten Zeitpunkt innerhalb des betrachteten Systems (Lager, Kapazitätseinheit) befinden. Zugang und Abgang ergeben sich aus der Definition des Durchlaufelements. Absolut gemessen bezieht sich der Bestand auf einen Zeitpunkt und hat damit als Ist-Größe per se Gegenwartsbezug (der Bestand am 15.4., 14.00 Uhr betrug 5 Aufträge). Üblicherweise werden Bestände nach Produktion und Lager differen-

ziert. In den entsprechenden Durchlaufdiagrammen (Ressourcen- bzw. Artikelsicht) ist er als senkrechter Abstand zwischen Zugang und Abgang als Arbeits- oder Umlaufbestand[3] (Abb. 4.4a) bzw. Lagerbestand (Abb. 4.4b) ablesbar. Die Losgröße wird hier als Sonderform einer Bestandskennzahl interpretiert und beschreibt ein ausgewähltes Merkmal des logistischen Systems aus Auftragssicht. Die üblichen Ausprägungen bilden Liefer-, Fertigungs- und Bestelllosgröße.
- Als *relative Größe* bezieht die Bestandsreichweite den Bestand auf den voraussichtlichen Abgang. Sie kennzeichnet die Zeitspanne, wie lange der zu einem bestimmten Zeitpunkt vorhandene Bestand bei einem definierten Abgang ausreicht, bis Fehlmengen im Lager bzw. bestandsbedingte Auslastungsverluste an der Kapazitätseinheit auftreten. Damit ist die Reichweite per se zukunftsbezogen. Ressourcenbezogen bildet sie als Bestandsreichweite das Pendant zur auftragsbezogenen Durchlaufzeit. Artikelbezogen wird sie oft als Umschlagshäufigkeit auf ein Jahr bezogen – entspricht also dem Kehrwert der Reichweite.

Zuverlässigkeitskennzahlen betrachten Abweichungen gegenüber der Planung mit Auftrags-, Ressourcen- oder Artikelbezug absolut oder relativ. Allgemein definiert, bewerten sie die Differenz zwischen Soll- und Ist-Werten. Voraussetzung ist die Vereinbarung einer zulässigen Abweichung (Toleranz). Logistische Betrachtungen reduzieren die Abweichung auf die Koordinationsgröße Termin oder Menge, setzen also die Einhaltung der geforderten Qualität (und des Erfüllungsortes) voraus. Oft werden sie auf den Terminaspekt verkürzt und als Terminkennzahlen bezeichnet. Im Durchlaufdiagramm sind sie als Abstand der Soll- und Ist-Größen ablesbar:

- *Auftragsbezogene Kennzahlen* messen Termin- oder Mengenabweichung zunächst absolut, z. B. als Liefertermin- oder Liefermengenabweichung eines Einzelauftrags. Als relative Größen bewerten sie den Anteil anforderungsgerecht abgelieferter Aufträge, z. B. als Liefertreue über einen Zeitraum.
- Die *ressourcenbezogene Kennzahl* Rückstand (engl. backlog) ist als die Menge Arbeit definiert, die eine Kapazitätseinheit zu einem bestimmten Zeitpunkt nicht termingerecht erledigt hat. Absolut gemessen, bezieht er sich auf einen Zeitpunkt, hat damit als Ist-Größe zunächst Gegenwartsbezug. Die relative Größe Rückstandsreichweite bezieht den Rückstand auf den voraussichtlichen Abgang. Analog zur Bestandsreichweite entsteht damit eine zukunftsbezogene Größe. Sie bildet damit das ressourcenbezogene Pendant zur auftragsbezogenen Terminabweichung.
- Die *artikelbezogene Kennzahl* Fehlmenge (logistisch präziser Fehlbestand, engl. stock out) entspricht der Artikelmenge, die bis zu einem bestimmten Zeitpunkt ausgeliefert werden sollte, aber noch offen ist. Die relative Größe Lieferver-

[3] Aus finanzwirtschaftlicher Sicht ist eine Unterteilung in Rohmaterial, unfertige Erzeugnisse und Fertigerzeugnisse üblich. Aus dieser Sicht würde der Umlaufbestand die unfertigen Erzeugnisse umfassen. Demgegenüber ist aus logistischer Sicht eine weitere Differenzierung des unfertigen Erzeugnisbestands in Zwischenläger und Produktion sinnvoll. Letzterer wird in dieser Arbeit als Umlaufbestand bezeichnet, in der Literatur findet sich hierfür auch der Begriff Arbeitsbestand.

zug (logistisch präziser Fehlbestandsreichweite) kennzeichnet die Zeitspanne, bis der eintreffende Lagerzugang die aktuelle Fehlmenge deckt. Fehlmenge sowie Lieferverzug im Lager bilden also das Pendant zum Rückstand sowie zur Rückstandsreichweite in der Produktion und haben den gleichen Zeitbezug. Die zweite relative Größe Servicegrad bewertet den Anteil der Nachfrage, der wunschgerecht erfüllt wurde. Sie lässt sich auch als artikelbezogenes Pendant zur auftragsbezogenen Liefertreue deuten.

Die anschließende Erläuterung der Logistikkennzahlen folgt den Sichten Auftrag (Abschn. 4.2), Ressource (Abschn. 4.3) und Artikel (Abschn. 4.4) anhand der beschriebenen vier Kategorien. Die sichtenunabhängig erforderliche Systemabgrenzung des Betrachtungsgegenstands bleibt hiervon unberührt. Deshalb sind zur Kennzahlenerläuterung ggf. Hinweise auf den betrachteten Prozessabschnitt ergänzt.

4.2 Auftragsbezogene Logistikkennzahlen

Die Erklärung der auftragsbezogenen Logistikkennzahlen beginnt mit den absoluten Durchlaufzeitkennzahlen Lieferzeit bzw. Durchlaufzeit sowie Flussgrad als relative Größe (Abschn. 4.2.1). Abschn. 4.2.2 erläutert Liefer- bzw. Bestell- und Fertigungslosgröße als absolute Bestandskennzahlen des Auftrags. Die in Abschn. 4.2.3 beschriebenen Zuverlässigkeitskennzahlen gliedern sich in Lieferabweichung bzw. Termin-/Mengenabweichung sowie Liefertreue bzw. Termin-/Mengentreue. Abbildung 4.6 ordnet die im Folgenden erläuterten auftragsbezogenen Kennzahlen und kennzeichnet gängige oder empfehlenswerte Parameter von PPS-Verfahren.

Prozessabschnitt	Durchlaufzeit	Bestand	Zuverlässigkeit
Lieferung	*absolute Größe* • Lieferzeit (P) *relative Größe* –	*absolute Größe* • Lieferlosgröße *relative Größe* –	*absolute Größe* • Lieferabweichung *relative Größe* • Liefertreue
Disposition	*absolute Größe* • Durchlaufzeit (P) *relative Größe* • Flussgrad	*absolute Größe* • Bestell- / Fertigungsgröße (P) *relative Größe* –	*absolute Größe* • Termin- / Mengenabweichung (P) *relative Größe* • Termin- / Mengentreue

P typischer Verfahrensparameter

Abb. 4.6 Auftragsbezogene Logistikkennzahlen

4.2.1 *Durchlaufzeitkennzahlen*

Als absolute Größen werden Lieferzeit (Liefer- oder Außensicht) und Durchlaufzeit (Dispositions- oder Innensicht) unterschieden. Als relative Größe der Innensicht normiert der Flussgrad die Durchlaufzeit durch den Bezug zur kürzestmöglichen Durchlaufzeit.

Der Kundenbezug der Aufträge bzw. der Artikeldisposition verknüpft Lieferzeit und Durchlaufzeit aus der Zeitsicht (genauer: der Koordinationsgröße Zeit, vgl. Abb. 3.1) miteinander (zur Mengensicht vgl. Abschn. 4.2.2). Hier sind die beiden Grundformen Auftragsfertigung sowie Lagerfertigung zu unterscheiden – ggf. differenziert nach dem betrachteten Prozessabschnitt Lieferung, Produktion und Beschaffung. Das Gestaltungsmerkmal Bevorratungsstrategie beschreibt den Kundenbezug der Artikeldisposition und steht seit vielen Jahren im Zentrum logistischer Gestaltungsüberlegungen, vgl. u. a. [HoeRo92, S. 6 f.; HB92; Eid89, S. 48, 136 f.; Aki99; NW03, S. 4; Olh01; Kir04; OlSe07b]. Wegen der hohen Bedeutung der *Bevorratungsstrategie* (engl. decoupling strategy, order decoupling point) für die logistische Marktleistung ist sie in dieser Arbeit als eigenständiges Gestaltungsmerkmal definiert, vgl. Abschn. 6.3.2.

Lieferzeit und Durchlaufzeit

Allgemein ist die Durchlaufzeit (engl. lead time) eines Auftrags als die Zeitspanne vom Aktivitätsstart bis zum Ende der letzten Aktivität definiert und hat als Ist-Größe per se Vergangenheitsbezug, vgl. Abschn. 4.1. Sie ist auf den spezifischen Zusammenhang zu beziehen (z. B. Lieferung, einstufige oder mehrstufige Produktion mit oder ohne Beschaffung). Insbesondere bei Verantwortungsübergängen ist die lückenlose Erfassung aller Durchlaufzeitanteile wichtig. Für die Praxis ist deshalb eine Ergänzung um die in Abb. 4.3b beschriebenen Übernahme- bzw. Übergabepunkte zu empfehlen. Entsprechend des betrachteten Prozessabschnitts werden Liefer- und Dispositionssicht unterschieden.

Aus Liefersicht beschreibt die *Lieferzeit* (delivery lead time, order fulfillment cycle time) die Auftragsdurchlaufzeit als Zeitspanne zwischen Auftragseingang beim Lieferanten[4] und Auslieferung des Produkts bzw. der Erfüllung der Dienstleistung am vereinbarten Erfüllungsort [APIC05, S. 29; Löd05, S. 20; SCC07, S. 445 f.; Schö07, S. 10].

Aus Dispositionssicht ist die Produktionsdurchlaufzeit von der Beschaffungsdurchlaufzeit zu unterscheiden [WieP97, S. 35 f., 46; APIC05, S. 65, 94; NW07, S. 1027 f.; Schö07, S. 26; SCC07, S. 447 f.]:

- Die interne *Produktionsdurchlaufzeit* (engl. manufacturing lead time, make cycle time) beschreibt die Auftragsdurchlaufzeit als Zeitspanne zwischen Auf-

[4] Diese Definition vernachlässigt die Informationslaufzeiten zwischen Kunde und Lieferant (d. h. Auftragsversand durch den Kunden bis Auftragseingang beim Lieferanten), was bei kurzen Laufzeiten im Vergleich zur Gesamtlieferzeit gerechtfertigt erscheint. Allerdings zeigen Praxiserfahrungen, dass dieser Einfluss in Kombination mit unabgestimmten Planungsfrequenzen zwischen Kunde und Lieferant oft unterschätzt wird, vgl. u. a. [WBW05]. Dies gilt deshalb als Stolperstein und ist der Gruppe ‚unklare Prozesse und Schnittstellen' zugeordnet, vgl. Abb. 1.4 und Abschn. 5.3.6.

tragsfreigabe (Materialbereitstellung) und Bearbeitungsende. Üblich sind die Detaillierungsstufen Arbeitsgangdurchlaufzeit, Fertigungs-/Montage-Auftragsdurchlaufzeit (einstufige Aufträge) sowie Produktions-Auftragsdurchlaufzeit (mehrstufige Aufträge). Bei Bedarf ist diese Betrachtung bis auf Kommissions- oder Projektebene erweiterbar, vgl. dazu [NW07, S. 1027 f.]. Der Sonderfall externer Arbeitsgang ist meist als Bestandteil des Produktionsauftrags abgebildet.
- Die externe *Beschaffungsdurchlaufzeit* (engl. purchasing lead time, source cycle time) umfasst die gesamte benötigte Zeit, um einen Artikel einzukaufen, also die interne Administrationszeit zur Bestellvorbereitung sowie die Zeitspanne von der Bestellung beim Lieferanten bis zur Verfügbarkeit im Wareneingangslager.

Bei mehrstufigen Aufträgen entspricht die Gesamtdurchlaufzeit dem kritischen Pfad. Umfassen diese Aufträge Produktions- und Beschaffungsanteile, fallen externe Beschaffungs- und interne Produktionssicht zur Dispositionssicht zusammen. Die Ausführungen verdeutlichen eine etwas unscharfe Begriffsverwendung: Der Begriff Durchlaufzeit lässt sich sowohl allgemein deuten als auch speziell auf die Innensicht beziehen.

Stückgüterproduzenten vereinfachen das Durchlaufzeitgeschehen oft durch eine tagesgenaue Betrachtung, gemessen dementsprechend in der Einheit Arbeitstag. Je nach Länge der Durchlaufzeit sind andere Einheiten (Stunden, Wochen, Monate) sinnvoll bzw. erforderlich. Bezogen auf die jeweiligen Detaillierungsstufen ist eine Aggregation als einfacher oder gewichteter Mittelwert sowohl über einen bestimmten Bezugszeitraum als auch über mehrere Bezugsobjekte wie Auftragsklassen oder Produktionssegmente üblich. Die Berechnung des gewichteten Mittels erfolgt in der Produktion mit dem Arbeitsinhalt, um die Aufträge mit größeren Arbeitsinhalten dementsprechend zu berücksichtigen [WieP97, S. 41 ff., 65 ff.]. Für Lieferung und Beschaffung wäre eine Gewichtung mit Umsatz- oder Kostengrößen denkbar. Um Verbesserungspotenziale zu erkennen, ist eine Untersuchung der Verteilungsgrößen (Median- oder Modalwert, Standardabweichung und Variationskoeffizient) sinnvoll, vgl. dazu ausführlich [WieP97, S. 56 ff., 206 ff.; WinK01; WieH02, S. 153 f.; NW03, S. 193 ff.].

Die aus dem Kundenauftragsbezug resultierende Verknüpfung von Lieferzeit und Durchlaufzeit visualisiert Abb. 4.7 am Beispiel eines dreistufigen Auftrags mit Versand zum Kunden:

- In der reinen *Auftragsfertigung* sind Durchlaufzeit und Lieferzeit des mehrstufigen Auftrags dann identisch, wenn alle Aktivitäten Kundenauftragsbezug aufweisen, Abb. 4.7a.
- In der reinen *Lagerfertigung* resultiert die Lieferzeit ausschließlich aus dem Versand der Produkte. Die Durchlaufzeit des mehrstufigen Auftrags endet nach der Montage bzw. dem Lagerzugang. Die zusätzliche Lagerverweilzeit der Artikel[5] verlängert die Durchlaufzeit des Gesamtprozesses im Vergleich zur Auftragsfertigung, Abb. 4.7b.

[5] Streng genommen ist die Lagerverweilzeit der Artikelsicht zugeordnet, da der Artikel durch die Kundenentkopplung den Auftragsbezug während der Lagerdauer verliert, vgl. auch Abschn. 4.4.1.

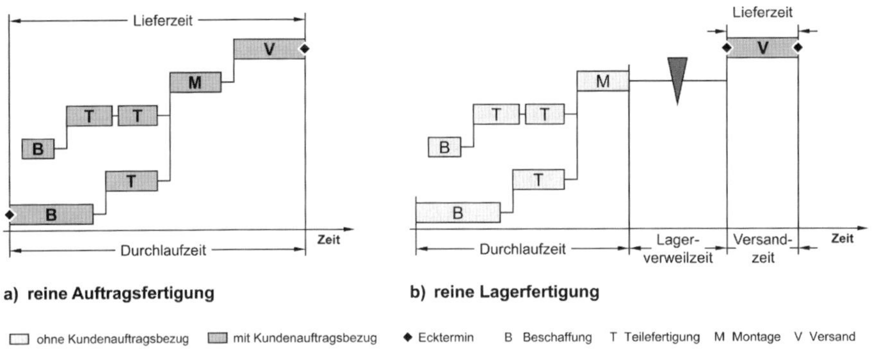

Abb. 4.7 Liefer- und Durchlaufzeiten in Abhängigkeit des Kundenauftragsbezugs

Eine Verschiebung des mit dem Lager verbundenen Kundenentkopplungspunktes verändert die Gesamtdurchlaufzeit mehrstufiger Aufträge. Hier sind unterschiedlichste Zwischenformen auch mit mehreren Lagerstufen (bis zur artikelbezogenen Disposition je Lagerstufe) denkbar. Die Durchlaufzeiten der einstufigen Beschaffungs-, Teilefertigungs- und Montageaufträge lassen sich als Wiederbeschaffungszeiten auch einer Artikelsicht zuordnen (vgl. Abschn. 4.4.1).

In der Realität werden Montageaufträge meist aus verschiedenen Bereichen wie Teilefertigung, Beschaffung, ggf. Vormontage sowie dem Lager versorgt. Sind diese unterschiedlichen Versorgungsaufträge nicht zeitgleich verfügbar, entstehen ungeplante Pufferzeiten (und gestörte Bestände, vgl. Abschn. 4.3.2). Als Sonderfall der Durchlaufzeit ist demnach die sogenannte *Bereitstellungszeit* wichtig: Als Differenz zwischen der letzten und ersten Bereitstellung der Versorgungsaufträge definiert, weist sie auf eine ungenügende logistische Abstimmung der Bereitstellung, vgl. dazu ausführlich [NNB06; Nic08, S. 85 ff.].

Als *Verfahrensparameter* hat die Durchlaufzeit eine herausragende Bedeutung. Die Kernidee MRP-basierter Planung besteht darin, für den Auftragsdurchlauf Standard-Durchlaufzeiten anzunehmen (vgl. Abschn. 4.4.1). Für die Planungsphase sind fünf Anwendungsfälle wichtig:

- Die artikelbezogene *Lieferzeit* repräsentiert das Standard-Lieferverhalten bezogen auf einen Artikel oder eine Artikelgruppe. Dieses Stammdatum bildet die Grundlage einer artikelbezogenen Lieferzusage, die auf Lieferzeitkatalogen[6] basiert. Bei seiner Festlegung ist die gewählte Bevorratungsstrategie zu berücksichtigen. Aus Liefersicht (d. h. für den Verkauf) bildet eine artikelbezogene Lieferzeit also den zentralen Terminierungsparameter im Materialstamm, welcher idealerweise auslastungsunabhängig gilt.
- Die artikelbezogene *Wiederbeschaffungszeit* (auch Vorlaufzeit oder Vorlaufverschiebung) repräsentiert das Standard-Beschaffungsverhalten bezogen auf einen

[6] Viele Unternehmen schätzen die Lieferzeit mithilfe folgender Überlegung vereinfacht ab: Sie schätzen die mittlere Belegungsreichweite der Gesamtproduktion (oder des Engpass-Arbeitsplatzes je Produktgruppe) und addieren dazu die mittlere Durchlaufzeit.

Artikel oder eine Artikelgruppe. Dieses Stammdatum steuert die Erzeugung von Bestell- und Produktionsvorschlägen: bei deterministisch gesteuerten Artikeln über die Stücklistenauflösung, bei stochastisch gesteuerten Artikeln indirekt über den Bestellbestand (vgl. Abschn. 4.4.2). Nach klassischer MRP-Logik erfolgt die Planung dabei „gegen unbegrenzte Kapazitäten"; losgrößenabhängige Wiederbeschaffungszeiten oder auftragsbezogene Durchlaufzeiten (s. u.) wären prinzipiell möglich, sind aber unüblich. Aus Dispositionssicht (d. h. für die Materialdisposition) bildet die Wiederbeschaffungszeit also den zentralen Terminierungsparameter im Materialstamm. Eine Differenzierung der Durchlaufzeiten von Eigenfertigungsteilen (Produktionssicht) und Fremdbezugsteilen (Beschaffungssicht) ist üblich: Zur Festlegung sind die Zeitanteile Administrationszeit und Lieferzeit zu unterscheiden. Erstere umfasst die Zeit von der Bedarfserkennung bis zur Auftragsfreigabe[7] (für Eigenfertigung) bzw. Bestellung oder Bestellbestätigung durch den Lieferanten (für Fremdbezug). Letztere repräsentiert die Standard-Durchlaufzeit (für Eigenfertigung) oder die Standard-Lieferzeit am Markt (für Fremdbezug).

- Die auftragsbezogene *Durchlaufzeit* repräsentiert das Standard-Durchlaufzeitverhalten für die Produktion von Eigenfertigungsteilen. Dieses Stammdatum steuert die Fixierung und Freigabe von Produktionsaufträgen. Die Durchlaufzeit ist als auftragsbezogenes Stammdatum denkbar. Üblicher ist heute eine arbeitsvorgangsbezogene Terminierung „gegen unbegrenzte Kapazitäten" (d. h. ohne Berücksichtigung belastungsabhängiger Liegezeiten[8]) mit arbeitsplatzspezifischen Übergangszeiten und auftragsspezifischen Durchführungszeiten. Die auftragsspezifische Durchführungszeit berücksichtigt die Losgröße (vgl. Abs. 4.2.2) und die Standard-Kapazität (vgl. Abs. 4.3.1).
- Die arbeitsgangbezogene *Übergangszeit* repräsentiert das Standard-Warte- und Transportzeitverhalten der Aufträge (Liegen nach Bearbeiten, Transportieren, Liegen vor Bearbeiten, vgl. Abb. 4.3a) vor den Arbeitssystemen der Eigenfertigung. Dieses Stammdatum ist in den Ausprägungen arbeitsplatzspezifische Übergangszeit und Übergangszeitmatrix üblich, vgl. dazu ausführlich [WieP97, S. 18 ff.; Schö07, S. 635 f.; NyP08b, S. 212 ff.].
- Schließlich existieren diverse *Pufferzeiten*: Die klassische MRP-Terminierungslogik unterstellt eine sukzessiv feinere Planung, bei der die jeweils vorgegebenen Ecktermine[9] nicht verletzt werden sollen. Deshalb verringern Schwankungen im

[7] Definiert man die Administrationszeit von der Bedarfserkennung bis zur Auftragserzeugung, entsteht ein zusätzlicher Entscheidungsspielraum, in dem die Steuerung die Aufträge zur Kapazitätsglättung vorziehen kann. Eine solche *Vorgriffszeit* ist über den Parameter Vorgriffshorizont einstellbar, vgl. auch Fußnote 13.

[8] Logistisch präziser müsste es somit eigentlich „Terminierung ohne Berücksichtigung von Kapazitätskonkurrenz" (der um die begrenzten Kapazitäten konkurrierenden Aufträge) heißen: Die auftragsspezifische Durchführungszeit berücksichtigt nämlich sowohl die Losgröße (vgl. Abschn. 4.2.2) als auch die Standard-Kapazität (vgl. Abschn. 4.3.1). Somit beinhaltet diese Terminierungsform implizit eine Annahme über die verfügbare Kapazität, vgl. dazu ausführlich [WieH02, S. 95 f.].

[9] Die MRP-Logik verlangt nach Abschluss der Terminierung eigentlich noch eine kapazitive Machbarkeitsprüfung. Auf diesen Schritt verzichten allerdings viele Unternehmen. Sie scheuen

Zeitverlauf sowie Streuungen (Abweichungen vom geplanten Mittelwert, vgl. Abschn. 5.2.5), die Aussagesicherheit der Planung. Die Pufferzeiten sind also Zeitzuschläge auf die Durchlaufzeit, um diese Streuungen und Schwankungen auszugleichen. Ein Beispiel hierfür bildet die Sicherheitszeit, die prozesstypische Abgangsterminabweichungen (vgl. Abschn. 4.2.3) dämpfen soll.

Die *logistische Bedeutung* des Wettbewerbsfaktors Zeit ist heute unbestritten. Aus Planungssicht besteht die Aufgabe darin, die Durchlaufzeiten zuverlässig vorherzusagen. Bis heute ist hierfür die mittelwertbasierte Planung des MRP-Ansatzes üblich. Damit sind insbesondere Streuungen von Durchlaufzeiten bedeutsam, denn sie schränken die Aussagekraft des geplanten Mittelwerts der Durchlaufzeit für den Einzelauftrag ein. Dies gefährdet die Termineinhaltung und damit die Planungssicherheit. Somit besteht die Aufgabe der Steuerung darin, die geplanten Durchlaufzeiten zuverlässig einzuhalten. Also sollten Streuungen dieser Zeiten bei Anwendung einer MRP-basierten Planung primär verringert werden. Wegen der hohen Bedeutung für die Planung und Steuerung wird diese Betrachtung unter dem Begriff *logistisches Leitbild* als eigenständiges Gestaltungsmerkmal diskutiert, vgl. Abschn. 6.3.3. Die Erläuterung der weiteren Argumente erfolgt getrennt nach Außen- und Innensicht.

Kurze *Lieferzeiten* bieten zunächst Chancen: Aus Kundensicht erhöhen sie die Reaktionsfähigkeit, aus Lieferantensicht können sie die Anzahl an Wettbewerbern verringern. In einigen Branchen wie bspw. der Leiterplattenindustrie sind deshalb Preisaufschläge für kurze Lieferzeiten üblich, vgl. bspw. [Andus08, Contag08]. Lödding gibt eine Übersicht über subjektive und ökonomische Gründe für die hohe Bedeutung kurzer Lieferzeiten sowie ihre wichtigsten Einflussgrößen [Löd05, S. 21 ff., 76 f.]. Allerdings erhöhen kürzere Lieferzeiten auch die Anforderungen an die Planung und Steuerung. Einerseits bedingen sie häufig eine engere Liefertoleranz (Abb. 1.9), andererseits verringern sie die Reichweite des Auftragsbestandes (Abb. 1.10). Dies verringert die Planungssicherheit des Lieferanten.

Zur Erläuterung der Chancen *kurzer Durchlaufzeiten* ist in Abhängigkeit der Bevorratungsstrategie zu unterscheiden, vgl. u. a. [Eid89, S. 48; WilH95; Löd05, S. 29]:

- In der *Auftragsfertigung* bildet die interne Durchlaufzeit die Untergrenze der Lieferzeit, ggf. verlängert durch auftragsbezogene Beschaffungsanteile. Kurze Durchlaufzeiten erhöhen die Flexibilität für die Hereinnahme kurzfristiger Aufträge, können Spielräume zur Kapazitätsglättung eröffnen oder das Änderungsrisiko bereits laufender Aufträge reduzieren, vgl. a. Kap. 1.
- In der *Lagerfertigung* sinkt der Servicegrad mit zunehmender Länge und Streuung der Durchlaufzeiten, d. h. der erforderliche Sicherheitsbestand zur Sicherung eines definierten Servicegrades steigt, vgl. dazu ausführlich [Glä95; Lutz02; Löd05, S. 46 ff.]. Bei bestimmten Produktionsprozessen wie bspw. in der Halbleiterfertigung verringern kurze Durchlaufzeiten zusätzlich den Ausschuss.

---

den damit verbundenen Aufwand, da die Disponenten die ggf. erforderliche Neuterminierung manuell durchführen müssen.

Generell führen kürzere Durchlaufzeiten zu geringeren Beständen, was die Transparenz in der Produktion steigert. Allerdings verringern kurze Durchlaufzeiten die Freiheitsgrade der Steuerung, so dass die Verantwortlichen über weniger Improvisationsmöglichkeiten verfügen. Hieraus resultieren höhere Anforderungen an die Terminüberwachung sowie die Zuverlässigkeit der Planung selbst sowie der Planungs- und Steuerungseingriffe, vgl. Abschn. 1.2.

Primäre Anwendung: Wichtig ist die Durchlaufzeit als MRP-Terminierungsparameter in den unterschiedlichen Detaillierungsstufen. Weitere Anwendungen finden sich als Soll-Größe im laufenden Betrieb (abgeleitet aus den vereinbarten Kundenterminen) sowie als Verbesserungsgröße (zur Zielvorgabe und Überwachung von Verbesserungsmaßnahmen).

Flussgrad

Absolute Durchlaufzeitwerte sind zur Bewertung der tatsächlichen Leistungsfähigkeit sowie vorhandener Verbesserungspotenziale eines Systems oft nur eingeschränkt aussagekräftig. Daher bietet sich eine Normierung durch einen Vergleich mit einem logistischen Idealprozess an. Aus Auftragssicht ist ein solcher idealer logistischer Zustand offensichtlich dann erreicht, wenn die Aufträge nicht auf die Bearbeitung warten [Gut 51, S. 158, 165; Wed89, S. 51 ff.; NyP91, S. 23 f.; NW03, S. 62]. Fließen sie mit ihrer aus den Durchführungs- und Transportzeiten resultierenden Mindestdurchlaufzeit durch das System, sind weitere Verbesserungen nur über Änderungen der Auftrags- oder Produktionsstruktur (z. B. Losgrößenharmonisierung, Fertigungssegmente statt Werkstattfertigung oder anderer Teilefluss) möglich.

Der *Flussgrad* bezieht die Länge der Durchlaufzeit auf die Durchführungszeit, Bezugsobjekt ist also der Auftrag. Als dimensionslose Zahl sagt er aus, um welchen Faktor die Durchlaufzeit die Mindestdurchlaufzeit übersteigt. Als Merkmal der Innensicht ergeben sich Detaillierungsstufen und Aggregationsformen sowie sein Vergangenheitsbezug analog zur Durchlaufzeit [WieP97, S. 56; WieH02, S. 214; NW03, S. 23, 91 ff.; SeSn08, S. 202 ff.]. Alternativ lässt sich der Flussgrad auf das zu bearbeitende Material – also auf die Einzelzeit – beziehen und heißt dann Wertschöpfungszeitanteil. Er wird meist als Anteilswert an der Gesamtdurchlaufzeit berechnet, ist also der Kehrwert des oben beschriebenen Flussgrads. Diese Betrachtungsweise ist im Lean Management üblich und hinterfragt nicht nur die Steuerung, sondern auch Auftrags- und Produktionsstruktur, vgl. dazu ausführlich [RoSo00, S. 31 ff.; Erl07, S. 95 ff.].

Die *logistische Bedeutung* des Flussgrades ergibt sich durch seinen Bezug zum Idealprozess: Er quantifiziert unter Berücksichtigung gegebener Produktions- und Auftragsstrukturen, wie nahe die operative Planung und Steuerung den Grenzwert von 1 erreicht. In einer Produktion mit kurzen Transportwegen bzw. -zeiten erscheint die Vernachlässigung der Transportzeiten zulässig, eine Erweiterung der Kenngröße ist je nach Erfordernis einfach möglich. Aus der Kennlinientheorie lässt sich ein – für eine Werkstattfertigung – angemessener Flussgrad ableiten und – über eine realistischere Terminierung – auch die Termineinhaltung verbessern, vgl. dazu ausführlich [LN92; Lud93; NW00; WieH02, S. 157 ff.; NW03, S. 184 ff.].

Primäre Anwendung: Der Flussgrad ist als Zielvorgabe und Verbesserungsgröße (zur Zielvorgabe und Überwachung von Verbesserungsmaßnahmen) einsetzbar.

4.2.2 Bestandskennzahlen

Als absolute Größen werden Lieferlosgröße des Auftrags (Liefer- oder Außensicht), Fertigungs- und Bestelllosgröße (Dispositions- oder Innensicht) unterschieden. Relative Größen sind unüblich, da sich bislang kein einheitliches Verständnis eines normierten Bezugspunktes (wie bspw. die bereitgestellte Kapazität für die Auslastung) durchgesetzt hat.

Die – möglicherweise ungewohnte – Interpretation der Losgröße[10] als Bestandskennzahl beruht auf folgender Überlegung: Der Bestand beschreibt den Zustand einer Ressource über die Mengendimension. Analoges gilt für die Losgröße eines Auftrags, da sie beim Durchlaufelement den Arbeitsinhalt (also auch die Mengendimension) charakterisiert. Sie bildet damit eine Untermenge des Gesamtbestandes an einer Ressource und wird daher als Sonderform einer Bestandsgröße interpretiert, die originär Auftragsbezug aufweist.

Die Bevorratungsstrategie beschreibt den Kundenbezug der Aufträge bzw. Artikeldisposition und ist als eigenständiges Gestaltungsmerkmal definiert, vgl. Abschn. 6.3.2. Sie verknüpft aus der Zeitsicht Liefer- und Durchlaufzeit (vgl. Abschn. 4.2.1) und aus der Mengensicht Liefer- und Fertigungs- bzw. Bestelllosgröße miteinander: Im einfachsten Fall einer kundenauftragsbezogenen Fertigung stimmen also Liefer- und Durchlaufzeit sowie Liefer- und Fertigungslosgröße überein. Bei mehrstufigen Aufträgen mit direktem Kundenbezug sind unterschiedliche Losgrößen je Fertigungs- und Bestellauftrag durchaus typisch. Die gewählte Losgröße beeinflusst die minimale Durchlaufzeit; hier ist zusätzlich noch die Art des Teileflusses (Abweichungen von Fertigungs- bzw. Bestelllosgröße zur Transportlosgröße) zu betrachten.

Lieferlosgröße und Bestell-/Fertigungslosgröße
Allgemein ist die Losgröße (engl. lot size) als die Bestellmenge eines Auftrags definiert und hat als Ist-Größe per se Gegenwartsbezug (wie alle anderen Bestandsgrößen, vgl. Abschn. 4.1). Sie ist auf den spezifischen Prozess zu beziehen (Lieferung, Transport, Bestellung, Fertigung, ...) [APIC98, S. 7, 51; APIC05, S. 63; Schö07, S. 24, 58, 159]. Entsprechend des betrachteten Prozessabschnitts werden Liefer- und Dispositionssicht unterschieden.

Aus Liefersicht beschreibt die *Lieferlosgröße* (engl. delivery lot size) die Bestellmenge des Kunden. Bei größeren Auftragsmengen ist eine Unterteilung der

[10] Die Losgröße beschreibt einerseits die Auftragsmenge, die meist mehreren Bedarfsträgern zugeordnet ist (Auftragssicht). Andererseits stellt sie einen definierten Anteil des Bestandes an einer Ressource dar (Ressourcensicht). So führt bspw. Gläßner in seinen logistischen Lageranalysen explizit den Begriff des Losbestandes ein. Er ergibt sich aus der Differenz der Zu- und Abgangslosgrößen, vgl. u. a. [Glä93, S. 41 f.; Lutz02, S. 11 f.].

Gesamtbestellmenge in mehrere Teilmengen mit differenzierten Lieferterminen üblich. Rahmenverträge lassen sich als Spezialfall dieser Unterteilung interpretieren.

Aus Dispositionssicht ist die Produktionslosgröße von der Bestelllosgröße zu unterscheiden [Schot98, S. 43 ff., 51 f.; WieP05, S. 259 f.]:

- Die interne *Produktionslosgröße* (engl. manufacturing lot size) umfasst die Anzahl der gemeinsam produzierten Teile eines Auftrags. Begrifflich lässt sich weiter nach Fertigungslosgröße in der Teilefertigung und Montagelosgröße in der Montage differenzieren.
- Die externe *Bestelllosgröße* (engl. purchasing lot size) umfasst die Anzahl der gemeinsam bestellten Teile eines Auftrags.

Für Stückgüterproduzenten ist die Losgröße entweder in der Einheit Anzahl Teile oder in der Einheit Vorgabestunden (um den Arbeitsinhalt an unterschiedlichen Arbeitsplätzen vergleichen zu können) messbar. Eine Aggregation ist als einfacher Mittelwert über eine bestimmte Anzahl von Aufträgen sowohl über einen bestimmten Bezugszeitraum als auch über mehrere Bezugsobjekte wie Arbeitsplätze, Produkt- oder Auftragsklassen üblich.[11] Um Verbesserungspotenziale zu erkennen, ist eine Untersuchung der Verteilungsgrößen (Mittel-, Median- oder Modalwert, Standardabweichung, Variationskoeffizient) sinnvoll, vgl. dazu ausführlich [NyP91; WieP97, S. 206 ff., 214; NW03, S. 17 ff., 193 ff.; Schö07, S. 58].

Als *Verfahrensparameter* hat die Losgröße hohe Bedeutung:

- Zunächst ist sie Gegenstand eigener Optimierungsüberlegungen (vgl. auch logistische Bedeutung): Für die Wiederholfertigung legen *Losgrößenbildungsverfahren* diesen Parameter artikelbezogen fest. Hierzu betrachten sie den artikelbezogenen Bedarf und leiten hieraus Bestell- und Fertigungslosgrößen ab. In der Einzelfertigung ist eine auftragsbezogene Festlegung sinnvoll. Sie resultiert typischerweise aus dem Kundenbedarf und wird ggf. um Ausschussfaktoren korrigiert.
- Eine so festgelegte Bestell- und Fertigungslosgröße wird dann als Parameter der jeweiligen *Auftragserzeugungsverfahren* (Bestellbestandsverfahren, Kanban, MRP, …) eingestellt.

Schließlich findet sich die Losgröße noch als *Regelgröße* von Reihenfolgeregeln. Aus den individuellen Losgrößen der Aufträge wird eine Priorität abgeleitet, über die der Auftragsdurchlauf gegenüber den anderen im Bestand liegenden Aufträgen beschleunigt oder verzögert wird. Die wichtigsten Prioritätsregeln (mit Bezug zur Losgröße) sind KOZ (kürzeste Operationszeit) und LOZ (längste Operationszeit), vgl. dazu ausführlich [Löd08b, S. 452 ff.].

Die *logistische Bedeutung* der Losgröße zur Beeinflussung der Logistikleistung wird in Theorie und Praxis ausführlich diskutiert. Hierbei sind zwei Grundüberlegungen zu unterscheiden:

---

[11] Die Berechnung gewichteter Mittelwerte ist unüblich, da eine normierende Bezugsgröße fehlt.

- *Kostenminimierung*: In der Eigenfertigung sind zwischen zwei Aufträgen typischerweise Auftragswechselkosten (Rüstkosten) zu erwarten; im Fremdbezug bestellfixe Kosten je Auftrag. Während des Auftragsdurchlaufs und der Lagerverweilzeit entstehen Kapitalbindungskosten und sonstige Lagerkosten. Bei bekanntem Bedarf sind die Gesamtkosten einer Betrachtungsperiode zu minimieren. Diese Grundüberlegung geht auf Harris und Andler [Harr13, And29] zurück. Diese Ansätze wurden sowohl hinsichtlich der Bedarfsschwankungen als auch der Kapitalbindung während der Bearbeitung vielfach erweitert, vgl. dazu ausführlich [NyP91; WieP97, S. 261 ff.; NW03, S. 182 ff.; Löd05, S. 88 f.].
- *Teilefluss*: Neben der Bearbeitungslosgröße (Anzahl der unterbrechungsfrei gefertigten Teile) ist darüber hinaus die Transportlosgröße (Anzahl der gleichzeitig transportierten Teile) zu beachten. Der Teilefluss beschreibt ihre Ausprägungen: Beginnend mit dem logistischen Idealfall des One-piece-flow unterscheidet Lödding weiterhin, überlappte Fertigung, losweiser Transport sowie Chargenfertigung als logistisch ungünstigste Form des Teileflusses [Löd05, S. 98 ff.].

Die Festlegung der Losgröße bestimmt das logistische Potenzial einer Produktion, wobei einerseits ihr Mittelwert und andererseits ihre Streuung zu betrachten ist: Günstig ist eine dispositive Harmonisierung der Losgrößen. Die technische Untergrenze bilden die Arbeitsinhalte pro Operation, also die jeweiligen Rüst- und Einzelzeiten; die Streuung der Auftragszeiten (am einzelnen Arbeitssystem, über verschiedene Systeme, in der Lieferkette) begrenzt das logistische Potenzial, da mit steigender Streuung die minimal erreichbare Durchlaufzeit steigt, vgl. dazu ausführlich Abschn. 4.5.2 sowie [NyP91; WieP97, S. 264 ff.; NW03, S. 173 ff.; Schö07, S. 58].

Primäre Anwendung: Wichtig ist die Losgröße als Verfahrensparameter der Disposition zur Festlegung der Produktions- und Bestelllosgrößen. Sie ist auch als Verbesserungsgröße (zur Zielvorgabe und Überwachung von Verbesserungsmaßnahmen) bedeutsam.

4.2.3 Zuverlässigkeitskennzahlen

Als absolute Größen werden Lieferabweichung (Liefer- oder Außensicht) und Termin-/Mengenabweichung (Dispositions- oder Innensicht) unterschieden. Die relativen Größen Liefertreue (Liefer- oder Außensicht) bzw. Termin-/Mengentreue (Dispositions- oder Innensicht) normieren die Abweichung als Prozentwert der betrachteten Aufträge im Bezugszeitraum.

Im Rahmen dieser Arbeit wird ein technisch stabiler Prozess unterstellt. Damit entfällt die Notwendigkeit, zwischen Auflagenmenge (Gutmenge bei Auftragsstart) und Ausbringungsmenge (Gutmenge bei Auftragsende) zu unterscheiden und die Prognose der Ausbeute als eigenständige Planungs- und Steuerungsfunktion vorzusehen (für die Ausbeutefertigung notwendig). Diese Abgrenzung folgt der üblichen Konvention, die Übergangszeitabweichungen dem logistischen Verantwortungsbereich zuordnen, während durch den Ausführungsprozess verursachte Mengenabweichungen in den technischen Verantwortungsbereich fallen.

Zum Verständnis der Zuverlässigkeitskennzahlen ist eine Betrachtung der *Wiederholfrequenz* der Aufträge bzw. der Fertigungsart hilfreich. Hier sind die beiden Grundformen (Extremtypen) Einzelfertigung sowie Wiederholfertigung zu unterscheiden, vgl. u. a. [Gro74, S. 150 ff.; SchoE80, S. 68 ff.; SuSm06, S. 129 f.; Schö07, S. 193 f.]. Sie bestimmen das *Steuerungsprinzip* – also die logistische Koordinationsgröße und damit auch die betrachtete Abweichung Termin oder Menge [WieH98; WieH02, S. 117 f.]:

- In der *Einzelfertigung* ist die Wiederholfrequenz so gering, dass die Produktion über Termine synchronisiert wird (Terminsteuerung). Dies setzt die Einhaltung der vereinbarten bzw. geplanten Menge voraus und rückt Abweichungen vom Termin – also die Größen Liefertermintreue bzw. Termintreue – in den Betrachtungsfokus. Typisches Beispiel hierfür bildet der Maschinen- und Anlagenbau, der überwiegend auf spezifische Kundenwünsche ausgerichtete Produkte herstellt.
- In der *Wiederholfertigung* (auch Serienfertigung) ist die Wiederholfrequenz so hoch, dass die Produktion über Mengen synchronisiert wird (Mengensteuerung). Dies setzt die Einhaltung der vereinbarten bzw. geplanten Übergabetermine implizit voraus und rückt Abweichungen von der Menge – also die Größen Liefermengentreue bzw. Mengentreue – in den Betrachtungsfokus. Ein typisches Beispiel hierfür bilden Unternehmen der Automobilbranche, in denen oftmals feste Anlieferzeitpunkte vereinbart sind und bei Gleichteilen ohne festen Kundenauftragsbezug, wie bspw. Scheibenwischern, oftmals Über- und Unterlieferungen möglich sind.

Das hieraus abgeleitete Steuerungsprinzip bestimmt die Planungs- und Steuerungslogik. Es kann als der Bevorratungsstrategie zugeordnetes, vertiefendes Gestaltungsmerkmal des Feinkonzepts interpretiert werden, wird aber im Rahmen dieser Arbeit nicht genauer betrachtet.

Lieferabweichung und Termin-/Mengenabweichung

Allgemein beschreibt eine Termin- bzw. Mengenabweichung die Differenz des tatsächlichen vom geplanten Auftragsdurchlauf und hat als Ist-Größe per se Vergangenheitsbezug, vgl. Abschn. 4.1. Sie kann im Zugang, Abgang und ggü. der Soll-Durchlaufzeit bzw. -Menge berechnet werden. Ob eine Abweichung für die Planung und Steuerung signifikant ist, zeigt erst der Vergleich mit der Toleranz, vgl. u. a [Dom88, S. 49; VDI 4400-1]. Abbildung 4.8 stellt die Abweichungskennzahlen eines Einzelauftrags für Termin und Menge dar.

Bei der *Terminabweichung* ist eine Unterscheidung von Abgang, Zugang sowie Durchlaufzeit sinnvoll, vgl. u. a. [WieP87, S. 124 ff.; Dom88, S. 49; WieH02, S. 224; NW03, S. 23 f.; Löd05, S. 24 f., 29 ff.]:

- Die *Abgangsterminabweichung* – auch Endterminabweichung – drückt aus, um welche Zeitdauer ein Auftrag gegenüber dem Soll-Fertigstellungstermin verspätet ist. Dementsprechend beschreibt ein positiver Wert eine zu späte Fertig-

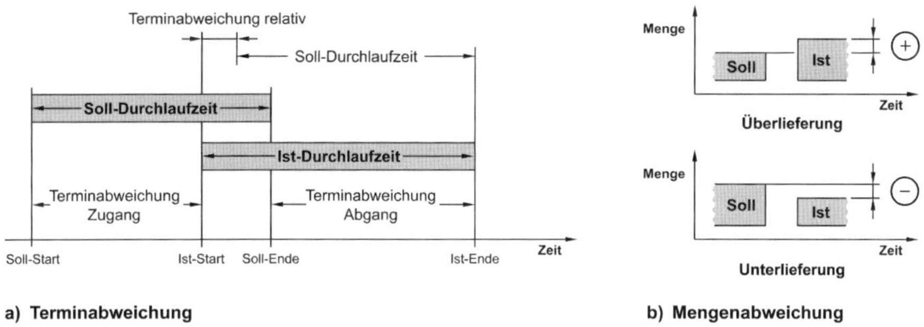

Abb. 4.8 Termin- und Mengenabweichung eines Einzelauftrags. (In Erweiterung zu IFA)

stellung (Terminüberschreitung), ein negativer Wert eine zu frühe Fertigstellung gegenüber dem Soll-Termin. Sie lässt sich als interne Terminabweichung oder als externe Lieferterminabweichung deuten.

- Die *Zugangsterminabweichung* – auch Startabweichung – drückt aus, um welche Zeitdauer ein Auftrag gegenüber dem Soll-Fertigstarttermin verspätet bzw. vorzeitig freigegeben ist. Diese Kennzahl dient vornehmlich Analysezwecken und beurteilt insbesondere die Auftragsfreigabe mit ihren Freigabeentscheidungen sowie der Materialverfügbarkeit (als Ergebnis interner Materialbereitstell- und externer Zulieferprozesse). Deshalb steht ihre Bedeutung als interne Kennzahl im Vordergrund.
- Die *Durchlaufzeitabweichung* – auch relative Terminabweichung – drückt aus, ob die Ist-Durchlaufzeit gegenüber dem Soll-Wert länger (positiver Wert) oder kürzer (negativer Wert) ist. Diese Kennzahl dient ebenfalls primär Analysezwecken und lässt sich als interne Durchlaufzeitabweichung (ggf. auch als externe Lieferzeitabweichung) ggü. der gewünschten oder vereinbarten Zeitspanne deuten.

Die Terminabweichung ist für alle Detaillierungsstufen der Liefer- bzw. Durchlaufzeit berechenbar, ihre Messung erfolgt – analog zur Durchlaufzeit – meist in Arbeitstagen. Sie kann über die sogenannte Terminabweichungsfläche visualisiert werden, vgl. dazu ausführlich [WieP87, S. 124 ff., 192 f., 274 f.]. Eine Aggregation ist als einfacher Mittelwert über einen bestimmten Bezugszeitraum oder über mehrere Bezugsobjekte wie Auftragsklassen oder Produktionssegmente üblich. Alternativ sind entsprechend gewichtete Mittelwerte (i. d. R. über Arbeitsinhalte) auch denkbar. Abbildung 4.8a visualisiert die definierten Terminabweichungskennzahlen für den Einzelauftrag. Auch hier zeigt die etwas unscharfe Begriffsverwendung: Der Begriff der Terminabweichung lässt sich sowohl als Oberbegriff der externen Liefertermin- und internen Terminabweichung nutzen als auch speziell auf die Innensicht beziehen.

Um Verbesserungspotenziale zu identifizieren, hat sich eine Untersuchung der Verteilungsgrößen (Median- oder Modalwert, Standardabweichung und Variationskoeffizient) bewährt. Darüber hinaus erlaubt eine Gegenüberstellung von Zugangstermin-, Abgangstermin- und Durchlaufzeitabweichung Aussagen darüber, inwieweit die Produktion mit ihren Planungs- und Steuerungseingriffen die Termintreue verschlechtert oder verbessert, vgl. dazu ausführlich [Dom88, S. 50 f.; Dom91; NW03, S. 204 ff.].

Die *Reihenfolgeabweichung* bildet eine wichtige Sonderform der Terminabweichung. Sie beschreibt die Abweichung der tatsächlichen von der geplanten Abarbeitungsreihenfolge der Aufträge (in einer Fertigung). Die Reihenfolgedisziplin bildet eine Bewertungskennzahl und betrachtet den Anteil aller Reihenfolgeentscheidungen, bei der die Priorität der Aufträge eingehalten wurde, vgl. dazu ausführlich [Löd05, S. 7 f.; 58 f.; 456 ff.] sowie Abschn. 5.3.4.

Die *Mengenabweichung* beschränkt sich auf die abzuliefernde Menge, d. h. die Mengendimension der Input- und Outputseite wird als übereinstimmend angenommen. Durch den Produktionsprozess verursachte Mengenabweichungen gelten damit als weitgehend vernachlässigbar, was den bereits mehrfach angesprochenen technisch stabilen Prozess[12] unterstellt:

- Eine *Überlieferung* beschreibt eine Mehrlieferung ggü. der intern geplanten oder extern vereinbarten abzuliefernden Menge. Sie bezieht sich auf die Innen- und Außensicht.
- Eine *Unterlieferung* beschreibt eine Minderlieferung ggü. der intern geplanten oder extern vereinbarten abzuliefernden Menge. Sie gilt ebenfalls für die Innen- und Außensicht.

Die Mengenabweichung ist für alle Detaillierungsstufen der Liefer- bzw. Durchlaufzeit berechenbar. Sie kann in Stück oder Vorgabestunden gemessen werden. Die Aggregationsformen entsprechen denen der Terminabweichung; zusätzlich ist eine Berechnung eines prozentualen Abweichungswertes denkbar. Abbildung 4.8b visualisiert die definierten Mengenabweichungsfälle für den Einzelauftrag durch eine Gegenüberstellung der zweidimensionalen Durchlaufelemente in der Mengendimension.

Die beschriebene Einteilung anhand des gewählten Steuerungsprinzips mit den Schlussfolgerungen für das Auftreten von Termin- oder Mengenabweichung bilden idealtypische Ausprägungen. In der Praxis einer variantenreichen Serienfertigung können beide Abweichungsformen gleichzeitig auftreten und sind deshalb auch zu überwachen.

Als *Verfahrensparameter* kommen sowohl Terminabweichung als auch Mengenabweichung zum Einsatz.

[12] Für eine Ausbeutefertigung mit technisch unsicheren Prozessen ist folgende Erweiterung möglich: Die Mengenanalogie zum Starttermin ist die Auflagenmenge; die Auflagenmengenabweichung als Differenz von Ist- zu Soll-Startmenge entspricht der Startterminabweichung. Die Mengenanalogie zum Endtermin wäre die Ausbringungsmenge; eine Berechnung der entsprechenden Differenz ergibt sich dementsprechend als Ausbringungsmengenabweichung. Eine solche Betrachtung betrifft lediglich die Innensicht; in der Außensicht würde auch in einem solchen Fall die Betrachtung der Mengenabweichung nach Abb. ausreichen. In der Praxis der Automobil- oder Leiterplattenindustrie finden sich vergleichbare Definitionen.

Die *Terminabweichung* stellt sich zunächst in Form einer vorgegebenen Toleranz dar. Diese soll Planung und Steuerung koppeln (vgl. Abschn. 3.5.2, 5.2.5); dementsprechend sind Anwendungen in der Planungs- und Steuerungsphase zu unterscheiden:

- Während der *Planungsphase* steuert der Parameter Terminabweichung bspw. den Zeitpunkt, zu dem neue Bedarfsdecker (Fertigungs- oder Bestellauftrag) erzeugt oder inwieweit Fertigungsaufträge vorgezogen (Vorgriffshorizont[13]) werden sollen.
- Während der *Steuerungsphase* überwacht die Disposition Terminverschiebungen von Bedarfen oder Bedarfsdeckern. Überschreiten die zeitlichen Abweichungen die zulässigen Toleranzen, zeigen Ausnahmemeldungen einen Handlungsbedarf des zuständigen Disponenten (z. B. Fertigungsauftrag verschieben) auf. Über die Toleranz lässt sich also die Anzahl der Meldungen beeinflussen. Außerdem kommen sie in Form von Terminabweichungsgrenzen – bspw. im Steuerungsverfahren der terminorientierten Kapazitätsteuerung (vgl. dazu ausführlich [Beg05; Löd08b, S. 502 ff.]) – zum Einsatz.

Darüber hinaus findet sich die Terminabweichung in den unterschiedlichsten Ausprägungsformen als Reihenfolgekriterium (*Regelgröße* bei der Reihenfolgebildung). Aus den individuellen Werten der Aufträge wird eine Priorität abgeleitet, über die der Auftragsdurchlauf gegenüber der Planung beschleunigt oder verzögert wird. Wichtige Anwendungsfälle sind Abweichungen ggü. Planterminen sowie Schlupf, vgl. dazu u. a. [Löd08b, S. 444 ff.].

Die *Mengenabweichung* ist in Form von Mengenzuschlägen für Ausschuss gebräuchlich. Dieser kann selbst bei technisch stabilen Prozessen auftreten; er wird insbesondere bei einer Wiederholfertigung durch sog. Ausschussfaktoren kompensiert und überwacht.

Indirekt dienen Pufferzeiten dazu, die prozesstypischen Abgangsterminabweichungen zu dämpfen. Sie sind unter den Durchlaufzeitparametern erläutert (Abschn. 4.2.1).

Die *logistische Bedeutung* der absoluten Abweichungsgrößen ergibt sich durch eine Gegenüberstellung mit den Auftrags-Durchlaufzeiten bzw. Mengen einerseits und den Zuverlässigkeitsanforderungen andererseits. Für die *Terminabweichung* bedeutet dies:

- Der Vergleich von (mittlerer) Terminabweichung und (mittlerer) Auftragsdurchlaufzeit bewertet die logistische *Genauigkeitsklasse*, vgl. a. Abb. 1.2. Hieraus lassen sich Rückschlüsse auf das Verhältnis von Planungs- und Steuerungsaufwand ziehen: Mit zunehmender Genauigkeitsklasse ist ein höherer Anteil steuernder Tätigkeiten zu erwarten.

[13] Der *Vorgriffshorizont* soll Belastungsschwankungen durch Vorziehen von Aufträgen ausgleichen. Er ist die maximale Zeitdauer, mit der ein Auftrag vor dem geplanten Starttermin freigegeben werden darf und ist ein Parameter der Auftragsfreigabeverfahren mit bestandsregelnder Auftragsfreigabe wie bspw. BOA und CONWIP, vgl. dazu ausführlich [WieP97, S. 299 ff., 330; Löd05, S. 301, 337, 382, 389] sowie Fußnote 7.

- Der Vergleich von mittlerer Terminabweichung und Liefertoleranz bewertet die *logistische Prozessfähigkeit*. Ist das aktuelle Planungs- und Steuerungssystem nicht in der Lage, die aus den Markt- oder Kundenanforderungen abgeleitete zulässige Abweichung mit der gewünschten Zuverlässigkeit zu erreichen, ist eine Umgestaltung der Produktion erforderlich. Dies kann kurzfristig über den Einbau eines Lieferzeitpuffers geschehen (vgl. Folgeabschnitt), mittel- bis langfristig sind jedoch grundsätzliche Verbesserungen sinnvoller. Diese Abschätzung ist auch über die Rückstandsreichweite möglich, vgl. dazu Abschn. 4.3.3.

Eine Betrachtung der Mengenabweichung ist vergleichbar: Hier bilden Gesamtmenge bzw. zulässige Mengenabweichung die Bezugsgrößen. Die Schlussfolgerungen resultieren analog.

Primäre Anwendung: Für Termin- und Mengenabweichungskennzahlen gibt es zum einen unterschiedliche Anwendungen als Verfahrensparameter: als Soll-Größe in Form einer zulässigen Abweichung (Toleranz), als Mengenzuschläge für erwarteten Ausschuss sowie als Terminabweichungsgröße zur Prioritätssteuerung (z. B. Schlupf). Zum anderen sind sie gut als Verbesserungsgröße einsetzbar (zur Zielvorgabe und Überwachung von Verbesserungsmaßnahmen).

Liefertreue und Termin-/Mengentreue

Allgemein definiert, beschreibt die Liefertreue den Anteil der termin- und mengengerecht gelieferten Betrachtungsobjekte (Qualitätseinhaltung vorausgesetzt) in einem Bezugszeitraum und hat als Ist-Größe per se Vergangenheitsbezug, vgl. Abschn. 4.1. Analog zum technischen Qualitätsmanagement ist für die Berechnung dieser Zuverlässigkeitskennzahlen eine Toleranz als zulässige Abweichung vom Soll-Wert zu definieren. Die allgemeine Definition ist sowohl für die Betrachtungsobjekte (z. B. Aufträge, Kundenauftrags- oder Bestellpositionen) als auch für die Prozessabschnitte (Beschaffung, Produktion, Lieferung) zu spezifizieren. Im Gegensatz zur Termin- bzw. Mengenabweichung bezieht sie sich immer auf einen Zeitraum, also die Gesamtheit der abgefertigten Aufträge, vgl. u. a. [Got96, S. 46 ff.; Yu01, S. 12 ff.; VDI 4400; SCC07, S. 438 ff.; SeSn08, S. 95 f.]. Analog zu den Abweichungsgrößen wird zwischen der Termin- und Mengensicht unterschieden.

Für die Terminsicht gilt entsprechend zur definierten Terminabweichung im Abgang[14] [VDI 4400-1,-2,-3; Löd05, S. 24 f., 31; SCC07, S. 440; Schö07, S. 57]:

- Aus Liefersicht beschreibt die *Liefertermintreue* den Anteil der innerhalb einer definierten Termintoleranz gelieferten Aufträge.
- Aus Dispositionssicht beschreibt die interne *Termintreue* den Anteil der innerhalb einer definierten Termintoleranz fertig gestellten Aufträge (Outputsicht). Bei Bedarf ist eine Differenzierung nach Produktion und Beschaffung möglich.

[14] Analog zur Zugangsterminabweichung lässt sich auch eine interne *Zugangstermintreue* als Anteil der innerhalb der Toleranz gestarteten Aufträge berechnen. Analog zu den Abweichungsgrößen zeigt ein Vergleich von Zugangs- und Abgangstermintreue den Einfluss der Fertigung auf die Terminqualität [Löd05, S. 31].

In der Logistik reicht für die meisten Fälle eine Messung als Prozentwert aus. Eine Aggregation ist als einfacher Mittelwert, bei stark unterschiedlichen Auftragsgrößen ggf. auch als gewichtetes Mittel (entweder mit dem Auftragswert, der Artikelanzahl oder mit den Vorgabezeiten) denkbar, und zwar sowohl zeitlich über mehrere Perioden als auch über mehrere Bezugsobjekte wie Auftrags- oder Artikelklassen.

Grundsätzlich kann der Abstand der Unter- und Obergrenze vom Sollwert *Null* unterschiedlich definiert sein. Den Einfluss der Toleranz auf die resultierenden Werte und die sich hieraus ergebenden Sonderfälle zeigt Abb. 4.9 am Beispiel einer symmetrischen Verteilung der Terminabweichung, was eine mengen- und qualitätstreue Ablieferung voraussetzt:

- Gilt lediglich eine Verspätung von mehr als 2 Tagen als unpünktlich, resultiert eine Erfüllung von 91 %, Abb. 4.9a oben. Yu nennt diesen Wert Termineinhaltung [Yu01, S. 13 f.], der sich somit auch als Spezialfall der Termintreue interpretieren lässt.
- Gilt zusätzlich eine zu frühe Ablieferung als unpünktlich (Toleranz ±2 Tage), resultiert eine Erfüllung von 82 %, Abb. 4.9a unten. Yu nennt diesen Wert Termintreue [Yu01, S. 13 f.].

Abbildung 4.9b zeigt den Einfluss unterschiedlich breiter Toleranzen auf die Termintreue (des Abgangs). Bei gleicher Verteilung der Terminabweichung steigt die Termintreue mit größer werdendem Toleranzfenster (bei gleicher Lage); bei den hier unterstellten, annähernd normal verteilten Werten allerdings nicht linear.

Zur Ermittlung der Termintreue werden die Aufträge einzelnen Perioden (z. B. Woche oder Monat) zugeordnet und dann der Anteil pünktlicher – innerhalb der

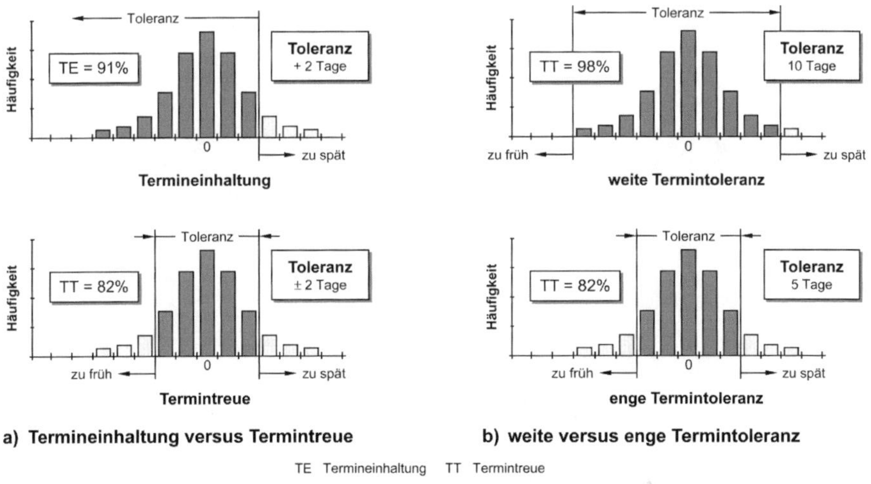

Abb. 4.9 Einfluss der Termintoleranz auf die Termintreue

definierten Termintoleranz fertig gestellten – Aufträge berechnet. Für diesen sogenannten *Periodenbezug* existieren zwei Zuordnungsalternativen:

- *Ist-Termin*: Die Zuordnung des Auftrags anhand des Ist-Endtermins zur Periode entspricht eher einer Produktionssicht. Sie erfasst einen Auftrag kennzahlenmäßig dann, wenn er abgeschlossen ist. Soll- und Ist-Termin zum Erhebungszeitpunkt sind bekannt, was die Kennzahlenberechnung und die Berechnung der Terminabweichungsdauer vereinfacht.
- *Soll-Termin*: Die Zuordnung des Auftrags anhand des Soll-Endtermins zur Periode entspricht eher einer Kundensicht. Sie erfasst einen Auftrag kennzahlenmäßig dann, wenn er abgeschlossen sein sollte. Eine verspätete Abarbeitung erschwert die Kennzahlenberechnung (vor allem der Terminabweichungsdauer), da der Ist-Termin zum Erhebungszeitpunkt nicht zwangsläufig bekannt ist. Hier sind also ggf. zusätzliche Annahmen (z. B. vorläufige Berechnung durch Vergleich von Soll- und Plan-Termin) erforderlich.

Grundsätzlich können Terminabweichung und damit auch Termintreue erst nach Fertigstellung gemessen werden, sie reagieren also im Vergleich zu anderen Kenngrößen wie bspw. Bestand oder Rückstand ohnehin später. Bei der logistischen Interpretation der beiden Berechnungsalternativen ist darüber hinaus zu beachten: Gerät die Produktion in Rückstand, werden die Aufträge mit Terminverzug abgearbeitet. Dann reagiert die auf der Basis der Ist-Termine berechnete Termintreuekennzahl tendenziell noch später als die der Soll-Termine. Abbildung 4.10 zeigt dies an einem vereinfachten Beispiel (hier gilt der Auftrag als pünktlich, wenn Soll- und Ist-Termin innerhalb derselben Periode liegen):

- *Bezug Ist-Termin*: Verspätete Aufträge gehen hier später in die Berechnung ein, Abb. 4.10a. Auftrag 5 wird erst in Periode 2 in der Termintreueberechnung be-

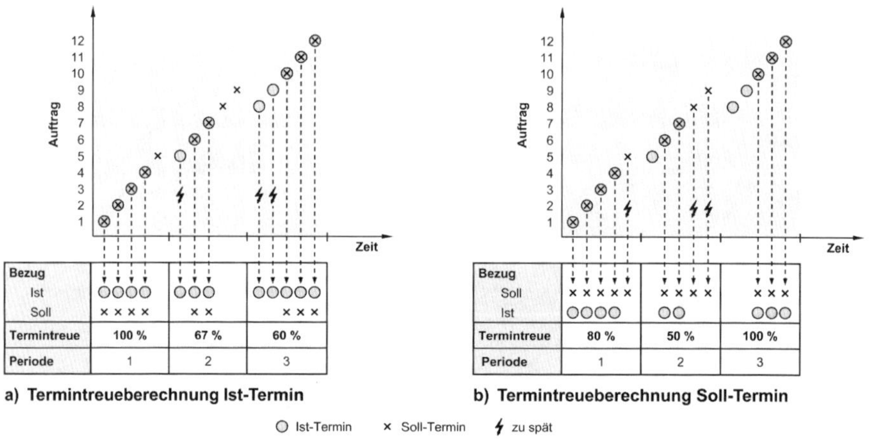

Abb. 4.10 Berechnungsalternativen Termintreue

rücksichtigt. Dadurch erscheint die Situation in Periode 1 (100 % Termintreue) zunächst noch unkritisch.

- *Bezug Soll-Termin*: Verspätete Aufträge gehen früher in die Berechnung ein, Abb. 4.10b. So verringert der verspätete Auftrag 5 bereits in Periode 1 die Termintreue auf 80 % und verdeutlich so einen Handlungsbedarf.

Somit gilt: Auf Auftragsverspätungen reagiert die Kennzahl mit Bezug zum Soll-Termin früher als die mit Bezug zum Ist-Termin; sie eilt dieser quasi voraus (grundsätzlich bleibt der Vergangenheitsbezug erhalten). Demgegenüber verhalten sich die Kennzahlen bei einer verfrühten Abarbeitung (Ist-Ende vor Soll-Ende) umgekehrt. Da eine verspätete Fertigstellung kritischer erscheint als eine zu frühe, erscheint die Berechnungsalternative ‚Soll-Termin' zur Zielvorgabe und -überwachung[15] im laufenden Betrieb überlegen.

Für die Mengensicht gilt bei technisch stabilen Prozessen:

- Die *Mengentreue* beschreibt den Anteil der innerhalb einer definierten Mengentoleranz gelieferten bzw. fertig gestellten Aufträge. Sie lässt sich als Liefermengentreue (Liefersicht) oder Mengentreue (Dispositionssicht) berechnen. Bei Bedarf ist eine Differenzierung nach Produktion und Beschaffung möglich [VDI 4400].
- Als aggregierte Größe ist der *Rückstand* gegenüber der geplanten bzw. vereinbarten Gesamtmenge eine weitere wichtige Kennzahl. Er ist hier auf die abzuliefernde Menge (Lieferrückstand also Liefersicht) oder auf die produzierende Menge (Produktionsrückstand also Dispositionssicht) desselben Produkts zu beziehen und wird in Abschn. 4.3.3 sowie als Fehlbestand in Abschn. 4.4.3 näher erläutert.

Die betrachteten Detaillierungsstufen ergeben sich analog zur Liefer- bzw. Durchlaufzeit. Messung und Aggregationsformen entsprechen denen der Termintreue.

Mit den definierten Koordinationsattributen der Innen- und Außensicht sind darüber hinaus Erweiterungen zu weiteren Zuverlässigkeitskennzahlen möglich. Bezogen auf die Endtermine nennt die Literatur bspw. die Wunsch-Lieferzeit (Differenz zwischen Bestelltermin und gewünschtem Liefertermin), Lieferfähigkeit (Differenz zwischen gewünschtem und zugesagtem Liefertermin) oder auch die Wunsch-Liefertreue (Differenz zwischen gewünschtem und realisiertem Liefertermin). Diese lassen sich bei Bedarf in Abweichungen von Lieferzeitgrößen umrechnen, vgl. u. a. [FaFr01, S. 9 f.; Löd05, S. 31 f.; Schö07, S. 53 ff.].

Analog zur Bevorratungsstrategie lassen sich externe Liefertreue und interne Termintreue auch auf der Ebene des Einzelauftrags in gewissem Maße entkoppeln. Für die Praxis bedeutsam erscheint vor allem die Terminsicht: Hier dämpft ein Lieferzeitpuffer die Streuung der Abgangsterminabweichung, vgl. hierzu ausführlich [Löd05, S. 43 ff., 75 f.].

---

15 Die Zielsetzung und -überwachung mit Hilfe der Termintreueberechnung ‚Ist-Termin' gilt deshalb als Stolperstein. Wegen der hohen praktischen Bedeutung—v.a. für Serienfertiger—wird er in Abschn. 5.3.3 nochmals getrennt erläutert.

Als *Verfahrensparameter* sind auftragsbezogene Zuverlässigkeitskennzahlen zur Liefer-, Termin- oder Mengentreue unüblich. Sie sollen indirekt bspw. über Sicherheitsbestände (vgl. Abschn. 4.4.2) oder Sicherheits- bzw. Pufferzeiten (vgl. Abschn. 4.2.1) beeinflusst werden.

Die *logistische Bedeutung* der beschriebenen Zuverlässigkeitskennzahlen resultiert aus der unmittelbaren Wirkung auf die Planungssicherheit: Analog zu den Durchlaufzeitkennzahlen ist also der *Streuung* der Termin- bzw. Mengenabweichung eine besonders hohe Bedeutung beizumessen. Sie wirkt direkt auf die erforderlichen Pufferzeiten (Auftragsfertigung) bzw. den Sicherheitsbestand (Lagerfertigung) und sollte deshalb primär verringert werden. Die Erläuterung der weiteren Überlegungen erfolgt differenziert nach Außen- und Innensicht.

Eine hohe *Liefertreue* (oder geringe Lieferabweichungen) eröffnet zunächst Chancen. Sie bietet dem Kunden eine höhere Planungssicherheit und fördert hierüber das Vertrauen. Der Lieferant kann sich über eine hohe Liefertreue gegenüber seinem Wettbewerb differenzieren und so möglicherweise die Anzahl an Wettbewerbern verringern oder höhere Preise fordern. Das Vermeiden von Folgekosten unpünktlicher Lieferungen nutzt sowohl dem Kunden als auch dem Lieferanten. Lödding gibt eine Übersicht über subjektive und ökonomische Gründe für die Bedeutung der Liefertreue sowie ihre wichtigsten Einflussgrößen [Löd05, S. 26 ff., 75 f.]. Diesen Chancen stehen die Konsequenzen – vor allem hinsichtlich der psychologischen Aspekte – gegenüber:

- Zum einen entsteht Vertrauen aufgrund vergangenheitsbezogener Erfahrungen und baut sich deshalb erst schrittweise auf.
- Zum anderen empfinden die Kunden die Logistik meist als nicht wertschöpfend und setzen sie im Fall eines guten Funktionierens als selbstverständlich voraus. Deshalb nimmt der Kunde zuverlässige Lieferungen sehr schnell als normal wahr.

Somit fallen bei einer hohen Zuverlässigkeit bereits geringe Abweichungen auf und bergen damit ein hohes Vertrauensrisiko. Damit steigt die Bedeutung einer zuverlässigen Vorschau von voraussichtlich auftretenden Lieferabweichungen.

Die Betrachtung der Chancen und Konsequenzen einer hohen *Termin- und Mengentreue* (oder geringer Termin- und Mengenabweichungen) zeigt vergleichbare Argumente hinsichtlich Planungssicherheit und Vertrauen. Diese betreffen hier die unterschiedlichen Planungsverantwortlichen im Unternehmen (z. B. Beschaffung, Produktion und Vertrieb) sowie die Werkstattmitarbeiter. Ein sehr wichtiger Zusatzaspekt stellt allerdings die Informationsbereitschaft dar: Eine hohe Transparenz über die eigene Logistikkette ermöglicht belastbare Aussagen über den Auftragsfortschritt, die voraussichtliche Kapazitätsbelastung und die Fertigstellung der Aufträge. Dies fördert zum einen das bereits genannte Vertrauen. Zum anderen macht es die internen Planungs- und Steuerungsdiskussionen sowohl effektiver als auch effizienter, da weniger Zeit für Informationssammlung und -bewertung verwendet werden muss.

Primäre Anwendung: Termin- und Mengentreuekennzahlen sind vor allem als intern vorgegebene oder extern vereinbarte Soll-Größen sowie als Verbesserungsgrößen (zur Zielvorgabe und -überwachung der Wirksamkeit von Verbesserungsaktivitäten) wichtig.

4.3 Ressourcenbezogene Logistikkennzahlen

Die Erläuterung der ressourcenbezogenen Logistikkennzahlen beginnt mit den Leistungskennzahlen Absatz bzw. Durchsatz als absolute Größen sowie Auslastung als relative Größe (Abschn. 4.3.1). Die in Abschn. 4.3.2 erläuterten Bestandskennzahlen gliedern sich in Umlaufbestand sowie Umlaufbestandsreichweite. Abschnitt 4.3.3 beschreibt die Zuverlässigkeitskennzahlen Rückstand und Rückstandsreichweite. Abbildung 4.11 ordnet die im Folgenden erläuterten ressourcenbezogenen Kennzahlen und kennzeichnet gängige oder empfehlenswerte Parameter von PPS-Verfahren.

Die mengenbezogenen Kennzahlen wie bspw. Absatz, Durchsatz, Bestand oder Rückstand sind in unterschiedlichen Einheiten messbar. Die für eine Anwendung am besten geeignete Einheit hängt wesentlich vom *Erzeugnisspektrum* ab – also von den angebotenen bzw. hergestellten Produktvarianten (auch Produktevielfaltskonzept), vgl. u. a. [Gro74, S. 135 ff.; SchoE80, S. 39 f.; SuSm06, S. 123 f.; Schö07, S. 181 f.]. Je stärker sich die Varianten in ihren Produktionsprozessen unterscheiden, desto differenzierter sollten die Einheiten gewählt werden. In der Industriepraxis zeigen sich drei wesentliche Stufen, die jeweils bestimmte Voraussetzungen an die vorhandenen Grunddaten stellen:

- *Währung*: Insbesondere kleine Unternehmen messen die mengenbezogenen Logistikkennzahlen oft in Geldeinheiten wie bspw. in €. Grundsätzlich ist diese Vereinfachung bei weitgehend vergleichbaren Prozessfolgen und Arbeitsinhalten zulässig. Andernfalls resultieren Messungenauigkeiten. Allerdings ist die *logistische Aussagekraft* für steuernde Eingriffe deutlich eingeschränkt: Die Messung erscheint für eine einfache Produktion mit idealerweise linearen Materialflüssen vorstellbar. Eine differenzierte Betrachtung einzelner Arbeitsplätze – wie bspw. für eine Werkstattfertigung mit komplexen Materialflüssen sinnvoll

Prozessabschnitt	Leistung	Bestand	Zuverlässigkeit
Lieferung	*absolute Größe* • Absatz *relative Größe* –	*absolute Größe* – *relative Größe* –	*absolute Größe* • Rückstand (P) *relative Größe* • Rückstandsreichweite
Disposition	*absolute Größe* • Durchsatz (P) *relative Größe* • Auslastung	*absolute Größe* • Umlaufbestand (P) *relative Größe* • Umlaufbestandsreichweite, relativer Bestand	*absolute Größe* – *relative Größe* –

P typischer Verfahrensparameter

Abb. 4.11 Ressourcenbezogene Logistikkennzahlen

– stößt schnell an Grenzen. Voraussetzung für diese Maßeinheit ist eine monetäre Bewertung. Dies kann bspw. auf dem Verkaufspreis oder den Herstellkosten basieren.
- *Anzahl*: Eine häufig genutzte Alternative ist die Messung in Anzahl Aufträgen oder Artikeln, oft werden auch Gewichtseinheiten oder Repräsentanten (Standard-Produkte) betrachtet. Diese Vereinfachung ist bei vergleichbaren Arbeitsinhalten auf den jeweiligen Arbeitsplätzen zulässig; dementsprechend eingeschränkt ist die *logistische Aussagekraft* für steuernde Eingriffe. Die Messung erscheint für Produktionen mit unterschiedlichen Materialflüssen geeignet, eine differenzierte Betrachtung einzelner Arbeitsplätze ist möglich. Besondere Voraussetzungen hinsichtlich der Datengrundlagen sind hierfür nicht erforderlich.
- *Vorgabestunden*: Die differenzierteste Möglichkeit einer mengenbezogenen Bewertung erfolgt in Vorgabestunden. Die Messung ist auch bei heterogenen Prozessfolgen und Arbeitsinhalten aussagekräftig; Grenzen zeigen sich bei starken Vorgabezeitabweichungen.[16] Voraussetzung hierfür sind die in industriell organisierten Betrieben üblichen Zeitstudien.

Eine solche Überlegung betont das logistische Grundverständnis der jeweiligen Kennzahl. Wegen der unterschiedlichen Voraussetzungen lassen sich die Stufen auch als reifegradbezogene Definition[17] interpretieren.

4.3.1 Leistungskennzahlen

Als absolute Größen werden Absatz (Liefer- oder Außensicht) und Durchsatz (Dispositions- oder Innensicht) unterschieden. Als relative Größe der Leistungsmessung ist die der Innensicht zugeordnete Auslastung üblich.

Über den Bestand an Endprodukten lassen sich Durchsatz und Absatz in gewissem Maße entkoppeln. Für die Bestandsplanung bzw. Produktionsprogrammplanung sind die Grundformen atmende Produktion (chase strategy mit enger Kopplung an die Nachfragemengen) sowie nivellierende Produktion (level strategy mit loser Kopplung an die Nachfragemengen) zu unterscheiden. Allerdings steigt mit der Höhe des Bestandes auch das Bestandsrisiko (auch Obsoleszenz-, Verwurfs- oder Veralterungsrisiko), vgl. u. a. [WieH03b, S. 11, 13; DaHe05, S. 482; VolT05, S. 68 ff., 174 f.; Löd05, S. 82; OlSe07a, S. 1472 f.]. Wegen der hohen Bedeutung für die logistische Marktleistung wird diese Betrachtung unter dem Begriff *Marktkopplung* als eigenes Gestaltungsmerkmal diskutiert, vgl. Abschn. 6.3.1.

---

16 Eine systematische Verbesserung würde einen Vergleich mit den Ist-Stunden erfordern, die nach dem Verständnis dieser Arbeit nicht mehr zur logistischen, sondern zur technischen Verantwortlichkeit zählt.

17 Bornhäuser nutzt diese Grundüberlegung für die von ihm entwickelte reifegradbezogene Werkstattsteuerungsmethode RWS, vgl. dazu ausführlich [Born09].

Absatz und Durchsatz

Allgemein ist die Leistung als gelieferte bzw. geleistete Menge an Arbeit innerhalb eines Betrachtungszeitraums – entsprechend der Durchlaufzeitdefinition bezogen auf die Arbeitstage – definiert. Sie hat per se Vergangenheitsbezug, vgl. Abschn. 4.1. Hier werden die periodenbezogenen Größen Absatz und Durchsatz unterschieden:

- Der *Absatz* beschreibt die Lieferleistung im Betrachtungszeitraum (Liefersicht). Die übliche Messung in Geldeinheiten ist für die Planung und Steuerung nur sehr eingeschränkt nutzbar (s. o.); eine Messung in Anzahl Aufträgen oder Vorgabestunden ist eher geeignet. Eine Messung in der Dimension Artikelanzahl ist sinnvollerweise auf einen Artikel (oder eine Artikelfamilie) zu beziehen. Bezogen auf die verkauften Lagerartikel eines Zeitraums wäre er als Sonderform der Lieferleistung auch der Artikelsicht zuordenbar.
- Der *Durchsatz* beschreibt die Produktionsleistung eines Betrachtungszeitraums (Dispositionssicht). Hier ist eine Messung in Vorgabestunden oder eine vereinfachte Messung in Anzahl Artikeln oder Aufträgen (ggf. über einen typischen Stellvertreter) sinnvoll. Die Messung in Geldeinheiten hätte zwar den Vorteil der guten Vergleichbarkeit mit dem Absatz, ist aber für die Planung und Steuerung nur sehr eingeschränkt nutzbar.

Als zeitraumbezogene Größe ist eine Aggregation als Summen- oder Mittelwert üblich: Zum einen zeitlich über mehrere Perioden, zum anderen objektbezogen über mehrere Bezugsobjekte (z. B. alle Artikel einer Artikelfamilie oder alle Aufträge einer Kundengruppe) nach unterschiedlichen, meist unternehmensindividuellen Regeln.

Abbildung 4.12 visualisiert die Entkopplung von Durchsatz und Absatz über den Bestand am fiktiven Beispiel eines Artikels in einem Betrachtungszeitraum von 15 Perioden:

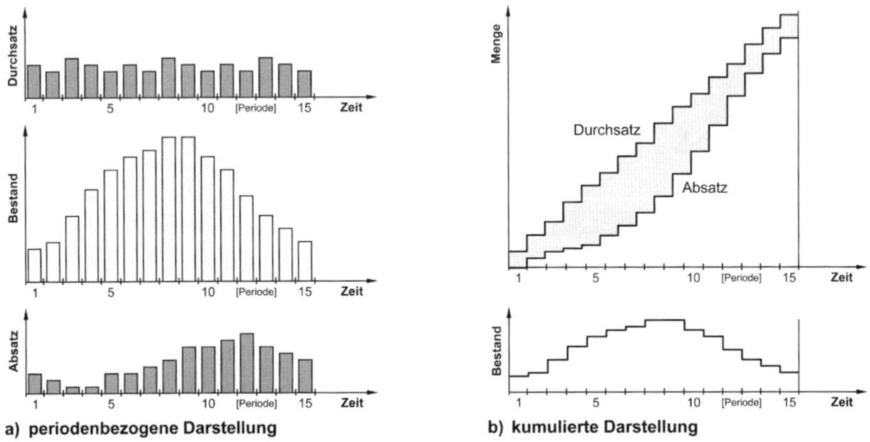

Abb. 4.12 Zusammenhang zwischen Durchsatz und Absatz

- Die periodenbezogene Darstellung zeigt einen etwa gleichmäßigen Durchsatz (geringe Schwankungen der Produktionsmengen), aber starke Abweichungen im Absatz (starke Schwankungen der Verkaufsmengen). Die Folge ist eine entsprechende Veränderung der Bestandshöhe in den jeweiligen Perioden, Abb. 4.12a.
- Die alternative, kumulierte Darstellung der Durchsatz- und Absatzmengen zeigt Abb. 4.12b (Bestandsachse nicht maßstäblich gleich wie in Abb. 4.12a). An den Endpunkten der beiden Kurven ist gut zu erkennen, dass im gesamten Zeitraum nahezu gleichviel produziert und verkauft wurde. Die Darstellung als Durchlaufdiagramm ist aus Vereinfachungsgründen auf das jeweilige Periodenende bezogen.

Als *Verfahrensparameter* kommt vor allem der Durchsatz in Form der bereitgestellten Kapazität einer Kapazitätseinheit (zur Definition vgl. Abschn. 3.4) zum Einsatz. Zur Berechnung sind folgende Unterscheidungen wichtig:

- *Relevante Ressourcenarten*: Grundsätzlich bestimmt der restriktive Kapazitätsfaktor die obere Leistungsgrenze der betrachteten Kapazitätseinheit (z. B. Arbeitssystem, Produktionssegment, Fertigung), hierbei sind kapazitätsmindernde Störungen und geplante Stillstände zu berücksichtigen. Als wichtigste Ressourcenarten werden Betriebsmittel von Mitarbeitern unterschieden, bei Bedarf lassen sich noch weitere Arten betrachten (z. B. Flächen oder Fertigungshilfsmittel wie Werkzeuge, Vorrichtungen oder NC-Programme), vgl. dazu ausführlich [VDI74, S. 104 ff.; KalB94; NW99, S. 20, 66 f.; Schö07, S. 413, 684 ff.].
- *Detaillierungsgrad*: Hier sind statische von dynamischen Kapazitätsbetrachtungen zu unterscheiden. Die statische Betrachtung unterteilt den Planungszeitraum nicht, eine so ermittelte Standard-Kapazität gilt für den gesamten Planungszeitraum (z. B. ein Jahr). Die dynamische Betrachtung unterteilt den Planungszeitraum (als sogenanntes Angebotsprofil), so dass differenzierte Kapazitätswerte (z. B. je Monat oder Woche) verfügbar sind. Dementsprechend sind genauere Engpassanalysen möglich, vgl. dazu ausführlich [WieH02, S. 201 ff., 222 f.].

Entsprechend dem Detaillierungsgrad sind folgende Anwendungsfälle praxisrelevant:

- Ein wichtiger Anwendungsfall der längerfristigen *Standard-Kapazität* ist der MRP-Ansatz mit seiner „arbeitsvorgangsbezogenen Terminierung gegen unbegrenzte Kapazitäten“ (d. h. ohne belastungsabhängige Liegezeiten, vgl. Abschn. 4.2.1 sowie Fußnote 8), die bei den auftragsspezifischen Durchführungszeiten neben der Losgröße (vgl. Abschn. 4.2.2) auch diese Standard-Kapazität berücksichtigt.
- Anwendungsfall für *Angebotsprofile* sind vor allem Planungsverfahren gegen begrenzte Kapazitäten. Dies umfasst zum einen die – Anfang der 1980er Jahre aus der manuellen Plantafel entwickelten – klassischen Leitstandsanwendungen: Hier erfolgt die Einplanung ‚manuell gegen begrenzte Kapazitäten‘, später dann unterstützt durch verschiedene Visualisierungsmethoden. Zum anderen umfasst dies Methoden, die ‚automatisiert gegen begrenzte Kapazitäten‘ einplanen: Mit zunehmender Rechnerkapazität wurden immer mächtigere Algorithmen entwi-

ckelt, die heute meist unter dem Oberbegriff APS (Advance Planning and Scheduling) zusammengefasst werden.

Als *Stellgröße* ist die Kapazität für die Planungs- und Steuerungsphase der unterschiedlichen Ressourcenarten relevant: Während der Planung wird über die Kapazitätsanpassung[18] (interner oder externer Kapazitäten) idealerweise gemeinsam mit den Maßnahmen Belastungsabgleich, Fremdvergabe und Terminverschiebung entschieden, vgl. u. a. [BranK67; WieP87, S. 37 ff.]. In der Steuerungsphase kommt sie in den unterschiedlichen Kapazitätssteuerungsverfahren zum Einsatz, vgl. dazu ausführlich [Löd08b, S. 461 ff.]. Als *Regelgröße* ist ihr Einsatz in Form einer Kapazitätsabweichung (d. h. einer Schwellenwertbetrachtung) üblich, vgl. dazu ausführlich [Löd08, S. 499 ff.].

Die *logistische Bedeutung* der absoluten Größen Durchsatz und Absatz ergibt sich vor allem durch ihren Vergleich. Für die Praxis sind zwei Formen wichtig:

- Durch den Bezug auf die vom Kunden gewünschte Periodengesamtmenge berechnet sich eine Art *Gesamtliefererfüllung*. Eine solche Mengenbetrachtung der Periode ist auch als Pendant zur Liefertreue interpretierbar. Das Merkmal Liefertreue ist allerdings genauer, da es Mengen- und Terminabweichungswerte auf Einzelauftragsebene verdichtet, vgl. Abschn. 4.2.3.
- Durch den Bezug auf die vom Markt gewünschte oder verkaufte Periodengesamtmenge berechnet sich der *Marktanteil*. Dieser beeinflusst die Marktmacht des Produzenten und wirkt somit auch auf die Durchsetzbarkeit der logistischen Kundenanforderungen, was vor allem Lieferzeit- und Liefertreuewünsche sowie die zulässige Lieferabweichung umfasst. Analog hierzu lässt sich der Anteil eines Kunden am Gesamtabsatz oder -durchsatz des Produzenten berechnen und als ein Einflussfaktor der Marktmacht des Kunden berücksichtigen.

Primäre Anwendung: Die Kapazität ist eine der zentralen Stellgrößen einer Produktion. Absolute Leistungskennzahlen sind als interne Ziel- oder Verbesserungsgrößen (im Regelfall mit der Intention von Produktivitätssteigerungen) üblich.

Auslastung

Die *Auslastung* beschreibt das Verhältnis von tatsächlich erbrachter (mittlerer) Leistung zur maximal möglichen Leistung einer Produktionseinheit in einer Periode. Grundsätzlich bestimmt der restriktive Kapazitätsfaktor (Betriebsmittel oder Personal) die obere Leistungsgrenze einer Kapazitätseinheit, kapazitätsmindernde Störungen wie Maschinen- oder Personalausfall sind hierbei zu berücksichtigen. Als zeitraumbezogene Größen entsprechen die Aggregationsformen denen der Durchsatzkennzahlen: Summen- oder Mittelwerte über mehrere Perioden (z. B. Monats- oder Jahreswerte) oder mehrerer Bezugsobjekte (z. B. alle Kapazitätseinheiten einer

---

[18] Voraussetzung hierfür bildet die Kenntnis der verfügbaren Kapazitätsflexibilität [WieH02, S. 219]: Sie wird oft lediglich kurzfristig, d.h. als Flexibilitätskorridor, dargestellt. Die insbesondere für mittelfristige Betrachtungen sinnvolle erweiterte Beschreibung in Abhängigkeit der Entscheidungsvorlaufzeit – wie sie bspw. Breithaupt in Form von Kapazitätshüllkurven vorschlägt [Brei01, S. 77] – ist bislang in der Praxis eher unüblich.

Fabrik). Als Ist-Größe zeigt sie ebenfalls per se den Vergangenheitsbezug, vgl. u. a. [WieP97, S. 103 f.; NW03, S. 20, 27; Schö07, S. 29, 56; SCC07, S. 370].

Als *Verfahrensparameter* ist die Auslastung unüblich, sie soll anstatt dessen indirekt über den Umlaufbestand[19] beeinflusst werden.

Die *logistische Bedeutung* der Auslastung wird traditionell sehr hoch eingeschätzt. Insbesondere sehr teure Maschinen sollten möglichst hoch ausgelastet werden, um so ihre Refinanzierung[20] zu sichern. Lödding weist hier auf einen Fehler im Denkansatz hin [Löd05, S. 36 f.]:

- Aus einer langfristigen Perspektive ist es plausibel, die Kapazität besonders teurer Maschinen nicht übertrieben großzügig zu dimensionieren.
- Nach der Anschaffung sind die Finanzierungskosten jedoch festgelegt. Somit können vor allem kurzfristige Steuerungsentscheidungen diese nicht mehr beeinflussen. Als nicht entscheidungsrelevante sunk costs dürfen sie folglich nicht berücksichtigt werden.

Eine Vorgabe an die *Steuerung*, teure Maschinen möglichst hoch auszulasten, ist daher ökonomisch unbegründet. Sie führt im Gegenteil in vielen Fällen zu erhöhten Beständen und Durchlaufzeiten. Stattdessen sollte die *Planung* die Durchsatzengpässe der Produktion (nur) so hoch auslasten, dass die Nachfrage[21] befriedigt wird; also das Engpassprinzip befolgen, vgl. hierzu ausführlich [GolE81; GolE90; GoCo92; WinK01; Löd05, S. 37].

Primäre Anwendung: Die Auslastung ist als interne Zielgröße sowie als Verbesserungsgröße (oft mit der Intention von Produktivitätssteigerungen) üblich.

4.3.2 Bestandskennzahlen

Der Bestand bildet eine wichtige ressourcenbezogene Größe der Produktion. Er hat als absolute Regelgröße – sowie als relative Größe der Bestandsreichweite – in der Logistik herausragende Bedeutung. Abbildung 4.13 visualisiert die Größen im

[19] Eine Beeinflussung der Auslastung über den Umlaufbestand bietet sich aufgrund des Kennlinienverlaufes an [Pet96, S. 65 ff.; Löd05, S. 301]: Aufgrund des – im üblichen Betriebsbereich – degressiven Verlaufs der Leistung gegenüber dem Bestand reagiert eine Bestandsregelung fehlertoleranter, d. h. Parametrierungsfehler haben nur geringe Auswirkungen auf die Leistung bzw. Auslastung. Darüber hinaus ergeben sich weitere Vorteile, vgl. dazu ausführlich [HS96, S. 328 f.; Löd05, S. 301 ff.].

[20] Darüber hinaus sind Kapazitäten nicht (oder kaum) lagerfähig, d. h. nicht in Anspruch genommene Kapazitäten können i. d. R. später nicht vermehrt genutzt werden, vgl. a. Abschn. 3.4. Auch dies erklärt die Neigung der Produktionsverantwortlichen, ihre Kapazitäten hoch auszulasten.

[21] Die über das Auftragsmanagement bereitgestellten Auslastungsinformationen (nicht nur der Durchsatzengpässe) werden in der Praxis auch kurzfristig dafür genutzt, gezielt Aufträge zu akquirieren. Dies ist insbesondere für Branchen mit kapitalintensiver Produktion wie bspw. der Stahlbranche üblich.

Durchlaufdiagramm für einen bestimmten Zeitpunkt. Die Bestandskennzahlen des Lagers sind in Abschn. 4.4.2 erläutert.

Umlaufbestand

In der Produktion umfasst der *Umlaufbestand* (engl. work in process) die Anzahl Aufträge bzw. Artikel, die an einer Kapazitätseinheit bearbeitet werden oder auf die Bearbeitung warten. Zugang und Abgang ergeben sich aus der Definition des Durchlaufelements, vgl. Abschn. 4.1. Als zeitpunktbezogene Größe hat er per se Gegenwartsbezug und ist im Durchlaufdiagramm als senkrechter Abstand zwischen Zugang und Abgang ablesbar, Abb. 4.13. Eine Messung in Vorgabestunden berücksichtigt unterschiedliche Arbeitsinhalte; alternativ ist eine Messung in Anzahl Aufträge (oder Artikel) möglich. Eine Berechnung auf Basis von Geldeinheiten ist zur Planung und Steuerung nur eingeschränkt aussagekräftig. Aufgrund seines Gegenwartsbezugs ist der Umlaufbestand für die Produktion besonders als Regelgröße geeignet, vgl. u. a. [PetD96, S. 65 ff.; WieP97, S. 85 ff.; WieH02, S. 212 f.; NW03, S. 27 f.; APIC05, S. 56, 124; Schö07, S. 237; NyP08b, S. 195].

Als zeitpunktbezogene Größe ist zunächst eine Aggregation als Summenwert über mehrere Bezugsobjekte (z. B. Gesamtbestand der Fertigung) sinnvoll. Als zeitraumbezogene Größen lassen sich Mittelwerte auch über einen bestimmten Bezugszeitraum oder über mehrere Bezugsobjekte bilden. Zur Analyse ist darüber hinaus eine Untersuchung der Schwankungen im Zeitverlauf sinnvoll. Bei Serienfertigungen bietet sich für bestimmte Betrachtungen eine artikelbezogene Differenzierung an, vgl. Abschn. 4.2.3.

Darüber hinaus sind fünf wichtige Sonderfälle hervorhebenswert:

- Der *Auftragsbestand* umfasst die Kundenbestellungen. Er wird typischerweise auf Kundenauftragsebene ermittelt und in Geldeinheiten gemessen. In der Einzelfertigung wird die Bewertung des Produktionsanteils meist auf Kapazitätsbedarfsschätzungen über Vergleichsaufträge reduziert und dann technologiebezogen verdichtet und ausgewertet. In der Serienfertigung ist eine differenzierte Betrachtung auf der Basis von Einzelzeiten und Engpassbetrachtungen üblich.
- Der *Dispositionsbestand* beschreibt die bereits bekannten, aber noch nicht freigegebenen Aufträge in der Disposition, vgl. u. a. [BecW91, S. 118 f.; WieP97,

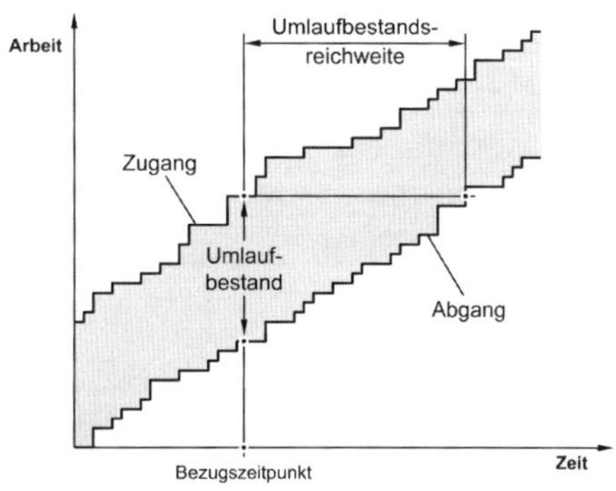

Abb. 4.13 Ressourcenbezogene Bestandskennzahlen im Durchlaufdiagramm. (Nach IFA)

S. 222 f.]. Hier ist einerseits eine Differenzierung nach externen Beschaffungs- und internen Produktionsaufträgen sinnvoll. Andererseits lassen sich Bestell- bzw. Produktionsvorschläge von bereits fest eingeplanten (fixierten) Bestellungen bzw. Produktionsaufträgen unterscheiden. Ihre Messung ist in Anzahl Aufträgen möglich oder – falls die Produktionsaufträge bereits mit Arbeitsplänen versehen sind – in Vorgabestunden.

- Der *blockierte Bestand* – auch gestörter Bestand – befindet sich zwar als Umlaufbestand am Arbeitssystem, kann aber trotz vorhandener Kapazitäten nicht bearbeitet werden. Für die Steuerung sind deshalb die Ursachen fehlende Fertigungshilfsmittel oder Sperren aufgrund technischer Qualitätsmängel wichtig [NW03, S. 233 ff.; Nic08, S. 40 ff.]. Eine weitere Ursache bilden durch das Steuerungsverfahren selbst verursachte Blockierungen – z. B. aufgrund von Kapazitätsrestriktionen nachfolgender Arbeitssysteme oder aufgrund von Terminkriterien. Sie sind insbesondere bei den in der Teilefertigung üblichen sequentiellen Prozessfolgen (1:1-Relation der Vorgänger-Nachfolger-Beziehung) zu beachten [Löd01, S. 18 f., 41 ff.; Löd05, S. 62 f., 78 f.]. Lödding weist auf diesen prinzipbedingten Nachteil dezentraler Steuerungsverfahren hin und untersucht unter diesem Aspekt verfügbare Verfahren systematisch [Löd05]. Für Montagen (konvergierende Prozessfolgen mit n:1-Relation der Vorgänger-Nachfolger-Beziehung) ist fehlendes Material bedeutsam: Fehlteile führen dazu, dass ein Montageauftrag trotz verfügbarer Bestände nicht gestartet werden kann, vgl. dazu ausführlich [Nic08]
- Für eine bestimmte Kapazitätseinheit einer Produktion kann es sinnvoll sein, bereits freigegebene und noch durch diese Einheit zu bearbeitende Produktionsaufträge differenzierter zu betrachten: Der *Direktbestand* umfasst die direkt an der Kapazitätseinheit befindlichen Aufträge. Der *Indirektbestand* umfasst die bereits freigegebenen, jedoch noch an Vorgänger-Kapazitätseinheiten liegenden und durch die Kapazitätseinheit zu bearbeitenden Aufträge. Diese Unterscheidung ist insbesondere für Steuerungsverfahren mit differenzierter Bestandsbetrachtung wie bspw. BOA, DBF oder Workload Control bedeutsam, vgl. dazu ausführlich [WieP97, S. 222; Löd01, S. 54 f.; Löd05, S. 367 ff., 385 ff., 434 ff.].
- In der Praxis ergibt sich oft der *Abschlussbestand.* Er umfasst physisch fertig bearbeitete, aber planerisch noch nicht abgeschlossene Produktionsaufträge. Nach Abschluss der Warenbewegungen sind bestimmte administrative Tätigkeiten erforderlich wie Buchungen retrograd eingestellter Materialien (z. B. Verpackungen), Plausibilitätsprüfungen oder Nachkalkulationen. Diese Voraussetzungen für den buchungstechnischen Abschluss werden normalerweise nicht durch separate Arbeitsvorgänge abgebildet und sollen aus unternehmensspezifischen Gründen nicht automatisiert ablaufen, so dass ein manueller Abschluss des Auftrags vorgesehen ist.

Absolute Bestandswerte sind zur Bewertung der logistischen Leistungsfähigkeit oder zum Benchmarking nur eingeschränkt aussagekräftig. Für die Produktionslogistik sind Bestandsreichweite und relativer Bestand wichtig.

Umlaufbestandsreichweite und relativer Bestand

Die *Umlaufbestandsreichweite* kennzeichnet die Zeitspanne, in der der verfügbare Bestand ausreicht, um die Kapazitätseinheit mit Arbeit zu versorgen. Hierzu bezieht sie den aktuellen Umlaufbestand (Anzahl Aufträge bzw. Artikel, die bearbeitet werden oder auf die Bearbeitung warten) auf die aktuelle oder durchschnittliche Leistung der Kapazitätseinheit (Dispositionssicht). Danach ist der Bestand abgearbeitet; die Kapazitätseinheit würde leer laufen und es käme zu Auslastungsverlusten, wenn in der Zwischenzeit kein Zugang erfolgt. Somit bezieht sie sich als Ist-Größe zwar auf einen Zeitpunkt, hat aber per se Zukunftsbezug. Im Durchlaufdiagramm ist sie dementsprechend als waagerechter Abstand zwischen Zugang und Ist-Abgang (bzw. geplantem oder erwartetem Abgang[22] in der Zukunft) ablesbar, Abb. 4.13. Sie bildet damit das ressourcenbezogene Pendant der auftragsbezogenen Durchlaufzeit, vgl. u. a. [NW99, S. 28 ff.; WieP05, S. 269; WieH02, S. 213; SeSn08, S. 433 f.].

Die Messung erfolgt – analog zur Durchlaufzeit – in Kalender- oder Arbeitstagen. Vergleichbar zur Bestandsbetrachtung gilt: Die übliche Berechnung bezieht den Bestand in Vorgabestunden auf die aktuelle Leistung, bewertet in Vorgabestunden pro Tag. Alternativ ist die Betrachtung in Anzahl Aufträgen möglich. Eine Berechnung auf Basis von Geldeinheiten bezieht den Umlaufbestandswert auf den durchschnittlichen Tagesumsatz und ist zur Planung und Steuerung nur eingeschränkt aussagekräftig. Analog lässt sich eine *Auftragsbestands-* bzw. *Dispositionsreichweite* (auch Belegungsreichweite) ermitteln.

Eine Aggregation als Mittelwert über die Zeit oder über mehrere Bezugsobjekte (bspw. unterschiedliche Arbeitssysteme) ist üblich. Allerdings erschweren Abgangsschwankungen die Ermittlung der voraussichtlichen Leistung und schränken dementsprechend die Aussagekraft der Reichweite ein. Die Praxis behilft sich hier meist mit gleitenden Durchschnittswerten. Dies wirft zum einen die Frage nach ihrer Repräsentativität auf, zum anderen verschwimmen dadurch die Unterschiede zwischen aktueller und mittlerer Reichweite.

Der *relative Bestand* bildet die zweite Möglichkeit, einen absoluten Bestandswert zu normieren. Er ist als Verhältnis des aktuellen Bestands zum idealen Mindestbestand definiert [NW03, S. 91]. Letzterer bezieht sich auf den in der Kennlinientheorie definierten idealen logistischen Betriebszustand, in dem weder die Aufträge auf Bearbeitung noch die Kapazitätseinheiten auf Arbeit warten [Wed89, S. 51 ff.; NyP91, S. 23 f.; NW03, S. 62 f.]. Die bislang auf interne Produktionsprozesse beschränkte Überlegung hat sich in unterschiedlichen Kontexten zur Be-

---

[22] Streng genommen bezieht die momentane Bestandsreichweite zum Bezugszeitpunkt den momentanen Bestand auf die momentane Leistung, ist also eine lokale 1. Ableitung der Abgangskurve. Um den Einfluss zufälliger Schwankungen zu verringern, erscheint ein Bezugszeitraum (z. B. vorhergehender Tag, Woche) sinnvoll. Aus praktischer Sicht resultieren somit zwei Berechnungsalternativen:

1. Eine explizite *Planung* führt zu voraussichtlichen Abgangselementen. Eine so erzeugte *Treppenkurve* des künftigen Abgangs ermöglicht die Berechnung der Reichweite.
2. Alternativ führt eine *Prognose* zu einem voraussichtlichen Abgangsverlauf. Eine so erzeugte *kontinuierliche Kurve* des künftigen Abgangs (meist mit linearer Verbrauchsannahme) ermöglicht die Berechnung.

wertung und Visualisierung logistischer Potenziale bewährt, vgl. hierzu ausführlich [NW03, S. 222 f.; LNW00; WieH02, S. 156 ff., 213; WRW02; NyP08b, S. 209].

Als *Verfahrensparameter* ist der Umlaufbestand als Bestandsgrenze in unterschiedlichen Verfahren der Auftragsfreigabe und der Auftragserzeugung implementiert: Bei Unterschreiten dieses Schwellenwertes werden Aufträge in die Produktion (bis zu seinem Wiedererreichen) freigegeben; er wird damit gleichzeitig zur *Regelgröße*. Entsprechend den Verfahrensarten sind zwei wichtige Ausprägungen zu unterscheiden:

- *Ressourcenbezogen* wird der Umlaufbestand in den Auftragsfreigabeverfahren genutzt. Lödding gliedert die Verfahren anhand der Kriterien ‚Arbeitssystem-spezifischer Belastungsabgleich' und ‚Detaillierungsgrad' (zentral für den gesamten Auftrag oder dezentral für jeden Arbeitsgang) in vier Unterklassen. Bekannte Vertreter sind die BOA (Belastungsorientierte Auftragsfreigabe mit arbeitssystemspezifischer Bestandsgrenze) und Conwip (Constant Work in Process mit der Anzahl Conwip-Karten in der Gesamtproduktion), vgl. dazu ausführlich [Löd08b, S. 297 ff.]. Die Wirksamkeit der Bestandsregelung hängt u. a. von der Möglichkeit eines zeitlichen Belastungsabgleichs ab, welcher über den Vorgriffshorizont (vgl. Abschn. 4.2.3) beeinflussbar ist.
- *Artikelbezogen* wird der Umlaufbestand über die Auftragserzeugungsverfahren implizit als variantenspezifischer Bestand festgelegt: Bspw. unterstellt sowohl das Bestellbestandsverfahren als auch Kanban eine Wiederbeschaffungszeit, die je eine Komponente für den Umlaufbestand (und den Sicherheitsbestand im Lager) enthält. Beide Verfahren können damit den Bestand im betrachteten Prozessabschnitt[23] variantenspezifisch für *einen* Verbraucher (Kunden) grob regeln, vgl. dazu ausführlich [Löd08b, S. 164 f., 199 ff.] sowie Abschn. 4.4.2.

Verschiedene Verfahren nutzen den Umlaufbestand auch zur – vorausschauenden oder gegenwartsbezogenen – Kapazitätsanpassung, vgl. dazu ausführlich [Beg05, S. 43 ff.].

Die *logistische Bedeutung* von Beständen ist sehr hoch: In der Produktion beeinflussen sie die (bestandsbedingte) Auslastung und die Durchlaufzeit der Aufträge. Für die Produktionslogistik ist es deshalb zunächst wichtig, die Grundzusammenhänge zwischen Umlaufbestand, Auslastung und Reichweite bzw. Durchlaufzeit im stabilen logistischen Prozesszustand darzustellen, vgl. Abschn. 4.5.2. Chancen und Risiken sind seit vielen Jahrzehnten Gegenstand kontroverser Diskussionen, vgl. u. a. [Eid85; Suz89, S. 12 ff.; Kla96, S. 1014; WilH96, S. 15-1 ff.; WieP97, S. 4; WieH02, S. 25 ff., 105 f.; Löd05, S. 33 f.; WJ05; SeSn08, S. 212]. Entsprechend den verantwortlichen Akteuren im Unternehmen lassen sich die Argumente vier Sichten zuordnen:

---

[23] Lödding weist zusätzlich auf den Einfluss der Informationslaufzeiten (auch als Administrationszeit bezeichnet) hin, der ggf. gesondert zu berücksichtigen ist [Löd08b, S. 165, 201].

- Die *Finanzsicht* betont die Kapitalbindung und das Verwurfsrisiko: Freigesetzte Finanzmittel können die Unternehmen gezielt zur Stärkung ihrer Wettbewerbsposition nutzen oder ihre Finanzierungssituation verbessern.
- Aus *Vertriebssicht* sollten alle Produkte immer verfügbar sein. Vor allem zu geringe Bestände im Verkaufslager bergen das Risiko von Fehlmengen – also nicht befriedigter Nachfrage. Bei der Verfügbarkeit von Alternativen (starker Wettbewerb wie bei Konsumgütern, DIN- oder Normteilen) ist die Gefahr von Umsatzeinbußen besonders hoch.
- Die *operative Steuerungssicht* zeigt verschiedene Argumente: Einerseits eröffnen Bestände Potenziale für kurzfristige Reaktionen – also einzelne schnelle Lieferungen. In der Produktion ermöglichen sie Rüstoptimierung und sichern die Auslastung – vor allem bei wechselnden Engpässen und Batchprozessen. Auch können Lager- und Umlaufbestände die Auswirkungen von Bedarfsschwankungen bzgl. Gesamtmenge und Auftragsmix dämpfen. Andererseits erhöhen Bestände aber den Planungs- und Steuerungsaufwand in der Produktion. Insbesondere höhere Umlaufbestände verlängern die Durchlaufzeiten. Damit steigt die Bereitschaft der Akteure, über Reihenfolgevertauschungen Einzelaufträge zu beschleunigen. In der Folge streuen die Durchlaufzeiten stärker, was die Termineinhaltung potentiell gefährdet (vgl. a. Abschn. 4.2.1). Insgesamt verringern hohe Umlaufbestände also sowohl die Zuverlässigkeit als auch die Reaktionszeit einer Produktion.
- Aus *Verbesserungssicht* gelten Bestände als Symptome eines schwachen, ungenügend koordinierten Logistikmanagements. Insbesondere die Lean-Vertreter betonen, dass Bestände oftmals Unzulänglichkeiten im Betrieb und insbesondere der Planung wie bspw. unabgestimmte Kapazitäten, störanfällige Prozesse oder mangelnde Qualität verdecken, allerdings besteht ein Zielkonflikt zur hohen Auslastung.

Interne Bestände zu reduzieren, gilt damit als eine der zentralen Aufgabenstellungen erfolgreichen Managements. Leitbilder sind die aus der Logistik kommenden Gestaltungsprinzipien der Flussoptimierung und Zeiteffizienz. Insbesondere der aus dem bereits mehrfach erwähnten idealen logistischen Betriebszustand abgeleitete Gedanke einer Just-in-Time-Produktion prägt hier die Diskussion, vgl. u. a. [Hau84; Wom90; Sur98; Tak95; Eid89, S. 50 ff.; WieP00, S. 5]. Nach der Idealvorstellung des Lean Management geben sogenannte Schrittmacherprozesse (unterstützt durch einheitliche Freigabeeinheiten) den Produktionstakt vor und bringen so den Kundenbedarf in die Produktion. Vertriebslager zwischen Kunde und Produktion (mit Kanban-Nachfüllung) oder Warteschlangen vor dem Schrittmacher dämpfen Bedarfsschwankungen, vgl. u. a. [Tak95, S. 208; RoSo00, S. 46 ff.; Erl07, S. 197 ff., 209 f.].

Diese Argumentation betont die Risiken von Beständen und unterstellt damit implizit ein stabiles, also gut vorhersagbares Umfeld. Ein turbulentes, durch Änderungen geprägtes Umfeld erschwert die Abstimmung der Produktion auf die Marktbedürfnisse und zeigt auch Chancen von Beständen, vgl. hierzu ausführlich [WieH02, S. 24 ff., 101 ff.]. Somit bleibt es Kernaufgabe des Managements, unter Berücksichtigung der Markt- und Rahmenbedingungen einerseits sowie der Produkt- und Produktionsstrukturbedingungen andererseits eine angemessene Bestandshöhe festzulegen. Hier bieten die Produktionskennlinien eine operative Hilfestellung, da sie die logistischen Wirkzusammenhänge zwischen den zentralen logistischen Kennzahlen quantifizieren, vgl. Abschn. 4.5.

Primäre Anwendung der absoluten Größe Umlaufbestand ist seine Funktion als Regelgröße – also als Freigabekriterium: Als Verfahrensparameter ist er deshalb in viele Verfahren zur Auftragsfreigabe (z. B. BOA, Conwip) oder Auftragserzeugung (z. B. Kanban) in unterschiedlichen Ausprägungen implementiert. Als relative Größe ist die Umlaufbestandsreichweite vor allem als interne Zielgröße sowie als Verbesserungsgröße bedeutsam.

4.3.3 Zuverlässigkeitskennzahlen

Die zweite wichtige ressourcenbezogene Größe ist der Rückstand. Er bildet als Regelgröße der Produktion das logische Pendant zum Bestand, bezieht sich ebenfalls auf einen Zeitpunkt und hat als absolute Größe – sowie als relative Größe in Form der Rückstandsreichweite – in der Logistik herausragende Bedeutung. Als Zuverlässigkeitskennzahl hat der Rückstand implizit Terminbezug. Abbildung 4.14 visualisiert die Größen im Durchlaufdiagramm für einen bestimmten Zeitpunkt. Die korrespondierenden Zuverlässigkeitskennzahlen des Lagers werden in Abschn. 4.4.3 erläutert.

Rückstand

Bezogen auf die Produktion entspricht der *Rückstand* (engl. backlog) der Menge an Arbeit, die die Kapazitätseinheit bis zu einem bestimmten Zeitpunkt bereits erledigt haben sollte, aber noch nicht erledigt hat. Analog zum Bestand kann dieser Bezugszeitpunkt in der Vergangenheit, Gegenwart oder Zukunft[24] liegen. Rechnerisch ist er als Differenz zwischen Soll-Abgang und Ist-Abgang definiert und im Durchlaufdiagramm als senkrechter Abstand zwischen beiden Kurven ablesbar, Abb. 4.14. Damit liegt die Produktion bei einem positiven Rückstand hinter dem Soll zurück, bei einem negativen eilt sie dem Soll voraus; eine Erweiterung auf den Zugang ist analog möglich. Da Soll- und Plan-Werte in dieser Arbeit nicht synonym verwendet werden, weicht diese Definition von Petermanns ursprünglichem Vorschlag leicht ab. Eine Messung in Vorgabestunden berücksichtigt unterschiedliche Arbeitsinhalte; alternativ ist eine Messung in Anzahl Aufträgen möglich. Aufgrund seines Gegenwartsbezugs ist der Rückstand besonders als Regelgröße geeignet, vgl. u. a. [PetD96, S. 65 f., 75 ff.; Yu01, S. 41; WieH02, S. 223].

[24] Demgegenüber ist Rückstand nach überwiegendem Industrieverständnis meist als Anzahl Aufträge im Umlaufbestand mit Vergangenheitstermin definiert. Diese – mit Bezug zu heute – offensichtlich zu späten Aufträge (deshalb auch Überfällige genannt) verfälschen die Planung und sind aus Produktionssicht deshalb umzuplanen. Die hier vorgeschlagene Definition verallgemeinert diese Einschränkung und betont gleichzeitig die Notwendigkeit, zwischen Soll- und Planterminen zu unterscheiden, vgl. dazu ausführlich Abschn. 3.5.2.

Als zeitpunktbezogene Größe ist eine Aggregation entweder als Mittelwert über einen bestimmten Bezugszeitraum üblich oder als Mittel- oder Summenwert über mehrere Bezugsobjekte (z. B. Gesamtrückstand der Fabrik) – ganz analog zum Bestand. Eine artikelbezogene Überwachung bietet sich bei Serienfertigungen an, vgl. Abschn. 4.2.3.

Absolute Rückstandswerte sind zur Bewertung der logistischen Leistungsfähigkeit oder zum Benchmarking nur eingeschränkt aussagekräftig. Analog zum Bestand bietet sich auch für den Rückstand die Berechnung einer Relativgröße an.

Rückstandsreichweite

Die *Rückstandsreichweite* kennzeichnet die Zeitspanne, die eine Kapazitätseinheit arbeiten muss, bis der momentane Rückstand mit der momentanen Leistung abgearbeitet wäre. Rechnerisch bezieht diese Kennzahl den aktuellen Rückstand auf die aktuelle oder durchschnittliche Leistung (Dispositionssicht). Diese Betrachtung unterstellt, dass in dieser Zeit keine weiteren Aufträge erledigt werden müssten, also kein Soll-Abgang geplant ist. Analog zur Bestandsreichweite bezieht sich die Rückstandsreichweite als Ist-Größe zwar auf einen Zeitpunkt, hat aber per se Zukunftsbezug. Im Durchlaufdiagramm ist sie dementsprechend als waagerechter Abstand zwischen Soll-Abgang und Ist-Abgang (bzw. geplantem oder erwartetem Abgang[25] in der Zukunft) ablesbar, Abb. 4.14. Sie bildet damit das ressourcenbezogene Pendant zur mittleren auftragsbezogenen Terminabweichung [WieH02, S. 223].

Die Messung erfolgt – analog zur Durchlaufzeit oder Bestandsreichweite – in Kalender- oder Arbeitstagen. Die übliche Berechnung basiert auf Vorgabestunden und bezieht den Bestand an Vorgabestunden auf die aktuelle Leistung in Vorgabestunden. Alternativ ist die Betrachtung in Anzahl Aufträgen möglich. Eine Berechnung auf Basis von Geldeinheiten bezieht den Rückstand auf den durchschnittlichen Tagesumsatz und ist zur Planung und Steuerung nur eingeschränkt aussagekräftig.

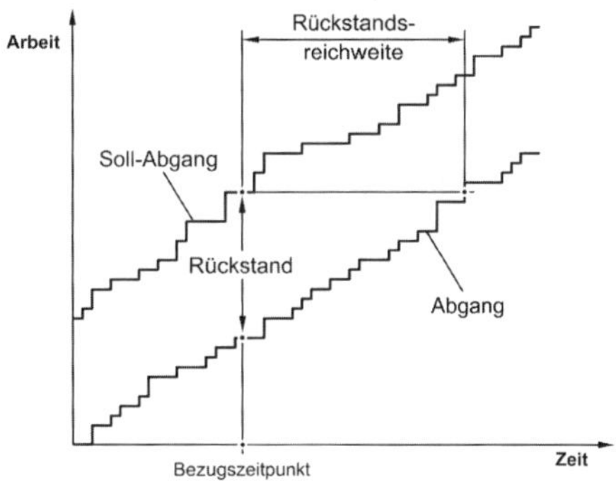

Abb. 4.14 Ressourcenbezogene Zuverlässigkeitszahlen im Durchlaufdiagramm. (Nach IFA)

[25] Analog zur Umlaufbestandsreichweite sind die Fälle explizite *Planung* (Treppenkurve des Abgangs) sowie *Leistungsprognose* (kontinuierliche Abgangskurve) zu unterscheiden, vgl. Fußnote 22.

Für die zeitliche Aggregation der Rückstandsreichweite gilt: Die Kennzahl berücksichtigt bereits die Mengendimension (Vorgabestunden oder Anzahl Aufträge). Deshalb reicht eine Aggregation als einfacher Mittelwert über die Zeit aus. Für mehrere Bezugsobjekte (z. B. Arbeitsplätze) ist darüber hinaus auch die Berechnung eines gewichteten Mittelwerts möglich. Die im vorhergehenden Abschnitt für die Bestandsreichweite genannte eingeschränkte Aussagekraft bei Abgangsschwankungen gilt sinngemäß.

Als *Verfahrensparameter* ist der Rückstand v. a. zur Kapazitätsanpassung bedeutsam. Bei Über- bzw. Unterschreiten definierter Schwellenwerte wird die Kapazität so verändert, dass der Rückstand idealerweise *Null* wird (bzw. sich innerhalb der definierten Ober- und Untergrenzen bewegt). Mit einem solchen Grundverständnis wird der Rückstand gleichzeitig zur *Regelgröße*. Hierfür sind Anwendungen der Planungs- und Steuerungsphase zu unterscheiden:

- Während der *Planungsphase* ist der voraussichtliche Rückstand relevant. Er lässt sich durch Gegenüberstellung der Soll-Termine mit den Plan-Terminen ermitteln, vgl. Abschn. 3.5.2. Anwendung findet diese Grundüberlegung in der Praxis v. a. in den APS-Methoden, die eine automatisierte Terminierung ‚gegen begrenzte Kapazitäts- und Materialverfügbarkeit' zulassen. In der Forschung existieren unterschiedliche Kapazitätsanpassungsverfahren, die den Rückstand z. T. in abgewandelter Form nutzen, vgl. dazu ausführlich [Beg05, S. 43 ff.; Born09, S. 114 ff.].
- Während der *Steuerungsphase* ist der aktuelle Rückstand relevant. Er ergibt sich analog durch Gegenüberstellung der Soll- mit den Ist-Terminen. Einsatz findet der Parameter in Kapazitätssteuerungsverfahren, z. T. in abgewandelter Form, vgl. dazu ausführlich [Beg05, S. 43 ff.; Born09, S. 117 ff.; Löd08b, S. 461 ff., 479 ff.].

Die *logistische Bedeutung* des Rückstandes resultiert aus seiner Indikatorfunktion für die logistische Zuverlässigkeit – also die Verspätungssituation in Lager und Produktion. Wie genannt, erfordert eine termingerechte Abarbeitung der Aufträge grundsätzlich einen Rückstand von *Null*, im Gegensatz zum Bestand, der eine angemessen Höhe einnehmen soll, vgl. u. a. [Yu01, S. 41 f.; Löd01, S. 13 f.; WieH02, S. 207, 223 f.]. Nach heutigem Erkenntnisstand in Forschung und Praxis sind die folgenden drei Aspekte Produktionscontrolling, Einflussmöglichkeiten und Situationsbewertung zu berücksichtigen:

Produktionscontrolling: Auch wenn eine Produktion aus Ressourcensicht keinen Rückstand aufweist, können aus auftragsbezogener Sicht dennoch Terminabweichungen auftreten. Sie kommen durch Reihenfolgevertauschungen gegenüber der Planung zustande und führen per Definition zu vorgezogenen Aufträgen. Lödding leitet hieraus zwei Anforderungen ab: Zum einen ist das Betreiben einer Produktion mit Rückstand zu vermeiden, zum anderen ist eine reihenfolgerechte Abarbeitung der Aufträge anzustreben (hohe Reihenfolgedisziplin). Beide Kennzahlen sind im laufenden Betrieb zu überwachen, vgl. dazu ausführlich [Löd05, S. 57 ff.; Löd08a].

Einflussmöglichkeiten: Der Rückstand lässt sich über den Soll-Abgang – also die Planung – und den Ist-Abgang – also die bereitgestellte Kapazität – beeinflussen. Ersteres unterstreicht die bereits mehrfach erläuterte Forderung nach einer realistischen Planung, vgl. Abschn. 3.5.1 sowie 3.6.1. Letzteres betont die herausragende Stellung der Kapazitätssteuerung zur Beeinflussung des Rückstandes Seine systematische Regelung findet in den letzen Jahren zunehmend Beachtung, vgl. dazu ausführlich [Pet97; Brei01; BrPa02; Löd01; WieH02, S. 204 f.; Beg05; Brei08; Born09] sowie zur Gegenüberstellung [Löd08b, S. 461 ff.].

Situationsbewertung: Die mittlere Rückstandsreichweite bildet die wichtigste Messgröße für die mittlere Terminabweichung der Aufträge (vgl. dazu ausführlich Abschn. 4.5.2). Für die logistische Interpretation sind wiederum Betriebs- und Gestaltungssicht zu unterscheiden:

- Aus *Betriebssicht* zeigt eine solche Betrachtung, wie schnell die Produktion den aufgebauten Rückstand durch zusätzliche Maßnahmen aufholen könnte. Dies liefert Indikatoren zur Bewertung der Wirksamkeit infrage kommender Maßnahmen.
- Aus *Gestaltungssicht* sind die Schwankungen der Rückstandsreichweite zu betrachten. Der Vergleich mit der vom Markt oder Kunden geforderten Liefertoleranz zeigt, ob das aktuell eingesetzte Planungs- und Steuerungssystem den Zuverlässigkeitsanforderungen entspricht. Abweichungen zeigen grundsätzlich Verbesserungsnotwendigkeit auf; kurzfristig besteht ggf. die Möglichkeit, über einen Lieferzeitpuffer die Auswirkungen auf die Lieferzuverlässigkeit zu dämpfen. Diese Abschätzung ist alternativ über die mittlere Terminabweichung möglich, vgl. dazu Abschn. 4.2.3.

Die mittlere Rückstandsreichweite und ihre Schwankungen stellen wichtige Indikatoren für die aktuell leistbare Genauigkeit des eingesetzten Planungs- und Steuerungssystems dar. Hieraus lässt sich aus interner Sicht eine sinnvolle Planungstoleranz ableiten. Darüber hinaus zeigen die Kennzahlen oftmals logistische Schulungsbedarfe auf, bspw. wenn die Verantwortlichen ihre Entscheidungen auf nachweislich falsche Erfahrungsregeln stützen, vgl. u. a. [IBM75; Kiv79; KeBe81; WieP97, S. 7 f.; WCW05].

Primäre Anwendung der absoluten Größe Rückstand ist seine Funktion als Regelgröße der Produktion. Als Verfahrensparameter findet er zunehmend Beachtung in den Verfahren zur Kapazitätssteuerung. Als relative Größe ist die Rückstandsreichweite vor allem als interne Zielgröße zum Vergleich mit den logistischen Toleranzanforderungen und dementsprechend als Verbesserungsgröße bedeutsam.

4.4 Artikelbezogene Logistikkennzahlen

Die Definition der artikelbezogenen Logistikkennzahlen beginnt mit der Durchlaufzeitkennzahl Lagerverweilzeit (Abschn. 4.4.1). Abschnitt 4.4.2 beschreibt die Bestandskennzahlen Lagerbestand (als absolute Größe) sowie die Umschlagshäu-

Prozessabschnitt		**Durchlaufzeit**	**Bestand**	**Zuverlässigkeit**
Prozessabschnitt	**Lieferung**	*absolute Größe* • Artikel-Lieferzeit (P) *relative Größe* –	*absolute Größe* – *relative Größe* –	*absolute Größe* • Fehlmenge *relative Größe* • Lieferverzug, Servicegrad
Prozessabschnitt	**Disposition**	*absolute Größe* • Lagerverweilzeit, Artikel-Wiederbeschaffungszeit (P) *relative Größe* –	*absolute Größe* • Lagerbestand (P) *relative Größe* • Lagerbestandsreichweite, Umschlagshäufigkeit	*absolute Größe* – *relative Größe* –

P typischer Verfahrensparameter

Abb. 4.15 Artikelbezogene Logistikkennzahlen

figkeit und die Lagerreichweite (als relative Größen). Die Erläuterung der Zuverlässigkeitskennzahlen der absoluten Größe Fehlmenge sowie der relativen Größen Lieferverzug und Servicegrad erfolgt abschließend in Abschn. 4.4.3. Abbildung 4.15 ordnet die im Folgenden erläuterten artikelbezogenen Kennzahlen und kennzeichnet gängige oder empfehlenswerte Parameter von PPS-Verfahren.

Artikelbezogene Logistikkennzahlen beziehen sich i. d. R. auf ein Lager. Anhand des Materialflusses werden analog zu den Prozessabschnitten Beschaffen, Produzieren und Liefern die Lagertypen Beschaffungslager, Produktionslager und Distributionslager unterschieden. Hauptaufgabe der Lagerfunktion ist die mengen- und zeitmäßige Entkopplung der vor- und nachgelagerten Bereiche, vgl. u. a. [Lutz02, S. 8 f.; RA04]:

- Das *Beschaffungslager* (auch Eingangs- oder Rohmateriallager) ist am Beginn des innerbetrieblichen Materialflusses angeordnet. Es entkoppelt die Beschaffung von der Produktion und soll die Versorgung der Produktion mit Material sicherstellen.
- Das *Produktionslager* (auch Zwischen- oder Halbfabrikatelager) ist zwischen Produktionsbereichen angeordnet. Meist werden Teilefertigung bzw. variantenneutrale Produktionsvorstufe von der Montage bzw. variantenbildenden Produktionsendstufe entkoppelt. Diese Entkopplung synchronisiert die unterschiedliche logistische Zielausrichtung der Prozessabschnitte und vermeidet so Produktionsstillstände, vgl. u. a. [GrWi04; NyMü04].
- Das *Distributionslager* (auch Ausgangs- oder Endproduktlager) lagert Fertigerzeugnisse, die nach beendeter Fertigstellung nicht sofort ausgeliefert werden. Es entkoppelt Produktionsleistung und Marktnachfrage und soll Marktschwankungen in Richtung Produktion sowie Produktionsschwankungen in Richtung Markt dämpfen, vgl. a. Abschn. 4.3.1, Abb. 4.12. Es beeinflusst die logistische Marktleistung und wird deshalb unter der Begriff *Marktkopplung* als eigenes Gestaltungsmerkmal diskutiert, vgl. Abschn. 6.3.1. Das Lager für Ersatzteilbedarfe der Kunden gilt als Sonderform des Distributionslagers.

Die im Folgenden erläuterten Kennzahlen beziehen sich jeweils auf alle Lagertypen.

4.4.1 Durchlaufzeitkennzahlen

Als absolute artikelbezogene Durchlaufzeitkennzahl ist die Lagerverweilzeit der Dispositionssicht zugeordnet. Die als Stammdaten hinterlegten artikelbezogenen Artikel-Liefer- und Wiederbeschaffungszeiten lassen sich sowohl der Artikel- als auch der Auftragssicht zuordnen. Werden sie als längere Zeit gültiger Soll-Wert einer auftragsbezogenen Betrachtung interpretiert, differenzieren sie die Auftragssicht artikelspezifisch. Sie wurden bereits in Abschn. 4.2.1 beschrieben.

Die artikelbezogene *Lagerverweilzeit* umfasst die Zeitdauer vom Lagerzugang zum Lagerabgang (Abb. 4.7b) entsprechend der in Abschn. 4.1 definierten Durchlaufzeit. Analog zur Auftragssicht gilt für die artikelbezogenen Durchlaufzeitkennzahlen: Als Ist-Größe werden sie prinzipbedingt erst nach Ende der Materialbewegungen berechnet, haben also per se Vergangenheitsbezug. Die Messung erfolgt – analog zur Durchlaufzeit – entweder in Arbeitstagen (für die Steuerung) oder in Kalendertagen (zur finanziellen Bewertung), vgl. u. a. [Glä95, S. 36 ff.; WieP97, S. 231 ff.].

Zur Berechnung der Lagerverweilzeit sind Lagerzugang und -abgang mengen- und termingenau zuzuordnen. Zur Bildung der sogenannten Lagerelemente sind zu unterscheiden:

- Aus *Artikelsicht* wird dem Lagerabgang des *Einzelartikels* ein Lagerzugang terminlich zugeordnet. Abbildung 4.16 visualisiert das aus dieser Zuordnung gewonnene *artikelbezogene Lagerelement* und die damit auch aus dem Durchlaufdiagramm ablesbare artikelindividuelle Lagerverweilzeit. Abweichend vom Reihenfolgeverhalten der Aufträge an Ressourcen setzt dies immer eine FiFo-Abarbeitung voraus. Damit sind technisch gleichwertige Produkte unterstellt, was im Rahmen logistischer Betrachtungen auf den ersten Blick gerechtfertigt erscheint [WieP97, S. 131; NyF07b, S. 42]. Diese Zuordnung ist in vielen Industrien zur Rückverfolgbarkeit der Artikel (z. B. aus Gründen der Produkthaftung) vorgeschrieben.

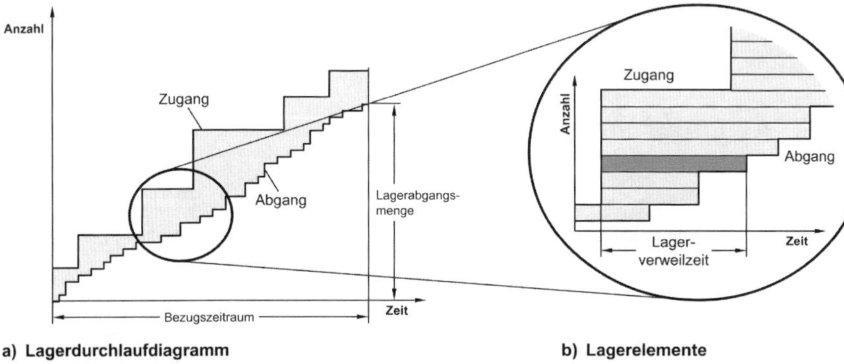

Abb. 4.16 Lagerdurchlaufdiagramm und Lagerelement. (Nach F. Nyhuis)

- Aus *Auftragssicht* wird der Lagerabgangsmenge (nachgefragte *Bedarfsmenge* aus Einzelbestellungen oder Sekundärbedarfen) eine entsprechende Lagerzugangsmenge terminlich zugeordnet. Bei Auftragsmengen größer eins weicht das *auftragsbezogene Lagerelement* vom artikelbezogenen Element ab. Die Lagerverweilzeit ist analog aus dem Durchlaufdiagramm ablesbar. Zu den damit entstehenden Möglichkeiten für Einplanung und Monitoring vgl. ausführlich [NyF07b, S. 42 ff.].

Die Überlegung verdeutlicht ein weiteres Mal die Unterschiede zwischen Auftrags- und Artikelsicht. Wichtig ist die Unterscheidung für die damit implizit verbundene Zuordnung von Bedarf (Lagerabgang) und Bedarfsdecker (Lagerzugang): Bei geringen verfügbaren Lagerbeständen könnten kleinere Bedarfsmengen evtl. noch wunschgerecht gedeckt werden. Die Bevorzugung kleiner Bedarfsmengen zu Lasten größerer führt nur aus Nachfragesicht (Soll- oder Wunschtermine) zu einer Abweichung vom FiFo-Prinzip (aus Materialflusssicht bleibt FiFo erhalten). Dieser Fall erscheint vor allem für teure Teile relevant.

Eine Aggregation der artikelbezogenen Lagerverweilzeit ist zunächst als einfacher Mittelwert über einen Zeitraum möglich. Dieser lässt sich alternativ auch über das Verhältnis von Bestandsfläche (in Abb. 4.16a grau hinterlegt) zur gesamten Liefermenge des Zeitraums berechnen, vgl. dazu ausführlich [Glä95, S. 37; WieP97, S. 130 f.]. Ein gewichtetes Mittel lässt sich über Anzahl oder Geldeinheiten bilden. Insbesondere bei unterschiedlichen Artikeln erscheint die Bezugsgröße Geldeinheit sinnvoller, da so der Finanzierungsbezug im Vordergrund steht.

Als *Verfahrensparameter* sind die artikelspezifischen Liefer- und Wiederbeschaffungszeiten (Eigen, Fremd) relevant. Sie repräsentieren das Standard-Liefer- bzw. Beschaffungsverhalten und wurden bereits in Abschn. 4.2.1 ausführlich erläutert.

Die *logistische Bedeutung* der Kennzahlen wurde bereits in Abschn. 4.2.1 diskutiert. Ergänzend ist zu beachten: Die artikelbezogene *Lagerverweilzeit* beeinflusst zum einen die Lagerkosten. Zum anderen ist das Bestandsrisiko relevant, das bei kurzen Produktlebenszyklen an Bedeutung gewinnt. Der Begriff *durchschnittliches Bestandsalter* beschreibt die Dauer sehr plastisch [SeSn08, S. 434].

Primäre Anwendung: Die Lagerverweilzeit wird vor allem als Zielgröße – insbesondere zur Überwachung des Bestandsrisikos – eingesetzt.

4.4.2 Bestandskennzahlen

Der Bestand hat auch für das Lager herausragende Bedeutung und beeinflusst hier unmittelbar die Lagerkosten. Neben dieser absoluten Größe der Dispositionssicht[26] sind Lagerbestandsreichweite bzw. Umschlagshäufigkeit als relative Größen üb-

[26] Bei engen Kunden-Lieferantenbeziehungen werden oft Konsignationslager eingerichtet und vom Lieferanten mit definierten Regeln bewirtschaftet. Der Konsignationslagerbestand lässt sich als Sonderform einer artikelbezogenen Bestandskennzahl interpretieren, der damit auch einer Liefer- oder Außensicht zuordenbar ist.

lich. Abbildung 4.17 visualisiert die ersten beiden Größen im Durchlaufdiagramm für einen bestimmten Zeitpunkt. Die Bestandskennzahlen der Produktion sind in Abschn. 4.3.2 erläutert.

Lagerbestand

Bezogen auf das Lager umfasst der artikelbezogene *Lagerbestand* die gelagerte Menge eines Artikels oder einer Artikelgruppe. Zugang und Abgang ergeben sich aus der Definition des Durchlaufelements, vgl. Abschn. 4.1. Eine Differenzierung in physisch vorhandenen und verfügbaren Bestand sowie nach physischem Lagerort ist üblich. Als zeitpunktbezogene Größe hat der Lagerbestand per se Gegenwartsbezug und ist im Durchlaufdiagramm als senkrechter Abstand zwischen Zugang und Abgang ablesbar, Abb. 4.17. Die übliche Messung betrachtet einen Artikel (oder Artikelfamilie) und basiert auf Anzahl Artikel, insbesondere bei Rohstoffen sind alternativ Gewichts- oder Längenangaben üblich. Eine Berechnung auf Basis von Geldeinheiten ist zur Planung und Steuerung nur eingeschränkt aussagekräftig. Darüber hinaus ist ergänzend evtl. noch das Volumen oder die Lagerfläche als steuerungsrelevante Größe (oder Restriktion) zu betrachten, vgl. u. a. [Glä95, S. 34 f.; WieP97, S. 128 ff.; Schö07, S. 237].

Die Aggregationsformen ergeben sich analog zum Umlaufbestand: zum einen als Mittelwert auch über einen bestimmten Bezugszeitraum, zum anderen als Mittel- oder Summenwert über mehrere Bezugsobjekte (also unterschiedliche Artikel bzw. Artikelgruppen). Hierfür erscheint ein Wechsel der Berechnungsgrundlage auf Geldeinheiten sinnvoll, da Artikelmengen unterschiedlicher Materialnummern meist nicht vergleichbar sind.

Die Praxis weist darüber hinaus auch oftmals artikelbezogene Bestandskennzahlen für Produktsegmente aus. Für diese – auf einen Artikel oder eine Artikelfamilie ausgerichteten – Produktionsbereiche erscheint eine solche Kennzahl auch für Steuerungszwecke sinnvoll. Allerdings fallen damit Artikel- und Ressourcensicht zusammen und die Notwendigkeit zur Differenzierung entfällt. Mit dieser Argumentation erscheinen artikelbezogene Bestandskennzahlen vor allem für Lagerbestände relevant.

Absolute Bestandswerte sind zur Bewertung der logistischen Leistungsfähigkeit oder zum Benchmarking nur eingeschränkt aussagekräftig. Bestandsreichweite

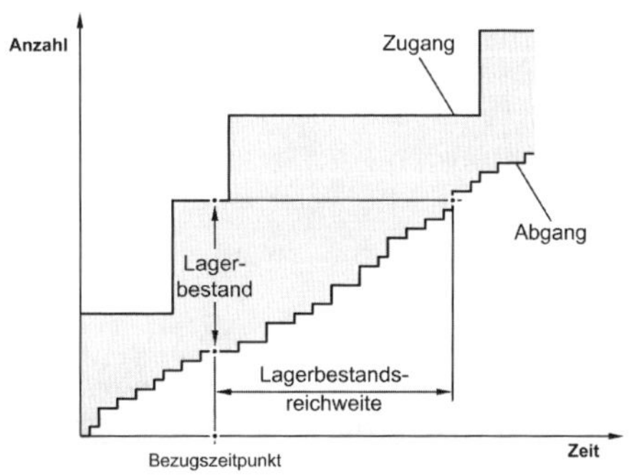

Abb. 4.17 Artikelbezogene Bestandskennzahlen im Durchlaufdiagramm. (Nach IFA)

bzw. Umschlagshäufigkeit bilden die relativen artikelbezogenen Bestandskennzahlen.

Lagerbestandsreichweite
Die *Lagerbestandsreichweite* bezieht den aktuellen (oder verfügbaren) Lagerbestand auf den voraussichtlichen oder durchschnittlichen Verbrauch. Für diesen Zeitraum reicht der verfügbare Bestand aus, um den angenommenen Verbrauch zu decken. Danach ist der Bestand verbraucht und eine Nachfrage bliebe ungedeckt, wenn in der Zwischenzeit kein Zugang erfolgt. Somit bezieht sie sich als Ist-Größe zwar auf einen Zeitpunkt, hat aber per se Zukunftsbezug. Im Durchlaufdiagramm ist sie dementsprechend als waagerechter Abstand zwischen Zugang und Ist-Abgang (bzw. geplantem oder erwartetem Abgang[27] in der Zukunft) ablesbar, Abb. 4.17. Sie bildet damit das ressourcenbezogene Pendant der Lagerverweilzeit, vgl. u. a. [VDI 2525; BroK97, S. 30, 57 ff.; Lutz02, S. 16; WieP97, S. 131; SeSn08, S. 434].

Die Messung erfolgt – analog zur Lagerverweilzeit – in Kalender- oder Arbeitstagen. Die Berechnung ergibt sich analog zur Bestandsbetrachtung: Üblich ist der Bezug zur durchschnittlichen oder voraussichtlichen Nachfrage, beides bewertet in Anzahl Artikeln (alternativ über Gewichts- oder Längenangaben). Eine Berechnung auf Basis von Geldeinheiten bezieht den Lagerbestandswert auf den durchschnittlichen Tagesumsatz. Diese Betrachtung fasst das logistische Verhalten aller Artikel zu einer Kennzahl zusammen und entspricht damit eher einer Ressourcensicht. Für Steuerungszwecke ist diese Gesamtsicht zu undifferenziert.

Eine Aggregation als Mittelwert über die Zeit ist üblich. Hier schränken sowohl die bereits für die Bestandsreichweite diskutierten Abgangsschwankungen als auch die großen Sprünge der Zugangskurve die Aussagekraft ein. Dies wirft zum einen die Frage nach ihrer Repräsentativität auf, zum anderen verschwimmen dadurch die Unterschiede zwischen aktueller und mittlerer Reichweite.

Die *Umschlagshäufigkeit* (engl. asset turns) beschreibt die Häufigkeit, mit der gelagerte Produkte innerhalb einer Bezugsperiode ersetzt wurden. Der Lagerabgang einer Periode wird hierzu auf den mittleren Lagerbestand dieser Periode bezogen und meist als Umschlag pro Jahr berechnet. Eine Betrachtung ist ebenfalls für die gesamte Produktion denkbar. Eine Berechnung auf der Basis von Geldeinheiten – alternativ auf Anzahl Artikel, Gewichts- oder Längenangaben – ist üblich. Die Kennzahl bildet den Kehrwert der Lagerreichweite und ist insbesondere im Handel üblicher als die der Reichweite, vgl. u. a. [VDI 4400; WieP05, S. 290; Schö07, S. 55; SCC07, S. 369; SeSn08, S. 214].

Als *Verfahrensparameter* bestimmt der Lagerbestand für eine verbrauchsorientierte Disposition den Aktivitätsstart. Die Kernidee besteht darin, den Start der Produktions- oder Beschaffungsaktivitäten durch das Unterschreiten eines bestimmten Bestandswertes (sogenannter Melde- oder Bestellbestand) auszulösen, vgl. u. a.

[27] Analog zur Umlaufbestandsreichweite sind die Fälle explizite *Planung* (Treppenkurve des Abgangs) sowie *Verbrauchsprognose* (kontinuierliche Abgangskurve) zu unterscheiden, vgl. Fußnote 22.

[Schö02, S. 464; Löd05, S. 158; Gul09, S. 221 ff.]. Hier sind zwei Anwendungsfälle wichtig:

- Der *Beschaffungszeitbestand* soll die Bestellung so rechtzeitig anstoßen, dass die Materialverfügbarkeit planmäßig sichergestellt ist. Er ergibt sich somit aus dem Verbrauch während der Wiederbeschaffungszeit des Artikels (vgl. Abschn. 4.2.1). Somit ist zunächst die Verbrauchsrate (auch Bedarfsrate genannt) zu prognostizieren; sie ergibt sich im einfachsten Fall aus dem Verbrauch der Vergangenheit. Außerdem ist die Wiederbeschaffungszeit zu prognostizieren; sie umfasst die Zeitdauer von der Bedarfserkennung bis zur Verfügbarkeit des bestellten Artikels im Lager. Hierbei sind sowohl inner- als auch überbetriebliche Zeitdauern[28] zu berücksichtigen, ohne bspw. die Informationslaufzeiten (vgl. Abschn. 5.3.6) oder Sicherheitszeiten (vgl. Abschn. 4.2.1) zu vernachlässigen. Schließlich beeinflussen die Zugangs- und Abgangslosgrößen[29] den Meldebestand, vgl. dazu ausführlich [Glä95; Löd08b, S. 158, 164 ff.; Schö07, S. 546 ff.].
- Der *Sicherheitsbestand* soll Unterschiede zwischen dem geplanten und tatsächlichen Materialzugang – also Planungsunsicherheiten – ausgleichen. Somit sind zunächst Verbrauchsabweichungen (v. a. Verbrauchsschwankungen) und Lieferabweichungen (bspw. wg. Qualitätsproblemen des Lieferanten) zu berücksichtigen. In der Praxis treten darüber hinaus Bestandsabweichungen (bspw. wg. Fehlbuchungen) auf, die den Sicherheitsbestand erhöhen, vgl. dazu ausführlich [Glä95; Löd05, S. 158 ff.; Schö07, S. 551 ff.; WieP08, S. 287].

Der Parameter Lagerbestand kommt in drei Ausprägungen zum Einsatz: Wichtigste Anwendungsfälle sind die unterschiedlichen Verfahren der *Auftragserzeugung* wie bspw. das Bestellbestandsverfahren oder Kanban. Diese regeln primär den Lagerbestand (inkl. Sicherheitsbestand). Außerdem kann der Lagerbestand zur Kapazitätssteuerung (Bestandsregelnde Kapazitätssteuerung) oder zur Reihenfolgebildung der Aufträge (Korma) genutzt werden, vgl. dazu ausführlich [Schö95; Löd08b, S. 211 ff.; 518 ff.].

Die *logistische Bedeutung* der Bestände ist gerade im Lager sehr hoch. Hier beeinflusst die Bestandshöhe die Lagerkosten und den Servicegrad, also auch die Zuverlässigkeit. Wichtig erscheint eine unternehmensindividuelle Betrachtung ihrer Chancen und Risiken, vgl. dazu ausführlich Abschn. 4.3.2.

Primäre Anwendung: Die absolute Größe Lagerbestand wird als Verfahrensparameter, meist als Bestell- oder Auslösebestand der verbrauchsorientierten Lagerdis-

[28] Im einfachsten Fall einer Eigenfertigung – unter Vernachlässigung von Bedarfserkennungszeiten, Bereitstell- und Transportzeiten (sowie Sicherheits- und Informationslaufzeiten) – entspricht dies dem *artikelspezifischen Umlaufbestand* der Fertigung. Damit regeln Auftragserzeugungsverfahren implizit den variantenspezifischen Bestand des betrachteten Herstellprozessabschnitts – allerdings lediglich sehr grob aus einer artikelbezogenen Kundensicht, vgl. dazu ausführlich [Löd08b, S. 158 f., 199 ff.] sowie Abschn. 4.3.2.

[29] Bspw. weist Lödding explizit auf diesen *abgangslosgrößenabhängigen Bestand* hin: Dieser berücksichtigt, dass der Lagerbestand zum Bestellzeitpunkt häufig niedriger ist als der Bestellbestand [Löd08b, S. 158, 165 f.].

position eingesetzt. Als relative Größe ist er vor allem als Ziel- und Verbesserungsgröße bedeutsam.

4.4.3 Zuverlässigkeitskennzahlen

Im Lager beeinflusst der Bestand unmittelbar die Artikelverfügbarkeit. Als absolute Zuverlässigkeitsgröße heißt er Fehlmenge, als relative Größen sind Lieferverzug und Servicegrad zu unterscheiden. Abbildung 4.18 visualisiert die ersten beiden Größen im Durchlaufdiagramm für einen bestimmten Zeitpunkt. Die Zuverlässigkeitskennzahlen der Produktion sind in Abschn. 4.3.3 erläutert.

Fehlmenge (Fehlbestand)

Die *Fehlmenge* – logistisch präziser besser Fehlbestand – entspricht der Artikelmenge, die bis zu einem bestimmten Zeitpunkt ausgeliefert werden sollte, aber noch offen ist. Dieser Bezugszeitpunkt kann in der Vergangenheit, Gegenwart oder Zukunft liegen. Rechnerisch ist er als Differenz von kumulierter Nachfrage und kumuliertem Ist-Abgang definiert. Tritt Unterdeckung auf, ist die Fehlmenge im Durchlaufdiagramm als senkrechter Abstand zwischen Nachfrage und Ist-Abgang abzulesen, Abb. 4.18. Während der Unterdeckung fallen Zugangs- und Abgangskurve[30] zusammen und bilden eine waagerechte Linie, deren Länge die Dauer der Nichtlieferfähigkeit kennzeichnet. Dadurch tritt die sonst mit der Abgangskurve zusammenfallende Nachfragekurve hervor; deren senkrechter Abstand zur Zugangskurve zeigt die Fehlmenge. Hervorhebenswert erscheint die logistische Entsprechung zum Rückstand der Produktion. Die übliche Berechnung betrachtet dementsprechend einen Artikel (oder Artikelfamilie) und basiert auf Anzahl Artikel, insbesondere bei Rohstoffen sind alternativ Gewichts- oder Längenangaben üblich, vgl. u. a. [Glä95, S. 36 f.; WieP97, S. 130 ff., 173].

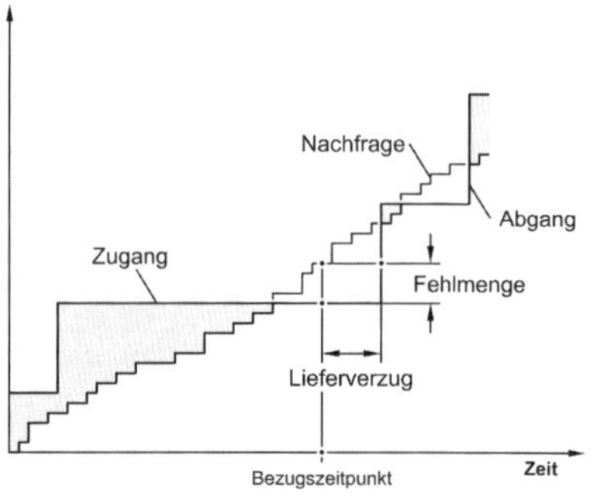

Abb. 4.18 Artikelbezogene Zuverlässigkeitskennzahlen im Durchlaufdiagramm. (Nach IFA)

[30] Bei Materialreservierungen können Fehlbestandssituationen auch bei physisch vorhandenem Bestand auftreten. Dann wären zusätzlich der Reservierungsverlauf sowie der verfügbare Bestand zu betrachten.

Die Aggregationsformen ergeben sich analog zum Lagerbestand: Zum einen als Mittelwert über einen bestimmten Bezugszeitraum. Für die zum anderen mögliche Berechnung von Mittel- oder Summenwerten über mehrere Bezugsobjekte (also unterschiedliche Artikel) erscheint ein Wechsel zur Berechnungsgrundlage Geldeinheit sinnvoll, da Artikelmengen unterschiedlicher Materialnummern nicht vergleichbar sind. Diese eher der Ressourcensicht zugeordnete Gesamtsicht ist zur Planung und Steuerung eines Artikels nur bedingt sinnvoll (s. o.). Die dort bereits genannte eingeschränkte Aussagekraft für die Lagerreichweite bei Zugangs- und Abgangsschwankungen gilt sinngemäß.

Absolute Fehlmengenwerte sind vor allem für die Wiederholfertigung interessant. Für die Einzelfertigung ist demgegenüber der Lieferverzug sprechender, da er einen direkten Vergleich mit einer vom Kunden vorgegebenen Termintoleranz erlaubt.

Lieferverzug (Fehlbestandsreichweite)

Der *Lieferverzug* – logistisch präziser eigentlich Fehlbestandsreichweite – kennzeichnet die Zeitspanne, bis der eintreffende Lagerzugang die aktuelle Fehlmenge deckt. Graphisch bezieht man den aktuellen Fehlbestand auf den voraussichtlichen Zeitpunkt des Lagerzugangs und berücksichtigt die in dieser Zeit möglicherweise neu auftretende Nachfrage nicht. Im Durchlaufdiagramm ist die Verspätung dementsprechend als waagerechter Abstand zwischen Nachfrage und Zugang ablesbar, Abb. 4.18. Hervorhebenswert erscheint die logistische Entsprechung zur Rückstandsreichweite der Produktion. Die Messung erfolgt – analog zur Lagerverweilzeit oder Lagerreichweite – in Tagen oder Arbeitstagen. Sie betrachtet hierzu einen Artikel (oder eine Artikelfamilie) und basiert auf der Anzahl Artikel (alternativ Gewichts- oder Längenangaben). Als Sonderform betrachtet der *Lieferverzug verspäteter Teile* lediglich die verspäteten Materialien bzw. Aufträge vgl. u. a. [Glä93; WieP97, S. 131; Lutz02, S. 18 f., 33 f.].

Die zeitliche Aggregation zum mittleren (artikelbezogenen) Lieferverzug zeigt Abb. 4.19a. Die Kennzahl berücksichtigt bereits die Mengendimension (Artikelanzahl, Gewicht oder Länge), deshalb reicht eine Aggregation als einfaches Mittel über der Zeit aus. Wegen der großen Zugangsmengen (im Vergleich zu den Abgangsmengen) wird er über das Verhältnis von Fehlbestandsfläche (in Abb. 4.19a weiß hinterlegt) zu Lagerabgangsmenge des Bezugszeitraums (= Liefermenge) berechnet, vgl. dazu ausführlich [Glä93; WieP97, S. 130 f.; NW03, S. 241 ff.]. Für die ebenfalls denkbare Aggregation über mehrere Bezugsobjekte – also unterschiedliche Artikel – ist ein Wechsel der Berechnungsgrundlage von Anzahl zu Geldeinheiten sinnvoll. Diese eher der Ressourcensicht zugeordnete Gesamtsicht erscheint zur Planung und Steuerung eines Artikels nur noch eingeschränkt aussagefähig (s. o.).

Darüber hinaus lässt sich für die jeweilige individuelle Bedarfsmenge (aus Einzelbestellung oder Sekundärbedarf) wiederum eine eventuelle Verspätung betrachten. Die terminliche Zuordnung von Nachfrage- zu Abgangsmenge ergibt die Terminabweichungsfläche. Abbildung 4.19b visualisiert die so berechnete Verspätung bezogen auf eine Nachfragemenge (grau hinterlegter Balken). Sie entspricht einer *Terminabweichung* ggü. dem Kundenwunsch und repräsentiert damit wiederum eher eine Auftragssicht, vgl. a Abschn. 4.2.3.

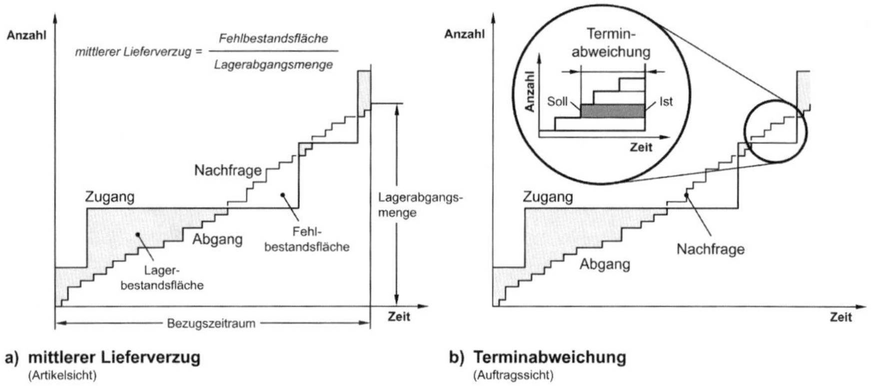

Abb. 4.19 Mittlerer Lieferverzug und Terminabweichung. (In Erweiterung zu IFA)

Servicegrad

Der *Servicegrad* bildet die dritte Zuverlässigkeitskennzahl eines Lagers. Er beschreibt den Anteil der Nachfragen, die durch die verfügbaren Bestände mengen- und zeitgenau bedient werden konnten. Die Messung erfolgt – analog zur Liefertreue – als Prozentwert. Eine Aggregation ist als einfacher Mittelwert, bei stark unterschiedlichen Nachfragemengen ggf. auch als gewichtetes Mittel (üblich mit der nachgefragten Menge/Gewicht/Länge; denkbar auch mit dem Auftragswert) möglich und zwar sowohl zeitlich über mehrere Perioden als auch über mehrere Bezugsobjekte wie Artikelklassen, vgl. u. a. [WieP05, S. 290; Lutz02, S. 18, 35; NW03, S. 274; Scho07, S. 553]. Im Vergleich zur Liefertreue ist hervorzuheben, dass diese Kennzahl prinzipbedingt keine Termintoleranz vorsieht. Als pünktliche Belieferung wird lediglich gezählt, was zum Nachfragezeitpunkt verfügbar ist.

Als *Verfahrensparameter* sind artikelbezogene Zuverlässigkeitszahlen unüblich. Sie sollen indirekt typischerweise über den Lager- bzw. Sicherheitsbestand[31] beeinflusst werden.

Die *logistische Bedeutung* einer zuverlässigen bzw. wunschgerechten Lieferung wurde bereits unter auftrags- und ressourcenbezogener Sicht ausführlich diskutiert, vgl. Abschn. 4.2.3 sowie 4.3.3. Darüber hinaus ist zu beachten:

- Der *Lieferverzug* bewertet die Abweichungen mit Bezug zur Fehlmenge und Fehlzeit und eignet sich besonders zur Bewertung der Auswirkungen auf logistisch abhängige, nachgelagerte Bereiche, da sie die aus der Fehlmengensituation resultierende zeitliche Verzögerung quantifiziert. Für damit entstehende Lieferketten ist die Kopplung der einzelnen Prozesse ein wichtiger Einflussfaktor für die Gesamtzuverlässigkeit, vgl. dazu ausführlich [Glä93, S. 319; Lutz02, S. 139 ff.; SeSn08, S. 205 f.].

[31] In Analogie zur Diskussion bei den Produktionskennlinien bietet sich diese indirekte Beeinflussung des Servicegrads (oder Lieferverzugs) über den Lagerbestand aufgrund des Kennlinienverlaufes an, vgl. a. Fußnote 19.

- Beim artikelbezogenen *Servicegrad* ist die Analogie zu den auftragsbezogenen Zuverlässigkeitskennzahlen von Interesse. Hier ergeben sich zwei Deutungsmöglichkeiten. Die Interpretation der Nachfrage als Kundenwunschtermin ergibt eine Analogie zur Wunsch-Liefertreue bzw. zur Lieferfähigkeit. Die Interpretation der Nachfrage als zugesagter bzw. bestätigter Liefertermin ergibt eine Analogie zur Liefertreue, vgl. Abschn. 4.2.3. Messvoraussetzung für beide Fälle bildet die Kenntnis der Nachfrage, bei deren Erfassung sich viele Unternehmen schwer tun.

Bei der logistischen Interpretation ist zum einen zu beachten, dass die Aufträge nicht zwangsläufig verloren gehen, wenn ein Unternehmen ein nachgefragtes Produkt nicht direkt aus dem Lagerbestand liefern kann, vgl. dazu ausführlich [Löd05, S. 28]. Zum anderen beeinflusst das Unternehmen über Lieferzeitkataloge auch die Kundenerwartungen bzgl. Lieferzeiten.

Primäre Anwendung: Lieferverzug bzw. Servicegrad werden als Zielgröße sowie als Verbesserungsgröße (zur Zielvorgabe und -überwachung) eingesetzt.

4.5 Wirkzusammenhänge der Logistikkennzahlen

Wie bereits mehrfach erläutert, sind die in der Logistik bestehenden Zielkonflikte weder widerspruchsfrei lösbar noch lokal oder im Zeitverlauf gleichbleibend. Demnach existiert prinzipiell nicht nur ein Ziel, dessen Wert es zu maximieren oder zu minimieren gilt, sondern es müssen immer die Auswirkungen von Maßnahmen auf alle anderen Teilziele gleichzeitig berücksichtigt werden. Diese Konflikte sind bereits lange bekannt (vgl. u. a. [Gut51, S. 159; WieP86, S. 217 ff.; NW99]). Dennoch besteht in vielen Unternehmen keine hinreichende Klarheit über ihre Auswirkungen: So versuchen die Produktionsverantwortlichen vielfach, zwischen Auslastung und Durchlaufzeit zu „optimieren“ und hierbei noch externe Kundentermine oder interne Planungstermine zu halten. Untersuchungen zeigen jedoch, dass ein solcher Ansatz nicht zielführend ist, weil letztlich keine geeignete Optimierungsgröße definierbar ist. Auch das Ziel minimaler Gesamtkosten ist hier wenig hilfreich. Vielmehr ist von einer marktstrategisch motivierten Zielgröße auszugehen, wie beispielsweise der Halbierung der Liefer- oder Durchlaufzeit oder auch einer Liefertreue von 95 %, um sich im Spannungsfeld der übrigen logistischen Zielgrößen positionieren zu können, vgl. dazu ausführlich [NW03, S. 4 f.; NW07].

Eine solche *logistische Positionierung* erfordert die Kenntnis der Wirkbeziehungen zwischen den Zielgrößen und ihren Beeinflussungsmöglichkeiten durch die Planung und Steuerung. Hierfür haben sich die am IFA Hannover entwickelten sogenannten logistischen Kennlinien bewährt: Historisch wurden sie zunächst für die Abhängigkeiten zwischen Auslastung, Durchlaufzeit und Bestand an einzelnen Arbeitssystemen einer Teilefertigung formuliert, die durch Werkstattstrukturen einer Einzel- und Kleinserienfertigung geprägt ist. Heute sind sie für ein deutlich breiteres Anwendungsfeld verfügbar, vgl. dazu ausführlich [NW03] und die dort zitierte Literatur.

Diese Arbeit stellt zunächst das Grundschema zur Modellierung logistischer Kennlinien dar (Abschn. 4.5.1). Hierauf aufbauend werden die Basismodelle der Kennlinien für die Prozesse Produzieren (Abschn. 4.5.2) und Lagern (Abschn. 4.5.3) mit ihren wesentlichen strukturellen Einflussgrößen beschrieben.

4.5.1 Kennlinienmodellierung

Generell stellt eine Kennlinie den Zusammenhang zwischen einer unabhängigen Variablen (Einflussgröße) und einer davon abhängigen Variablen (Zielgröße) in Form einer Kurve graphisch dar. Für jeden Wert der veränderbaren Einflussgröße lässt sich so (mindestens) ein Wert für die Zielgröße ermitteln [NW03, S. 11]. Kennlinien beschreiben also nicht nur das Systemverhalten punktuell, sondern erklären es über die identifizierten Ursache-Wirkungs-Beziehungen unter bestimmten – meist als konstant gesetzten – Rahmenbedingungen in einem definierten Wertebereich einer unabhängigen Variablen (vgl. dazu ausführlich Abschn. 2.1: Modellklassifikation nach Einsatzzweck).

Logistische Kennlinien visualisieren das Logistikverhalten eines Systems. Hierzu verdichten sie unterschiedliche Betriebszustände – also stationäre logistische Systemzustände[32] – und beschreiben die Abhängigkeiten der Periodenmittelwerte logistischer Zustandsgrößen (Leistungs-, Durchlaufzeit- und Zuverlässigkeitskennzahlen sowie teilweise Kostenkennzahlen) von einer zu wählenden Regelgröße (meist der Bestand). Sie sind heute für die Grundprozesse Produzieren und Prüfen, Transportieren sowie Lagern und Bereitstellen verfügbar. Unterschiedliche Erweiterungen existieren nach Art des Teileflusses (vom One-Piece-Flow bis zur Chargenfertigung) sowie für logistisch verkettete Systeme (z. B. Produktionsbereiche, Lieferketten oder Montageprozesse). Aus den Erkenntnissen wurden produktions- und bevorratungslogistische Grundgesetze abgeleitet, vgl. dazu ausführlich [NW99; NyP02].

Auch die Kennlinienmodellierung folgt dem in Abschn. 2.2 dargestellten Vorgehen zur Modellbildung mit den vier Schritten Systemabgrenzung, Merkmalsbeschreibung, Modellformalisierung sowie Modellüberprüfung. Für logistische Kennlinien hat sich hierfür ein deduktiv-experimentelles Vorgehen bewährt, vgl. u. a. [NyP91; NyP08b].

---

[32] Die Regelungstechnik beschreibt mit stationär einen Gleichgewichtszustand im Zustandsraum mit gleichbleibendem Arbeitspunkt. Hier sind die zeitveränderlichen Größen des Systems genügend konstant und daher ihre Ableitungen nach t gleich *Null*. Am Arbeitspunkt nehmen die Größen ihre Soll-Werte an [Föl94, S. 67 f., 405]. Analog gilt: Im *logistisch stationären Zustand* ändern sich die Mittelwerte und Streuungen der als relevant erachteten logistischen Zustandsgrößen über der Zeit nicht signifikant. Die zulässige Abweichung ist über eine vorgegebene Toleranz bestimmt, vgl. dazu ausführlich [WieH02, S. 220 f.].

1. *Systemabgrenzung*
Zunächst ist das logistische System mit der angestrebten Abbildung seines Verhaltens zu beschreiben (Problemstellung und Zieldefinition). Diese Systemabgrenzung basiert auf der in Abb. 4.2 dargestellten Modellierung des Trichtermodells. Hierbei sind zu unterscheiden:

- *Prozessbezogen* ist ein Abschnitt der Auftragsabwicklung abzugrenzen, d. h. damit ist ein ortsfestes System Kapazitätseinheit mit dem Input und Output der beweglichen Elemente (Aufträge, Artikel) eindeutig beschrieben. Auf Grundlage der bereits erwähnten Referenzprozesse der Produktion wird ein – aktivitäts- oder organisationsbezogenes – Durchlaufelement so definiert, dass Zugang und Abgang der Kapazitätseinheit sowie eine entsprechende Durchlaufzeit und ihre relevanten Zeitanteile eindeutig messbar sind, vgl. Abb 4.3.
- *Entscheidungsbezogen* werden – meist nur implizit – Annahmen über die Ausprägung der kurzfristigen Werkstattsteuerungsaufgaben getroffen. Hier sind alle vier (von Lödding definierten) Aufgaben der Fertigungssteuerung[33] zu prüfen und ggf. sinngemäß anzuwenden oder zu ergänzen. Die systematische Variation der Regelgröße setzt seine gezielte Beeinflussung über den Input oder Output voraus.

Ergebnis der Systemabgrenzung ist – neben Problemstellung und Zieldefinition – ein prozess- und entscheidungsbezogen abgegrenztes Logistiksystem.

2. *Merkmalsbeschreibung*
Im Sinne der erforderlichen Reduktion der komplexen Wirklichkeit (Verkürzungsmerkmal der Modellbildung) sind mit Bezug auf den Abbildungszweck ebenfalls zwei Aspekte zu unterscheiden:

- *Zustandsgrößenbezogen* ist eine Auswahl auf wesentliche – das logistische Verhalten zentral beschreibende bzw. bestimmende – Größen wichtig. Hier bilden die in den vorhergehenden Abschnitten beschriebenen Kennzahlen einen geeigneten Ausgangspunkt der Überlegungen.
- *Wirkungsbezogen* sind Arbeitsthesen zu prinzipiellen Zusammenhängen zwischen den Zustandsgrößen und die Auswahl einer Regelgröße erforderlich. Idealerweise besteht bereits eine grundlegende Vorstellung vom Verhalten und den zu untersuchenden (starken) Wirkzusammenhängen – wenn nicht, helfen hier Beobachtungen oder Experimente.

Ergebnis der Merkmalsbeschreibung sind also vorläufige Annahmen über die Gliederung nach unabhängigen und abhängigen Variablen mit Arbeitsthesen über ihr Zusammenwirken.

---

[33] Lödding definiert als vier Aufgaben der Fertigungssteuerung: Auftragserzeugung, Auftragsfreigabe, Kapazitätssteuerung sowie Reihenfolgebildung. Bei Bedarf ist zusätzlich die Aufgabe der Arbeitsverteilung zu betrachten, vgl. dazu ausführlich [WieH02, S. 91 ff.; Löd05, S. 7 ff.] sowie Abschn. 5.3.4 und 5.3.5.

3. *Modellformalisierung*
Dieser Schritt beinhaltet deduktive und experimentelle Komponenten, die beide auf dem Trichtermodell aufbauen. Ihre geeignete Kombination hat sich unter Aufwands-Nutzen-Gesichtspunkten bewährt, vgl. dazu ausführlich [NW03, S. 132 ff.; NyP08a, b]:

- Der *deduktive Modellanteil* idealisiert zunächst das logistische Prozessverhalten und nennt hierfür die Bedingungen eines logistischen Idealzustandes. Aus einem so verstandenen *logistischen Benchmark* werden ideale Prozesskennzahlen abgeleitet und aus den elementaren Gesetzmäßigkeiten wird der funktionale Verlauf idealer Kennlinien – in Abhängigkeit der gewählten Regelgröße – konstruiert.
- Der *experimentelle Modellanteil* betrachtet nun das reale – meist über Simulationen ermittelte – logistische Verhalten. Hierbei wird die Regelgröße – unter sonst konstanten Rahmenbedingungen – systematisch variiert.
- Das *Wirkmodell* kombiniert die beiden Modellanteile zu einem deduktiv-experimentellen Modell. Hierzu werden geeignete mathematische Näherungsgleichungen zur Beschreibung des funktionalen Verlaufs realer Kennlinien entwickelt und mit Hilfe der Simulationsergebnisse – unter Berücksichtigung der elementaren Gesetzmäßigkeiten – parametriert.

Ergebnis der Modellformalisierung ist ein formales Modell. Es beschreibt die Wirkzusammenhänge zwischen den Variablen qualitativ und quantitativ so, dass sie Ursache und Wirkung erklären.

4. *Modellüberprüfung*
Dieser letzte Schritt bewertet die Modelleignung im Hinblick auf die angestrebte Erklärung und Vorhersage der betrachteten Wirkzusammenhänge (und damit auch die Brauchbarkeit des Modells, vgl. a. Abschn. 2.2). Hierbei sind zwei Kriterien zu unterscheiden:

- Zum einen ist die *Verständlichkeit* für die Anwender wichtig. Das Ableiten von Modellstruktur und -parametern aus überwiegend elementaren Gesetzmäßigkeiten unterstützt das Verständnis der Ursache-Wirkungszusammenhänge zwischen den Zustandsgrößen. Zudem ist eine schrittweise Erklärung vom Ideal- zum Realprozess möglich.
- Zum anderen ist die *Prognostizierbarkeit* des logistischen Verhaltens notwendig. Bei der Überprüfung steht der Hauptanwendungsfall der Wirkungsprognose – also das Abschätzen der Konsequenzen von Handlungsalternativen – im Vordergrund, vgl. a. Abschn. 2.1.

Insbesondere der erste Schritt der Modellüberprüfung trägt dazu bei, ein grundlegendes Verständnis über das stationäre und das zeitabhängige logistische Systemverhalten zu gewinnen.

Die folgenden beiden Abschnitte erläutern die grundlegenden logistischen Wirkzusammenhänge in Produktion und Lager.

4.5.2 Wirkzusammenhänge in der Produktion

Aus logistischer Sicht besteht die Aufgabe der Produktion darin, die gewünschten Produkte (in der geforderten Qualität) termingerecht und am vereinbarten Ort bereitzustellen. Hierbei sind die Entscheider mit dem mehrfach erwähnten *Dilemma der Ablaufplanung* konfrontiert, bei dem zwischen hoher Auslastung einerseits und kurzen Durchlaufzeiten bzw. niedrigen Umlaufbeständen andererseits abzuwägen ist, vgl. dazu ausführlich [Gut51, S. 159; NW99, S. 4 ff.]. Mit den bereits erläuterten Kennzahlen und Durchlaufdiagrammen – und den bei Bedarf zu ergänzenden Durchlaufzeit-, Auftragszeit- und Terminabweichungsverteilungen – ist es möglich, die Abweichungen von Planungsvorgaben aufzufinden und geeignete Steuerungsmaßnahmen abzuleiten. Doch die erforderlichen Wirkzusammenhänge lassen sich mit diesen Methoden nicht vollständig beschreiben. Dementsprechend sind für eine Produktion folgende Fragestellungen zu beantworten [NyP08b, S. 196]:

- Welche geringsten Durchlaufzeiten können bei gegebenen Rahmenbedingungen, d. h. bestehenden Fertigungs- und Auftragsstrukturen, erreicht werden?
- Wie hoch müssen die Umlaufbestände mindestens sein, um signifikante Leistungseinbußen zu vermeiden?
- Welche Maßnahmen erschließen welches logistische Verbesserungspotenzial und welche logistischen Nebenwirkungen (vgl. Abschn. 1.3) sind hier zu erwarten?

Nun werden die Kennlinien des Basismodells Produzieren erläutert und Schlussfolgerungen für die Beeinflussung des produktionslogistischen Verhaltens im Betrieb[34] abgeleitet.

Produktionskennlinien

Produktionskennlinien stellen die Zusammenhänge zwischen Umlaufbestand, Durchlaufzeit und Produktionsleistung (sowie weiteren logistischen Zustandsgrößen) dar und können so die Beantwortung der Fragestellungen unterstützen. Sie beschreiben jeweils einen bestimmten stationären Betriebszustand in Abhängigkeit einer Regelgröße – im Grundmodell ist dies der Bestand – und ermöglichen so eine Aussage über die Höhe des angemessenen Bestandsniveaus. Dies setzt implizit eine Bestandsregelung voraus. Im Folgenden werden lediglich die Abhängigkeiten zwi-

---

[34] Ein solcher Ansatz interpretiert das Auftragsmanagement-Problem als *Regelungsaufgabe*, in dem Regelgrößen über Stellgrößen gezielt beeinflusst werden. Ergebnis einer solchen Überlegung bildet dann bspw. das Aufgabenmodell der Fertigungssteuerung, vgl. dazu ausführlich [Löd05, S. 7 ff.] sowie Abschn. 5.3.4 und 5.3.5. Alternativ ließe sich das Auftragsmanagement-Problem auch als *Zuordnungsaufgabe* interpretieren, bei der Aufträge (Kapazitätsbedarfe) Ressourcen (Kapazitätsangeboten) mit Hilfe von Entscheidungsfunktionen über der Zeit fest zugeordnet werden. Das in Kap. 3 erläuterte Grundmodell erlaubt beide Interpretationsmöglichkeiten, obwohl die Begriffswahl ‚regelkreisbasiertes Auftragsmanagement‘ (vgl. Abschn. 3.5) die erste Interpretation nahe legt.

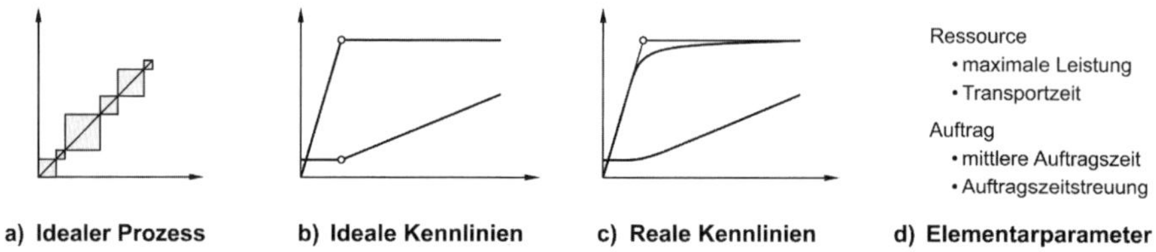

Abb. 4.20 Logistische Kennlinie Basismodell Produzieren. (Nach IFA)

schen Bestand, Leistung und Durchlaufzeit an einem Arbeitsplatz betrachtet und als *Basismodell*[35] definiert, vgl. dazu u. a. [NW99, S. 36 ff., 61 ff.; Löd05, S. 59 ff.].

Die Berechnung der Produktionskennlinie geht auf P. Nyhuis zurück [NyP91]. Grundlage der Berechnungsgleichung bildet von Wedemeyers Definition des (logistisch) idealen Produktionsprozesses [Wed89]. Für diesen können ideale Kennlinien abgeleitet werden, die wiederum als Basis für die Annäherung der realen Produktionskennlinie dienen, vgl. dazu ausführlich [NW99, S. 62 ff.; Löd05, S. 65 ff.; NyP08b, S. 196 ff.]. Abbildung 4.20 zeigt die vier wesentlichen Modellkomponenten – idealer Prozess, ideale Kennlinie, reale Kennlinie sowie Elementarparameter – für das Basismodell Produzieren (genauer: Teile fertigen).

Ausgangspunkt bildet der *ideale Produktionsprozess* mit folgenden Bedingungen:

- Es befindet sich zu jedem Zeitpunkt genau ein Auftrag am Arbeitssystem.
- Ein Auftrag wird unmittelbar nach seinem Zugang bearbeitet.
- Es treten keine Prozessstörungen auf.

In diesem (logistisch) idealen Produktionsprozess wartet also weder ein Arbeitssystem auf einen Auftrag (keine Leerzeiten bzw. Auslastungsverluste) noch ein Auftrag auf seine Abarbeitung (keine Wartezeiten bzw. Durchlaufzeit gleich Durchführungszeit). Bei einer (ausnahmsweisen) Angabe der Zeitachse in Vorgabestunden und gleicher Achsenskalierung von Zeit- und Arbeitsinhaltsachse werden die Durchlaufelemente der Aufträge daher zu Quadraten. Diese reihen sich ohne Lücken oder Überlappungen aneinander, Abb. 4.20a. Transportvorgänge zwischen Arbeitssystemen sind ergänzend zu berücksichtigen. Der mittlere Bestand dieses Idealprozesses wird als *idealer Mindestbestand* des Arbeitssystems bezeichnet. Er ist der wichtigste Parameter der Produktionskennlinie, vgl. zu weiteren Voraussetzungen des idealen Prozesses [NW99, S. 62 ff.; Löd05, S. 65 ff.].

Die *ideale Produktionskennlinie* lässt sich aus dem logistischen Idealprozess ableiten. Dazu wird der Bestand des idealen Produktionsprozesses gedanklich variiert und seine Auswirkungen auf Leistung und Durchlaufzeit dargestellt. (Hierbei gelten immer die mittleren Periodengrößen, die sich prinzipbedingt nur unter bestimm-

[35] In der Literatur findet sich bislang (noch) kein einheitliches Verständnis eines Basismodells. Mitunter werden ergänzend oder alternativ zur Durchlaufzeit Reichweite, Übergangszeit oder auch relative Terminabweichung genannt, vgl. u. a. [NW99, S. 37; Löd05, S. 60; NyP08b, S. 197].

ten Voraussetzungen auf einzelne Zeitpunkte oder Aufträge übertragen lassen.) Abb. 4.20b zeigt zwei Kennlinien:

- *Leistungskennlinie*: Beim idealen Mindestbestand ist die maximal mögliche Leistung erreicht. Eine Bestandserhöhung darüber hinaus bewirkt keine Leistungssteigerung; die ideale Leistungskennlinie verläuft parallel zur Bestandsachse (Sättigungsbereich). Dagegen führt eine Bestandsverringerung zu Auslastungsverlusten; die Leistung des Arbeitssystems reduziert sich proportional zum Bestand (Proportionalbereich).
- *Durchlaufzeitkennlinie*: Beim idealen Mindestbestand ist die minimal mögliche – aus der Durchführungs- und Transportzeit resultierende – Durchlaufzeit erreicht. Eine Bestandsverringerung unter den idealen Mindestbestand kann deshalb die mittlere Durchlaufzeit nicht verkürzen. Dagegen verlängert eine Bestandserhöhung oberhalb dieses Wertes die mittlere Durchlaufzeit proportional zur Bestandserhöhung.

Die Kennlinien von mittlerer Reichweite, Übergangszeit und Durchlaufzeitabweichung (auch relative Terminabweichung) weisen ein prinzipiell ähnliches Verhalten auf. Sie verlaufen parallel, wenn die Bearbeitungsreihenfolge der Aufträge nicht mit der Auftragszeit korreliert, vgl. dazu ausführlich [NW99, S. 67 ff.; NW03, S. 123 ff.; Löd05, S. 59 ff.].

Die *reale Produktionskennlinie* löst die nicht praxisgerechte Annahme des zeitlich exakt synchronisierten Auftragszugangs und -abgangs[36] auf. Ein definierter Abknickpunkt für die Leistungskennlinie liegt somit nicht vor, und der Übergang zwischen Proportional- und Sättigungsbereich verschwimmt, Abb. 4.20c. Logistisch ist dieser Zusammenhang wie folgt zu interpretieren: In einer realen Fertigung ist zusätzlich zum Bearbeitungsbestand (des Auftrags in Bearbeitung) ein Pufferbestand wartender Aufträge erforderlich, um damit Leistungseinbußen aufgrund Zugangsschwankungen oder zu geringer Kapazitätsflexibilität vorzubeugen. Dieser Pufferbestand ist im Wesentlichen von denselben Größen abhängig, die auch den Abknickpunkt der idealen Leistungskennlinie bestimmen. Die mathematische Abbildung ist über eine C_{norm}-Funktion realisierbar. Der reale Kennlinienverlauf der Durchlaufzeit (sowie der anderen Zeitgrößen) ergibt sich analog, vgl. dazu ausführlich [NW99, S. 71 ff.].

Eine wichtige Ergänzung des Grundmodells bildet die normierte Produktionskennlinie, die eine arbeitssystemneutrale Beschreibung erlaubt. Hierbei werden Auslastung (normiert mit der maximalen Leistung) und Flussgrad (normiert über die Mindest-Durchlaufzeit) in Abhängigkeit vom relativen Bestand (normiert über den idealen Mindestbestand) darstellt, vgl. dazu ausführlich [NW99, S. 90 ff.; NyP08b, S. 201 ff.].

Die so ermittelten *Elementarparameter* lassen sich nach Ressourcen- und Auftragssicht gliedern, Abb. 4.20d: Leistung und Transportzeit sind der Ressourcen-

36 Die Annahme des exakten Einhaltens von Vorgabezeiten wird formal nicht aufgelöst. Das Modell ist hier aber relativ robust gegen die praxisüblichen Abweichungen einer industriellen Stückgüterproduktion.

sicht zugeordnet. Demgegenüber sind mittlere Auftragszeit und Auftragszeitstreuung der Auftragssicht zugeordnet. Diese Parameter beschreiben die logistischen Rahmenbedingungen, also die Fertigungs- und Auftragsstrukturen. Sie zeigen geeignete Ansatzpunkte für logistische Rationalisierungspotenziale auf; hierzu hat sich die engpassorientierte Logistikanalyse bewährt, vgl. dazu ausführlich [NW99, S. 193 ff.; NyP08b, S. 207 ff.].

Neben der Betrachtung des Durchlaufzeit- und Leistungsverhaltens in Abhängigkeit der Regelgröße Bestand ist auch die Termintreue einer Produktion – also das *Zuverlässigkeitsverhalten* – zu betrachten. Für eine solche Erweiterung ist zunächst wiederum eine geeignete Regelgröße (bspw. der Rückstand) auszuwählen. Die Wahl dieser anderen Regelgröße erscheint dann überlegenswert, wenn eine differenzierte (d. h. in Grenzen unabhängige) Regelung von Rückstand und Bestand möglich ist. Mit Hilfe des Modells der Fertigungssteuerung [Löd05, S. 7 ff.] lässt sich zeigen: Ist eine differenzierte Beeinflussung von Auftragsfreigabe (d. h. Zugang) und Kapazitätssteuerung (d. h. Abgang) logistisch in Grenzen sinnvoll möglich, dann macht eine differenzierte Betrachtung Sinn. Dies ist in einer klassischen Stückgüterproduktion typischerweise[37] der Fall. Je nach Anforderung ist also eine Darstellung der *relativen Termintreue* (Anteil der Aufträge, deren Durchlaufzeit von der Plan-Durchlaufzeit höchstens um den durch die Termintoleranz definierten Wert abweicht) in Abhängigkeit von der Regelgröße Bestand oder der *Abgangstermintreue* in Abhängigkeit von der Regelgröße Rückstand denkbar. Beide Größen sind über die Zugangsterminabweichung verknüpft, vgl. dazu ausführlich [Yu01; NW03, S. 127 ff.; Löd08b, S. 61 f.].

Das *Grundmodell* stellt für die Produktion das Leistungs- und Durchlaufzeitverhalten in Abhängigkeit von der Regelgröße Bestand dar. Erweiternd ist eine Darstellung des Zuverlässigkeitsverhaltens in Abhängigkeit der Regelgrößen Bestand oder Rückstand möglich. Somit gelten Durchlaufzeit- und Zuverlässigkeitsverhalten in einer Produktion als lose gekoppelt.

Schlussfolgerungen

Die Kenntnis der Wirkzusammenhänge erlaubt nun zunächst Schlussfolgerungen zum *Durchlaufzeitverhalten* einer Produktion, Abb. 4.21. Die zentralen Größen sind hier Durchlaufzeit und Bestand.

Aus dem von P. Nyhuis formulierten 1. und 2. Grundgesetz der Produktionslogistik ist abzuleiten, dass aus logistischer Sicht mittel- bis langfristig einzig der Bestand wirkungsvoll beeinflussbar ist [NW99, S. 121 ff.]. Aus regelungstechnischer Sicht sind gegenwartsbezogene Größen geeignetere Regelgrößen als vergangenheitsbezogene [Pet96, S. 75, 77]. Deshalb wählt Petermann den Bestand als Regelgröße und den Zugang als Stellgröße [Pet96, S. 67]. Auch aus kurzfristiger Sicht empfiehlt sich der Bestand, wie Rempp nachweist [Rem99].

---

[37] Eine Ausnahme hiervon bilden bspw. Reparaturbetriebe, bei denen der Zugang praktisch nicht beeinflussbar ist. Auch feste Lieferzeitgarantien bei kurzfristig stark schwankenden Bedarfen schränken die Möglichkeit eines kurzfristigen Belastungsabgleichs stark ein. Damit verbleibt lediglich die Möglichkeit, über die Kapazität den Bestand zu regeln, vgl. dazu ausführlich [BrPa02; Löd08b, S. 495 ff.].

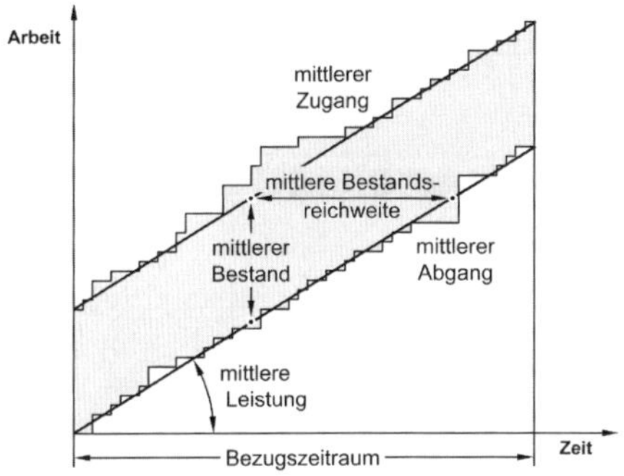

$$\textit{mittlere Bestandsreichweite} = \frac{\textit{mittlerer Bestand}}{\textit{mittlere Leistung}}$$

a) **ressourcenbezogen**
(Messgröße Vorgabestunden)

$$\textit{erwartete Durchlaufzeit} = \frac{\textit{mittlerer Bestand}}{\textit{mittlere Leistung}}$$

b) **auftragsbezogen**
(Messgröße Anzahl Aufträge)

Abb. 4.21 Durchlaufzeitverhalten einer Produktion. (Nach IFA)

Für das Ableiten von Maßnahmen sind insbesondere die Zusammenhänge zwischen den Größen Durchlaufzeit und Bestand interessant. Unterstellt man den stationären (stabilen) Systemzustand, lässt sich aus dem Durchlaufdiagramm eine Beziehung zwischen dem mittleren Bestand (vertikaler Abstand zwischen der idealisierten Zugangs- und Abgangskurve), der mittleren Bestandsreichweite bzw. mittleren Durchlaufzeit und der mittleren Leistung ableiten [NW99, S. 35; WieH02, S. 204 f.; NyP08b]:

- *Ressourcenbezogen* gilt die sogenannte *Trichterformel*: Demnach ergibt sich die mittlere Bestandsreichweite[38] (des Umlaufbestandes) aus dem Verhältnis des mittleren Bestandes (in Vorgabestunden[39]) zur mittleren Leistung (in Vorgabestunden pro Zeiteinheit), Abb. 4.21a. Die Trichterformel besagt also, wie lange es durchschnittlich dauert, bis bei gleichbleibender mittlerer Leistung der Bestand am Arbeitssystem vollständig abgearbeitet ist, sofern zwischenzeitlich kein neuer Auftrag zugeht.
- *Auftragsbezogen* gilt *Little's Law*: Demnach lässt sich die mittlere (erwartete) Durchlaufzeit[40] aus dem Verhältnis von Bestand in der Dimension Anzahl Aufträge und der Leistung in der Dimension Anzahl Aufträge pro Zeiteinheit berechnen, Abb. 4.21b. Little's Law sagt aus, welche Zeit ein neu am Arbeitssystem ankommender Auftrag bis zu seiner Abfertigung im Mittel verweilen muss und

[38] Frühere Veröffentlichungen verwenden statt der mittleren Reichweite die mittlere gewichtete Durchlaufzeit, vgl. u. a. [BecW84; Wie97, S. 104]. Da dies die Auftrags- und Ressourcensicht begrifflich vermischt, erscheint die Formulierung der Trichterformel über die mittlere Reichweite logistisch präziser.

[39] Grundsätzlich wäre auch eine Messung in Anzahl Aufträgen anstatt in Vorgabestunden denkbar. Mit zunehmender Streuung der Arbeitsinhalte wird diese Messung allerdings immer ungenauer.

[40] Grundsätzlich ist der Unterschied zwischen ungewichteter Durchlaufzeit und mit der Auftragszeit gewichteter Durchlaufzeit zu beachten, vgl. Abschn. 4.4.1. In diesem Fall weichen allerdings die zugrunde gelegte Bezugsgrößen von der üblichen Nomenklatur ab. Um darauf hinzuweisen, verwendet P. Nyhuis deshalb den Begriff virtuelle Durchlaufzeit, vgl. dazu ausführlich [NW99, S. 28 ff.].

beschreibt somit eine zu erwartende Durchlaufzeit[41] dieses Einzelauftrags. Diese Interpretation gilt nur bei der Anwendung der FCFS-Regel und unterstellt damit einen laminaren Auftragsstrom.

Für die logistische Interpretation sind Gestaltungs- und Betriebsaspekte zu unterscheiden:

a) Für die *Gestaltung* steht die Festlegung einer *angemessenen* Bestandshöhe im Zentrum der Überlegungen: Mittel- bis langfristig gilt: Der Kunde bestimmt die Produktionsleistung, der Unternehmer hingegen den Bestand und darüber die Durchlaufzeit, vgl. [NW99, S. 121 f.]. Der Umlaufbestand kann entweder direkt mit einer Bestandsregelung oder indirekt über die Plan-Durchlaufzeiten der Aufträge geregelt werden. Eine gute Hilfestellung hierzu bieten die oben erläuterten Produktionskennlinien. Sie unterstützen die logistische Positionierung, die in einer konsistenten Parametrierung der erforderlichen Verfahrensparameter mündet. Im turbulenten Umfeld mit nicht stationären bzw. unstabilen Betriebszuständen ist die eingeschränkte Aussagesicherheit der Kennlinien zu beachten.
b) Im *Betrieb* steht die logistisch angemessene (d. h. zielführende) Reaktion in einer bestimmten Situation im Vordergrund. Hier bestimmt der festgelegte Toleranzbereich den Handlungsbedarf im operativen Betrieb: Sind aus der Gestaltungsphase Zielwerte bekannt, zeigen signifikante Abweichungen (Differenzen zwischen Ziel- bzw. Soll- ggü. Plan- bzw. Ist-Werten übersteigen den Toleranzbereich) Handlungsbedarf auf, vgl. Abschn. 3.3, 3.5.2.

Neben dem Durchlaufzeitverhalten lassen sich auch Schlussfolgerungen für das *Zuverlässigkeitsverhalten* der Produktion ableiten, Abb. 4.22. Die zentralen Größen sind hier Terminabweichung und Rückstand.

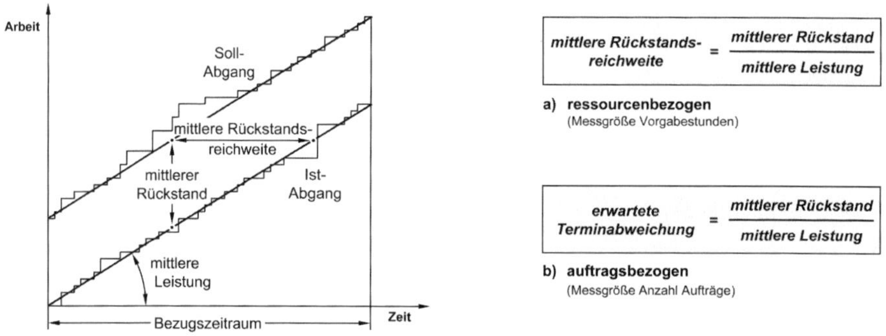

Abb. 4.22 Zuverlässigkeitsverhalten einer Produktion. (In Erweiterung zu Yu)

[41] Eine so berechnete Durchlaufzeit eilt der gemessen Durchlaufzeit voraus. Bechte nennt diesen Effekt bereits bei der Erläuterung der Trichterformel. P. Nyhuis verwendet daher den Begriff Reichweite statt Durchlaufzeit und trennt so klar zwischen auftrags- und ressourcenbezogener Sicht [NW99, S. 33 ff.].

Nach Vereinbarung des Liefertermins bilden die resultierenden Soll-Termine und -Mengen eine verbindliche Vorgabe für die Planung und Steuerung der Aufträge. Damit zeigt der Rückstand, inwieweit die betrachtete Produktion gegenüber ihrem Versprechen im Verzug ist. Deshalb wählt Petermann den Rückstand als Regelgröße und als korrespondierende Stellgröße die Kapazität aus [Pet96, S. 67]. Analog zur Argumentation von Rempp ist der Rückstand durch seinen Gegenwartsbezug auch aus kurzfristiger, regelungstechnischer Sicht geeignet [Rem99].

Für das Ableiten von Maßnahmen sind insbesondere die Zusammenhänge zwischen den Größen Terminabweichung und Rückstand interessant. Unterstellt man den stationären (stabilen) Systemzustand, ergibt sich analog zur Trichterformel ein Zusammenhang zwischen dem mittleren Rückstand (vertikaler Abstand zwischen der idealisierten Soll- und Ist-Abgangskurve), der mittleren Rückstandsreichweite bzw. mittleren Abgangsterminabweichung und der mittleren Leistung [Yu01, S. 41 f.; WieH02, S. 206 f.]:

- *Ressourcenbezogen* ergibt sich die mittlere Rückstandsreichweite[42] aus dem Verhältnis des mittleren Rückstandes (in Vorgabestunden[43]) zur mittleren Leistung (in Vorgabestunden pro Zeiteinheit), Abb. 4.22a. Grundsätzlich gilt die Gleichung auch für einen negativen Rückstand. Dann wird die mittlere Abgangsterminabweichung ebenfalls negativ; die Aufträge werden also früher fertig gestellt als vorgesehen. Dieser Zusammenhang besagt also, wie lange es durchschnittlich dauert, bis bei gleichbleibender mittlerer Leistung der Rückstand am Arbeitssystem vollständig abgebaut ist, sofern zwischenzeitlich kein weiterer Abgang geplant ist (und die abzuarbeitenden Aufträge auch rechtzeitig als Bestand am Arbeitssystem verfügbar sind).
- *Auftragsbezogen* lässt sich die mittlere (erwartete) Terminabweichung aus dem Verhältnis von Rückstand in der Dimension Anzahl Aufträge und der Leistung in der Dimension Anzahl Aufträge pro Zeiteinheit berechnen, Abb. 4.22b. Dies beschreibt, wie viel später ein neu am Arbeitssystem ankommender Auftrag voraussichtlich abgefertigt wird – also eine zu erwartende Terminabweichung[44] dieses Einzelauftrags. Diese Interpretation unterstellt Annahmen über die Verwendung von Reihenfolgeregeln. Sie gilt streng genommen nur bei der Abfertigung nach der Planreihenfolge.

Die von Yu gefundene Beziehung identifiziert den Rückstand als zweite zentrale Regelgröße. Gleichzeitig verdeutlicht sie die Bedeutung einer kurzfristigen Kapazi-

---

[42] Um auch hier Auftrags- und Ressourcensicht zu trennen, wird die von Yu vorgeschlagene mittlere Abgangsterminabweichung durch die Rückstandsreichweite ersetzt. Diese Formulierung setzt keine statistische Unabhängigkeit von Terminverzug und Auftragsgröße voraus und erlaubt somit das Messen von Rückstand bzw. Leistung in der üblichen Dimension Std bzw. Std/AT.

[43] Auch hier wäre eine Messung in Anzahl Aufträge anstatt in Vorgabestunden denkbar, wie dies Yu – unter ausdrücklichem Hinweis auf die Abweichung von der üblichen Dimensionsangabe – durchführt [Yu01, S. 42].

[44] Yu weist darauf hin, dass eine so berechnete Abgangsterminabweichung der gemessenen bei einem positiven Rückstand zeitlich vorauseilt. Der analoge Effekt wird bereits von Bechte bei der Beschreibung der Trichterformel genannt.

tätsanpassung für das Erreichen einer hohen Termintreue in der Produktion. Dies zeigt, wie die Kapazität (bzw. Leistung) das Durchlaufzeit- und Zuverlässigkeitsverhalten einer Produktion verknüpft.

Zur logistischen Interpretation werden wiederum Gestaltungs- von Betriebsaspekten unterschieden:

a) Für die *Gestaltung* ergibt sich ein grundsätzlicher Unterschied zum Bestand. Eine termingerechte Abarbeitung der Aufträge erfordert grundsätzlich einen Rückstand von *Null*, im Gegensatz zum Bestand, der eine angemessene Höhe annehmen soll (s. o.). Der Toleranzbereich lässt sich damit aus den Kundenforderungen hinsichtlich der Liefertreue ableiten, wobei die Kapazitätsflexibilität der Produktion zu berücksichtigen ist.
b) Im *Betrieb* steht die logistisch angemessene Reaktion in einer bestimmten Situation im Vordergrund. Übersteigt der Rückstand den Toleranzbereich, sind entweder Fremdvergabe oder Kapazitätserhöhung erforderlich. Reagieren die Verantwortlichen auf die schlechte Termintreue mit einem Erhöhen der Soll- oder Plan-Durchlaufzeit, kann dies leicht den „Teufelskreis der Fertigungssteuerung" auslösen, vgl. dazu ausführlich [WieH02, S. 225 f.].

Die Überlegungen zu den logistischen Systemgrößen legen es nahe, einen ersten Regelkreis aufzubauen, der den Bestand über den Zugang (Auftragsfreigabe) regelt. Ein zweiter Regelkreis soll den Rückstand über die Kapazität regeln. Die Rückstände einzelner Kapazitätseinheiten dürfen dabei nicht isoliert voneinander betrachtet werden. Hierbei bestehen Wechselwirkungen von Bestandsregelung und Rückstandsregelung über die Durchsatzengpässe der Produktion hin, vgl. dazu ausführlich [Löd01, S. 133 ff.; WieH02, S. 208 ff.].

4.5.3 Wirkzusammenhänge im Lager

Aus logistischer Sicht besteht die Aufgabe des Lagers darin, im Spannungsfeld zwischen den Flexibilitätsanforderungen der Bedarfsverursacher und dem logistischen Leistungsvermögen der Lieferanten eine wirtschaftliche Versorgung auf einem hohen und stabilen Niveau zu gewährleisten. Diese zeit- und mengenmäßige Entkopplung zwischen Lagerzugang und Lagerabgang geschieht über den Lagerbestand. Er muss Schwankungen im Abrufverhalten der Abnehmer (Kunden, Vertrieb oder die eigene Produktion) ebenso abfedern wie Termin- oder Mengenabweichungen der (externen oder internen) Lieferanten sowie Unterschiede zwischen Lagerzugangslosgrößen (Bestellmengen) und Lagerabgangslosgrößen (Bedarfsmengen). Darüber hinaus ist der Lagerbestand aufgrund seiner hohen Kostenwirksamkeit selbst eine wichtige beschaffungslogistische Zielgröße. Hier zeigt sich das klassische *Dilemma der Materialwirtschaft*, in dem zwischen einer hohen Lieferbereitschaft einerseits und kurzen Lagerverweilzeiten bzw. niedrigen Lagerbeständen andererseits abzuwägen ist. Entsprechend der genannten logistischen Zielsetzungen sind für ein Lager folgende Fragestellungen zu beantworten [NW03, S. 239]:

- Welche Lagerbestände sind für eine ausreichende Lieferfähigkeit erforderlich?
- Wie wirken sich Störungen – also unerwartete Abweichungen ggü. der Planung – im Lagerzugang und -abgang auf die Lieferfähigkeit aus?
- Welche Maßnahmen erhöhen den Lieferbereitschaftsgrad und welche logistischen Nebenwirkungen (vgl. Abschn. 1.3) sind zu erwarten?

Im Folgenden werden die Kennlinien des Basismodells Lagern – mit Blick auf Gemeinsamkeiten und Unterschiede zur Produktion – erläutert und darauf aufbauend Schlussfolgerungen für die zielgerichtete Beeinflussung des lagerlogistischen Verhaltens abgeleitet.

Lagerkennlinien

Lagerkennlinien stellen die Zusammenhänge zwischen Lagerbestand, Lagerverweilzeit und Lieferverzug (sowie weiteren logistischen Zustandsgrößen) dar und können so die Beantwortung der o. g. Fragestellungen unterstützen. Sie beschreiben jeweils einen bestimmten stationären Betriebszustand in Abhängigkeit von der Regelgröße Bestand und ermöglichen so eine Aussage über die Höhe des angemessenen Bestandsniveaus. Im Folgenden werden lediglich die Abhängigkeiten zwischen Bestand, Lieferverzug und Lagerverweilzeit für einen Artikel betrachtet und als *Basismodell* definiert, vgl. dazu u. a. [Glä95; NW03, S. 242 ff.].

Die Berechnung der Lagerkennlinien wurde von Gläßner und P. Nyhuis zunächst für die Größen Lieferverzug und Lagerverweilzeit abgeleitet [Glä95; NW99] und dann von Lutz und Lödding auf den gewichteten Servicegrad übertragen [LLW01; Lutz02; Löd05, S. 46 ff.]. Grundlage der Berechnungsgleichung bildet die Definition des (logistisch) idealen Lagerprozesses. Für diesen können ideale Kennlinien abgeleitet werden, die wiederum als Basis für die Annäherung der realen Lagerkennlinie dienen, vgl. dazu ausführlich [NW03, S. 242 ff.]. Abbildung 4.23 zeigt die vier wesentlichen Modellkomponenten – idealer Prozess, ideale Kennlinie, reale Kennlinie sowie Elementarparameter – für das Basismodell Lagern.

Den Ausgangspunkt bildet der *ideale Lagerprozess* mit folgenden Bedingungen:

- Der Lagerabgang erfolgt kontinuierlich mit konstanter Lagerabgangsrate und Stückzahl 1.
- Der Lagerzugang erfolgt diskret in endlichen (optimalen) Bestellmengen.
- Es treten keine Prozessstörungen auf.

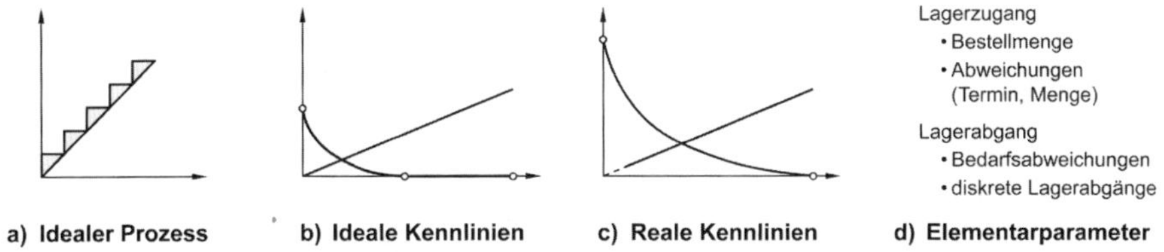

Abb. 4.23 Logistische Kennlinie Basismodell Lagern. (Nach IFA)

In diesem (logistisch) idealen Lagerprozess treten keine Fehlmengen auf. Die Versorgungssicherheit ist jederzeit gewährleistet, denn zum Entnahmezeitpunkt des letzten Artikels trifft die nächste Bestellung ein, Abb. 4.23a. Somit wird auch bei Vorliegen eines Sicherheitsbestandes dieser nie angegriffen. Der so ermittelte mittlere Bestand wird als *idealer Losbestand* bezeichnet und ist der wichtigste Parameter der Lagerkennlinie, vgl. [NW03, S. 248 ff.].

Die *ideale Lagerkennlinie* lässt sich aus dem beschriebenen Idealprozess ableiten. Dazu wird der Bestand des idealen Lagerprozesses gedanklich variiert und seine Auswirkungen auf den Lieferverzug und die Lagerverweilzeit dargestellt. (Hierbei gelten immer die mittleren Periodengrößen.) Abb. 4.23b zeigt zwei Kennlinien:

- *Lieferverzugskennlinie*: Beim idealen Losbestand tritt gerade kein Lieferverzug auf (Schnittpunkt mit der Abszisse). Eine Bestandserhöhung darüber hinaus bewirkt keine Verbesserung der Lieferbereitschaft; der Lieferverzug bleibt bei *Null* und die ideale Lieferverzugskennlinie verläuft weiter auf der Abszisse. Dagegen führt eine Bestandsverringerung unweigerlich zu Lieferverzügen bis zum sogenannten Grenzlieferverzug (Schnittpunkt mit der Ordinate). Bei einem Bestandswert von *Null* wird jede eingehende Lieferung in vollem Umfang sofort in die nachgelagerte Produktionsstufe weitergegeben, um bestehende Fehlmengen auszugleichen.
- *Lagerverweilzeitkennlinie*: Die Lagerverweilzeit verläuft proportional zum Lagerbestand. Sie ist im theoretischen Grenzfall Null und verläuft deshalb durch den Ursprung.

Die *reale Lagerkennlinie* löst die nicht praxisgerechten Annahmen auf und berücksichtigt sowohl Planabweichungen im Zugang und im Abgang als auch diskrete Lagerabgänge in unterschiedlichen Mengen. Die Stützpunkte der Kennlinie entfernen sich – in Abhängigkeit von den Extremwerten der vorliegenden Störungen – im Vergleich zum idealen Verlauf weiter vom Koordinatenursprung, Abb. 4.23c. Dadurch ergeben sich der praktisch minimale Grenzbestand (auf der Abszisse) und der praktisch minimale Grenzlieferverzug (auf der Ordinate) als Schnittpunkte. Logistisch ist dieser Zusammenhang wie folgt zu interpretieren: In einem realen Lager ist zusätzlich zum idealen Losbestand ein Sicherheitsbestand der Artikel erforderlich, um die Termin- oder Mengenabweichungen im Zugang sowie Bedarfsratenschwankungen im Abgang auszugleichen, zusätzlich sind diskrete Lagerabgänge zu berücksichtigen. Diese Grenzwerte sind im Wesentlichen von denselben Größen abhängig, die auch die Werte der idealen Lieferverzugskennlinie bestimmen. Die mathematische Abbildung ist über eine C_{norm}-Funktion realisierbar, vgl. dazu ausführlich [NW03, S. 258 ff.]. Real kann die Lagerverweilzeit einen theoretischen Minimalwert nicht unterschreiten. Deshalb ist sie nahe dem Koordinatenursprung gestrichelt dargestellt.

Die so ermittelten *Elementarparameter* lassen sich nach Lagerzugang und Lagerabgang gliedern, Abb. 4.23d: Im Lagerzugang sind Bestellmengen sowie Termin- und Mengenabweichungen ggü. den bestellten bzw. geplanten Zeitpunkten relevant. Auf der Lagerabgangsseite sind dies Bedarfsabweichungen (Schwankungen der Bedarfsrate) und diskrete Lagerabgänge (Bedarfsmengen). Diese Parameter beschreiben die logistischen Rahmenbedingungen, also die Bedarfs- und Bestellstrukturen. Sie identifizieren geeignete Ansatzpunkte für logistische Rationalisierungspotenziale; hierzu hat sich die logistische Lageranalyse bewährt, vgl. dazu ausführlich [Lutz02; NW03, S. 280 ff.].

Eine wichtige Ergänzung des Grundmodells bildet die Servicegradkennlinie. Sie beschreibt den Anteil der sofort aus dem Lagerbestand bedienten Nachfragen [NW03, S. 274 ff.].

Im Lager sind also Durchlaufzeit- und Zuverlässigkeitsverhalten in Abhängigkeit von der Regelgröße Bestand dargestellt und gelten damit als logistisch eng verknüpft, was die einfachste Ausprägungsform der Zuteilungslogik[45] unterstellt. Eine differenzierte (d. h. in Grenzen unabhängige) Regelung von Lieferverzug bzw. Servicegrad und Bestand ist nicht möglich, denn der Bedarf tritt unmittelbar[46] auf und ist sofort zu befriedigen.

Das *Grundmodell* stellt das Zuverlässigkeits- und Durchlaufzeitverhalten eines Lagers abhängig von der Regelgröße Bestand dar. Dies ist – im Gegensatz zur Produktion – logistisch eng gekoppelt.

Schlussfolgerungen

Die Kenntnis der Wirkzusammenhänge erlaubt nun Schlussfolgerungen zum logistischen Verhalten eines Lagers, Abb. 4.24. Entsprechend der beschriebenen Überlegungen ist eine integrierte Betrachtung von *Durchlaufzeit- und Zuverlässigkeitsverhalten* zu empfehlen.

Aus dem von P. Nyhuis formulierten 1. und 2. Grundgesetz der Beschaffungslogistik ist abzuleiten, dass – bei gegebener Bedarfsrate – aus logistischer Sicht mittel- bis langfristig einzig der Bestand wirkungsvoll beeinflussbar ist. Für das Ableiten von Maßnahmen sind die Zusammenhänge zwischen den Mittelwerten von Lagerreichweite bzw. Lieferverzug und Bestand interessant. Unterstellt man den stationären (stabilen) Systemzustand, lässt sich aus dem Durchlaufdiagramm eine Beziehung zwischen dem mittleren Bestand (vertikaler Abstand zwischen der idealisierten Zugangs- und Abgangskurve), der mittleren Lagerreichweite und der Abgangsrate ableiten [NyP02]:

- Für das *Durchlaufzeitverhalten* ergibt sich die mittlere Lagerreichweite (des Lagerbestandes) aus dem Verhältnis des mittleren Lagerbestandes (in Anzahl Artikeln) zur Abgangsrate (in Anzahl Artikeln pro Zeiteinheit), Abb. 4.24a. Die Formel besagt also, wie lange es durchschnittlich dauert, bis der Lagerbestand

[45] Die Zuteilungslogik umfasst die Zuordnungsregeln von Bedarf zu Bedarfsdecker in einem Lager. Bei heterogenen Lieferanforderungen der Kunden führt sie typischerweise zu Reservierungen, vgl. auch Abschn. 5.2.5.

[46] Diese Annahme gilt bei der Reservierung von Beständen oder voraussichtlichen Zugängen nicht mehr, da bei unterschiedlichen Vorlaufzeiten der Reservierung Reihenfolgevertauschungen auftreten können. Abhängig von der gewählten Zuteilungslogik wäre dann eine Veränderung des logistischen Verhaltens zu erwarten und evtl. eine andere Regelgröße geeigneter.

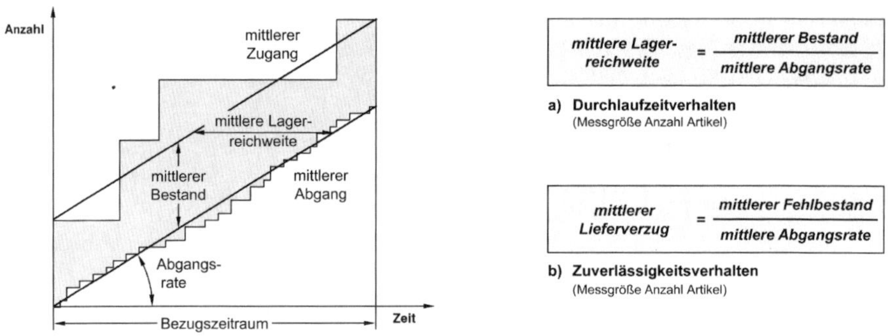

Abb. 4.24 Durchlaufzeit- und Zuverlässigkeitsverhalten im Lager. (In Erweiterung zu IFA)

bei gleichbleibender Abgangsrate verbraucht ist, sofern zwischenzeitlich keine neuen Artikel zugehen.[47]

- Das *Zuverlässigkeitsverhalten* ist ebenfalls direkt vom Lagerbestand abhängig: Demnach ergibt sich der mittlere Lieferverzug (der Artikel) aus dem Verhältnis des mittleren Fehlbestandes (in Anzahl Artikeln) zur Abgangsrate (in Anzahl Artikeln pro Zeiteinheit), Abb. 4.24b. Die Formel besagt also, wie lange das Lager durchschnittlich keine Bedarfe befriedigen kann (Zeitdauer der Stock Outs), wenn die Lagerzugänge wie geplant eintreffen.[48]

Für die logistische Interpretation sind auch hier Gestaltungs- und Betriebsaspekte zu unterscheiden:

a) Bei der *Gestaltung* steht die Festlegung einer *angemessenen* Bestandshöhe im Zentrum der Überlegungen: Analog zur Produktion gilt mittel- bis langfristig: Der Kunde bestimmt die Abgangsrate, der Unternehmer hingegen den Bestand und darüber sowohl die Lagerreichweite (bzw. Lagerverweilzeit) als auch den mittleren Lieferverzug (bzw. Terminabweichung). Zur Bestandsregelung bieten die oben erläuterten Lagerkennlinien eine gute Hilfestellung. Sie unterstützen die logistische Positionierung mit der erforderlichen Parametrierung der Methodenparameter. Im turbulenten Umfeld mit nicht stationären bzw. unstabilen Betriebszuständen ist die eingeschränkte Aussagesicherheit der Kennlinien zu beachten.

---

[47] Analog zu den Überlegungen der Produktion lässt sich hieraus ebenfalls eine Aussage zur mittleren Lagerverweilzeit (auch durchschnittliches Bestandsalter, vgl. Abschn. 4.4.1) ableiten. Eine solche – eher einer Auftragssicht zugeordnete – Aussage ist vor allem für Lagerartikel mit Bestandsrisiko interessant (z. B. verderbliche Artikel oder Elektronikkomponenten mit kurzem Produktlebenszyklus) und sonst eher unüblich.

[48] Hieraus lässt sich auch eine durchschnittliche Terminabweichung der angeforderten bzw. nachgefragten Artikelbedarfe ableiten, was eher einer Auftragssicht entspricht.

b) Im *Betrieb* steht die logistisch angemessene Reaktion in einer Situation im Vordergrund. Hierbei ist zu beachten, dass kurzfristige Steuerungsmaßnahmen innerhalb der Wiederbeschaffungszeit kaum greifen: Prinzipbedingt ist ein direkter Eingriff in den Beschaffungsprozess – bspw. durch Reihenfolgevertauschungen oder Kapazitätssteuerung – nicht vorgesehen. Somit steigt die Bedeutung vorausschauender Planungsmaßnahmen und vor allem der Bedarfsprognose.

Demnach existiert im Lager lediglich ein Regelkreis, der den Lagerbestand über den Zugang (die Bestellfreigabe führt zeitversetzt zu einem Lagerzugang) regelt und damit auch direkt Bestandsreichweite und Lieferverzug beeinflusst.

Diese Überlegungen schließen die Ausführungen zu den Logistikkennzahlen ab. Das folgende Kapitel beschreibt die Werkzeuge zur Analyse des Auftragsmanagements, also der logistischen Rahmenbedingungen und der Schwachstellen in der Ist-Situation, die sogenannten Stolpersteine der PPS.

Kapitel 5
Analysewerkzeuge

Grundlage für die Auftragsmanagement-Gestaltung ist die Kenntnis der Rahmenbedingungen des Anwendungsfalls. Wesentliche Voraussetzung hierfür ist eine zielgerichtete und aufwandsarme Analyse. Zur Strukturierung des Vorgehens hat sich eine Unterteilung in die Analyse der logistischen Rahmenbedingungen und aktueller Schwachstellen bewährt.

Abschnitt 5.1 gibt zunächst einen Überblick über relevante und in der Praxis bewährte Gestaltungs- und Analysefelder des Auftragsmanagements. Abschnitt 5.2 beschreibt die Bausteine zur Analyse der logistischen Rahmenbedingungen. Die in Abschn. 5.3 erläuterte Stolpersteinanalyse dient dazu, Schwachstellen im Ausgangszustand aufzudecken. Sie wurde aus typischen Konfigurationsfehlern abgeleitet. Praxisbeispiele illustrieren die Analysemethoden und zeigen auf, wie das Auftragsmanagement in seiner Ablauf- und Funktionslogik sowie hinsichtlich der eingesetzten Planungs- und Steuerungswerkzeuge verbessert werden kann. Ihr fachlich-methodisches Zusammenspiel im Gesamtrahmen eines Auftragsmanagement-Projektes und die Konsequenzen für Projektvorgehen und -kommunikation erläutert Kap. 7.

Stolpersteine erkennen und vermeiden

H.-H. Wiendahl, *Auftragsmanagement der industriellen Produktion*,
DOI 10.1007/978-3-642-19149-7_5,

5.1 Übersicht Gestaltungs- und Analysefelder

Abbildung 5.1 gibt einen Überblick über die Gestaltungsfelder eines Produktionsunternehmens und die daraus abgeleiteten Analysefelder.

Abbildung 5.1a nennt die sechs Gestaltungsfelder: Zur Erfüllung von Kundenwünschen müssen Produktionsunternehmen funktional überlegene Produkte mit einer hohen Qualität zu wettbewerbsfähigen Preisen anbieten. Neben physischen Erzeugnissen (Güter) sind dies zunehmend auch Dienstleistungen. Um den Absatz sicherzustellen, ist ein geeigneter Marktauftritt vom Unternehmen zu gestalten. Zur Produktion verfügt es über eine bestimmte Produktionsstruktur, die idealerweise mit der Produktstruktur eng korrespondiert. Für die Produktion von Gütern ist die Produktionstechnologie wichtig. Neben der Aufbauorganisation des Produktionsunternehmens sind auch seine Prozesse, also die Ablauforganisation relevant. Zur pünktlichen Auslieferung der nachgefragten Produkte ist die Planung und Steuerung der inner- und überbetrieblichen Auftragsabwicklung erforderlich. Die Informationstechnik verarbeitet und ordnet die hierfür notwendigen Daten.

Abbildung 5.1b zeigt die daraus abgeleiteten sieben Analysefelder. Zu Untersuchungsbeginn sind der Betrachtungs- und Gestaltungsbereich festzulegen, der daraus folgende Untersuchungsgegenstand wird jeweils knapp erläutert:

- *Markt und Wettbewerb*: Dies betrifft zum einen die Rahmenbedingungen durch Märkte und Kunden sowie zum anderen die durch Wettbewerber und Lieferanten. Neben der aktuellen Situation ist es darüber hinaus wichtig, die für die Produktion wesentlichen Entwicklungen und Trends (bspw. Wer sind die heutigen Kunden und Wettbewerber? Welche sind morgen zu erwarten?) aufzunehmen.
- *Marktauftritt und Produkte*: Hier sind zunächst das Produktspektrum – ggf. differenziert nach Gütern und Dienstleistungen – sowie die heutigen und künftigen Erfolgsfaktoren wichtig. Darüber hinaus bietet es sich an, die sogenannten lo-

a) Gestaltungsfelder

Markt und Wettbewerb	• Märkte und Kunden • Wettbewerber und Lieferanten • Entwicklungen und Trends
Produkte und Marktauftritt	• Produktspektrum und Erfolgsfaktoren • Logistische Geschäftsarten • Umsatzstruktur Kunden und Produkte
Produktions- und Produktstruktur	• Produktions- und Distributionsstandorte • Produktaufbau und Fabrikstruktur • Repräsentanten und Wertströme
Produktions-technologie	• Produktionsrahmenbedingungen • Produktionsverfahren und Technologiekalender • Lager- und Transporttechnologie
Organisation und Prozesse	• Unternehmenskultur und Mitarbeiter • Aufbauorganisation und Auftragsabwicklung • Arbeitsorganisation und Entgelt
Planung und Steuerung	• Entscheidungsarchitektur mit Planungsebenen • Betriebsmorphologie und Mengengerüst • Logistische Vernetzung
Informations-technik	• IT-Strategie • Software (PLM, CRM, SCM) • Hardware

b) Analysefelder

Abb. 5.1 Gestaltungs- und Analysefelder von Produktionsunternehmen gistischen Geschäftsarten aufzunehmen (vgl. dazu ausführlich Abschn. 6.2.1). Schließlich ist die Umsatzstruktur hinsichtlich der Kunden und Produkte aufzunehmen.

- *Produktions- und Produktstruktur*: Die Produktionsstruktur wird zunächst durch die Verteilung der Produktions- und Distributionsstandorte und ihre logistische Vernetzung beschrieben. Die Fabrikstruktur ist über die Fertigungs-, Montage- und Lagerprinzipien, die Produktionsressourcen sowie den mit dem Layout eng verbundenen physischen Materialfluss gekennzeichnet. Oft ist ein Funktionsschema der Bereiche mit einer Zuordnung zu den Bevorratungsstufen hilfreich. Produkte sind durch ihren Aufbau und ihre Wertströme vom Kunden bis zum Lieferanten beschrieben. Um den Analyseaufwand zu reduzieren, bietet sich eine Auswahl von Repräsentanten (z. B. anhand von Umsatz oder Produktionsvolumen) an. Die Erhebung der Wertströme erfordert einen gewissen Seriencharakter der Produktion, vgl. dazu ausführlich [Erl07].
- *Produktionstechnologie*: Für die Produktion sind darüber hinaus rechtliche und ökologische Rahmenbedingungen sowie Genehmigungen zu betrachten. Neben den heute eingesetzten Produktionsverfahren gibt der Technologiekalender vgl. u. a. [West87; SchmW96] Hinweise auf die geplante Entwicklung. Schließlich beeinflusst die Lager- und Transporttechnologie wie bspw. der Automatisierungsgrad die Produktionsmöglichkeiten.
- *Organisation und Prozesse*: Hier sind die Unternehmenskultur und die Mitarbeiter zu betrachten. Neben der Aufbauorganisation (Organisationsprinzip) und Aufgabenintegration sind insbesondere die Auftragsabwicklungsprozesse und die daraus resultierenden Informationsflüsse von Interesse; die Betrachtung weiterer Prozesse ist bei Bedarf sinnvoll. Ein weiteres Analysefeld bilden die Arbeitsorganisation sowie die Entgeltstruktur (Arbeitszeit- und Entlohnungsmodelle der Mitarbeiter und Führungskräfte).
- *Planung und Steuerung*: Die Planungs- und Steuerungslogik zur Erfüllung der Planungs- und Steuerungsaufgaben (Programmplanung und Lieferterminermittlung, Kapazitäts- und Materialdisposition sowie Abfertigung und Rückmeldung) des inner- und überbetrieblichen Auftragsfortschritts ist über die Entscheidungsarchitektur mit ihrer Aufteilung in Planungsebenen sowie die Betriebsmorphologie und das Mengengerüst beschreibbar, vgl. Abschn. 5.2.2 und 5.2.3. Darüber hinaus ist die logistische Vernetzung, also die Material- und Informationsflussvernetzung des Betrachtungsbereichs mit seinen Kunden und Lieferanten relevant, vgl. Abschn. 5.2.4 und 6.3.5.
- *Informationstechnik*: Ihre Grundlage bildet die IT-Strategie hinsichtlich Soft- und Hardware. Für die Software sind die drei Anwendungsbereiche PLM (Product Lifecycle Management), CRM (Customer Relationship Management) sowie SCM (Supply Chain Management) zu unterscheiden [NyP03; NyPa08, S. 300]. Darüber hinaus sind die eingesetzten Datenmanagementsoftware, die genutzten Hardwareplattformen sowie die Möglichkeiten der Informationsübermittlung wichtig. Istzustand und Entwicklungsmöglichkeiten werden wesentlich durch die Strategien der Hard- und Softwareanbieter (Abkündigungen von Hardwareplattformen, Releasepolitik, …) bestimmt.

Analysebausteine		Zweck: Ist-Situation	Zweck: Anforderung	Form: qualitative Erhebung	Form: quantitative Erhebung
Logistische Rahmenbedingungen	Logistikanforderungen	X	X	X	X
	Betriebsmorphologie	X		X	
	Mengengerüst	X	X	X	X
	Logistische Vernetzung	X	X	X	X
	Turbulenzprofil	X	X	X	
	Entscheidungsarchitektur	X		X	
PPS-Stolpersteine	Stolperstein-Symptome	X		X	
	Zielkonsistenz und Toleranz	X		X	
	Ziel- und Aufgabenverantwortlichkeit	X		X	
	Funktionslogik in Planung und Steuerung	X		X	
	Prozesse und Schnittstellen	X		X	

Abb. 5.2 Analysebausteine Auftragsmanagement

Die im Folgenden vorgestellten Methoden stellen dem Projektleiter eine Werkzeugsammlung zur Analyse der Ausgangssituation des Auftragsmanagements zur Verfügung. Abbildung 5.2 ordnet die Analysebausteine in die zwei Gruppen *logistische Rahmenbedingungen* und *Stolpersteine*, also die Schwachstellen des Auftragsmanagements.

Die Bausteine sind nach Zweck der Analyse und ihrer Form klassifiziert. Sie lassen sich je nach spezifischen Projektbedingungen kombinieren und ggf. ergänzen:

- Der *Zweck* der Analyse besteht zum einen in der Erhebung der Ist-Situation – also in der Beschreibung der logistischen Ausgangssituation. Zum anderen ist die Vereinbarung der Anforderungen wichtig, die das logistische System durch eine Um- oder Neugestaltung erfüllen muss. Eine Trennung erhöht die Nachvollziehbarkeit der Projektergebnisse für Nicht-Beteiligte und unterstützt ihre Prüfung auf Änderungsnotwendigkeiten bei geänderten Rahmenbedingungen. Im besten Fall unterstützt eine Methode beide Schritte und zeigt so die Entwicklungsnotwendigkeit durch die Gegenüberstellung von der heutigen Ist-Situation und dem zu erreichenden Soll-Konzept auf.
- Die *Form* der Analyse unterscheidet qualitative von quantitativen Erhebungen. Die Methodenbeschreibung konzentriert sich auf qualitative Erhebungen zur groben Erstanalyse, die bei Bedarf durch quantitative Erhebungen ergänzt werden können. Qualitative Erhebungen sind durch ein besonders günstiges Aufwand-Nutzenverhältnis gekennzeichnet, wenn sie auf der Befragung von Fachexperten basieren. Im Gegensatz zu quantitativen Erhebungen sind diese qualitativen Analysebausteine bislang in der Literatur gar nicht oder nur knapp beschrieben, weshalb sie im Folgenden genauer erläutert werden.

Ein solcher Ansatz birgt zwei wichtige Vorteile und greift die in Abschn. 2.3.5 beschriebenen Grundgedanken des Systems Engineering auf: Einerseits empfiehlt sich zur Systemgestaltung eine Unterscheidung zwischen Situationsanalyse und

Zielformulierung (entspricht hier den logistischen Anforderungen), vgl. Abb. 2.10b. Die Trennung macht die Projektergebnisse für Nicht-Beteiligte gut nachvollziehbar und unterstützt die Prüfung auf Änderungsnotwendigkeiten bei geänderten Rahmenbedingungen. Andererseits empfiehlt sich ein schleifenartiges Projektvorgehen mit zunehmendem Detaillierungsgrad von Analyse und Konzeption. Eine Trennung zwischen qualitativer und quantitativer Erhebung unterstützt diesen Grundgedanken und verringert vor allem den Projektaufwand zur Erstanalyse deutlich.

5.2 Analyse der logistischen Rahmenbedingungen

Zur Analyse der logistischen Rahmenbedingungen haben sich die sechs Analysebausteine Logistikanforderungen (Abschn. 5.2.1), Betriebsmorphologie (Abschn. 5.2.2), Mengengerüst (Abschn. 5.2.3), logistische Vernetzung (Abschn. 5.2.4), Turbulenzprofil (Abschn. 5.2.5) und Entscheidungsarchitektur (Abschn. 5.2.6) bewährt. Ihre Erhebungsreihenfolge hängt vom verfügbaren Vorwissen der Beteiligten ab, ist dementsprechend an die spezifischen Projektbedingungen anzupassen und lässt sich leicht um weitere Analysebausteine ergänzen.

Jeder Abschnitt beginnt mit einer Erläuterung der Methode und geht auch auf die zur Anwendung erforderlichen theoretischen Grundlagen ein. Die Beschreibung der eigentlichen Erhebungssystematik, der erforderlichen Datenquellen bzw. des Erhebungsformats schließen sich an. Hinweise auf darauf aufbauende quantitative Erhebungen ergänzen die Analyse. Abschließend illustrieren Praxisbeispiele den Anwendungsbezug und Schlussfolgerungen.

5.2.1 Logistikanforderungen

Grundlage der Auftragsmanagement-Gestaltung bilden die Logistikanforderungen. Sie lassen sich einerseits über den Erfüllungsgrad der logistischen Kennzahlen qualitativ oder quantitativ – sinnvollerweise im Vergleich zum Wettbewerb – bewerten. Andererseits ist eine Erhebung der absoluten Lieferanforderungen sinnvoll. Einleitend sind die Beschreibungskriterien der logistischen Wettbewerbsposition erläutert. Darauf aufbauend werden Inhalt und Erhebungsmethodik der Analysebausteine *logistische Wettbewerbsposition* sowie *Portfolio der Lieferanforderungen* anhand von Beispielen illustriert.

Beschreibungskriterien
Der Marktauftritt eines Produktionsunternehmens beschreibt seine Leistungsseite und wird wesentlich durch die Faktoren Preis, Qualität, Produktfunktionalität und Logistikleistung bestimmt. Der Kunde stellt Anforderungen hinsichtlich der Leistungskriterien; ihre Erfüllung lässt sich sowohl in Bezug auf die Kundenanforderungen als auch relativ im Vergleich zum Wettbewerb messen. Der Leistungsseite

steht die Kostenseite gegenüber: Die zur Erreichung erforderlichen Aufwendungen lassen sich in Kosten – bspw. gegliedert nach Entwicklung, Herstellung, Logistik und Verwaltung – quantifizieren. Aus den Geschäftszielen lassen sich nun Kostenvorgaben ableiten, deren Erfüllung zu einer bestimmten Ergebnissituation führt.

Die Grundüberlegung der Ableitung von Zielen aus Kundenanforderungen und Geschäftsvorgaben ist nun auf die Logistik zu übertragen. Der vorgestellte Vorschlag geht auf Überlegungen der zentralen Logistik aus dem Hause Siemens zurück und bildet die methodische Grundlage[1] für die folgenden Überlegungen. Demnach hat sich eine Unterscheidung in Logistikleistung und -kosten bewährt [WieP08b, S. 230 ff.]:

- *Logistikleistung*: Ergänzend zu den bereits definierten Größen Lieferzeit, Lieferfähigkeit und Liefertreue (vgl. Abschn. 4.2) werden Lieferqualität (Anteil der ausgeführten Aufträge ohne qualitative Mängel, ausgenommen Produktqualität), Lieferflexibilität (Fähigkeit, auf Kundenwunschänderungen hinsichtlich Spezifikationen, Menge und Terminen einzugehen) sowie Informationsbereitschaft (Fähigkeit, in allen Stadien der Geschäftsabwicklung vorgangs- und produktbezogen auskunftsbereit zu sein) unterschieden.
- *Logistikkosten*: Als wesentliche Logistikkostengruppen gelten: Lenkung (Planung und Bereitstellung der Einsatzfaktoren sowie Steuerung und Abwicklung der Aufträge und Bestellungen), Warenfluss (Wareneingang, Warenausgang und Transport), Lagerung (Einlagerung, Lagerung und Auslagerung von Materialien und Waren), Kapitalbindung und Wagnis (in der gesamten Logistikkette gebundenen Materialien und Waren).

Abbildung 5.3 fasst die genannten Beschreibungskriterien der logistischen Wettbewerbsposition zusammen. Darüber hinaus ist der Prozess dargestellt, wie aus den logistischen Kundenanforderungen und finanziellen Geschäftszielen die Logistikziele abzuleiten sind.

Zur Einschätzung der Situation für ein spezifisches Unternehmen oder einen Produktionsbereich dienen folgende Leitfragen:

- *Bedeutung*: Wie sehen Sie die Rolle und Bedeutung der einzelnen Logistikkenngrößen für Ihr Geschäft? (Geschäftsstrategie, Kunden- und Marktanforderungen)
- *Ist-Performance*: Wie schätzen Sie die Ist-Performance der einzelnen Logistikkenngrößen für Ihr Geschäft ein?
- *Benchmarks*: Wie schätzen Sie die eigene Performance im Vergleich zum Wettbewerb bzw. zu Benchmarks ein?

[1] Ist der Logistikfokus zu Projektbeginn noch unklar, wäre als Alternative auch die Beschreibung der Wettbewerbssituation nach Porter [Por80, Por04] oder eine allgemeine Chancen/Risiken- und Stärken/Schwächen- Analyse [Zü04, S. 86] denkbar. Eine alternative Strukturierung der Logistikkennzahlen mit dem ausdrücklichen Zweck zum Benchmarking bietet SCOR [AFK01; FaFr01; SCC07].

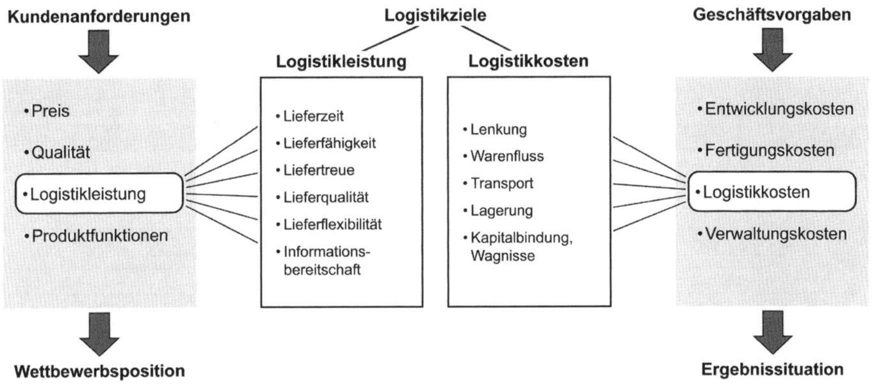

Abb. 5.3 Beschreibungskriterien der logistischen Wettbewerbsposition. (Siemens)

Projektbezogen ist eine Managementbefragung zu empfehlen, für ausführlichere Untersuchungen oder Teilaspekte sind als Erhebungsmethoden auch Benchmarking oder Kundenbefragungen denkbar. Für ein Um- oder Neugestaltungsprojekt gilt: Ein akteursbezogenes Vorgehen sieht im Rahmen der Erhebung ausreichend Raum für Diskussionen vor, um Einigkeit über die Ausgangssituation unter den Beteiligten herzustellen. Diese ist unabdingbare Voraussetzung für eine erfolgreiche Durchsetzung der Umgestaltungsmaßnahmen.

Logistische Wettbewerbsposition
Analyseziel des Bausteins *logistische Wettbewerbsposition* ist es, ein gemeinsames Verständnis des logistischen Leistungsvermögens im Vergleich zum Wettbewerb herzustellen. Als *Erhebungsmethode* bietet sich eine Kombination aus fragebogengestütztem Vorgehen und Diskussion mit den verantwortlichen Führungskräften der ersten und zweiten Ebene an. Mit der Dokumentation und Diskussion der Einschätzung besteht die Möglichkeit, spezifische Besonderheiten des Einzelfalls zu erkennen. Die Erhebung erfolgt in zwei Schritten:

1. *Zielgrößen bewerten*: Zunächst werden die denkbaren Zielgrößen allgemein erläutert und unternehmensspezifisch formuliert. Erfahrungsgemäß entfallen damit bereits bestimmte Ziele als nicht unternehmensrelevant. Hierauf aufbauend bewerten die Führungskräfte die Bedeutung bzw. Zielerfüllung gemäß der oben beschriebenen Leitfragen *individuell* und aus ihrer subjektiven Sicht. Hierfür hat sich der Einsatz eines Fragebogens bewährt.
2. *Wettbewerbsposition ermitteln*: Die Auswertung erfolgt zunächst mit Hilfe des Mittelwerts aller Führungskräfte-Bewertungen. Die anschließende Diskussion ermöglicht eine Untersuchung aufgetretener Ausreißer und ihrer Gründe. Hieraus lässt sich dann eine abgestimmte Bewertung ableiten.

Abbildung 5.4 zeigt das verdichtete Ergebnis einer solchen Bewertung. Im exemplarisch dargestellten Beispiel waren fünf Antwortkategorien vorgesehen. Generell zeigt die Bewertung Verbesserungspotenzial bei allen Kennzahlen. Weiterhin gilt:

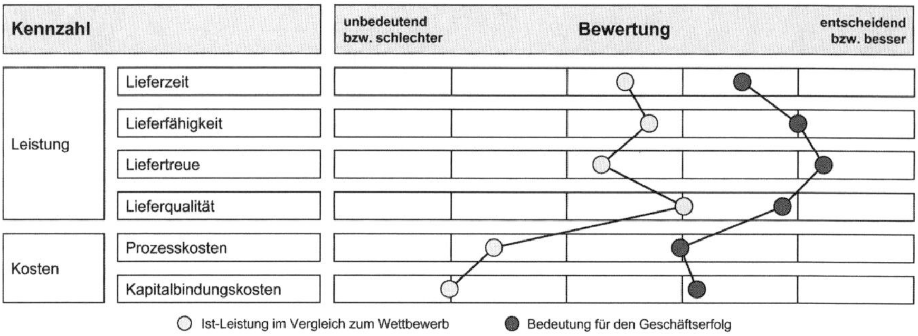

Abb. 5.4 Bewertung logistischer Schlüsselkennzahlen (Praxisbeispiel)

- *Kriterien*: Zunächst fällt auf, dass die Firma lediglich vier der genannten sechs Leistungskriterien bewertet und die Kosten nach einer anderen Systematik zusammenfasst. Im weiteren Projektverlauf ist dementsprechend zu entscheiden, ob eine Ausweitung von Leistungskriterien und eine Differenzierung der Logistikkostengruppen sinnvoll ist.
- *Logistikleistung*: Eindeutiger Handlungsbedarf besteht für die Liefertreue. Sie wurde am schlechtesten bewertet und hat die größte Bedeutung für den Geschäftserfolg.
- *Logistikkosten*: Handlungsbedarf zeigt sich hier für die Kapitalbindungskosten. Die Ursachen für die mit Abstand schlechteste Bewertung sind zu hinterfragen.

Bei der Interpretation ist zu beachten: In der zusammenfassenden Darstellung sind lediglich die Mittelwerte über alle Befragten dargestellt. Eine Diskussion der Ausreißer ist sowohl aus inhaltlichen Überlegungen als auch aus Akzeptanzgründen zu empfehlen.

Aufbauend hierauf ist es oftmals sinnvoll, die logistischen Anforderungen genauer zu erheben. Eine gute Visualisierung hierzu bieten die im Anschluss beschriebenen Portfolios.

Portfolio der Lieferanforderungen

Viele Unternehmen umfassen mehrere logistische Geschäftsarten. Hierunter werden Auftragsarten oder Geschäftsfelder bezeichnet, die sich hinsichtlich ihrer logistischen Anforderungen und den darauf ausgerichteten Prozessen grundlegend unterscheiden (vgl. a. Abschn. 6.2.2). Meist führen strategische Überlegungen wie Abrundung des Leistungsspektrums, Risikodiversifikation oder Erschließung neuer Märkte zu dieser Mischung. In der Regel resultieren hieraus unterschiedliche logistische Anforderungen an das Auftragsmanagement im eigenen Haus. Die Analyse zielt darauf ab, die Geschwindigkeits- und Zuverlässigkeitsanforderungen je Geschäftsart qualitativ oder quantitativ gegenüberzustellen. Für eine Grobanalyse reicht eine qualitative Einordnung in Leistungsklassen aus, für eine Feinanalyse ist

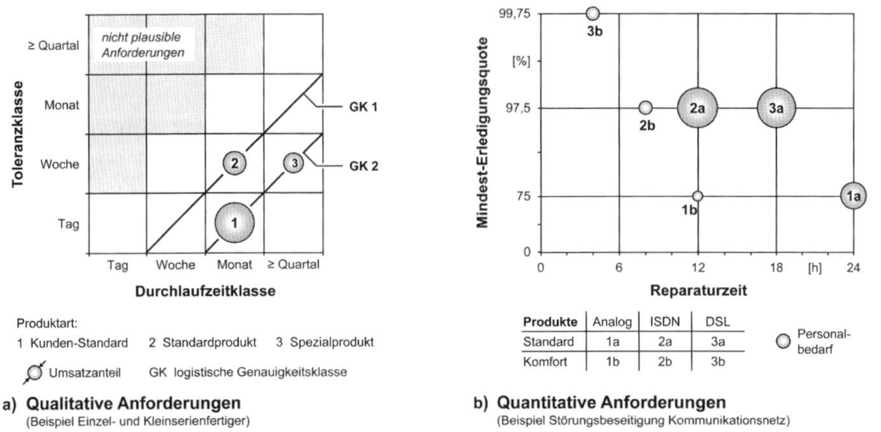

Abb. 5.5 Portfolios der Lieferanforderungen (Praxisbeispiele)

eine quantitative Erhebung denkbar. Das eingangs in Abb. 1.2 dargestellte Lieferzeit-Liefertoleranz-Portfolio zeigt ein Beispiel für die Art der Visualisierung.

Das *Analyseziel* des Bausteines *Portfolio der Lieferanforderungen* besteht darin, die Geschwindigkeits- und Zuverlässigkeitsanforderungen aufzunehmen und so Gemeinsamkeiten und Unterschiede der Geschäftsarten bzw. Auftragstypen des Betrachtungsbereichs herauszuarbeiten. Als *Erhebungsmethode* bietet sich hierfür eine Diskussion mit den Verantwortlichen an, um über die eigentliche Einordnung hinaus spezifische Besonderheiten zu erfahren. Die Erläuterung erfolgt an zwei, vereinfacht dargestellten Praxisbeispielen, Abb. 5.5.

Ein *Einzel- und Kleinserienfertiger* bietet aus seiner Kernkompetenz der Bearbeitung von Spezialmetallen ein heterogenes Produktspektrum an, seine Kunden kommen aus unterschiedlichsten Branchen. Das Produktspektrum gliedert sich in drei Gruppen, Abb. 5.5a:

- Den größten Umsatz erzielen Kunden-Standardprodukte. Diese werden gemeinsam mit dem Kunden für einen spezifischen Anwendungsfall entwickelt und i. d. R. auf der Basis von Kundenprognosen produziert und geliefert. Die interne Durchlaufzeit dieser Produkte liegt im Monatsbereich; trotz kurzfristiger Prognoseabweichungen erwarten die Kunden eine Liefertermineinhaltung in einem Zeitfenster von ein bis drei Tagen.
- Die zweitgrößte Gruppe bilden Standardprodukte. Diese bietet das Unternehmen ab Lager in definierten Qualitäten und Abmessungen an. Für die Lagernachschubsteuerung liegt die interne Durchlaufzeit dieser Produkte ebenfalls im Monatsbereich; eine wochengenaue Einhaltung der Lagerbedarfstermine reicht aus. (Der Kunde erwartet eine tagesgenaue Einhaltung bei der Belieferung ab Lager).
- Die dritte Gruppe bilden Spezialprodukte. Wie die Kunden-Standardprodukte erfolgt die Entwicklung gemeinsam mit dem Kunden für einen spezifischen An-

wendungsfall. Allerdings sind die Bedarfsmengen so gering oder unregelmäßig, dass die Produktion auf Basis von Einzelbestellungen ausgelöst wird; eine wochengenaue Liefertermineinhaltung reicht den meisten Kunden aus.

Das Portfolio verdeutlicht zum einen die heterogenen logistischen Anforderungen an Durchlaufzeiten und Termintoleranz. Zum anderen sind die bereits in Abb. 1.2 abgeleiteten logistischen Genauigkeitsklassen als Verhältnis von Zeit- und Toleranzklasse eingezeichnet: Dies erklärt, warum in den regelmäßigen Terminrunden Aufträge aus den Gruppen Kunden-Standard (1) und Spezial (3) einen überproportional großen Anteil der Zeit in Anspruch nehmen: Bei einer höheren Genauigkeitsklasse steigen die erforderlichen steuernden Eingriffe naturgemäß. Die Anforderungen wurden in einem Gespräch mit dem Logistikleiter erhoben.

Das zweite Beispiel betrifft einen *Netzbetreiber von Kommunikationsnetzen*, der u. a. für die Störungsbeseitigung verantwortlich ist. Der Betreiber garantiert, einen definierten Anteil gemeldeter Störungen innerhalb einer bestimmten Reparaturzeit zu beheben. Die Wahlmöglichkeiten dieser sogenannten Mindest-Erledigungsquote zeigt Abb. 5.5b: Die Kunden können in Abhängigkeit der von ihnen genutzten Produkte (Analog, ISDN, DSL) zwischen den Paketen Standard und Komfort wählen. Eine solche Leistungsdifferenzierung ist für die Telekommunikationsbranche[2] typisch, vgl. bspw. [TeKo08].

Zusätzlich ist im Portfolio der Personalbedarf ausgewiesen. Hierbei ist der in Stunden pro Tag bemessene Personalbedarf von der Servicebereitschaftszeit (Störungsannahme und -beseitigung z. B. von 8.00 bis 20.00 Uhr) zu unterscheiden. Zunächst resultiert aus einer geringen Nachfrage für Komfort-Entstörleistungen ein entsprechend geringer Personalbedarf. Darüber hinaus gilt: Ein Großteil der Störungen trifft in den Regelarbeitszeiten ein, da auch Störungen überwiegend in der üblichen Geschäftszeit auffallen. Dies eröffnet dem Anbieter die Möglichkeit, das Personal während der Normalarbeitszeit flexibel für Komfort- und Normal-Störungen einzusetzen – ggf. unter Ausnutzung der aus den unterschiedlich zugesagten Entstörzeiten resultierenden Belastungsflexibilität. Sie beschreibt die Möglichkeit, über Bedarfsglättung Kapazitätsbedarfsschwankungen zu verringern, vgl. dazu ausführlich [Löd05, S. 105 f.]. Demgegenüber ist für den Komfortservice auch außerhalb der Normalarbeitszeit Personalkapazität für Störungsannahme und -beseitigung vorzusehen. Im betrachteten Fall wurden die Anforderungen quantitativ erhoben.

Diese oder ähnliche Portfolios lassen sich sowohl für die Ausgangssituation (Ist-Analyse) als auch die Soll-Situation (als zu erfüllende logistische Anforderungen) erheben. Eine Gegenüberstellung zeigt den Entwicklungsbedarf. In Abhängigkeit des Analyseziels sind qualitative oder quantitative Erhebungen denkbar. Im Rahmen der Auftragsmanagement-Gestaltung sind für die identifizierten logistischen Geschäftsarten Normstrategien abzuleiten und als Standard für das eigene Auftragsmanagement durchzusetzen.

---

[2] Zusätzlich wird oft noch eine Reaktionszeit (Rückmeldung eines ersten Zwischenergebnisses) unterschieden, vgl. dazu ausführlich [TeKo08a-c].

5.2.2 Betriebsmorphologie

Eine weitere Orientierung zur Gestaltung des Auftragsmanagements ergibt sich aus der Einordnung der logistischen Rahmen- und Randbedingungen in die Betriebsmorphologie (auch PPS-Morphologie, Charakteristik zur Planung und Steuerung). Hierbei wird die reale Erscheinungsform einer Auftragsmanagement-Konfiguration einem bestimmten Typ zugeordnet. Dazu sind Merkmale erforderlich, deren Ausprägungen teilweise miteinander in Beziehung stehen. Eine Typisierung basiert auf Ähnlichkeitsüberlegungen und fordert damit im Gegensatz zur Klassifizierung keine eindeutige Zuordnung aller Ausprägungen zu einer Klasse. Dieses Vorgehen ist gut geeignet, die Realität zielgerichtet zu verdichten und relevante Rahmenbedingungen aufwandsarm zu ermitteln [Gro74, S. 22; Eve96, S. 14-61; Schö07, S. 176].

Analyseziel des Bausteins *Betriebsmorphologie* ist es, ein Grundverständnis der logistischen Anforderungen in der Ausgangssituation herzustellen. Als *Erhebungsmethode* bietet sich hierfür eine Diskussion mit den Verantwortlichen an. So besteht über die eigentliche Einordnung hinaus die Möglichkeit, spezifische Besonderheiten zu ergänzen. Die Erhebung erfolgt qualitativ durch eine Zuordnung des Betriebs zu einer – oder mehreren – Ausprägungen. Sie ist insbesondere dann zu empfehlen, wenn für unterschiedliche Produktionsbereiche oder Unternehmen die Auftragsmanagement-Gestaltung über gemeinsame Prozesse oder die genutzten Softwarewerkzeuge standardisiert werden soll. Dies verdeutlicht Gemeinsamkeiten und Unterschiede. Bei Bedarf ergänzt eine qualitative oder quantitative Erhebung des Mengengerüstes die Morphologie. Diese wird im Folgeabschnitt erläutert.

Die bekannteste Betriebsmorphologie der Planung und Steuerung von Produktionsunternehmen entwickelte Schomburg [SchoE80, S. 34 ff.]. Sie betrachtet das Unternehmen (oder ein Produkt, eine Produktfamilie) aus der Perspektive der *Funktionslogik* (vgl. Abb. 3.3), die alle weiteren Gestaltungsüberlegungen bestimmt. Ausgehend vom Initialmerkmal der Auftragsauslösungsart wird eine unterschiedliche Anzahl von Grund- oder Idealtypen (z. B. Auftrags-, Rahmenauftrags-, Varianten- und Lagerfertiger [SuSm06, S. 136 ff.] oder Anlagenbauer, Werkzeugmaschinenhersteller, Systemlieferant, Serienfertiger, Automobilhersteller [Eve96, S. 14-69 ff.]) unterschieden. Je Typ ergibt sich ein Referenzmodell mit unterschiedlichen Abwicklungsprozessen, Aufgaben, Funktionen und Daten [LE98, S. 14 ff.; Eve96, S. 14-60 ff.].

Diese Morphologie hat große Beachtung gefunden, wurde insbesondere im deutschsprachigen Raum kontinuierlich weiterentwickelt und ist heute zur Beschreibung der logistischen Anforderungen üblich, vgl. u. a. [SB90; Büd91; GlaH92; Lin94; Eve96; Tra97; Aki99; Schö00, S. 106 ff.; WieMu03; Löd05, S. 95 ff.; SuSm06, S. 120 ff.; Schö07, S. 176 ff.]. Die Darstellung im sogenannten morphologischen Kasten basiert auf einer von Zwicky [Zwi71] entwickelten Matrix, die Merkmale eines Gestaltungsfeldes mit seinen möglichen Ausprägungen aufführt; ein Zusammenfassen zu Merkmalsgruppen erhöht die Übersichtlichkeit. Analog zu den identifizierten Grundobjekten bietet sich eine Merkmalsgliederung nach Artikel, Kapazitätseinheit sowie Auftrag an, vgl. u. a. [Schö00, S. 106 ff.; WieH02, S. 144 f.; WieMu03; WieH08, S. 295].

Die folgende Darstellung beruht auf diesen Vorarbeiten. Sie verdichtet und ergänzt diese teilweise. Für einen ersten Überblick über die lokale Funktionslogik der Planung und Steuerung eines Unternehmens oder eines Produktionsbereichs und seine wichtigsten Rahmenbedingungen haben sich die in Abb. 5.6 dargestellten neun Merkmale bewährt. Sowohl die Merkmale als auch ihre Ausprägungen lassen sich bei Bedarf leicht ergänzen.

Bezogen auf den *Artikel* sind folgende Merkmale zu unterscheiden, Abb. 5.6 oben [SchoE80, S. 38 ff., 44 ff.; Eve96, S. 14-62; Schö07, S. 178 f., 181 f.; SGS06, S. 85 f.; SuSm06, S. 123 ff.]:

- Der *Kundenbezug des Endproduktes* (Erzeugnisspektrum, Produktevielfaltskonzept, Produktspezifität) beschreibt die Strategie, nach der die Produkte entwickelt und am Markt angeboten werden. Dies betrifft zum einen den Einfluss des Kunden auf die Produktkonstruktion und zum anderen die Komplexität der Herstellung sowie den organisatorischen Aufwand für die Erfüllung eines Kundenauftrags.
- Die *Zulieferebene* beschreibt die Stellung des Endproduktes des betrachteten Unternehmens oder Produktionsbereichs im Vergleich zum Endprodukt des gesamten Logistiknetzwerks. Das Merkmal gibt Hinweise auf den Marktzugang. Der OEM produziert Endprodukte und hat einen dementsprechend engen Kontakt zum Endnutzer. Der Zulieferer produziert Komponenten oder Einzelteile und hat direkten Kontakt zum OEM, i. d. R. aber keinen direkten zum Endkunden, vgl. dazu ausführlich [West97].
- Die *Stücklistentiefe* (Produkt- oder Erzeugnisstruktur, Tiefe der Produktstruktur) kennzeichnet den konstruktionsbedingten Produktaufbau; eine Differenzierung zwischen Endprodukt und dem Betrachtungsbereich ist oft hilfreich. Neben der

Merkmale		Ausprägungen			
Artikel	Kundenbezug des Endproduktes	kunden-spezifisch	Produktfamilien (variantenreich)	Standardprodukt (mit Varianten)	Standardprodukt
	Zulieferebene	Einzelteil	Komponente	Endprodukt	
	Stücklistentiefe / Dispositionsstufen	viele	wenige	einstufig	Handel (inkl. externe Produktion)
Kapazitäts-einheit	Ablaufprinzip	Baustelle	Insel	Werkstatt	Linie
	Materialfluss-komplexität	komplex mit Rückflüssen	komplex ohne Rückflüsse	linear	
	Planungs-besonderheiten	Rüstzyklen Kampagnen	Mindestmenge Charge	gemeinsame Bearbeitung	Schleifen-prozesse
Auftrag	Bevorratungs-strategie	engineer-to-order	make-to-order	assemble-to-order	make-to-stock
	Auslösegrund	Nachfrage Kundenauftrag	Prognose Vorhersageauftrag	Verbrauch Lagernachfüllung	
	Auftragstyp	Einzelstück	Kleinserie	Serie	Großserie Massenfertigung

Abb. 5.6 Betriebsmorphologie

Strukturtiefe (Anzahl Stufen) wird auch oft die Strukturbreite erhoben; eine Quantifizierung ist über die durchschnittliche Anzahl der Stufen und Stücklistenpositionen möglich. Die Stücklistentiefe im eigenen Unternehmen (auch Fertigungstiefe) charakterisiert die zu planenden und steuernden Dispositionsstufen und lässt sich auch über die durchschnittliche Anzahl aufeinander folgender Arbeitsgänge bzw. Montageabschnitte im Produktionsprozess beschreiben.

Merkmale wie *Ausrichtung der Produktstruktur* (konvergierend ... divergierend), *Frequenz der Kundennachfrage* (einmalig ... gleichmäßig) oder der *Vertriebsweg* (Großhandel ... Endkunde) ergänzen diese, vgl. dazu ausführlich [Schö07, S. 178 ff.; WieMu03].

Bezogen auf die *Kapazitätseinheit* sind folgende Merkmale wichtig, Abb. 5.6 Mitte [SchoE80, S. 78 ff.; Eve96, S. 14-62; WieH02, S. 136 f.; Löd05, S. 104 f.; SuSm06, S. 130 ff.; Schö07, S. 187 f., 181 f.]:

- Das *Ablaufprinzip* (Ablaufart, Anlagen- oder Fabriklayout) beschreibt die räumliche Zusammenfassung der Betriebsmittel zu Kapazitätseinheiten, eine Differenzierung zwischen Teilefertigung und Endmontage (bzw. variantenneutraler Produktionsvorstufe und variantenbildender Endstufe, vgl. dazu [GrWi04; NyMü04]) ist üblich. Das Merkmal charakterisiert die Art des Ablaufs der Aufträge durch die Kapazitätseinheiten und weist damit auf die zu beherrschende Planungs- und Steuerungskomplexität aus einer Auftragssicht hin.
- Die *Materialflusskomplexität* beschreibt die Richtung und Vielfalt der Materialflussbeziehungen. Die Kriterien ‚Zahl möglicher Vorgänger und Nachfolger' sowie ‚Anzahl der Rückflüsse' beschreiben die Komplexität, die über Kennzahlen quantifizierbar ist [Büc68, S. 25 ff.; Sai85, S. 9 ff.; Bre01, S. 32 ff.; Löd01, S. 33 ff.]. Das Merkmal beschreibt die Planungs- und Steuerungskomplexität aus einer Ressourcensicht.
- Die *Planungsbesonderheiten* beziehen sich auf die Auftragseinplanung. Für eine Stückgüterproduktion sind Rüstzyklen (Auftragseinplanung nach Rüstkriterien, auch Kampagne), Mindestmengen (aus technischen Gründen einzuplanende Menge, auch Charge), gemeinsame Bearbeitung (aus technischen Gründen gemeinsame Bearbeitung unterschiedlicher Teile, z. B. gemeinsames Bohren der rechten und linken Gestellseite) und Schleifenprozesse (mehrfache Bearbeitung der Produkte über eine Folge von Kapazitätseinheiten wie bspw. für das Frontend der Halbleiterfertigung typisch [SSW99]) wichtige Anforderungen. Das Merkmal charakterisiert die Planungs- und Steuerungskomplexität aus Artikelsicht.

Ergänzend zu diesen Merkmale kann die qualitative und quantitative *Kapazitätsflexibilität* für Betriebsmittel und Mitarbeiter bewertet werden, vgl. dazu ausführlich [Schö07, S. 191 ff.].

Bezogen auf den *Auftrag* sind die Merkmale Bevorratungsstrategie, Auslösegrund und Auftragstyp zu unterscheiden, Abb. 5.6 unten [SchoE80, S. 48 ff.; 54 ff.; 68 ff.; Eve96, S. 14-62; Schö07, S. 192 ff.; SuSm06, S. 125 ff.]:

- Die *Bevorratungsstrategie* (Produktionsumgebung) charakterisiert die Bindung der Produktion an den Absatzmarkt aus Auftragssicht und ist meist über die Strukturebene der Produkte zu beschreiben. Sie umfasst die Spannweite von der Lieferung ab Lager (make-to-stock), über Lieferung nach Montage (assemble-to-order), Lieferung nach Fertigung und Montage (make-to-order) bis hin zur Lieferung nach Konstruktion, Fertigung und Montage (engineer-to-order). Sie ist ein strategisches Gestaltungsmerkmal und wird in Abschn. 6.3.1 näher erläutert. Da die meisten Projekte das Ziel haben, bestehende Auftragsmanagement-Systeme zu verbessern, bietet sich eine Aufnahme zu Projektbeginn an.
- Der *Auslösegrund* (Auftragsauslösungsart, Dispositionsart) beschreibt die Ursache des Bedarfs, der verbrauchs-, prognose- oder kundengesteuert sein kann. Ggf. ist eine weitere Unterscheidung in Primär- und Sekundärbedarf sinnvoll. Bezogen auf die Gesamtmenge zu disponierender Artikel ist eine Quantifizierung über den Anteil sinnvoll, hierzu wird meist vereinfachend zwischen Nachfrage und Verbrauch (bedarfs- versus verbrauchsgesteuerter Disposition) unterschieden. Das Merkmal differenziert das vorhergehende, strategische Merkmal der Bevorratungsstrategie und wird damit ebenfalls zum typischen Gestaltungsgegenstand in einem Auftragsmanagement-Projekt.
- Der *Auftragstyp* (Fertigungsart) beschreibt die Wiederholfrequenz der Produktionsaufträge des jeweiligen Produkts. Eine Quantifizierung ist über die durchschnittliche Auflagenhöhe und die durchschnittliche Wiederholhäufigkeit der Produkte bzw. Prozessfolgen pro Jahr möglich. Das Merkmal beschreibt, wie die Frequenz der Kundennachfrage in die Frequenz der Produktionsaufträge umgesetzt wird.

Merkmale wie *Art der Langfristaufträge* (keine … Rahmenaufträge Güter), *Auftragsgröße* (Einzelstück … ohne Lose) oder *Flexibilität des Auftragsendtermins* (keine … flexibel) ergänzen diese, vgl. dazu ausführlich [Schö07, S. 193 ff.].

Basierend auf den qualitativen Ergebnissen sind ergänzende Informationen hilfreich. Hier ist das im Folgeabschnitt beschriebene zu planende und steuernde Mengengerüst interessant.

5.2.3 Mengengerüst

Das Mengengerüst beschreibt den Planungs- und Steuerungsgegenstand und wichtige Rahmenbedingungen. Eine Unterscheidung von Stamm- und Bewegungsdaten hat sich bewährt, *beide* lassen sich jeweils stichtags- oder zeitraumbezogen auswerten.

Das *Analyseziel* des Bausteins *Mengengerüst* besteht darin, zentrale Kriterien der logistischen Rahmenbedingungen auch größenordnungsmäßig zu erfassen. Wie dargestellt, lässt sich diese Methode sowohl zur Bewertung der Ausgangssituation als auch zur Vereinbarung der künftig zu erreichenden logistischen Anforderungen einsetzen. Klassische *Erhebungsmethode* ist statistische Datenerfassung mit Hilfe der genutzten Software, meist also der ERP-Software. Sie ist insbesondere für eine Softwareauswahl unabdingbar. Demgegenüber dient die qualitative Erhebung zur ersten Orientierung, meist reichen Schätzungen aus. Eine Erläuterung durch die Verantwortlichen ergänzt die Einordnung um spezifische Besonderheiten.

Die im Folgenden beschriebenen Kriterien sind aus der Literatur und den Erfahrungen des Fraunhofer IPA in Industrieprojekten abgeleitet, vgl. u. a. [WieP87; Hac89; GlaH92; WieP96a; WieP97; Schot98; Schwe01; DKW06; SchuG06; Schö07; SCC07; Trov07b; SeSn08; VDI 2525; VDI 4400]. Generell bestimmt die logistische *Geschäftsart* (vgl. Abschn. 6.2.2) die Bedeutung und die Sinnhaftigkeit eines Kriteriums: So ist bspw. die Anzahl Sachnummern und ihrer Varianten vor allem für das Produktgeschäft bzw. Serienfertiger interessant, demgegenüber ist eine differenzierte Betrachtung der Make-or-Buy-Systematik vor allem für das Anlagengeschäft bzw. Einzelfertiger wichtig. Demnach dient die im Folgenden vorgestellte Übersicht dazu, für den jeweiligen Anwendungsfall geeignete Kriterien abzuleiten und unternehmensspezifisch zu formulieren. Ergänzend bietet sich der Zugriff auf im Unternehmen übliche Auswertungen an.

Stammdaten

Abbildung 5.7 gliedert die Kriterien zur Beschreibung der Stammdaten anhand der Prozessabschnitte. Der obere Bildteil zeigt jeweils die Kriterienklasse sowie die abschnittspezifischen Kriterien. Der untere Bildteil nennt die im Grundsatz für alle Klassen gültigen Kriterien und differenziert diese nach Stichtag und Zeitraum. Bei Bedarf bietet sich eine Differenzierung des Mengengerüstes für jede Entscheidungsebene an. Generell gilt: Für alle Kriterien ist die Messung ihrer Anzahl als Stichtagskennzahl wichtig. Von diesen sind Zeitraumkennzahlen (z. B. aktive Produkte bzw. Neuprodukte: Produkte, die innerhalb eines definierten Zeitraums (z. B. 1 Jahr) verkauft oder nachgefragt wurden bzw. neu im Sortiment angeboten werden) zu unterscheiden. Die Erläuterung konzentriert sich auf die jeweils spezifischen Kriterien.

	Prozessabschnitt			
	Liefern	**Produzieren**	**Lagern**	**Beschaffen**
Klasse und spezifische Kriterien	*Produkte* • Produkte und Varianten • Make-or-Buy Systematik *Kunden* • bestehende Kunden • potenzielle Kunden • Rahmenverträge *Vertriebsbereiche* • Außen- / Innendienst • geographische Verteilung	*Stücklisten und Arbeitspläne* • Tiefe und Breite • Anzahl Arbeitsgänge *Produktionskapazitäten* • Anzahl Arbeitssysteme • Maschinen, Montageplätze • Mitarbeiter, Hilfsmittel *Produktionsbereiche* • Arbeitsplätze, Mitarbeiter • Qualifikation	*Lagermaterial* • Materialklassen *Lagerkapazitäten* • Wareneingangsplätze • Warenausgangsplätze • Lagerplätze *Lagerbereiche* • Arbeitsplätze, Mitarbeiter • Qualifikation	*Materialien* • Materialien und Varianten • Langläufer *Lieferanten* • bestehende Lieferanten • potenzielle Lieferanten • Rahmenverträge *Einkaufsbereiche* • Arbeitsplätze, Mitarbeiter • Qualifikation
allgemeine Kriterien	Für jede Klasse sind stichtags- und zeitraumbezogene Kriterien zu erheben: • Stichtag: Anzahl (Stichtag sinnvoll festlegen, ggf. Mittelwert mehrerer Stichtage) • Zeitraum: aktiv, neu (Bezugszeitraum sinnvoll über alle Prozessabschnitte festlegen, z.B. Jahr, Monat, Woche) Das Mengengerüst ist für jede Entscheidungsebene relevant, hier sind zunächst die Bezugsobjekte (z.B. Grobplanung: Produktgruppe und Fertigungshauptgruppe, Feinplanung: Produkt und Kostenstelle) festzulegen.			

Abb. 5.7 Kriterienübersicht Mengengerüst (Stammdaten)

Der Prozess *Liefern* umfasst als Stammdaten die Kriterienklassen Produkte, Kunden und Vertriebsbereiche. Für die ersten beiden Klassen sind Stichtags- und Zeitraumkennzahlen zu erheben, für Vertriebsbereiche reicht die Betrachtung von Stichtagskennzahlen aus:

- *Produkte* werden an externe oder interne Kunden verkauft. Die Anzahl Produktvarianten (z. B. als durchschnittliche Anzahl der Varianten pro Produktfamilie) ist vor allem für Wiederholfertiger wichtig. Alle Kriterien lassen sich bei Bedarf auf unterschiedlichen Ebenen (z. B. Produktgruppe oder -familie, Produkt, Komponenten) betrachten. Darüber hinaus ist die Make-or-Buy-Systematik relevant. Sie beschreibt die Zuordnungsregeln der Komponenten zum Fertigungsort. Insbesondere Auftragsfertiger nutzen eine flexible Zuordnung (z. B. Anteil der Komponenten, die immer/bei Bedarf/nie fremdbezogen werden) und steuern so ihre Auslastung, ähnliche Überlegungen sind in einem Werksverbund möglich.
- Bei *Kunden* sind als Zeitraumkennzahlen können bestehende Kunden in aktive und passive weiter differenziert werden; bei Bedarf sind unterschiedliche Ebenen (z. B. Kundengruppe, Unternehmensgruppe, Einzelkunde) relevant. Insbesondere für CRM-Fragestellungen ist eine Erfassung der potentiellen Kunden unabdingbar. Oftmals ist eine nähere Betrachtung von Rahmenverträgen nach Anzahl und Konditionen sinnvoll.
- *Vertriebsbereiche* verantworten das operative Geschäft. Aufbauend auf dem Organisationsprinzip (z. B. geographisch, nach Branchen, nach Produktgruppen) sind bei Vertriebsbereichen deren Anzahl sowie die Anzahl ihrer Mitarbeiter wichtig; nach Bedarf sind unterschiedliche Ebenen (z. B. Region, Gruppe, Mitarbeiter) relevant. Ergänzende Kennwerte sind das Verhältnis von Außen- und Innendienst sowie die geographische Verteilung.

Für den Vertrieb ist vor allem eine Unterscheidung der Entscheidungsebenen Programmplanung und Disposition wichtig.

Der Prozess *Produzieren* umfasst als Stammdaten die Kriterienklassen Stücklisten und Arbeitspläne, Produktionskapazitäten sowie Produktionsbereiche:

- *Stücklisten und Arbeitspläne* charakterisieren die Herstellungsbedingungen. Spezielle Kriterien sind Stücklistenkomplexität (Tiefe und Breite) und Arbeitsplankomplexität (Anzahl Arbeitsgänge); neben der durchschnittlichen Anzahl ist auch die Verteilung wichtig. Ein Beispiel hierfür wäre: Die durchschnittliche Stücklistentiefe liegt bei 4 Dispositionsstufen, 90 % der Produkte haben eine Tiefe von 2 bis 6 Dispositionsstufen; Stücklistenbreite und Arbeitspläne lassen sich analog beschreiben.
- *Produktionskapazitäten* sind meist als Kostenstellen der ERP-Software beschrieben; eine wichtige Zusatzinformation ist die Eingrenzung auf kapazitätsrelevante Einheiten. Insbesondere für MES-Fragestellungen sind die Kapazitätsarten wie Maschinen bzw. Montagearbeitsplätze, Mitarbeiter sowie Fertigungshilfsmittel näher zu betrachten.
- *Produktionsbereiche* verantworten das operative Geschäft. Aufbauend auf dem Organisationsprinzip (z. B. Werkstatt, Linie) sind die Bereiche durch Anzahl

Arbeitsplätze und Mitarbeiter beschrieben, eine Erhebung des Standard-Schichtbetriebs (Anzahl Schichten pro Woche) ist sinnvoll. Nach Bedarf sind unterschiedliche Ebenen (z. B. Produktionsbereich, -gruppe oder Einzelarbeitsplatz) zu unterscheiden. Traditionell quantifizieren viele Betriebe das Verhältnis von direkt produktiven zu indirekt produktiven Mitarbeitern. Bei Bedarf ist eine weitere Differenzierung nach Mitarbeiterqualifikation hilfreich.

Für die Produktion ist zunächst die Unterscheidung der Entscheidungsebenen Programmplanung und Disposition wichtig. Bei der Herstellung komplexer Produkte gliedert sich die Disposition typischerweise in eine projektbezogene Grob- oder Netzplanung sowie eine Feinplanung mit Produktions- und Bestellaufträgen.

Der Prozess *Lagern* umfasst als Stammdaten die Kriterienklassen Materialien, Lagerkapazitäten sowie Lagerbereiche:

- Bei *Lagermaterial* ist vor allem die Anzahl planmäßig lagerhaltiger Materialnummern relevant. Bei unterschiedlichen Anforderungen der Lagergüter bietet sich eine Unterscheidung nach Materialklassen bzw. Lagertypen (z. B. Gefahrgut, Liege- oder Hängeware, Kühlgut) an.
- *Lagerkapazitäten* sind ebenfalls als Kostenstellen der ERP-Software beschrieben. Insbesondere für Fragestellungen der Lagerauslegung ist eine Differenzierung in Wareneingang, -ausgang (I-Punkte) und Lagerplätze ggf. differenziert nach Lagertyp üblich.
- *Lagerbereiche* verantworten das operative Geschäft; je nach Untersuchungsgegenstand ist eine Unterscheidung in End-, Zwischenprodukte und Eingangsmaterial sinnvoll. Ihre Beschreibung erfolgt analog zu den Produktionsbereichen.

Ein Lager wird typischerweise nicht kapazitätsbezogen geplant, sondern auf Abruf gesteuert. Eine Ausnahme bilden Versandhandelsbetriebe, die ihre Läger mit den Ein- und Auslager- sowie Kommissionierbereichen als eigene Produktionsbereiche planen und steuern. In diesem Fall ist eher die entsprechende Systematik für das Produzieren anzuwenden.

Der Prozess *Beschaffen* umfasst als Stammdaten die Kriterienklassen Materialien, Lieferanten sowie Einkaufsbereiche:

- *Materialien* werden beschafft und dann produziert oder als Handelsware direkt weiter verkauft. Stichtags- und Zeitraumkennzahlen sind analog zu den Produkten zu bilden; nach Bedarf sind unterschiedliche Ebenen (z. B. Produkt, Komponenten, Rohmaterial) zu unterscheiden. Analog zu den Produktvarianten ist eine Differenzierung anhand von Materialvarianten denkbar. Für die Vorabdisposition ist die Betrachtung von Langläufern wichtig (z. B. als Anteilswert aller Dispositionsbedarfe oder -positionen), ggf. sind hier weitere, unternehmensspezifische Differenzierungen sinnvoll.
- Die *Lieferanten* lassen sich durch die gleichen Kriterien wie Kunden beschreiben; auch hier können unterschiedliche Ebenen (z. B. Lieferantengruppe, Lieferant) wichtig sein. Für ausgewählte Beschaffungsfragestellungen sind potentielle Lieferanten zu betrachten. Erfahrungsgemäß ist eine weitere Differenzierungen

wie bspw. Standard-Lieferanten, Fremdfertiger (technologie- oder auslastungsbedingt) möglich. Analog zur Liefersicht ist eine nähere Betrachtung von Rahmenverträgen nach Anzahl und Konditionen sinnvoll.

- Die *Einkaufsbereiche* verantworten das operative Geschäft, die Beschreibungssystematik folgt der der Vertriebs- und Produktionsbereiche. Neben dem Organisationsprinzip (z. B. geographisch, nach Branchen, nach Materialgruppen) sind als Ebenen hier z. B. Region, Gruppe, Mitarbeiter zu unterscheiden. Je nach Betrachtungsgenauigkeit ist eine Differenzierung nach Mitarbeiterqualifikation sinnvoll.

Für die Beschaffung erscheint vor allem eine Unterscheidung der Entscheidungsebenen Programmplanung und Disposition ggf. differenziert in Vorab- oder Langläuferdisposition einerseits und Materialdisposition andererseits wichtig.

Bewegungsdaten

Die Bewegungsdaten bilden die zweite Kategorie des Mengengerüsts. Abbildung 5.8 gliedert die Kriterien anhand des Prozessabschnitts analog zu den Stammdaten. Der obere Bildteil zeigt die wichtigsten zeitraumbezogenen Klassen und Kriterien, der untere Bildteil die entsprechenden stichtagsbezogenen Kriterien. Bei Bedarf bietet sich eine Differenzierung des Mengengerüstes für jede Entscheidungsebene an.

Der Prozess *Liefern* umfasst für Bewegungsdaten Anfragen und Angebote, Kunden- sowie Rahmenaufträge; zunächst werden zeitraumbezogene Kennwerte betrachtet. Für viele Kennwerte sind statistische Verteilungsgrößen wie Mittel- oder Medianwert, Bandbreite (z. B. 85 % der Aufträge umfassen zwischen 3 und 30 Positionen), Streuung oder eine Klassenbildung (z. B. Kleinaufträge 1 bis 3 Positionen, Normalaufträge 4 bis 20 Positionen, Großaufträge > 20 Positionen) interessant:

	Prozessabschnitt			
	Liefern	**Produzieren**	**Lagern**	**Beschaffen**
Zeitraumbezug	*Anfragen, Angebote* • Anzahl, Antwortzeit • Wert, Anzahl Positionen • Umwandlungsquote *Kundenaufträge* • Anzahl, Lieferzeit • Wert, Anzahl Positionen • Umsatzanteil *Rahmenverträge* • Volumen, Umsatzanteil • Wert, Anzahl Positionen • Lieferabrufe, -erfüllung	*Produktionsaufträge* • Anzahl, Durchlaufzeit • Wert, Anzahl Arbeitsgänge • Arbeitsinhalt *Arbeitsgänge* • Anzahl, Durchlaufzeit • intern / extern • Arbeitsinhalt *Rückmeldungen* • Anzahl • Rückmeldedauer	*Lageraufträge* • Anzahl, Ein-/Auslagerzeit • Wert, Anzahl Positionen • Ein- / Auslagerung *Bewegungspositionen* • Anzahl, Ein-/Auslagerzeit • Wert, Menge • Ein- / Auslagerung *Rückmeldungen* • Anzahl • Rückmeldedauer	*Anfragen, Angebote* • Anzahl, Antwortzeit • Wert, Anzahl Positionen *Bestellungen* • Anzahl, Beschaffungszeit • Wert, Anzahl Positionen • Umsatzanteil *Rahmenverträge* • Volumen, Beschaffungsanteil • Wert, Anzahl Positionen • Bestellabrufe, -erfüllung
Stichtagsbezug	*Bestand* (Wert, Anzahl) • Angebote • Kundenaufträge • offene Kundenauftragspositionen	*Bestand Produktionsaufträge Arbeitsgänge* (Wert, Anzahl) • Dispositionsbestand • Umlaufbestand	*Lagerbestand* (Wert, Anzahl) • Materialklasse • Lagerbereich	*Bestand* (Wert, Anzahl) • Anfragen • Bestellungen • offene Bestellpositionen

Abb. 5.8 Kriterienübersicht Mengengerüst (Bewegungsdaten)

- Die *Anfragen und Angebote* sind durch ihre Anzahl innerhalb eines Zeitraums, ihren Wert und ihre Anzahl Positionen quantifiziert. Als Durchlaufzeitkenngröße gilt die Antwortzeit von der Kundenanfrage bis zum Übersenden des Angebots. Schließlich ist die Umwandlungsquote, also das Verhältnis der Anzahl erteilter Aufträge und Angeboten eines Zeitraums (z. B. 1 Jahr) wichtig.
- Die *Kundenaufträge* sind durch vergleichbare Kriterien beschrieben. Die Durchlaufzeitkenngröße ist hier die Lieferzeit; Zeitdauern zur Lieferterminermittlung bzw. Bestellbestätigung ergänzen diese. Umsatzanteile können nach bestimmten Kunden, Kundengruppen, Produkten und Produktgruppen gebildet werden.
- Die *Rahmenverträge* mit Kunden sind zunächst durch ihr Volumen (Gesamtvolumen, Einzelvereinbarung) quantifiziert, hier sind die Ausprägungen Menge oder bestellte Kapazität (meist differenziert nach Technologie) denkbar. Darüber hinaus ist eine Betrachtung von Wert und Anzahl Positionen möglich; eine Erfassung neuer Rahmenverträge innerhalb eines Zeitraums kann insbesondere für Serienfertiger sinnvoll sein. Umsatzanteile lassen sich nach denselben Kriterien wie die der Kundenaufträge bilden, ergänzend ist auch der Umsatzanteil der Rahmenverträge bezogen auf den Gesamtumsatz interessant. Schließlich sind die Lieferabrufe (Anzahl pro Periode, Abrufmenge) sowie Liefererfüllungskennwerte (z. B. Zeit vom endgültigen Abruf bis zum Liefertermin, Abrufschwankungen, Liefertreue, vgl. dazu ausführlich [GangP03]) zu berechnen.

Als stichtagsbezogene Kennwerte kommen vor allem *Bestandsgrößen* – gemessen in Geldeinheiten oder Anzahl – in Betracht. Typische Betrachtungsobjekte von Bestandskennzahlen sind Angebote, Kundenaufträge sowie offene (also im Terminverzug befindliche) Kundenauftragspositionen. Aus Zeitraumbetrachtungen lassen sich statistische Werte ermitteln.

Der Prozess *Produzieren* betrifft für Bewegungsdaten Produktionsaufträge, Arbeitsgänge sowie Rückmeldungen. Zunächst werden wiederum zeitraumbezogene Kennwerte betrachtet:

- Bei *Produktionsaufträgen* gelten die Kriterien der Kundenaufträge analog, oft ist eine Unterscheidung von begonnenen und fertig gestellten Aufträgen innerhalb eines Zeitraums wichtig. Neben der Durchlaufzeit wird zusätzlich der Arbeitsinhalt betrachtet. Für alle Kenngrößen können statistische Werte (Mittelwert, Verteilung, ...) berechnet werden.
- Für die *Arbeitsgänge* gelten die Kenngrößen für Durchlaufzeit und Arbeitsinhalt analog. Wichtig ist hier eine Differenzierung in interne und externe Arbeitsgänge, denn die technologische oder die kapazitive Fremdvergabe wird oft über einen Arbeitsgang abgebildet. Das Ausweisen von Anteilswerten und durchschnittlicher Länge der internen oder externen Arbeitsfolgen gibt Hinweise auf den logistischen Geschlossenheitsgrad der Produktion und damit auf die Beeinflussbarkeit durch interne Maßnahmen, vgl. Abschn. 5.2.4 und 6.3.4.
- Die *Rückmeldungen* sind durch ihre Anzahl innerhalb eines Zeitraums beschrieben. Zur Bewertung der Aktualität ist die Rückmeldedauer, also der Zeitversatz zwischen Fertigstellung und Verfügbarkeit der Rückmeldeinformation in der Software, wichtig. Die Kriterien Vollständigkeit und Korrektheit (vgl. Abschn. 3.5.1)

sind lediglich unternehmensspezifisch und indirekt bspw. über den Füllgrad vorgegebener Datenfelder oder individuelle Plausibilitätsprüfungen prüfbar.

Als stichtagsbezogene Kennwerte kommen vor allem *Bestandsgrößen* – gemessen in Geldeinheiten oder Anzahl – in Betracht (vgl. a. Abschn. 4.3.2). Typischerweise werden Bestandskennzahlen in der Detaillierung Produktionsauftrag und Arbeitsgang gemessen. Eine Unterscheidung in Dispositionsbestand (ggf. differenziert in erzeugte und eröffnete Aufträge) und Umlaufbestand ist sinnvoll.

Der Prozess *Lagern* umfasst für Bewegungsdaten Lageraufträge, Bewegungspositionen sowie Rückmeldungen. Zunächst werden wiederum zeitraumbezogene Kennwerte betrachtet:

- Die Beschreibung der *Lageraufträge* erfolgt ähnlich der Produktionsaufträge, Arbeitsinhaltsgrößen werden meist nicht erfasst. Eine Differenzierung nach Ein- und Auslagerung ist sinnvoll; als Durchlaufzeitkenngrößen sind hier die Zeitdauern der Ein- und Auslagerprozesse (Dauer vom Wareneingang bis Wareneinlagerung bzw. vom Lagerabruf bis Verfügbarkeit am Zielort) zu unterschieden. Als weitere Durchlaufzeitkenngröße kann bei Bedarf außerdem die Lagerverweildauer der Artikel erhoben werden, vgl. Abschn. 4.4.1.
- Für die *Bewegungspositionen* lassen sich analoge Kenngrößen für Anzahl, Wert und Menge der Artikel pro Position berechnen, falls der Lagerauftrag mehrere Artikel z. B. für einen Montageauftrag umfasst. Auch hier ist eine Differenzierung nach Ein- und Auslagerung mit entsprechenden Durchlaufzeitkenngrößen sinnvoll.
- Die *Rückmeldungen* sind analog zur Produktion über ihre Anzahl innerhalb eines Zeitraums sowie die Rückmeldedauer quantifiziert.

Als stichtagsbezogene Kennwerte kommen vor allem *Bestandsgrößen* – gemessen in Geldeinheiten oder Anzahl – in Betracht (vgl. a. Abschn. 4.4.2). Bei Bedarf kann der Lagerbestand nach Materialklassen, Lagerbereich oder weiteren, unternehmensspezifischen Kriterien differenziert werden.

Der Prozess *Beschaffen* umfasst für Bewegungsdaten der Anfragen, Bestellungen sowie der Rahmenaufträge. Zunächst werden zeitraumbezogene Kennwerte betrachtet:

- Die *Anfragen und Angebote* sind durch ihre Anzahl innerhalb eines Zeitraums, ihren Wert und ihre Anzahl Positionen quantifiziert. Die Durchlaufzeitkenngröße ist hier die Antwortzeit von der Bestellanfrage bis zur Antwort des Lieferanten. Analog zur Umwandlungsquote der Angebote ist eine entsprechende Kennzahl für Anfragen denkbar.
- Die *Bestellungen* sind wiederum durch die Anzahl erteilter, bestätigter und ausgeführter Bestellungen innerhalb eines Zeitraums, ihren Wert und ihre Anzahl Positionen quantifiziert. Die Durchlaufzeitkenngröße heißt hier Beschaffungszeit; Zeitdauern zur Einkaufsdurchlaufzeit (Zeitdauer von der Erzeugung der Bestellanforderung bis zum Bestellausgang) ergänzen diese. Analog zur Liefersicht können Umsatzanteile nach bestimmten Lieferanten, Lieferantengruppen, Materialien und Materialgruppen gebildet werden.

- Die *Rahmenverträge* mit Lieferanten sind zunächst durch ihr Volumen (Gesamtvolumen, Einzelvereinbarung) quantifiziert. Hier sind die Ausprägungen Menge oder bestellte Kapazität (differenziert nach Technologie) üblich. Darüber hinaus ist eine Betrachtung von Wert und Anzahl Positionen möglich; eine Erfassung neuer Rahmenverträge innerhalb eines Zeitraums kann insbesondere für Serienfertiger sinnvoll sein. Umsatzanteile lassen sich nach denselben Kriterien wie die für Bestellungen bilden; ergänzend ist auch der Umsatzanteil der Rahmenverträge bezogen auf das gesamte Beschaffungsvolumen interessant. Schließlich sind die Bestellabrufe (Anzahl pro Periode, Abrufmenge) sowie Erfüllungskennwerte (z. B. Zeit vom endgültigen Abruf bis zur Materialverfügbarkeit, Abrufschwankungen, Liefertreue usw. vgl. dazu ausführlich [GanP03]) zu berechnen.

Als stichtagsbezogene Kennwerte kommen vor allem *Bestandsgrößen* – gemessen in Geldeinheiten oder Anzahl – in Betracht. Typische Betrachtungsobjekte von Bestandskennzahlen sind Anfragen, Bestellungen sowie offene (im Terminverzug befindliche) Bestellpositionen. Aus Zeitraumbetrachtungen lassen sich statistische Werte ermitteln.

5.2.4 Logistische Vernetzung

Die logistische Vernetzung beschreibt die Beziehungen zwischen den Kapazitätseinheiten während eines Zeitraums. Nach klassischem Verständnis sind damit die Materialflüsse gemeint, grundsätzlich ist aber auch die Betrachtung von Informationsflüssen denkbar. Die Erhebung kann mit unterschiedlichem Detaillierungsgrad erfolgen. Zur Gestaltung des unternehmensinternen Auftragsmanagements sind die Ebenen Arbeitssystem und Produktionsbereich üblich, unternehmensübergreifend werden meist Produktbereiche und Werke betrachtet.

Hier sind einerseits die Materialflussvernetzung der Bereiche und andererseits ihre logistische Geschlossenheit zu betrachten. Der Abschnitt erläutert zunächst Inhalte und Erhebungsmethodik der hierzu korrespondierenden Analysebausteine Materialflussvernetzung und Dispositionsautonomie. Abschließend wird seine Anwendung beispielhaft illustriert.

Materialflussvernetzung

Das *Analyseziel* des Bausteins *Materialflussvernetzung* besteht darin, die Intensität der Beziehungen zwischen den identifizierten Kapazitätseinheiten innerhalb eines Bezugszeitraums zu erfassen. Wie in Abb. 5.2 dargestellt, lässt sich diese Methode sowohl zur Bewertung der Ausgangssituation als auch zur Vereinbarung der künftig zu erreichenden logistischen Anforderungen einsetzen. Klassische *Erhebungsmethode* ist die quantitative Datenerfassung. Demgegenüber dient die qualitative Erhebung zur ersten Orientierung, meist reichen hierfür Expertenschätzungen aus. Eine Erläuterung durch die Verantwortlichen ergänzt die Einordnung um spezifische Besonderheiten wie bspw. saisonale oder konjunkturelle Schwankungen.

Methodische Grundlage solcher Mengendurchsatzanalysen ist das nach dem irischen Ingenieur H. R. Sankey benannte Diagramm, das ursprünglich zur Darstellung von Energieflüssen diente. In der Fabrikplanung wird es heute im Wesentlichen in zwei Formen genutzt, vgl. dazu ausführlich [VDI 3300; WieP96b, S. 9-22 f.; DaHu97, S. 454 ff., 470 ff.]:

- Im *Sankey-Diagramm* ist der Hauptmaterialfluss durch die Kapazitätseinheiten von oben nach unten gerichtet; Rückflüsse ergeben sich dementsprechend durch Schleifen. Die Summe der Mengenzuflüsse muss dabei der Summe der Mengenabflüsse entsprechen.
- Im *Mengen-Wege-Bild* sind die Einheiten entsprechend ihrer Lage im Fabriklayout angeordnet; dementsprechend ergeben sich die Materialflüsse durch direkte Verbindungen.

Neben Mengendurchsätzen (bspw. nach Vorgabestunden, Anzahl Produkte, Volumen oder Gewicht) ist auch die Transportfrequenz darstellbar. Bei vielen Materialflussbeziehungen wird die graphische Darstellung leicht unübersichtlich. Dann kommt die sogenannte Materialfluss- oder Transportmatrix zum Einsatz, die die Flüsse als Von-Nach-Matrix darstellt, vgl. u. a. [WieP96b, S. 9-23; Brei01, S. 36].

Für Fragestellungen des Auftragsmanagements sind ähnliche Darstellungen üblich. Abbildung 5.9 zeigt zwei typische Beispiele. Die Materialflussintensität wird meist über ihre Breite visualisiert, die Anordnung der Kapazitätseinheiten erfolgt nach dem Hauptmaterialfluss oder nach der räumlichen Anordnung, vgl. u. a. [WieP97, S. 188, 200 ff., 207]:

- Die am IFA Hannover entwickelte *Trichterdarstellung* zeigt die Kapazitätseinheiten als Trichter. Abbildung 5.9a ordnet die Kapazitätseinheiten einer Vor- und Teilefertigung nach dem Hauptmaterialfluss von oben nach unten, der gewählte Detaillierungsgrad ist hier das Arbeitssystem. Alternative Darstellungen ordnen die Einheiten entlang des Hauptmaterialflusses von links nach rechts an. Im ge-

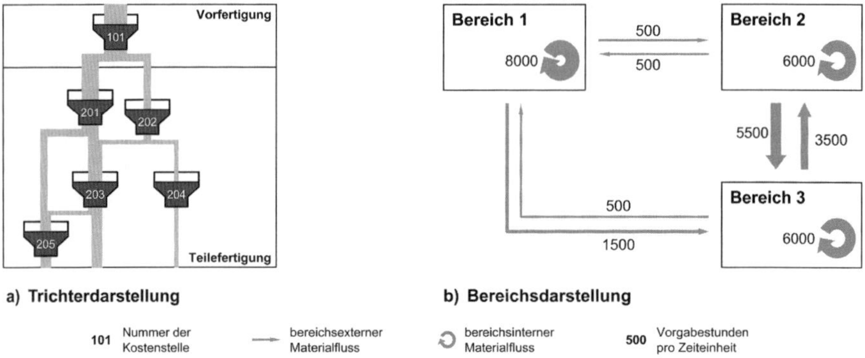

Abb. 5.9 Darstellungsalternativen der Materialflussvernetzung

wählten Beispiel existieren keine Rückflüsse. Neben der Materialflussintensität lässt sich darüber hinaus der mittlere Bestand am Arbeitssystem über die Trichterfüllung visualisieren.

- Die *Bereichsdarstellung* zeigt die Kapazitätseinheiten als Rechtecke. Abbildung 5.9b ordnet die Kapazitätseinheiten räumlich, der gewählte Detaillierungsgrad ist hier der Bereich. Im Beispiel existieren Rückflüsse und die Materialflussintensität ist sowohl über die Breite als auch über den zugeordneten Wert erkennbar. Ein kreisförmiger Pfeil stellt die Komplettbearbeitung innerhalb eines Bereichs dar.

Zur Datenerhebung ist ein repräsentativer Zeitraum erforderlich. Zeitraumbetrachtungen verdichten die Einzeldaten zu einem Mittel- oder Summenwert, so dass diese Analyse dynamische Effekte innerhalb eines Zeitraums nicht darstellt. Bei der Datenerhebung und der logistischen Interpretation ist deshalb besonders auf Schwankungen zu achten (bspw. verursacht durch Saison- oder Konjunktureinflüsse oder Veränderungen im Auftrags- oder Produktmix einer Fabrik). Diese sind erforderlichenfalls durch Detailanalysen zu ermitteln.

Grundsätzlich empfiehlt sich ein Vorgehen vom Groben zum Detail. Die Analyse der logistischen Vernetzung ist sowohl hinsichtlich ihrer Außen- als auch ihrer Innenbeziehungen möglich. Dementsprechend kann die Analyse den gesamten Betrachtungsbereich mit seinen Geschäftspartnern (Kunden-Lieferantenbeziehungen) umfassen; in einem feineren Detaillierungsgrad sind die Materialflüsse zwischen den einzelnen Produktionsbereichen, deren Kunden-Lieferantenbeziehungen sowie ihre logistische Geschlossenheit relevant.

Zur Analyse der Informationsflüsse ist die Methode zu modifizieren; primäres Erhebungskriterium bildet die Häufigkeit des Informationsaustausches. Wichtig ist die Analyse bei engen Kunden-Lieferantenbeziehungen, wie sie bspw. in der Automobilindustrie üblich sind.

Dispositionsautonomie

Das *Analyseziel* des Bausteins *Dispositionsautonomie* besteht darin, die logistische Geschlossenheit von Kapazitätseinheiten innerhalb eines Bezugszeitraums zu untersuchen. Auch diese Methode lässt sich zur Bewertung der Ausgangssituation und zur Vereinbarung der künftig zu erreichenden logistischen Anforderungen einsetzen. Als *Erhebungsmethode* kommt lediglich eine quantitative Datenerfassung in Frage. Zur Plausibilisierung der Ergebnisse ist eine Detailanalyse von Einzelfällen zu empfehlen, inhaltlich ist die logistische Interpretation gemeinsam mit den operativ Verantwortlichen entscheidend.

Die Dispositionsautonomie[3] einer einzelnen Kapazitätseinheit (z. B. Produktionsbereich) betrachtet deren logistische Vernetzung aus der Innen- und Außensicht [WieH02, S. 116 f., 150 f.]:

---

[3] Die Autonomie eines Produktionsbereichs lässt sich anhand der Ziele (Prozess der Zielfestlegung, konkrete Ausformulierung), der Aufgabenübertragung (Inhalt und Ganzheitlichkeit der Aufgabenübertragung bezogen auf alle Aufgaben) sowie der Dispositionsautonomie (Freiheitsgrade für Planung und Steuerung aus Innen- und Außensicht) bewerten, vgl. dazu ausführlich [WieH98, S. 82 ff.; WWB98; WieH02, S. 115 ff.].

- Die *logistische Aufgabenintegration* bewertet aus Innensicht, inwieweit Planungsentscheidungen und Ausführungsaktivitäten (inkl. Steuerungsentscheidungen) zusammenfallen, also die Dispositionsherrschaft über Aufträge und Ressourcen. Hierbei betrachtet die Eigenbestimmung aus Auftragssicht, inwieweit die selbst geplanten Aufträge den eigenen Produktionsbereich durchlaufen. Demgegenüber beurteilt die Fremdbestimmung aus Ressourcensicht, inwieweit andere Bereiche die Kapazitäten des betrachteten Bereichs belasten. Für beide Fälle ist die Berücksichtigung einer – üblicherweise statistisch eingeplanten – Grundlast (z. B. aus Service- und Reparaturgeschäft oder Nacharbeit) sinnvoll.
- Der *Dispositionsspielraum* bewertet aus Innensicht die internen zeitlichen und örtlichen Abfertigungsalternativen. Aus Auftragssicht sind der Abfertigungsumfang (in Anzahl Arbeitsvorgängen gemessene Länge der zu verplanenden Teilstrecke) und die Ablaufflexibilität (Möglichkeit, von einer vorgegebenen Arbeitsgangfolge wie Drehen, Bohren und Fräsen abzuweichen und bspw. erst zu Fräsen und dann zu Bohren) relevant. Aus Ressourcensicht ist die Arbeitsverteilung (Möglichkeit, den Auftrag auch an einem anderen Arbeitsplatz zu bearbeiten) sowie die Reihenfolgebildung am Arbeitsplatz zu bewerten.
- Die *logistische Einbindung in das Produktionsnetz* bewertet aus Außensicht die unidirektionalen und bidirektionalen Materialflüsse. Die Kunden-Lieferantenbeziehungen (Anzahl und Aufträge) führen üblicherweise zu unidirektionalen Flüssen und sind der Ressourcensicht zugeordnet. Sogenannte Pendleraufträge wandern zwischen Produktionsbereichen, führen zu bidirektionalen Flüssen und sind deshalb der Auftragssicht zugeordnet.

Abbildung 5.10 ordnet die hierfür relevanten drei Kriterienbereiche mit ihren wesentlichen Einflussfaktoren nach Auftrags- und Ressourcensicht. Bei Bedarf sind diese für den spezifischen Anwendungsfall zu modifizieren oder zu ergänzen.

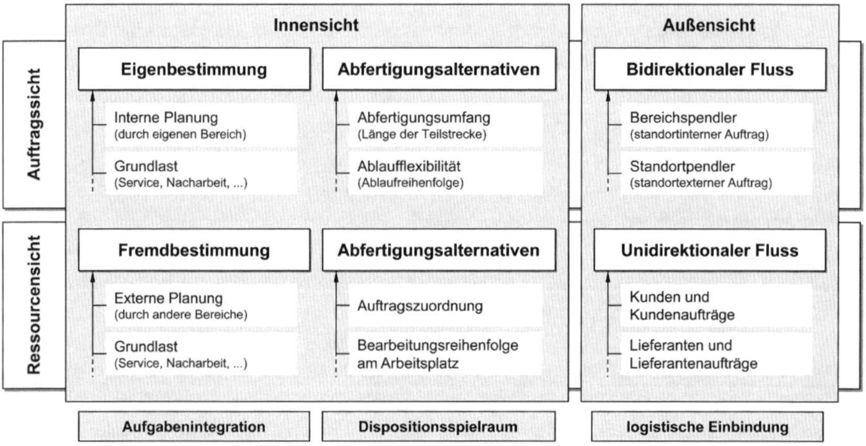

Abb. 5.10 Kriterien der Dispositionsautonomie

Grundsätzlich weist eine geringe logistische Geschlossenheit (Eigenbestimmung aus Auftragssicht gering bzw. Fremdbestimmung aus Ressourcensicht hoch) auf notwendige aufbauorganisatorische Anpassungen (z. B. geänderte organisatorische Zuordnung oder Umstellung von Maschinen, veränderte Dispositionsverantwortung von Artikeln oder Aufträgen) hin. Allerdings bildet die aus der Materialflussvernetzung resultierende Dispositionsautonomie für reine Fragestellungen des Auftragsmanagements eher eine zu beachtende Rahmenbedingung als eine zu gestaltende Einflussgröße. Somit gilt: Sind solche aufbauorganisatorischen Anpassungen im Projekt nicht vorgesehen, verbleibt als Gestaltungsspielraum die Prozessstandardisierung sowie die software-technische Integration der Planungs- und Steuerungsaufgaben. Abschnitt 6.3.5 behandelt dies als eigenständiges Gestaltungsmerkmal ‚logistische Bilanzhülle'.

Anwendungsbeispiel
Im folgenden Beispiel handelt es sich um ein Unternehmen, welches Sinterprodukte in insgesamt 10 Produktionsbereichen herstellt und weiterverarbeitet. Die Produktion basiert entweder auf Vertriebs- und Kundenprognosen oder erfolgt auf Einzelbestellung. Die meist einteiligen Produkte durchlaufen in der Produktion bis zu fünf Fertigungsstufen (d. h. Stücklistenebenen) mit bis zu 15 Arbeitsgängen je Fertigungsstufe. Mehr als die Hälfte der insgesamt 450 Arbeitsplätze in der Produktion sind hinsichtlich ihrer Kapazität zu planen und zu steuern. Der Stichtagsbestand umfasst ca. 12.000 Produktionsaufträge (dispositiv erzeugt, aber noch nicht freigegeben, sowie in den Umlaufbestand freigegeben) mit ca. 60.000 Arbeitsgängen.

Die *Aufgabenstellung* im Projekt bestand darin, die Planung und Steuerung der Produktion zuverlässiger zu gestalten und hierzu eine Software einzuführen. Zunächst war die logistische Vernetzung genauer zu betrachten, um die AM-Gestaltung (z. B. separate Lösung für jeden Bereich oder integrierte Gesamtlösung) und die Einführungsstrategie abzuleiten. Dem zu Abschnittsbeginn erläuterten Vorgehen folgend, wurde im ersten Schritt die Materialflussvernetzung im Gesamtunternehmen erhoben. Der zweite Schritt untersuchte die Dispositionsautonomie, also die logistische Geschlossenheit der einzelnen Bereiche. Die dargestellten Ergebnisse basieren auf einer Auswertung der Rückmeldedaten eines Zeitraums von 18 Monaten.

Materialflussvernetzung: Die Bereiche sind vielfältig logistisch vernetzt. Abbildung 5.11 visualisiert lediglich die Hauptmaterialflüsse: Die Vorfertigungsbereiche V1 bis V3 produzieren aus dem Rohstoff Stäbe und Platten. Diese werden entweder direkt eingelagert und als Vorprodukte an Kunden verkauft oder sie fließen in meist einteilige Fertigteile (Fertigungsbereiche F1, F2 mit vielen Teilefertigungsarbeitsplätzen und wenigen Montagearbeitsplätzen) bzw. in Montageprodukte (Montagebereiche M1, M2 mit vielen Montagearbeitsplätzen und wenigen Teilefertigungsarbeitsplätzen) ein. Die beiden internen Dienstleistungsbereiche D1 und D2 zentralisieren spezielle Technologien (z. B. Härten, Beschichten, Oberflächenbehandlung) für das gesamte Werk. Der Bereich F3 verfügt über keine eigenen

Produktionskapazitäten und ist deshalb in Abb. 5.11 nicht dargestellt. Er nutzt zur Produktion schwerpunktmäßig die Produktionskapazitäten des Bereichs F2.

Dispositionsautonomie: Der nächste Schritt betrachtet die logistische Geschlossenheit der einzelnen Bereiche. Im Folgenden werden ausgewählte Ergebnisse der Aufgabenintegration und der logistischen Einbindung dargestellt.

Zur Beurteilung der Aufgabenintegration wird gegenübergestellt, ob die Dispositionsaufgaben aus Auftragssicht (Auftragserzeugung und Auftragsfreigabe) und aus Ressourcensicht (Kapazitätsplanung, -steuerung und Reihenfolgebildung) im selben Bereich verankert sind. Die Bewertung erfolgt anhand der Vorgabestunden oder Anzahl Arbeitsgänge. Abbildung 5.12 zeigt die Ergebnisse: Zur Berechnung wird die Gesamtleistung der disponierten Aufträge (Auftragssicht: Disponent, d. h. wer disponiert?) und der geleisteten Arbeit (Ressourcensicht: Produktionsbereich, d. h. wer wird disponiert?) den jeweiligen Bereichen zugeordnet. Darüber hinaus ist zu beachten, dass die Dienstleister lediglich ausgewählte Arbeitsgänge im Gesamtdurchlauf bearbeiten und über keine eigene Auftragsdisposition verfügen. Der Dienstleister D1 wird auf Basis von Anzahl Aufträgen verplant, so dass hier Vergleichswerte fehlen.

Die logistische Interpretation erfolgt aus Auftrags- und Ressourcensicht:

- Aus *Auftragssicht* ist zeilenweise zu lesen (Abb. 5.12a). Bspw. disponiert der Bereich F2 insgesamt 281.000 h (entsprechend 100 %); davon entfallen 186.000 h (66 %) auf den eigenen Bereich und 77.000 h (27 %) auf den Dienstleister D2. Damit beträgt die ‚Auftragsdisposition Eigen' des Bereichs F2 66 % (für den eigenen Bereich disponierter Auftragsanteil), vermerkt in der letzten Spalte ‚Eigen'.
- Aus *Ressourcensicht* ist spaltenweise zu lesen (Abb. 5.12b). Zum Beispiel erbringt der Bereich F2 insgesamt 196.000 h (entsprechend 100 %); davon werden 186.000 h (95 %) selbst disponiert. M2 beansprucht den Bereich F2 mit 4.000 h (2 %), F3 mit 3.000 h und F1 mit 2.000 h (beide ca. 1 %). Die ‚Kapazitätsdisposi-

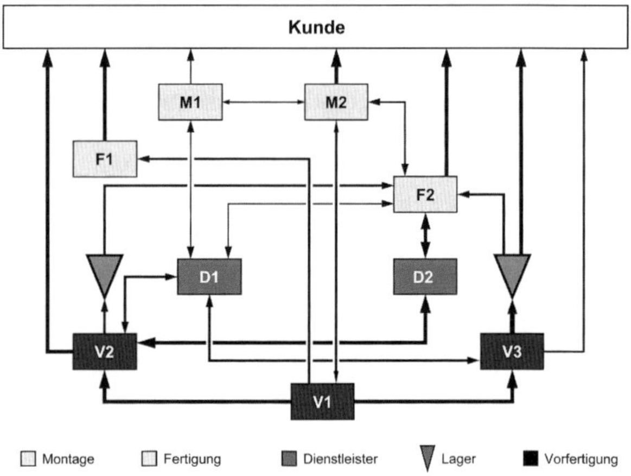

Abb. 5.11 Hauptmaterialflüsse Gesamtunternehmen (Praxisbeispiel)

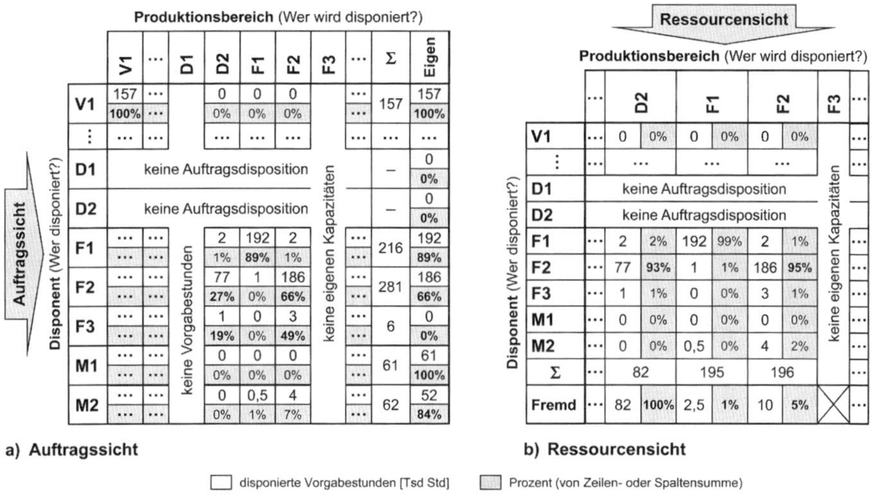

Abb. 5.12 Aufgabenintegration Gesamtunternehmen (Praxisbeispiel)

tion Fremd' für F2 beträgt demnach 5 % (Anteil Ressourcenzugriff von anderen Bereichen), eingetragen in die letzte Zeile ,Fremd'.

Der *Produktionsbereich F2* wurde als Pilotbereich zur Einführung der neuen Auftragsmanagement-Lösung ausgewählt. Deshalb wird dieser im Folgenden näher betrachtet:

- Aus *Auftragssicht* liegt der Anteil Eigenfertigung lediglich bei 66 %, Abb. 5.12a. Ursache hierfür ist die Zentralisierung bestimmter Technologien in Dienstleistungsbereiche. Der Dienstleister 2 bearbeitet deshalb viele Aufträge (insgesamt 27 % der Vorgabestunden). Dieser Fall erscheint logistisch unkritisch: Zunächst vergibt der Bereich F2 eindeutige Auftragsprioritäten. Auch bestimmt F2 die Kapazitätsauslastung des Dienstleisters 2 weitgehend (93 %, Spalte D2 in Abb. 5.12b) und schließlich verfügt letzterer über eine hohe Kapazitätsflexibilität.
- Aus *Ressourcensicht* liegt der Anteil Fremdbelastung F2 bei 5 %, Abb. 5.12b. Bei der Interpretation ist zu beachten, dass der Bereich F3 über keine eigenen Kapazitäten verfügt und die Aufträge weitgehend durch F2 (49 %) und D2 (19 %) bearbeitet werden, Abb. 5.12a, Zeile F3. Somit ist die Vernetzung mit M2 (2 %) und F1 (1 %) näher zu betrachten.

Logistische Einbindung: Für den Bereich F2 wurden die bereichsübergreifenden Aufträge untersucht und der Anteil Pendler ermittelt, also Aufträge, die im Arbeitsablauf mehrfach von einem Bereich zum anderen wechseln. Abbildung 5.13 zeigt die Ergebnisse: 35 % der Aufträge werden als sogenannte Bereichswechsler in mehr als einem Bereich bearbeitet (hierbei sind die in den Dienstleistungsbereichen D1 und D2 laufenden Arbeitsgänge rechnerisch dem Bereich F2 zugeordnet).

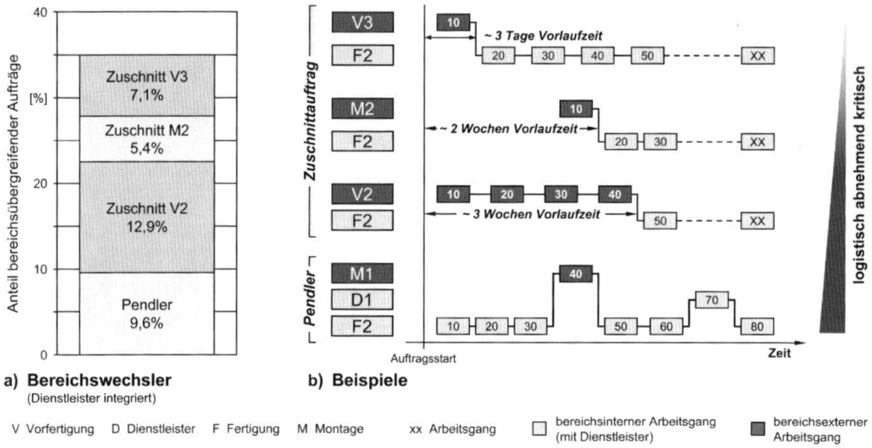

Abb. 5.13 Bereichsübergreifende Aufträge Bereich F2 (Praxisbeispiel)

Abbildung 5.13a schlüsselt die Bereichswechsler auf: Mehr als 25 % der Aufträge entfallen auf sogenannte Zuschnittaufträge aus den Bereichen V2, V3 sowie M2. Bei diesen liegt lediglich der erste Arbeitsgang in einem anderen Bereich. Abbildung 5.13b visualisiert die Auftragsdurchläufe anhand typischer Beispiele. Beim Pendlerauftrag ist zu erkennen, dass der Dienstleistungsarbeitsgang organisatorisch vereinfachend dem Bereich F2 zugeordnet ist, da D1 die Aufträge – weitgehend losgrößenunabhängig – innerhalb einer fest vereinbarten, produktspezifischen Durchlaufzeit bearbeiten muss.

Für die Ausgestaltung der Softwarelösung und die Einführungsstrategie der neuen Auftragsmanagement-Lösung resultiert aus dieser Analyse:

- Die logistische Autonomie der einzelnen Produktionsbereiche ließe sich durch gezieltes Umstellen von Maschinen in geringem Umfang erhöhen (was hier technisch realisierbar ist). Dies eröffnet vor allem Vorteile für den Bereich F3, dessen Aufträge künftig fast vollständig durch F2 bearbeitet werden. Dennoch bleiben die Bereiche logistisch eng vernetzt.
- Trotz der teilweisen Entkopplung über die Läger bestehen vielfältige auftragsindividuelle Abhängigkeiten, wie am Beispiel der Zuschnitt- und Pendleraufträge des Bereichs F2 dargestellt. Um die angestrebte Durchlaufzeitverkürzung zu erreichen, ist künftig eine engere Abstimmung der Planungs- und Steuerungsaktivitäten der einzelnen Bereiche nötig.
- Der Bereich F2 ist aufgrund seiner verhältnismäßig hohen logistischen Autonomie als Pilotbereich grundsätzlich geeignet. Bei der Software-Einführung ist zum einen die enge logistische Vernetzung zum Dienstleistungsbereich D2 zu beachten. Zum anderen sind mündliche Absprachen zu den bereichsübergreifenden Aufträgen sinnvoll.

- Die Analyse der Bereichswechsler verdeutlicht einen hohen Anteil an Zuschnittaufträgen. Dies gilt auch für andere Fertigungs- und Montagebereiche. Hier wäre zu prüfen, ob ein weiterer Dienstleister „Zuschneiden" die Planung und Steuerung vereinfachen würde.

Allein diese Analyse zeigt: Eine logistische Verbesserung erfordert zum einen unternehmensweite Regeln zur Einplanung und Auftragssteuerung. Zum anderen sind regelmäßige, bereichsübergreifende Abstimmungsrunden zur Kapazitätseinstellung zu empfehlen.

5.2.5 Turbulenzprofil

Wie in Kap. 1 ausführlich dargestellt, ist das wesentliche Charakteristikum des heutigen Produktionsumfelds seine hohe Dynamik. Sie äußert sich in einem bisher nicht bekannten Umfang in starken und unvermittelten Nachfrageänderungen der Produkte, ihrer Varianten, der Bedarfsmengen und -termine.

Zur Beschreibung dieser Dynamik setzte sich im deutschsprachigen Raum der Begriff Turbulenz durch. Dieser Abschnitt beginnt daher mit einer Definition der Turbulenz für das Auftragsmanagement, zeigt die Turbulenztreiber auf und entwickelt eine Morphologie sogenannter Turbulenzkeime. Ihre Relevanz ist für den spezifischen Einzelfall qualitativ zu bewerten und basiert auf dem Urteil der operativ Verantwortlichen. Als Ergebnis entsteht ein sogenanntes Turbulenzprofil, das die logistischen Anforderungen an ein Auftragsmanagement in einer Darstellung visualisiert. Es hat sich zur Systematisierung der Anforderungen an die Funktionslogik im Auftragsmanagement in der Praxis bewährt. Bei Bedarf lassen sich wichtige Anforderungen durch quantitative Analysen ergänzen. Die Beschreibung der Erhebungsmethodik anhand eines Praxisbeispiels bildet den Abschluss.

Turbulenzdefinition

Bereits in den 1960er Jahren taucht der Begriff Turbulenz zunächst in der amerikanischen Managementliteratur auf; Anfang der 1990er Jahre führte ihn H.-J. Warnecke in die deutschsprachige produktionswissenschaftliche Literatur ein [MinH94, War92]. Der Begriff selbst entstammt dem Lateinischen, wo er ‚Verwirrung' bedeutet. Umgangssprachlich steht er auch für ‚Unruhe', ‚wildes Durcheinander' oder ‚aufgeregte Bewegtheit' [Dud90]. Eine präzise Bedeutung hat der Begriff in der Physik: Die Strömungsmechanik charakterisiert damit einen Bewegungszustand von Gasen oder Flüssigkeiten (Fluiden) mit einer raum-zeitlich unregelmäßigen Strömung (Wirbelbildung). Im turbulenten Zustand ist es nicht möglich, vom makroskopischen Verhalten des Fluids auf das mikroskopische Verhalten einzelner Teilchen zu schließen. Dieser steht im Gegensatz zum laminaren Zustand, der eine gleichmäßige, im Detail berechenbare Strömung von Zuständen einzelner Teilchen beschreibt [Mas98].

In Unternehmen entsteht Turbulenz nicht nur aus dem Umfeld. Vielfach resultiert die wahrgenommene Turbulenz auch daraus, dass Plan- und Vorhersagbarkeit unterstellt wird, wo eigentlich keine besteht. Der amerikanische Organisationswissenschaftler Mintzberg belegt dies eindrücklich anhand einer Literaturanalyse [MinH94]. Danach sind für die wahrgenommene Turbulenz zwei Gründe ursächlich:

- Neben objektiv messbaren Aspekten besitzt Turbulenz einen subjektiven Charakter. Erfahrungsgemäß ist der auf eine neue Situation Unvorbereitete deutlich überraschter als ein Vorbereiteter. Daher empfindet der Unvorbereitete die Situation als turbulenter.
- Die Wahrnehmung von Turbulenz hat offensichtlich etwas mit der Fähigkeit der Betroffenen zu tun, auf unvorhergesehene Änderungen angemessen zu reagieren. Übersteigt das Ausmaß der Veränderung (Anforderung) die Reaktionsmöglichkeit (Fähigkeit), werden etwa starke Bedarfsschwankungen im Vergleich zu den – zu starren – Produktionskapazitäten als Überforderung und damit als turbulent wahrgenommen, vgl. auch [Cub06].

Analog zur Physik wird der Begriff Turbulenz für diese Arbeit wie folgt definiert [West00b; WieH02, S. 102 ff., 220; WieH06a]:

Turbulenz im Auftragsmanagement liegt vor, wenn die aktuellen Istwerte relevanter Kennwerte signifikant von ihrem Mittelwert abweichen. Eine vereinbarte Toleranz definiert dabei die zulässige Abweichung vom Sollwert.

Für das Auftragsmanagement bedeutet dies: Liegt Turbulenz vor, verliert eine mittelwertbasierte Planung die erforderliche Realitätsnähe. Diese Überlegungen entsprechen auch der beschriebenen organisationswissenschaftlichen Sicht auf die Turbulenz. Demnach ist zu unterscheiden [WieH02, S. 51 ff.; WieH06a; WieH07b]:

- *Objektiv bedeutet Turbulenz eine signifikante Abweichung. Dabei bestimmt die vereinbarte Toleranz, ob eine Abweichung als logistisch signifikant gilt.*
  Eine unerwartete Abweichung von der Planung beschreibt also das Prognoseproblem jeder Planung. Diese soll ja bestimmte Annahmen für die Zukunft treffen und hierfür Entscheidungen vorbereiten. Voraussetzung für eine Planung ist daher die Vorhersagbarkeit der Zukunft, zumindest innerhalb des Planungshorizontes. Im Gegensatz zu vorhersehbaren und schwachen Abweichungen verursachen plötzliche und starke Abweichungen Turbulenzen und damit Planungsunsicherheit: Ursprüngliche Entscheidungen sind zurückzunehmen oder neu zu treffen [MinH94].
- *Subjektiv bedeutet Turbulenz, dass objektive Abweichungen nicht beherrscht werden. Hierbei bestimmen die Marktanforderungen, ob Abweichungen als beherrscht gelten.*
  Dies betont vor allem psychologische Aspekte: Planer wollen Unsicherheit durch Planung vermindern oder vermeiden. Oftmals misslingt dies wegen der prinzipiellen Unvorhersagbarkeit der Zukunft. Mintzberg bemerkt dazu: „What we really fear is uncertainty“ [MinH94]. Die Bewertung der subjektiven Turbulenz wird demnach stark von den Erwartungen, Gewohnheiten und Erfahrungen der betroffenen Akteure selbst abhängen.

Diese Betrachtungen betonen einmal mehr die Notwendigkeit, auch aus logistischer Sicht zulässige Abweichungen festzulegen. Entsprechend Abb. 3.6 sind zwei Ebenen zu unterscheiden: Die *Toleranz* bezieht sich auf die zulässige Abweichung der einzelnen Istwerte (vom Soll-Wert) und betrifft damit eher die laufende Planung und Steuerung in der Betriebsphase. Demgegenüber ist der *Zielkorridor* als zulässige Abweichung der Ziel-Istwerte (vom Ziel-Sollwert) definiert. Er betrifft damit eher die Gestaltungsphase. Beide Toleranzen ergeben sich aus den Marktanforderungen und Branchenusancen; ihre konkrete Durchsetzung im Einzelfall hängt von den tatsächlichen Machtverhältnissen der Partner ab.

Morphologie der Turbulenzkeime

Die Herausforderungen turbulenter Märkte an das Auftragsmanagement lassen sich vier Ursachengruppen zuordnen: Für die Planung sind Plananpassungen, Schwankungen und Streuungen relevant, da dann die Mittelwerte ihre Aussagekraft für den Einzelwert verlieren. Für die Steuerung sind unerwartete Abweichungen der Ist- bzw. Plan-Werte vom Soll-Wert relevant, da diese die Erfüllung zugesagter Termine – und damit die Planeinhaltung – gefährden.

Insgesamt sind fünf Ursachengruppen zu betrachten, die Abb. 5.14 mit Beispielen erläutert:

- *Schwankungen*: Saisonale oder konjunkturelle Bedarfsschwankungen sind kritisch, sobald sie die vereinbarte oder vorgesehene Mengenvariabilität in Beschaffung und Produktion übersteigen. Dann besteht das Risiko nicht erfüllter Kundenaufträge und damit von Planabweichungen. Typische Beispiele sind Nachfrageschwankungen bezüglich Gesamtmenge oder Auftragsmix.
- *Streuungen*: Heterogene Lieferzeitanforderungen der Kunden erschweren die Planung: Führt dies zu heterogenen Auftragsdurchlaufzeiten, sind die Voraussetzungen des Sukzessivplanungskonzeptes MRP II mit seiner mittelwertbasierten Durchlaufzeitplanung verletzt, vgl. auch Abschn. 4.2.1. Die für Langläufer (Beschaffungsteile mit sehr langen Wiederbeschaffungszeiten) typischen hetero-

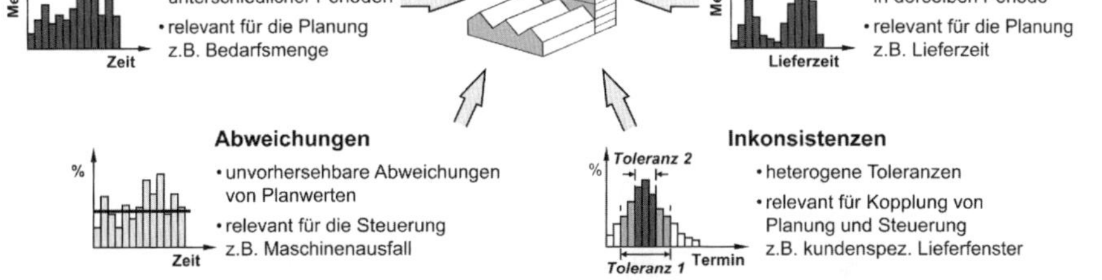

Abb. 5.14 Ursachengruppen für Turbulenzen im Auftragsmanagement

genen Wiederbeschaffungszeiten oder die in der Prozessindustrie oftmals notwendige Chargenbildung haben die gleiche Wirkung.

- *Plananpassungen*: Unternehmen reagieren auf zunehmende Schwankungen und Streuungen meist mit Anpassungen der Produktionspläne. Doch kurzzyklische Änderungen der Produktionsrahmenbedingungen und damit der Pläne, verringern die angestrebte Planstabilität (vgl. a. Abschn. 3.5.1, 3.5.2) und damit die Vorhersagbarkeit. Aus Kundensicht sind im Wesentlichen kurze Produktlebenszyklen der Endprodukte sowie laufende Plananpassungen durch den Kunden ursächlich. Aus Beschaffungssicht sind dies die z. B. durch Abkündigungen eines Materials verursachten Plananpassungen oder laufende Veränderungen der logistischen Lieferkonditionen des Lieferanten – also Lieferzeiten, -termine oder -mengen. In der Produktion selbst erschweren vor allem kurze Technologiezyklen sowie Anpassungen des Auftragsmix und der Verfügbarkeit der Produktionsressourcen das Auftragsmanagement.
- *Abweichungen*: Typischerweise vermuten die Verantwortlichen als wesentlichen Grund für Turbulenzen eine mangelhafte Ausführung der Aufträge: Da die Steuerung den ursprünglichen Plan trotz unerwarteter Abweichungen wie Kundenauftragsänderungen (bis hin zur Stornierung des Auftrags), Produktionsstörungen oder auch Fehlteilen ausführen soll, erzeugen Planabweichungen Handlungsbedarf für jeden individuellen Auftrag. Die Praxis legt den Fokus steuernder Eingriffe erfahrungsgemäß auf Einzelaufträge mit der Folge, dass Auswirkungen auf andere Aufträge vernachlässigt werden und sich so Planabweichungen insgesamt vergrößern. Dies gefährdet die Einhaltung zugesagter Liefertermine vor allem in Zeiten hoher Auslastung.
- *Inkonsistenzen*: Ein spezielles Problem können die gewählten Toleranzbereiche für die Soll-Werte in Beschaffung, Produktion und Lieferung darstellen. Sind diese zwischen den drei Prozessabschnitten nämlich nicht aufeinander abgestimmt (also heterogen), kann dies ebenfalls eine Quelle für Turbulenzen darstellen. Es können aber auch unterschiedliche Toleranzen innerhalb eines Prozessabschnitts auftreten, wie bspw. je nach Kunde unterschiedliche Lieferfenster. Die Toleranzen selbst stellen in den drei Abschnitten jeweils das *Bindeglied zwischen Planung und Steuerung* dar, weil sie sowohl Vorgabe für die Prozessgestaltung (Zielkorridor) als auch Vergleichsmaßstab für zulässige Abweichungen in der operativen Durchführung (Liefer- oder Planungstoleranz) sind. Diese Inkonsistenzen gelten deshalb als fünfte Ursachengruppe.

Die erläuterten Turbulenztreiber wirken auf die bekannten drei Prozessabschnitte des Auftragsmanagements, also Beschaffen, Produzieren und Liefern. Daraus ergeben sich mögliche Auslöser für Turbulenzen, hier als Turbulenzkeime im Auftragsmanagement bezeichnet. Stellt man nun die fünf Ursachengruppen Streuungen, Schwankungen, Frequenzen, Inkonsistenzen sowie Abweichungen den drei Prozessabschnitten gegenüber, entsteht eine Morphologie der Turbulenzkeime [WRS00; WieH02, S. 56, 104; WieH06a]: Abb. 5.15 zeigt, dass für die Beschaffung und Lieferung überwiegend Zeiten, Termin- und Mengenveränderungen Turbulenzkeime sind, während in der Produktion eher Änderungen der Bezugs-

Ursachen-gruppe	Prozessabschnitt Beschaffen	 Produzieren	 Liefern
Streuung	Heterogene Beschaffungs-bedingungen • Zeiten • Mengen	Heterogener Auftrags-durchlauf • heterogener Auftragsmix • Chargenbildung	Heterogene Liefer-anforderungen • Zeiten • Mengen
Schwankung	Beschaffungsschwankungen • Zeiten • Mengen	Produktionsschwankungen • schwankender Auftragsmix • Verfügbarkeitsschwankung	Bedarfsschwankungen • Zeiten • Mengen
Anpassung	Kurze Lebenszyklen Material Lfde Plananpassungen Lieferant • Termin • Menge	Kurze Technologiezyklen Plananpassungen Produktion • Anpassungen Auftragsmix • Verfügbarkeitsanpassungen	Kurze Lebenszyklen Endprodukt Lfde Plananpassungen Bedarf • Termin • Menge
Inkonsistenz	Beschaffungstoleranzen ⇔	Produktionstoleranzen ⇔	Liefertoleranzen
Abweichung	Qualitätsabweichung Material Unzuverlässige Lieferanten • Termin • Menge	Qualitätsabweichung Produkt Unerwartete Ausfälle • Maschinenausfall • Personalausfall	Endproduktänderung Auftragsänderungen • Termin • Menge

Abb. 5.15 Morphologie der Turbulenzkeime in Planung und Steuerung

objekte Auftragsmix und Verfügbarkeit der Produktionsressourcen Turbulenzen auslösen.

Die Beschreibung der einzelnen Turbulenzkeime und ihrer Auswirkungen auf die Planung und Steuerung erfolgt anhand der beschriebenen fünf Gruppen. Im Folgenden werden sie als *Anforderungsbereiche* interpretiert; d. h. sie gelten als (zunächst) nicht beeinflussbar und das Auftragsmanagement-System ist auf diese Anforderungen hin auszulegen. Hierbei ist zu beachten, dass ihr Auftreten an sich jedoch nicht zwangsläufig Planabweichungen auslösen muss. Wie im Anschluss erläutert wird, ist die Relevanz des jeweiligen Turbulenzkeims im Einzelfall qualitativ oder quantitativ zu bewerten. Eine solche Bewertung folgt dem einleitend beschriebenen Gedanken der subjektiven Turbulenz.

Streuungen

Heterogene Anforderungen derselben Periode werden als Streuungen bezeichnet. Sie lassen sich hinsichtlich der Aspekte Zeit und Menge untersuchen. Am kritischsten erscheint der Aspekt der Zeitdauer, da heterogene Durchlaufzeiten in Produktion und Beschaffung die Voraussetzungen des Sukzessivplanungskonzeptes MRP II verletzen. Denn: Ausgehend von den Primärbedarfen legt die deterministische Sekundärbedarfsermittlung im Rahmen der Mengenplanung je Produktions- bzw. Dispositionsstufe für die Artikel einheitliche Vorlaufzeiten (meist für alle Eigenfertigungs- und Fremdbezugsaufträge) zugrunde. Im Anschluss daran summiert das bestmögliche Verfahren der Durchlaufterminierung auftragsindividuelle Bearbeitungszeiten und arbeitsplatzbezogene Übergangszeiten. Homogene Durchlaufzeiten verbessern offensichtlich ihre Prognostizierbarkeit. In der Mengenplanung entsprechen sie der Artikeldurchlaufzeit je Produktionsstufe, in der Durchlaufterminierung der Arbeitsvorgangsdurchlaufzeit bzw. -liegezeit, vgl. a. Abschn. 4.2.1. Übersteigen die Streuungen die zulässigen Toleranzen, ist der gleichmäßig dahin fließende Auftragsstrom gestört; Planabweichungen sind die unvermeidliche Folge.

Dementsprechend bestimmt das Verhältnis von zulässiger Abweichung (also der Liefer- bzw. Planungstoleranz) zu den Streuungen (der Liefer-, Durchlauf- bzw. Wiederbeschaffungszeiten) die Relevanz der Turbulenzkeime.

Aus *Liefersicht* zeigen sich unterschiedliche Kundenanforderungen für die jeweiligen Aufträge in unterschiedlichen Lieferanforderungen bezüglich Lieferzeit und -menge:

- Lösen heterogene Lieferzeitanforderungen Turbulenzen aus, überschreiten die dadurch verursachten Durchlaufzeitstreuungen die zulässigen Toleranzen. Meist betonen Einzelfertiger wie etwa Investitionsgüterhersteller den Zeitaspekt.
- Demgegenüber nehmen Wiederholfertiger wie etwa Automobilzulieferer den Mengenaspekt der Lieferanforderung wahr und sprechen eher von heterogenen Liefermengenanforderungen, vgl. a. Abschn. 4.2.3.

Aus *Produktionssicht* können interne Restriktionen der Produktionsressourcen einen heterogenen Auftragsdurchlauf verursachen:

- Die in der Prozessindustrie übliche Chargenbildung hat das Ziel, über eine geeignete Reihenfolgebildung Rüstzeiten zu vermeiden und so den Produktionsdurchsatz an den teuren Aggregaten zu erhöhen. In der Stückgüterfertigung stellt eine Wärmebehandlung oder Galvanik vergleichbare Anforderungen. Stärkere Durchlaufzeitstreuungen sind hier die unvermeidliche Folge und verletzen damit die Voraussetzungen des MRP II-Konzeptes.
- Grundsätzlich erfordert ein heterogener Auftragsmix ebenfalls eine differenzierte Betrachtung; produkt- oder variantenbezogene Arbeitspläne und Stücklisten unterstützen diese.

Aus *Beschaffungssicht* resultieren aus unterschiedlichen Fähigkeiten der Lieferanten unterschiedliche Wiederbeschaffungszeiten oder -mengen:

- Langläufer[4] verursachen heterogene Wiederbeschaffungszeiten mit den genannten Konsequenzen. Vor allem Einzelfertiger lösen diese Anforderung durch frühzeitige Bestellungen teilspezifizierter Aufträge, mit den bekannten Anforderungen hinsichtlich Reservierung und Verrechnung.
- Die Anforderung heterogener Wiederbeschaffungsmengen bezieht sich auf einzelne Beschaffungsaufträge in einer Periode: Der einfache Fall gibt Kundenbedarfe unverzerrt an den Lieferanten weiter. Im komplizierten Fall beeinflussen Bestellmengenregeln wie Preisstaffeln oder Mindermengenzuschläge die Disposition.

---

[4] Ein Langläufer besitzt entweder im Vergleich zu anderen extern beschafften (oder intern gefertigten) Teilen oder im Vergleich zur Lieferzeit ausgesprochen lange Wiederbeschaffungszeiten. Typisches Beispiel bilden Schmiede- oder Gussteile im Maschinen- und Anlagenbau, deren Wiederbeschaffungszeiten die Lieferzeiten oft übersteigen. Diese werden dann erwartungsorientiert disponiert und die später eintreffenden, tatsächlichen Bedarfe dann mit den vorher prognostizierten Erwartungen verrechnet, vgl. auch Abschn. 6.3.2, 7.5.1.

Die darüber hinaus wichtigen Fälle „Bedarfsbündelung über Dispositionsstufen" sowie „schwankende Beschaffungspreise" verstärken Bedarfsschwankungen der Kunden in Richtung Lieferant und werden deshalb unter der Gruppe Schwankungen näher untersucht.

Schwankungen
Ändern sich die Bedarfe im Zeitverlauf, entstehen Schwankungen (heterogene Anforderungen unterschiedlicher Perioden). Hier dominiert der Mengenaspekt, allerdings mit Wechselwirkungen zum Zeitaspekt. Für die Relevanz der Turbulenzkeime gilt deshalb:

- Je größer die Mengenschwankungen (Bedarf, Auftragsmix, Beschaffungsmengen) im Vergleich zur verfügbaren Mengenflexibilität in Produktion und Beschaffung sind, desto stärker ist die Turbulenz.
- Darüber hinaus ist zu beachten, dass Kapazitäten und ihre Flexibilität Mengen- und Zeitdimension im Auftragsmanagement verknüpfen und so Wechselwirkungen zwischen Durchsatz und Durchlaufzeiten verursachen [WieH02, S. 40 f.; 113 f.]: Eine Kapazitätserhöhung reduziert – bei gleichem Umlaufbestand – die Durchlaufzeiten; eine Kapazitätsreduzierung erhöht diese. Daraus resultierende Schwankungen von Liefer-, Durchlauf- und Wiederbeschaffungszeiten sind wiederum auf die zulässige Abweichung (Liefer- bzw. Planungstoleranz) zu beziehen.

Aus *Liefersicht* beziehen sich schwankende Lieferanforderungen auf die gesamte Bedarfsmenge bzw. die mittlere Lieferzeit der jeweiligen Perioden:

- Saisonale oder konjunkturelle Bedarfsmengenschwankungen erzeugen dann Turbulenz, wenn sie die installierte Mengenflexibilität überschreiten. Gelingt die periodengerechte Abarbeitung der Wunschmengen nicht, steigen die Lieferzeiten. Dann besteht das Risiko nicht erfüllbarer Kundenaufträge und damit von Planabweichungen.
- Deshalb zeigen im Zeitverlauf schwankende Lieferzeiten lediglich die „andere Seite derselben Medaille" schwankender Bedarfsmengen: Ihre logistische Wechselwirkung birgt die Gefahr, dass die Verantwortlichen in Unkenntnis der Zusammenhänge falsch reagieren und entweder den Fehlerkreis der Fertigungssteuerung oder den der Sicherheitsbestandsanpassung auslösen, vgl. dazu ausführlich [MaPlo77; KeBe81; WCW05, S. 464 f.; Löd08b, S. 160].

Die *Produktionssicht* zeigt die interne Sicht auf die Schwankungen:

- Durch Spezialisierung in der Produktion in teilautonome Bereiche werden Auftragsmixschwankungen zu Turbulenzkeimen: Ist eine Produktion zum Beispiel produktorientiert segmentiert, verursachen Auftragsmixschwankungen Belastungsschwankungen in den Segmenten. Eine „Produktion im Kundentakt" [Sod06] erfordert demnach eine hohe Mengenflexibilität der Segmente, vgl. a. Abb. 1.7.
- Außerdem sind über der Zeit schwankende Verfügbarkeiten der Produktionsressourcen (geplante Stillstände, Neukauf oder Ersatz) sowie des eingesetzten Personals (etwa Urlaubszeiten) dann zu berücksichtigen, wenn sie planbar sind.

Die *Beschaffungssicht* bewertet Schwankungen aus Lieferantensicht, also deren Wiederbeschaffungsmengen und -zeiten:

- Die Anforderung schwankende Wiederbeschaffungsmengen bezieht sich auf die Gesamtbedarfsmengen der jeweiligen Perioden: Der bereits von Forrester beschriebene Bull Whip Effekt [For58] verstärkt Bedarfsschwankungen des Kunden in Richtung Lieferant und ist u. a. durch Losbildung begründet [LPW97a, b]. Es sind aber auch lieferanteninduzierte Schwankungen – bspw. durch schwankende Rohstoffpreise oder Verschiebungen von Nachfrage-/Angebotssituationen – denkbar.
- Stärkere Mengenschwankungen können aber auch schwankende Wiederbeschaffungszeiten verursachen.

Oft unterschätzen die Verantwortlichen das logistische Risiko verlängerter Wiederbeschaffungszeiten: Eine Verlängerung löst Bestellungen – wegen der Rückwärtsterminierung – noch früher aus und erzeugt so kurzfristig eine Bedarfsspitze. Dies wirkt eher erschwerend auf die termingerechte Abarbeitung der Aufträge als begünstigend [Löd05, S. 160; WCW05, S. 646 f.].

Anpassungen
Die Anforderung Anpassungen bezieht sich zum einen auf kurzzyklische Veränderungen von Randbedingungen und zum anderen auf die allfälligen Plananpassungen. Zunächst werden die *kurzzyklischen Veränderungen* entsprechend den drei Prozessabschnitten differenziert:

- Aus *Liefersicht* erhöhen kurze Produktlebenszyklen der Endprodukte die Anforderungen an die Anlauf- und Auslaufplanung.
- In der *Produktion* sind vor allem kurze Technologiezyklen relevant.
- Die *Beschaffung* ist kurzen Produktlebenszyklen der Einkaufsteile ausgesetzt. Hier sind wiederum vom Absatzmarkt direkt oder indirekt induzierte Veränderungen (Kunde, Konstruktion, Marketing) von lieferanteninduzierten An- oder Abkündigungen von Beschaffungsteilen (z. B. von Elektronikbauteilen) zu unterscheiden.

Darüber hinaus denkbare Einflussfaktoren (z. B. neue Marktteilnehmer) lassen sich in ihrer Auswirkung auf die Logistik meist auf die bisher vorgestellten Turbulenzkeime zurückführen.

Laufende Plananpassungen können auch aus geänderten Umweltbedingungen resultieren. Entsprechend den drei Prozessabschnitten gilt:

- Aus *Liefersicht* sind dies die bekannten Bedarfsanpassungen. Für Einzelfertiger sind wiederum eher Anpassungen der Bedarfstermine, für Wiederholfertiger eher Mengenanpassungen (auch als Forecast-Anpassungen bezeichnet) relevant.
- In der *Produktion* sind wiederum die Anpassungen im Auftragsmix relevant. Die Verfügbarkeitsanpassungen der Produktionsressourcen spiegeln die interne Planstabilität wider.
- In der *Beschaffung* können – analog zur Liefersicht – auch die Lieferanten Anpassungen der Pläne provozieren. Dies ist besonders in Hochkonjunkturphasen zu beobachten, wenn Lieferanten zugesagte Termine verschieben bzw. durch

verspätete Anlieferungen Neuplanungen auslösen. Hier sind wiederum Termin- und Mengensicht zu unterscheiden.

Die Abgrenzung von Plananpassungen (Planung) und Abweichungen (Steuerung) ist über die Fixierung bzw. Übergabe an den Nachfolger zwar formal präzise definiert, dennoch ist der Übergang in der Praxis fließend. Deshalb erscheint es sinnvoll, hier eine unternehmensindividuelle Zuordnung der Ereignisse bzw. Zeitpunkte festzulegen.

Toleranzen

Es ist auch denkbar, dass die Schnittstelle zwischen Planung und Steuerung – die Planungstoleranz – nach unterschiedlichen Anforderungen auszugestalten ist. Im Fall solcher inkonsistenter Anforderungen stellt sich die Frage, welche Planungstoleranz ein Unternehmen intern wählen soll, wenn diese extern differieren. Hier sind zwei Fälle zu unterscheiden:

- Zum einen können sie zwischen unterschiedlichen Prozessabschnitten differieren. Hat sich beispielsweise der Vertrieb auf eine Lieferzeitabweichung von ± 2 Tagen vertraglich festgelegt, ist nicht zwangsläufig sichergestellt, dass Produktion und Beschaffung für alle betreffenden Teile eine vergleichbare Vereinbarung akzeptieren (bzw. erreichbar ist).
- Zum anderen können sie innerhalb eines Prozessabschnitts differieren. So sind in unterschiedlichen Branchen unterschiedliche Toleranzen üblich, die bei konsequenter Umsetzung auch in der Produktion unterschiedliche Planungstoleranzen verursachen.

Nun erscheint die gleichzeitige Wahl unterschiedlicher Planungstoleranzen zwar theoretisch denkbar, in der Praxis aber schwer durchsetzbar. Detaillierungsgrad der Planung und Abweichungsmessung der Istwerte bilden die beiden Kriterien der Schnittstellengestaltung:

- Aus *Liefersicht* können die geforderten Liefertoleranzen voneinander abweichen: Im konkreten Einzelfall könnte dem Kunden eine monatsgenaue Lieferung für Ersatzinvestitionen ausreichen, während er gleichzeitig eine tagesgenaue Einhaltung für eine bereits fest vorgesehene Wartung fordert.
- In *Produktion* und *Beschaffung* zeigen unterschiedliche Technologien bzw. Lieferanten oft eine unterschiedliche Prozesssicherheit und können heterogene Produktions- und Beschaffungstoleranzen verursachen.

Mitunter erscheint auch der Fall denkbar, dass im Zeitverlauf vorhersehbar schwankende Toleranzen auftreten:

- Aus *Liefer- und Beschaffungssicht* könnten konjunktur- oder konkurrenzbedingt unterschiedliche Abweichungen bezüglich Menge, Termin oder Qualität toleriert werden. Dies gilt einerseits für die Kunden, andererseits aber auch für die Lieferanten. Darüber hinaus beeinflusst die Verhandlungsmacht die akzeptierten Lieferabweichungen und damit implizit auch die Toleranzen.
- In *Produktion* und *Beschaffung* beeinflussen vor allem Verbesserungsmaßnahmen der Geschäftsprozesse oder Herstellungsabläufe die Toleranz. In Ab-

grenzung zu diesen vorhersehbaren Veränderungen sind nicht vorhersehbare Schwankungen als Planabweichungen (z. B. unerwartete Prozess- oder Qualitätsabweichungen) definiert und dementsprechend als Turbulenzkeim der Steuerung zugeordnet.

Logistisch kritisch erscheinen die Fälle, in denen die Prozesssicherheit vorhersehbar deutlich kurzzyklischer schwankt als die Durchlaufzeiten in Produktion und Beschaffung. Ein regelmäßiges Anpassen der Toleranzen würde die dynamischen Effekte verstärken und ist deshalb zu vermeiden.

Abweichungen
Abweichungen von Planwerten entstehen, wenn nach Planfixierung oder Übergabe an den nachfolgend Verantwortlichen unerwartete Ereignisse steuernde Eingriffe erfordern. In der Produktion ist diese Schnittstelle zwischen Planung und Steuerung als Auftragsfreigabe definiert. Bereits Büdenbender berücksichtigt die Kundenänderungseinflüsse nach Auftragsstart im Rahmen seiner PPS-Morphologie [Büd91]. Diese dementsprechend für die Steuerung relevanten Ereignisse betreffen Auftragsänderungen an den Kriterien Endprodukt, Auftragsmenge und -termin. Zwei Sichtweisen bestimmen ihre Relevanz:

- Zum einen bewertet die Änderungshäufigkeit den Einfluss: So ist für Änderungen sowohl der Bezug zur Gesamtzahl an Aufträgen relevant [Büd91, S. 50] als auch die Anzahl der Änderungen je Auftrag.
- Zum anderen bestimmt das Verhältnis von absoluter Veränderung zur Liefer- bzw. Planungstoleranz die Relevanz: So ist zum Beispiel eine Veränderung des Kundenwunschtermins um zwei Tage bei vereinbarter wochengenauer Anlieferung meist nicht relevant.

Für die drei Prozesse wird unterschieden:

- Aus *Liefersicht* lösen Kunden oder Konstruktion Endproduktänderungen (technische Spezifikation) sowie Auftragsänderungen bezüglich Menge oder Termin – mit den wichtigen Sonderformen Sistierung (Stopp laufender Aktivitäten) und Stornierung des Auftrags – aus und verursachen damit steuernde Eingriffe in Produktion und Beschaffung.
- Aus *Produktionssicht* ist eine Unterscheidung in unerwartete Qualitätsabweichungen sowie Maschinen- und Personalausfälle sinnvoll.
- Im *Beschaffungsprozess* wird eine unerwartete Materialabweichung (technische Spezifikation) von unzuverlässigen Lieferanten unterschieden. Resultierende Mengen- oder Terminabweichungen verursachen Fehlteile oder zu hohe Bestände.

Mit der Morphologie der Turbulenzkeime liegt eine systematische Basis zur Entdeckung potenzieller Auslöser von Planabweichungen vor. Ihre bloße Existenz führt jedoch nicht zwangläufig zu solchen Abweichungen. Wie im Folgenden erläutert, kann die Bewertung für den jeweiligen Anwendungsfall entweder qualitativ durch Befragung der operativ Verantwortlichen oder auch quantitativ erfolgen und greift damit den bereits beschriebenen Gedanken der subjektiven Turbulenz auf.

Erhebungsmethodik und Anwendungsbeispiel

Analyseziel des Bausteins *Turbulenzprofil* ist es, ein gemeinsames Grundverständnis aller Beteiligten über den Einfluss der Faktoren herzustellen, die Turbulenzen erzeugen können. Prinzipiell gilt nämlich folgende Überlegung: Eine mittelwertbasierte Betrachtung vereinfacht die Planung und wird deshalb im Sinne der Einfachheit und Verständlichkeit angestrebt. Die Analyse des vorhandenen Turbulenzprofils verdeutlicht nun, ob dies möglich ist bzw. welche Faktoren besonders zu berücksichtigen sind. Wie in Abb. 5.2 dargestellt, lässt sich diese Methode sowohl zur Bewertung der Ausgangssituation als auch zur Vereinbarung der künftig zu erreichenden logistischen Anforderungen einsetzen.

Als *Erhebungsmethode* bietet sich hierzu ein Workshop mit den operativ Verantwortlichen an. Mit der Dokumentation und Diskussion der Anforderungen besteht die Möglichkeit, spezifische Besonderheiten des Einzelfalls und die logistischen Konsequenzen zu erkennen. Die Erhebung erfolgt in zwei Schritten:

1. *Turbulenzkeime bewerten*: Zunächst werden die möglichen Turbulenzkeime allgemein erläutert und unternehmensspezifisch formuliert. Erfahrungsgemäß entfallen damit bereits bestimmte Turbulenzkeime als nicht unternehmensrelevant. Hierauf aufbauend bewerten die Fachexperten den Einfluss des Turbulenzkeims *individuell* und aus ihrer subjektiven Sicht zwischen 1 (geringer Einfluss) und 10 (hoher Einfluss). Hierfür hat sich der Einsatz eines Fragebogens bewährt.
2. *Turbulenzprofil erstellen*: Die Auswertung erfolgt zunächst mit Hilfe des Mittelwerts aller Fachexperten-Bewertungen. Die anschließende Diskussion ermöglicht eine Untersuchung aufgetretener Ausreißer und ihrer Gründe. Hieraus lässt sich dann ein abgestimmtes Turbulenzprofil ableiten. Hier hat es sich bewährt, für Planung und Steuerung die wichtigsten zwei Turbulenzkeime der Lieferung und Beschaffung und einen Turbulenzkeim der Produktion auszuwählen, so dass sich insgesamt zehn Turbulenzkeime ergeben. Dabei ist darauf zu achten, dass die Turbulenzkeime von Planung und Steuerung inhaltlich korrespondieren. Die Ursachengruppe der Toleranz ist der Steuerungsseite zugeordnet. Ein Gesamtmittelwert wird getrennt für Planung und Steuerung berechnet.

Abbildung 5.16 zeigt ein Beispiel für ein Turbulenzprofil: Es handelt sich um einen von mehreren Produktbereichen eines Produktionsunternehmens. Er produziert sowohl im Einzelauftrag als auch über Rahmenaufträge mit logistisch einfachen Produktstrukturen (1 bis 3 Ebenen) und umfasst etwa 250 Mitarbeiter mit 30 kapazitätsrelevanten Arbeitsplätzen. Im Umlaufbestand befinden sich ca. 1.800 Fertigungsaufträge mit 11.000 Arbeitsvorgängen [WieH07a].

Insgesamt zeigt sich ein deutlich ausgeprägtes Profil, im Mittel schätzen die Befragten den Turbulenzeinfluss der Planung um einen Punkt höher ein als die der Steuerung:

- Auf *Planungsseite* dominieren die Turbulenzkeime konjunkturelle Bedarfsschwankungen und heterogene Liefermengenanforderungen (für Rahmenverträge) sowie Losgrößenbildung bzw. Auftragsmixschwankungen. Eine Zusammenfassung dieser beiden Verursacher bot sich sowohl wegen der ähnlichen

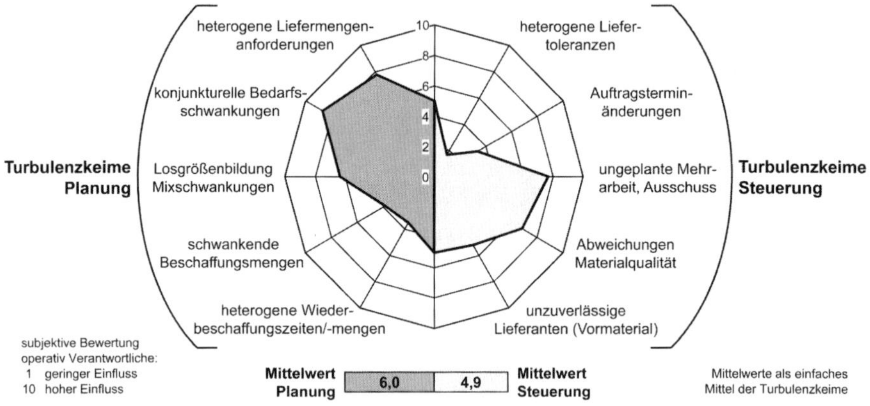

Abb. 5.16 Turbulenzprofil (Praxisbeispiel)

Bewertung an als auch aus Vergleichbarkeitsgründen zu anderen Produktionsbereichen. In diesem Fall verursachen die Turbulenzkeime starke Kapazitätsbedarfsschwankungen an den einzelnen Arbeitssystemen.

- Auf *Steuerungsseite* dominieren die Turbulenzkeime ungeplante Mehrarbeit bzw. Ausschuss sowie Abweichungen der Materialqualität. Sie verursachen in diesem Fall starke Vorgabezeitabweichungen an den einzelnen Arbeitsplätzen.

Nach der Analyse der qualitativen Bewertungen herrschte Unklarheit über die logistischen Auswirkungen und die notwendigen Lösungsansätze zur Bewältigung. Hierzu wurden vertiefende quantitative Analysen an den kapazitätsrelevanten Arbeitsplätzen durchgeführt.

Die Detailanalyse der Ursachen und ihrer logistischen Auswirkungen im Tagesgeschäft erfolgte getrennt für die Planungs- und die Steuerungsseite. Abbildung 5.17 zeigt ausgewählte Ergebnisse für zwei, unter den operativ Verantwortlichen kontrovers diskutierte Arbeitssysteme über den Untersuchungszeitraum von 72 Kalenderwochen. Sie gehören zum Teilbereich der Einzelauftragsfertigung, die am stärksten von den Turbulenzkeimen betroffen ist [WieH07b].

Auf der *Planungsseite* führen starke Kapazitätsbedarfsschwankungen am Arbeitssystem zu dynamischen Engpässen. Erst wenn diese vorausschauend berücksichtigt werden (idealerweise bereits bei der Lieferterminzusage), ist die Termineinhaltung sichergestellt. Zur Quantifizierung des Einflusses wurden Kapazitätsbedarf und -angebot normiert und kalenderwochengenau gegenübergestellt. Unter Berücksichtigung der im Bild eingezeichneten Kapazitätsflexibilität von ± 20 % ergibt sich daraus der Anteil an Wochen, in denen planerisch Rückstand oder Vorlauf entsteht (zu geringe Flexibilität der Kapazitätssteuerung). Die Ergebnisse für das Arbeitssystem Drehen zeigt Abb. 5.17a: Das Arbeitssystem besteht aus zwei, im Normalfall zweischichtig betriebenen Arbeitsplätzen. In etwa 25 % der Wochen sind hier planerische Eingriffe (vor allem Belastungsabgleich oder Terminverschiebung) erforderlich; eine vorausschauende Kapazitätsplanung ist also unumgänglich. Dementsprechend ergaben sich als Hauptansatzpunkte zur Verbesserung der Planung, vgl. dazu ausführlich [WieH07b]:

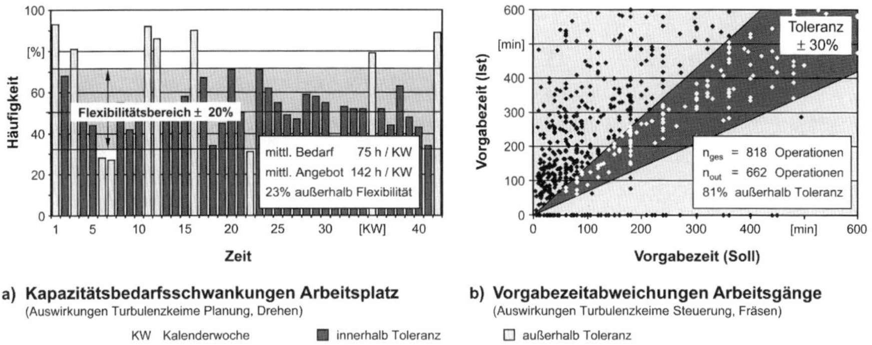

Abb. 5.17 Bedarfsschwankungen und Vorgabezeitabweichungen (Praxisbeispiel)

- Differenzierung von Soll-, Plan- und Ist-Terminen gemäß der Grundüberlegungen in Abschn. 3.5.2. Ihre Unterscheidung unterstützt die Engpasserkennung und zeigt zudem die Notwendigkeit steuernder Eingriffe bereits vorausschauend auf.
- Installation einer Einplanung gegen begrenzte Kapazitäten, einer bestandsregelnden Auftragsfreigabe und einer rückstandsregelnden Kapazitätssteuerung.
- Überwachung der Materialverfügbarkeit an den Start-Arbeitsplätzen und der Abarbeitungsdisziplin der Belegungsliste an allen Arbeitsplätzen.
- Erhöhung der Gesamtflexibilität durch Schaffen von Personalpools für bestimmte Bearbeitungstechnologien.

Die Einführung einer Werkstattsteuerungssoftware mit Planung gegen begrenzte Kapazitäten ermöglichte die Umsetzung dieser Maßnahmen.

Auf der *Steuerungsseite* verringern Vorgabezeitabweichungen der Arbeitsvorgänge die Planbarkeit und gefährden dann die Termineinhaltung, wenn im Einzelfall ungeplant ein höherer Kapazitätsbedarf auftritt. Zur Quantifizierung des Einflusses wurden die Vorgabezeitwerte je Operation im Soll und Ist gegenübergestellt. Unter Berücksichtigung einer vorgegebenen Toleranz (hier ± 30 % wegen Bearbeitung im technologischen Grenzbereich) resultiert der Anteil an Operationen, die außerhalb liegen. Abbildung 5.17b zeigt die Ergebnisse für das Arbeitssystem Fräsen. Es ist zu erkennen, dass bei niedrigen Vorgabezeitwerten die Abweichungen größer sind als bei hohen Werten. Auch fehlen für einige Arbeitsvorgänge die Ist-Werte, da die Mitarbeiter Rückmeldungen zusammenfassen, um die Erfassung zu vereinfachen. Die anschließende Detailanalyse zeigte: Bei den für Neuteile und Entwicklungsaufträge typischen kleinen Losen werden die Rüst- und Bearbeitungszeiten lediglich geschätzt und nicht berechnet. Darüber hinaus produzieren die Mitarbeiter mehr, wenn die Produktion stabil läuft. Dementsprechend ergaben sich als Hauptansatzpunkte zur Verbesserung der Steuerung, vgl. dazu ausführlich [WieH07b]:

- Verbesserung der Vorgabezeiten durch Zeitaufnahmen,
- Vergleich kritischer und nicht-kritischer Arbeitsplätze zur Erarbeitung von Best-practice-Fertigungsabläufen sowie

- tägliche Neuplanung der Plan-Werte ohne terminliche Fixierung von Arbeitsvorgängen bei Auftragsstart, um den Soll- und Plan-Durchlauf vergleichen zu können.

Die Einführung einer Werkstattsteuerungssoftware verhindert das Auftreten der Ursachen nicht. Aber eine automatisierte Neuplanung ermöglicht eine Frühwarnfunktion, ob die versprochenen Liefertermine gefährdet sind und verbessert so die Planbarkeit.

Viele der Ergebnisse und Lösungsansätze waren für die Experten offensichtlich. Dennoch verdeutlichte die Anwendung drei Vorteile: Erstens ermöglichte der qualitative Ansatz eine Konzentration der Gestaltungsdiskussionen auf die wesentlichen Aspekte. Zweitens identifizierte die klare Visualisierung logistische Abhängigkeiten zwischen verschiedenen Phänomenen, die die Verantwortlichen vorher als unabhängig annahmen. Drittens liegen die logistischen Anforderungen so strukturiert vor, dass ein Vergleich mit den anderen Produktbereichen des Unternehmens leicht möglich ist. Insgesamt unterstützen die Visualisierung und die schlüssige Ableitung von Maßnahmen die erforderliche Kommunikation mit der Geschäftsleitung zur Genehmigung und Umsetzung der Maßnahmen.

Allgemein beschreibt das Turbulenzprofil die logistischen Anforderungen des Untersuchungsbereichs auf unmittelbar verständliche Weise. Es lässt sich sowohl zur Beschreibung der Ausgangssituation (Ist-Analyse) als auch der Soll-Situation – als zu erfüllende logistische Anforderungen – nutzen. Eine Gegenüberstellung zeigt den Entwicklungsbedarf. Somit steht eine Basis zur Verfügung, um das Auftragsmanagement systematisch auszugestalten. Wie am Beispiel erläutert, ist zunächst eine qualitative Gesamterhebung empfehlenswert, die sich bei Bedarf durch quantitative Detailanalysen wichtiger Turbulenzkeime leicht ergänzen lässt. Die Grundidee der Auftragsmanagement-Gestaltung besteht darin, für die wesentlichen Anforderungen Standardprozesse und -funktionen abzuleiten und zur Verbesserung der Planungssicherheit des eigenen Auftragsmanagements zu nutzen.

5.2.6 Entscheidungsarchitektur

Als letzter Baustein zur Erhebung der logistischen Rahmenbedingungen beschreibt die Entscheidungsarchitektur, in welchen Ebenen die Planungs- und Steuerungsentscheidungen im Auftragsmanagement getroffen werden und wie diese zeitlich und inhaltlich miteinander verknüpft sind. Diese Ebenen werden oft auch als Planungsebenen bezeichnet.

Das *Analyseziel* des Bausteins *Entscheidungsarchitektur* besteht darin, einen Überblick über die Aufteilung der Entscheidungen in Ebenen, ihre Planungsmethodik und ggf. ihre Aufteilung in unterschiedliche Verantwortlichkeiten in der Ausgangssituation zu gewinnen. Als *Erhebungsmethode* hat sich ein iteratives Vorgehen in folgenden Teilschritten bewährt: a) Erhebung der einzelnen Entscheidungsebenen durch Befragung der unterschiedlichen, an der Auftragsabwicklung beteiligten

Personen, b) Ergebnisdokumentation, c) Diskussion mit den Beteiligten und d) gemeinsame Ergebnisinterpretation. Erfahrungsgemäß sind zwei bis drei Schleifen in mehreren Terminen erforderlich. Bei Bedarf ist eine vertiefende Betrachtung über die in Abschn. 6.3.6 erläuterten Morphologien der Entscheidungsebenen möglich.

Folgende Kriterien haben sich zur Grobanalyse je Entscheidungsebene bewährt:

- die Planungsmethodik wie bspw. Netzplantechnik, MRP-Logik (sukzessive Material- und Kapazitätsplanung) oder APS-Logik (integrierte Material- und Kapazitätsplanung),
- die Planungsparameter, also v. a. die jeweils relevante Durchlaufzeit (ggf. auch Kapazität),
- die übliche Planungsfrequenz, der zeitliche Detaillierungsgrad und das Bezugsobjekt,
- die Merkmale der Termin-, Material- und Kapazitätsbetrachtung,
- das verwendete Werkzeug, meist also die Software sowie
- die Verantwortlichen oder Beteiligten.

Die Erhebung folgt weitgehend den unternehmenseigenen Festlegungen und Bezeichnungen, nicht immer aber ergibt das Abfragen aller Kriterien sinnvolle Ausprägungen. Dennoch bilden sie einen guten Ausgangspunkt zur Erarbeitung eines gemeinsamen Verständnisses über die Ausgangssituation.

Abbildung 5.18 zeigt das Ergebnis einer solchen Befragung am Beispiel eines Herstellers von Abfüll- und Verpackungsmaschinen. Insgesamt sind vier Ebenen zu erkennen:

- Die *Betriebsplanung* folgt einer Periodenplanungslogik und wird in einem Tabellenkalkulationsprogramm monatlich weitgehend manuell gepflegt. Er gibt für jede Produktsparte die Produktionsleistung – basierend auf typischen Vertretern – monatsgenau in Euro vor.

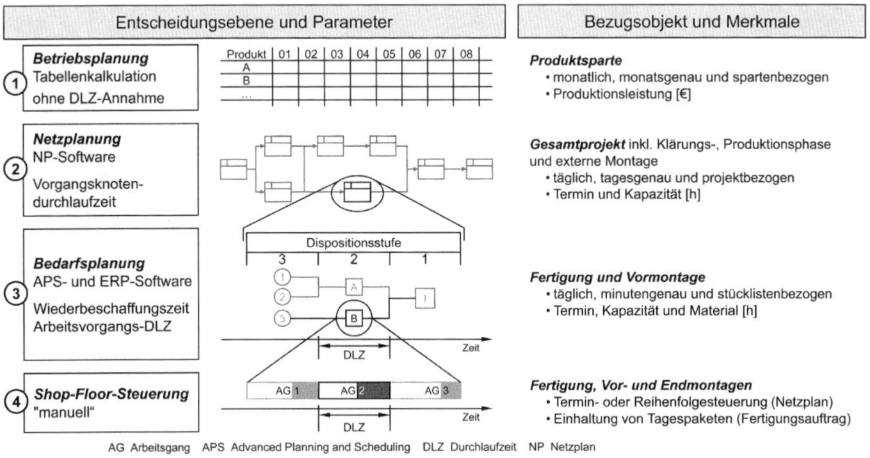

Abb. 5.18 Entscheidungsarchitektur Maschinenbauer (Praxisbeispiel)

- Die anschließende *Netzplanung* folgt einer Netzplanlogik und wird in einer Standard-Software weitgehend automatisiert durchgeführt. Grundlage der Durchlaufzeitberechnung bildet eine vorgegebene Vorgangsknotendurchlaufzeit. Jeweiliges Bezugsobjekt ist das Gesamtprojekt; die Termine und Kapazitätsbedarfe werden tagesgenau und projektindividuell in Stunden berechnet und täglich in einem Batchlauf aktualisiert.
- Die folgende *Bedarfsplanung* ist als integrierte Material- und Kapazitätsplanung konzipiert und mit einer zentralen APS-Software realisiert. Grundlage des täglichen Planungslaufs bilden die Stamm- und Bewegungsdaten der ERP-Software, welche die Ergebnisse den Anwendern tagesaktuell zur Verfügung stellt. Als Bezugsobjekt stehen Fertigung und Vormontage im Fokus. Die Termin- und Kapazitätsplanung erfolgt minutengenau, basiert auf Stücklisten und Arbeitsplänen, berücksichtigt die Auftragsnetzbeziehungen sowie die voraussichtliche oder tatsächliche Materialverfügbarkeit und erfolgt „gegen begrenzte Kapazitäten". Demgegenüber erfolgt die Planung der Endmontage lediglich auf der Basis des Netzplans, also „gegen unbegrenzte Kapazitäten".
- Die *Shop-Floor-Steuerung* erfolgt abschließend manuell und ereignisbezogen in der Fertigung sowie in allen Montagebereichen. Die Termin- und Reihenfolgesteuerung der Endmontage basiert auf den Netzplanterminen aus Stufe 2, die der Vormontage und Fertigung auf denen der Bedarfsplanung der Stufe 3. Die Fertigung muss Tagespakete einhalten, d. h. innerhalb eines Tages sind Reihenfolgevertauschungen zur Rüstzeitverringerung zulässig.

Die Verantwortung ist bezogen auf die jeweilige Entscheidungsebene auf mehrere Entscheidungsträger verteilt, eine Integration erfolgt über monatliche Abstimmungen (Betriebsplanung) bzw. zentrale Planungssoftware (Netz- und Bedarfsplanung) sowie organisatorische Regeln (Shop-Floor-Steuerung).

Die beschriebenen Analysebausteine dienen zur Erstdiagnose der Ausgangssituation und der Rahmenbedingungen im Auftragsmanagement. Der Folgeabschnitt erläutert Analysebausteine zur Schwachstellenermittlung des Auftragsmanagements.

5.3 Stolperstein-Analyse

Die Stolperstein-Analyse dient zur Aufdeckung der internen Konfigurationsfehler des Auftragsmanagements. Sie bildet den zweiten Block der Analysebausteine.

Ein PPS-Stolperstein ist ein Konfigurationsfehler in der Planung und Steuerung des betrachteten Auftragsmanagement-Systems. Stolpersteine sind branchenübergreifend gültig und in neun Gruppen gegliedert, vgl. a. Abb. 1.4. Entsprechend der Gestaltungs- und Betriebssicht gilt: Entweder sind die fünf *organisatorischen Gestaltungsaspekte* (vgl. Abschn. 3.2.1) inkonsistent ausgelegt (Gestaltungskonsistenz) oder nicht angemessen wirkungsvoll in den *sechsten Gestaltungsaspekt* der Planungs- und Steuerungswerkzeuge (angemessene Werkzeuge) umgesetzt. Ein Stolperstein liegt auch vor, wenn die Verantwortlichen Gestaltungsentscheidungen im Betrieb nicht konsequent um- bzw. durchsetzen (Umsetzungskonsequenz)

[WSW05; WieH06c; WieH08]. Die Analyse und Beseitigung der Stolpersteine erfolgt in zwei Schritten:

1. *Diagnose*: Sie beinhaltet drei Teilschritte. a) Aufnehmen der Symptome (Ergebnisdefizite) durch Befragen der Betroffenen oder alternativ durch quantitative Analysen. b) Diagnostizieren der Ursachen 1. Ordnung (Systemdefizite, in Abschn. 1.2 auch als Stolpersteine bezeichnet). c) Benennen der betroffenen Gestaltungsaspekte durch Überprüfen der drei möglichen Wurzeln Gestaltungskonsistenz, angemessene Werkzeuge sowie Umsetzungskonsequenz (Ursachen 2. Ordnung).
2. *Behandlung*: Ableiten von Interventionsmöglichkeiten zur Beseitigung der Ursachen 2. Ordnung, also der Stolpersteinwurzeln anhand der betroffenen Gestaltungsaspekte.

Methodische Grundlage des Vorgehens ist eine empirische Ursachen-Wirkungsanalyse, die Abschn. 5.3.1 zusammenfasst. Die Folgeabschnitte stellen weitgehend standardisierte Erhebungsmethoden vor, die sich in den Industrieprojekten zur Erstdiagnose (meist als qualitative Analyse) bewährt haben. Diese sind:

- *Symptome*: Am Beginn steht die Bewertung der Ergebnisdefizite, also der Symptome für Stolpersteine, Abschn. 5.3.2.
- *Zielausrichtung*: Ein gutes Auftragsmanagement ist durch eine konsistente Zielausrichtung aller am Auftragsabwicklungsprozess beteiligten Akteure sowie durch die Vorgabe von – aus den logistischen Kundenanforderungen abgeleiteten – Toleranzen gekennzeichnet. Die zur Erhebung einzusetzenden Analysemethoden beschreibt Abschn. 5.3.3.
- *Verantwortlichkeit*: Ein gut gestaltetes Auftragsmanagement hat eine durchgängige Verantwortlichkeit von Zielen und Aufgaben. Aufbauend auf einem Modell zur Beschreibung der Wirkzusammenhänge verdeutlicht Abschn. 5.3.4 die Anwendung der Methode an einem Praxisbeispiel.
- *Funktionslogik*: Ein gutes Auftragsmanagement ist durch eine konsistente Funktionslogik der Planungs- und Steuerungsfunktionen gekennzeichnet. Aufbauend auf einem Modell zur Beschreibung möglicher Funktionsausprägungen beschreibt Abschn. 5.3.5 die Erhebungssystematik und illustriert ihre Anwendung an einem Praxisbeispiel.
- *Prozessabläufe*: In einem gut gestalteten Auftragsmanagement sind die Prozesse durchgängig als geschlossene Regelkreise gestaltet und zur Informationsübertragung werden Medienbrüche vermieden. Die Prozesse haben wenige, wohl definierte Schnittstellen und Verantwortungsübergänge. Aufbauend auf heute bekannten Ansätzen zur Prozessanalyse beschreibt Abschn. 5.3.6 zunächst die Erhebungssystematik und zeigt typische Stolpersteine.

Sind die Ergebnisse in sich konsistent und spiegeln die tägliche Erfahrungswelt der operativ Verantwortlichen wider, können sie viele tägliche Planungs- und Steuerungssituationen für die Verantwortlichen erklären. In diesem Fall kann auf eine weitere, quantitative Analyse verzichtet und hierauf aufbauend mit der Konzeptphase begonnen werden.

5.3.1 Ursache-Wirkungs-Zusammenhänge

Die Methode der Stolperstein-Analyse verdichtet Erfahrungen aus realen Fällen zu einem empirisch abgesicherten Vorgehensplan. Hierzu wurden über Auswertungen von Projekten, Interviews mit PPS-Verantwortlichen sowie mit Experten aus der Wissenschaft und Beratung Fallbeispiele zusammengetragen und näher untersucht. Die Zuordnung der Stolpersteine zu den einleitend beschriebenen neun Gruppen ergab erwartungsgemäß Mehrfachzuordnungen: Zum einen traten im konkreten Einzelfall mehrere Stolpersteine gleichzeitig als Ursache-Wirkungsbündel auf, zum anderen zeigten sich ähnliche Stolpersteine in unterschiedlichen Unternehmen.

Der empirischen Überprüfung der Methode liegen bislang 100 – durch Reduktion und Idealisierung gewonnene – Fälle zugrunde. Sie folgt dem in Abschn. 2.2 beschriebenen Vorgehen zur Modellbildung, vgl. dazu ausführlich [WieH08, S. 285 ff.]. Hier wird lediglich die in drei Schritte unterteilte Modellüberprüfung erläutert.

Der erste Schritt bestätigte die Arbeitsthese, Symptome und ihre Ursachen zu unterscheiden. Die Formalisierung zeigte, dass die Symptome des logistischen Unbehagens tatsächlich *Ergebnisdefizite* eines AM-Systems darstellen; ihr Auftreten weist auf mögliche Stolpersteine hin. Demgegenüber ist der Stolperstein selbst ein typisches – aus den empirischen Untersuchungen gewonnenes – *Systemdefizit*. Diese treten in der Betriebspraxis einzeln oder kombiniert auf und erklären die Ergebnisdefizite als Ursachen 1. Ordnung.

Jedoch zeigte der zweite Schritt, dass die Unterscheidung von System- und Ergebnisdefiziten noch nicht ausreicht, um Maßnahmen zur Verbesserung abzuleiten. Erst ein Zuordnen zu den in Abschn. 3.2.1 abgeleiteten Gestaltungsaspekten gibt Hinweise zur Beseitigung des Systemdefizits, zeigt also die Wurzeln des Stolpersteins (Ursachen 2. Ordnung) auf. Abbildung 5.19 verdichtet die beobachteten *Kor-*

Systemdefizite	Gestaltungsaspekte: Ziele	Stelle	Prozess	Funktion	Objekt	Werkzeuge
1 Widersprüchliche Zielsetzung	X	X	(x)			(x)
2 Divergierende Akteursinteressen	X	X	(x)			(x)
3 Fehlendes Logistikverständnis	(x)	X		(x)		(x)
4 Fehlerhafte PPS-Funktionen		(x)	(x)	X		(x)
5 Inkonsistente Verantwortlichkeit		X	X	X		
6 Unklare Prozesse oder Schnittstellen	(x)	X			(x)	X
7 Ungenügende Datenqualität			(x)	(x)	X	X
8 Unpassende Datenmodelle		(x)			X	X
9 Unzureichende Softwareergonomie		(x)		(x)		X

x starke Korrelation (x) schwache Korrelation n = 100

Abb. 5.19 Zuordnung typischer AM-Systemdefizite und betroffener Gestaltungsaspekte *relationen* zwischen Systemdefizit (idealisierte, zu Gruppen verdichtete Stolpersteine) und Gestaltungsaspekt (Umgestaltungsbedarf hinsichtlich eines Aspekts) der untersuchten Fälle bezogen auf die neun Gruppen.

Im dritten Schritt wurden schließlich 80 Unternehmen des Maschinen- und Anlagenbaus zu Stolpersteinen befragt. Ein Nachweis der *empirischen Relevanz* der Stolpersteine für die Lieferterminermittlung und -erfüllung gelang, und die Brauchbarkeit qualitativer Fragen wurde belegt. Auch zeigte sich, dass Stolpersteine sowohl unternehmensintern als auch übergreifend zwischen Unternehmen auftreten können, vgl. [WBW05; SuWe06].

Die Überprüfung zeigt vier idealtypische *Interventionsmöglichkeiten* zur Um- oder Neugestaltung des Auftragsmanagement-Systems. Gemäß der in Abschn. 3.2.2 hergeleiteten drei Gestaltungsebenen Parametrierung, Grundkonfiguration und Logistikstrategie sind hier unterschiedliche Veränderungsumfänge denkbar:

- Um- bzw. Neugestaltung der Auftragsabwicklung hinsichtlich der Prozesse und ihrer Verantwortlichen (Schwerpunkt Ablauflogik),
- Um- bzw. Neugestaltung der Planungs- und Steuerungslogik – bei einer Neugestaltung oft verbunden mit Softwareauswahl und -einführung (Schwerpunkt Funktionslogik),
- Logistikschulung (Schwerpunkt Personalentwicklung der Mitarbeiter) sowie
- Veränderungsmanagement (Schwerpunkt Führung, d. h. Gestaltungsentscheidungen konsequent umsetzen).

Diese werden im konkreten Einzelfall oft kombiniert angewandt.

Die Analyse der Stolpersteine verdeutlicht die typischen Gestaltungsdefizite im Auftragsmanagement. Zur Erstdiagnose der Ausgangssituation haben sich die bereits genannten fünf Erhebungsbereiche bewährt. Die folgenden Kapitelabschnitte beschreiben aufbauend auf den theoretischen Grundlagen die zur Analyse eingesetzten Methoden und ihre Anwendung. Abschließend illustrieren Praxisbeispiele für jeden Erhebungsbereich typische Stolpersteine.

5.3.2 Symptome

Der erste Schritt der Stolpersteinanalyse betrachtet die Ergebnisdefizite des Auftragsmanagements. Ausgangspunkt bilden die einleitend beschriebenen, klassischen Symptome des logistischen Unbehagens: unbefriedigende logistische Zielerreichung, geringe Transparenz in der Auftragsabwicklungskette, hoher Aufwand für Auftragsverfolgung, Steuerung und Disposition sowie ereignisgetriebene Dispositionsentscheidungen.

Das *Analyseziel* des Bausteins *Stolpersteinsymptome* besteht darin, die Ausgangssituation qualitativ einzuschätzen, um den Schwerpunkt der anschließenden Detailanalysen angemessen zu setzen. Als *Erhebungsmethode* hat sich ein fragebogengestütztes Vorgehen bewährt, bei größeren Gruppen bietet sich eine statistische Auswertung der Ergebnisse an. Zunächst wird die Erhebungssystematik zur Sym-

Befragungskategorie		
Zielerreichung	**Transparenz**	**Handlungsbedarfe**
Logistikkennzahlen • Zuverlässigkeit • Leistung • Durchlaufzeit • Bestand Zielerreichung qualitativ abfragen, differenziert nach Liefern, Produzieren und Beschaffen	*Logistische Prozesse* • Auslieferung (Kunde ... Kunde) • Beschaffung und Produktion (Bedarf ... Verfügbarkeit) Transparenz der Prozessschritte qualitativ abfragen, differenziert nach der jeweiligen Geschäftsart	*Indikatoren* • Erkennbarkeit von Änderungen ggü. der (ursprünglichen) Planung • Bewertung der Auswirkungen von Planänderungen Handlungsbedarfe qualitativ abfragen, differenziert aus Artikel-, Ressourcen- und Auftragssicht

Abb. 5.20 Erhebungssystematik Stolpersteinsymptome

ptomerkennung erläutert und darauf aufbauend an einem Beispiel aus dem Bereich Produktionslogistik konkretisiert.

Erhebungssystematik

Abbildung 5.20 zeigt die Erhebungssystematik der Stolpersteinsymptome. Die zusammengefasste Befragung der Symptome ‚hoher PPS-Aufwand' und ‚ereignisgetriebene Entscheidungen' in der Kategorie ‚Handlungsbedarfe' hat sich in Projekten bewährt. Für den jeweiligen Anwendungsfall sind hieraus Leitfragen zu formulieren. Die Struktur selbst wird somit zur Checkliste, um die Fragen auf Vollständigkeit und Ausgewogenheit zu überprüfen.

Der erste Bereich beschreibt die *Zielerreichung*, Abb. 5.20 linke Spalte. Die relevanten Kennzahlen leiten sich aus der in Kap. 4 dargestellten Systematik ab. Hierbei sind Kennzahlenkategorie und betrachteter Prozessabschnitt zu unterscheiden:

- Die Logistikkennzahlen lassen sich den vier Kategorien Zuverlässigkeit (z. B. Liefertreue oder Servicegrad), Leistung (i. d. R. Ressourcenauslastung), Durchlaufzeit (z. B. Lieferzeiten oder Wartezeiten in der Produktion) sowie Bestand (z. B. Lagerbestand an Endprodukten oder Rohmaterial, Umlaufbestand in Produktion oder Beschaffung) zuordnen.
- Nach SCOR sind die drei Prozessabschnitte Liefern, Produzieren und Beschaffen relevant [SCC07]. Zur Befragung hat sich die Reihenfolge ausgehend vom Kunden bewährt. Für das Kriterium Zuverlässigkeit wären dann bspw. die Liefertreue zum Kunden, die Termintreue der Produktion und die Termintreue der Lieferanten (Beschaffung) abzufragen.

Grundsätzlich bestimmt der betrachtete Anwendungsfall – also vor allem die logistische Geschäftsart (Abschn. 6.2.1) und die Wiederholfrequenz der Aufträge (Abschn. 4.2.3) – die relevanten Kennzahlen. Im Maximalfall ist für jeden Abschnitt und jede Kategorie eine – oder mehrere – passende Kennzahlen denkbar. Aus praktischen Gründen bietet sich die Konzentration auf den im Fokus stehenden Prozessabschnitt (z. B. Produktion) oder eine Differenzierung nach Verantwortungsbereichen an.

Der zweite Bereich der Symptomanalyse betrachtet die *Transparenz*, Abb. 5.20 mittlere Spalte. Als methodische Basis der Prozessbeschreibung bieten Referenzmodelle einen guten Ausgangspunkt. Analog zu der in Abschn. 3.1 beschriebenen Unterteilung in Liefer- und Dispositionssicht sind zwei Logistikprozesse[5] zu unterscheiden, vgl. u. a. [GPS07, S. 18 f.]:

- Der Prozess der *Auslieferung* startet und endet beim Kunden (von Anfrage bis Abnahme), repräsentiert also die Liefersicht.
- Der Prozess der *Herstellung* umfasst die Beschaffung und Produktion (vom Erkennen des Artikelbedarfs bis zur Verfügbarkeit), repräsentiert also die Dispositionssicht.

Für den Anwendungsfall sind diese Prozesse in Teilprozesse zu zerlegen und (externen oder internen) Verantwortlichen zuzuordnen. Für jeden Teilprozess ist dann die Transparenz über logistische Zustände oder Zustandsgrößen (mindestens den Auftragsfortschritt, ggf. aber auch die Material- oder Ressourcenverfügbarkeit) in jedem Prozessschritt bzw. Verantwortungsbereich abzufragen. Da es um einen ersten Überblick geht, reicht erfahrungsgemäß die eher grobe Unterscheidung in drei bis sieben wichtige Teilprozesse aus: Die eine Möglichkeit bildet die von Siemens erarbeitete Unterteilung nach logistischer Geschäftsart [FaFr01]. Eine weitere bilden die von der GPS Ulm (Gesellschaft zur Prüfung von Software) herausgegebenen Referenzmodelle. Sie beschreiben die für ein Produktionsunternehmen wesentlichen Prozesse, vgl. dazu ausführlich [GPS07].

Der dritte Bereich beschreibt die *Handlungsbedarfe*, Abb. 5.20 rechte Spalte. Die Indikatoren sind in die Gruppen Erkennbarkeit von Änderungen und Bewertung der Auswirkungen unterteilt und nach den Analyseperspektiven (Abb. 4.5) bzw. Dispositionsobjekten (Abb. 4.1) zu gliedern:

- Eine gute *Erkennbarkeit von Änderungen* ggü. der (ursprünglichen) Planung ermöglicht es den Verantwortlichen, frühzeitig zu reagieren. Entsprechend der Analyseperspektive sind Änderungen von Material- und Ressourcenverfügbarkeiten von denen im Auftragsdurchlauf (Menge, Termin, Abarbeitung) zu unterscheiden.
- Für die *Bewertung der Auswirkungen* von Planänderungen gilt Analoges. Entsprechend den Analyseperspektiven sind die Auswirkungen auf die Materialverfügbarkeit, auf ggf. erforderliche Kapazitätsanpassungen sowie auf den Auftragsdurchlauf (Menge, Termin, Abarbeitung) zu unterscheiden.

Die jeweils vorhandenen Freiheitsgrade bestimmen die abzufragenden Handlungs- und Entscheidungsbedarfe. Im Maximalfall wäre für jeden der vorher ermittelten Prozessschritte die Erkennbarkeit und Bewertung der Auswirkungen anhand der drei Analyseperspektiven abzufragen. Aus praktischen Gründen bietet sich auch

[5] Damit sind die Markterschließungs- und Kundengewinnungsprozesse zunächst als nicht relevant ausgeschlossen. Dies entspricht der heute üblichen Differenzierung in CRM (Customer Relationship Management als Management der Kundenbeziehungen) und SCM (Supply Chain Management als Management der Wertschöpfungskette), vgl. u. a. [NyhP03; GPS07, S. 31]. Eine Erweiterung ist bei Bedarf leicht möglich.

hier eine Konzentration auf den im Fokus stehenden Teilprozess oder eine Differenzierung nach Verantwortungsbereichen an.

Zur Erhebung und qualitativen Bewertung sind zwei Möglichkeiten denkbar: zum einen durch die intern Verantwortlichen (Wie bewerten diese die Situation aus ihrer Sicht?), zum anderen durch externe Berater (Wie bewerten diese die Situation im Vergleich zu anderen Unternehmen?). Für die erste Variante sprechen zwei wichtige Gründe: Erstens verfügen die intern Verantwortlichen über das Wissen und können die Situation ohne großen Aufwand leicht bewerten. Zweitens verdichtet eine so gewonnene Bewertung die Meinung der Organisation und spiegelt auch deren aktuelle Befindlichkeiten wider; somit steigt die Wahrscheinlichkeit der Akzeptanz der Mitarbeiter. So wird bereits zu Projektbeginn ein partizipatives, das jeweilige Mitarbeiterwissen einbeziehendes Projektvorgehen für die betroffenen Mitarbeiter glaubhaft.

Anwendungsbeispiel

Abbildung 5.21 zeigt den Auszug aus einem Fragebogen. Im Beispiel handelt es sich um einen Einzelfertiger; Projektgegenstand war die Verbesserung der Produktionslogistik. Jeder der drei Bereiche Zielerreichung, Transparenz und Handlungsbedarf in Abb. 5.21 schließt mit einer Frage zur Gesamteinschätzung. Befragt wurden die am Auftragsabwicklungsprozess beteiligten Mitarbeiter von Projektierung (Angebotserstellung und Vertragsverhandlung), Konstruktion (Grob-, Detailengineering), Produktion und Einkauf/Beschaffung sowie die verschiedenen Planungsbereiche (Projektmanagement, Grob- und Feinplanung, Arbeitsvorbereitung, Steuerung) über unterschiedliche Hierarchieebenen. Die Mitarbeiter sollten den Fragebogen

		Zustandsbeschreibung	Bewertung					Sicherheit der Einschätzung	
	Nr	Die heutige Situation entspricht Ihren Vorstellungen einer exzellenten Produktion bzw. Produktionslogistik	trifft überhaupt nicht zu -2	trifft im Wesentlichen nicht zu -1	teils / teils 0	trifft im Wesentlichen zu +1	trifft voll und ganz zu +2	eher hoch	eher gering
Ziel-erreichung	1	Die externe *Liefertreue* der Produktion (Lieferung ab Werk) ist – einer exzellenten Logistik angemessen – hoch							
	2	Die interne *Termintreue* der *Produktion* ist – einer exzellenten Logistik angemessen – hoch							
	3	Die interne *Termintreue* der *Beschaffung / Fremdvergabe* ist – einer exzellenten Logistik angemessen – hoch							
	...	...							
	8	Die interne *Terminsicherheit* (Verlässlichkeit) ist – einer exzellenten Logistik angemessen – hoch							
Transparenz	9	Die Transparenz über den *Auftragsfortschritt* der *Projektierung* ist – einer exzellenten Logistik angemessen – hoch							
	10	Die Transparenz über den *Auftragsfortschritt* der *Konstruktion* ist – einer exzellenten Logistik angemessen – hoch							
	11	Die Transparenz über den *Auftragsfortschritt* der *AV* ist – einer exzellenten Logistik angemessen – hoch							
	...	...							
	14	Die hohe Transparenz ermöglicht vorausschauende Entscheidungen (wenige "Ad-hoc-Entscheidungen")							
Handlungs-bedarf	15	Änderungen der *Materialverfügbarkeit* sind – einer exzellenten Logistik angemessen – gut erkennbar							
	16	Änderungen des *Kapazitätsangebots* sind – einer exzellenten Logistik angemessen – gut erkennbar							
	...	...							
	19	Die Auswirkungen geänderter *Materialverfügbarkeit* sind – einer exzellenten Logistik angemessen – gut erkennbar							
	20	Die Auswirkungen geänderter *Kapazitätsangebote* sind – einer exzellenten Logistik angemessen – gut erkennbar							
	...	...							
	23	Er fällt mir leicht, die Handlungsbedarfe für Nichtbeteiligte (z.B. Vorgesetzten, Mitarbeiter) verständlich zu machen							

Abb. 5.21 Fragebogenauszug Symptomanalyse (Beispiel Produktionslogistik)

aus Rollen- und Unternehmenssicht ausfüllen. Zu bewerten war die Zustandsbeschreibung sowie die Sicherheit der Einschätzung, Abb. 5.21 rechts.

Ein Vergleich der Auswertungsergebnisse ist zwischen den Abteilungen (oder Aufgabengebieten innerhalb der Abteilung), den Hierarchieebenen sowie zwischen Rollen- und Unternehmenssicht vorgesehen. Bei größeren Gruppen ist darüber hinaus eine statistische Auswertung der Befragung sinnvoll.

In den anschließenden Diskussionen bietet die Frage, wie sich die Mitarbeiter Transparenz über den Auftragsfortschritt verschaffen, einen geeigneten Ausgangspunkt der Diskussion. Die Alternativen: „durch (gut zugängliche und aktuelle) Informationen in der Software" oder „durch aktives Einholen der erforderlichen Informationen vor Ort oder mit anderen Kommunikationsmitteln" sind aufschlussreich zur Bewertung der Ausgangssituation.

5.3.3 Zielausrichtung

Generell bilden Ziele Orientierungsgrößen für Handlungen. Idealerweise gelten sie für einen längeren Zeitraum und gehören dann zu den Rahmenbedingungen von Entscheidungen. Deshalb ist eine eindeutige Zielsetzung erforderlich, die aus psychologischer Sicht am besten in Form von Erreichungszielen formuliert sind. Dies gilt besonders für die in der Logistik typischen Zielkonflikte. Naturgemäß wird ein Ziel nie genau erreicht bzw. ein Plan exakt ausgeführt. Deshalb ist die Definition einer Toleranz, also einer zulässigen Abweichung der Istwerte auf den Ebenen Ziel- und Planvorgabe, erforderlich. Obwohl diese Erkenntnis theoretisch trivial ist, tun sich die Unternehmen mit ihrer Umsetzung meist erstaunlich schwer: Fehlende oder widersprüchliche Zielvorgaben einerseits und fehlende Vereinbarungen zu zulässigen Abweichungen von Zielen- oder Planungswerten andererseits kommen als Stolpersteine häufig vor. Die Untersuchung beider Aspekte ist daher ein wichtiger Bestandteil der Ist-Analyse.

Das *Analyseziel* besteht darin, erstens die Ist-Situation hinsichtlich der Zielvorgaben und ihrer Durchsetzung sowie zweitens das Toleranzverständnis der am Auftragsabwicklungsprozess Beteiligten zu überprüfen. Zur Beschreibung der Ist-Situation werden beide Themen hinsichtlich ihrer Durchsetzung im Tagesgeschäft bewertet. Als *Erhebungsmethode* hat sich eine Kombination aus fragebogengestütztem Vorgehen und Diskussion mit den Verantwortlichen bewährt, bei größeren Gruppen bietet sich eine statistische Auswertung der Ergebnisse an.

Zunächst wird die Erhebungssystematik zur Zielkonsistenz sowie Toleranz erläutert und beispielhaft konkretisiert. Die Erläuterung typischer Stolpersteine im Kontext der Zielsetzung und -messung schließt den Abschnitt ab.

Zielkonsistenz

Zwischen den Logistikzielen existieren Zielkonflikte. Deswegen ist eine von den spezifischen Anforderungen und Randbedingungen unabhängige Gesamtoptimierung nicht möglich. Vielmehr müssen sich die Produktionsunternehmen im Spannungsfeld der logistischen Zielgrößen positionieren. Dies bedeutet: Ausgehend von

Marktanforderungen und strategischen Unternehmensentscheidungen sind zunächst die logistischen Zielprioritäten unternehmensweit festzulegen (z. B. Termintreue als oberstes Ziel), um dann die Auswirkungen auf die anderen Ziele zu bewerten (Sind die hiermit erreichbaren Durchlaufzeit-, Bestands- und Auslastungswerte mit Blick auf weitere Unternehmensziele akzeptabel?), vgl. dazu ausführlich [NW03].

Die nachhaltige Durchsetzung der logistischen Zielprioritäten in die tägliche Unternehmenspraxis erfordert zwei Schritte [WiFi07]:

- Der erste Schritt beinhaltet die *Zielpriorisierung* auf Ebene der Geschäfts- bzw. Produktionsleitung und deren Kommunikation an die operativ Verantwortlichen. Diese sogenannte logistische Positionierung muss über eine bestimmte Zeit stabil[6] sein.
- Der zweite Schritt umfasst die *Durchsetzung* der logistischen Positionierung bei den Planungs- und Steuerungsverantwortlichen im laufenden Tagesgeschäft, im Produktionsbereich also vom Produktionsleiter über Disponenten und Fertigungsplaner bis hin zu Meistern, Schichtführern oder Vorarbeitern.

Die Ist-Aufnahme erfolgt dementsprechend ebenfalls in zwei Schritten: Im ersten Schritt gibt die Geschäfts- oder Produktionsleitung Auskunft über die Zielpriorisierung im Soll aus Vorgesetztensicht; eine Befragung der Planungs- und Steuerungsverantwortlichen ergänzt diese aus Mitarbeitersicht. Der zweite Schritt bewertet die Durchsetzung dieser Rangfolge im Tagesgeschäft.

Für beide Schritte – also die Erhebung der Soll-Prioritäten und der Ist-Rangfolge im Tagesgeschäft – hat sich ein fragebogengestütztes Vorgehen über den paarweisen Vergleich bewährt. Die Methode unterstützt das Aufstellen einer Rangfolge hinsichtlich eines bestimmten Kriteriums, vgl. dazu ausführlich [Ehrl95, S. 456 f.; LinU05, S. 256]. Zur Bewertung sind die relevanten logistischen Zielgrößen zu ermitteln und für den jeweiligen Konfliktfall durch den Befragten individuell auszufüllen. Erfahrungsgemäß erhöht eine einleitende Erläuterung und kurze Diskussion des jeweiligen Konflikts anhand der Punkte *Auftretenshäufigkeit im Tagesgeschäft* sowie *typische Konfliktsituation* die Antwortqualität.

Abbildung 5.22 zeigt einen exemplarischen Erhebungsbogen zur Ermittlung der Zielprioritäten im Istzustand. Die Auswertung erfolgt hinsichtlich folgender Kriterien:

- Zunächst ergibt sich die *Rangfolge* der Ziele aus den Summenwerten. Bei vier Zielen ist der Maximalwert „6“. Im Beispiel setzte der Disponent die hohe Termintreue an erste Stelle, kurze Durchlaufzeit und geringer Umlaufbestand sieht er als gleichwertig.
- Darüber hinaus lässt sich die *Konsistenz* der Antworten überprüfen. Die Bewertung sollte widerspruchsfrei sein. Im Beispiel sind die Felder D3 und C 4 wider-

[6] Eine wichtige Ausnahme hiervon bildet das Saisongeschäft, wie es z. B. für Eis oder Schuhe typisch ist. Hier bestimmt die Saison die Zielpriorität, vgl. dazu ausführlich [JoRi95, S. 461 f.; SiWi99, S. 17 f., 30].

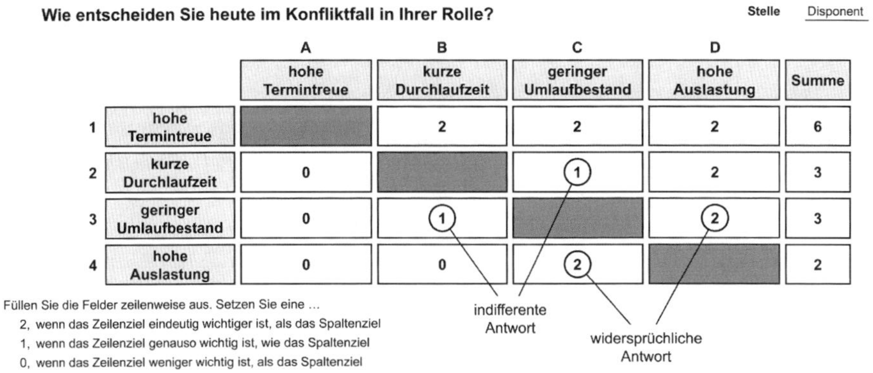

Abb. 5.22 Ist-Situation Zielprioritäten (Beispiel Produktionslogistik)

sprüchlich ausgefüllt. Solche Antworten deuten auf Missverständnisse bezüglich der Fragestellung oder auf ein unklares Verständnis der Zielprioritäten hin.
- Schließlich ist die *Indifferenz* der Antworten zu betrachten. Ein hoher Antwortanteil von „1" sowie geringe Bewertungsabstände zwischen den Zielen deuten auf eine indifferente Entscheidungssituation im Tagesgeschäft hin.

Die drei Auswertungen Rangfolge, Konsistenz und Indifferenz sind in Form von Individual- und Gruppenauswertungen sinnvoll. Auswertegruppen sind z. B. anhand der Aufgabe oder Funktionen, der Abteilungszugehörigkeit oder der Hierarchiestufe möglich. Bei hinreichend großen Stichproben bietet es sich darüber hinaus an, zusätzlich auch die Gruppenzugehörigkeit anhand der Aussagen statistisch zu überprüfen.

Die Nachbereitung und Ergebnisinterpretation sollte gemeinsam mit den Befragten erfolgen. Erfahrungsgemäß helfen rollenindividuell formulierte Kontrollfragen, die Diskussion mit den Befragten zu eröffnen. Für die drei typischen Rollen Produktionsleiter, Disponent und Meister könnten solche Fragen lauten [WiFi07]:

- Kontrollfragen *Produktionsleiter*
  Wie häufig geben Sie kurzfristige Terminzusagen ohne vorherige Kapazitätsprüfung?
  Wie häufig greifen Sie direkt in die Abarbeitung der Produktionsaufträge ein?
  Lösen Sie die hieraus resultierenden Termin- oder Kapazitätskonflikte selbst?
- Kontrollfragen *Disponent*
  Wie häufig sind Sie mit offensichtlich unmöglichen Terminanforderungen konfrontiert?
  Wie häufig agieren Sie „am System vorbei", um Aufträge termingerecht fertig zu stellen?
  Lösen Sie die hieraus resultierenden Termin- oder Kapazitätskonflikte selbst?
- Kontrollfragen *Meister*
  Wie reagiert der Produktionsleiter, wenn er eine nicht produzierende Maschine sieht?

Wie häufig nehmen Sie für eine Rüstoptimierung Terminverletzungen in Kauf?
Wie häufig geben Sie Aufträge früher zum geplanten Starttermin frei?

Praxiserfahrungen zeigen: Eine indifferente Bewertung erschwert die Vorhersage der individuellen Entscheidung („Es kommt darauf an„), das Formulieren allgemeingültiger Entscheidungs- und Verhaltensregeln und damit auch die vorausschauende Planung. Unvermeidliche Folge ist zunächst eine geringe Terminsicherheit bei den direkt Beteiligten (Innensicht); oftmals korrespondiert diese mit einer geringen Liefertreue zum Kunden (Außensicht).

Toleranz
Wie bereits mehrfach erläutert, treten Abweichungen von Vorgaben prinzipbedingt auf, man muss lediglich genau genug messen. Somit ist die Definition einer Toleranz[7], also einer zulässigen Abweichung der Istwerte von einem Ziel oder Produktionsplan erforderlich. Dementsprechend sind drei Anwendungsfälle zu unterscheiden:

- Die *Planungstoleranz* beschreibt die im laufenden Betrieb zulässige Abweichung des Einzel-Istwertes vom Einzel-Sollwert der internen Planung, entspricht also der Dispositions- oder Innensicht des Tagesgeschäftes. Mögliche Bezugsobjekte sind Auftrag (z. B. Termineinhaltung, Durchlaufzeit), Ressource (z. B. Kapazitätsangebot, Auslastung) oder Artikel (z. B. Lagerbestand, Lagerumschlag), zu den Kennzahlen vgl. ausführlich Abb. 4.1. Dieser interne Filter differenziert signifikante von nicht-signifikanten Abweichungen; letztere erfordern steuernde Eingriffe. Im Sinne des feed forward vorausschauender Handlungen ist zukunftsbezogen auch der Vergleich von Planwert (als voraussichtliches Ist) zum Sollwert denkbar, vgl. a. Abschn. 3.5.2.
- Die *Liefertoleranz* beschreibt die im laufenden Betrieb zulässige Abweichung des Einzel-Istwertes vom Einzel-Sollwert der Kundenvereinbarungen, entspricht also der Liefer- oder Außensicht des Tagesgeschäftes. Als Bezugsobjekt sind Auftrag (z. B. Liefertermineinhaltung, Lieferzeit), Ressource (z. B. Rückstand) oder Artikel (z. B. Fehlmenge oder Servicegrad) denkbar. Dieser externe Filter differenziert signifikante von nicht-signifikanten Abweichungen. Erstere identifizieren kritische Abweichungen, die steuernde Eingriffe oder Änderungsmitteilungen an den Kunden erfordern, vgl. a. Abschn. 3.6.2. Interne und externe Sicht lassen sich über Lieferzeitpuffer oder Sicherheitsbestände teilweise entkoppeln, vgl. a. Abschn. 4.2.3 und 4.3.3.
- Der *Zielkorridor* beschreibt die zulässige Abweichung des Ziel-Istwertes vom Ziel-Sollwert. Abweichungen können deshalb die Notwendigkeit zur Umgestaltung aufzeigen, vgl. a. Abschn. 3.3. Zieldefinitionen sind grundsätzlich für alle Bezugsobjekte (Auftrag, Ressource, Artikel) und Prozessabschnitte (Lieferung, Disposition) denkbar, vgl. Abb. 4.1. Analog zum Qualitätsmanagement ist der Zielkorridor als Gestaltungsfilter zu verstehen: Eine statistisch signifikante Ab-

[7] Bei der Definition der Toleranz ist das Toleranzfeld (z. B. die zulässige Terminabweichung 4 Tage) von seiner Lage (z. B. mittig ± 2 Tage oder - 2 Tage/ + 0 Tage) zu unterscheiden.

weichung hinsichtlich Menge oder Termin offenbart Umgestaltungsbedarf, ansonsten geht man von einem beherrschten Prozess aus.

Die nachhaltige Durchsetzung dieser Überlegungen zur Toleranz in die tägliche Unternehmenspraxis erfordert – analog zu den logistischen Zielprioritäten – zwei Schritte:

- Der erste Schritt beinhaltet die *Definition* zulässiger Abweichungen – also eine Planungs- und Liefertoleranz sowie einen Zielkorridor – für die wichtigsten Logistikkennzahlen. Diese muss durch die Geschäfts- bzw. Produktionsleitung erfolgen, über eine gewisse Zeit stabil sein und an die operativ Verantwortlichen kommuniziert werden.
- Der zweite Schritt umfasst die *Durchsetzung* bei den Planungs- und Steuerungsverantwortlichen im laufenden Tagesgeschäft. Diese lässt sich an Kriterien wie Soll-Wert, Abweichungskorridor, Überwachungsverantwortlicher oder definierter Überwachungs- und Entscheidungsprozess prüfen, vgl. dazu ausführlich [WB06, S. 30 ff.; SuWe06, S. 55].

Deshalb stellen Logistikführer die Betrachtung der Streuung wichtiger Prozessparameter wie Durchlaufzeiten und Terminabweichung in den Vordergrund. Somit wird die Toleranz zum zentralen Gestaltungsparameter der Zuverlässigkeit – wie dies bereits seit vielen Jahren im technischen Qualitätsmanagement üblich ist.

Zur Überprüfung des Toleranzverständnisses hat sich eine Befragung der Verantwortlichen bewährt. Entsprechend der beiden Schritte sind Abweichungsdefinition und Durchsetzung zu unterscheiden. Eine Diskussion anhand typischer Situationen unterstützt die Erhebung. Die Interpretation empfiehlt sich gemeinsam mit den Verantwortlichen, da dies allen die Konsequenzen für die tägliche Planungs- und Steuerungspraxis aufzeigt.

Typische Stolpersteine

Nach den Erfahrungen des Autors sind bei der Zielsetzung und -messung die vier Stolpersteine fehlende Zieldurchsetzung, unzulängliche Toleranzdefinition, falscher Periodenbezug zur Kennzahlenberechnung sowie Überschreiben von Soll-Terminen typisch. Sie werden im Folgenden knapp erläutert.

Die *fehlende Zieldurchsetzung* bildet den ersten typischen Stolperstein. Sie beschreibt eine Situation, in der die Zielvorgabe oder -priorität der Führungskraft in den Handlungen des Tagesgeschäftes für einen Außenstehenden nicht unmittelbar erkennbar ist. Hierfür erscheinen zwei Ursachen ursächlich:

- *Vorbildfunktion*: Zum einen beeinflusst das Verhalten der Führungskraft das seiner Mitarbeiter, was folgendes Beispiel illustriert. In einem mittelständischen Unternehmen wollte der Geschäftsführer die Durchlaufzeiten zur Verbesserung der Wettbewerbsposition verkürzen. Dennoch neigte er dazu, bei seinen Produktionsrundgängen auf stehende Maschinen hinzuweisen. Um dieser Kritik zu entgehen, priorisierte der Meister die Auslastung, gab also terminlich noch nicht dringende Aufträge (weiterhin) vorzeitig frei. Als Konsequenz verharrten die Durchlaufzeiten auf dem ursprünglich hohen Niveau.

- *Zielmessung*: Zum anderen ist der Einfluss der regelmäßigen Messung von Kennzahlen nicht zu unterschätzen, wie ein anderes Beispiel illustriert. Ein Produktionsleiter strebt eine Verkürzung der Durchlaufzeiten und Erhöhung der Termintreue an. Hierzu verankert er bei seinen Mitarbeitern entsprechende Vorgaben in der persönlichen Zielvereinbarung. Doch die Messung der neuen Zielgrößen unterbleibt, die Auslastung ist nach wie vor die einzige quantitativ überwachte Größe. So überrascht es nicht, dass die Verantwortlichen ihr Verhalten weiterhin an der alten Zielpriorität ‚hohe Auslastung' ausrichten.

Beide Situationen verdeutlichen die Notwendigkeit flankierender Maßnahmen für die Akteure zur erfolgreichen Umsetzung. Bei der Bewertung dieses Stolpersteins ist zu berücksichtigen, dass direkt Beteiligte die erforderliche Umsetzungszeit oft unterschätzen.

Eine *unzulängliche Toleranzdefinition* bildet einen zweiten, oft zu beobachtenden Stolperstein im Rahmen der Zielmessung. Typisch ist die Vorgabe einer einseitig zulässigen Abweichung, meist beschränkt auf die offensichtlich nachteilige Seite. Abbildung 5.23 zeigt dies für den Fall der Termintreueberechnung am Beispiel einer normalverteilten Terminabweichung.

Das betrachtete Unternehmen weist die Termintreue als Anteil der Aufträge aus, die maximal 2 Arbeitstage verspätet sind, berechnet also eigentlich die Termineinhaltung. Zu früh abgelieferte Aufträge gelten in dieser internen Zielmessung also auch als pünktlich und fließen dementsprechend günstig in die Kennzahlenberechnung ein, Abb. 5.23a. Die Gefahr dieser Zielmessung liegt in höheren Umlauf- und Lagerbeständen, da ja lediglich eine zu späte Ablieferung als unpünktlich gilt. Somit sinkt die Zuverlässigkeit der Kapazitätsbelastungsrechnung und der Zwischentermine. Folge war eine geringe Terminsicherheit bei unnötigen Diskussionen über Pünktlichkeit.

Zur Verbesserung der Situation wurde – neben anderen Maßnahmen – auch die Termintreueberechnung verändert. Nun gelten nur im Terminfenster von 5 Arbeitstagen (±2 Tage Toleranz) abgelieferte Aufträge als pünktlich, Abb. 5.23b. Seitdem die Verantwortlichen darauf achten, Aufträge nicht zu früh abzuliefern, steigt die Zuverlässigkeit: Sowohl die berechneten Kapazitätsbelastungen als auch die Zwischentermine werden eingehalten; mit einer verlässlichen Planung steigt auch die Terminsicherheit bei den Verantwortlichen.

Analoge Überlegungen sind insbesondere für Kennzahlen sinnvoll, die auf die Planungsparameter einwirken, typischerweise also Durchlaufzeit, Umlaufbestand,

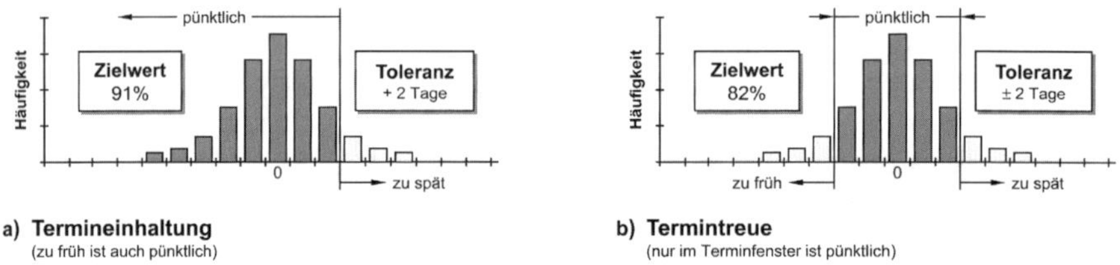

Abb. 5.23 Stolperstein unzulängliche Toleranzdefinition (Praxisbeispiel)

Lagerbestand oder Kapazitätsangebot. Denn eine Abweichung in beide Richtungen verändert die Planungsannahmen und damit ihre Zuverlässigkeit. Zur Überwindung dieses Stolpersteins sind dementsprechend zwei Maßnahmen sinnvoll: zum einen die Vorgabe einer positiven und negativen zulässigen Abweichung (Toleranzband), zum anderen steuernde Eingriffe bei signifikanten Abweichungen. Beides begünstigt die Planbarkeit der logistischen Prozesse.

Ein *falscher Periodenbezug* zur Kennzahlenberechnung bildet einen dritten Stolperstein der Zielmessung. Typischer Fehler ist hier der Bezug zur Ist- statt zur Soll-Größe (vgl. Abb. 4.10 zu den grundsätzlichen Berechnungsalternativen). Im betrachteten Beispielfall handelt es sich um einen Serienfertiger, dessen Termintreueberechnung Unzulänglichkeiten aufwies.

Zur Visualisierung der Konsequenzen ordnet Abb. 5.24 die Aufträge den drei Perioden nach Soll- und Ist-Termin idealisiert zu. Nach dieser vereinfachenden Darstellung gilt ein Auftrag als pünktlich, wenn beide Termine innerhalb derselben Periode liegen. Dementsprechend berechnet sich die Termintreue der jeweiligen Periode; je nach gewählter Bezugsgröße resultieren unterschiedliche Werte (zur Berechnung vgl. Abb. 4.10). Der Gesamtwert ist als ungewichtetes Zeilenmittel berechnet:

- Abbildung 5.24a zeigt die *Abarbeitung ohne Reihenfolgevertauschung*. Aufgrund einer unausgeglichenen Belastungssituation werden 3 von insgesamt 12 Aufträgen verspätet abgeliefert. Je nach gewählter Bezugsgröße resultieren unterschiedliche Kennzahlenwerte: Bei Auftragsverspätungen reagiert die Berechnungsalternative ‚Ist-Termin' ggü. der Alternative ‚Soll-Termin' tendenziell später. (Bei zu früher Abarbeitung verhält es sich umgekehrt.) Somit besteht die Gefahr, dass vor allem Führungskräfte kritische Verspätungssituationen zu spät erkennen und dementsprechend zu spät reagieren.

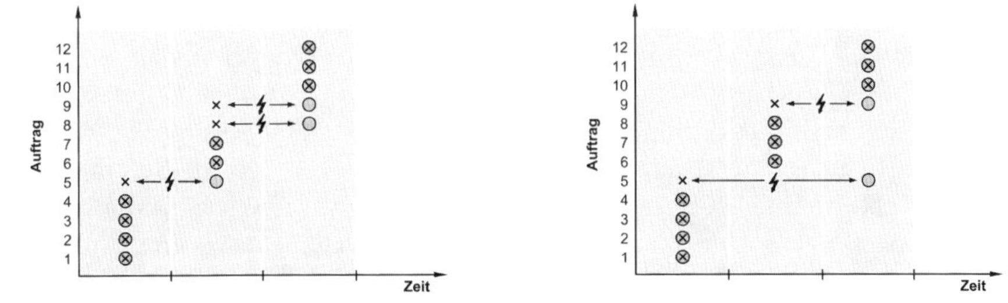

Bezugs-größe	Periode 1	Periode 2	Periode 3	gesamt
Ist	100 %	67 %	60 %	76 %
Soll	80 %	50 %	100 %	77 %

a) berechnete Termintreue ohne Reihenfolgevertauschung

Bezugs-größe	Periode 1	Periode 2	Periode 3	gesamt
Ist	100 %	100 %	60 %	87 %
Soll	80 %	75 %	100 %	85 %

b) berechnete Termintreue mit Reihenfolgevertauschung

○ Ist-Termin × Soll-Termin ϟ zu spät

Abb. 5.24 Stolperstein falscher Periodenbezug Termintreueberechnung (Praxisbeispiel)

- Abbildung 5.24b zeigt die *Abarbeitung mit Reihenfolgevertauschung*. Die operativ Verantwortlichen versuchen durch geschickte Reihenfolgevertauschungen[8] die Termintreue zu maximieren und es werden lediglich zwei von insgesamt zwölf Aufträgen verspätet abgeliefert (Auftrag 8 wird zu Lasten von Auftrag 5 noch in Periode 2 fertig gestellt). Bei der gewählten Bezugsgröße Ist-Termin gelingt diese Verschleierung sehr gut und die Kennzahl reagiert erst in Periode 3. Im anderen Fall reagiert die Kennzahl unmittelbar und sinkt bereits in Periode 1.

Diese vereinfachte Darstellung verdeutlicht: Der falsche Periodenbezug eröffnete den operativ Verantwortlichen Freiräume zur Kennzahlenbeeinflussung, die die Geschäftsführung so nicht vorsah. Als Folge erkannte der Vertrieb die sinkende Kundenzufriedenheit aufgrund der falschen Kennzahl zu spät. Kritisch ist dies insbesondere für Serienfertiger, da sich die Verantwortlichen wegen der vielen Aufträge oftmals ausschließlich auf Kennzahlen zur Überwachung und Einleitung von Gegenmaßnahmen stützen.

Das *Überschreiben von Soll-Terminen* bildet einen vierten Stolperstein der Zielmessung. Hier werden Soll-Termine bei jedem Planungslauf überschrieben, so dass sie als Vergleichsgrundlage zur Berechnung von Zuverlässigkeitskennzahlen wie Termin- oder Liefertreue nicht mehr einsetzbar sind. Es sind zwei Fälle zu unterschieden:

- *Automatisiertes Überschreiben*: Eine tägliche Neuplanung soll die Änderungen bezüglich Maschinenverfügbarkeit, internem und externem Auftragsfortschritt sowie interner und externer Materialverfügbarkeit berücksichtigen und so tagesaktuell realistische Pläne an die Produktion übergeben. Der typische Fehler besteht dann darin, die Soll-Termine durch die Neuplanung regelmäßig zu überschreiben. Die Verantwortlichen können sich dann nach den Soll-Terminen (die mindestens bei auftragsbezogener Produktion auf Kundenvereinbarungen beruhen) nicht mehr richten. Die Grundidee eines regelkreisbasierten Auftragsmanagements versagt, da zentrale Kenngrößen wie Rückstand oder Terminabweichung ihre Aussagekraft verlieren. Zur Überwindung dieses Defizits sind zwei Schritte erforderlich: Bezogen auf die Funktionslogik ist eine Differenzierung von Soll- und Plan-Terminen, wie bereits in Abschn. 3.5.2 beschrieben, sinnvoll. Bezogen auf die Ablauflogik sind Aktualisierungsregeln für Soll-Termine (z. B. bei Kundenterminänderungen) und Plan-Termine (z. B. bei geänderter Maschinen- oder Materialverfügbarkeit) festzulegen und deren konsequente Einhaltung sicherzustellen.
- *Manuelles Überschreiben*: Eine Produktionssegmentierung geht typischerweise mit einer Aufteilung der Planungs- und Steuerungsverantwortung einher. Zielvorgaben für die einzelnen Segmente bspw. hinsichtlich Termintreue oder Ter-

[8] Bei einer Gewichtung des Mittelwerts mit dem Zeitverzug wäre eine solche „Optimierung" auch in der Kennzahl ablesbar. Gläßner schlägt Vergleichbares für den Lieferverzug vor [Glä93, S. 318 f.]. Eine zusätzliche Messung von Rückstand und Reihenfolgedisziplin würde diesen Effekt klar identifizieren, vgl. Abschn. 5.3.4. Allerdings erhöht sie den Messaufwand und fordert vom Vorgesetzten ein tieferes Logistikverständnis.

mineinhaltung sind üblich. Nun ist zu beobachten, dass die Verantwortlichen kurz vor Auftragsabschluss den Soll-Termin nochmals manuell anpassen. Ein solcher Eingriff verfälscht die Aussagekraft der Kennzahl; im ungünstigsten Fall ist sogar der ursprünglich zugesagte Termin nicht mehr nachvollziehbar. Zur Überwindung dieses Defizits sind zunächst wieder Aktualisierungsregeln für die Soll-Termine (z. B. bei Kundenterminänderungen) festzulegen. Erfolgsentscheidend ist in diesem Kontext dann ihre konsequente Überwachung.

Praxiserfahrungen bestätigen, dass die Organisation oft nicht die Kraft hat, solche Defizite aus sich heraus zu überwinden. Häufig gelingt dies nur mit externer Beteiligung.

5.3.4 Verantwortlichkeit

Eine klare Definition der Verantwortlichkeiten und eine Verteilung auf Aufgabenträger in einem Unternehmen ist eine der wichtigsten Gestaltungsaufgaben der Geschäftsführung. Einigkeit besteht heute darüber, dass mit Übertragung der Zielverantwortung auch ihre Beeinflussbarkeit durch die Aufgabenträger sichergestellt werden muss. Aus der Innensicht lässt sich diese Konsistenz mit einem Wirkmodell überprüfen, welches die Abhängigkeiten zwischen Logistikzielen und Aufgaben oder Funktionen beschreibt. Für die hier betrachtete Stolpersteinanalyse reicht ein qualitatives Wirkmodell der starken Abhängigkeiten aus.

Das *Analyseziel* des Bausteins *Ziel- und Aufgabenverantwortlichkeit* besteht darin, Widersprüche oder Unstimmigkeiten in der Ist-Situation aufzudecken. Als *Erhebungsmethode* hat sich ein Vorgehen in zwei Schritten bewährt: Zunächst erfolgt eine Erläuterung der theoretischen Grundlagen (Schritt 1). Dann kann die tatsächliche Verantwortlichkeit mit den am Auftragsabwicklungsprozess Beteiligten erarbeitet und diskutiert werden (Schritt 2). Erfahrungsgemäß sind hierzu mehrere Termine erforderlich. Bei komplexeren Produktionen bietet sich eine Differenzierung nach den unterschiedlichen Produktionsbereichen an.

Zunächst wird deshalb ein solches Modell für die Produktionslogistik vorgestellt, um daraus grundlegende Gestaltungsalternativen der Ziel- und Aufgabenverantwortlichkeit in einer Produktion abzuleiten. Das abschließende Praxisbeispiel illustriert die Anwendung dieses zur Analyse bewährten Modells: Es bewertet zunächst die Auswirkungen auf die Logistikleistung und Rollenkonflikte im Ist, darauf aufbauend resultieren Schlussfolgerungen für die Umgestaltung der Verantwortlichkeit.

Wirkmodell und Gestaltungsalternativen

Das von Lödding entwickelte Modell der Fertigungssteuerung beinhaltet zwei wichtige Grundideen. Zum einen identifiziert es die zentralen logistischen Aufgaben der Fertigungssteuerung. Zum anderen verknüpft es diese Aufgaben mit den zentralen logistischen Zielgrößen einer Produktion. Somit fokussiert die Betrachtung auf die Innensicht des Auftragsmanagements. Das so entstandene qualitative

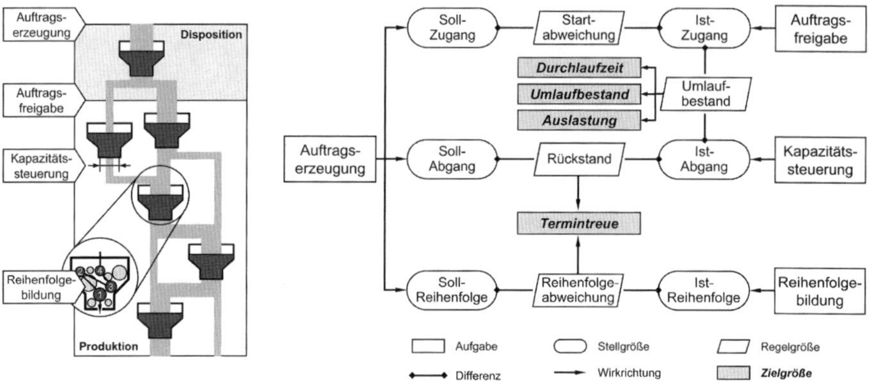

a) Funktionen b) Wirkzusammenhänge

Abb. 5.25 Wirkmodell der Fertigungssteuerung. (In Erweiterung zu Lödding)

Wirkmodell beschränkt sich auf die starken Wirkzusammenhänge [Löd05, S. 7 ff.]. Abbildung 5.25 visualisiert die Abhängigkeiten zwischen Zielgrößen und Aufgaben über Stell- und Regelgrößen.

Lödding definiert zunächst folgende vier Aufgaben, Abb. 5.25a:

- die *Auftragserzeugung* legt die Sollwerte[9] von Zugang und Abgang der Fertigung sowie die Soll-Reihenfolge fest;
- die *Auftragsfreigabe* bestimmt den Zeitpunkt, an dem die Aufträge für die Fertigung freigegeben werden (Ist-Zugang);
- die *Kapazitätssteuerung* bestimmt das Kapazitätsangebot, also Arbeitszeiten und Zuordnung der Mitarbeiter zu den Arbeitsplätzen und beeinflusst damit den Ist-Abgang;
- Die *Reihenfolgebildung* bestimmt, in welcher Ist-Reihenfolge die Aufträge an einem Arbeitssystem abgearbeitet werden und wirkt damit auf die Termintreue ein.

Diese Aufgaben fassen mehrere Grundfunktionen unter logistischen Wirkgesichtspunkten so zusammen, dass sich viele gängige Steuerungsverfahren gut zuordnen lassen.

Die vier Aufgaben beeinflussen die drei Stellgrößen Zugang, Abgang und Reihenfolge. Die Regelgrößen der Fertigungssteuerung ergeben sich aus der Abweichung zwischen zwei Stellgrößen, Abb. 5.25b:

- Die Startabweichung der Aufträge ist die Differenz von Ist-Zugang und Plan-Zugang,

[9] Lödding unterscheidet nicht zwischen Soll- und Planwert und verwendet durchgängig den Begriff Plan-Wert [Löd05, S. 7 ff.]. Seinem Begriffsverständnis entspricht der in dieser Arbeit verwendete Soll-Wert am ehesten, weshalb der Begriff Plan-Wert durch Soll-Wert ersetzt wurde.

- der Umlaufbestand der Fertigung ist die Differenz von Ist-Zugang und Ist-Abgang,
- der Rückstand der Fertigung ist die Differenz von Plan-Abgang und Ist-Abgang sowie
- die Reihenfolgeabweichung der Aufträge ist die Abweichung der tatsächlichen von der geplanten Reihenfolge.

Die Regelgrößen wirken auf die logistischen Zielgrößen Durchlaufzeit, Umlaufbestand, Auslastung und Termintreue. Abbildung 5.25b verknüpft die vier Elemente Aufgaben, Stellgrößen, Regelgrößen und Zielgrößen über Wirkzusammenhänge: Die Aufgaben legen die Stellgrößen fest. Die Abweichungen von zwei Stellgrößen ergeben die Regelgrößen. Die Regelgrößen bestimmen die logistischen Zielgrößen.

Die wesentlichen Einschränkungen des Modells sind: Reduktion auf interne logistische Zielgrößen, Idealisierung der Wirkzusammenhänge auf qualitative, starke Abhängigkeiten sowie Vernachlässigung der Arbeitsverteilung, vgl. dazu ausführlich [Löd05, S. 10]. Praxiserfahrungen zeigen, dass die sehr übersichtliche Darstellung für die Planungs- und Steuerungsverantwortlichen leicht nachvollziehbar ist. Dies erklärt die Eignung des Modells für eine schnelle, aber eben doch sehr grundlegende, Erstanalyse des Auftragsmanagements.

Das Modell verdeutlicht: Im *Idealfall* hat der Verantwortliche einer Zielgröße die Möglichkeit, als Aufgabenträger die korrespondierenden Stellgrößen autonom festzulegen. Doch aus Komplexitätsgründen ist dieser Idealfall in der Realität oft nicht unmittelbar erreichbar. Somit bestehen folgende Alternativen, die Konsistenz von Zielen und Aufgaben sicherzustellen:

1. *Produktionssegmente*: Die Bildung logistisch weitgehend autonomer Produktionssegmente ermöglicht spezifische Zielvorgaben für jedes Segment und überträgt auch die Planungs- und Steuerungsverantwortung dorthin. Bezogen auf das Gesamtunternehmen resultiert somit eine dezentrale Verantwortung; bezogen auf das Segment ist die logistische Aufgabenverantwortung zentral organisiert. Die Segmentierung erfolgt meist nach Produkt- oder Ablaufgruppen und ist unter Planungs- und Steuerungsgesichtspunkten sinnvoll, wenn eine hinreichende logistische Geschlossenheit erreichbar ist. Die Grenzen der Aufgabenverteilung bildet die logistische Vernetzung des jeweiligen Segments über seine Kunden-Lieferanten-Beziehungen. Messbar ist dies über die Dispositionsautonomie, vgl. dazu ausführlich [WieH02, S. 116 ff., 150 f.] sowie Abschn. 5.2.4 und 6.3.4. Praxiserfahrungen zeigen, dass bei erfolgreicher Umsetzung für das jeweilige Segment meist höhere Anforderungen an die Kapazitätsflexibilität resultieren, vgl. Abb. 1.7.
2. *Einheitliche Zielprioritäten*: Eine Harmonisierung der logistischen Zielprioritäten über die am Auftragsabwicklungsprozess Beteiligten richtet die logistischen Aufgabenträger auf dasselbe Ziel aus und entschärft so das Problem der eingeschränkten Beeinflussbarkeit. Eine Zielüberwachung und -bewertung ist dann allerdings auch nur für alle Verantwortlichen einer Gruppe möglich, was ergänzende horizontale Abstimmungen zwischen den Aufgabenträgern sinnvoll

macht. Als Ausprägungen sind sowohl qualitative als auch quantitative Vorgaben[10] denkbar. Realistische Zielvorgaben, eine gute Kenntnis der logistischen Abhängigkeiten, eine entsprechende logistische Qualifikation sowie die Fähigkeit der Verantwortungsträger, als Gruppe zu agieren, bilden wichtige Voraussetzungen für eine erfolgreiche Umsetzung.

Zur Erhebung der Ziel- und Aufgabenverantwortung bietet sich eine Befragung der direkt Beteiligten an. Die anschließende Bewertung trennt fachliche und akteursbezogene Sicht:

- Aus *fachlicher Sicht* identifiziert die tatsächliche Ziel- und Aufgabenverantwortung mögliche Ursachen für eine mangelnde Zielerreichung. Diese zeigt inhaltliche Verbesserungsmöglichkeiten auf und ist dementsprechend insbesondere für das Management wichtig.
- Aus *akteursbezogener Sicht* erklärt die Analyse täglich erlebte Konfliktsituationen aus einer vorgegebenen Organisationslogik. Dies verdeutlicht den Beteiligten den Unterschied zwischen organisationsbedingten Rollenkonflikten und der persönlichen Beziehungsebene.

Das folgende Anwendungsbeispiel verdeutlicht die Analyse und Bewertung beider Aspekte.

Anwendungsbeispiel
Ein mittelständisches Unternehmen mit ca. 300 Mitarbeitern produziert Leiterplatten, sowohl basierend auf Einzelaufträgen als auch über Rahmenverträge mit Abrufen [WWC05, S. 720 ff.; WCW05, S. 641 f.]. Hier war die „richtige" Aufgabenerfüllung im Hinblick auf die Zielverantwortung zwischen den drei Abteilungen Disposition, Produktion und Logistik Gegenstand heftiger Diskussionen: Während die Disposition für die Auftragsfreigabe zuständig ist, hat die Produktion die Verantwortung für die Kapazitätssteuerung sowie die Reihenfolgebildung vor den Maschinen. Die Logistik verantwortet die Lieferterminzusage und gibt damit die Rahmenbedingungen der Auftragserzeugung vor. Jede Abteilung besitzt ein eigenes Zielsystem, allerdings mit unterschiedlichen Zielprioritäten: Die Disposition hat als oberstes Ziel kurze Durchlaufzeiten, das oberste Produktionsziel ist eine hohe Auslastung und das wichtigste Ziel der Logistik ist hohe Termintreue. Alle Ziele waren quantifiziert. Zwei exemplarisch herausgegriffene Diskussionen kennzeichnen die daraus resultierenden typischen, aus der vorgegebenen Rollenverantwortung resultierenden, Konflikte:

- Um das Ziel kurze Durchlaufzeiten zu erreichen, gibt die Disposition die Aufträge möglichst spät frei. Vor allem in Zeiten geringer Nachfrage resultierten

[10] Zwei weitere Alternativen erscheinen diskussionswürdig: Mindestwerte für alle Logistikziele oder Zielkorridor (mit beidseitiger Toleranz) für nur ein Logistikziel. Zur Berechnung ist in beiden Fällen eine Annahme zur Zielpriorität erforderlich. Somit erscheinen die Alternativen sowohl aus Akzeptanz- als auch Kommunikationsgründen nicht schlüssig. Darüber hinaus ergeben sich in der Praxis ohnehin Grenzfälle, bei der abgestimmte Zielprioritäten eine gute Entscheidungshilfe bieten. Die Alternativen sind also nicht empfehlenswert.

daraus intensive Diskussionen mit der Produktion: Diese fordert regelmäßig, die Aufträge früher freizugeben, um die angestrebte Auslastung zu sichern.
- Um das Ziel hohe Termintreue auch gegenüber dem Endkunden zu erreichen, bemüht sich die Logistik um eine realistische Lieferterminzusage und erzeugt für die Aufträge dementsprechende Soll-Start- und -Endtermine sowie -Reihenfolgen. Vor allem in Zeiten sehr hoher Nachfrage reichen die bereitgestellten Kapazitäten aber oftmals nicht aus, um die Liefertermine zu halten. Hieraus resultiert zunächst die nachdrückliche Forderung an die Produktion, die Kapazitäten zu erhöhen. Ist dies nicht möglich, soll die Disposition die Aufträge künftig früher freigeben.

Können sich die Beteiligten nicht einigen, wird die Geschäftsführung regelmäßig aufgefordert, diese Konflikte zu lösen und über die Freigabe bzw. Beschleunigung einzelner Aufträge zu entscheiden. Aus fachlicher Sicht ist ein Verfehlen der avisierten Zielwerte die unvermeidliche Folge. Aus Akteurssicht trüben die regelmäßigen Konflikte die persönlichen Beziehungen zwischen den Führungskräften.

Abbildung 5.26 visualisiert die vom Unternehmen tatsächlich gewählte Ziel- und Aufgabenverantwortung. Zunächst fällt auf, dass die Vorgabe eines Bestandszieles fehlt. Die systematische Analyse mithilfe des Wirkmodells visualisiert vorhandene Inkonsistenzen. Muss eine Abteilung ein bestimmtes Ziel verantworten und wird die Zielerreichung noch durch eine andere Abteilung beeinflusst, resultieren Konflikte, die von den direkt Verantwortlichen selbst nicht lösbar sind. Die Analyse der bereits geschilderten typischen Konflikte zeigt:

- Der erste Konflikt betrifft Produktion und Disposition: Sowohl Auftragsfreigabe (über Ist-Zugang) als auch Kapazitätssteuerung (über Ist-Abgang) beeinflussen die Zielgrößen Durchlaufzeit und Auslastung. So ist also aus Sicht des zielver-

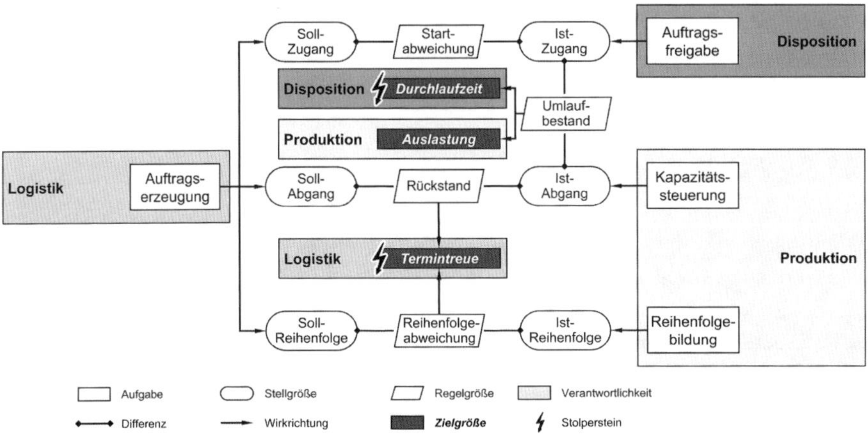

Abb. 5.26 Stolperstein inkonsistente Verantwortlichkeit. (Praxisbeispiel; Darstellung nach Lödding)

antwortlichen Abteilungsleiters Produktion seine Zielereichung auch von den Entscheidungen des Abteilungsleiters Disposition abhängig und umgekehrt.

- Der zweite Konflikt betrifft Logistik und Produktion: Kapazitätssteuerung (über Ist-Abgang), Reihenfolgebildung (über Ist-Reihenfolge) und Auftragserzeugung (über Soll-Abgang und -Reihenfolge) beeinflussen die Zielgröße Termintreue. Analog zum ersten Konflikt resultiert aus der gemeinsamen Beeinflussung der Zielgröße auch hier ein entsprechendes Konfliktpotenzial. Die Forderung der Produktion, Aufträge zur Sicherung der Auslastung früher freizugeben, kompliziert den Konflikt durch Einbeziehen des dritten Verantwortlichen Disposition.

Für beide Konflikte gilt: Weder sind Ziel- und Aufgabenverantwortung der jeweiligen Abteilung konsistent gestaltet noch ihre Zielprioritäten über die unterschiedlichen Abteilungen harmonisiert. Die geschilderten Konflikte resultieren aus den organisatorischen Rahmenbedingungen, sind also durch die Beteiligten selbst nicht lösbar und identifizieren einen Umgestaltungsbedarf. Darüber hinaus wirken die Zielkonflikte auf die Dispositionsentscheidungen einzelner Aufträge, und die Geschäftsführung wird in geschilderter Weise in die Einzelfallentscheidung mit einbezogen.

Zur Beseitigung dieses Stolpersteins sind mehrere Alternativen denkbar: Eine Lösungsmöglichkeit bildet die Einrichtung einer Auftragsleitstelle, also eine zentrale Planungs- und Steuerungsverantwortung mit Weisungsbefugnis für die Steuerungsaufgaben. Dadurch liegt die gesamte Auftragsabwicklung in einer Hand. Alternativ ist die Harmonisierung der Zielprioritäten über alle Abteilungen möglich; dann ist eine Beibehaltung der heutigen Aufgabenverteilung denkbar. Jedoch sind regelmäßige Abstimmungen der täglichen Planungs- und Steuerungsentscheidungen zu empfehlen. Als dritte Alternative kommt eine Aufteilung der Auftragsabwicklung in Betracht (geringe Bedarfsmengen der Ablauffamilien und starke Auftragsmixschwankungen verhinderten in diesem Fall eine produktbezogene Segmentierung). Mit klaren Übergaberegeln wäre eine geschlossene Ziel- und Aufgabenverantwortung für den jeweiligen Teilabschnitt denkbar. Eine Harmonisierung der Zielprioritäten über die jeweiligen Prozessabschnitte unterstützt den Gesamtauftragsfluss.

5.3.5 Funktionslogik

Die Funktionslogik von Planung und Steuerung bildet – neben der Verantwortlichkeit – den zweiten wichtigen Ansatzpunkt, die Auftragsmanagement-Gestaltung aus der Innensicht auf Konsistenz zu prüfen. Hier kommt es im Wesentlichen darauf an, dass die Terminierungslogik der Aufträge (Planung) mit dem tatsächlichen Ausführungsverhalten (Steuerung) innerhalb der ausführlich diskutierten Toleranz übereinstimmt.

Das *Analyseziel* des Bausteins *Funktionslogik* besteht darin, Unstimmigkeiten in der Ist-Situation aufzudecken. Als *Erhebungsmethode* hat sich ein Vorgehen in zwei Schritten bewährt: Zunächst erfolgt eine Erläuterung der theoretischen Grundlagen mit den am Auftragsabwicklungsprozess Beteiligten. Basierend hierauf wird die Ist-Situation erhoben und es lassen sich die Konsequenzen für die Zielerreichung diskutieren; erfahrungsgemäß sind hierzu mehrere Termine erforderlich. Bei komplexeren Produktionen bietet sich eine Differenzierung nach den unterschiedlichen Produktionsbereichen an.

Der Abschnitt beginnt mit einer Erläuterung der grundsätzlichen funktionalen Konfigurationsausprägungen, gegliedert anhand des bereits vorgestellten Modells der Fertigungssteuerung. Darauf aufbauend wird das Prüfkriterium der Konsistenz – das logistische Leitbild – knapp beschrieben. Das abschließende Praxisbeispiel illustriert die Anwendung und die Schlussfolgerungen zur Umgestaltung der Funktionslogik des Auftragsmanagements.

Erhebungssystematik

Das bereits vorgestellte Fertigungssteuerungsmodell ist auch zur Gliederung der Funktionsausprägungen nutzbar. Abbildung 5.27 ordnet die wichtigsten Ausprägungen den vier Aufgaben zu. Sie erweitern die von Lödding vorgestellten Konfigurationsalternativen mit Blick auf den hier verfolgten Anwendungsfall einer Konsistenzprüfung der Funktionslogik [Löd05, S. 491 ff.]. Bei Bedarf ist eine Detaillierung der Informationen unter Zuhilfenahme der Modellerweiterungen durch von Cieminski denkbar, vgl. dazu ausführlich [CiNy07].

Die *Auftragserzeugung* ist funktional mit drei Kriterien aus der Innensicht beschrieben:

- Als *Terminierungsrichtung* sind zunächst die Ausprägungen, Vorwärts-, Rückwärts- und Mittelpunktsterminierung zu unterscheiden. Klassischerweise terminieren ERP-Systeme ausgehend von einem (durch den Kunden vorgegebenen oder durch eine Prognose ermittelten) Primärbedarfstermin rückwärts. Bei Terminverletzungen (z. B. Starttermin liegt in der Vergangenheit) sind zunächst eine Durchlaufzeitverkürzung (sogen. Terminierung mit Reduzierungsstufen wie bspw. über Kürzung von Terminpuffern, Splittung oder Überlappung von Vorgängen) und ein Wechsel der Terminierungsrichtung von Rückwärts- zur Vor-

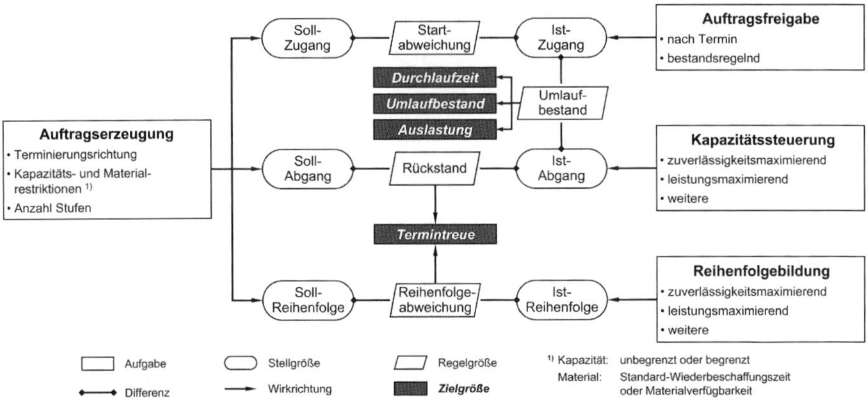

Abb. 5.27 Funktionale Konfigurationsausprägungen. (In Erweiterung zu Lödding)

wärtsterminierung üblich, vgl. dazu ausführlich [MerP96, S. 14-30 ff.; Schö07, S. 653 ff., 660 ff., 678 ff.; DKW06, S. 262 ff., 317 ff., 332 f.].

- Die *Restriktionen* beziehen sich vor allem auf Kapazität und Material. Als Ausprägungen der Kapazitätsplanung sind die Formen unbegrenzte Kapazität (mit Standard-Durchlaufzeiten) sowie begrenzte Kapazität (mit belastungsabhängigen Durchlaufzeiten) relevant. Die Planung kann mit unterschiedlicher Detaillierung erfolgen, vgl. Abschn. 4.2.1. Darüber hinaus ist die betrachtete Ressource (z. B. Maschinen-, Personal- oder Werkzeugkapazität) wichtig. Die Ausprägungen der Materialplanung gliedern sich – analog zur Kapazitätsplanung – in Standard-Wiederbeschaffungszeit (unterstellt eine belastungsunabhängige Standard-Verfügbarkeit) sowie Materialverfügbarkeit (unterstellt einen situationsabhängigen Start-Termin und betrachtet die voraussichtliche oder tatsächliche Verfügbarkeit).
- Die *Anzahl Stufen* beschreibt, ob ein Auftrag einstufig oder mehrstufig eingeplant wird. Einstufige Verfahren erzeugen Aufträge für jede Sachnummer in getrennten Regelkreisen, mehrstufige auch für abhängige Bedarfe, vgl. dazu ausführlich [Löd05, S. 133 ff., 494 f.].

Für eine Erstanalyse reichen diese Betrachtungen meist aus. Weitere Detaillierungen (z. B. periodische oder ereignisorientierte Auslöselogik, Anzahl Terminpaare, d. h. Terminierung mit Soll- und Planterminen, Terminierung früheste/späteste Lage, Zuordnung Komponentenbedarf zum Vorgang) sind bei Bedarf möglich. Das Bedarfsermittlungsverfahren (Ausprägungen: Bedarf/Erwartung/Verbrauch) ist eher Gegenstand der Außensicht, kann aber als Zusatzinformation nützlich sein.

Im Rahmen der *Auftragsfreigabe* sind zwei wichtige Ausprägungen der Funktionslogik zu unterscheiden, vgl. dazu ausführlich [Löd05, S. 297 ff., 496 ff.]:

- Die Freigabe nach *Termin* zielt auf eine direkte Umsetzung des Produktionsplans. Sie gibt den Produktionsauftrag frei, sobald der Soll-Starttermin erreicht ist. Die Auftragsfreigabe sofort nach Auftragserzeugung wird hier – abweichend vom Vorschlag nach Lödding – als Sonderfall der Freigabe nach Termin interpretiert.
- Die *bestandsregelnde Auftragsfreigabe* koppelt den Zugang an den Abgang und regelt über den Umlaufbestand Durchlaufzeiten und Auslastung. Für die Terminplanung ist vor allem der durchlaufzeitstabilisierende Effekt wichtig. Hier sind mehrere Formen denkbar, deren Vor- und Nachteile Lödding diskutiert [Löd05, S. 311, 497 ff.].

Neben dem Kriterium der Auftragsfreigabe ergänzen die Informationen Auslöselogik (periodisch oder ereignisorientiert) sowie Detaillierungsgrad (gesamter Auftrag oder einzelner Arbeitsvorgang) die Funktionslogik der Auftragsfreigabe.

Für die *Kapazitätssteuerung* sind drei wichtige Ausprägungen der Funktionslogik zu unterscheiden, vgl. dazu ausführlich [Löd08b, S. 461 ff.]:

- Die *zuverlässigkeitsmaximierende Kapazitätssteuerung* koppelt den Ist-Abgang an den Soll-Abgang und soll letztlich die Termintreue der Produktion sicherstellen. Die Messung dieser Zielgröße kann ressourcenbezogen über die Regelgröße Rückstand oder auftragsbezogen über die Regelgröße Terminabweichung erfolgten. Für beide Formen sind gegenwarts- oder zukunftsbezogene Ausprägungen denkbar [Löd08b, S. 479 ff., 502 ff.].

- Die *leistungsmaximierende Kapazitätssteuerung* zielt darauf ab, den Durchsatz zu maximieren und dabei Verschwendung durch übermäßigen Bestandsaufbau oder ungenutzte Kapazitäten in der Fertigung zu vermeiden. Voraussetzung für eine solch differenzierte Steuerung bildet die Unterscheidung der einzelnen Arbeitsplätze nach ihrer Materialflussposition relativ zum Engpass, vgl. dazu ausführlich [Löd08b, S. 511 ff.].
- Die wichtigsten *weiteren Alternativen* bilden die planorientierte und die bestandsregelnde Kapazitätssteuerung. Erstere reagiert bei Abweichungen von der Soll-Kapazität aus der Planung; die Reaktion erfolgt also im Vergleich zu einer gegenwartsbezogenen Rückstandsregelung früher. Zweitere nutzt als Regelgröße den Lagerbestand an Erzeugnissen oder Halbfabrikaten, was die Anwendung auf Lagerfertiger einschränkt, vgl. dazu ausführlich [Löd08b, S. 462 f., 499 ff., 518 ff.].

Neben dem Kriterium der Kapazitätssteuerung ergänzen die Informationen Auslöselogik (periodisch oder ereignisorientiert) sowie Detaillierungsgrad (gesamter Auftrag oder einzelner Arbeitsvorgang bzw. gesamte Produktion oder Einzelarbeitsplatz) die Funktionslogik der Kapazitätssteuerung.

Für die *Reihenfolgebildung* sind drei wichtige Ausprägungen der Funktionslogik zu unterscheiden, vgl. dazu ausführlich [Löd05, S. 444 ff., 502 ff.]:

- *Zuverlässigkeitsmaximierende Reihenfolgeregeln* lassen sich in zwei Gruppen unterteilen. Die erste Gruppe zielt auf eine Erhöhung der Liefertreue, was die Auftragssicht betont. Diese Verfahren sind vor allem für die Auftragsfertigung relevant, nutzen als Regelgröße die Terminabweichung und erfordern meist deshalb terminierte Produktionsaufträge. Die wichtigsten Vertreter sind FiFo (First in First out) bzw. FCFS (First come First Serve), frühester Soll-Starttermin, frühester Soll-Endtermin sowie geringster Restschlupf. Die zweite Gruppe zielt auf eine Erhöhung des Servicegrades, was die Artikelsicht betont. Diese Verfahren sind demnach vor allem für die Lagerfertigung relevant und nutzen als Regelgröße den Lagerbestand. Hier sind gegenwarts- oder zukunftsbezogene Ausprägungen denkbar. Ein Beispiel für die zukunftsbezogene Ausprägung ist eine Reihenfolgeregel, bei der der voraussichtliche Zeitpunkt der Unterschreitung des Sicherheitsbestands die Auftragspriorität bestimmt [Löd05, S. 445 ff.].
- *Leistungsmaximierende Reihenfolgeregeln* zielen darauf ab, den Durchsatz zu maximieren. Für die Praxis sind vor allem Regeln bedeutsam, die über geschickte Reihenfolgevertauschungen Rüstzeiten vermeiden und so den Durchsatz erhöhen. Ist das betrachtete Arbeitssystem der Durchsatzengpass der Fertigung, kann eine solche Rüstzeitoptimierung auch die Termintreue positiv beeinflussen, vgl. dazu ausführlich [Löd05, S. 449 ff.].
- *Weitere Reihenfolgekriterien* sind kürzeste Operationszeit (KOZ) und längste Operationszeit (LOZ). Während die KOZ-Regel dem Auftrag mit der niedrigsten Auftragszeit die höchste Priorität erteilt, gilt dies bei der LOZ-Regel für den mit der längsten Auftragszeit.

Das Kriterium der Reihenfolgebildung kann auf den gesamten Auftrag oder den einzelnen Arbeitsvorgang bezogen werden (Detaillierungsgrad). Bei der Bewertung der Reihenfolgeregel ist darüber hinaus das erreichbare Potenzial zu beachten: Grundsätzlich ist dies umso höher, je höher das Bestandsniveau in der Produktion ist, vgl. dazu ausführlich [NW99, S. 87 ff.; Löd05, S. 452 ff.].

Die Aufnahme und Bewertung der Funktionslogik erfolgt in vier Schritten:

1. *Funktionsausprägungen und Automatisierungsgrad aufnehmen*: Für diesen Schritt bietet sich eine Befragung der Planungs- und Steuerungsverantwortlichen oder der IT-Anwendungsbetreuung an. Nutzt das Unternehmen Algorithmen, kann eine Fallunterscheidung wichtig sein. Eine manuelle Aufgabenausführung erschwert die Aufnahme: Oftmals sind den Verantwortlichen die Entscheidungskriterien nicht bewusst, oder der Einzelfall dominiert die Entscheidungsfindung. („Es kommt darauf an.“) Bei unzureichender Zielerfüllung liegt es in beiden Fällen nahe, Defizite in der Funktionslogik zu vermuten.
2. *Regelgrößen aufnehmen*: Dieser Schritt untersucht, welche der Regelgrößen Startabweichung, Umlaufbestand, Rückstand und Reihenfolgeabweichung im Tagesgeschäft überwacht werden. Hier sind zwei Stufen typisch: Eine eher logistisch improvisierend aufgestellte Organisation vernachlässigt die Regelgrößen Bestand und Rückstand weitestgehend. Hier konzentriert sich die Organisation darauf, einzelne Aufträge zu planen und zu überwachen. In der zweiten Stufe beachten die Mitarbeiter zwar die Grunderkenntnisse der Bestands- und Rückstandsregelung, aber nur wenig formalisiert. Sie vernachlässigen dabei allerdings die Regelgrößen Start- und Reihenfolgeabweichung, was immer wieder zu überraschenden Terminabweichungen bei einzelnen Aufträgen führen kann.
3. *Konsistenz bewerten*: Der dritte Schritt bewertet die Konsistenz der Funktionslogik. Prüfkriterium bildet hier das logistische Leitbild, vgl. a. Abschn. 6.3.3: Hierzu werden die Terminierungsannahmen der Auftragserzeugung den Ausführungsregeln von Auftragsfreigabe, Reihenfolgebildung und Kapazitätssteuerung gegenübergestellt und auf Widerspruchsfreiheit geprüft. Eine Zuordnung zu den beschriebenen Ausprägungen unterstützt diese Konsistenzprüfung.
4. *Maßnahmen ableiten*: Der abschließende Schritt leitet mögliche Maßnahmen zur Verbesserung ab. Hierbei sind sowohl die spezifischen Rahmenbedingungen des Unternehmens als auch die Möglichkeiten der Software zu berücksichtigen.

Das folgende Beispiel verdeutlicht die Aufnahme und Bewertung der Funktionslogik.

Anwendungsbeispiel

Ein Stückgüterhersteller produziert aus konfigurierbaren Einzelmaschinen eine kundenspezifische Gesamtanlage, je nach Anforderung mit kundenindividuellen Konstruktionsanteilen. Ein Netzplan koordiniert die Konstruktion, Beschaffung und Produktion des Kundenauftrags; aus diesem werden die jeweiligen Bedarfstermine der Einzelmaschinen als Primärbedarfe einer Feinplanung abgeleitet. Die Herstellung der Einzelmaschinen erfolgt durch unterschiedliche, weitgehend autonom geplante und gesteuerte Produktsegmente.

Am untersuchten Produktionsstandort arbeiten ca. 800 Produktionsmitarbeiter, die in sechs produzierende Produktsegmente sowie zwei unterstützende Segmente (Infrastruktur und Logistik) organisiert sind. Die Planung erfolgt mit einer APS-Software, welche den Auftragsbestand von ca. 250.000 Arbeitsvorgängen und Bestellvorgängen tagesaktuell unter Berücksichtigung der Abhängigkeiten im Auftragsnetz, der Kapazitäts- und Materialverfügbarkeiten sowie dem Auftragsfortschritt in Produktion und Beschaffung einplant.

Doch trotz der täglichen Neuplanung und einer guten Rückmeldequalität in Beschaffung und Produktion kam es immer wieder zu einer verspäteten Ablieferung einzelner Produktionsaufträge. Diese – intern als ‚Wanderer' bezeichneten – Aufträge lösen einen erheblichen Umdispositionsaufwand aus und führen auch in der Werkstatt regelmäßig zu Diskussionen über den Nutzen der neu eingeführten APS-Software. Die Ergebnisse der daraufhin angestoßenen Kurzanalyse der Funktionslogik zeigt Abb. 5.28. Die Erläuterung folgt den vier Schritten.

Erstens: Die vier Aufgaben zeigen einen unterschiedlichen Automatisierungsgrad, insbesondere Kapazitätssteuerung und Reihenfolgebildung haben – den für ein Maschinenbauunternehmen typischen – manuellen Aufgabenanteil:

- Die *Auftragserzeugung* wird ausgehend vom Primärbedarfstermin des Netzplans rückwärts, material- und kapazitätsgeprüft durchgeführt: Liegt der Starttermin in der Vergangenheit, erfolgt ein Wechsel zu einer Vorwärtsterminierung. Aus dieser täglichen Neuplanung gegen begrenzte Kapazitäten[11] resultieren belastungsabhängige Durchlaufzeiten. Die Terminierung über alle Erzeugnisstufen erlaubt es, Verletzungen von Primärbedarfsterminen vorausschauend als Planungskonflikte auszuweisen.

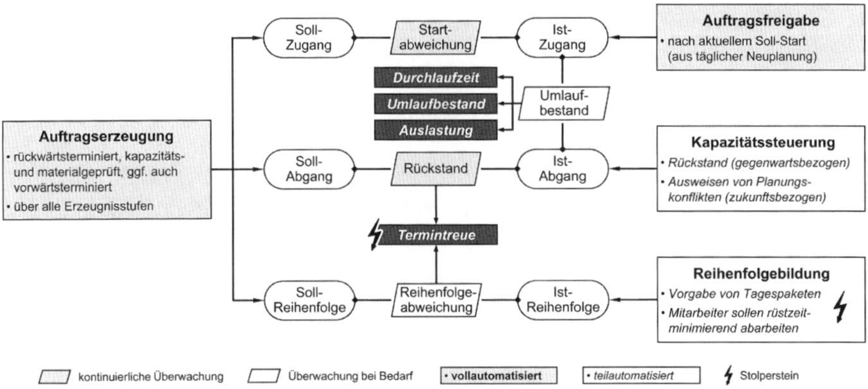

Abb. 5.28 Stolperstein inkonsistente Funktionslogik. (Praxisbeispiel; Darstellung nach Lödding)

[11] Das Unternehmen unterscheidet nicht scharf zwischen Soll- und Plangrößen (vgl. Abschn. 3.5.2). Die gewählte Planungslogik einer täglichen material- und kapazitätsgeprüften Neuplanung kann deshalb auch als Plangröße interpretiert werden. In diesem strengen Sinne liegen dann nur Soll-Termine auf der Primärbedarfsebene (als Bedarfstermine) vor.

- Die *Auftragsfreigabe* erfolgt nach aktuellem Soll-Starttermin. Durch die sorgfältige Termin- und Kapazitätsplanung prüft sie implizit die Materialverfügbarkeit und regelt den Umlaufbestand.
- Die *Kapazitätssteuerung* ist zukunftsbezogen terminregelnd und umfasst zwei Regelkreise: Zum einen muss die Produktion vorgegebene Tagespakete trotz kleinerer Störungen abarbeiten; hierfür existiert die gegenwartsbezogene Rückstandsregelung. Zum anderen werden auf der Basis von Plan-Terminen im Sinne eines voraussichtlichen Ist zukünftige Planungskonflikte[12] ausgewiesen. Diese Zweiteilung greift auch Bornhäuser in seiner reifegradbasierten Werkstattsteuerung auf, vgl. dazu ausführlich [Born09, S. 112 ff.].
- Die *Reihenfolgebildung* erfolgt innerhalb eines Tages leistungsmaximierend. Das jeweils für den kommenden Tag vorgegebene Arbeitspaket nutzen die Produktionsmitarbeiter als zeitlichen Spielraum für Reihenfolgeoptimierungen und verringern so Rüstzeiten.

Zweitens: Für die beiden Regelgrößen Startabweichung und Rückstand existiert ein Logistikcontrolling mit entsprechenden Vorgaben, regelmäßiger Messung und Überwachung. Die Überwachung des Umlaufbestandes erfolgt implizit über die APS-Software. Im Rahmen der Abarbeitung wird lediglich die Einhaltung der Tagespakete überprüft, eine detaillierte Überwachung der Reihenfolgeabweichung gibt es nicht.

Drittens: Die Analyse und Diskussion mit den Verantwortlichen verdeutlichte die Widersprüche zwischen den Terminierungsannahmen der Auftragserzeugung (Planung) und der durch die Reihenfolgebildung beeinflussten Abarbeitung (Steuerung). Eine unbefriedigende Termintreue der sogenannten Wandereraufträge ist die unvermeidliche Folge, Abb. 5.28:

- Die *Auftragserzeugung* folgt implizit dem logistischen Leitbild des gleichmäßigen Auftragsstroms. Meist gelingt es der Produktion, die Kapazitäten bedarfsgerecht bereitzustellen. Hilfreich sind hier insbesondere die Einplanungsergebnisse der APS-Software. Sie zeigen den Disponenten vorausschauend Handlungsbedarf zur Kapazitätsanpassung auf.
- Demgegenüber folgt die *Reihenfolgebildung* implizit dem logistischen Leitbild des turbulenten Gebirgsbachs: Hier werden gezielt Reihenfolgevertauschungen angestrebt, um die Leistung zu maximieren. Ein Wanderer ist demnach ein Auftrag, der zur Rüstoptimierung mehrmals an das Ende des jeweiligen Tagespaketes rutscht. Durch die dementsprechende mehrfache Neuterminierung verfehlt er das angestrebte Soll-Ende.

Offensichtlich fehlte also eine Diskussion und Festlegung des logistischen Leitbildes im Rahmen der Umgestaltung und Einführung der APS-Software. Nachfragen bei den Beteiligten bestätigten diese Einschätzung.

---

[12] Das Überwachen zukünftiger Planungskonflikte entspricht dem Grundgedanken der terminorientierten Kapazitätssteuerung von Begemann, die die Kapazitäten aufgrund der voraussichtlichen Terminabweichung anpasst, vgl. dazu ausführlich [Beg05; Löd08b, S. 505 ff.].

Viertens: Zur Beseitigung des Stolpersteines ist ein logistisches Leitbild festzulegen und durchzusetzen, vgl. a. Abschn. 6.3.3. Hier existieren zwei grundlegende Alternativen:

- Entweder entscheidet sich das Unternehmen für den *gleichmäßigen Auftragsstrom*. Dann müssen die Produktionsmitarbeiter die Aufträge anhand der vorgegebenen Reihenfolge abarbeiten, um die Termintreue wie angestrebt zu verbessern.
- Oder das Unternehmen betont die *Leistungsmaximierung*. Dann hätten die Produktionsmitarbeiter weiterhin die Möglichkeit, Reihenfolgen innerhalb definierter Zeitfenster (z. B. Tagespakete) zu vertauschen. Dies erfordert dann allerdings eine Anpassung der Terminierungslogik. Die Vorgabe von Takten – als Zeitfenster der zulässigen Reihenfolgevertauschung – erfordert eine entsprechend modifizierte Terminierungslogik. Sie entspricht damit dem Grundgedanken der von Bornhäuser vorgestellten reifegradbasierten Werkstattsteuerung, vgl. dazu ausführlich [Born09].

Nach der Entscheidung ist die Durchsetzung des logistischen Leitbildes im Tagesgeschäft erforderlich. Hierzu sind sowohl logistische Schulungen für Mitarbeiter und Vorgesetzte vorzusehen als auch die Umsetzung zu überwachen.

5.3.6 Prozessabläufe

Eine klare Definition von Prozessen und ihren Schnittstellen bildet neben der Definition von Verantwortlichkeiten eine zweite wichtige Gestaltungsaufgabe der Geschäftsführung. Zur Prozessanalyse sind Top-Down- und Bottom-Up-Vorgehen zu unterscheiden.

Das *Analyseziel* einer Prozessanalyse ist meist zweigeteilt: Zunächst geht es darum, einen Überblick über die Auftragsabwicklung zu gewinnen und so ein Verständnis für die Ausgangssituation und die Anforderungen des Betrachtungsbereichs (z. B. Logistikkette, Unternehmen, Produktionsbereich) zu entwickeln. Eine strukturierte Ergebnisdarstellung ermöglicht es, formal auf Unzulänglichkeiten zu prüfen und Verbesserungspotenziale auszuweisen. Eine Prozessanalyse erzeugt vergleichsweise detaillierte Informationen, ist allerdings mit einem entsprechend hohen Aufwand verbunden. Deshalb ist eine solche Analyse für die grobe Erstdiagnose oft schon zu detailliert und eher für eine Feindiagnose geeignet. Als *Erhebungsmethode* hat sich ein iteratives Vorgehen mit folgenden Teilschritten bewährt: Erhebung eines Prozesses oder Prozessabschnitts (durch Befragung der an der Auftragsabwicklung beteiligten Personen), Ergebnisdokumentation, Diskussion mit den Beteiligten und gemeinsame Ergebnisinterpretation. Hierzu sind meist mehrere Schleifen erforderlich.

Der Abschnitt beginnt mit der Beschreibung dieser Teilschritte. Darauf aufbauend werden typische Stolpersteine aus unzureichender Prozess- und Schnittstellengestaltung dargestellt.

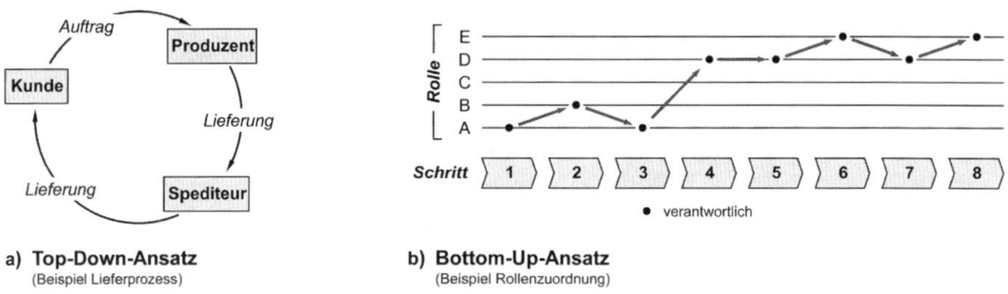

Abb. 5.29 Ansätze zur Prozessanalyse. (Nach GPS Ulm; Siemens)

Erhebungssystematik

Zur Prozessanalyse sind die grundsätzlich unterschiedlichen Ansätze Top-Down- und Bottom-Up-Vorgehen zu unterscheiden. Die Grundidee besteht immer darin, den realen Prozess mit einem Idealzustand zu vergleichen, um daraus Verbesserungspotenziale abzuleiten. Abbildung 5.29 stellt die beiden Methoden in einer stark vereinfachten Darstellung gegenüber.

Der *Top-Down-Ansatz* nutzt einen Gesamtprozess als Ausgangspunkt: Demnach gilt ein Prozess als vollständig, wenn er zu einem Wirkungskreislauf geschlossen ist, vgl. a. Abschn. 2.3.3. Ausgehend von einem solchen Idealprozess einer Geschäftsbeziehung hat die GPS Ulm Referenzmodelle für Geschäftsprozesse entwickelt, die auf die spezifischen Besonderheiten des Unternehmens anzupassen sind. Dies geschieht durch eine schrittweise Verfeinerung des Prozesses gemäß dem Grundsatz des Systems Engineering „Vom Groben ins Detail". Prozesse können sich verzweigen, darüber hinaus existieren Darstellungskonventionen. Hinter diesem Ansatz steckt die Annahme, dass sich Industrieunternehmen im Grundsatz ähneln und sich die Prozesse erst im Detail unterscheiden [DaHu97, S. 17 f., 30 ff.; GPS07, S. 17 ff., 21 f.]. Abbildung 5.29a zeigt ein Analysebeispiel: Im klassischen Lieferprozess erteilt der Kunde an den Produzenten einen Auftrag, der das hergestellte Produkt über einen Spediteur ausliefert. Ausgangs- und Endpunkt des Prozesses ist in diesem Fall also der Kunde.

Zur Überprüfung der Vollständigkeit sind formale Kriterien zu definieren. In Erweiterung zu den Überlegungen der GPS Ulm sind Ergebnis- und Ablaufkriterien für die Vollständigkeit eines Prozesses zu unterscheiden [GPS07, S. 10, 18 f., 111]:

- Als *Ergebniskriterium* ist für den Logistikprozess[13] „Bedarf = Bedarfsdecker" (bzgl. Art, Menge, Termin und Ort) definiert. Dies gilt es sowohl in der vorausschauenden Planungsphase als auch der mitlaufenden Steuerungsphase laufend zu überwachen, um bei Abweichungen regelnd einzugreifen, vgl. a. Abschn. 3.5.2.

[13] Die GPS nennt außerdem als Ergebniskriterium des Finanzprozesses „Soll = Haben". Eine voll integrierte ERP-Software koppelt Logistik- und Finanzsicht fest miteinander, vgl. dazu ausführlich [GPS07, S. 10 ff., 111].

- Als *Ablaufkriterium* ist zu prüfen, ob der Regelkreisgedanke[14] realisiert ist: Hierfür ist zum einen der Informationsprozess zwischen Sender und Empfänger zu schließen. Zum anderen muss der Prozessinitiator eine Rückmeldung über die Erfüllung (bspw. der Anfrage oder der Bestellung) erhalten, um die Ausführungsqualität prüfen zu können.

Im Mittelpunkt dieses Ansatzes steht also die Frage, wie durchgängig der Regelkreisgedanke realisiert ist. Abweichungen von diesem Idealbild identifizieren Umgestaltungsbedarf, entweder hinsichtlich der Prozesse und Verantwortlichkeiten (Ablaufkriterium) oder hinsichtlich der Funktionslogik (Ergebniskriterium). Die schrittweise Einengung des Betrachtungshorizontes ermöglicht es, die Prozesse ausgehend vom Gesamtverständnis der Geschäftsbeziehung zu bewerten. Deshalb ist diese Vorgehensweise besonders für eine grundlegende Prozessneugestaltung mit Blick auf den funktionierenden Gesamtzusammenhang geeignet.

Der *Bottom-Up-Ansatz* nutzt demgegenüber den einzelnen Prozessschritt als Ausgangspunkt und zeigt organisatorische Schnittstellen und Medienbrüche im Prozessablauf auf. Eine für diesen Zusammenhang besonders geeignete Methode stellt die vermutlich im Haus Siemens entwickelte „Gitarrensaiten-Methode" dar: Die Prozessaufnahme erfolgt schrittweise nach ihrer Ablaufsequenz, jedem Schritt wird ein Betrachtungsobjekt[15] zugeordnet. Für diesen Anwendungsfall sind vor allem die Kriterien Rolle (z. B. Verantwortung, Zuarbeit durch ...) sowie Datenquelle (z. B. ERP-Software, lokale Hilfslösung, manuell) relevant; weitere Informationen wie Aktualisierungsregeln oder -kriterien können bei Bedarf ergänzt werden. Ein solcher Ansatz unterstellt, dass bei einem idealen Geschäftsprozess „alles in einer Hand" liegt. Abbildung 5.29b zeigt als Analysebeispiel einen Ablauf mit acht Schritten: Die Zuordnung zu den Rollen visualisiert die Verantwortungsübergänge.

Entsprechend einer solchen Definition eines Ideals ist die Schnittstellengestaltung hinsichtlich Organisation und Medien zu bewerten:

- *Organisatorische Schnittstellen* verlängern Durchlaufzeiten in der Regel, weil durch die Übergabe von einem Verantwortungsbereich zum anderen Bereich zusätzliche Wartezeiten anfallen. Haben die Verantwortlichen darüber hinaus unterschiedliche Zielprioritäten, wird sich die Abwicklungspriorität des jeweiligen Auftrags verändern, was meist zu weiteren Liegezeiten innerhalb des Verantwortungsbereichs führt.
- *Medienbrüche* in der Informationsübermittlung erfordern manuelle Aktivitäten wie Dateneingaben, -korrekturen oder auch -validierungen auf Sender- und/oder Empfängerseite. Dies erhöht sowohl den Personalaufwand als auch das Risiko

[14] Die Literatur empfiehlt zusätzlich, die Prozesse „end-to-end" zu betrachten, vgl. u. a. [Spec05, S. 66]. Im Rahmen der Auftragsabwicklung wird dies üblicherweise als „vom Kunden bis zum Kunden" interpretiert, tlw. auch „von der Kundenanfrage bis zum Zahlungseingang" [FaFr01, S. 10 f.], vgl. Abschn. 3.6.2. Für andere Prozesse wäre diese Definition dann sinngemäß anzuwenden.

[15] Die Darstellung ähnelt dem stellenorientierten Ablaufdiagramm, welches in vertikalen Bahnen (engl. swim lanes) Stellen anordnet und diesen die Teilprozesse zuordnet, vgl. dazu ausführlich [Spe05, S. 57, 70 ff.].

von Fehleingaben; beides kann die Durchlaufzeit verlängern. Außerdem lösen falsche oder verzögerte Dateneingaben zwischen den Beteiligten Diskussionen über die Informationsqualität aus, was das gegenseitige Vertrauen und ggf. auch die persönlichen Beziehungen beeinträchtigen kann.

Die Betrachtung der Durchgängigkeit rückt mögliche Defizite der Prozessgestaltung in den Mittelpunkt, ihr Vorliegen zeigt Umgestaltungsbedarfe auf. Naturgemäß treten mit einem solchen Ansatz Fragen zum Gesamtzusammenhang oder eine kritische Reflexion über Notwendigkeit des Prozesses in den Hintergrund. Deshalb ist der Ansatz eher für kleinere Verbesserungen oder Optimierungen der Ist-Situation geeignet.

Der Vorteil einer Prozessanalyse besteht in einer Darstellung der Abläufe in ihrem Zusammenwirken. Insbesondere operativ Verantwortliche neigen dazu, über ihr Tagesgeschäft die Gesamtzusammenhänge aus dem Auge zu verlieren. Dem beugt die Prozessanalyse vor. Dennoch wird das Aufwand-Nutzenverhältnis einer Prozessanalyse für das Auftragsmanagement oftmals falsch eingeschätzt. Hierfür sind mehrere Gründe ursächlich: Zunächst betont eine prozessorientierte Betrachtung die Auftragssicht. Doch damit rücken Ressourcenabhängigkeiten in den Hintergrund und potenzielle Kapazitätskonflikte sind nicht so offensichtlich erkennbar. Auch besteht insbesondere für unerfahrene Analysten die Gefahr, Wesentliches aus dem Auge zu verlieren und einen hohen Aufwand für die Dokumentation gut funktionierender Prozesse zu erzeugen. Generell ist die Analyse der Geschäftsprozesse von der der Funktionslogik zu unterscheiden, wenn auch oft gegenseitige Bezüge sinnvoll möglich sind. Die separate Betrachtung von Prozessen und Funktionslogik ist ohnehin empfehlenswert. Dies spricht dafür, sich im Rahmen des Grobkonzepts auf die oberste Prozessebene zu beschränken und bei Bedarf die relevanten Auftragsabwicklungsprozesse[16] in ihren wesentlichen Varianten oder logistischen Geschäftsarten zu betrachten. Eine detaillierte Prozessanalyse[17] wäre dann erst im Feinkonzept oder der Implementierung notwendig.

Typische Stolpersteine

Nach Erfahrungen des Autors sind bei der Prozess- und Schnittstellengestaltung für das Auftragsmanagement die drei Stolpersteine Medienbrüche, unklare Bestandsverantwortung sowie zu lange Informationslaufzeiten typisch. Die folgenden Praxisbeispiele erläutern diese.

Der *Medienbruch* im Auftragsabwicklungsprozess bildet den ersten typischen Stolperstein. In diesem Fall birgt der Informationsübertragungsprozess ein Fehler-

---

[16] Für die Abgrenzung des Projektgegenstands ist eine solche Aufnahme ohnehin sinnvoll, vgl. Abschn. 7.2: Baustein Projektgegenstand. Für umfassendere Projekte (Geschäftsprozess-Reorganisation oder ERP-Einführung) ist eine breitere Betrachtung der oberste Ebene – z. B. in Form einer Prozesslandkarte – sinnvoll, zur Struktur eines solchen Prozessmodells vgl. bspw. [Spe05, S. 58 ff.].

[17] Vehring empfiehlt für die Ist-Analyse (nicht nur der Geschäftsprozesse) einen unterschiedlichen Detaillierungsgrad. Hierzu sind zwei Kriterien maßgeblich: Je größer der Reorganisationsbedarf, desto gröber sollte die Ist-Modellierung sein. Je größer die geschäftsstrategische Bedeutung oder Spezifität, desto feiner sollte die Ist-Modellierung sein, vgl. dazu ausführlich [VerO07, S. 69 f.].

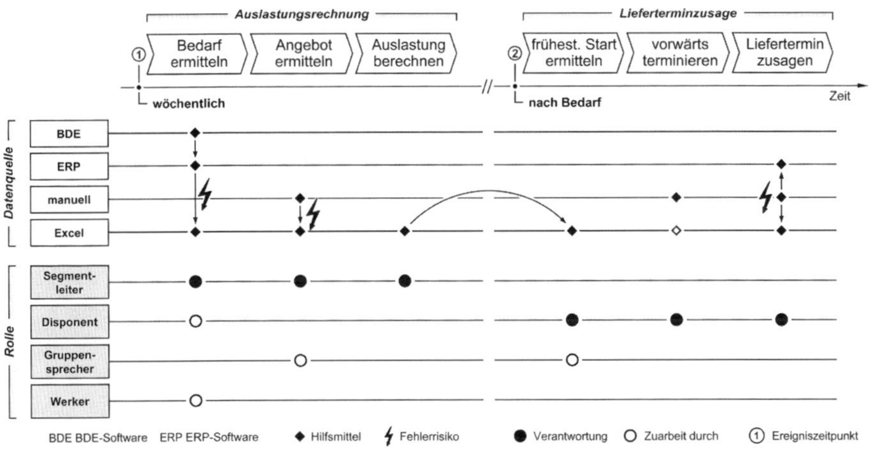

Abb. 5.30 Stolperstein Medienbrüche (Praxisbeispiel)

risiko. Klassischer Fall ist eine manuelle Datenübertragung von einem zum anderen Softwarewerkzeug.

Das hier betrachtete Unternehmen erzeugt und bearbeitet sogenannte Hochleistungswerkstoffe für Spezialanwendungen vom Einzelauftrag bis zur Großserie. Die Produktion ist nach Branchen und Produktfamilien segmentiert. Einzelaufträge erfordern eine individuelle Lieferterminermittlung, die dezentral in jedem Segment ähnlich erfolgt. Abbildung 5.30 visualisiert die hierfür erforderlichen Teilprozesse Auslastungsrechnung und Lieferterminzusage mit den genutzten Datenquellen und beteiligten Rollen.

Der Teilprozess *Auslastungsrechnung* erfolgt wöchentlich und beinhaltet drei Schritte, hauptverantwortlich ist der Segmentleiter:

- Der Schritt *Bedarf ermitteln* berechnet die noch zu leistenden, sog. offenen Stunden differenziert nach Kostenstellen. Wesentliche Berechnungsgrundlage sind die erzeugten Fertigungsaufträge sowie die aus den Rückmeldungen bekannten Ist-Stunden. BDE- und ERP-Software sind über eine automatische Schnittstelle gekoppelt. Die Übertragung ins lokale Tabellenkalkulationsprogramm erfolgt jedoch manuell und ist deshalb fehleranfällig. Die Zuarbeit erfolgt einerseits durch die für die Auftragserzeugung und -einplanung verantwortlichen Disponenten und andererseits durch die für die Rückmeldung verantwortlichen Werker an den Arbeitsplätzen.
- Der Schritt *Angebot ermitteln* basiert auf einer durch die jeweiligen Gruppensprecher manuell geführten Kapazitätsangebotsliste mit dem Schichtkalender sowie den geplanten Abwesenheiten der Werker. Die Zuarbeit erfolgt mit unterschiedlicher Zuverlässigkeit. Die Übertragung ins lokale Tabellenkalkulationsprogramm erfolgt manuell durch den Segmentleiter oder seinen Stellvertreter und ist deshalb fehleranfällig.

- Der Schritt *Auslastung berechnen* erfolgt halbautomatisch direkt im Tabellenkalkulationsprogramm. Der Segmentleiter prüft die Ergebnisse und verteilt diese an die Disponenten seines Segmentes.

Der Teilprozess *Lieferterminzusage* beinhaltet ebenfalls drei Schritte. Er basiert auf den Ergebnissen der Auslastungsrechnung und erfolgt bei Bestellung, hauptverantwortlich sind die (innerhalb des Segments nach Produktgruppen organisierten) jeweiligen Disponenten:

- Der Schritt *frühesten Starttermin berechnen* erfolgt halbautomatisch direkt im lokalen Tabellenkalkulationsprogramm. Hierzu werden Kapazitätsbedarf und -angebot über die kommenden Wochen kumuliert. Der früheste Start an der jeweiligen Kostenstelle ist in der Woche möglich, in der zum ersten Mal das kumulierte Angebot den Bedarf überschreitet. Der verantwortliche Disponent plausibilisiert diese Ergebnisse in Abstimmung mit dem für die Kostenstelle verantwortlichen Gruppensprecher.
- Der Schritt *vorwärts terminieren* erfolgt weitgehend manuell. Hierzu schätzt der Disponent die aktuelle Engpasssituation der Werkstatt ab. Ausgehend vom so ermittelten Engpass terminiert er manuell mit einer Standard-Durchlaufzeit je Arbeitsvorgang (meist 1 Woche) in die Zukunft und betrachtet nur die Anzahl der Arbeitsvorgänge nach dem Engpass; arbeitsfreie Wochen werden berücksichtigt. Erst bei mehrstufigen Produkten nutzt der Disponent die Berechnungshilfe im lokalen Tabellenkalkulationsprogramm.
- Der Schritt *Liefertermin zusagen* basiert auf diesen Ergebnissen. Der Disponent muss den zugesagten Termin einerseits in der ERP-Software eintragen, die Bestellbestätigung an den Kunden erfolgt automatisch. Andererseits muss er die belegten Stunden als Zusatzbedarf in der Auslastungsrechnung eintragen, um während der Woche doppelte Kapazitätszusagen zu vermeiden. Insbesondere der letzte Prozess ist mit einem hohen Fehlerrisiko verbunden, da ein Produktionssegment bis zu 10 Disponenten beschäftigt.

Zusammenfassend zeigt sich: Alle Informationen der Lieferterminermittlung basieren auf den Daten der ERP-Software. Unterschiedliche Hilfsmittel unterstützen diesen weitgehend manuell durchgeführten Prozess, der Medienbrüche beinhaltet. Die Verantwortung ist zwischen den Hauptverantwortlichen Segmentleiter und Disponent geteilt. Insgesamt erfordert seine Durchführung eine hohe Kompetenz und die Medienbrüche bergen Fehlerrisiken mit Doppelarbeit. Zur Verbesserung sind einerseits die Medienbrüche zu vermeiden: Idealerweise sollte die Lieferterminermittlung in die ERP-Software integriert werden. Andererseits wäre eine Verbesserung der Funktionslogik selbst denkbar, da die derzeit eingesetzte Methode eher grob schätzt als detailliert berechnet.

Eine *unklare Bestandsverantwortung* bildet einen zweiten, oft zu beobachtenden Stolperstein der Prozess- und Schnittstellengestaltung. In diesem Fall sind die Übergänge zwischen den unterschiedlichen Verantwortungsbereichen unzureichend definiert: Typische Symptome hierfür sind hohe Bestände in Zwischenlagern oder

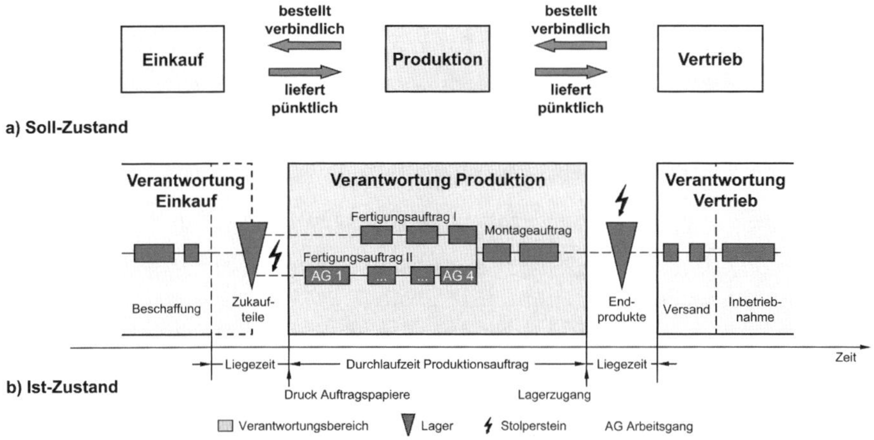

Abb. 5.31 Stolperstein unklare Bestandsverantwortung (Praxisbeispiel)

regelmäßige Diskussionen über die Verbindlichkeit von Bestellungen bzw. ihrer zuverlässigen Erfüllung.

Das im Folgenden betrachtete Unternehmen produziert Maschinen mittlerer Komplexität im Einzelauftrag [WWC05, S. 719 f.; WCW05, S. 639 ff.]. Je nach Kundenanforderung sind Konstruktionsaufwände erforderlich. Anlass für eine detaillierte Untersuchung war die Unzufriedenheit der Geschäftsführung mit den hohen Beständen im Material- und Endproduktlager sowie die Unklarheit über die Konsequenzen kurzfristiger technischer oder terminlicher Änderungen an den Aufträgen.

Abbildung 5.31 zeigt oben einen Ausschnitt aus der Auftragsabwicklungskette im Soll-Zustand (ohne Läger) und unten die aus einer unklaren Schnittstellendefinition resultierenden Probleme des Ist-Zustandes (mit Zukaufteil- und Endproduktlager): Die Produktion soll den Auftragsdurchlauf mit Durchlaufzeiten und Beständen vom Start des Produktionsauftrags (hier Druck der Auftragspapiere) bis zum Fertigstellen des letzten Arbeitsgangs (hier Lagerzugang) verantworten. Üblicherweise werden die Endprodukte danach an den Vertrieb zum Versand und zur Inbetriebnahme übergeben, nur in Ausnahmefällen erfolgt eine Einlagerung. Die Bestandsverantwortung für die gesamten Zukaufteile liegt im Ist-Zustand jedoch beim Einkauf. Für Endprodukte erschienen dem Unternehmen die Definition von Bestandszielen und ihre regelmäßige Überprüfung nicht erforderlich. Die Begründung lautete: Die Endmontage erfolgt nur im Kundenauftrag, Endprodukte lagern im Fertigzustand nicht.

Die regelmäßigen Appelle zur Bestandssenkung verpufften ohne nachhaltige Wirkung. Stattdessen stiegen die Bestände an Zukaufteilen und Endprodukten kontinuierlich an. Darüber hinaus klagte der Versand über zu geringe Bereitstell- und Lagerflächen. Die Ursachenanalyse zeigte:

- Zunächst drängt der Kunde auf einen möglichst frühen Liefertermin. Kurz vor Auslieferung verschiebt er den Liefertermin jedoch oftmals, da er die Maschine – bspw. aufgrund baulicher Verzögerungen – erst später benötigt.
- Technische Produktänderungen – ausgelöst durch veränderte Kundenanforderungen oder Konstruktionsänderungen – verzögern den Produktionsstart gegenüber dem ursprünglich geplanten Termin.

Zur Verbesserung der Schnittstellengestaltung sind zwei Fragen zu stellen:

1. *Bestellung* (Informationsfluss): Hat der Besitzer einer neuen/veränderten Information einen unmittelbaren, quantifizierbaren Nutzen bzw. einen Vorteil aus ihrer Weitergabe bzw. einen Nachteil, wenn er diese Information nicht weitergibt?
2. *Lieferung* (Materialfluss): Hat der Lieferant einen unmittelbaren, quantifizierbaren Vorteil von einer pünktlichen Übergabe an den Nachfolger bzw. einen Nachteil aus einer unpünktlichen Übergabe?

Im Beispiel war die Übergabe der Produkte an den Versand über einen verbindlichen Übergabetermin an den Versand definiert. Er basiert auf einer realistischen Lieferterminermittlung:

- Aus *Produktionssicht* erscheint diese „Bestellung" des Vertriebs verbindlich. Da jedoch die Bestandsverantwortung bei Übergabe nicht auf den Vertrieb übergeht, hat der Vertrieb weder einen unmittelbaren Nutzen noch einen Nachteil, wenn er vom Kunden avisierte Terminverschiebungen für spätere Bedarfstermine nicht weitergibt.
- Aus *Vertriebssicht* erscheint die „Zusage" der Produktion ebenfalls verbindlich. Die Produktion hat aber kein operatives Erfüllungsrisiko: Bei pünktlicher Übergabe erfolgt zwar eine Bestandsentlastung der Produktion, eine Vertragsstrafe (Pönale) bei verspäteter Fertigstellung der Aufträge ist allerdings nicht vorgesehen.

Eine mögliche Lösung ist die Einbeziehung des Endproduktlagers in die Bestandsverantwortung des Vertriebs, da dann die erforderlichen Verbesserungen aus Eigeninteresse angestoßen werden.

Die Analyse der Schnittstelle Produktion – Einkauf zeigte Vergleichbares: Der Bedarfstermin für die Zukaufteile resultiert aus einer Rückwärtsterminierung, der mit einem Sicherheitszuschlag an die Lieferanten weitergegeben wird. Die Produktion übernimmt die Bestandsverantwortung nicht nach dem ursprünglich geplanten Auftragsstart (Erstplanung), sondern erst bei tatsächlichem Auftragsstart. Somit hat sie lediglich ein Interesse, Informationen über vorgezogene, aber nicht verspätete Produktionsaufträge ggü. der Erstplanung weiterzugeben. Eine vielfach praktizierte Lösung besteht darin, dass die operative Materialdisposition einschließlich der Bestandsverantwortung an die Produktion übergeht.

Zu lange Informationslaufzeiten bilden einen dritten Stolperstein der Prozess- und Schnittstellengestaltung. Heute sind die durch die technische Informationsübertragung verursachten Informationslaufzeiten normalerweise vernachlässigbar. Aber die Beteiligten übersehen oft den Einfluss der Planungsfrequenzen der Dispositionsläufe auf die Informationslaufzeit.

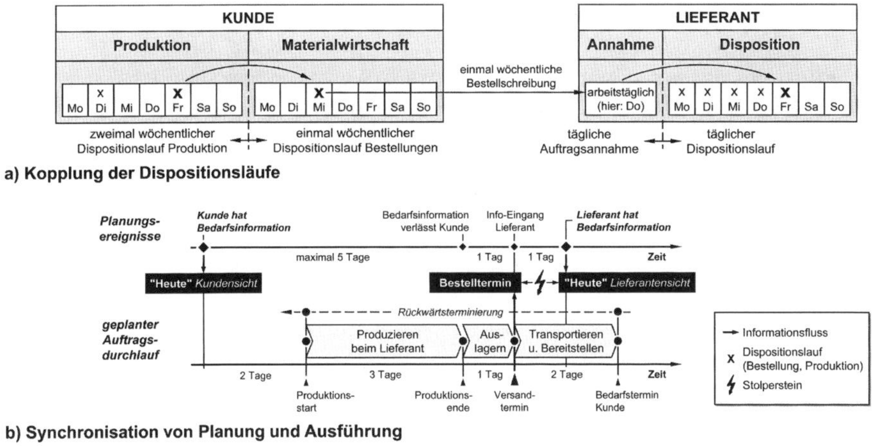

Abb. 5.32 Stolperstein zu lange Informationslaufzeiten (Praxisbeispiel)

Das folgende Beispiel zeigt die Auswirkungen inkonsistenter Planungsfrequenzen der Dispositionsläufe von Kunde und Lieferant in einer Serienfertigung mit enger Lieferbeziehung [WBW05, S. 725 f.]. Abbildung 5.32 visualisiert die Konsequenzen: Der Kunde führt zweimal wöchentlich Produktionsplanungsläufe durch, setzt diese aber nur einmal wöchentlich Mittwochnacht in Bestellungen um, Abb. 5.32a, links. Der Lieferant nimmt diese arbeitstäglich (also am Donnerstag) an und berücksichtigt die Bestellungen ungünstigstenfalls erst am folgenden Freitag dispositiv (Abb. 5.32a, rechts). Diese Asynchronität verursacht im ungünstigsten Fall einen Zeitverzug von sieben Kalendertagen zwischen der Bedarfserkennung beim Kunden und der Verfügbarkeit der Bedarfsinformation beim Lieferanten.

Abbildung 5.32b zeigt die Konsequenzen für die resultierende Datenaktualität beim Lieferanten: Mit einem Vorlauf von acht Tagen ermittelt der Produktionsplanungslauf des Kunden den Bedarf und berechnet über eine Rückwärtsterminierung einen um zwei Tage früheren Bestelltermin (= „Heute" Kundensicht + 6 Tage). Im ungünstigsten Fall verfügt der Lieferant erst sieben Tage später über die Bedarfsinformation; somit liegt der Bestelltermin in der Vergangenheit („Heute" Lieferantensicht > Bestelltermin) und erscheint nicht realistisch.

Planungsereignisse und geplanter Auftragsdurchlauf sind offensichtlich nicht konsistent synchronisiert. Methodische Grundlage bildet der Zeithaushalt des Informationsflusses mit den drei Schritten ‚Kunde generiert aus Plan- Bestelldaten', ‚Kunde überträgt Bestelldaten zum Lieferanten', ‚Lieferant generiert aus Bestelldaten eigene Plandaten'. Ausgehend von der gewünschten *Reaktionszeit* (Wie schnell sollen bzw. können die Partner jeweils auf neue Plandaten des anderen reagieren?) sind folgende Aspekte relevant:

1. *Planungsfrequenz*: Wie oft erzeugt der Kunde für den Lieferanten relevante Plandaten?
2. *Planungshorizont*: Mit welchem zeitlichen Vorlauf tauschen die Beteiligten Plandaten aus?

3. *Informationslaufzeit*: Wie lang dauert die Übergabe der Bedarfsinformation (Zeitdauer vom Ereignis „Heute“ Kundensicht bis „Heute“ Lieferantensicht)?
4. *Planungsparameter*: Wie sind die Software-Werkzeuge parametriert?
5. *Planungssynchronisation*: Wie ist die zeitliche Synchronisation der Planungsläufe?

Dementsprechend resultieren für das Beispiel folgende Lösungsbausteine bzw. -alternativen:

- Der Kunde verlängert den *Planungshorizont*: Tauscht er mit einem zeitlichen Vorlauf von mindestens 11 Tagen (7 Tage Informations-, 3 Tage Materialfluss) die Plandaten aus, hat der Lieferant zumindest 1 Tag Zeit zum Auslagern. Eine Verlängerung um weitere 3 Tage auf 14 Tage ermöglicht dem Lieferanten eine auftragsbezogene Produktion. Allerdings kann ein langer Vorlauf auch die Flexibilität einschränken.
- Deshalb setzen viele Partner auf eine reduzierte *Informationsdurchlaufzeit*: Allein die Integration der zwei Dispositionsläufe (Produktion und Materialwirtschaft) des Kunden in einen gemeinsamen Lauf verkürzt die Dauer um 4 Tage. Bei besserer Synchronisation zwischen Kunde und Lieferant ist eine Reduktion auf insgesamt 1 Tag denkbar.
- Erst dann nützt eine höhere *Planungsfrequenz*: Tägliche Dispositionsläufe in der Produktion des Kunden reduzieren seine Zeitverzüge in der Bedarfserkennung auf maximal 1 Tag. Gelangen diese Informationen unverzüglich zum Lieferanten, kann dieser auf häufige Anpassungen auch schnell reagieren.

Bei den Rechnungen sind die Prozessunsicherheiten der Informations- und Materialflüsse sowie ggf. die Zeitverzüge in der Bedarfserkennung und arbeitsfreie Tage zusätzlich zu berücksichtigen. Dies bestimmt die Auswahl geeigneter Übertragungsmedien (DFÜ, Fax, E-Mail, Postweg) und die *Planungsparameter* in den jeweiligen Softwarewerkzeugen.

Häufigere Planungsfrequenzen bei kurzen Reaktionszeiten bergen allerdings auch Risiken: Praxiserfahrungen in der Automobilindustrie zeigen, dass eine solche Konstellation oft die Planstabilität so deutlich verringert, dass der Sinn von Prognosen fraglich wird.

Insgesamt zeigt sich, dass die systematische Analyse des Auftragsmanagements und der erkannten Stolpersteine unverzichtbar für eine langfristig befriedigende Lösung sind. Zu häufig wird bei Auftreten mehrerer Symptome einer „kranken Logistik“ eine neue ERP- oder Werkstattsteuerungs-Software gefordert und ein Projekt zur Einführung beschlossen. Doch diese Forderung greift zu kurz. Die vorgestellten Fallbeispiele verdeutlichen, dass die Software eben nur einen Aspekt abbildet, die anderen diskutierten fünf Gestaltungsaspekte jedoch gleichrangig sind. Das folgende Kapitel zeigt, wie aufbauend auf der Analyse die konsistente Konfiguration des Auftragsmanagement erfolgt.

Kapitel 6
Konfiguration

Die Konfiguration eines Auftragsmanagement-Systems ist auf die spezifischen Rahmenbedingungen des Unternehmens abzustimmen. Nur so ist es möglich, mit den eingesetzten Planungs- und Steuerungsmethoden die angestrebten Logistikziele zu erreichen und gleichzeitig eine angemessene Planungssicherheit für die beteiligten Akteure sicherstellen.

Nicht alles auf einmal

H.-H. Wiendahl, *Auftragsmanagement der industriellen Produktion*,
DOI 10.1007/978-3-642-19149-7_6, © Springer-Verlag Berlin Heidelberg 2011

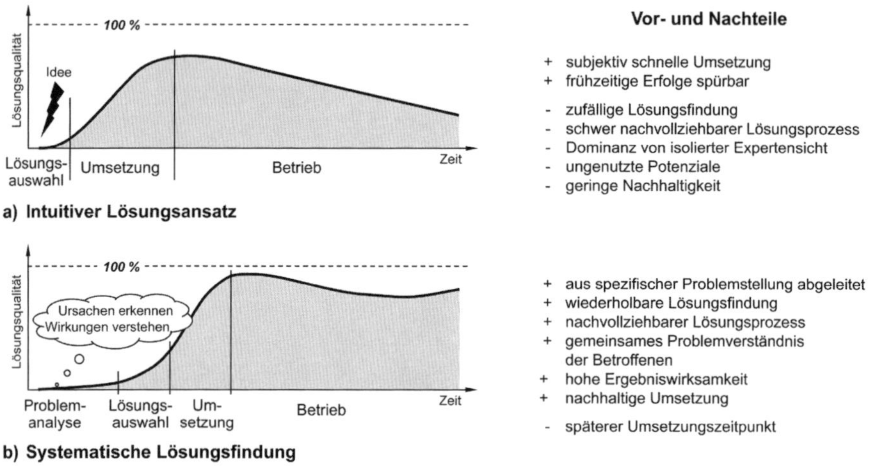

Abb. 6.1 Vorgehensalternativen bei der Lösungsfindung. (In Erweiterung zu P. Nyhuis)

Abbildung 6.1 stellt die denkbaren Alternativen zum Vorgehen gegenüber:

- Der *intuitive Lösungsansatz* setzt auf die Erfahrung der beteiligten Gestalter, Abb. 6.1a. Ausgehend von einer Idee wird die Lösungsauswahl mit dem Fokus auf eine schnelle Umsetzung bearbeitet. Somit sind frühzeitig Erfolge erkennbar. Allerdings schöpft die eher zufällige Lösungsfindung oft nicht alle Alternativen und Potenziale aus und der Lösungsprozess ist schwer nachvollziehbar: Mit dem Auftreten nicht vorhergesehener Probleme im Betrieb besteht zudem die Neigung, die Lösung wieder in Frage zu stellen oder sogar ganz zu verwerfen und auf Folgeprobleme mit einem neuen Ansatz zu reagieren. Das Hauptrisiko des intuitiven Lösungsansatzes besteht daher in seiner geringen Nachhaltigkeit. Auch steigt mit einer frühen Lösungsidee die Tendenz der Akteure, sich weiteren Alternativen zu verschließen. Das verstellt den Blick auf das eigentliche Problem und die eventuellen Nachteile der verfolgten Lösungsidee.
- Die *systematische Lösungsfindung* setzt auf eine strukturierte Problemanalyse, Abb. 6.1b. Zunächst wird bewusst Zeit aufgewendet, um die Problemursachen und ihre Wirkungen zu verstehen. Die Lösungsauswahl erfolgt dann ausgehend von einem gemeinsamen Problemverständnis. Somit ist die Lösungsfindung wiederholbar und auch für die am Lösungsprozess nicht Beteiligten gut nachvollziehbar. Fachlich ist eine höhere Ergebniswirksamkeit zu erwarten, akteursbezogen eine bessere Nachhaltigkeit (die insbesondere bei einer hohen Anzahl von Betroffenen wichtig ist). Der Preis dieser Vorgehensweise ist ein späterer Umsetzungsbeginn. Wegen der tieferen Problemdurchdringung ist die Umsetzungsdauer jedoch häufig kürzer als beim intuitiven Ansatz. Das Hauptrisiko des systematischen Ansatzes besteht darin, dass die Beteiligten während der Problemanalyse ungeduldig werden, auf eine schnelle Lösung drängen und so das Gesamtvorgehen in Frage stellen. Auch birgt dieses Vorgehen die Gefahr, unnötig detailliert zu analysieren.

Die Anwendungsbereiche beider Alternativen ergeben sich anhand der Kriterien Problemkomplexität, angestrebte Lebensdauer der Lösung, Vorwissen und Aufgabengebiete der Beteiligten sowie aus dem Konzeptrisiko (Auswirkungen von Konzeptfehlern):

- Ist die Problemkomplexität gering oder betrifft das Problem nur eine Fachdisziplin (z. B. eine spezifische Bearbeitungstechnologie), ist die angestrebte Lebensdauer der Lösung kurz, sind das Vorwissen und die Aufgabengebiete der Beteiligten homogen und sind die Auswirkungen von Konzeptfehlern leicht korrigierbar, ist der intuitive Lösungsansatz überlegen. Fachbezogen ist das Risiko einer falschen Problemanalyse und entsprechender Konzeptfehler niedrig. Akteursbezogen begünstigen homogenes Vorwissen und vergleichbare Aufgabengebiete (z. B. alle Beteiligten haben eine Meisterausbildung und sind für die Führung von Montagebereichen verantwortlich) die Lösungsakzeptanz.
- Ist die Problemkomplexität hoch oder durch disziplinübergreifende Wechselwirkungen gekennzeichnet, ist die angestrebte Lebensdauer der Lösung lang oder sind das Vorwissen und die Aufgabengebiete der Beteiligten heterogen und die Auswirkungen von Konzeptfehlern folglich schwer korrigierbar, ist die systematische Lösungsfindung überlegen. Fachbezogen ist das das Risiko einer falschen Problemanalyse und entsprechender Konzeptfehler hoch, was eine entsprechende Systematik und Strukturierung erfordert. Akteursbezogen erschweren heterogenes Vorwissen (z. B. Facharbeiter- oder Hochschulausbildung), unterschiedliche Aufgabengebiete (Einkauf, Produktion, Vertrieb, ...) und Positionen (Mitarbeiter, Gruppenleiter, ...) die Lösungsakzeptanz. Dann schafft ein strukturierter Lösungsprozess Vertrauen, da er kein spezifisches Fachwissen voraussetzt.

Unter Berücksichtigung dieser Alternativen ist für die Konfiguration des Auftragsmanagements eine systematische Lösungsfindung angemessen. Das im Rahmen dieser Arbeit entwickelte Vorgehen greift die Grundgedanken des Systems Engineering mit seinen Vorgehens- und Variantenbildungsprinzipien auf (vgl. Abschn. 2.3.5) und konkretisiert sie für das Auftragsmanagement. Für Detailprobleme oder Teilaspekte mit geringer inhaltlicher Vernetzung stellt der intuitive Lösungsansatz eine sinnvolle Ergänzung des Gesamtvorgehens dar.

Ausgehend von diesen Überlegungen gibt Abschn. 6.1 zunächst einen Überblick über die Konfigurationssystematik. Diese erfolgt auf den beiden Ebenen Logistikstrategie und Fachkonzept. Darauf aufbauend beschreibt Abschn. 6.2 Vorgehen und Inhalte der Logistikstrategie, Abschn. 6.3 Vorgehen und Inhalte des Fachkonzepts mit seinen relevanten Gestaltungsmerkmalen.

6.1 Konfigurationsmethodik

Eine systematische Konfiguration des Auftragsmanagements muss aus fachlichen und akteursbezogenen Überlegungen zwei Anforderungen erfüllen:

- *Top Down* ist sie mit der Unternehmens- und Logistikstrategie kompatibel. Die idealtypischen Grundformen des Auftragsmanagements vereinfachen es der Geschäfts- und Produktionsleitung, die Konfiguration zu verstehen und ihre Kompatibilität mit der übergeordneten Geschäftsstrategie zu beurteilen.
- *Bottom Up* baut sie auf den täglichen Planungs- und Steuerungsentscheidungen auf. Eine solchermaßen entwickelte Leitlinie für das Tagesgeschäft fördert einerseits die Akzeptanz bei den operativ Beteiligten. Andererseits ist ihre tatsächliche Einhaltung – sowohl für die operativ Verantwortlichen als auch für die am Prozess Beteiligten – leicht zu überprüfen.

Die Erfüllung beider Anforderungen in Kombination sichert die fachliche Durchgängigkeit von der Logistikstrategie bis zur operativen Planungs- und Steuerungsentscheidung. Die Grundidee des hier vorgestellten Ansatzes besteht daher darin, diese Verknüpfung über sogenannte Gestaltungsmerkmale zu ermöglichen. Die Merkmale beschreiben die Extrem- oder Idealtypen von Gestaltungsausprägungen. Sie konkretisieren damit die Logistikstrategie und schaffen gleichzeitig den Bezug zu den operativen Planungs- und Steuerungsentscheidungen.

Abbildung 6.2 zeigt die resultierende Konfigurationsmethodik mit den relevanten Betrachtungsobjekten. Sie umfasst drei Ablaufschritte, die jeweils auf den beiden Ebenen Logistikstrategie und Fachkonzept durchlaufen werden. Die jeweiligen Inhalte sind den Ablaufschritten zugeordnet. Zwischen diesen Schritten findet eine Rückkopplung statt, wenn sich Vorgaben der Logistikstrategie im Fachkonzept als nicht durchführbar erweisen:

- Der erste Schritt *Ist-Analyse durchführen* betrachtet die Ausgangssituation gemäß den in Kap. 5 beschriebenen Analysefeldern und -bausteinen zu den logistischen Rahmenbedingungen und den PPS-Stolpersteinen. In diesem Schritt erfolgt auch eine Abschätzung wesentlicher voraussehbarer Entwicklungen, welche auf die Produktion Auswirkung haben wie bspw. Produktneuheiten und -einführungen oder Errichtung neuer Produktionsstätten.

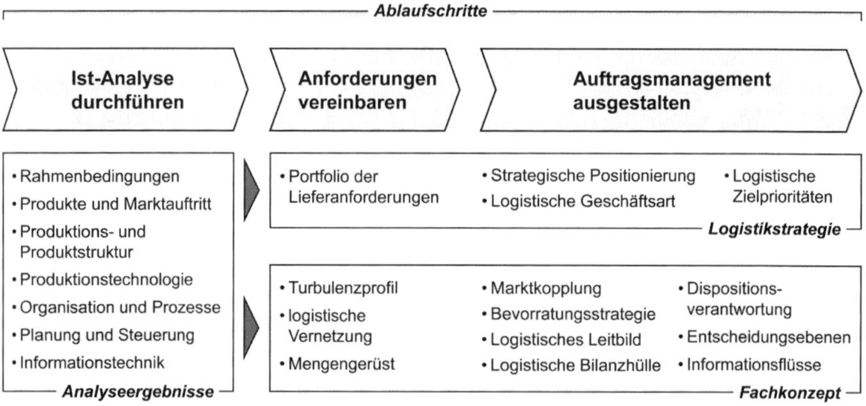

Abb. 6.2 Konfigurationsmethodik des Auftragsmanagements

- Der zweite Schritt *Anforderungen vereinbaren* besteht darin, dass sich alle Beteiligten auf die logistischen Anforderungen an Lieferung, Produktion und Beschaffung einigen, die das Auftragsmanagement erfüllen soll. Auf den beiden Ebenen werden unterschiedliche Methoden (z. B. Portfolio der Lieferanforderungen, Turbulenzprofil) eingesetzt.
- Der dritte Schritt *Auftragsmanagement ausgestalten* beinhaltet die eigentlichen Gestaltungsentscheidungen. Auf der Detaillierungsstufe der Logistikstrategie sind das strategische Positionierung (Bedeutung der Logistik für den Geschäftserfolg), externe und interne logistische Zielprioritäten und logistische Geschäftsart. Auf der Detaillierungsstufe des Fachkonzepts sind sieben, später detailliert erläuterte, Gestaltungsmerkmale aufgeführt.

Jeder Schritt schließt mit einer Ergebnisdokumentation. Sie bildet einen wichtigen Baustein des Projektmanagements in der Einführung, auf die Abschn. 7.5.2: Baustein Kernbotschaften näher eingeht. Im Folgenden werden Vorgehen und Inhalte von Logistikstrategie und Fachkonzept näher erläutert.

6.2 Logistikstrategie

Strategische Fragestellungen beschäftigen sich im Kern mit der Frage, wie Unternehmen einen Wettbewerbsvorteil erreichen und erhalten können. Bei ihrer Untersuchung sind die Ursachen von Wettbewerbsvorteilen von der Zielrichtung ihrer Maßnahmen zu unterscheiden. Beide Fragestellungen lassen sich aus einer eher externen oder einer eher internen Sicht analysieren. Deshalb müssen die strategischen Entscheidungen sowohl das externe Umfeld als auch die internen Fähigkeiten und Ressourcen des Unternehmens betrachten.

Die Grundlage für die Entwicklung einer Strategie besteht in der Analyse des externen Umfelds (Chancen und Risiken) und der internen Fähigkeiten und Ressourcen eines Unternehmens (Stärken und Schwächen); hier ist der zeitliche Unterschied (heute/zukünftig) zu berücksichtigen. Ausgehend von den Analyseergebnissen sind dann Möglichkeiten zu identifizieren, über logistische Hebel nachhaltig Wettbewerbsvorteile zu erschließen. Diese sind anschließend durch entsprechende Strategien und Maßnahmen abzusichern.

Die Logistikstrategie ist Bestandteil der Unternehmensstrategie und dementsprechend aus ihr abzuleiten. Entsprechend der in Abb. 6.2 dargestellten Konfigurationsmethodik stellen sich die drei Ablaufschritte für die Logistikstrategie detailliert wie folgt dar:

- *Ist-Analyse*: Hier steht der strategische Gesichtspunkt der sieben in Kap. 5 entwickelten Analysefelder im Vordergrund. Liegen die Ergebnisse der Unternehmensstrategie vor, bietet sich ihre Verdichtung und ggf. Detaillierung auf die hier relevante Fragestellung an; oft reichen qualitative Erhebungen aus. Wie bereits erwähnt, ist eine Abschätzung wesentlicher voraussehbarer Entwicklungen auch Bestandsteil der Ist-Analyse. Zur Ergebnisdokumentation haben sich die in

Abschn. 5.2.1 beschriebenen Analysebausteine *logistische Wettbewerbsposition* und *Portfolio der Lieferanforderungen* (zunächst im Ist) bewährt.

- *Logistische Anforderungen*: Aufbauend auf den vorliegenden Ergebnissen sind nun die Anforderungen an interne und externe Logistikkennzahlen sowie die erforderliche Informationsbereitschaft und Transparenz zu vereinbaren. Zur Dokumentation bietet sich das bereits erwähnte *Portfolio der Lieferanforderungen* an. Die Gegenüberstellung von Ist und Soll verdeutlicht den Entwicklungsbedarf und bietet eine gute Möglichkeit, die Beteiligten und Betroffenen auf die geplanten Veränderungen vorzubereiten.
- *Auftragsmanagement-Gestaltung*: Das Ergebnis der AM-Gestaltung ist in drei wesentlichen Elementen dokumentiert. Zunächst betrifft dies die strategische Positionierung der Logistik. Methodische Grundlage zur Festlegung der Rolle und Orientierung der Logistik im künftigen Geschäft bildet das sogenannte *Vier-Stufenmodell* der Logistik. Die anschließende Festlegung externer und interner logistischer Zielprioritäten konkretisiert die Strategie für das Tagesgeschäft. Hierzu lässt sich die bereits in Abschn. 5.3.3 beschriebene Erhebungssystematik zur *Zielkonsistenz* einsetzen. Oftmals sind Unternehmen in unterschiedlichen Geschäftsfeldern tätig und möchten auch unter logistischen Überlegungen differenziert am Markt auftreten. Methodische Grundlage hierzu bildet die *logistische Geschäftsart*, mit der sich Normstrategien ableiten lassen.

Im praktischen Anwendungsfall sind die drei Ablaufschritte eng verknüpft. Neue Erkenntnisse erfordern ggf. Wiederholungsschleifen, so dass die Schritte ineinander übergehen.

Im Projekt bietet es sich daher an, aus den inhaltlichen Themenblöcken Projektbausteine zu bilden. Diese werden mit den jeweils Betroffenen gründlich diskutiert, um daraus eine Entscheidungsvorlage abzuleiten. Die folgenden Abschnitte erläutern die methodischen Grundlagen des Vorgehens: Diese sind zum einen das Vier-Stufenmodell der Logistik (Abschn. 6.2.1) und zum anderen die logistische Geschäftsart (Abschn. 6.2.2). Aus ihnen werden projektspezifische Bausteine abgeleitet, deren Zusammenwirken Kap. 7 näher erläutert.

6.2.1 Vier-Stufenmodell

Die grundlegende Ausrichtung des Unternehmens im Wettbewerb bestimmt die Gestaltung logistischer Systeme und des Auftragsmanagements. Dementsprechend gibt dieser Abschnitt zunächst einen Überblick über das heutige Grundverständnis von Ursachen für Wettbewerbsvorteile (Woher kommen strategische Potenziale?) und der Zielrichtung ihrer Maßnahmen (geringere Kosten, höherer Kundennutzen). Darauf aufbauend wird das sogenannte Vier-Stufenmodell der Logistik erläutert, welches die Gestaltungsalternativen konkretisiert.

Die Literatur erklärt das Zustandekommen und die Existenz von Wettbewerbsvorteilen aus zwei unterschiedlichen Blickwinkeln. Dies ist zum einen die Ausnutzung von Marktmacht durch Beeinflussung der Branchenstruktur (externe Orientierung), zum anderen der Aufbau strategischer Ressourcen im Unternehmen (interne Orientierung). Sie gelten als ergänzende Ansätze bezüglich der *Ursachen* von Wettbewerbsvorteilen [Tee97; BarJ02; Gra02; DeRe08]:

- Die *externe Orientierung* erklärt den Unternehmenserfolg auf der Grundlage branchenstruktureller Faktoren und ihrer Beeinflussung durch das Unternehmen. Sie beschreibt strategische Entscheidungen also über die markt- bzw. branchenbezogene Positionierung. Das Ziel besteht darin, eine vom Wettbewerb weitgehend geschützte Position zu erreichen. Aus dieser kann sich das Unternehmen gegen Gefahren der Wettbewerbskräfte bestmöglich verteidigen und überdurchschnittlich hohe Gewinne erwirtschaften. Ausgangspunkt dieser Analyse bildet die auf Porter zurückgehende allgemeine Branchenanalyse sowie die damit eng verknüpfte Branchenstrukturanalyse [Por80; Por04]. Die Grundidee besteht darin, bewusst gestalterischen Einfluss auf die Wettbewerbsbedingungen auszuüben und diese nicht als unbeeinflussbar hinzunehmen. Dieser Ansatz ist nun auf die Logistik zu übertragen. Hierzu sind im ersten Schritt wettbewerbsrelevante Stellhebel der Logistik zu identifizieren. Im zweiten Schritt sind vom Unternehmen nicht beeinflussbare Stellhebel (z. B. Transportkosten der Region) von beeinflussbaren Stellhebeln (z. B. Lieferzeit) zu trennen, um im dritten Schritt durch Veränderung beeinflussbarer Stellhebel die Wettbewerbsposition zu stärken. Am Beispiel des Wettbewerbsfaktors „neue Konkurrenten" könnte dies bedeuten, über kurze Lieferzeiten oder eine hohe Zuverlässigkeit die Markteintrittsbarrieren für neue Konkurrenten zu erhöhen, vgl. dazu ausführlich [BarJ02; DeRe08].
- Die *interne Orientierung* betont die Kompetenzen und Fähigkeiten von Unternehmen und stellt die internen, wettbewerbsrelevanten Ressourcen und Kompetenzen in den Vordergrund der Betrachtung. Hier besteht das Ziel darin, über Ressourcen und Fähigkeiten zu verfügen, die nicht einfach erworben oder imitiert werden können. Diese Kernkompetenzen sind so weiterzuentwickeln, dass sie auf Dauer Vorteile sicherstellen. Nach der von Barney entwickelten VRIO-Analyse lässt sich eine solche Kernkompetenz über die vier Kriterien Wert (value), Knappheit (rareness), Imitierbarkeit (imitability) und Organisation (organization) erkennen [BarJ02, S. 159 ff.]. Die Grundidee besteht darin, auf diese Weise unternehmensbezogene Stärken zu identifizieren und über strategische Maßnahmen gezielt auszubauen. Am Beispiel des Kriteriums Wert wird die Fähigkeit des Unternehmens bewertet, auf umweltbezogene Chancen und Risiken zu reagieren. Hier könnte wiederum die Lieferzeit relevant sein. Gelingt es, über kurze Lieferzeiten auf neue Marktchancen schneller als der Wettbewerb zu reagieren, hat das Unternehmen einen Wettbewerbsvorteil und kann schneller wachsen, vgl. dazu ausführlich [PetM96; DeRe08].

Neben der Ursachenbetrachtung von Wettbewerbsvorteilen ist die Zielrichtung der Maßnahmen von strategischen Entscheidungen wichtig. Porter unterscheidet zwei grundlegende *Zielrichtungen*, um Wettbewerbsvorteile zu erreichen [Por80, S. 34 ff.; Por04, S. 35 ff.]:

- Die Strategie der *Kostenführerschaft* versucht, bei vergleichbarer Marktleistung deutlich geringere Kosten als der Wettbewerb zu erzielen. Nach klassischem Verständnis lassen sich die Kostenvorteile durch Skaleneffekte – also durch eine Volumenstrategie – erreichen. Neben diesen existieren für die Logistik weitere Kostenhebel wie Lerneffekte, Technik oder Produktgestaltung, vgl. dazu ausführlich [Gra02, S. 200; DeRe08]. Übertragen auf die Logistik ist diese Strategie durch eine eher *interne logistische Ausrichtung* gekennzeichnet: Unter diesem internen Blickwinkel eröffnet z. B. eine logistikgerechte Produktgestaltung mit einem späten Variantenbildungspunkt sowohl Kostensenkungspotenziale durch geringere Bestände als auch kürzere Durchlaufzeiten und verringert damit das Änderungsrisiko laufender Produktionsaufträge (bei konstanten Lieferzeiten).
- Die Strategie der *Leistungsdifferenzierung* versucht, bei vergleichbarer Kostenstruktur eine deutlich bessere Markleistung als der Wettbewerb zu erzielen. Nach allgemeinem Verständnis erlaubt eine Leistungsdifferenzierung höhere Preise am Markt. Als Leistungsmerkmale kommen neben Produktfunktionalität und Qualität auch logistische Merkmale wie Lieferzeit oder Liefertreue in Betracht [DeRe08; WieP08b, S. 230 ff.]. Übertragen auf die Logistik ist diese Strategie damit durch eine eher *externe logistische Ausrichtung* gekennzeichnet: Unter diesem externen Blickwinkel eröffnet die bereits erwähnte logistikgerechte Produktgestaltung Chancen für kurze Lieferzeiten bei hoher Liefertreue.

Bei der Strategie der Kostenführerschaft wird die Logistik eher als Rationalisierungsinstrument für interne Verbesserungen verstanden, um über geringere Kosten (bei konstantem Umsatz) den Gewinn zu steigern. Demgegenüber dient die Logistik bei der Strategie der Leistungsführerschaft als Wettbewerbsinstrument für kundenseitige Verbesserungen, um über einen höheren Umsatz bzw. eine bessere Kundenbindung (bei konstanten Stückkosten) die Marge bzw. den Gewinn zu steigern.

Bei der Auswahl der Strategie bieten die von Hayes und Wheelwright vorgestellten vier Stufen der Wettbewerbsfähigkeit einer Produktion eine gute Hilfestellung [WhHa85; WhHa84, S. 395 ff.]. Ihre Übertragung auf die Logistik führt zum sogenannten Vier-Stufenmodell der Logistik [Schul05, S. 31 f.; NyPa08, S. 296 f.].

Abbildung 6.3a ordnet die vier Ausprägungen[1] anhand der Dimensionen „Orientierung der Logistik" (intern, extern) sowie „Rolle der Logistik" (neutral, wesentlich):

- *Logistik als operative Funktion*: Die Logistik nimmt hier nur eine untergeordnete Rolle ein. Sie gilt als eine Funktion, die den Wettbewerbsprozess nicht oder nur unwesentlich beeinflussen kann und wird mit den Funktionen Transport und

[1] Hayes und Wheelwright verwenden den Begriff der *Stufe* zur Beschreibung der Wettbewerbsfähigkeit einer Produktion. Die implizit unterstellte Reifegradüberlegung suggeriert über eine prinzipielle Überlegenheit der höheren Stufe über die niedrigere den Zwang einer Höherentwicklung.

Der hier abweichend verwendete Begriff der *Ausprägung* schwächt diesen Grundgedanken ab: Das betont die unternehmerische Entscheidung (hier zur Bedeutung der Logistik) und folgt eher dem Gedanken einer Positionierung mit der dafür unabdingbar notwendigen Reflexion über die Anforderungen – also einer den Umständen angemessenen Lösung, vgl. auch Abschn. 3.2.1, 4.5, 7.7: Gestaltungsleitlinien.

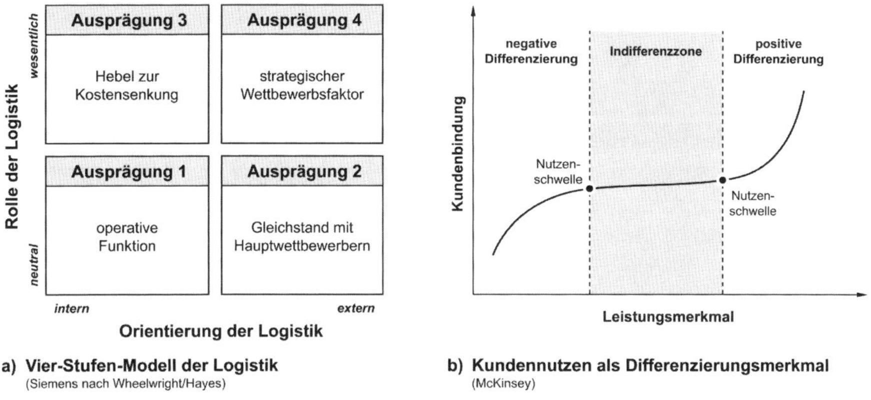

Abb. 6.3 Logistikleistung als Wettbewerbsfaktor

Lagerhaltung gleichgesetzt. Das Logistikcontrolling ist dementsprechend auf interne Größen ausgerichtet, Bestände und Durchlaufzeiten sind die wesentlichen Messgrößen.

- *Logistik im Gleichstand mit Hauptwettbewerbern*: Hier werden branchenübliche Strukturen, Prozesse und Automatisierungskonzepte eingesetzt. Die Logistik ist nicht mehr nur auf interne Prozesse, sondern auch auf den Kunden hin orientiert. Das Logistikcontrolling ist dementsprechend auf kundenorientierte Ziele wie Lieferzeit, -treue und -fähigkeit ausgerichtet.
- *Logistik als Hebel zur Kostensenkung*: Diese Ausprägung stellt die Logistikkosten in den Fokus. Das setzt voraus, dass die Geschäftsverantwortlichen die Höhe der Logistikkosten kennen. Sie leiten Maßnahmen zu ihrer Reduzierung ein und konzentrieren sich besonders auf Bestände in Lager und Produktion und den damit verbundenen personellen Aufwand.
- *Logistik als strategischer und operativer Wettbewerbsfaktor*: Hier gilt die Logistik als Faktor, der die Wettbewerbsstrategie des Unternehmens maßgeblich unterstützt. Deshalb soll ein intensives Benchmarking sicherstellen, dass auch tatsächlich ein wettbewerbsführendes Logistiksystem gestaltet und betrieben wird. Dieses ist kontinuierlich weiterzuentwickeln und aktuell an Umfeldveränderungen anzupassen. Das Unternehmen will sich besonders über den Faktor Zeit differenzieren. Wichtigste Arbeitsthese ist: Eine Zeitreduzierung steigert die Logistikleistung und verringert gleichzeitig die Kosten.

Bei einer auf den Kunden hin orientierten Logistik ist das Konzept der Nutzen- oder Leistungsschwelle zu berücksichtigen. Abbildung 6.3b zeigt die dahinter liegende Annahme: Leistungsveränderungen zeigen in einem breiten Spektrum kaum Auswirkungen auf die Kundenbindung und damit auf den Umsatz oder Marktanteil. Erst ein Über- und Unterschreiten der Nutzenschwelle nimmt der Kunde wahr. Für Differenzierungsüberlegungen bedeutet dies, dass erst sehr deutliche Leistungssteigerungen gegenüber der aktuellen (oder branchenüblichen) Leistungssituation den erzielten Zweck erreichen [Rom93, S. 10 f.].

Ein anschauliches Beispiel hierfür ist die Verkürzung der Filmentwicklung von fünf Tagen in Zentrallabors auf eine Stunde in den Minilabors. Sie eröffneten den Kunden die Möglichkeit, ihre Filme zu Beginn des Einkaufs abzugeben und die fertigen Bilder am Ende wieder abzuholen [Rom93, S. 10 f.]. Der nächste technische Entwicklungsschritt – die Digitalphotographie –veränderte das Kundenverhalten wiederum und führte zu einem weitgehenden Verschwinden der Minilabors. Wie Kano zeigte, ist darüber hinaus aus Kundensicht zu beachten: Wahrgenommene Vorteile verändern sich im Zeitverlauf und die Kunden setzen – zunächst zur Differenzierung einsetzbare – Leistungen vergleichsweise schnell als selbstverständliche Basisanforderungen voraus [Kan84; KaBr06, S. 136 f.].

Nach klassischem Verständnis besteht die strategische Fragestellung demnach darin, sich als Unternehmen für eine der Grundstrategien Kostenreduzierung oder Leistungsdifferenzierung zu entscheiden und diese dann konsequent zu verfolgen. In Hochlohnländern überwog bislang die Leistungsdifferenzierung als Umsetzungsstrategie. Demnach resultiert für die strategische Aufgabenstellung der Logistik ein Vorgehen in drei Schritten:

- Im ersten Schritt sind die operativen und strategischen Einflussmöglichkeiten zu bestimmen. Aus *Kundensicht* ist dies bspw. über eine Befragung kaufentscheidender Kriterien möglich, Abb. 6.4a [NW03, S. 2]. Aus *Kostensicht* ist dies über die Ermittlung des Logistikkostenanteils möglich. Abbildung 6.4b zeigt ein Beispiel für einen branchenübergreifenden Kostenvergleich als Indikator für die Wirksamkeit des Stellhebels Logistik [McK06, S. 86 f.].
- Im zweiten Schritt ist die strategische Orientierung der Logistik festzulegen. Sie kann also eher intern kostenorientiert oder extern kundennutzenorientiert ausgerichtet sein.
- Im dritten Schritt sind entsprechende Maßnahmen zu entwickeln, um ihre Umsetzung einzuleiten und deren Erfolg zu überwachen.

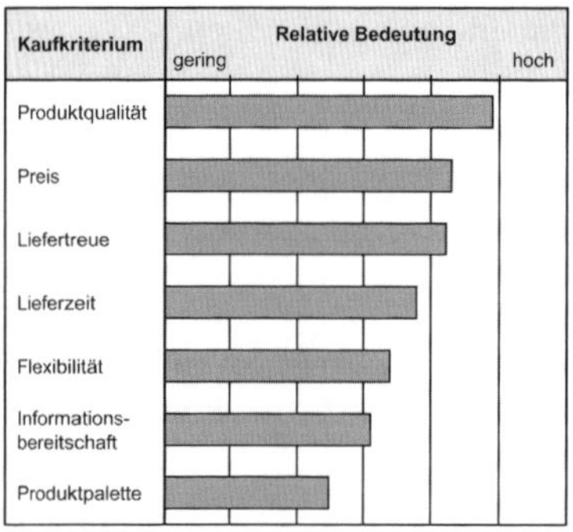

a) Kriterien für den Kauf von Produkten
(Beispiel Kundenbefragung Investitionsgüterindustrie)

Produkt	Jeans	Bluse	Mobil-telefon	Auto
Verkaufspreis ohne Mwst.	**12,92**	**129,30**	**120,69**	**12930,00**
Transport inklusive Zoll	1,38	0,81	3,48	483,00
Lagerung	0,30	0,50	1,00	292,00
Bestandskosten	0,11	0,43	0,50	256,00
EDV und Verwaltung	0,11	1,03	0,97	144,00
Summe direkte Logistikkosten	**1,89**	**2,77**	**5,95**	**1175,00**
Lagerabwertungen und Schwund	0,65	11,64	3,00	106,00
Margenverlust entgangene Umsätze	0,65	5,17	6,03	n.a.
Summe indirekte Logistikkosten	**1,30**	**16,81**	**9,03**	**106,00**
Summe Logistikkosten	**3,19**	**19,58**	**14,98**	**1281,00**
Anteil Logistikkosten	24,7%	15,1%	12,4%	9,9%

b) Logistikkostenanteil unterschiedlicher Branchen
(Beispiel Kostenvergleich)

Abb. 6.4 Stellhebel Logistik (Befragungsergebnisse). (Nach Siemens; McKinsey)

Mit einer schärfer werdenden Konkurrenzsituation ist jedoch keine Entweder-oder-Entscheidung für die Umsetzungsstrategie mehr möglich. Vielmehr müssen die einzelnen Kosten- und Leistungsziele im Sinne eines „sowohl als auch" als gleichwertig angesehen werden. Die Notwendigkeit hierzu ergibt sich aus zwei Erfahrungen: Zum einen verringern sich die Unterschiede in den kaufentscheidenden Faktoren, und die Kunden sehen Preis, Produktqualität und logistische Faktoren wie Lieferzeit und Liefertreue zunehmend gleichgewichtig. Zum anderen zeigen die in Abschn. 1.3 vorgestellten Überlegungen zur schlanken Produktion, dass ein Abbau der Verschwendung in den Prozessen den Grundkonflikt zwischen Mengen- und Spezialisierungsvorteilen schrittweise entschärft.

Eine solche Überlegung enthebt die Unternehmen nicht von der Notwendigkeit, sich im Wettbewerb zu positionieren und die beschriebenen drei Schritte zu durchlaufen. Allerdings erweitert sie das Grundverständnis von den Stellhebeln und ihren Wechselwirkungen auf die Ziele deutlich. Dies führt eher zu einer stufenweisen Leistungsverbesserung, wie sie auch im Vier-Stufenmodell zu Ausdruck kommt.

6.2.2 Logistische Geschäftsarten

Unternehmen sind in unterschiedlichen Geschäftsfeldern bzw. Märkten mit verschiedenen Produkten tätig. Alle Geschäftsfelder sind im Rahmen strategischer Überlegungen auf ihre Logistikrelevanz zu untersuchen und ggf. zu differenzieren. Eine wichtige Orientierungshilfe bildet hier die Unterscheidung nach logistischen Geschäftsarten. Darunter werden Geschäfts- oder Auftragsarten verstanden, die sich hinsichtlich ihrer logistischen Prozesse grundlegend unterscheiden. Dieser im Hause Siemens entwickelte Ansatz unterstellt, dass der Prozess der Auftragsabwicklung alle weiteren Gestaltungsüberlegungen bestimmt. Eine solche *Prozessorientierung* erfordert ein Modell der Lieferkette, welches die Kernprozesse an ihren Übergängen mit Input und Output eindeutig definiert. Wichtig ist hierbei, die Prozessanteile externer Partner (Kunden, Lieferanten, Logistik-Dienstleister, Fremdfertiger, ...) mit zu betrachten [FaFr01, S. 5]. Abgeleitet aus der logistischen Zielpriorität wird das Auftragsmanagement somit aus der Perspektive der *Ablauflogik* (vgl. Abb. 3.3) betrachtet. Veränderungen der logistischen Geschäftsart stellen die größten Veränderungsanforderungen an ein Auftragsmanagement. Dies betrifft sowohl die Funktions- und Ablauflogik als auch die verantwortlichen Akteure und ihr Verhalten. Wenn Unternehmen mehrere logistische Geschäfts- oder Abwicklungsarten beherrschen müssen, visualisiert das daraus abgeleitete Portfolio die logistischen Anforderungen. Wegen der großen Bedeutung wird dies im Folgenden näher ausgeführt.

Einleitend beschreibt der erste Abschnitt die inhaltlichen Grundlagen. Aus der jeweiligen Geschäftsart resultieren Schlussfolgerungen für die Prozessgestaltung: Zum einen die Kopplung von Entwicklungs- und Auftragsabwicklungsprozess, zum anderen die Kopplung von Auslieferung und Herstellung. Die beiden Folgeabschnitte stellen zunächst die idealtypischen Ausprägungen gegenüber, um sie dann im vierten Abschnitt auf die logistischen Geschäftsarten zu beziehen und daraus die Grundmuster der Prozessabläufe abzuleiten.

Portfolio logistischer Geschäftsarten

Das Portfolio logistischer Geschäftsarten gliedert die Logistikanforderungen anhand der Kriterien Wertschöpfungsschwerpunkt und Zeitpunkt der Produktdefinition. Abbildung 6.5 zeigt die daraus folgenden vier idealtypischen Geschäftsarten, die Erläuterung folgt dem Uhrzeigersinn [Hau93, S. 22; AFK01, S. 181 ff.; FaFr01, S. 6 ff.].

Das *Produktgeschäft* ist ein Liefergeschäft eigener Endprodukte und Handelswaren. Entwicklungs- und Logistikzyklus sind entkoppelt. Die Fertigung kann kundenanonym oder auch kundenauftragsbezogen erfolgen. Die Leistung wird schwerpunktmäßig im eigenen Haus erstellt. Wesentliche Erfolgsfaktoren sind:

- hohe Lieferfähigkeit bei kurzen Lieferzeiten, typischerweise in Tagen,
- prognosegetriebene Produktion, oft durch eine enge Kopplung an Marketing- oder Modetrends sowie Saisoneinflüsse gekennzeichnet, und
- einfache und möglichst einstufige Auftragsabwicklung, Bestandsmanagement sowie weltweite Distributionssysteme.

Typisch ist eine Programmfertigung in Produktlinien. Die Distributionssysteme beinhalten Lieferzentren mit einer leistungsfähigen Nachschuborganisation sowie ein integriertes, artikelbezogenes Bestandsmanagement. Teilweise erfolgt eine kundenindividuelle Produktgestaltung unmittelbar vor Auslieferung.

Das *Systemgeschäft* ist ein Liefer- und Lösungsgeschäft mit kundenspezifischer Konfiguration von Hard- und/oder Software. Entwicklungs- und Logistikzyklus sind teilweise gekoppelt. Engineering und Systemkonfiguration werden damit Teil des Logistikprozesses und die Entwicklung erfolgt sowohl kundenanonym (Plattform) als auch kundenbezogen (Kundenapplikation). Die Erstellung der Kernkomponenten und Zusammenführung der Systemkomponenten erfolgt meist im Hause. Wesentliche Erfolgsfaktoren sind:

Abb. 6.5 Portfolio der logistischen Geschäftsarten. (Siemens)

- hohe Liefertreue bei Lieferzeiten typischerweise in Wochen,
- schnelle Konfiguration von Standardkomponenten mit fremden Systemkomponenten, ggf. mit Konfigurations- und Terminänderungen, sowie
- Direktlieferung von Komplettsystemen.

Wichtig sind dementsprechend eine auftragsbezogene Montage und Inbetriebnahme auf der Basis von Stücklisten, die anhand des Logistikablaufs in Beschaffung und Produktion gegliedert sind (fertigungs- und montagegerechte Stücklisten). Das Auftragsmonitoring muss die Komplettlieferung mit auftragsbezogenem Lieferantenmanagement umfassen.

Das *Anlagengeschäft* liefert Lösungen nach einer kundenspezifischen Anforderung mittels Engineering und Projektierung. Entwicklungszyklus (Anlagenengineering) und Logistikzyklus sind gekoppelt. Die Leistungserstellung erfolgt vor Ort. Wesentliche Erfolgsfaktoren sind:

- hohe Liefertreue und -qualität bei Lieferzeiten typischerweise in Monaten,
- kundenspezifische Lösung mit individueller Leistungsaufteilung sowie ausgeprägtes technisches und terminliches Änderungsmanagement, und
- professionelles Projektmanagement zur Sicherung der Projekttermine und -kosten sowie Steuerung von auftragsbezogenen Material-, Informations- und Werteflüssen.

Wichtig sind dementsprechend die Koordination der auftragsspezifischen Lieferungen und Leistungen mit hohem Fremdbezugs- und Konsortialanteil sowie einer effizienten Baustellenmontage und -logistik mit montagegerechten Lieferpaketen. Planungsbasis bilden – im Vergleich zu den anderen Geschäftsarten – grobe, auf Ähnlichkeitsüberlegungen basierende Produkt- und Zeitmodelle mit im Projektverlauf wachsenden Stücklisten und Arbeitsplänen. Die technische Integrationsleistung kann oftmals erst vor Ort erfolgen.

Der *After Sales Service* dient zur Aufrechterhaltung oder Wiederherstellung der Funktionsfähigkeit einer Anlage, eines Systems oder Produktes. Entwicklungs- und Logistikzyklus sind entkoppelt. Die Leistungserstellung erfolgt vor Ort. Wesentliche Erfolgsfaktoren sind:

- hohe Ersterledigungsquote bei extrem kurzen Lieferzeiten typischerweise in Stunden,
- schnelle Störungsannahme und Problemdiagnose mit technischer Klärung zu Beginn des Logistikprozesses (i. d. R. als Ferndiagnose), und
- hohe Verfügbarkeit der Ersatzteile bei minimalen Beständen.

Typisch ist einerseits eine auftragsanonyme Ersatzteilplanung und -disposition. Andererseits ist die auftragsbezogene Technikereinsatzplanung und -steuerung verbunden mit einer Ersatzteildistribution im Nachtsprung erfolgskritisch; eine Call-Center-Abwicklung mit 24 h-Bereitschaft ist heute üblich. Basis bildet ein hoher Informationsstand über die beim Kunden installierten Systeme (sogenannter Feldbestand).

Erfahrungsgemäß sind der Reifegrad der Logistiksysteme und das Logistikverständnis im Produktgeschäft und im Service deutlich stärker entwickelt als im Projektgeschäft. Dementsprechend ist bspw. in Anlagengeschäften zunächst der Klärung der Relevanz logistischer Prozesse und den Wirkungskriterien besondere Aufmerksamkeit zu widmen [FaFr01, S. 8].

Die Entscheidung für eine logistische Geschäftsart hat wesentlichen Einfluss auf die Prozessabläufe. Die Schlussfolgerungen werden in den folgenden drei Abschnitten abgeleitet.

Kopplung von Entwicklung und Auftragsabwicklung

Zum einen wird die Kopplung von Entwicklung (auch Produktenstehungszyklus) und Auftragsabwicklung (auch Logistikzyklus) betrachtet. Hier zeigen sich in Abhängigkeit vom Zeitpunkt der Produktdefinition, also den Spezifikationszeitpunkten und auftretenden Kundenänderungseinflüssen, zwei grundsätzlich unterschiedliche Abläufe. Von hoher Bedeutung ist diese Unterscheidung für die Einsetzbarkeit von Stammdaten für die Terminierung.

Abbildung 6.6 stellt die *idealtypischen Prozessalternativen* gegenüber. Der Zeitpunkt der Produktdefinition bestimmt die Reihenfolge der logistikrelevanten Ereignisse ‚Produkt spezifiziert' (Stammdaten fixiert) sowie ‚Auftrag eingeplant' (Auftragsmenge und -termin fixiert).

Für *Standard-Produkte* sind Entwicklung und Auftragsabwicklung entkoppelt. Das Produkt ist kundenunabhängig spezifiziert, die Stammdaten sind (meist für einen bestimmten Zeitraum) fixiert. Dementsprechend gilt folgendes Stammdaten- und Terminierungsverständnis:

- *Stammdatenverständnis*: Das gleiche Produkt ist „identisch" und wird über die Materialnummer identifiziert. Es ist vollständig technisch und logistisch spezi-

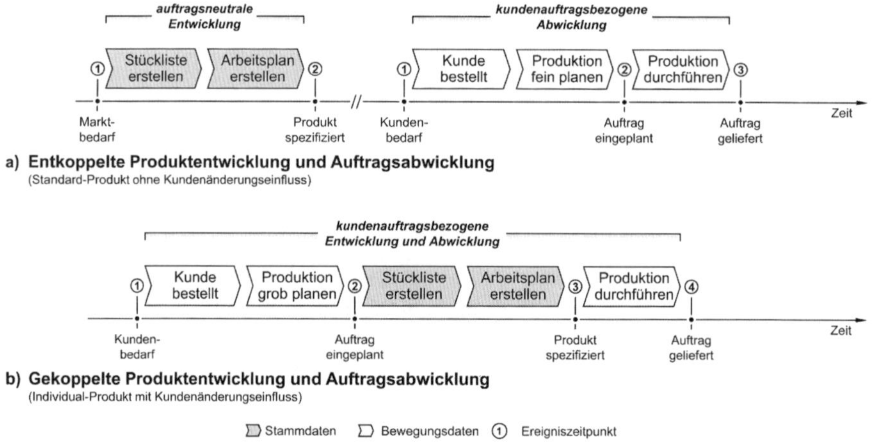

Abb. 6.6 Idealtypische Kopplungsalternativen von Entwicklung und Auftragsabwicklung

fiziert, bevor der Auftrag erteilt wird. Planungsvoraussetzung sind deshalb detaillierte und vollständige Stammdaten. Die technische Spezifikation ist idealtypischerweise stabil (kein Kundenänderungseinfluss).
- *Terminierungsverständnis*: Ohne detaillierte und vollständige Stammdaten ist keine Terminierung möglich. Die Terminsituation ist stabil, idealtypisch gelten Wiederbeschaffungs- und Durchlaufzeiten auslastungsunabhängig. Der Kunde ändert Termine oder Mengen selten oder gar nicht. Eine Fixierung von Produktionsaufträgen (Art, Menge, Termin) ist dementsprechend – oft bereits sehr frühzeitig – möglich.

Klassische ERP-Systeme unterstellen diese Ablauflogik. Deshalb basiert die logistische Abwicklung stark auf (i. d. R. artikelbezogenen) Stammdaten und einer schrittweisen Fixierung.

Bei *Individual-Produkten* sind Entwicklung und Auftragsabwicklung eng gekoppelt. Somit wird das Produkt kundenabhängig entwickelt und die Stammdaten entstehen erst während der Auftragsabwicklung; ihre endgültige Fixierung ist unüblich. Somit gilt folgendes Stammdaten- und Terminierungsverständnis:

- *Stammdatenverständnis*: Das gleiche Produkt ist ähnlich, aber nicht identisch, wird über eine Klassifikation identifiziert und entsteht erst im Laufe des Kundenprojektes. Planungsgrundlage sind deshalb vergleichbare Stammdaten. Sie werden meist aus Vorgängerprojekten durch Ähnlichkeitsüberlegungen wie Funktionalität, Leistung oder Gewicht gewonnen. Die technische Spezifikation ist nicht stabil (hoher Kundenänderungseinfluss).
- *Terminierungsverständnis*: Eine Grobterminierung erfolgt ohne detaillierte und vollständige Stammdaten. Engineering (Konstruktion) sowie Versand und Baustellenabwicklung nehmen bedeutende Zeiträume im Auftragsabwicklungsprozess ein. Sie sind deshalb für jeden Auftrag explizit zu planen und steuern. Die Planung beinhaltet mehrere Entscheidungsebenen (z. B. Projektmanagement, Grobplanung, Feinplanung) mit zunehmender Genauigkeit in Abhängigkeit vom Konstruktionsfortschritt und der damit einhergehenden Detaillierung von Stücklisten und Arbeitsplänen. Die Termine sind variabel, Wiederbeschaffungs- und Durchlaufzeiten gelten projekt- bzw. auslastungsabhängig. Der Kunde ändert häufig die Termine, dagegen sind die Mengen meist konstant; darüber hinaus sind Terminverschiebungen von Lieferanten und Konsortialpartnern zu erwarten. Eine terminliche Fixierung von Produktionsaufträgen ist deshalb nicht sinnvoll.

Unter diesen Randbedingungen stößt die Ablauflogik klassischer ERP-Systeme schnell an ihre Grenzen. Eine stammdatenbasierte logistische Abwicklung ist prinzipbedingt auf eine Grobplanung beschränkt. Sie basiert oft auf Netzplänen und Ähnlichkeitsüberlegungen. Die klassischen artikelbezogenen Stammdaten stehen – wegen der späten Stücklisten- und Arbeitsplanerstellung – für eine vorausschauende Feinplanung zu spät zur Verfügung.

Kopplung von Lieferung und Herstellung
Zum anderen ist die Kopplung der logistischen Prozesse Lieferung und Herstellung wichtig. Von hoher Bedeutung ist diese Unterscheidung für die Bevorratungsstrategie, also die Dispositionslogik von Artikeln und Aufträgen.

Methodische Grundlage dieser Betrachtung bildet eine Unterscheidung in die zwei genannten Logistikprozesse. Gemäß der in Abschn. 2.3.3 beschriebenen Konvention ist jeder dieser Prozesse kreisförmig, d. h. er endet an seinem Ausgangspunkt, vgl. u. a. [MülJ91, S. 344 f.; WieH98, S. 88; Hau93, S. 19; GPS07, S. 18 ff., 31, 111]. Interessanterweise folgt diese Unterscheidung in zwei Logistikprozesse der Differenzierung nach Liefer- und Dispositionssicht und entspricht damit der im AM-Grundmodell beschriebenen Unterteilung in Innen- und Außensicht:

- Aus *Liefersicht* startet der Logistikprozess mit der Anfrage und endet mit der Abnahme; Ausgangs- und Endpunkt bildet somit der Kunde. Diese Sicht betont den Kundenauftragsbezug von Prozessen und heißt deshalb Auslieferung.
- Aus *Dispositionssicht* startet der Logistikprozess mit einem Artikelbedarf hinsichtlich Menge und Termin und endet mit seiner Verfügbarkeit am Bedarfs- oder Verbrauchsort (typischerweise das Endproduktlager); Ausgangs- und Endpunkt bildet somit die Disposition. Diese Sicht betrachtet die Beschaffung und Produktion der Artikel und wird unter dem Begriff Herstellung zusammengefasst.

Hier wird das Endproduktlager zur Schnittstelle[2] der beiden Prozesse, welches der Herstellprozess auffüllt und der Auslieferprozess leert. Somit entsteht ein Zwei-Kreis-System; Planung und Steuerung koordinieren dieses für jeden Einzelauftrag.

Für die Ausgestaltung sind unterschiedliche Alternativen zur Kopplung des Zwei-Kreis-Systems von Auslieferung und Herstellung denkbar. Abbildung 6.7 stellt diese gegenüber:

- Die *indirekte Kopplung* synchronisiert Auslieferung und Herstellung über die Menge. Die Lagermenge entkoppelt die Prozessschritte der Auslieferung (1-3)

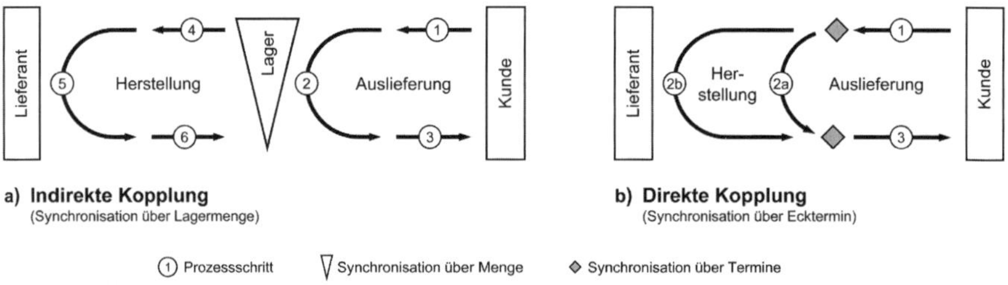

Abb. 6.7 Idealtypische Kopplungsalternativen von Auslieferung und Herstellung

2 Für den einfachsten Fall der internen Wertschöpfung gilt das auch physisch, in anderen Fällen wie bspw. im Streckengeschäft erfolgt lediglich eine virtuelle Lagerbuchung, vgl. dazu ausführlich [GPS07, S. 75 ff.].

von denen der Herstellung (4-6) in zwei Kreisläufen zeitlich, ihre Planung und Steuerung erfolgt weitgehend unabhängig voneinander, Abb. 6.7a.

- Die *direkte Kopplung* synchronisiert Auslieferung und Herstellung über Termine. Der Ecktermin koppelt die Prozessschritte eigene Produktion (2a) und Beschaffung (2b) zeitlich, ihre Planung und Steuerung ist daher eng aufeinander abzustimmen, Abb. 6.7b.

Die Kopplungsalternativen beschreiben zunächst die Ablauflogik des Auftragsmanagements und beeinflussen gleichzeitig die Funktionslogik. Diese grundsätzlichen Prozessalternativen lassen sich somit auch als Ausprägungen der Bevorratungsstrategie interpretieren. Sie wird in dieser Arbeit als strategisches Gestaltungsmerkmal der Funktionslogik in Abschn. 6.3.1 näher erläutert.

Prozessabläufe der Geschäftsarten

Die Kombination der Kopplungsalternativen von Entwicklung und Auftragsabwicklung sowie Lieferung und Herstellung ermöglicht es, die Prozessabläufe der vier logistischen Geschäftsarten darzustellen. Abbildung 6.8 visualisiert die aus der Gegenüberstellung der *Idealtypen* resultierenden Prozessabläufe und bezieht sie auf die Geschäftsarten.

Je Geschäftsart ergeben sich unterschiedliche Prozessabläufe, vgl. ausführl. [AFK01, S. 181 ff.]:

- Beim *Produktgeschäft* sind Lieferung und Herstellung meist indirekt über ein Lager gekoppelt (Ausnahme Exoten), Abb. 6.8 unten links. Die Auslieferung ist als kundenbezogene Auftragsabwicklung ausgeprägt und umfasst die wesentlichen Schritte Auftragsannahme, Lagerabruf und Distribution. Die Herstellung enthält als kundenanonyme Nachschubabwicklung die Schritte Verbrauchsim-

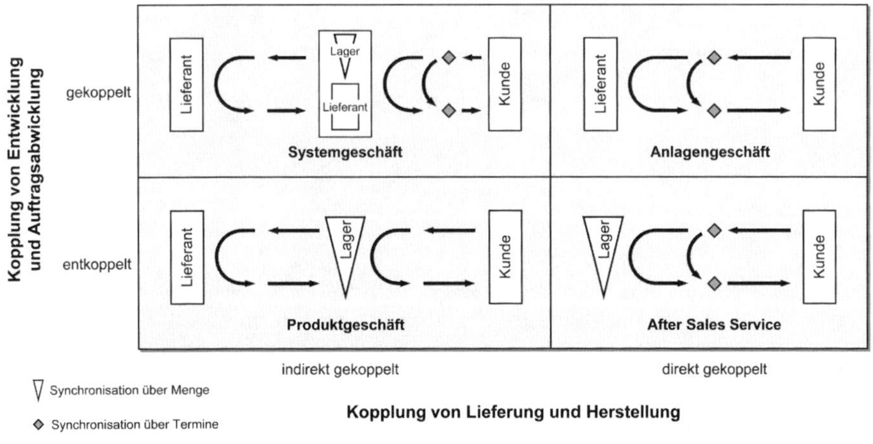

Abb. 6.8 Prozessabläufe der logistischen Geschäftsarten

puls, Beschaffung, Produktion und Einlagerung in das Endproduktlager; Entwicklung und Auftragsabwicklung sind also entkoppelt.

- Das *Systemgeschäft* konfiguriert Komponenten zu einer kundenspezifischen Lösung und verwendet hierzu idealerweise ausschließlich Standardkomponenten, Abb. 6.8 oben links. Die Auslieferung enthält als kundenbezogene Auftragsabwicklung die wesentlichen Schritte Angebotserstellung, Projektierung, Beschaffung, Produktion, Distribution und Inbetriebnahme. Wie im Produktgeschäft ist die Herstellung der Standardkomponenten zeitlich indirekt gekoppelt, also auftragsneutral. Demgegenüber muss die Herstellung individueller Komponenten zeitlich in den kundenspezifischen Lieferprozess[3] integriert werden; Entwicklung und Auftragsabwicklung sind also gekoppelt.
- Im *Anlagengeschäft* erfolgt die kundenspezifische Entwicklung im Einzelauftrag; Lieferung und Herstellung sind direkt gekoppelt, Abb. 6.8 oben rechts. Die Auslieferung enthält als kundenbezogene Auftragsabwicklung die wesentlichen Schritte Angebotserstellung, Projektierung, Projektplanung, Projektmanagement/Beschaffung von Lieferungen und Leistungen, Baustellenfertigung und Abnahme. Hierbei ist die zeitliche Parallelität von Projektmanagement und Beschaffung charakteristisch. Bei komplexen Projekten ist eine Aufteilung der Verantwortlichkeit üblich. Der zweite Verantwortliche Beschaffer wird damit zum Lieferanten des Projektmanagers; Entwicklung und Auftragsabwicklung sind also gekoppelt.
- Im *After Sales Service* sind Lieferung und Herstellung direkt gekoppelt, Entwicklung und Auftragsabwicklung demgegenüber entkoppelt, Abb. 6.8 unten rechts. Die Herstellung ist hier als Inbetriebsetzung vor Ort zu verstehen. Somit enthält die kundenbezogene Auftragsabwicklung die wesentlichen Schritte Störungsannahme, Diagnose, Technikereinsatzplanung und -steuerung/Ersatzteilversorgung sowie Inbetriebsetzung beim Kunden. Die zeitliche Parallelität betrifft hier die Technikereinsatzplanung und -steuerung sowie Ersatzteilversorgung. Eine Aufteilung der Verantwortlichkeit mit einer zweiten Kunden-Lieferanten-Beziehung ist analog zum Anlagengeschäft denkbar. Die Auffüllung des Ersatzteillagers ist nicht Betrachtungsgegenstand, sondern dem Produktgeschäft zugeordnet.

Der Folgeabschnitt erläutert die Konfigurationslogik des Fachkonzepts mit seinen Gestaltungsmerkmalen.

[3] Die kundenauftragsbezogene Auftragsabwicklung (Kopplung zwischen Kunde und dem in der Mitte abgebildeten Systemlieferant) ist lediglich als direkter Kopplungsfall (Abb. 6.7b) dargestellt. Dies ist aus der *Kundensicht* plausibel (lediglich ein Auftragsabwicklungsprozess). Aus der Sicht des *Systemlieferanten* ist die Darstellung zu differenzieren: Die auftragsbezogene Montage des Endproduktes (Herstellung) ist per Definition, in den kundenbezogenen Lieferprozess integriert. Demgegenüber ist bei der Herstellung der Komponenten zu differenzieren: Die Herstellung der individuellen Komponenten ist ebenfalls in den kundenbezogenen Lieferprozess integriert, die Herstellung der Standardkomponenten kann auftragsneutral vorab erfolgen und damit als Nachproduktion organisiert sein, bei der der Verbrauch die Herstellung (wieder) anstößt, vgl. a. Abschn. 6.3.2.

6.3 Fachkonzept

Das Fachkonzept muss die strategischen Vorgaben unter Berücksichtigung der realen Restriktionen so detaillieren, dass hieraus operative Leitlinien für die tägliche Planung und Steuerung entstehen. Diese Leitlinien lassen sich über sogenannte Gestaltungsmerkmale beschreiben. Im Rahmen des Fachkonzepts werden diese in zwei Detaillierungsstufen erarbeitet:

- Das *Grobkonzept* leitet aus den strategischen Vorgaben idealtypische Grundformen oder *Prinziplösungen* ab. Dies vereinfacht die Kommunikation an die Unternehmens- und Produktionsleitung. Als Analyseform dominiert die *qualitative Erhebung* über Fachexperten. Das Ergebnis dieser Idealplanung wird über zwei Ansätze überprüft: Die fachliche Konsistenzprüfung stützt sich auf die aus dem Grundmodell abgeleiteten inhaltlichen Abhängigkeiten der Gestaltungsmerkmale. Die anwendungsbezogene Machbarkeitsprüfung bewertet Wirksamkeit und organisatorische Umsetzbarkeit der Vorschläge. Bewertungsgrundlage ist meist das Erfahrungswissen der Entscheider bzw. der operativ Verantwortlichen.
- Das *Feinkonzept* prüft die Umsetzbarkeit der idealtypischen Grundformen anhand der realen Abwicklungsfälle und erarbeitet hierfür die *Funktions- und Prozesslogik* (ggf. mit software-technischer Umsetzung). Dies vereinfacht die Kommunikation an die operativ Verantwortlichen, da die idealtypischen Grundformen so auf konkrete Situationen bezogen und unternehmensspezifisch detailliert werden. Als Analyseform dominiert die *quantitative Erhebung*, die vor allem bei widersprüchlichen Einschätzungen der Fachexperten und bei Unklarheiten notwendig wird. Die fachliche Ergebnisbewertung betrachtet, wie nahe das Realkonzept am Idealfall der angestrebten Prinziplösung liegt. Anwendungsbezogen sind Aufwand und Nutzen der vorgeschlagenen Lösung gegenüberzustellen und unternehmensspezifische Restriktionen wie Investitionsbudgets oder Umsetzungszeiten zu berücksichtigen.

Entsprechend der in Abb. 6.2 dargestellten Konfigurationsmethodik folgt das Erarbeiten des Fachkonzepts den drei Schritten *Ist-Analyse durchführen*, *logistische Anforderungen vereinbaren* sowie *Auftragsmanagement ausgestalten*. Auch im Rahmen des Fachkonzepts können neue inhaltliche Erkenntnisse oder Veränderungen der Rahmenbedingungen Wiederholungsschleifen erfordern, so dass die Schritte ineinander übergehen.

Inhaltlich bietet sich eine Gliederung anhand der Gestaltungsmerkmale an. Diese entwickeln sich aus der schrittweisen Betrachtung von der Außen- zur Innensicht der Produktion und gliedern sich in die drei Blöcke Funktionslogik, Ablauflogik sowie Entscheidungsarchitektur:

- Die Merkmale der *Funktionslogik* lassen sich den drei Sichtweisen Ressource, Artikel und Auftrag zuordnen. Das Merkmal *Marktkopplung* bestimmt, wie eng die Produktion dem tatsächlichen Bedarf folgt (Ressourcensicht). Die *Bevorratungsstrategie* legt aus Artikelsicht fest, ob dieser bedarfs- oder verbrauchsbezogen disponiert wird. Ein wesentlicher Punkt ist das *logistische Leitbild*. Es beschreibt aus Auftragssicht die Art der Planung und Steuerung hinsichtlich der Homogenität des Auftragsflusses.

- Die Merkmale der *Ablauflogik* behandeln organisatorische Festlegungen und verbinden so AM-Funktionen und ihre Zielerfüllung. Die *Dispositionsverantwortung* betrifft die Aufbauorganisation und ordnet die Dispositionsfunktionen den Akteuren zu. Die *logistische Bilanzhülle* legt fest, wie eng die Planung und Steuerung teilautonomer Bereiche bezüglich der Ablauforganisation und Softwarewerkzeuge aufeinander abgestimmt ist.
- Die *Entscheidungsarchitektur* beschreibt, in welchen logischen Entscheidungsebenen die Planungs- und Steuerungsentscheidungen im Auftragsmanagement getroffen werden und wie diese logisch und zeitlich miteinander verknüpft sind. Die *Entscheidungsebenen* fassen Planungs- und Steuerungsfunktionen des gleichen Detaillierungsgrades zusammen. Die *Informationsflüsse* verbinden so gebildete Ebenen horizontal und vertikal.

Die im Folgenden detailliert erläuterten Gestaltungsmerkmale haben sich für die Erarbeitung und Kommunikation des Konzepts vielfach in Industrieprojekten bewährt. Sie strukturieren das Gesamtprojekt in einzelne Projektbausteine. Die Ausgestaltung kann so in inhaltlich abgegrenzten Arbeitstreffen erfolgen, um anschließend die Wechselwirkungen zu berücksichtigen. Diese Logik folgt den vorgestellten Ablaufschritten, das Ergebnis bildet eine Entscheidungsvorlage. Weitere Gestaltungsmerkmale lassen sich bei Bedarf ergänzen und in das Gesamtvorgehen als Projektbausteine integrieren.

6.3.1 Marktkopplung

Das Gestaltungsmerkmal *Marktkopplung* beschreibt die Bindung der Produktionsleistung (Durchsatz) an die Nachfrage- bzw. Bedarfsmengen der Märkte oder Kunden (Absatz), vgl. u. a. [Bux90; JoRi95; WieH03b, S. 11, 13; DaHe05, S. 482; VolT05, S. 68 ff.; 174 f.; Löd05, S. 82 f.; OlSe07a, S. 1472 f.]. Die Messung von Durchsatz und Absatz bezieht sich immer auf einen Betrachtungszeitraum, der üblicherweise in Perioden wie bspw. Wochen oder Monate eingeteilt wird, vgl. Abschn. 4.3.1.

Abbildung 6.9 visualisiert die beiden Grundformen atmende sowie nivellierende Produktion sowie die hierfür erforderliche Entkopplung von Absatz und Durchsatz über den Bestand an Endprodukten:

- Eine *atmende Produktion* (engl. chase/adjustment strategy) koppelt Durchsatz und Absatz möglichst eng. Somit schwanken die Bestände im Endproduktlager nur geringfügig, was insgesamt geringere Bestände ermöglicht, Abb. 6.9a. Voraussetzung hierfür ist eine entsprechende Kapazitätsflexibilität: Intern sind also sowohl flexible Mitarbeiterkapazitäten als auch großzügig dimensionierte Betriebsmittelkapazitäten Voraussetzung, extern sind eine vergleichbare Men-

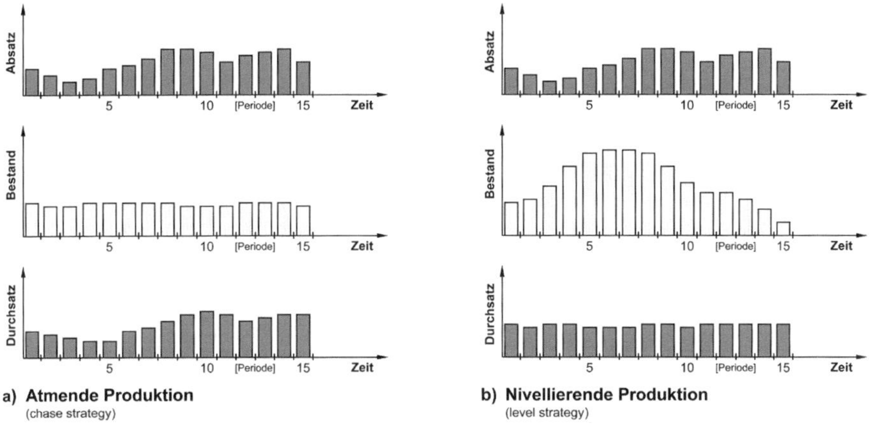

Abb. 6.9 Gestaltungsmerkmal Marktkopplung

genflexibilität in Beschaffung sowie ggf. externe Ausweichkapazitäten wichtig. Mit dieser engen Kopplung erfolgt demnach schwerpunktmäßig eine Investition in Anlage- statt in Umlaufvermögen. Der Schwerpunkt der Planungs- und Steuerungsaktivitäten muss deshalb auf einer vorausschauenden Engpasserkennung und -beseitigung für Produktion und Beschaffung liegen.

- Eine *nivellierende Produktion* (engl. level/smoothing strategy) koppelt Durchsatz und Absatz lose. Somit schwanken die Bestände im Endproduktlager stark, was im Vergleich zur atmenden Strategie im Mittel höhere Bestände erfordert, Abb. 6.9b. Die hohe Kapitalbindung verursacht ein entsprechend hohes Bestandsrisiko. Mit einer losen Kopplung erfolgt im Schwerpunkt eine Investition in Umlaufvermögen. Um das Bestandsrisiko zu begrenzen, muss der Schwerpunkt der Planungs- und Steuerungsaktivitäten auf der Prognose, also der Erzeugung eines guten Forecasts, liegen.

Neben diesen Grundformen sind verschiedenste *Mischformen* für eine teilweise Kopplung von Durchsatz und Absatz denkbar, vgl. u. a. [JoRi95; Olh01]. Neben einer Kombination von Bestandspufferung und Kapazitätsflexibilität ist die variable Fertigungstiefe von hoher Bedeutung für die Praxis: Aus Liefersicht realisiert das Unternehmen damit eine hohe Mengenflexibilität. Aus Dispositionssicht wird diese allerdings nicht nur durch interne, sondern vor allem durch externe Produktionskapazitäten realisiert. So entstehen auftragsbezogene Produktionsnetze. Voraussetzung hierfür ist eine auftrags- bzw. auslastungsabhängige Make-or-Buy-Entscheidung, vgl. a. Abb. 5.7. Solche Vorgehensweisen sind in Branchen mit starken Konjunkturschwankungen wie der Investitionsgüterbranche verbreitet. Jedoch stellen Produktionsnetze höhere Anforderungen an die unternehmensübergreifende Auftragsabwicklung, vgl. dazu ausführlich [SchuG07].

Die Literatur diskutiert dieses Gestaltungsmerkmal i. d. R. mit Bezug zur *Programmplanung* für Lagerfertiger. Ein realistisches Produktionsprogramm ist demnach Grundvoraussetzung für eine hohe Liefertreue. Auch begrenzt das Bestandsrisiko die Möglichkeit, den Durchsatz vom Absatz zu entkoppeln. Somit erscheint diese strategische Entscheidung zunächst nur für Lagerfertiger mit Saisongeschäft sinnvoll, vgl. u. a. [Bux90; JoRi95]. Aber die nähere Betrachtung verdeutlicht: Eine Verkürzung der Durchlaufzeiten auf Werte unterhalb der Lieferzeiten eröffnet vor allem für Auftragsfertiger Potenziale zum Belastungsabgleich, also zur Glättung von Kapazitätsspitzen.[4] Grundsätzlich ist das Merkmal also für beide Grundformen der Bevorratungsstrategie relevant.

Außerdem sind die Auswirkungen auf die *Disposition* zu betrachten. Eine atmende Produktion vereinfacht dann die Planung, wenn die Mengenflexibilität dafür genutzt wird, die Liefer- bzw. Durchlaufzeiten stabil zu halten: Aus Dispositionssicht reduziert sich die Aufgabe dann darauf, ausgewiesene Über- oder Unterlasten durch Kapazitätsangebotsanpassungen zu vermeiden. Dies hält die Durchlaufzeiten stabil und unterstützt die Terminierungsannahmen des MRP-Ansatzes. Aus Liefersicht erleichtert dies die Lieferzusage, da trotz schwankender Mengen die Lieferzeiten stabil bleiben. Im einfachsten Fall wären dann lediglich Mengenkontingente pro Periode (bspw. als sogenannte Slot-Planung) zu überprüfen – stabile Durchlaufzeiten vorausgesetzt.

Einflusskriterien

Zunächst bestimmen die Flexibilitätsanforderungen die Wahl der Marktkopplung, hierzu sind die externen Bedarfsschwankungen mit der intern erreichbaren Kapazitätsflexibilität ggf. unter Einbeziehung externer Kapazitäten zu vergleichen: Übersteigen die Bedarfsschwankungen die Flexibilität, ist eine mengenmäßige Entkopplung im Sinne einer nivellierenden Produktion entweder über ein Lager oder über eine auftragsbezogene Kapazitätsbedarfsglättung erforderlich. Bei geringen Bedarfsschwankungen und geringen Flexibilitätskosten bietet sich demgegenüber eine atmende Produktion an; begünstigend wirkt darüber hinaus ein hoher Produktwert. Weitere Einflussfaktoren sind die Prognosequalität hinsichtlich Gesamtmenge und Auftragsmix sowie Saisonstart und -ende, Produktlebensdauer bzw. Bestandsrisiko sowie die Breite des angebotenen Produktspektrums (Anzahl Varianten) und die Wiederholhäufigkeit der Artikel auf den unteren Ebenen der Produktstruktur, vgl. dazu ausführlich. [JoRi95; Olh01]. Bei der Ausgestaltung ist darüber hinaus die Abhängigkeit zu den anderen beiden funktionalen Gestaltungsmerkmalen Bevorratungsstrategie und logistisches Leitbild zu beachten. Zur Bewertung und Auswahl des Gestaltungsmerkmals wurden logistische Fähigkeitsindizes definiert, vgl. dazu ausführlich [WieH02, S. 104 f., 152 ff.; WieH03a].

---

[4] Olhager nennt für Auftragsfertiger die Möglichkeit, Absatz und Durchsatz über den Auftragsbestand oder den Rückstand (backlog) zu entkoppeln. Dies birgt allerdings den Nachteil einer saisonal- oder konjunkturabhängig verminderten Zuverlässigkeit. Diese hängt von der Ehrlichkeit der Lieferterminermittlung (bzw. Marktmacht der Lieferanten) ab und drückt sich in einer verringerten Lieferfähigkeit (gewünschte Termine werden nicht zugesagt), Liefertreue (unrealistisch zugesagte Termine werden nicht eingehalten) oder Wunsch-Liefertreue (gewünschte Termine werden – wie geplant und angekündigt – nicht eingehalten), vgl. dazu ausführlich [Olh01, S. 220 f.; Löd05, S. 31 f.] sowie Abschn. 4.2.3: Liefertreue und Termin-/Mengentreue.

Logistische Bedeutung
Das Gestaltungsmerkmal Marktkopplung betrifft primär die Funktionslogik eines Auftragsmanagement-Systems und charakterisiert die Mengenentkopplung aus Ressourcensicht. Die atmende Strategie ist durch ein geringes Bestandsrisiko – um den Preis hoher Flexibilitätskosten in Produktion und Beschaffung – gekennzeichnet. Demgegenüber zielt die nivellierende Strategie auf geringe Flexibilitätskosten; der Preis ist ein hohes Bestandsrisiko bzw. entgangener Gewinn (bei stock outs bzw. Rückstand). Somit verbindet die Marktkopplung die Außen- und Innensicht aus der Mengendimension, charakterisiert also die Mengenflexibilität des Systems Produktion, ggf. mit Beschaffung.

6.3.2 Bevorratungsstrategie

Das Gestaltungsmerkmal *Bevorratungsstrategie* beschreibt das Kriterium der Bedarfsauslösung, also der Erzeugung der Produktionsaufträge. Systematisch im Rahmen logistischer Verbesserungsüberlegungen im Hause Philips untersucht [HoeRo85, S. 20 f.], wurde es in Deutschland vor allem von der Firma Siemens propagiert und weiterentwickelt [Zimm79; Eid89, S. 48, 136 f.]. Heute ist die Bevorratungsstrategie in Forschung und Praxis als zentrales logistisches Gestaltungsmerkmal anerkannt, vgl. u. a. [HB92; Aki99; Delf99; Olh01; NW03, S. 4; Kir04; NyMü04; OlSe07b].

Abbildung 6.10 visualisiert die beiden Grundformen Auftrags- und Lagerfertigung für eine vorher zu definierende Logistikkette[5] anhand der Ereignis- bzw. Prozessreihenfolge (links) sowie anhand des im Betrachtungsfokus stehenden Prozessabschnitts zwischen Kunde und Lieferant mit den jeweiligen primären Logistikzielen (rechts).

Eine praktikable Abgrenzung ergibt sich durch die Betrachtung der Reihenfolge von Auftragseingang, Auftragserzeugung und Auslieferung. Auslöser der Prozesskette ist jeweils der Auftragseingang, vgl. u. a. [Sai85; MülJ91; WieH02, S. 60 ff.; NW03, S. 4 f.; NyMü04; NyP08b]:

[5] Hoekstra und Romme nennen fünf Ausprägungsformen: Hierzu unterscheiden sie zunächst die Schritte Beschaffung, Teilefertigung, Montage, Versand zur Verkaufsorganisation mit lokalem Warenlager und Auslieferung zum Kunden und entkoppeln die – für das Produktgeschäft typische – Logistikkette an den entsprechend möglichen Punkten. Somit resultieren als Formen: purchase- and make-to-order, make-to-order, assemble-to-order, make-to-stock sowie make- and ship-to-stock. [HoeRo92, S. 6 ff., 64 ff.]. Die heute oft zusätzlich unterschiedenen Fälle kundenauftragsbezogene Entwicklung (engineer-to-order) sowie prognosegetriebene Produktion (make-to-forecast) werden also nicht betrachtet. Eine ergänzende Sicht bietet die Unterscheidung in variantenneutrale Produktionsvorstufe und variantenbildende Produktionsendstufe [NyMü04].

Die hier vorgestellte generische Definition von Grundformen (auch Idealtypen) unterteilt die vorher zwischen Kunde und Lieferant definierte Logistikkette nur einmal und diskutiert die grundlegenden Auswirkungen für die Funktionslogik in der Planung und Steuerung. Jeder konkrete Anwendungsfall kann zwar entsprechend der sinnvoll möglichen Entkopplungspunkte mehr Ausprägungsformen aufweisen, lässt sich aber immer auf die hier vorgestellten Grundformen zurückführen.

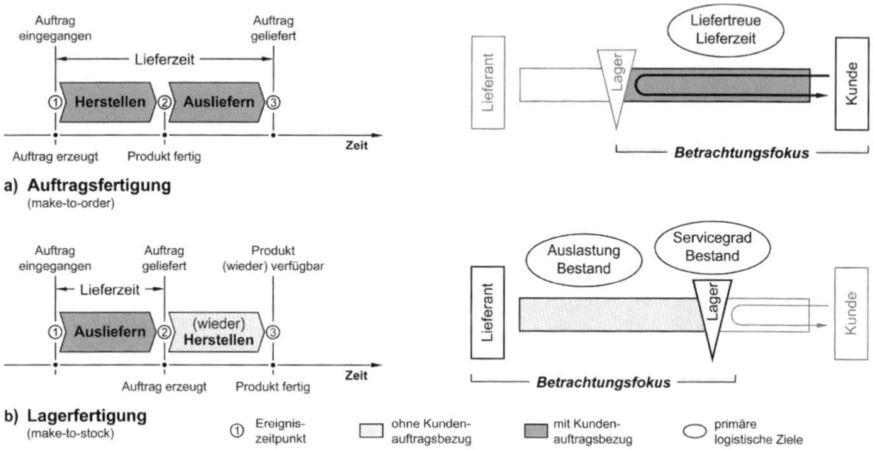

Abb. 6.10 Gestaltungsmerkmal Bevorratungsstrategie

- In der *Auftragsfertigung* (engl. make-to-order) wird mit Eingang des Kundenauftrags der Produktionsauftrag erzeugt. Die Lieferzeit resultiert aus der Gesamtdauer der Prozesse Herstellen und Ausliefern, Abb. 6.10a links. Der Betrachtungsfokus liegt auf hoher Liefertreue und kurzen Lieferzeiten, da der Kunde von deren Nichteinhaltung direkt betroffen ist. Die idealtypische Auftragsfertigung ist durch eine *bedarfsbezogene Disposition* gekennzeichnet, dementsprechend herrscht eine 1:1-Beziehung zwischen Kunden- und Produktionsauftrag. Diese ist meist auch fixiert, d. h. Änderungen des Kundenauftrags hinsichtlich Art, Menge oder Termin wirken unmittelbar auf den Produktionsauftrag und umgekehrt.
- In der *Lagerfertigung* (engl. make-to-stock) wird mit Eingang des Kundenauftrags unmittelbar die Auslieferung aus einem Lager ausgelöst; die Lieferzeit entspricht der Dauer des Auslieferprozesses. Die Auftragserzeugung des Produktionsauftrags erfolgt zeitlich entkoppelt von einem Kundenauftrag als Lagerauffüllauftrag. Erst nach dessen Fertigstellung ist das Produkt wieder verfügbar (vorausgesetzt, das Lager wurde vollständig geräumt), Abb. 6.10b links. Der Betrachtungsfokus liegt auf einer hohen Auslastung oder niedrigem Umlaufbestand in der Produktion (je nach Wiederholhäufigkeit, Produktwert oder Kapitalkosten); oftmals wichtiger ist hierbei die mittelbare Wirkung auf Servicegrad und Lagerbestand (und damit Kosten). Die idealtypische Lagerfertigung ist durch eine *verbrauchsbezogene Disposition* gekennzeichnet, ein Unterschreiten des Melde- oder Bestellbestands erzeugt den Produktionsauftrag. Meist übersteigen die Produktionslosgrößen die Kundenbestellmengen, so dass eine 1:n-Beziehung zwischen Produktions- und Kundenauftrag entstehen würde. Jedoch existieren Produktions- und Kundenauftrag nicht zeitgleich, wenn kein Lieferverzug herrscht. Eine Fixierung ist demnach nicht vorgesehen, d. h. Änderungen

des Kundenauftrags hinsichtlich Art, Menge oder Termin haben normalerweise keine direkten Auswirkungen auf den Produktionsauftrag und umgekehrt.

Wichtigste *Mischform* bildet die erwartungsorientierte Disposition: Hier erfolgt zunächst eine Bedarfsprognose (entweder auftragsindividuell oder für eine Periode). Diese ist dispositionswirksam, d. h. es werden bereits Beschaffungs- oder Produktionsaktivitäten gestartet, obwohl noch kein Kundenauftrag vorliegt. Die Zuordnung der Beschaffungs- oder Produktionsaufträge zum Kundenauftrag erfolgt erst nach seinem Eintreffen, was eine *Verrechnung* der prognostizierten (erwarteten) mit den tatsächlich eintreffenden Kundenbedarfen erfordert.

Einflusskriterien
Die Geschwindigkeitsanforderungen bestimmen die Wahl der Bevorratungsstrategie. Hierzu sind die extern geforderten Lieferzeiten mit den intern erreichbaren Durchlaufzeiten zu vergleichen: Übersteigen die Durchlaufzeiten die Lieferzeiten, ist eine Kundenentkopplung über ein Lager erforderlich, vgl. Abb. 6.10 rechts unten. Bei geringem Bestandsrisiko bietet sich eine Lagerfertigung an. Begünstigend wirken also ein geringer Wert, eine hohe Bedarfsfrequenz sowie eine lange Lebensdauer des Zwischenproduktes, vgl. dazu ausführlich [HoeRo92, S. 6 ff., 64 ff.; Eid89, S. 48, 136 f.; Aki99; Delf99; Kir04]. Bei der Ausgestaltung sind darüber hinaus Abhängigkeiten von den anderen beiden funktionalen Gestaltungsmerkmalen Marktkopplung und logistisches Leitbild zu beachten. Zur Bewertung und Auswahl des Gestaltungsmerkmals wurden logistische Fähigkeitsindizes definiert, vgl. dazu ausführlich [WieH02, S. 104 f., 152 ff.; WieH03a].

Logistische Bedeutung
Das Gestaltungsmerkmal Bevorratungsstrategie[6] betrifft primär die Funktionslogik eines Auftragsmanagement-Systems; nach klassischem Verständnis ist damit die Kundenentkopplung aus Artikelsicht[7] charakterisiert. Die reine Auftragsproduktion ist durch ein sogenanntes manufacturing on demand gekennzeichnet und die auftragsbezogenen Aktivitäten starten idealtypischerweise beim Rohmaterial. Hierfür ist eine Prognose spezifischer Kapazitätsbedarfe erforderlich, es existiert demnach ein Dispositionsrisiko für Kapazitäten sowie Rohmaterial. Demgegenüber ist die reine Lagerproduktion durch gelagerte Endprodukte charakterisiert, die nur noch kommissioniert und versandt werden müssen. Dies erfordert eine materialnummerngenaue Prognose der Produktbedarfe und das Dispositionsrisiko gilt hier für den Endproduktbestand. Somit koppelt die Bevorratungsstrategie die Außen- und

---

[6] Mit der Festlegung lässt sich oft das Steuerungsprinzip der Aufträge verbinden, vgl. Abschn. 4.2.3.

[7] In der ERP-Software ist die Dispositionsart üblicherweise im Materialstamm hinterlegt, was die Funktionslogik aus *Artikelsicht* beschreibt, vgl. u. a. [DKW06, S. 238 f.]. Doch in bestimmten Situationen verspricht eine auftragsorientierte Festlegung Vorteile: So könnten bspw. kleine Bedarfsmengen verbrauchsorientiert und große bedarfsorientiert disponiert werden, vgl. dazu ausführl. [Löd05, S. 155], oder anhand der Lieferzeiten in Servicebedarfe (verbrauchsorientierte Lagerfertigung) und Projektbedarfe (bedarfsorientierte Auftragsfertigung) unterschieden werden. Ein solcher Ansatz würde die Funktionslogik aus *Auftragssicht* beschreiben.

Innensicht in der Zeitdimension, charakterisiert also die Reaktionszeit des Systems Produktion, ggf. mit Beschaffung.

6.3.3 Logistisches Leitbild

Das Gestaltungsmerkmal *logistisches Leitbild* beschreibt das Durchlaufzeitverhalten von Aufträgen durch einen Betrachtungsbereich, also bspw. die Produktion oder einen ausgewählten Bereich daraus. Historisch entstand es im Zuge der Untersuchung von Turbulenzphänomenen in der Produktion und ihren Konsequenzen auf die Planung und Steuerung, vgl. u. a. [West00b; WRW02; WieH02, S. 72 ff., 101 ff., 118 ff.; WieH03a].

Abbildung 6.11 visualisiert die beiden Grundformen gleichmäßiger Auftragsstrom und turbulenter Gebirgsbach sowie die daraus resultierende Bedeutung der in Abschn. 5.3.4 identifizierten logistischen Aufgaben. Anhand des Vergleichs von zulässiger Durchlaufzeitabweichung (Toleranz) mit der Durchlaufzeitstreuung sind zu unterscheiden:

- Der *gleichmäßige Auftragsstrom* (flussorientierte Strategie) ist durch einen laminaren Fluss der Aufträge, also eine enge Durchlaufzeitverteilung gekennzeichnet, Abb. 6.11a. Ihr Ziel besteht darin, trotz heterogener Anforderungen (Lieferzeiten, Bedarfsschwankungen, Chargen- oder Rüstreihenfolgebildung, ...) intern einen homogenen Auftragsfluss sicherzustellen. Dies ermöglicht eine Planung mit Durchlaufzeitmittelwerten, die Auftragserzeugung erfolgt also entsprechend dem MRP-Ansatz – ist also algorithmisch relativ einfach. In der Steuerung sollen Auftragsfreigabe und Kapazitätssteuerung Zugang und Abgang so regeln, dass dies erreicht wird. Als Reihenfolgeregeln sind vor allem First Come First

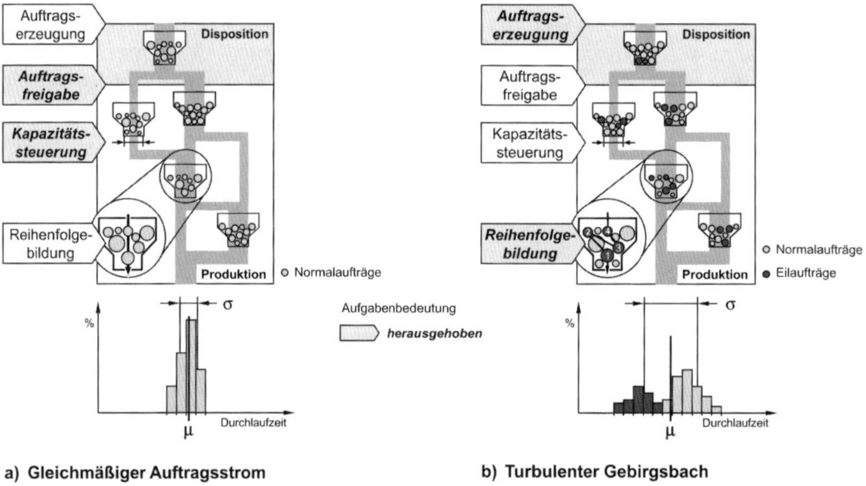

Abb. 6.11 Gestaltungsmerkmal Logistisches Leitbild

Serve (minimiert Durchlaufzeitstreuungen) oder Schlupf (minimiert Terminabweichungen) einzusetzen.

- Der *turbulente Gebirgsbach* (turbulenzorientierte Strategie) ist durch einen turbulenten Fluss der Aufträge, also eine breite Durchlaufzeitverteilung gekennzeichnet. Abbildung 6.11b zeigt dies am Beispiel der zwei Auftragskategorien Eil- und Normalaufträge. Das Ziel besteht darin, die heterogenen Anforderungen (Lieferzeiten, Bedarfsschwankungen, Chargen- oder Rüstreihenfolgebildung, …) durch individuelle Planung und Verfolgung jedes einzelnen Auftrags zu erfüllen. Dies führt intern zu einem heterogenen Auftragsfluss. Die individuelle Behandlung der Aufträge erfordert eine Planung mit individuellen Durchlaufzeiten; die Auftragserzeugung ist dementsprechend algorithmisch vergleichsweise anspruchsvoll (der mittelwertbasierte Planungsansatz würde versagen). In der Steuerung hat die Reihenfolgebildung hervorgehobene Bedeutung: i. d. R. ist eine Abarbeitung nach Planreihenfolge (bei geringer Planungsfrequenz auch Schlupf) erforderlich um die individuellen Termine der Aufträge einzuhalten. Eine Abarbeitung nach First Come First Serve kommt hier nicht in Frage.

Als *Mischformen* kommen vor allem unterschiedliche Detaillierungsgrade der Durchlaufzeitplanung in Betracht. In der Produktion sind drei Ausprägungen wichtig: Im einfachsten Fall gilt die Plan-Durchlaufzeit für den gesamten Auftrag, in der nächst feineren Stufe für den Arbeitsgang, in der feinsten Stufe die Übergangszeit je Arbeitsgang (zuzüglich der Bearbeitungszeit).

Einflusskriterien

Zunächst bestimmen die Toleranzvorgaben für die Lieferung die Wahl des logistischen Leitbilds; hierzu ist die extern geforderte Liefertoleranz (oder interne Planungstoleranz) mit der intern erreichbaren Durchlaufzeitstreuung zu vergleichen: Übersteigt die Durchlaufzeitstreuung die Liefer- bzw. Planungstoleranz, ist eine individuelle Durchlaufzeitplanung (turbulenter Gebirgsbach) erforderlich. Bei der Ausgestaltung ist darüber hinaus die Abhängigkeit zu den anderen beiden funktionalen Gestaltungsmerkmalen Bevorratungsstrategie und Marktkopplung zu beachten. Zur Bewertung und Auswahl des Gestaltungsmerkmals wurden logistische Fähigkeitsindizes definiert, vgl. dazu ausführlich [WieH02, S. 104 f., 152 ff.; WieH03a].

Logistische Bedeutung

Das Gestaltungsmerkmal logistisches Leitbild betrifft primär die Funktionslogik eines Auftragsmanagement-Systems und charakterisiert die Durchlaufzeitplanung und -steuerung aus Auftragssicht. In der flussorientierten Strategie ist der Mittelwert repräsentativ für den Einzelwert der Durchlaufzeit. In der Überwachung und Steuerung dominiert damit die Betrachtung der Ressourcensicht (Zugang und Abgang); die Termineinhaltung ergibt sich im Idealfall aus der Aussagesicherheit – also der Durchlaufzeitstreuung. Demgegenüber hat in der turbulenzorientierten Strategie der Mittelwert seine Aussagekraft für die einzelnen Auftragsdurchlaufzeiten verloren. Zur Überwachung und Steuerung ist deshalb die individuelle Auftragssicht einzunehmen (Reihenfolge und Termine); dementsprechend ist ein höherer Planungs-, Steuerungs- und Überwachungsaufwand zu erwarten.

6.3.4 Dispositionsverantwortung

Das Gestaltungsmerkmal *Dispositionsverantwortung* beschreibt, wie die Aufgaben zur Sicherstellung der Materialverfügbarkeit intern organisatorisch auf die Disponenten verteilt sind. Nach *klassischem Verständnis* repräsentiert jede Dispositionsstufe ein Lager, welches nach Überlegungen der Materialwirtschaft eigenständig zu disponieren ist. Abgeleitet aus den angestrebten Beständen bzw. Materialverfügbarkeiten sind die Zugänge und Abgänge je Dispositionsstufe zu planen und überwachen. Dies geschieht mithilfe der Bedarfs-Bestandsliste. Die Aufgaben im laufenden Betrieb sind einerseits die Auftragserzeugung (ggf. mit Auftragsfreigabe) sowie die Terminüberwachung mit Einleitung terminsichernder Maßnahmen. Andererseits sind die Dispositionsparameter wie Plan-Durchlaufzeiten (als Wiederbeschaffungs- oder Eigenfertigungszeit), Losgrößen oder Sicherheitsbestände zu parametrieren, vgl. dazu ausführlich [DKW06, S. 99, 223 ff., 262 ff., 277 f.].

Abbildung 6.12 visualisiert die beiden Grundformen artikelbezogene und auftragsbezogene Disposition aus der Innensicht, vernachlässigt also die Bedarfsermittlung für die Primärbedarfe. Die gewählte Organisationsform wirkt bis auf die erforderlichen Planungs-, Steuerungs- und Überwachungsmethoden und Hilfsmittel:

- In einer *artikelbezogenen Disposition* (auch materialbezogenen Disposition) verantwortet der Disponent eine Artikelgruppe, Abb. 6.12a. Dazu erzeugt er die Aufträge, stößt über die sogenannte Auftragseröffnung meist auch ihre Freigabe an und ist für die Terminüberwachung (Bearbeitung sogenannter Ausnahmemeldungen) verantwortlich. Zusätzlich ist eine Pflege der artikelbezogenen Dispositionsparameter notwendig. Die Zuordnung aus Artikelsicht – also jeder Materialnummer zu einem bestimmten Disponenten – führt dazu, dass die Dispositionsverantwortung eines mehrstufigen Gesamtauftrags auf mehrere Disponenten verteilt ist. Diese Organisationsform entspricht dem klassischen PPS-Verständnis und ist in praktisch jeder ERP-Software zu finden, vgl. u. a. [DKW06, S. 99, 274 ff.]. Geeignetes Hilfsmittel ist die bereits erwähnte Bedarfs-Bestandsliste [DKW06, S. 275]; zur Visualisierung ist das Lager-Durchlaufdiagramm sinnvoll, vgl. Abschn. 4.1, Abb. 4.4b und Abschn. 4.4.
- In einer *auftragsbezogenen Disposition* verantwortet der Disponent einen Auftrag oder eine Auftragsart, Abb. 6.12b. Die Verantwortlichkeit gilt also ausgehend vom Primärbedarf für alle unterlagerten Dispositionsstufen. Hierfür er-

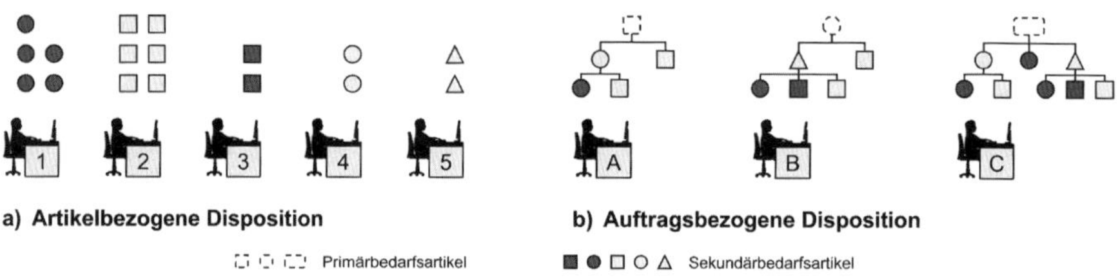

Abb. 6.12 Gestaltungsmerkmal Dispositionsverantwortung

zeugt er die Aufträge, stößt über die sogenannte Auftragseröffnung meist auch deren Freigabe an und ist für die Terminüberwachung verantwortlich. Ggf. sind die artikelbezogenen Dispositionsparameter auftragsbezogen zu überschreiben. Die organisatorische Zuordnung aus Auftragssicht führt zu einer eindeutigen Dispositionsverantwortung für den mehrstufigen Gesamtauftrag. Bei Mehrfachverwendung auf den unteren Dispositionsstufen (der gleiche Artikel fließt in unterschiedliche Produkte – und damit Aufträge – ein) disponieren mehrere Disponenten dieselbe Materialnummer. Geeignetes Hilfsmittel ist der Auftragsbericht [DKW06, S. 276], der den Auftragsfortschritt aller zum Auftrag gehörenden Materialien aufführt; zur Visualisierung ist das Auftrags-Durchlaufdiagramm sinnvoll, vgl. Abschn. 4.1, Abb. 4.4c.

Als wichtigste *Mischform* hat sich eine Unterteilung in Eigenfertigungs- und Fremdbezugsteile etabliert. Fremdbezugsteile werden typischerweise artikelbezogen disponiert, um möglicherweise entstehende Bedarfskonflikte beim Lieferanten intern erkennen und lösen zu können. Demgegenüber bietet sich für mehrstufige Eigenfertigungsteile eine auftragsbezogene Disposition an, um Fehlteilsituationen im gesamten Auftragsnetz frühzeitig zu erkennen.

Einflusskriterien
Die organisatorischen Schnittstellen bestimmen die Gestaltung der Dispositionsverantwortung. Hierzu sind die Stücklistentiefe der Endprodukte und der Einfluss von Termin- und Mengenänderungen, die Wiederholhäufigkeit der einzelnen Materialnummern sowie die Wahrscheinlichkeit von Engpasssituationen – die Fehlteile bzw. Rückstand verursachen können – zu betrachten. Ein weiteres wichtiges Einflusskriterium ist die Segmentierung der Produktion: Bei kleinen Produktspektren je Segment und einer weitgehend geschlossenen Bearbeitung im Segment verschwimmen die Unterschiede zwischen den Gestaltungsalternativen. Hieraus sind unternehmensindividuelle Festlegungen abzuleiten. Erschwert wird die anforderungsgerechte Gestaltung durch die historisch bedingte Materialorientierung heutiger ERP-Software. Darüber hinaus ist die Abhängigkeit zum Gestaltungsmerkmal logistische Bilanzhülle zu berücksichtigen.

Logistische Bedeutung
Das Gestaltungsmerkmal Dispositionsverantwortung betrifft primär die Ablauflogik eines Auftragsmanagement-Systems und charakterisiert die Verantwortlichkeit für die beweglichen Elemente Auftrag bzw. Artikel. Die klassische PPS-Logik unterstellt eine artikelbezogene Organisation; diese stößt vor allem in der Eigenfertigung bei mehrstufigen Aufträgen sowie vielen Termin- und Mengenänderungen an Grenzen. Die Alternative einer auftragsbezogenen Organisation bietet sich für diese Fälle an.

6.3.5 Logistische Bilanzhülle

Das Gestaltungsmerkmal *logistische Bilanzhülle* beschreibt die Abstimmung der Planung und Steuerung einzelner Bereiche bezogen auf das betrachtete Gesamt-

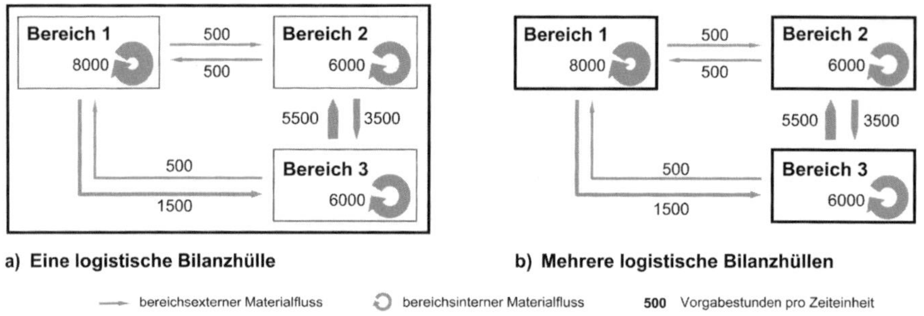

Abb. 6.13 Gestaltungsmerkmal Logistische Bilanzhülle (Beispiel)

system; hierbei sind zeitliche, funktionale und organisatorische Kriterien zu betrachten. Wichtiger Indikator ist die Verteilung der Planungs-, Steuerungs- und Überwachungsaktivitäten auf Softwarewerkzeuge [WieH02, S. 114 ff.; 150 f.]. Abbildung 6.13 zeigt am Beispiel von drei Produktionsbereichen und ihren Materialflussvernetzungen die für diesen Fall denkbaren Extremformen mit einer und mit drei logistischen Bilanzhüllen. Gemessen in Vorgabestunden pro Zeiteinheit sind sowohl bereichsinterne Materialflüsse (Bearbeitung der Produkte in einem Produktionsbereich) als auch bereichsexterne Materialflüsse (Bearbeitung in mehreren Produktionsbereichen) dargestellt.

In der Praxis kann diese Koordination entweder über eine Gestaltung der Prozesse mit ihren Funktionen und Funktionsausprägungen (z. B. Einplanungs- und Überwachungsregeln, Abstimmungsrunden und Informationspflichten) und ihrer zeitlichen Abstimmung (v. a. zeitgleiche Einplanung und Auswertung von Handlungsbedarfen) oder über die Verantwortlichkeiten (unterschiedliche aufbauorganisatorische Verankerung von Entscheidungen) erfolgen.

Demnach sind zu unterscheiden:

- *Eine logistische Bilanzhülle* für alle Produktionsbereiche verzahnt die Planung und Steuerung sehr eng miteinander, Abb. 6.13a. Gleiche Prozessabläufe mit entsprechenden Planungs- und Steuerungslogiken oder auch eine zentrale aufbauorganisatorische Verankerung der Entscheidungen sind Ausdruck dieser engen Abstimmung. Im Extremfall sind die logistischen Aufgaben Auftragserzeugung, Auftragsfreigabe, Kapazitätssteuerung sowie Reihenfolgebildung für alle Bereiche zentral organisiert und laufen zeitgleich nach denselben Regeln im selben Softwarewerkzeug ab.
- *Mehrere logistische Bilanzhüllen* für alle Produktionsbereiche, Abb. 6.13b: In diesem Fall sind die Entscheidungen nur sehr lose oder in Ausnahmefällen aufeinander abgestimmt. Unterschiedliche Prozessabläufe mit entsprechend abweichenden Planungs- und Steuerungslogiken sowie eine dezentrale aufbauorganisatorische Verankerung der Entscheidungen sind Ausdruck dieser Ausprägung. Im Extremfall sind die logistischen Aufgaben Auftragserzeugung, Auftragsfreigabe, Kapazitätssteuerung sowie Reihenfolgebildung für jeden einzelnen Be-

reich dezentral organisiert, laufen zu unterschiedlichen Zeitpunkten, nach unterschiedlichen Regeln und in verschiedenen Softwarewerkzeugen ab.

Je nach Anzahl der Produktionsbereiche sind unterschiedlichste *Mischformen* denkbar. Sie ergeben sich anhand der genannten Kriterien Prozessabläufe mit eingesetzten Planungs- und Steuerungslogiken, zeitliche Abstimmung der Planungsläufe mit planenden und steuernden Eingriffe sowie aufbauorganisatorische Verankerung.

Einflusskriterien
Die Vernetzungsanforderungen bestimmen die Gestaltung der logistischen Bilanzhülle. Generell gilt: Je stärker die Materialflüsse zwischen Bereichen sind (engere logistische Vernetzung), desto enger sind ihre Planungs- und Steuerungsentscheidungen aufeinander abzustimmen. Die *Dispositionsautonomie* der einzelnen Bereiche betrachtet die logistische Vernetzung aus Innen- und Außensicht des jeweiligen Bereichs anhand der in Abschn. 5.2.4 beschriebenen drei Kriterien [WieH02, S. 116 f., 150 f.]:

- Die *logistische Aufgabenintegration* beurteilt aus Innensicht die Kongruenz von Planungsentscheidungen und Ausführungsaktivitäten (inkl. Steuerungsentscheidungen), also die Dispositionsherrschaft über Aufträge und Ressourcen.
- Der *Dispositionsspielraum* beschreibt aus Innensicht die internen zeitlichen und örtlichen Abfertigungsalternativen, wiederum aus Auftrags- und Ressourcensicht.
- Die *logistische Einbindung in das Produktionsnetz* bewertet aus Außensicht die unidirektionalen Materialflussbeziehungen (Kunden-Lieferantenbeziehungen) und bidirektionalen Materialflussbeziehungen (Pendleraufträge).

Zur Beurteilung der Kongruenz von Planungs- und Ausführungsaktivitäten sind für jeden Bereich Schwellwerte (z. B. Eigenbestimmung > 80 % oder Fremdbestimmung < 20 %) festzulegen. Grundsätzlich weist ihr Unter- bzw. Überschreiten auf notwendige aufbauorganisatorische Anpassungen (z. B. Umstellung von Maschinen, veränderte Dispositionsverantwortung für Artikel oder Aufträge) hin. Sind organisatorische Anpassungen im Projekt nicht vorgesehen, verbleibt als Gestaltungsspielraum die Prozessstandardisierung sowie die softwaretechnische Integration der Planungs- und Steuerungsaufgaben. Bei der Ausgestaltung ist die Abhängigkeit zum Gestaltungsmerkmal Dispositionsverantwortung zu berücksichtigen.

Logistische Bedeutung
Das Gestaltungsmerkmal logistische Bilanzhülle betrifft primär die Ablauflogik eines Auftragsmanagement-Systems. Eine zentrale logistische Bilanzhülle plant und steuert die Produktion über ein Softwarewerkzeug mit denselben Prozessabläufen. Dies eröffnet die Chance, alle Restriktionen im Auftragsdurchlauf simultan zu betrachten und über einen zentralen Planungslauf Produktionsvorgaben und -rückmeldungen zeitlich zu synchronisieren. Der Preis ist eine komplexe Planung mit hohen Anforderungen an die Softwarewerkzeuge und an das Verständnis der Akteure für die Gesamtzusammenhänge. Mehrere logistische Bilanzhüllen dezentralisieren Planung und Steuerung der Produktion in mehrere Softwarewerkzeuge und erlauben unterschiedliche Prozessabläufe. Dies eröffnet die Chance für eine

vergleichsweise einfache, ggf. personelle, Planung und Steuerung, wie es die Lean-Vertreter (deshalb auch Papier- und Bleistiftfraktion genannt) fordern. Der Preis kann in unrealistischen Plänen und einem hohen manuellen Abstimmungsaufwand bestehen, was die Akzeptanz der Planung insgesamt gefährdet.

6.3.6 *Entscheidungsebenen*

Das Gestaltungsmerkmal *Entscheidungsebenen* (auch Planungsebenen) beschreibt, welche Planungs- und Steuerungsentscheidungen in einer logischen Ebene zusammengefasst sind und mit welchem Detaillierungsgrad diese getroffen werden. Bei der logischen Zusammenfassung von Planungs- und Steuerungsentscheidungen zu Ebenen sind zwei grundsätzliche Gestaltungsalternativen denkbar:

- Zum einen kann die Ebene *durchgängig* so ausgestaltet sein, dass alle Beteiligten über dieselben Informationen verfügen. Ein Beispiel hiefür wäre die Programmplanungsebene, in der alle Vertriebs-, Produktions- und Einkaufsbereiche die notwendigen Informationen bereitstellen und unter Einbeziehung der Unternehmensleitung dann ein gemeinsames Produktionsprogramm verabschieden.
- Zum anderen kann die Ebene so *unterteilt* sein, dass die Beteiligten nur über den für sie relevanten Teil an Informationen verfügen. Ein Beispiel hierfür wäre die Feinplanungsebene, in der die jeweiligen Mitarbeiter des Produktionsbereichs über alle logistischen Informationen zu diesem Bereich verfügen, Mitarbeiter anderer Bereiche aber nur auf ausgewählte Informationen (z. B. Ecktermine) Zugriff haben.

Abbildung 6.14 zeigt die genannten Grundformen von Entscheidungsebenen (a) und die zu ihrer Ausgestaltung relevanten Beschreibungskriterien (b). Die Ebenen sind durch folgende Beschreibungskriterien charakterisiert, Abb. 6.14b:

- Als erstes sind *Betrachtungsgegenstand* (Systemgrenze, z. B. Lieferkette oder Produktionsbereich) und *Entscheidungsgegenstand* (zu treffende Entscheidungen, z. B. Disposition Langläufer und Schichtpläne, Disposition Endmontage und Lagerabruf) relevant.

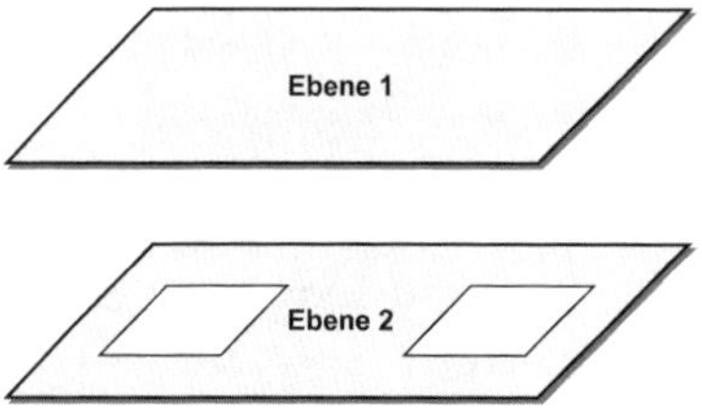

a) Gestaltungsalternativen

	Kriterien
Gegen-stand	• Betrachtungsgegenstand (Systemgrenze) • Entscheidungsgegenstand
inhaltliche Kriterien	• Entscheidungs- und Planungsziele • Detaillierungsgrad der Planungsobjekte
zeitliche Kriterien	• Entscheidungshorizont • Entscheidungsfrequenz

b) Beschreibungskriterien

durchgängig (gleiche Verfügbarkeit aller Informationen) — unterteilt (unterschiedliche Verfügbarkeit der Informationen)

Abb. 6.14 Gestaltungsmerkmal Entscheidungsebenen

- Als zweites sind die *Entscheidungs- oder Planungsziele* (z. B. Sicherstellen Material- und Kapazitätsverfügbarkeit für die Saison, Termineinhaltung der Kundenaufträge und vorausschauende Engpasserkennung) sowie der *Detaillierungsgrad* der betrachteten Planungsobjekte[8] festzulegen. Hier sind mindestens Kapazitätseinheit (z. B. Werk, Produktionsbereich, Arbeitsplatz), Prozessablaufvariante (z. B. Standard-Prozessfolge für alle Aufträge, individuelle Prozessfolge) sowie der Detaillierungsgrad der Zeit- oder Mengeninformation (z. B. Monat, Woche, Tag oder stückgenau, auf tausend Stück genau) zu beschreiben.
- Als drittes sind *Entscheidungshorizont* und *-frequenz* wichtig: Ausgehend vom Datum der Planung (heute) wird zunächst ein zukünftiger Zeitpunkt (meist Stichtag) festgelegt, den die Planung als erstes erfasst. Ausgehend vom Stichtag legt der Planungshorizont den spätesten Zeitpunkt fest, den die Planung als letztes erfasst. Stichtag und Horizont beschreiben damit den Planungszeitraum. Letzterer wird häufig in Perioden zerlegt, die in einem sinnvollen Verhältnis zum Planungszeitraum stehen müssen.

Im Rahmen eines Gestaltungsprojektes entsteht dieses Ergebnis üblicherweise in mehreren Schritten durch eine inhaltliche Verfeinerung. Bei einer Verbesserung bestehender Auftragsmanagement-Systeme sind die Entscheidungsebenen somit sowohl Gegenstand der Erstanalyse (vgl. Abschn. 5.2.4) als auch Gestaltungsgegenstand und -ergebnis.

Zum tieferen Verständnis beschreibt der folgende Abschnitt die methodischen Grundlagen zur Bildung der Entscheidungsebenen: Einerseits strukturieren die Ebenen die Entscheidungen zeitlich, dies erfordert eine genauere Betrachtung der Zeitstruktur von Entscheidungen. Andererseits strukturieren die Ebenen die Entscheidungen nach ihrer Betrachtungsgenauigkeit. Hierzu bietet sich eine Übertragung der aus der Softwaremodellierung abgeleiteten Aggregationsprinzipien auf das Auftragsmanagement an. Abschließend werden die methodischen Grundlagen an einem Praxisbeispiel erläutert.

Zeitstruktur von Entscheidungen

Für die Gliederung von Entscheidungen sind ihre zeitliche Struktur und die daraus resultierenden Entscheidungssituationen genauer zu betrachten. Abbildung 6.15 stellt diese gegenüber.

Demnach beinhaltet die Entscheidungsreichweite von Entscheidungen im Auftragsmanagement zwei Zeitspannen [Schn88; WWM99; WSW00, S. 851 f.; WieH02, S. 108 ff.]:

---

[8] Anhand der Planungsobjekte lassen sich 2 Ausprägungen unterscheiden:

- „Echte“ Ebenen verfügen über ein eigenes Datenmodell mit eigenen Stamm- und Bewegungsdaten. Ein Beispiel hierfür bilden Grobplanungsdaten, deren Stammdaten hinsichtlich Arbeitsinhalt und Durchlaufzeit aus alten Aufträgen gewonnen werden (sog. Lastwerte). Die Grobplanung von Neuaufträgen erfolgt dann auf der Basis vergleichbarer Aufträge (sog. Referenzen).
- „Unechte“ Ebenen aggregieren Daten der unterlagerten Ebene, dienen also lediglich der Darstellung. Ein Beispiel hierfür wären Grobplanungsdaten, die lediglich auf der Basis verdichteter Feinplanungsdaten (Arbeitsinhalt und Durchlaufzeit) gewonnen werden.

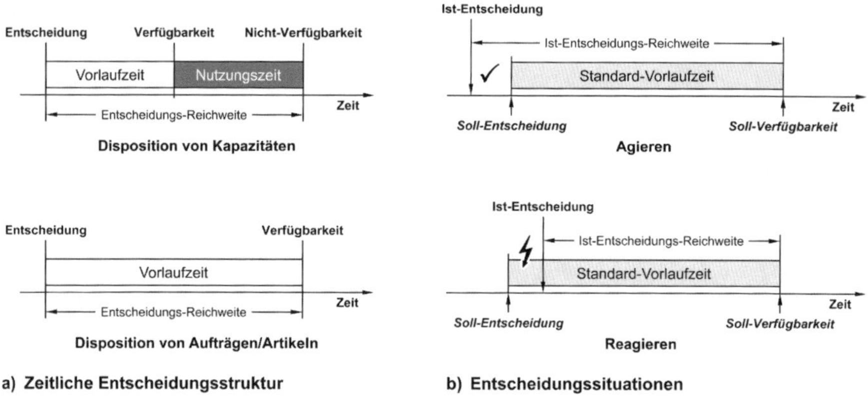

Abb. 6.15 Begriffsdefinitionen Entscheidungen

- Die *Vorlaufzeit* als Dauer zwischen Planungsentscheidung und ihrem Wirksamwerden.
- Die *Nutzungszeit* als Zeitdauer, in der eine getroffene Entscheidung wirksam ist.

Abbildung 6.15a wendet diese Definition der Entscheidungsreichweite auf die Disposition von Kapazitäten und Aufträgen bzw. Artikeln an: Aus *Ressourcensicht* sind beide Zeitdauern zu berücksichtigen. Entscheidungen zur Kapazitätsdisposition müssen sowohl eine Vorlaufzeit als auch eine gewisse Nutzungszeit berücksichtigen, die auch als Mindest-Installationszeit bezeichnet wird [WBH00]. Demgegenüber ist aus *Auftragssicht* lediglich die Vorlaufzeit (meist die Wiederbeschaffungs- oder Durchlaufzeit) relevant, da sich die Disposition von Aufträgen und Artikeln üblicherweise auf einen Zeitpunkt bezieht. Letztere besitzen nur ausnahmsweise – nämlich bei Artikelbestellungen zur Lagerauffüllung aufgrund erwarteter Verbräuche – eine der Nutzungszeit vergleichbare Zeitspanne. Diese ist im Bild vernachlässigt.

Ein vorausschauendes Abschätzen der Zeitdauern unter üblichen Bedingungen führt zu Standardfristen. Sie bestimmen den notwendigen Entscheidungsvorlauf, den die Organisation als Normalfall definiert und die Akteure als üblich empfinden. Der Vergleich dieser erwarteten Vorlaufzeit (Standard-Vorlaufzeit) mit der zu realisierenden Zeitspanne für eine spezifische Entscheidung erlaubt eine weitere Differenzierung, Abb. 6.15b:

- Als *Agieren* gelten Entscheidungen, bei denen der Ist-Entscheidungszeitpunkt *vor* dem aus der Standard-Vorlaufzeit abgeleiteten Soll-Entscheidungszeitpunkt liegt.
- Als *Reagieren* gelten Entscheidungen, bei denen der Ist-Entscheidungszeitpunkt *nach* dem aus der Standard-Vorlaufzeit abgeleiteten Soll-Entscheidungszeitpunkt liegt.

Bedeutsam ist diese Definition für die subjektive Turbulenz aus Sicht der Organisation und ihrer Akteure: Entscheidungen, bei denen reagiert wird, erhöhen den administrativen Aufwand für die Organisation und erzeugen meist Unsicherheit für die Akteure. Deshalb empfinden die Betroffenen umso mehr Turbulenz, je höher der Anteil des Reagierens wird. Sie bewerten hiermit die besonderen Anstrengungen und Abweichungen vom Normalfall.

Eine zeitliche Reihung notwendiger Entscheidungen im jeweiligen Anwendungsfall ist dann möglich, wenn ihre zeitliche Struktur hinreichend gut abschätzbar ist. Die jeweiligen Entscheider besitzen diese Kenntnisse, da das Wissen über die derzeitigen Vorlaufzeiten für Investitionen, externe und interne Material- und Kapazitätsdisposition ihr Tagesgeschäft widerspiegelt. Oftmals besteht die Schwierigkeit allerdings darin, diese Informationen zusammenzuführen und aktuell zu halten. Erst die Kenntnis über den eigenen Bereich hinaus sensibilisiert die Entscheider für die gegenseitigen Abhängigkeiten ihrer Handlungen.

Die zu bildenden Entscheidungsebenen im Auftragsmanagement werden also wesentlich durch die Vorlaufzeit der jeweiligen Liefer- und Dispositionsentscheidungen bestimmt. Allerdings entstehen Schwierigkeiten, wenn sich diese Zeitspannen ändern (z. B. durch allgemeine Konjunktureinflüsse oder individuelle Marktveränderungen), da dann die gesamte Entscheidungsarchitektur aus dem unterstellten Zeitgefüge gerät und dementsprechend neu justiert werden muss. Ein Beispiel für die Analyse der Zeitcharakteristik und der Konsequenzen bei Veränderungen ist in Abschn. 1.1, Abb. 1.3 dargestellt.

Detaillierungsgrad der Grundobjekte

Der Detaillierungsgrad der Planung und Steuerung betrifft naturgemäß auch den Betrachtungsgegenstand. Die Industrie teilt die unterschiedlichen Entscheidungsaufgaben auf mehrere Ebenen auf. Die Betrachtungsgenauigkeit der jeweiligen Entscheidungsebene ist über den Detaillierungsgrad der in Abschn. 3.4 erläuterten Grundobjekte beschreibbar.

Methodische Grundlage bilden die von Wiedenmann entwickelten Modellierungshierarchien [Wied01, S. 78 ff., 118 ff.]: Sie beschreiben die Ebenen und liefern formale Regeln zur Umsetzung der Vorgabe- und Rückmeldeinformationen zwischen ihnen. Im Grundsatz erfordert jedes Grundobjekt eine eigene Modellierungshierarchie, zusätzlich sind Mengen- und Zeitinformationen zu betrachten. Im objektorientierten Sinne kann ihrer Bildung sowohl das Prinzip der Aggregation (Part of-Beziehung) als auch das der Generalisierung (Kind of-Beziehung) zugrunde liegen, vgl. Abschn. 2.2. Der unternehmensspezifische Fall kombiniert die Prinzipien. Abbildung 6.16 visualisiert die beiden Abstraktionsprinzipien an Beispielen.

Part of-Abstraktion: Es bietet sich an, die Modellierung der Kapazitätseinheiten mit der Aufbauorganisation zu verknüpfen. Die Außensicht auf eine Kapazitätseinheit (hier Produktionsbereich) führt zu einem Grobprozess (grobe Detaillierung), Abb. 6.16a oben. Im einfachsten Fall ist eine genauere Planung und Steuerung nicht erforderlich. Demgegenüber leuchtet die Innensicht die Black Box aus und detailliert den Grobprozess auf die Prozessschritte am Arbeitssystem (feine Detaillierung), Abb. 6.16a unten. Die Verwendung der Abstraktion ‚Part of' (ist Teil von) verknüpft die Betrachtungsgenauigkeit von Kapazitätseinheit und Prozess also fest miteinander, vgl. dazu ausführlich [WieH02, S. 110 ff.].

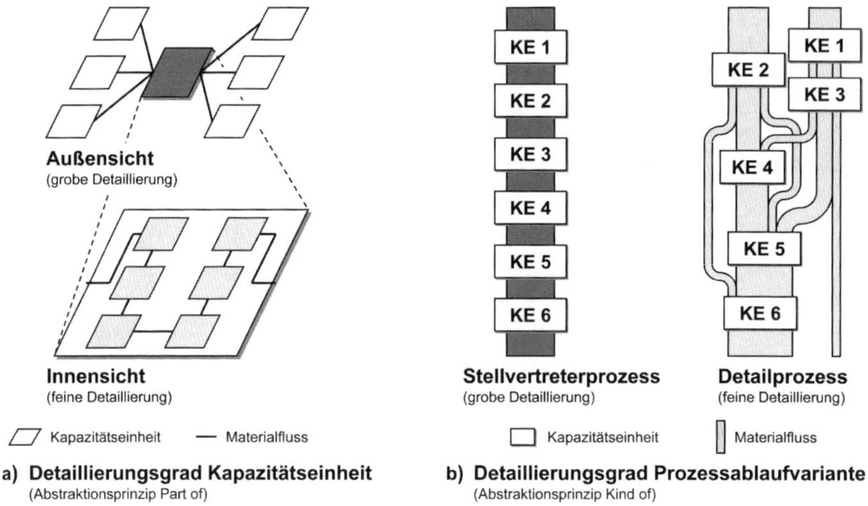

Abb. 6.16 Beispielhafte Aggregationshierarchien

Kind of-Abstraktion: Bezogen auf die gewählte Betrachtungsgenauigkeit der Kapazitätseinheit ist nunmehr der Fluss von Aufträgen über die verschiedenen Einheiten sowie ihre Kapazitätsbelastung zu analysieren, Abb. 6.16b. Die feine Detaillierung betrachtet den Detailprozess und damit jede Prozessablaufvariante individuell (rechts), die grobe wählt einen Stellvertreterprozess aus (links). Diese *Stellvertreter* vereinfachen die Betrachtung hinsichtlich kapazitiver und zeitlicher Belastung. Hier sind die Grundformen typische Stellvertreter (repräsentieren einen typischen Prozessablauf, meist also ein Standardprodukt) sowie virtueller Stellvertreter (repräsentieren die Belastung des typischen Auftragsmix, existieren aber in der Realität nicht) zu unterscheiden [WieH02, S. 148 f.]. Die Verwendung der Abstraktion ‚Kind of' (ist vom Typ) verknüpft die Betrachtungsgenauigkeit von Prozessablauf und Artikel also fest miteinander, vgl. dazu ausführlich [WieH02, S. 112 f.].

Zur Bildung dieser Hierarchien mit ihren Ausprägungen sind zwei Vorgehensweisen denkbar: Ausgehend von einer Referenzstufe (z. B. Produktionsbereich) wird die Black Box in sinnvollen Schritten top-down geöffnet. Das entspricht einer *relativen Unterscheidung* von Ebenen und betont die Ähnlichkeiten auf unterschiedlichen Strukturebenen. Er ist zur Konfiguration und Diskussion der Methodeneignung besonders geeignet. Die alternative *absolute Unterscheidung* von Ebenen modelliert in sinnvollen Schritten bottom-up mit dem einzelnen Arbeitsplatz. Dieser Ansatz entspricht eher dem klassischen PPS-Verständnis und setzt implizit ein einheitliches Verständnis über eine feinste Detaillierung voraus. Die Vergleichbarkeit ergibt sich hier durch eine absolute Betrachtung; Ähnlichkeiten ergeben sich nur auf einer Strukturebene, vgl. dazu ausführlich [WieH02, S. 109 ff., 130, 139 ff.].

Schließlich weist eine Entscheidung einen bestimmten Detaillierungsgrad hinsichtlich der *Zeit- und Mengeninformationen* auf, diese sind über Kapazität bzw.

abgearbeitete Leistung verknüpft. Bei der Festlegung sind deshalb die angestrebten Stufen der Kapazitätsflexibilität zu berücksichtigen. Zunächst wird lediglich unterschieden, ob der betrachtete Planungszeitraum weiter unterteilt wird, vgl. dazu ausführlich [WieH02, S. 113 f., 201 ff., 222 f.]:

- Im Fall der *statischen Betrachtung* ist dies nicht der Fall; die Entscheidungen basieren auf einem einzigen Mengenwert für einen bestimmten Planungszeitraum.
- Demgegenüber unterteilt die *dynamische Betrachtung* den Planungszeitraum, so dass mehrere Werte resultieren. Die genauere Betrachtung erleichtert das Erkennen von Engpässen bei schwankenden Belastungen.

Der Anwendungsfall schränkt die theoretisch möglichen Kombinationen zur Beschreibung des Detaillierungsgrades (Kapazitätseinheit, Prozessvariante, Zeit- und Mengeninformation) auf wenige, sinnvolle Alternativen ein. Diese Wechselwirkungen sind bei der Wahl des Detaillierungsgrades zu berücksichtigen. Außerdem ist die Klassifizierung des Detaillierungsgrades zur Methodenauswahl wichtig, vgl. dazu ausführlich [WieH02, S. 130 ff., 139 ff.].

Abbildung 6.17 zeigt ein konkretes Beispiel für eine Morphologie der Entscheidungsebenen mit den Bezugsobjekten der Hierarchien und ihren Ausprägungen. Es handelt sich um einen Einzel- und Kleinserienfertiger. Insgesamt existieren drei Entscheidungsebenen, die für die Grobplanung gewählte Ausprägung ist eingezeichnet.

Die hier aufgeführten Grundobjekte Endprodukt, Prozess, Kapazität sowie Material haben sich als Diskussionsvorlage zur Analyse und Gestaltung bewährt: Erfahrungsgemäß dominiert bei den Grundobjekten Endprodukt und Material das Abstraktionsprinzip ‚Kind of', während die Kapazitätseinheit dem Prinzip ‚Part of' folgt. In diesem Fall beschreibt die Endprodukthierarchie gleichzeitig die Prozessablaufvarianten. Deshalb erscheint es sinnvoller, die Detaillierungsstufen der Ablaufschritte aufzuführen und als Gliederungsprinzip ‚Part of' zu nutzen. Koordiniert

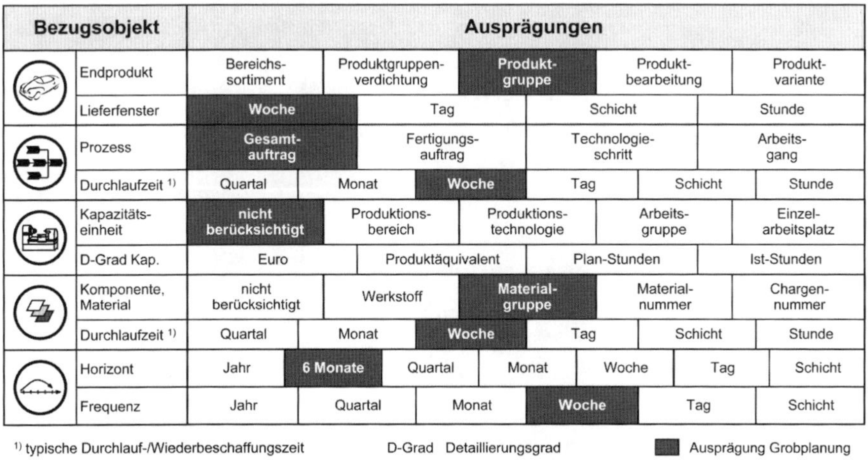

Abb. 6.17 Morphologie der Entscheidungsebenen (Praxisbeispiel)

das Unternehmen seine logistische Abwicklung über Ecktermine, tritt die Betrachtung Mengeneinheiten in den Hintergrund und kann meist vernachlässigt werden. Dies ist bei den für die Automobilbranche typischen Wiederholfertigern mit Lieferabrufen zu festen Tagen oder Zeitintervallen meist anders: dann tritt die Betrachtung der Mengeneinheit und ihrer zulässigen Abweichung in den Vordergrund und die Zeiteinheit ist oft vernachlässigbar.

Einflusskriterien

Die Festlegung der Entscheidungsebenen leitet sich wesentlich aus den Gestaltungsmerkmalen der Funktions- und Ablauflogik ab und ergibt sich meist erst auf Basis der konkret vorliegenden Ergebnisse dieser Gestaltungsmerkmale. Darüber hinaus zeigt ein Hinterfragen der Ist-Situation oftmals spezifische Gründe auf, die sich nur schwer über allgemeingültige Kriterien herleiten lassen. Im Vordergrund stehen damit Überlegungen zur widerspruchsfreien Ausgestaltung. Der generelle Hinweis, möglichst wenige Ebenen vorzusehen, findet seine Grenzen in der zu betrachtenden Entscheidungskomplexität sowie der zeitlichen Verfügbarkeit von Informationen. Bei der Ausgestaltung sind die Wechselwirkungen zur Ausgestaltung der im Folgenden erläuterten Informationsflüsse zu beachten.

6.3.7 Informationsflüsse

Die Informationsflüsse verknüpfen Entscheidungsebenen. Hierbei sind grundsätzlich vertikale von horizontalen Informationsflüssen zu unterscheiden. Abbildung 6.18 zeigt die Arten von Informationsflüssen und die zu ihrer Gestaltung relevanten Beschreibungskriterien.

Die *zeitlichen Kriterien* gelten für beide Arten der Informationsflüsse:

- Die *Abstimmungsfrequenz* beschreibt die Auslösungsart von Entscheidungsaktivitäten. Die Grundformen sind eine periodische Auslösung (z. B. monatlich) und eine ereignisbezogene Auslösung (z. B. durch Kundenauftrag). Das Erreichen eines so definierten Abstimmungszeitpunktes löst bestimmte Aktivitäten aus und wird deshalb auch als Trigger bezeichnet. In der Vergangenheit dominierten

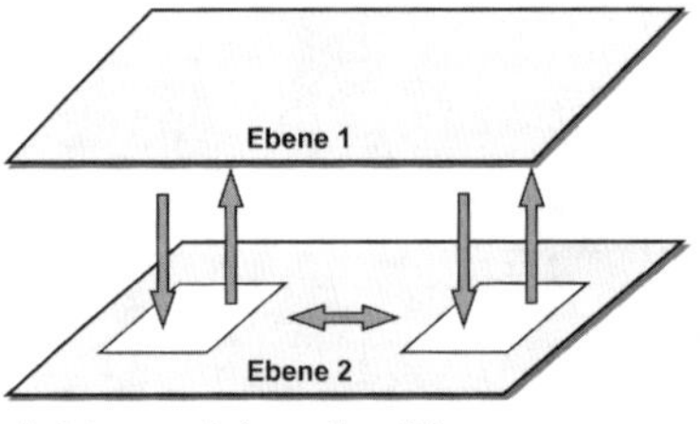

a) Arten von Informationsflüssen

	Informationsfluss vertikal	Informationsfluss horizontal
zeitliche Kriterien	• *Frequenz*: periodisch oder ereignisorientiert • *Form*: zeitlich sukzessiv oder simultan	
inhaltliche Kriterien	*Transformationsregel* • Aggregation • Disaggregation	*Weitergabekriterium* • Ereignis und Inhalt • Abweichungsgrenze

b) Beschreibungskriterien

horizontaler Informationsfluss — vertikaler Informationsfluss — sukzessive Abstimmung — simultane Abstimmung

Abb. 6.18 Gestaltungsmerkmal Informationsflüsse

softwaretechnische Argumente die Überlegungen, da Laufzeiten für MRP-Läufe von einem Tag und mehr nicht unüblich waren. Leistungsfähigere Hard- und Software führten dazu, dass heute auch bei großen Datenumfängen und vielen Dispositionsstufen Laufzeiten von 2–3 Stunden erreichbar sind. Die gleichzeitig beobachtete Tendenz der Konzentration auf die Kernkompetenzen verkleinert die Datenumfänge. Heute sollten daher logistische Argumente im Vordergrund der Gestaltung stehen [WieH02, S. 69, 129].
- Die *Abstimmungsform* beschreibt die Synchronisation der Informationsflüsse. Als Extremformen sind zeitlich sukzessiv und zeitlich simultan zu unterscheiden. Eine zeitlich sukzessive Abstimmung ist insbesondere bei vertikalen Informationsflüssen typisch, die nach dem Regelkreisprinzip aufgebaut sind, vgl. Abschn. 3.5. Demgegenüber ist eine zeitlich simultane Abstimmung eher für horizontale Informationsflüsse – bspw. beim Informationsaustausch im Rahmen einer Terminvereinbarung – typisch.

Demgegenüber treten unterschiedliche *inhaltliche Kriterien* je nach Art des Informationsflusses in den Vordergrund der Gestaltung.

Für den *vertikalen Informationsfluss* sind vor allem die Transformationsregeln, also Aggregations- bzw. Disaggregationsformen, näher zu betrachten, vgl. dazu ausführlich [WinR91, S. 28 ff., 207 ff.; Kov05, S. 7 ff.]:

- Typisches Beispiel für eine *Disaggregation* von der Grob- zur Feinplanung ist die Sekundärbedarfsermittlung: Dabei werden die Erzeugnisbedarfe (Primärbedarfe) in Materialbedarfe an Baugruppen, Eigen- und Kaufteile sowie Rohmaterial aufgelöst.
- Typisches Beispiel für eine *Aggregation* ist die Kennzahlenbildung im Rahmen der Zielwertermittlung: Dabei werden bspw. Auftragseinzeldurchlaufzeiten zu einem Periodenmittelwert oder Durchsatzgrößen der Einzeltage zu einem Summenwert des Monats verdichtet. Zur Berechnung von Verhältniswerten wie bspw. der Termintreue sind ggf. weitere Festlegungen zu treffen, vgl. a. Abb. 3.5 und 3.6.

Demgegenüber treten für den *horizontalen Informationsfluss* die Weitergabekriterien in den Vordergrund der Gestaltung. Anschauliches Beispiel hierfür ist die dezentrale Planung von zwei oder mehr Produktionsbereichen. Werden also Teilefertigung und Montage dezentral beplant, ist die terminliche Abstimmung der durchlaufenden Kundenaufträge sicherzustellen. Als Weitergabeinhalt wären hier zwei Informationen denkbar:

- Aus Bereitstellungssicht sind zunächst die Montagebereitstelltermine der Einzelteile wichtig (resultierend aus dem Montagestart), hieraus ergibt sich die gewünschte Fertigstellung der Einzelteile der Teilefertigung.
- Aus Verfügbarkeitssicht sind dann dementsprechend die Fertigstellungstermine der Teilefertigung abstimmungsrelevant, hieraus resultiert der Ankunftstermin in der Montage.

Ausgehend von den definierten Koordinationsinhalten (hier Bereitstellung, d. h. Bedarf und Verfügbarkeit, d. h. Angebot) resultieren Leitfragen, die Grenzwerte für zulässige Abweichungen (hinsichtlich Termin und Menge sowie ggf. Ort) beschreiben: „Für welche Ereignisse wird welcher Inhalt weitergegeben?“ sowie „Ab welcher Abweichung oder Veränderung von Zuständen erfolgt eine Weitermeldung?“

Einflusskriterien
Die Gestaltung der Informationsflüsse ist eng mit den Entscheidungsebenen verknüpft; dementsprechend bilden die Gestaltungsmerkmale der Funktions- und Ablauflogik den logischen Ausgangspunkt. Weiterhin dominieren Überlegungen zur Planstabilität, also der Relevanz von Änderungen auf andere Bereiche bzw. Ebenen.

Mit der Beschreibung der Gestaltungsmerkmale und grundlegenden Hinweisen zu ihrer Ausgestaltung schließt das Kapitel. Das Folgekapitel stellt die Konfigurationslogik mit ihren Analyse- und Gestaltungsbausteinen in den Projektzusammenhang einer Auftragsmanagement-Gestaltung.

Kapitel 7
Auftragsmanagement-Einführung

Bei der Einführung eines Auftragsmanagement-Systems fließen die fachlichen Aspekte der Konfigurationslogik mit den organisatorischen Aspekten der Projektgestaltung zusammen. Ein ganzheitliches Gestaltungsvorgehen muss aber neben den Rahmenbedingungen auch die oft vernachlässigten sozial-emotionalen Aspekte berücksichtigen. Letztere beziehen sich sowohl auf das Projekt als auch auf die an der Einführung beteiligten und betroffenen Mitarbeiter sowie die notwendigen Verhaltensänderungen in der Organisation.

Jedes Auftragsmanagement-Projekt ist ein Unikat, das ausgehend von der jeweiligen Aufgabenstellung auf die unternehmensspezifischen Rahmenbedingungen individuell zugeschnitten werden muss. Deshalb werden für jeden der folgenden vier Projektaspekte Rahmenbedingungen, Fachthemen, Organisation und Methodik sowie emotionale und soziale Aspekte Projektbausteine formuliert. Diese haben

Ganzheitlich im Projekt vorgehen

DOI 10.1007/978-3-642-19149-7_7, © Springer-Verlag Berlin Heidelberg 2011

sich bei der Entwicklung und Einführung des Auftragsmanagements bewährt: Im Sinne einer Handlungsanleitung verdichten die Bausteine entweder methodische Ansätze zu Leitlinien der Projektplanung und -durchführung oder sie fassen Themen so zusammen, dass sie im Projekt als weitgehend eigenständige Arbeitspunkte geplant und durchgeführt werden können. Die in den Projektbausteinen beschriebenen Methoden sind nicht vollständig abzuarbeiten, sondern der Situation angepasst einzusetzen. Dies eröffnet individuelle Projektgestaltungsmöglichkeiten, lässt eine höhere Akzeptanz durch die Beteiligten erwarten und setzt stark auf die Erfahrung der Verantwortlichen.

Zunächst gibt Abschn. 7.1 einen Überblick über die Projektmethodik; sie verbindet die geschilderten vier Aspekte mit den Grundsätzen des Systems Engineering. Die Folgeabschnitte beschreiben die vier Projektaspekte und ordnen ihnen bewährte Projektbausteine zu. Diese werden, ausgehend von den Rahmenbedingungen (Abschn. 7.2), in der Reihenfolge organisatorisch-methodisch (Abschn. 7.3), sozial-emotional (Abschn. 7.4), fachlich (Abschn. 7.5) sowie Projektplanung und -überwachung (Abschn. 7.6) erläutert. Zusammenfassend werden Vorgehens- und Gestaltungsleitlinien für das Auftragsmanagement formuliert (Abschn. 7.7).

7.1 Projektmethodik

Die entwickelte Projektmethodik basiert auf den drei Grundlagen *Projektlogik*, *Projektaspekte* und *Formkurve*. Allgemeine Hinweise zur *Projektdurchführung* beschließen den Abschnitt.

Projektlogik

Erste methodische Grundlage bildet die bereits in Abb. 2.10 dargestellte Projektlogik des Systems Engineering [DaHu02; Zü04]. Abbildung 7.1 konkretisiert sie für das Auftragsmanagement.

Entsprechend der Makro-Logik des Systems Engineering [DaHu02, S. 37 ff., 83 ff.] ist ein phasenorientiertes Vorgehen zu empfehlen. Die Hauptphasen sind Projektdefinition, -durchführung und -abschluss. Abbildung 7.1a unterteilt sie für das Auftragsmanagement in sechs Phasen:

- Die *Projektdefinition* umfasst die erforderlichen Vorarbeiten für ein Projekt (Projektauftrag klären, Projektleiter und -gruppe benennen) und schließt den eher unstrukturierten Projektanstoß (Unbehagen mit dem Ist-Zustand, Entscheidungsträger sensibilisieren, Problembewusstsein schaffen und Handlungsbereitschaft klären) ab. Ergebnis ist ein Projektantrag, der bei Genehmigung durch den Auftraggeber in einen Projektauftrag mündet.
- Die *Logistikstrategie* erarbeitet die grundlegende logistische Ausrichtung des Unternehmens: Der Wettbewerbsbeitrag der Logistik zum Unternehmenserfolg beinhaltet die logistischen Zielprioritäten und ist ggf. nach den logistischen Geschäftsarten zu differenzieren, vgl. Abschn. 6.2. Das Ergebnis ist durch die Geschäftsleitung zu genehmigen.

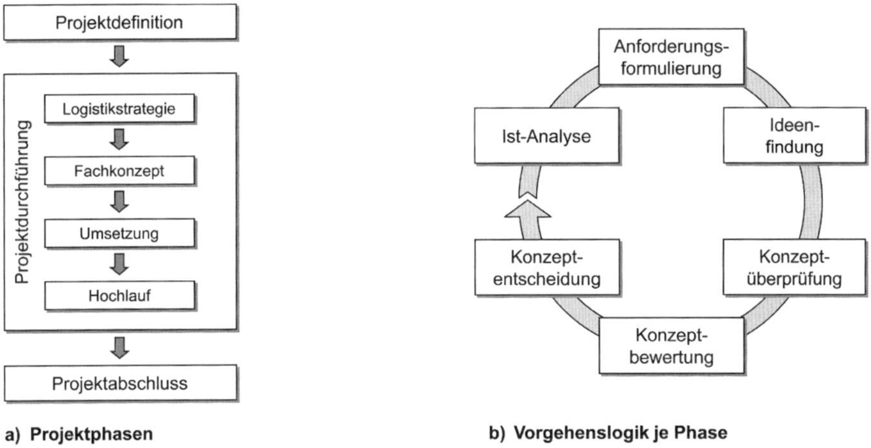

Abb. 7.1 Projektlogik zur Auftragsmanagement-Einführung

- Das *Fachkonzept* konkretisiert die Logistikstrategie und formuliert operative Leitlinien für die tägliche Planung und Steuerung. Ausgehend von den in Abschn. 6.3 erläuterten Gestaltungsmerkmalen sind die Aspekte Funktionslogik (Funktionen und Planungsobjekte), Ablauflogik (Prozesse und Verantwortlichkeiten) sowie ihre software-technische Umsetzung zu beschreiben. Es hat sich praktisch bewährt, das Fachkonzept in die beiden Schritte Grob- und Feinkonzept aufzuteilen. Das Ergebnis sollten die Fachführungskräfte auf Konsistenz zur Logistikstrategie überprüfen. Die Geschäftsleitung muss es abschließend genehmigen sowie Umsetzung und Hochlauf sichtbar unterstützen.
- Die *Umsetzung* detailliert das Fachkonzept unter organisatorischen und software-technischen Gesichtspunkten bis zur Umsetzungsreife; hierzu gehört auch die Prozess- und Arbeitsablaufdokumentation mit Schulungsunterlagen sowie die Softwaredokumentation mit Benutzerhandbüchern. Die Freigabe zum operativen Systembetrieb muss durch die Anwender erfolgen, die in den Projektgruppen bzw. Entscheidungsgremien vertreten sind. Ergebnis ist ein funktionsfähiges und betriebsbereites Auftragsmanagement-System.
- Der *Hochlauf* setzt das konzipierte Auftragsmanagement-System organisatorisch und software-technisch in Betrieb. Die Projektgruppe muss in dieser Phase auftretende Schwierigkeiten zügig lösen, um die bereits unter den neuen Bedingungen laufende Auftragsabwicklung nicht zu gefährden. Deshalb wird die Hochlaufphase noch dem Projekt zugerechnet. Ergebnis ist ein unter fachlichen Gesichtspunkten stabiler Systembetrieb, bei dem auch die organisatorisch-emotionalen Rückstellkräfte überwunden sind.
- Mit dem *Projektabschluss* endet das Gestaltungs- und Einführungsprojekt. Es folgt die Erfolgskontrolle unter fachlichen, organisatorischen und atmosphärischen Gesichtspunkten. Darüber hinaus sollte das Unternehmen die Ergebnisse

auch als Lernchance für künftige Projekte nutzen. Ergebnis ist ein durch das Projektteam zu erstellender Abschlussbericht – idealerweise mit Hinweisen für künftige Verbesserungen (Lessons Learned). Dieser ist durch den Auftraggeber abzunehmen.

Zwischen diesen Phasen findet eine Rückkopplung statt, bspw. wenn strategische Vorgaben im Fachkonzept nicht realisierbar sind. Aus Gründen der Übersichtlichkeit sind diese in der Abbildung nicht dargestellt.

In jeder Phase läuft der Problemlösungszyklus als Mikro-Logik ab, vgl. Abschn. 2.3.5. Basierend auf dem Systems Engineering konkretisiert Abb. 7.1b diese phasenbezogene Vorgehenslogik für das Auftragsmanagement mit Blick auf die Konzeptphasen unter Berücksichtigung der in Abb. 6.2 dargestellten Konfigurationsmethodik (vgl. a. Abschn. 6.1). Die Logik wird mit Blick auf die Konzeptphasen erläutert, gilt aber sinngemäß für alle Phasen [DaHu02, S. 47 ff., 94 ff.]:

- Die *Ist-Analyse* betrachtet die Ausgangssituation und folgt den in Kap. 5 beschriebenen Analysefeldern. Diese umfassen sowohl die logistischen Rahmenbedingungen (Abschn. 5.2) als auch das bestehende Auftragsmanagement-System mit seinen Konfigurationsfehlern, also den PPS-Stolpersteinen (Abschn. 5.3). Darüber hinaus sind wesentliche zu diesem Zeitpunkt bereits vorhersehbare Entwicklungen abzuschätzen. Hier bietet die Szenariotechnik methodische Hilfsmittel, vgl. u. a. [GFS95]. Ergebnis ist eine inhaltliche Analyse mit den logistischen Wechselwirkungen und den wesentlichen Defiziten. Sie muss von den operativ Verantwortlichen nicht nur fachlich nachvollzogen, sondern unter dem Aspekt der Veränderungsbereitschaft auch akzeptiert werden: Deshalb ist unter emotionalen Gesichtspunkten der Würdigung der Vergangenheit besondere Bedeutung beizumessen (vgl. Abschn. 7.4: Grundverständnis), ohne die inhaltliche Klarheit dadurch zu vernachlässigen. Hier sollten sich insbesondere Externe die Grundhaltung der aktiven Wertschätzung bisheriger Leistungen in Erinnerung rufen [BacS94, S. 29 ff.; MaKr01, S. 95 ff.; GorT05].
- Die *Anforderungsformulierung* beschreibt zum einen die Rahmenbedingungen. Zum anderen ist die erwartete logistische Zielerfüllung in Lieferung, Produktion und Beschaffung festzulegen; sie gilt als Vereinbarung zwischen den Beteiligten. Eine belastbare und realistische Vereinbarung ist insbesondere bei unterschiedlichen Ausgangssituationen oder Bedürfnissen der Akteure (z. B. unterschiedliche Geschäftsbereiche, Hierarchieebenen) sowie für die IT-bezogenen Standardisierungsziele von hoher Bedeutung. Viele Praktiker unterschätzen die systematische Bearbeitung dieses Schrittes, weshalb seine Bedeutung hervorzuheben ist. Ergebnis sind zwischen allen Projektbeteiligten abgestimmt formulierte logistische Anforderungen; wichtig ist hier ihre Lösungsneutralität.
- Die *Ideenfindung* (auch Konzeptentwicklung) bildet den konstruktiven, kreativen Schritt der Problemlösung. Das Systems Engineering betont hier das Gegenüberstellen echter Lösungsalternativen. Setzt die Ideenfindung auf der strukturierten Problembeschreibung auf, besteht die Chance, Ideen systematisch aus der Ausgangssituation und den Anforderungen abzuleiten. Hierzu bilden die in

Abschn. 6.3 erläuterten Grundformen der AM-Gestaltungsmerkmale eine geeignete methodische Grundlage. Ergebnis ist (mindestens) ein Konzeptvorschlag.

- Die *Konzeptüberprüfung* stellt die Lösungsideen in strukturierter Form geschlossen dar und prüft sie damit zunächst inhaltlich auf Schlüssigkeit: Dies beinhaltet die Aspekte Zielerfüllung, Integrationsfähigkeit nach außen, Konsistenz der Lösung nach innen und Realisierbarkeit. Die Tauglichkeitsprüfung kann qualitativ, quantitativ oder auch in Form von Tests (z. B. als softwaregestützter Integrationstest für bestimmte Geschäftsfälle) geschehen. Die bereits beschriebenen Gestaltungsmerkmale mit ihren idealtypischen Ausprägungen unterstützen diesen Schritt. Eine solche Überprüfung sollte für jede Lösungsidee getrennt erfolgen. Ergebnis ist eine Liste tauglicher Lösungsalternativen unter den Aspekten Zielerreichung (v. a. Mussziele) sowie Machbarkeit (hinsichtlich organisatorischer Veränderungen, der Akzeptanz der Mitarbeiter und der software-technischen Realisierung).
- Die *Konzeptbewertung* stellt die Lösungsalternativen systematisch gegenüber. Hier sind lediglich Alternativen einzubeziehen, die für tauglich befunden wurden. Die vergleichende Gegenüberstellung führt erfahrungsgemäß zu neuen Argumenten, die die bisherige Bewertung der Lösungsalternativen verändert oder es entstehen neue Varianten, bspw. durch Kombination vorhandener Alternativen. Dann treten Rückschleifen zu den beiden vorhergehenden Schritten auf. Die Bewertung sollte unter Chancen- und Risikoüberlegungen erfolgen; hierbei sind entgangene Chancen bzw. vermiedene Risiken ebenfalls in die Bewertung mit einzubeziehen. Ergebnis ist eine Vorlage zum Konzeptentscheid; diese kann, muss aber keine Empfehlung für eine bestimmte Lösungsalternative enthalten.
- Die *Konzeptentscheidung* wählt aus den verfügbaren Lösungsalternativen eine aus und legt das weitere Vorgehen fest: Hier schärfen die Idealtypen der Gestaltungsmerkmale den Blick für die erforderlichen Grundsatzentscheidungen. Sie bilden gleichzeitig die Grundlage für die Formulierung von Kernbotschaften für die Geschäftsleitung und operativ Verantwortlichen (vgl. a. Abschn. 7.5.2: Baustein Kernbotschaften). Einerseits bereitet dies die Entscheidungsträger in nachvollziehbarer Art und Weise auf die notwendigen Entscheidungen vor. Andererseits wird so der Bezug zu den realen Geschäftsabläufen hergestellt und die operativ Verantwortlichen können zur Auswirkung auf das Tagesgeschäft Stellung nehmen. Dies erhöht die Qualität und die Akzeptanz der Entscheidung. Ergebnis ist ein (vorläufiger) Konzeptentscheid, der ebenfalls das weitere Vorgehen festlegt.

Die Projektbearbeitung erfolgt als Aufgabenteilung zwischen Auftraggeber und Projektgruppe (z. B. Kernteam) [DaHu02, S. 99 f.]: Wesentliche Entscheidungen sind durch den Auftraggeber (bzw. Lenkungsausschuss) vorzugeben bzw. zu bestätigen. Die inhaltliche Projektarbeit erfolgt vor allem im Kernteam, bei komplexeren Projekten ist eine Aufteilung in Teilteams üblich. Die besondere Herausforderung besteht dann darin, die erforderliche Ergebnisintegration sicherzustellen. Hierzu sind einerseits die Durchführungsphasen und andererseits ihre Bearbeitungsschwerpunkte genauer zu betrachten, Abb. 7.2.

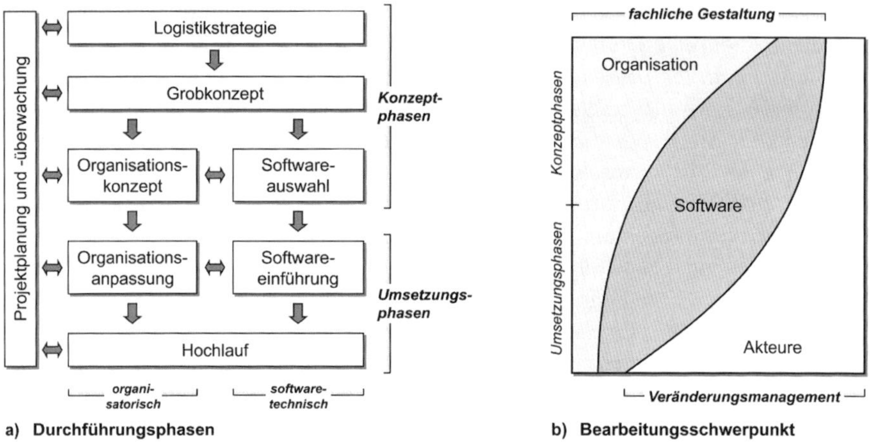

Abb. 7.2 Durchführungsphasen und Bearbeitungsschwerpunkt von AM-Projekten

Abbildung 7.2a detailliert die in Abb. 7.1a dargestellten vier Durchführungsphasen eines Auftragsmanagement-Projektes[1] und ordnet sie nach ihrem Zeitverlauf von oben nach unten in Konzept- und Umsetzungsphasen: Die Phase des Fachkonzepts ist in Grobkonzept und Feinkonzept unterteilt; Letzteres wird nach Organisationskonzept und Softwareauswahl differenziert. Inhaltlich sind organisatorische von software-technischen Aspekten zu unterscheiden.

Die in der Phase der Logistikstrategie und des Grobkonzepts zusammenhängend bearbeiteten Aspekte sind in den Folgephasen separat zu bearbeiten, aber an definierten Entscheidungspunkten, und abzugleichen: Bei Bedarf ist daher parallel zum Organisationskonzept eine Softwareauswahl durchzuführen und zeitgleich zur Organisationsanpassung (Umsetzung des Organisationskonzeptes) erfolgt die Softwareeinführung (ggf. mit Programmierung und Tests). Bei der Entscheidung für eine Standard-Software ist es empfehlenswert, Anregungen der Anbieter aufzunehmen. Dies ermöglicht einerseits eine Konzeptverbesserung (indirektes Benchmarking mit entsprechenden Lernchancen) und reduziert andererseits den eigenen Konzeptaufwand. Während der gesamten Durchführung sind eine Projektplanung und -überwachung hinsichtlich der Projektrahmenbedingungen, der fachlichen, organisatorisch-methodischen und sozial-emotionalen Aspekte erforderlich.

Abbildung 7.2b visualisiert die sich im Zeitverlauf ändernden Bearbeitungsschwerpunkte zwischen fachlicher Gestaltung (Organisation der Auftragsabwicklung, d. h. der Funktions- und Ablauflogik, und ihrer Softwareunterstützung,

[1] Das am FIR entwickelte sogenannte 3Phasen-Konzept fokussiert auf die Auswahl und Einführung einer Standardsoftware [SmRo06; RoSm06]. Es hat sich über viele Jahre praktisch bewährt und findet sich in ähnlicher Form für andere Themengebiete, vgl. u. a. [Schwe01; BVW07; Trov07]. Ursprünglich für die PPS-Auswahl entwickelt, behandelt das Vorgehen jedoch nicht alle der hier geschilderten Projektphasen und -aspekte.

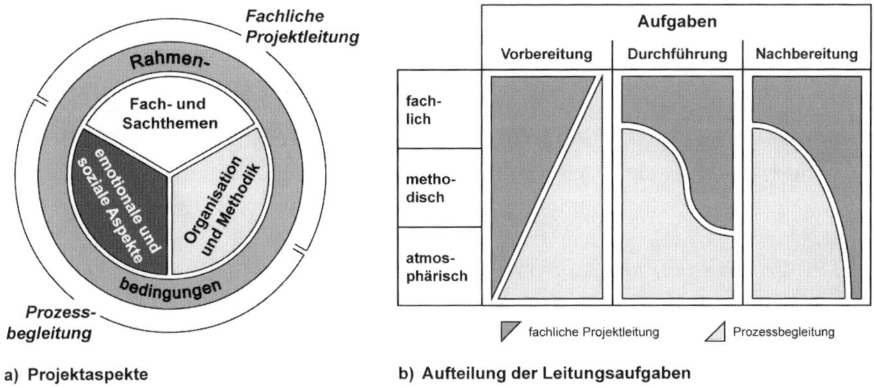

Abb. 7.3 Gestaltungsaspekte und Leitungsaufgaben im AM-Projekt. (H. R. Schübel/H.-H. Wiendahl)

Abb. 3.3) und dem Veränderungsmanagement: Zu Beginn der Durchführungsphasen liegt der Schwerpunkt auf der fachlichen Gestaltung. Im weiteren Projektverlauf treten zunächst Softwarefragen stärker in den Vordergrund, später dominieren dann Fragen zum Veränderungsmanagement. Die Aufgabe des Veränderungsmanagements beginnt demnach bereits mit dem Projektstart und bezieht die betroffenen Führungskräfte und Mitarbeiter frühzeitig – z. B. in Form von Informationsveranstaltungen sowie Interviews über Erwartungen und Anforderungen – mit ein. Dies vermeidet den oft zu beobachtenden „End-of-the-pipe"-Ansatz: Hier werden die Betroffenen erst kurz vor Einführung über die geplanten Veränderungen informiert, was häufig Widerstände gegen die Veränderung auslöst.

Projektaspekte und Leitungsverantwortung

Zweite methodische Grundlage bildet eine in der Praxis bewährte Heuristik zur aspektweisen Analyse komplexer Probleme, auch als Vier-Felderkreis bezeichnet [Schüb02]. Sie basiert einerseits auf dem von Katz entwickelten three-skill approach, der als personenbezogene Handlungskompetenz fachliche, soziale und konzeptionelle Kompetenz (Methodenkompetenz) unterscheidet, vgl. u. a. [Katz55; Sonn07]. Andererseits spiegeln sich hier die Grundgedanken der systemischen Analyse wider, die ausdrücklich die Rahmenbedingungen des Systems sowie die Aspekte Mensch, Technik und Organisation unterscheidet, vgl. u. a. [RieH82; Uli94; Uli99; MaKr01].

Der praxisbewährte Grundgedanke besteht darin, fachliche Projektleitung und Moderation von Gruppenprozessen (Prozessbegleitung) zu trennen, vgl. dazu ausführlich [MaKr01, S. 41 ff.; Schüb02]. Abbildung 7.3a zeigt die hierfür relevanten Gestaltungsaspekte im Projekt sowie die grundsätzliche Aufteilung der Leitungsaufgaben zwischen den beiden Rollen:

- Zunächst sind die *Rahmenbedingungen* zu betrachten (Was kann oder soll das Projekt nicht beeinflussen?). Diese beziehen sich auf das Projekt (Betrachtungs- und Gestaltungsgegenstand) und auf das Unternehmen (Vision, Strategie, aktuelle Situation).

- Die *Fach- und Sachthemen* ergeben sich aus den Projektinhalten (Worum geht es im Projekt?), hier also aus den Freiheitsgraden in der Auftragsmanagement-Gestaltung. Diese verantwortet der fachliche Projektleiter.
- Demgegenüber betrachten die *emotionalen und sozialen Aspekte* die Atmosphäre und Stimmung im Projekt bzw. Unternehmen sowie die informellen Beziehungen zwischen den Akteuren (Wie gehen die Akteure miteinander um?). Ihre angemessene Berücksichtigung liegt in der Verantwortung des Prozessbegleiters.
- Die *Organisation und Methodik* ist für das Projekt ebenfalls festzulegen (Wie wird vorgegangen?). Um sowohl fachliche als auch sozial-emotionale Aspekte zu berücksichtigen, sind hier der fachliche Projektleiter und der Prozessbegleiter gemeinsam verantwortlich.

Einerseits eröffnet dieser Ansatz die Möglichkeit, neben fachlichen auch methodische und atmosphärische Qualitätskriterien für das Projekt zu formulieren und deren Einhaltung zu überprüfen. Andererseits schärft eine solche Rollenaufteilung den Blick der Beteiligten für die eigenen Rollenverpflichtungen.

Abbildung 7.3b detailliert die inhaltliche Verantwortungsaufteilung zwischen fachlicher Projektleitung und Prozessbegleitung anhand der Aufgaben Vorbereitung, Durchführung und Nachbereitung von Projekttreffen nach ihrem Zeitverlauf. Die Darstellung unterstreicht die Notwendigkeit einer engen Abstimmung und damit einer vertrauensvollen Zusammenarbeit. Die Gesamtverantwortung sollte jedoch beim fachlichen Projektleiter liegen.

Der Ansatz weitet den Blick vom rein fachlichen Ergebnis auf den Umgang der Beteiligten miteinander und unterscheidet dementsprechend klar das jeweilige Ergebnis (*Inhaltsebene*, Was ist vereinbart?) vom Prozess des Zustandekommens (*Vorgehensebene*, Wie kam die Vereinbarung zustande?): Während die Inhaltsebene die Frage behandelt „Was muss geklärt werden?", betrachtet die Vorgehensebene die Frage „Welches Verhalten fördert eine klar akzeptierte und verbindliche Projektvereinbarung?", vgl. dazu ausführlich [HaLo03, S. 31 ff.].

Formkurve

Dritte methodische Grundlage bildet der in der Praxis typischerweise zu beobachtende Verlauf eines Projektes von Begeisterung und Nutzen, die sogenannte Formkurve[2] der Auftragsmanagement-Einführung [WieH05b]. Sie beruht auf vergleichbaren Phasenmodellen, vgl. u. a. [HeWi74; Frei93, S. 130 ff.; Kot95; KoBu05]. Abbildung 7.4 zeigt ihren qualitativen Verlauf; generell läuft die Begeisterung (bzw. die Motivation) dem Nutzen voraus.

Die Formkurve beginnt mit der dem eigentlichen Projekt vorgelagerten Interessenphase. Die darauf folgenden Phasen Logistikstrategie und Fachkonzept sind hier zur Konzeptphase zusammengefasst. Nach der Umsetzung und dem Hochlauf folgt die dem Projekt nachgelagerte Phase des stabilen Betriebs. Mit zunehmendem Projektverlauf sinkt die Umsetzungsgeschwindigkeit, da erarbeitete Ergebnisse in

[2] Der aus dem Sport entlehnte Begriff bezeichnet das Leistungsvermögen eines Sportlers im Zeitverlauf.

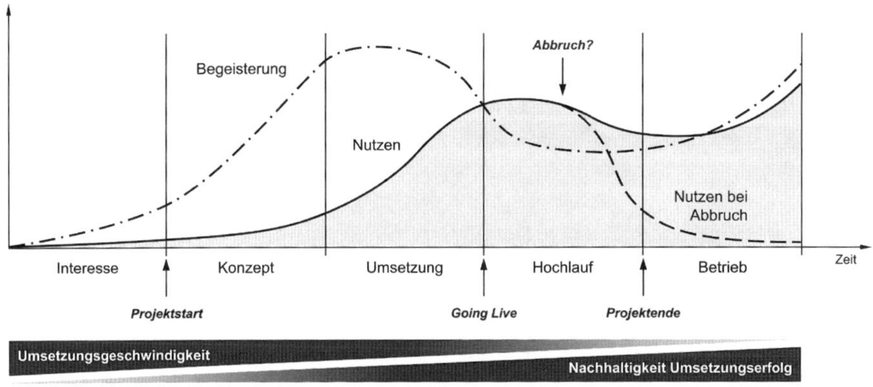

Abb. 7.4 Formkurve Auftragsmanagement-Einführung

die Breite getragen werden müssen. Idealerweise steigt damit die Nachhaltigkeit im Umsetzungserfolg.

Die Praxis setzt das Projektende oftmals mit der Inbetriebnahme (Going Live, Umstellung) gleich. Doch die Hochlaufphase beinhaltet in aller Regel einen kritischen Punkt auf der Begeisterungskurve. Zu diesem Zeitpunkt steht die Abbruchfrage – versteckt oder offen – im Raum: Hier erleben die Akteure konkret für sich, dass die Einführung des neuen AM-Systems nicht alle Erwartungen (sofort) erfüllen kann und das Tagesgeschäft auch weiterhin mühsam bleibt. I. d. R. ist die Nachhaltigkeit des Umsetzungserfolges zu diesem Zeitpunkt noch nicht hinreichend groß, was das Abbruch- oder Rückfallrisiko erklärt. Unter Motivationsgesichtspunkten ist daher sicherzustellen, dass die Akteure diese erste Ernüchterung überwinden und bei kleineren oder auch größeren Rückschlägen nicht in alte Verhaltensweisen zurückfallen. Diese Phase fordert die Präsenz und ggf. auch Eingriffe der Geschäftsleitung besonders.

Um etwaige Rückstellkräfte zu überwinden, muss die Projektleitung die Hochlaufphase reflektierend begleiten und das Projektteam für auftauchende Fragen unmittelbar schlüssige Antworten finden. Diese sind aus zwei Sichten zu beleuchten:

- Aus *Anwendersicht* ist die Motivation bzw. der persönliche Nutzen relevant. Die Eigenmotivation steigt erfahrungsgemäß mit einem tieferen inhaltlichen Verständnis der Gesamtlösung und dem Wissen um den eigenen Ergebnisbeitrag. Darüber hinaus ist zu erwarten, dass bei höherem persönlichem Nutzen die Akzeptanz der neuen Lösung steigt. Kritisch sind also die Fälle, in denen durch die Umstellung der persönliche Aufwand steigt, um nachfolgende Prozessschritte zu vereinfachen oder Auswertungen zu ermöglichen.
- Aus übergeordneter *Fachsicht* sind die sachlich korrekte Aufgabenunterstützung und der Gesamtnutzen (des Bereichs, Unternehmens oder der Logistikkette) relevant. Somit ist im praktischen Betrieb zu überprüfen, ob die wesentlichen

Funktionen software-technisch[3] unterstützt werden und ob die festgelegten Organisationsregeln funktionieren. Dies hängt wesentlich von der logistischen Geschäftsart, den zu realisierenden Liefer- und Durchlaufzeiten sowie der aktuellen Konjunktur- und Auslastungslage im Betrieb ab: Operativ umfasst dies also mindestens die Zeitdauer eines Standard-Auftrags; bei Anpassungen der Programmplanungslogik mindestens ein halbes bis ein Jahr. Darüber hinaus sollte das neue System seine Funktionsfähigkeit sowohl in Phasen der Hoch- als auch Niedriglast mit seinen spezifischen Herausforderungen an die Verantwortlichen unter Beweis gestellt haben.

Ist die notwendige Stabilität erreicht und sind damit erste Rückstellkräfte überwunden, können die mit dem neuen System verfügbaren Nutzenpotenziale nun schrittweise weiter erschlossen werden. Generell gilt: Eine verbesserte Planung und Steuerung kann zwar die logistische Leistungsfähigkeit des Gesamtsystems erhöhen und so die Entscheidungsspielräume erweitern, aber die rollenbedingten Grundkonflikte zwischen den Akteuren (z. B. zwischen Vertrieb und Produktion oder zwischen Planung und Ausführung) nicht grundsätzlich auflösen, sondern nur entschärfen. Deshalb entscheidet hier die bereits in der Einleitung geschilderte gründliche Mitarbeiterschulung über den Erfolg: Sie sollte Informationen über die eigenen Aufgaben, das Zusammenwirken des logistischen Systems sowie die aus den unterschiedlichen Rollenerwartungen und -pflichten resultierenden Konfliktpunkte enthalten.

Projektdurchführung

Die Projektmethodik stellt bestimmte *Voraussetzungen* an das Unternehmen hinsichtlich Verhalten und Wissen. Sie sind anhand der bereits erläuterten vier Projektaspekte gegliedert:

- *Rahmenbedingungen*: Die Organisation ist als Ganzes bereit, die notwendigen Mittel (Wissen, Zeit und Geld) zu investieren. Das schließt die Grundbereitschaft zur Veränderung bei den Verantwortlichen mit ein.
- *Fachwissen*: Das geschäftsspezifische Logistikwissen ist in der Organisation vorhanden, das Methodenwissen ist projektbezogen (z. B. über Externe) verfügbar. Die Anwender und Wissensträger sind im Projekt (Lenkungsausschuss, Projektgruppe) vertreten.
- *Organisation*: Das Projekt ist als Matrix organisiert, d. h. der Projektleiter hat in Projektbelangen ein vereinbartes Zugriffsrecht auf Mitarbeiter (teilweise oder vollständige Freistellung), vgl. dazu ausführlich [Hegi71; DaHu02, S. 259 ff.; PMI04, S. 28 ff.; SOP08: 102 ff.]. Es gibt einen internen Projektleiter; die Projektbesetzung erfolgt wesentlich durch Interne.
- *Atmosphäre*: Veränderungsprojekte wecken in der Organisation ungeklärte persönliche oder fachliche Auseinandersetzungen oder decken altbekannte – oft mühsam verborgene – Defizite und faule Kompromisse („Leichen im Keller")

[3] Obwohl software-technische Aspekte dominieren, sind noch Realisierungsalternativen wie bspw. Kanban, Heijunka Boards, Fifo-Bahnen oder Sortierpuffer denkbar – und dementsprechend zu berücksichtigen.

auf. Die Beteiligten sind bereit, die daraus resultierenden Konflikte konstruktiv im Sinne des Unternehmens anzugehen – ohne dabei ihre (ggf. mehrfache) Rollenverantwortung zu vernachlässigen. Das hierfür notwendige Methodenwissen ist projektbezogen (z. B. über Externe) verfügbar.

Somit ergeben sich folgende *Schlussfolgerungen* für das Projektvorgehen. Sie sind ihrem primären Projektaspekt zugeordnet und stehen in gegenseitiger Wechselwirkung:

- *Projektvision*: Projektrahmen und inhaltlicher Projektfokus müssen konsistent sein. Aus Letzterem ist eine Vision der logistischen Abwicklung abzuleiten. Diese muss für eine erfolgreiche Veränderung auch intensiv vermittelt werden. Eine gute Vision ist inhaltlicher Richtungsweiser und Kommunikationsgrundlage zugleich und im Projektverlauf zu konkretisieren, vgl. dazu ausführlich [Kot95; Blei96b]. Sie setzt die Rahmenbedingungen für den Veränderungsprozess; der Auftraggeber bzw. Lenkungsausschuss muss hierfür entsprechende Mittel bereitstellen und deren zielgerichteten Einsatz überwachen.
- *Ergebnisoffenes Vorgehen*: Fachlich gibt die Projektmethodik keine bestimmte inhaltliche Lösung vor. Wie bereits ausführlich erläutert, ist die Lösung aus der jeweiligen Problemstellung abzuleiten – unter Berücksichtigung der unternehmerischen und logistischen Ziele sowie der Marktanforderungen. Dies gilt in gleicher Weise für die Softwareauswahl.
- *Selbstorganisation vor Fremdbestimmung*: Organisatorisch beginnt die Projektmethodik mit den von den Beteiligten selbst erkannten Unzulänglichkeiten und bietet hierzu methodische Verbesserungsmöglichkeiten an. Bei einem hohen Selbstorganisationsgrad reicht eine auf die Ablauf- und Projektregeln konzentrierte Organisation aus. Andernfalls ist eine institutionelle Verankerung mit entsprechender Überwachungskompetenz notwendig; bspw. in Form einer Projektassistenz oder eines – an sich für das Multi-Projektmanagement vorgesehenen – Projektbüros, vgl. u. a. [SOP08, S. 472 f.].
- *Rollen- und Beziehungsklärung vor Sachklärung*: Atmosphärisch setzt die Projektmethodik auf der persönlichen Ebene an. Die Rollenklärung macht transparent, welche Rollen der jeweilige Akteur einnimmt, welche Verpflichtungen daraus resultieren und welche Interessen entsprechend dieser Rolle zu vertreten sind. Die Beziehungsklärung beleuchtet persönliche Erlebnisse und Einschätzungen zwischen den Personen. Die Klärung dieser Themen schafft die Grundlage für die anstehenden Sachthemen.

Zur Projektdurchführung greifen viele Unternehmen auf *externe Unterstützung* zurück. Hierbei ist zu beachten: Die Organisation verspricht sich von der Durchführung solcher Projekte Wettbewerbsvorteile. Deshalb sind bereits in der Projektdefinitionsphase Überlegungen zum *Know-how-Schutz* sinnvoll und notwendig. Dies erfordert zunächst einen Überblick über den Stand der Technik (oder Industriestandard), um Schützenswertes überhaupt erkennen zu können. Als nächstes ist die Frage zu beantworten, ob externe Partner (Organisationsberater, PPS-Fachberater,

Softwareauswahl- und Einführungsspezialisten) einen erkennbaren Nutzen stiften können und wie tief diese jeweils einzubinden sind. Vordergründig betrifft dies lediglich die formalen Fragen der Vertragsgestaltung. Viel wichtiger erscheint es allerdings, dass sich die Verantwortlichen mit der Vertrauensfrage auseinandersetzen. Dies gilt besonders vor dem Hintergrund der aus Kundensicht zunächst günstigen Branchenkenntnis und des Risikos der Wissensdiffusion zu Wettbewerbern.

Im Folgenden werden die genannten vier Projektaspekte für das Auftragsmanagement konkretisiert und mit Blick auf seine Spezifika erläutert. Ausgehend von einem Grundverständnis der Projektarbeit ergeben sich so praktische Hilfestellungen für das Herangehen und Durchführen von Projekten zur Umgestaltung des Auftragsmanagements auf dem Fundament einer sozio-technischen Systemgestaltung. Darüber hinaus sei auf die Grundlagenliteratur zur sozio-technischen Systemanalyse und -gestaltung hingewiesen, vgl. u. a. [RieH82; Uli94; Uli99; DaHu02; Zü04], sowie auf weiterführende Literatur des Projekt- und Veränderungsmanagements, vgl. u. a. [Alio80; Frei93; Kot95; MaKr01; HaLo03; PMI04; SOP08].

7.2 Rahmenbedingungen

Die Rahmenbedingungen umfassen alle Aspekte, die das Projekt nicht beeinflussen soll bzw. kann. Diese sind zu identifizieren und bei der Projektbearbeitung zu berücksichtigen. Darüber hinaus werden zu Projektbeginn bestimmte Vereinbarungen getroffen, die später nur mit großem Aufwand änderbar sind – und so zu Rahmenbedingungen werden. Der hier vorgestellte Ansatz folgt dem *Grundverständnis*, dass alle Projektbeteiligten diese Rahmenbedingungen kennen müssen, um eine effektive und effiziente Projektarbeit zu gewährleisten. Praktiker messen dieser Klärung erfahrungsgemäß zu wenig Bedeutung bei: Mit der Begründung eines unnötigen Zeitverlustes oder sich ohnehin dauernd ändernder Rahmenbedingungen soll die inhaltliche Projektarbeit schnell begonnen werden. Doch insbesondere bei komplexen Projekten oder kontroversen Akteursinteressen verursachen die damit generierten Unklarheiten oft einen erheblichen Zusatzaufwand oder unproduktive Vorgehensschleifen.

Zunächst behandelt Abschn. 7.2.1 die zum Verständnis notwendigen Grundlagen (hier: die grundlegende *fachliche Projektausrichtung*). Ausgehend von einem Überblick über die Projektbausteine zur Klärung der Rahmenbedingungen folgt deren Erläuterung in Abschn. 7.2.2.

7.2.1 Grundlagen

Die *fachliche Projektausrichtung* bildet den natürlichen Startpunkt zur Klärung der Rahmenbedingungen eines Logistikprojektes, Abb. 7.5.

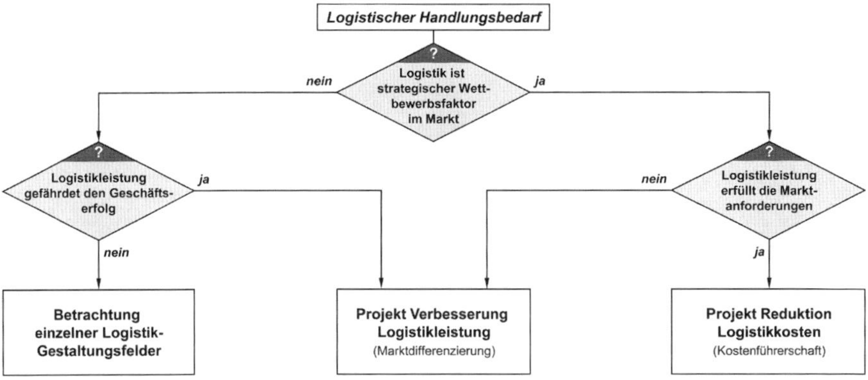

Abb. 7.5 Bestimmung der Projektausrichtung. (In Anlehnung an Siemens)

Ausgehend von einem – bekannten oder erwarteten – logistischen Handlungsbedarf (vgl. dazu Abschn. 5.2.1: Logistische Wettbewerbsposition) ergeben sich über den dargestellten Entscheidungsbaum zunächst die beiden prinzipiellen Projektausrichtungen Leistungsverbesserung und Kostenreduktion (vgl. a. Abschn. 6.2.1), die bei Bedarf kombiniert werden müssen. Ist der Geschäftserfolg nicht durch die aktuelle Logistikleistung gefährdet, sind lediglich einzelne Logistik-Gestaltungsfelder – bspw. Logistiksystemstruktur, -prozesse oder -organisation und auch Mitarbeiterqualifizierung – zu betrachten. Ausgehend hiervon sollte dann eine Vision[4] formuliert werden [Kot95]. Diese verdichtet wesentliche Aussagen so, dass sie auch kommunizierbar sind. Für Auftragsmanagement-Projekte sind somit zwei Fälle zu unterscheiden:

- Eine Logistikstrategie existiert und die wesentlichen der in Abschn. 6.2 beschriebenen Inhalte liegen vor. Ihr Zusammentragen – und die notwendige Prüfung auf Aktualität – prägt somit die Projektdefinitionsphase. Diese Grundlagen sollten ausreichen, eine Vision oder Leitlinie der logistischen Abwicklung zu formulieren.
- Eine Logistikstrategie ist auf Basis der Unternehmensstrategie zu erarbeiten. Dann wäre der logistische Handlungsbedarf im Sinne einer Arbeitsthese zu verstehen und evtl. als vorläufige Vision zu formulieren. Die Prüfung der in Abschn. 5.1 dargestellten Analysefelder wird dann zum Inhalt der Projektdefinition.

Die Projektdefinition wird auch als Vorstudie, Phase 0, Projektvor- oder -startphase bezeichnet. Die Aktivitäten zur Identifikation der Rahmenbedingungen dienen

[4] Einprägsames Beispiel für eine Logistikvision bildet der Slogan eines Transport-Dienstleisters „Definitely over Night“. Er ist zugleich interne Leitlinie und dem Kunden versprochene Logistikleistung – also sowohl für die interne als auch die externe Kommunikation geeignet.

der Auftragsklärung, vgl. dazu ausführlich bspw. [MaKr01, S. 127 ff.; DaHu02, S. 246 ff.; PMI04, S. 81 ff.; SOP08, S. 131 ff.].

7.2.2 Projektbausteine Rahmenbedingungen

Die zur Klärung der Rahmenbedingungen notwendigen Projektbausteine stellt Abb. 7.6 dar. Sie sind nach ihrem Bezug in unternehmens- und projektbezogene Bausteine unterteilt:

- Die *unternehmensbezogenen Bausteine* umfassen zunächst die bereits in Abschn. 5.1 ausführlich erläuterten sieben Analysefelder *Markt und Wettbewerb, Produkte und Marktauftritt, Produktions- und Produktstruktur, Produktionstechnologie, Organisation und Prozesse, Planung und Steuerung* sowie *Informationstechnik.* Zusätzlich sind *bisherige Projekterfahrungen* im Unternehmen zu beleuchten.
- Als *projektbezogene Bausteine* sind *Projektziele, Projektgegenstand, Betroffene und Beteiligte* sowie *Projektorganisation* innen angeordnet.

Der Baustein *Organisations- und Projektkultur* bezieht sich sowohl auf das Unternehmen als auch auf das betrachtete Projekt. Hier ist die Möglichkeit zu beachten, durch Initialmaßnahmen die Kultur im anstehenden Projekt in eine gewünschte Richtung zu lenken: Dies kann bspw. über das gezielte Aufgreifen bisher unbefriedigender Projekterfahrungen der Projektbeteiligten geschehen, die dann in die Formulierung von Projektregeln münden, vgl. Abschn. 7.3.

Die unternehmensbezogenen Einflussfaktoren sind durch das Projekt kaum zu beeinflussen. Im Gegensatz dazu werden die projektbezogenen Bausteine zu Projektbeginn aktiv festgelegt und erst dadurch zu Projektrahmenbedingungen. Ab-

Abb. 7.6 Projektbausteine Rahmenbedingungen

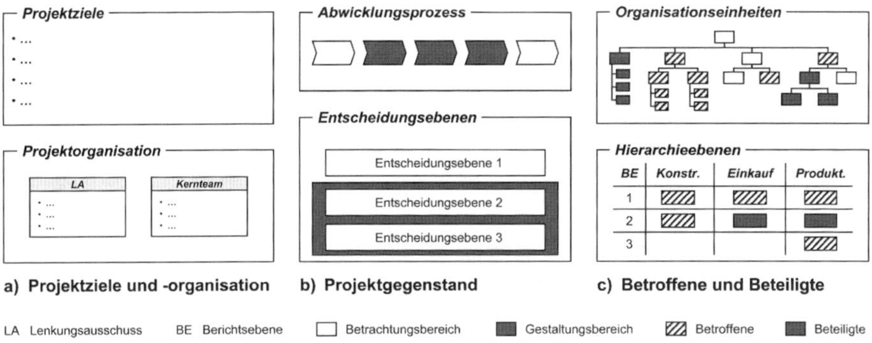

Abb. 7.7 Rahmenbedingungen der Auftragsmanagement-Projektgestaltung

bildung 7.7 fasst die bei Projektbeginn festzulegenden Rahmenbedingungen eines AM-Projektes zusammen. Als Checkliste der Projektinitialisierung bilden sie die wichtigste Grundlage für den Projektauftrag.

Eine einmalige, detaillierte Klärung der projektspezifischen Faktoren zu Beginn ist wegen der hier vorliegenden Projektmerkmale (Komplexität, Außergewöhnlichkeit, Neuartigkeit, interdisziplinäre Aufgabenstellung) unrealistisch. Vielmehr sind die beim Projektstart definierten Rahmenbedingungen während der Bearbeitung fortzuschreiben und bei relevanten Änderungen eine neue Klärung durchzuführen, vgl. dazu ausführlich [MaKr01, S. 52 ff.; HaLo03, S. 25 ff.]. Damit gilt der Projektauftrag mit seinen Elementen Projektziele und -organisation sowie Projektgegenstand und Betroffene und Beteiligte als vereinbarter Handlungsrahmen, der bei Bedarf Anpassungen erfordert.

Gemäß der Projektmethodik sind Inhalts- und Vorgehensebene der Auftragsklärung zu unterscheiden: Inhaltlich ist die Frage „Sind die vereinbarten Punkte die richtigen, um die Projektziele zu erreichen?" zu beantworten. Für das Vorgehen stellen sich die Fragen „Ist der Auftrag klar und akzeptiert?" sowie „Wurden die Probleme und Bedenken offen angesprochen?", vgl. dazu ausführlich [HaLo03, S. 31 ff.]. Das Vorgehen hat Modellcharakter für die weitere Projektzusammenarbeit und ist durch den Projektleiter – auch bei abweichender Kultur in anderen, parallel laufenden Projekten – zu gestalten.

Die fünf projektbezogenen Bausteine Projektziele, Projektgegenstand, Betroffene und Beteiligte, Projektorganisation sowie Organisations- und Projektkultur werden im Folgenden detaillierter erläutert.

Baustein Projektziele

Der Baustein *Projektziele* bildet den sachlogischen Ausgangspunkt der Projektbetrachtung. Auftragsmanagement-Projekte verbinden Organisations- mit Softwareeinführungselementen, ggf. beinhalten sie auch eine Softwareentwicklung. Für die hier betrachtete Gestaltungsphase sind vier Kriterien zur Systematisierung der Zielbetrachtung wesentlich, vgl. a. Abschn. 3.3.

Erstens sind nach dem *Zielfokus* fachliche, organisatorische und atmosphärische Ziele zu unterscheiden, vgl. Abb. 7.3a. Eine klare Zuordnung präzisiert die Zielformulierung, unterstützt Vollständigkeitsprüfungen und erhöht die Verständigung zwischen den Projektbeteiligten über alle Hierarchieebenen.

Zweitens beziehen sich Ziele nach ihrem *Bezugsobjekt* entweder auf das umzugestaltende Logistiksystem oder auf das Umgestaltungsprojekt. In der Literatur dominieren Sachziele:

- *Logistiksystem-bezogene Ziele*: Das Logistiksystem umfasst bspw. ein Unternehmen oder einen Produktionsbereich. Heute wird neben den drei klassischen Zieldimensionen Qualität, Zeit (Geschwindigkeit) und Wirtschaftlichkeit (Kosten) als weitere Dimension die Wandlungsfähigkeit diskutiert, vgl. u. a. [Rom93, S. 6 ff.; West99; WH00; West07a; Erl07, S. 14 ff.; WieP07; ElMa09] sowie Abschn. 2.3.4. Kap. 4 sowie Abschn. 5.2.1 listen geeignete Kennzahlen auf. Wie beschrieben, ist im Projektzusammenhang die Unterscheidung nach der wesentlichen Zielrichtung Leistungsverbesserung oder Kostenreduktion zu berücksichtigen.
- *Projekt-bezogene Ziele*: Das Projekt soll als temporäre Organisation die für das Logistiksystem formulierten Ziele erreichen. Projekt-bezogene Ziele beziehen sich somit entweder auf das Projektergebnis (Ergebnisziel, Was soll erreicht werden?) oder den notwendigen Arbeitsprozess (Vorgehensziel, Wie soll der Weg aussehen?). Deshalb sind neben fachlichen auch organisatorische und atmosphärische Ziele[5] wichtig, um den Arbeitsprozess entsprechend zielgerichtet zu gestalten und überwachen zu können. Zwischen den logistiksystem- und den projekt-bezogenen Zielen besteht eine Ziel-Mittel-Beziehung, vgl. a. Abschn. 7.3. Demnach ist das Projekt Mittel zum Zweck der Erreichung der logistiksystembezogenen Ziele; aus diesen leiten sich somit die projekt-bezogenen Ziele ab. Insbesondere zu den Sachzielen sind explizite Vorgaben vom Auftraggeber üblich; damit werden sie unweigerlich zum Verhandlungsgegenstand zwischen Projektleiter und Auftraggeber.

Die Zielformulierung kann qualitativ (Zielrichtung z. B. geringere Bestände) oder quantitativ (z. B. Servicegradverbesserung von 70 % auf 90 %) erfolgen. Im Sinne einer realistischen Vorgabe sind bei der Zielsetzung zum einen die logistischen Zielkonflikte (Bezug Logistiksystem, vgl. a. Abschn. 3.2.1) und zum anderen die Merkmale einer guten Zielformulierung (Bezug Projekt, vgl. a. Abschn. 7.3.2: Baustein Ziel-Mittel-Denken) zu beachten.

Drittens sind nach ihrem *Veränderungsbezug* Veränderungs- von Erhaltungszielen zu unterscheiden: Veränderungsziele bezwecken eine Situationsänderung,

[5] Die Projektmanagementliteratur unterscheidet i. d. R. zwischen Ergebnis-/Leistungszielen (beschreiben die zu erbringende Sach- oder Dienstleistung), Zeit-/Terminzielen (beschreiben Projektdauern bzw. -termine) sowie Aufwands-/Ressourcenzielen (beschreiben Mitarbeiterstunden und Kosten), vgl. u. a. [SOP08, S. 139 ff.]. Bei einer solchen Unterteilung könnte der Eindruck einer logischen Unabhängigkeit von Ergebnis, Termin und Aufwand entstehen, die tatsächlich nicht gegeben ist, vgl. a. Abschn. 3.3.

meist soll ein Problem (ein änderungsbedürftiger Zustand[6]) beseitigt werden. Das bekannteste logistische Beispiel hierfür ist „Durchlaufzeit/halbe“ (logistiksystembezogenes Fachziel). Demgegenüber bezwecken Erhaltungsziele eine Situationsstabilisierung, eine als gut und richtig erkannte Situation soll bestehen bleiben. Ein Beispiel für ein projekt-bezogenes atmosphärisches Ziel ist „Die Zusammenarbeit erfolgt weiterhin in einer guten und konstruktiven Atmosphäre gegenseitiger Wertschätzung“, dies bezieht sich auf den Arbeitsprozess.

Viertens sind nach ihrer *Priorität* Muss-Ziele (zwingend zu erreichen), Soll-Ziele (bei der Lösungsfindung besonders zu beachten) und Wunsch-Ziele (nice to have) zu unterscheiden [DaHu02, S. 148 f.]. Hierbei sind inhaltliche und zeitliche Sachlogik zu berücksichtigen. Beispiele für inhaltliche Abhängigkeiten bilden die bereits erwähnten logistischen Zielkonflikte. Wirkungsbezogen werden aber oftmals zeitliche Abhängigkeiten vernachlässigt: Ist die interne Transparenz in der Auftragsabwicklung eine notwendige Bedingung für eine Durchlaufzeitverkürzung, sollte sich dies entweder in den Prioritäten (Muss/Soll) oder im Zeitbezug der Zielformulierung ausdrücken (z. B. 30% Durchlaufzeitverkürzung 6 Monate nach Erreichen der notwendigen Transparenz in der Auftragsabwicklung).

Zur Erarbeitung der Projektziele ist eine schrittweise Detaillierung zu empfehlen:

- Zu Projektbeginn werden die *Ergebnisziele* grob – ggf. nur qualitativ – beschrieben, um sie dann bspw. nach Erstellung des Feinkonzepts zu verfeinern und zu quantifizieren.
- Für die *Vorgehensziele* ist eine phasenbezogene Betrachtung sinnvoll: Aufbauend auf angestrebten Zwischenergebnissen und einer Grobabschätzung von Zeit und Aufwand (z. B. über Vergleichsprojekte) werden diese phasenbezogen festgelegt.

Als Ergebnis liegen also die Gesamtziele des Projektes und idealerweise bereits auch wesentliche – an den geplanten Projektphasen orientierte – Zwischenziele vor. Zu Projektbeginn können die Ziele meist nur grob formuliert werden. Jeweils zu Beginn einer Projektphase (vgl. a. Abschn. 7.6.1) sind sie dementsprechend zu verfeinern.

Der abschließende Schritt der Zielformulierung prüft nochmals den übergeordneten Rahmen der Umgestaltung: Bspw. kann ein Projekt zur Durchlaufzeitverkürzung dazu dienen, den Produktionsstandort zu stärken. Auch ist eine logische Einbindung eines AM-Projektes in zeitlich vorgelagerte, parallele oder nachgelagerte Projekte (z. B. Fabrikplanung, verbesserte Lieferanteneinbindung) denkbar. Im Zuge dieser Überlegungen ist es empfehlenswert, die nicht verhandelbaren Projektvorgaben aus Sicht des Auftraggebers abzufragen und bspw. als Projektrahmenbedingungen ausdrücklich zu dokumentieren.

[6] Dieser Zustand kann tatsächlich existieren oder gedacht sein. Somit ist also auch eine vorbeugende Vermeidung von Nebenwirkungen oder Konsequenzen zu berücksichtigen, vgl. a. Abschn. 1.3.

Baustein Projektgegenstand
Der *Projektgegenstand* kann aufbauend auf den Projektzielen festgelegt werden. Zum einen hat sich für Auftragsmanagement-Projekte eine Abgrenzung anhand der Kriterien Prozess und Entscheidungsebenen bewährt:

- Der *Prozess* betrachtet eine Folge von Aktivitäten und stellt deshalb ihre logische und zeitliche Abhängigkeit dar. Üblicher Gegenstand eines AM-Projektes ist der Auftragsabwicklungsprozess[7], ggf. differenziert nach Geschäftsarten.
- Die *Entscheidungsebenen* gliedern die zu treffenden Planungs- und Steuerungsentscheidungen in logische Bereiche. Diese Abgrenzung ist in der Praxis bislang eher unüblich, erhöht aber die inhaltliche Transparenz im Projekt.

Voraussetzung hierfür ist die Grundkenntnis über das Unternehmen sowie seine Planung und Steuerung, die ggf. in einer separaten Projektdefinitionsphase zu erarbeiten ist, vgl. Abb. 7.1a.

Zum anderen ist zwischen Betrachtungs- und Gestaltungsgegenstand zu unterscheiden:

- Der *Gestaltungsgegenstand* soll unmittelbar verändert werden. Die Umgestaltung umfasst einige oder alle der im Grundmodell betrachteten sechs Gestaltungsaspekte (Ziel, Objekt, Funktion, Prozess, Stelle, Planungs- und Steuerungswerkzeuge) sowie die drei Gestaltungsebenen (Logistikstrategie, Grundkonfiguration, Parametrierung), vgl. Abschn. 3.2. Der Gegenstand ist so festzulegen, dass die angestrebten Sachziele durch die Umgestaltung überhaupt beeinflussbar sind. Praxiserfahrungen zeigen, dass hier oft die aus der logistischen Vernetzung resultierenden Abhängigkeiten sowie die meist begrenzten Ressourcen der Auftragsabwicklung vernachlässigt werden, vgl. a. Abschn. 5.2.4 sowie 6.3.5. Letzteren ist deshalb besondere Aufmerksamkeit zu widmen.
- Der *Betrachtungsgegenstand* geht über das Gestaltungsfeld hinaus. Er wird so definiert, dass ein ausreichendes Verständnis der Problemstellung möglich ist sowie Haupt- und Nebenwirkungen von Lösungsalternativen auf angrenzende Bereiche, Kunden, Lieferanten sowie beteiligte Akteure abgeschätzt werden können: Die Prüfung der logistischen Abhängigkeiten geschieht über die logistische Vernetzung mit den Kunden und Lieferanten (vgl. Abschn. 5.2.4). Darüber hinaus sollten nochmals systematisch die Abhängigkeiten aus Prozesssicht – also die logistische Abwicklung von Aufträgen in der Prozesskette – sowie hinsichtlich der Entscheidungsebenen[8] betrachtet werden. Eine systematische

[7] Häufigster Fehler bei der Prozessabgrenzung ist die unvollständige Betrachtung: Formales Prüfkriterium aus Ablaufsicht ist der geschlossene Informationskreislauf, vgl. Abschn. 5.3.6. Mit Fokus auf den physischen Warenstrom kommt somit die klassische Definition „vom Kunden bis zum Kunden", mit einem erweiterten Verständnis auf den Zahlungsstrom die Definition „von der Kundenanfrage bis zum Zahlungseingang" [FaFr01, S. 5] in Frage. Je nach Abwicklungsprozess ist die Definition sinngemäß anzuwenden.

[8] Bei Unklarheiten bietet es sich an, über das funktionale Prüfkriterium „Bedarf = Bedarfsdecker" die logische Vollständigkeit der jeweiligen Ebene zu betrachten, vgl. Abschn. 5.3.6. Dahinter steht die Forderung, auf jeder Ebene den AM-Zyklus vollständig mit allen seinen Schritten zu

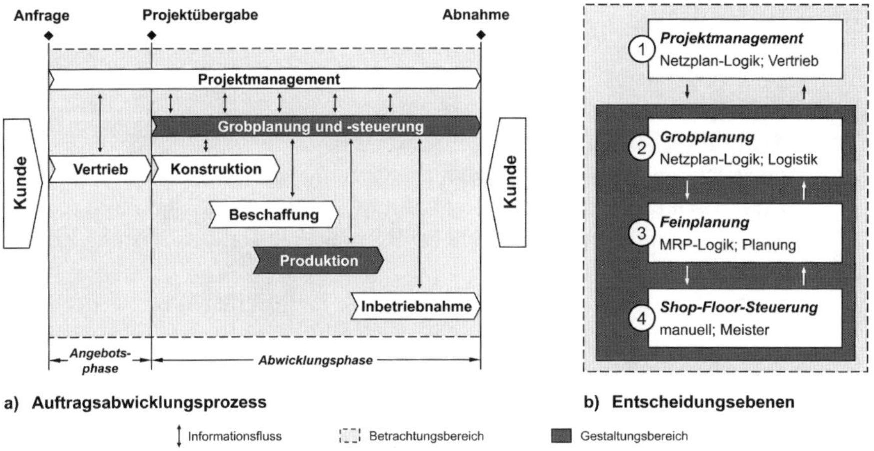

Abb. 7.8 Definition Projektgegenstand (Projektbeispiel)

Betrachtung zu Beginn kostet zwar zunächst Zeit, fördert aber das gemeinsame inhaltliche Verständnis der Projektbeteiligten und deckt grundlegende Fehlannahmen oft schon zu Beginn auf.

Abbildung 7.8 verdeutlicht die Abgrenzung am Beispiel eines Anlagenbauers. Projektziel war eine verbesserte logistische Abwicklung der Herstellung. Abbildung 7.8a skizziert die Prozesssicht:

Der Gestaltungsbereich beinhaltet die Planung von der Projektübergabe zur Abnahme mit den Schwerpunkten Grobplanung und -steuerung sowie Produktion. Hierbei sind die drei Entscheidungsebenen Grobplanung, Feinplanung sowie Shop-Floor-Steuerung neu zu gestalten, Abb. 7.8b. Die Angebotsphase sowie die Methoden und Inhalte des Projektmanagements (der Kundenprojekte) bilden eine zu beachtende Randbedingung und sind in beiden Bildteilen deshalb dem Betrachtungsbereich zugeordnet.

Die Betrachtungen verdeutlichen die inhaltlichen Wechselwirkungen zwischen den formulierten Projektzielen und dem Projektgegenstand – im Rahmen der Projektdefinition ist deshalb mindestens eine Wiederholungsschleife zu empfehlen. Die Projektplanung und -überwachung (des AM-Projektes) hat die Aufgabe, während der Projektbearbeitung auf mögliche Veränderungen zu achten und mit entsprechenden Maßnahmen zu reagieren, vgl. Abb. 7.2a.

Baustein Betroffene und Beteiligte

Der dritte Baustein identifiziert *Betroffene und Beteiligte*. Ausgehend vom Prozessablauf und den Entscheidungsebenen ist abzuschätzen, in welchem Umfang und bei

---

durchlaufen, vgl. Abschn. 3.5.1. Abweichungen deuten also auf die in Abschn. 5.3 ausführlich erläuterten PPS-Stolpersteine (hier z. B. unzureichende Funktionalität, fehlende Toleranzdefinition) hin, die eine Umgestaltung beseitigen soll.

wem die Umgestaltung Veränderungen erfordert oder bewirken wird. Es bietet sich eine Unterteilung in die drei Gruppen Beteiligte, Betroffene und Nicht-Betroffene mit Hilfe der folgenden Prüfkriterien an:

a) *Operative Ziele*

- Die logistische Zielausrichtung ändert sich grundlegend: Es kommen neue Ziele hinzu (z. B. Durchlaufzeit als neue, operativ gemessene Zielgröße) oder bisherige Zielprioritäten verändern sich (z. B. vom Fokus auf Auslastung hin zur Termintreue).
- Bestimmte Zielwerte werden verändert oder die Zielprioritäten verschieben sich (z. B. durch anspruchsvolle Zielwerte zur Durchlaufzeit steigt die relative Bedeutung ggü. der Termintreue).
- Die operativen Ziele und ihre Zielwerte bleiben praktisch unverändert – die operativ Verantwortlichen sind nicht merklich betroffen.

b) *Arbeitsweise*

- Die Umgestaltung[9] wirkt sich grundlegend auf das Tagesgeschäft der Mitarbeiter aus. Dies kann sich auf Arbeitsabläufe, Abstimmungsnotwendigkeiten oder Nutzung der Software beziehen. Zum inhaltlichen Verständnis der operativ Verantwortlichen ist großer Schulungsbedarf hinsichtlich Gesamtablauf und Softwarebedienung zu erwarten.
- Die Umgestaltung wirkt sich teilweise aus. Bspw. bleibt die grundlegende Arbeitsweise gleich, es ändern sich aber die (Software-)Werkzeuge. Zum inhaltlichen Verständnis der operativ Verantwortlichen ist ein spezieller Schulungsbedarf – bspw. von Teilabläufen oder der Softwareanwendung – zu erwarten.
- Die Umgestaltung wirkt sich kaum auf die Arbeitsweisen und den Arbeitsalltag aus. Dann ist lediglich eine allgemeine Information der operativ Verantwortlichen zu Projektziel, -inhalten und -betroffenen zum Verständnis notwendig.

c) *Auswirkungen*

- Die Umgestaltung wirkt sich nur indirekt aus, indem Verbesserungen in angrenzenden Bereichen erzielt werden. Ein Beispiel hierfür ist der Vertriebsinnendienst (Aufgaben: Auftragsannahme, Lieferauskünfte und Rechnungsstellung) in einem Verbesserungsprojekt zur Produktionslogistik mit dem Ziel einer hohen Termintreue. Die Ziele und Arbeitsweisen im Vertrieb würden sich zunächst nicht ändern (müssen). Mittelfristig sollten aber die Kundenrückfragen zu verspäteten Lieferungen abnehmen.
- Die Mitarbeiter befürchten durch die Umgestaltung negative Auswirkungen auf die Arbeitsweise oder ihren Arbeitsplatz. Typisches Beispiel hierfür sind Werkstattsteuerungsprojekte zur Verbesserung von Termintreue und Durchlaufzeit:

[9] Bei Änderungen von Betriebsabläufen hat der Betriebsrat Informations- oder Mitbestimmungsrechte. Deshalb ist seine frühzeitige Einbeziehung – zur Wahrung seiner Rechte – nachdrücklich zu empfehlen.

Hier ist zu erwarten, dass die Steuerungsabteilung und speziell die Auftragsverfolger (klassisch: Terminjäger) den Wegfall ihres Arbeitsplatzes befürchten. Generell besteht die Schwierigkeit darin, zunächst (begründete oder unbegründete) Ängste zu erkennen. Hier helfen bspw. Mitarbeiterinterviews eines externen Prozessbegleiters. Im nächsten Schritt ist den Befürchtungen angemessen zu begegnen. Insbesondere bei unbegründeten Ängsten können detaillierte Informationen über die Projektziele und ihre Auswirkungen ausreichen.

Diese Informationen unterstützen die Identifikation von Betroffenen und Beteiligten. Zur Darstellung ist eine Gliederung nach Organisationseinheiten (z. B. nach Gruppe, Abteilung, Bereich) und Hierarchie- bzw. Berichtsebenen (z. B. nach Mitarbeiter, Gruppen-, Abteilungs- oder Bereichsleiter) sinnvoll. Ein Abgleich mit dem Organigramm sowie den allgemeinen Unternehmensfunktionen (Konstruktion, Beschaffung, Produktion, ...) anhand der Auftragsabwicklungskette sichert die notwendige Plausibilität. Hieraus ergeben sich erste Hinweise auf die Projektleitung und -besetzung (vgl. Baustein Projektorganisation). Die Umfeldanalyse (hemmende/treibende Kräfte, Stakeholder-Analyse) vertieft die Betrachtung, vgl. Abschn. 7.4.

Darüber hinaus sind die Vor- und Nachteile einer Einführung abzuschätzen. Erfolgskritisch sind die Personen oder Gruppen, bei denen die vermuteten oder tatsächlichen Nachteile die Vorteile überwiegen. Ein Beispiel hierfür ist ein Zusatzaufwand in der Konstruktion zur Teilekennzeichnung, um die Abwicklung in den nachfolgenden Bereichen zu vereinfachen. In einem solchen Fall können Kompensationen die Interessenslage verändern (z. B. zusätzliche Planstellen für Mehrbedarf). Weiterhin ist zu prüfen, wer an Einfluss oder Gestaltungsfreiheit verliert: Führt ein Unternehmen eine softwaregestützten Feinplanung ein, nimmt die Steuerungsautonomie der Meister ab. Begreifen sie dies als Machtverlust, sind Akzeptanzprobleme zu erwarten. Eine valide Abschätzung gelingt u. U. erst bei Vorliegen des Fachkonzepts, gibt aber wichtige Hinweise für die Akzeptanz und Durchsetzbarkeit der Lösung und kann im Sinne eines mitlaufenden Projektcontrollings verstanden werden.

Baustein Projektorganisation

Der vierte Baustein betrifft die *Projektorganisation*. Diese umfasst die Aufbau- und Ablauforganisation (vgl. dazu ausführlich Abschn. 7.3).

Aufbauorganisatorisch sind Gremien (mit Befugnissen) sowie Projektbesetzung festzulegen:

- *Projektgremien*: Hierzu gehören einerseits die *Projektrollen*, hier als Bündel von Erwartungen an den Rolleninhaber zu verstehen. Für AM-Projekte wichtige Projektrollen sind Auftraggeber, Projektleiter, Prozessbegleiter, Experte und Anwender sowie Lenkungsausschuss, Kernteam und ggf. Teilteams. Andererseits sind die Kommunikationsformen der Gremien festzulegen, allgemein als *Projekttreffen* bezeichnet. Diese dienen zur Vorbereitung, Plausibilisierung (unter Inhalts- und Umsetzungskriterien), Entscheidung oder Information über Fachinhalte und Projektvorgehen. Dementsprechend sind Lenkungsausschuss-Sitzung, Jour Fixe (regelmäßige Treffen zum Informationsabgleich), Arbeitstreffen und Informationstreffen zu unterscheiden.

- *Projektbesetzung*: Hierzu sind Organisationseinheit und Hierarchie- bzw. Berichtsebene zu betrachten (vgl. a. Baustein Betroffene und Beteiligte). Außerdem sind die Kriterien Fachwissen, Akzeptanz und Umsetzungseinfluss wichtig; es sind also sowohl Experten als auch Anwender in den Gremien zu berücksichtigen. Typischerweise wird eine Beteiligung über die Entsendung von Vertretern realisiert, hier sind unterschiedliche Stufen von reiner Information über Konzepterarbeitung bis zur Mitentscheidung denkbar (vgl. Abschn. 7.3.1).

Die Projekt(leiter)besetzung steht zunächst im Spannungsfeld der fachlichen Anforderungen *Betriebswissen* (fundiertes Wissen über betriebliche Abläufe und Anforderungen mit der Gefahr von Betriebsblindheit), *Best Practice-Wissen* (Vergleichsmöglichkeiten mit anderen, erfolgreichen Unternehmen mit der Gefahr unreflektierter Übernahme) und *Methoden* (Inspiration für neue Wege mit der Gefahr nicht praktikabler Lösungen). Neben diesen fachlichen Anforderungen sind Sozial- und Handlungskompetenz, Akzeptanz der Person (bei den Betroffenen) sowie der Rückhalt durch einen Paten in der Geschäftsleitung zu beachten.

Während die Festlegung der Projektgremien einmalig zu Projektbeginn erfolgen sollte, ist die Projektbesetzung bezogen auf die jeweilige Projektphase zu überprüfen und nach den inhaltlichen Schwerpunkten ggf. anzupassen (vgl. Abschn. 7.3.2: Baustein Projektbesetzung). Zu Projektbeginn ist eine Teambildung zu empfehlen (vgl. 7.4.2: Baustein Teamentwicklung).

Ablauforganisatorisch sind zum einen Vorgehens- und Dokumentationsregeln relevant:

- *Vorgehensregeln* beinhalten die relevanten, für dieses Projekt spezifisch geregelten Vorgehensweisen. Dies kann bspw. allgemeine Festlegungen wie Standard-Wochenpläne, kernteam-interne Regeln (z. B. kernteam-externe Kommunikation nur nach Abstimmung) oder auch projekt-bezogene Regeln (z. B. > 30% Mehraufwand in der Bedienung erfordert software-technische Nachbesserung) umfassen.
- *Dokumentationsregeln* beinhalten die Festlegungen zur Dokumentation von Projektverlauf und -ergebnissen. Das betrifft Informationen zum Sitzungsverlauf, zum zeitlichen Arbeitsfortschritt, zu den inhaltlichen Ergebnissen sowie den organisatorischen Projektregeln. Hierzu ist eine Ablagestruktur zu entwerfen und zuverlässig zu pflegen (vgl. Abschn. 7.3.2: Baustein Dokumentationsstandards).

Die projektbezogene Vereinbarung erfolgt sinnvollerweise über das gezielte Aufgreifen (positiver oder negativer) Projekterfahrungen der Kernteammitglieder, die dann in die Formulierung von Projektspielregeln münden. Es bietet sich an, einen solchen Schritt zu Projektbeginn durchzuführen und durch einen Prozessbegleiter zu moderieren.

Zum anderen ist ein *Projektplan* zu erstellen. Das bereits in Abschn. 3.5.1 erwähnte Spannungsfeld zwischen Planungsdynamik und Planstabilität gilt für die Projektplanung in besonderem Maße, da für viele Einflussfaktoren keine Erfahrungswerte vorliegen. Die Qualität einer guten Projektplanung lässt sich über zwei Kriterien beschreiben: Die Projektmitglieder und die Interessengruppenvertreter akzeptieren den Plan als handlungsleitend und Auftraggeber bzw. Lenkungsausschuss akzeptieren den Plan als Rechtfertigung für den Ressourceneinsatz. Insbesondere Letztere beharren aber nicht auf seiner peniblen Einhaltung durch ausgefeilte Controllinginstrumente, die manchmal mit einem überbordendem Aufwand eingesetzt werden, um das Projekt „im Griff zu behalten", vgl. dazu ausführlich [BoBo85; GTZ97, S. 6; MaKr01, S. 55 ff.]. In Auftragsmanagement-Projekten hat sich folgendes Vorgehen bewährt:

- Eine *Gesamt-* oder *Budgetplanung* schafft zunächst ein generelles Verständnis zum Gesamtvorgehen, dem zeitlichen Umfang und den notwendigen Mitteln. Ausgehend von einer groben Projektunterteilung bieten bspw. Marktstudien, Fachkongresse, ein Erfahrungsaustausch mit anderen Unternehmen oder Beratern Anhaltspunkte.
- Die *Phasen-* oder *Detailplanung* betrachtet die erforderlichen Inhalte zum jeweiligen Beginn einer Projektphase detailliert und plant sie dann aus. Hierauf basieren i. d. R. auch die Verhandlungen und die Vereinbarungen zur externen Unterstützung.

Ablauforganisatorisch sollte also die Festlegung der Vorgehens- und Dokumentationsregeln einmalig zu Projektbeginn erfolgen – eine Überarbeitung ist ggf. über eine Lessons Learned Einheit denkbar, vgl. Abschn. 7.6.2: Baustein Lessons Learned. Demgegenüber ist die Projektplanung und -überwachung eine laufende Aufgabe, vgl. Abschn. 7.6.1.

Baustein Organisations- und Projektkultur

Der fünfte Baustein betrifft die *Organisations- und Projektkultur*. Die Organisationskultur beschreibt die wesentlichen – z. T. unausgesprochenen – Werte und Grundhaltungen eines Unternehmens und beeinflusst damit auch die Projektkultur, vgl. dazu ausführlich [BlMü96; Blei96b]. Bedeutsam ist hier der Blick auf die gelebten Erfolgsfaktoren des Unternehmens. Bei möglichen Veränderungen – im Projekt oder der Organisation insgesamt – ist neben dem Sachargument vor allem der emotionale Aspekt wichtig: Die Mitarbeiter erleben ihre Erfolgsfaktoren als identitätsstiftend, sind stolz auf sie und schöpfen daraus oftmals auch ein hohes Maß an persönlicher Anerkennung.

Generell besteht die Schwierigkeit darin, solche unausgesprochenen Regeln[10] herauszufinden: Dies hängt zunächst damit zusammen, dass der Organisation und

[10] Externe Berater stehen vor der zusätzlichen Herausforderung, beim Auftraggeber Vertrauen in die Analyse und die erarbeiteten Konzepte zu erzeugen. Hierbei hilft die Analyse der Organisationskultur: Die Betroffenen können für sich leicht überprüfen, ob die Externen wesentliche Rahmenbedingungen der Umgestaltung verstanden haben und wie sie damit umgehen wollen.

ihren Mitgliedern die Regeln nicht ausdrücklich bewusst sind, sondern diese typischerweise nur situationsbezogen auffallen. Auch erfordert dies entweder ein hohes Maß an Selbstreflexion (bei Selbstdiagnose) oder ein hohes Maß an Vertrauen zwischen den Befragten und dem Fragenden (bei Fremddiagnose). Schließlich benötigt das Sammeln und Verdichten der Informationen eine gewisse Zeit; bei Projekten mit externen Beratern liegen solche Ergebnisse erfahrungsgemäß erst am Ende der ersten Projektphase vor. Für Auftragsmanagement-Projekte sind zwei Veränderungsfälle zu unterscheiden:

- Im einen Fall soll die *Organisationskultur* im Zuge der Einführung weiterentwickelt werden. Dieses ist bei jeder AM-Einführung in unterschiedlichem Umfang zu erwarten und entspricht somit dem Normalfall. Die Erkenntnisse müssten dann spätestens zum Ende des Feinkonzeptes vorliegen, was unter zeitlichen Gesichtspunkten unkritisch erscheint.
- Im anderen Fall soll die *Projektkultur* im Vergleich zur bislang gelebten Kultur verändert werden. Dies ist v. a. für Unternehmen mit ausgeprägter Projektkultur relevant – also Projektfertiger (bspw. Anlagenbauer), Unternehmen mit kurzen Produktlebenszyklen (bspw. in der Konsumgüter- oder Automobilbranche) und/oder teuren Neuentwicklungen (bspw. in der Pharmabranche). Dieser Fall entspringt nicht unmittelbar einer AM-Veränderungsnotwendigkeit und ist zudem zeit- und ggf. erfolgskritisch: Bei Vorliegen der Erkenntnisse sind die Projektrahmenbedingungen und -vereinbarungen möglicherweise schon festgelegt und lassen sich nur mit sehr hohem Aufwand wieder korrigieren.

In beiden Fällen ist der Ansatz des Veränderungsprozesses allerdings vergleichbar. Er folgt den drei Schritten auftauen (unfreeze), verändern (move) und konsolidieren (freeze) und ist mit entsprechenden Maßnahmen des Veränderungsmanagements zu begleiten, vgl. dazu ausführlich [Alio80; Frei93, S. 25 ff., 130 ff.; Kot95].

Diese Überlegungen werden am Beispiel eines Anlagenbauers konkretisiert, der kundenindividuelle Produktionseinrichtung konstruiert und mit hohem Beschaffungs- und Konsortialanteil herstellt. Die Einzelmaschinen werden zum Kunden versandt und am Verwendungsort zur Gesamtanlage integriert. Im betrachteten Fall sollten die Altsysteme durch eine Standard-ERP-Software abgelöst werden. Abbildung 7.9 zeigt das Analyseergebnis der relevanten Faktoren. Hierbei sind die aktuelle Organisationskultur in Kundenprojekten (Auftragsabwicklung) sowie die angestrebte Projektkultur in internen Verbesserungsprojekten gegenübergestellt.

Abbildung 7.9a zeigt die bei der Abwicklung von Kundenprojekten gelebten Erfolgsfaktoren. Eine unreflektierte Übertragung auf die Projektarbeit des ERP-Projektes birgt Risiken:

- Die Kommunikationsstrategie des Zurückhaltens wichtiger Erkenntnisse oder von Zeitverzügen im Projektfortschritt verharmlost wichtige Einführungshindernisse. Dies führt dazu, dass die Mitarbeiter Schwierigkeiten informell bereits seit langem diskutieren, die Organisation offiziell aber erst kurz vor dem Meilenstein reagiert.

Gelebte Erfolgsfaktoren
erfolgreicher Auftragsabwicklung

1. Wer zuerst zuckt, verliert!
Der Überbringer bekommt den "Schwarzen Peter" (bei schlechten Nachrichten) oder die Arbeit (bei Hinweisen auf offene Punkte).

2. Probleme intuitiv lösen!
Ein breiter Erfahrungsschatz ermöglicht eine schnelle Lösungsfindung ohne systematische Problemanalyse.

3. Zweitletzter reicht!
Das ist pünktlich genug, um keine Pönale zu zahlen.

4. Termine sind Verhandlungssache!
Endtermine werden zu Projektbeginn grob über Vergleichswerte geschätzt und dementsprechend mit dem Kunden verhandelt. Eine echte Terminplanung findet nach Stücklistenerstellung statt.

a) **Organisationskultur**
(Ist-Situation)

Angestrebte Erfolgsfaktoren
erfolgreicher Projektabwicklung

1. Projektfortschritt ehrlich kommunizieren!
Eine kritische Prüfung und ihre frühzeitige offizielle Kommunikation bringt Sicherheit und stabilisiert das Vertrauen bei allen Beteiligten.

2. Erst Ziele, dann Maßnahmen!
Die hohe Abwicklungskomplexität erfordert ein systematisches Vorgehen – das ist bei fehlender Erfahrung besonders wichtig.

3. Gemeinsam durch's Ziel!
Die logistische Abwicklung benötigt eine Gesamteinführung, deshalb benötigen alle den gleichen fachlichen Wissensstand.

4. Termine sind Planungsergebnis!
Die Termine realistisch aus Arbeitspaketen ableiten, anstatt über unrealistisch verhandelte Endtermine Termindruck zu erzeugen.

b) **Projektkultur**
(Soll-Situation)

Abb. 7.9 Analyseergebnisse Organisations- und Projektkultur (Projektbeispiel)

- Die intuitive Problemlösung ist bei einem breiten Erfahrungsschatz erfolgreich. Doch im Gegensatz zur Abwicklung von Kundenprojekten fehlen der Organisation Erfahrungswerte für AM-Projekte, somit führt ein erfahrungsgeleitetes Handeln zu wechselnden Prioritäten und informellen Absprachen; eine Verbesserung erfordert analytisches Handeln.
- Das informelle Wissen um Zeitverzüge in anderen Bereichen birgt die Gefahr des Zurücklehnens im eigenen Bereich. Man muss nur aufpassen, dass im Netz der übrigen Lieferanten jemand noch mehr verspätet ist, als man selbst. Die Bereitschaft, andere Bereiche in der Einführungsvorbereitung zu unterstützen, ist nicht in ausreichendem Maß vorhanden.
- Gelten Termine als Verhandlungssache, neigen die Projektverantwortlichen eher dazu, Termine grob (mit Sicherheitszuschlag) abzuschätzen – anstatt sie strukturiert durchzuplanen. Bei ohnehin optimistischer Einschätzung (und fehlender Kenntnis fundierter Vergleichswerte) ist somit die Gefahr sehr hoch, dass nachdrückliche Fragen des Managements zu unrealistisch optimistischen Terminen führen.

Im Projektbeispiel war die starke Betonung der Einhaltung des Einführungstermins zusätzlich kritisch: Somit bergen zwar realistische, aber noch weit in der Zukunft liegende Meilensteine die Gefahr des Zurücklehnens. Um dieser vorzubeugen, setzen die Projektverantwortlichen die Endtermine unrealistisch früh – mit dem entsprechenden Risiko für die Glaubwürdigkeit. Abbildung 7.9b leitet die daraus abgeleiteten Vereinbarungen für das künftige Projektvorgehen ab. Es ist zu erkennen, dass hier umfassende Veränderungen der Projektkultur erforderlich sind.

Der Folgeabschnitt betrachtet die organisatorischen Aspekte der Projektarbeit.

7.3 Organisatorische Aspekte

Die organisatorisch-methodischen Aspekte betrachten die Vorgehenslogik sowie die organisatorischen Regeln und Zuständigkeiten im Projekt. Der hier vorgestellte Ansatz folgt dem *Grundverständnis* eines partizipativen Vorgehens[11] und beteiligt die Anwender (operativ Verantwortliche der Auftragsabwicklung), IT-Verantwortliche sowie weitere berechtigte Interessenvertreter an der Projektarbeit und den Entscheidungen. Echte fachliche Beteiligung setzt ein inhaltlich ergebnisoffenes Vorgehen voraus. Dies schließt rollenbedingte Konfliktpunkte nicht aus, sondern erfordert vielmehr, diese durch sachliche Auseinandersetzung mit entsprechender Lösungssuche oder durch Verhandlungen über einen Interessensausgleich konstruktiv zu lösen. Oft resultiert aus der Partizipation noch ein positiver Nebeneffekt: Üblicherweise motiviert die Übergabe von Gestaltungsverantwortung die Betroffenen, was die Projektatmosphäre positiv beeinflusst. Der hier vorgestellte Ansatz zielt auf Selbstorganisation, unterstellt allerdings eine entsprechende Lernbereitschaft der Projektbeteiligten.

Erst Ziele, dann Maßnahmen

[11] Die hier verfolgte Basisstrategie macht aus Akteuren des Projektumfeldes Partner in der Projektarbeit und will mit ihnen gemeinsam eine gute Lösung (rationaler Konsens) erarbeiten. Dies schließt – im Sinne eines pragmatischen Vorgehens – den *ausgewählten* Einsatz diskursiver Elemente (Verhandeln über geeignete Ausgleichsmaßnahmen bei bestimmten Konflikten) und repressiver Elemente (Durchsetzung von Entscheidungen mit Machtmitteln) zwar nicht vollständig aus, soll aber das Projektvorgehen nicht dominieren, vgl. dazu ausführlich [Abr03, S. 76 ff.; MaKr01, S. 28 ff.,151 ff.].

Zunächst behandelt Abschn. 7.3.1 die zum Verständnis notwendigen Grundlagen (hier: die *Beteiligungsmöglichkeiten* und *Wissensmanagement*). Nach einem Überblick über die organisatorisch-methodischen Projektbausteine erfolgt ihre Erläuterung (Abschn. 7.3.2).

7.3.1 Grundlagen

Im Projekt sind die *Beteiligungsmöglichkeiten* zu gestalten. Voraussetzung hierfür ist die Kenntnis der üblichen Beteilungsstufen in Projekten und die Anforderungen an eine erfolgreiche Umsetzung. Abbildung 7.10 konkretisiert die in der Literatur diskutierten Ausprägungen für Auftragsmanagement-Projekte.

Abbildung 7.10a ordnet die wesentlichen *Beteiligungsstufen* nach Einflussmöglichkeit bzw. Verantwortungsübernahme von unten nach oben, vgl. u. a. [Abr03, S. 76 ff.; HaLo03, S. 134 f.]:

1. Stufe Die *Information* setzt die Interessengruppen und/oder ihre Vertreter über das Projekt in Kenntnis. Üblich sind allgemeine Projektinformationen (Ziele, Organisation, Projektgegenstand), Informationen zum geplanten und aktuellen Arbeitsfortschritt sowie über besondere Ereignisse (wichtige Änderung im Projektvorgehen, erfolgreicher Abschluss eines Meilensteins, ...). Dies kann formal (z. B. Aushänge, Intranet-Darstellungen, Projektzeitschriften) oder auch informell (z. B persönliche Gespräche) stattfinden. Von einer reinen Informationsweitergabe (unidirektionale Kommunikation) ist die Diskussion (bidirektionale Kommunikation, ggf. mit Berücksichtigen von Meinungen bzw. Argumenten im weiteren Projektverlauf) zu unterscheiden.

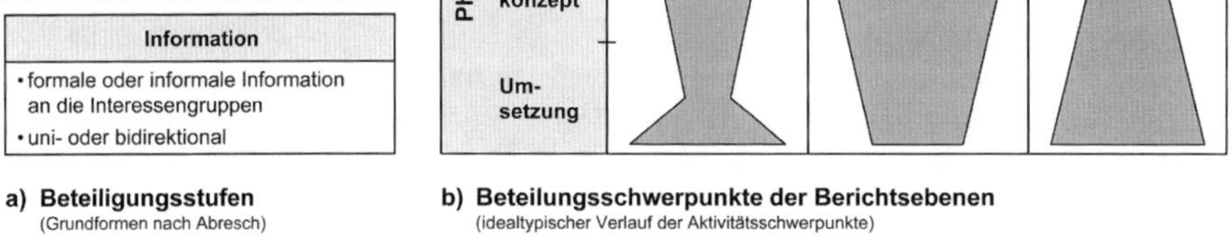

Abb. 7.10 Beteiligungsstufen und Beteiligungsschwerpunkte

2. Stufe Die *Projektmitarbeit* beteiligt die Interessengruppen an der Projektarbeit. Inhaltlich auf Fachthemen bezogen, kann dies auch organisatorisch-methodische oder sozial-emotionale Aspekte umfassen. Neben Kompetenz- sind auch Umsetzungs- oder Akzeptanzkriterien zu beachten. Die Mitarbeit kann dauerhaft oder temporär sein; meist wird eine Interessengruppe repräsentativ vertreten.

3. Stufe Die *Mitentscheidung* räumt Interessengruppen (oder Vertretern) Entscheidungsrechte ein. Sie zielt auch darauf ab, die Identifikation mit dem Projekt zu erhöhen. Wesentliche Ebenen sind Projekt- oder Teilteamleitung sowie Lenkungsausschuss.

Generell ist die persönliche Mitwirkung einzelner Akteure (Individualebene) von der repräsentativen Mitwirkung einer Interessengruppe über Vertreter (Gruppenebene) zu unterscheiden. Letztere verpflichtet den entsandten Vertreter zur Informationsweitergabe.

Abbildung 7.10b zeigt den idealtypischen Verlauf der notwendigen Beteiligung über die Projektphasen und differenziert diese nach den Berichtsebenen. Die jeweilige Intensität hängt vom Grad der Betroffenheit ab (vgl. Abschn. 7.2.2: Baustein Betroffene und Beteiligte):

- Die *Geschäftsleitung* verantwortet das Geschäft operativ und strategisch; je nach Unternehmensform und -größe sind das Geschäftsführer, Vorstand oder bei großen Unternehmen auch Bereichsleiter (z. B. eines Geschäftsbereichs). Sie ist besonders zu Projektbeginn und für die strategischen Entscheidungen (Phase Logistikstrategie) und in der Hochlaufphase zur sichtbaren Führung und Unterstützung der Neuerungen (Phase Umsetzung) gefordert. An der Ausarbeitung des Fachkonzeptes ist die Geschäftsleitung i. d. R. nicht beteiligt.
- Die *Fachführungskräfte* und *Experten* gestalten bzw. führen das operative Geschäft. Fachführungskräfte können vom Gruppen- bis zum Bereichsleiter gehen, abhängig von der Unternehmens- und Organisationseinheitsgröße, den damit verbundenen aufbau- und ablauforganisatorischen Festlegungen sowie vom Führungsverständnis des Vorgesetzen. Der Arbeitsschwerpunkt dieser Gruppe liegt in der Phase des Fachkonzepts. In der Phase Logistikstrategie sind Vorarbeiten und Plausibilisierungen notwendig; in der Phase der Umsetzung sind sowohl fachliche Erläuterungen und Hilfestellungen an die Mitarbeiter (mit Bezug zum Gesamtzusammenhang) als auch sichtbare Führung (im Sinne der Glaubwürdigkeit) gefordert.
- Die *Mitarbeiter* führen das operative Geschäft aus; entsprechend der in Abschn. 3.5 genannten Aufgaben und Rollen sind hier planende und steuernde (z. B. Projektmanagement, Grobplanung, Feinplanung, Meister) von ausführenden Tätigkeiten (z. B. Fertigung und Montage genauso wie Konstruktionstätigkeiten im Fall einer auftragsbezogenen Konstruktion) zu unterscheiden. Hier steigt die Intensität im Projektverlauf von Projektstart- und -fortschrittsinformationen, über Schulungen, Tests, Training, bis hin zum operativen Betrieb.

Generell gelten die Verläufe für den planmäßigen Projektverlauf; Änderungen der Rahmenbedingungen, Fachinhalte oder Ergebnisfortschritt können dies deutlich verändern.

Daneben ist im Projekt das *Wissensmanagement* zu gestalten. Voraussetzung hierfür bildet ein Grundverständnis zu Wissensbegriffen, den Kernprozessen des Wissensmanagements sowie den Modi der Wissensentwicklung.

In Anlehnung an Probst ist Wissen die Gesamtheit der Kenntnisse und Fähigkeiten, die Individuen zur Problemlösung einsetzen. Dies umfasst sowohl theoretische Erkenntnisse als auch praktische Alltagsregeln und Handlungsanweisungen. Wissen ist immer personengebunden und stützt sich auf Daten und Informationen [PRR99, S. 46]. Entsprechend dieser Definition wird Wissen also nur von Personen entwickelt und existiert ausschließlich in deren Köpfen.

Nach Formalisierungsgrad wird explizites Wissen (in formaler Sprache verfügbar und kodifiziert) von implizitem Wissen unterschieden. Beides lässt sich auf Einzelpersonen oder Personengruppen beziehen, so dass sich insgesamt vier Typen organisationalen Wissens ergeben, vgl. dazu ausführlich [Spen96, S. 51 ff.; NoTa97, S. 68 ff.]:

- *Einzelpersonenbezogen* (individuell) wird bewusstes Wissen (die Einzelperson verfügt über das Wissen explizit) von automatisiertem Wissen (die Einzelperson verfügt über das Wissen nur implizit und es ist bspw. durch verinnerlichte Handlungen in Arbeitsroutinen verankert, sog. learning by doing) unterschieden. Reflektierende Fragen helfen, dieses unbewusste Wissen wieder bewusst zu machen.
- *Personengruppenbezogen* (überindividuelles oder soziales Wissen) wird unterschieden zwischen objektiviertem Wissen (Gruppe hat dieses Wissen expliziert) und kollektivem Wissen (Gruppe hat dieses Wissen bspw. in Form von Normen oder Kultur verinnerlicht, vgl. auch Abb. 7.9a) unterschieden. Eine Gruppe kann nach unterschiedlichen Kriterien beschrieben sein und bspw. die gleiche Ausbildung durchlaufen haben oder der gleichen Organisation angehören.

Das Wissensmanagement hat die Aufgabe, das Wissen zu gestalten und für die Organisation nutzbar zu machen. Abbildung 7.11 zeigt die daraus resultierenden Aufgaben des Wissensmanagements und den Prozess der Wissensentwicklung in einer Organisation.

Die Literatur gliedert die Aufgaben des Wissensmanagements unterschiedlich, vgl. dazu u. a. [Mar01, S. 59 ff.; AlLe01, S. 115 ff.; PRR99, S. 53 ff.; May07, S. 41 f.]. Für das hier betrachtete projektbezogene Wissensmanagement reicht eine Unterteilung in vier Aufgaben aus, Abb. 7.11a. Diese werden mit Blick auf ihre Anwendung in Auftragsmanagement-Projekten erläutert:

- Die *Wissensentwicklung* macht der Organisation neues Wissen verfügbar. Dies geschieht entweder durch individuelles Lernen oder durch die Aufnahme von Mitarbeitern, die für die Organisation neues Wissen einbringen [Sim91, S. 125]. In einem AM-Projekt wird vor allem in den Phasen der Ist-Analyse und des Soll-Konzepts neues Wissen entwickelt – hierbei unterstützen Visualisierungs- oder

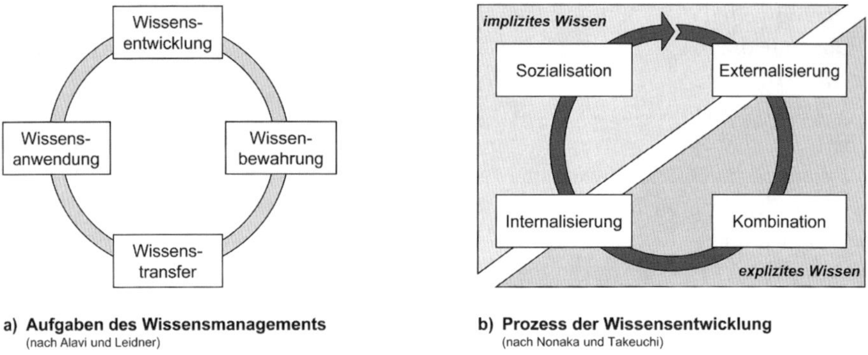

Abb. 7.11 Grundlagen des Wissensmanagements

Präsentationsmethoden. Die Reflexion und Dokumentation kritischer Projekterfahrungen (Lessons Learned) kann zur Wissensentwicklung beitragen.

- Die *Wissensbewahrung* ordnet und dokumentiert das im Projekt erarbeitete Wissen. In Projekten besteht die Aufgabe darin, es auch für die nicht unmittelbar an der Erarbeitung Beteiligten nachvollziehbar und wieder auffindbar zu ordnen.
- Der *Wissenstransfer* verteilt das erarbeitete Projektwissen in der Organisation. In AM-Projekten betrifft dies zum einen die Kommunikation im Projekt selbst. Zum anderen ist im Rahmen der Umsetzung die Schulung der operativ Verantwortlichen erforderlich.
- Die *Wissensanwendung* nutzt das erarbeitete Wissen. Für AM-Projekte betrifft dies während des Hochlaufs einerseits das mitarbeiterbezogene Training – also den Probebetrieb – und andererseits die Anwendung im Realbetrieb.

Nach dem Verständnis von Nonaka und Takeuchi wird Wissen in einer kontinuierlichen Transformation zwischen implizitem und explizitem Wissen erzeugt. Beim Durchlaufen von vier Phasen geht das Wissen innerhalb einer Organisation spiralförmig von individuellem Wissen auf höhere Organisationsstufen wie Personengruppen und ganze Firmen über. Wissen ist demnach als zweidimensionales Phänomen zu verstehen, das zwar grundsätzlich nur von Individuen erzeugt, aber erweitert und nutzbar gemacht werden kann [NoTa95, S. 69; NoTa97, S. 68 f., 84 f.; May07, S. 43 ff.]. Das Modell baut auf dem von M.Polanyi vorgestellten Begriff des impliziten Wissens auf [PolM66; PolM85; NoTa97, S. 72 f.]. Im Rahmen dieses sogenannten SECI-Modells (*S*ocialization, *E*xternalization, *C*ombination, *I*nternalization) werden die in Abb. 7.11b dargestellten vier Phasen durchlaufen, die mit Bezug auf die hier betrachteten Auftragsmanagement-Projekte erläutert werden [NoTa97, S. 74 ff.]:

- Die *Externalisierung* wandelt implizites in explizites Wissen um, und zwar durch einen konstruktiven Dialog oder durch kollektive Reflexion. Dies ist insbesondere in der Ist-Analyse relevant. Hier wird das von der Organisation eingeübte und verinnerlichte Wissen für Nicht-Beteiligte nachvollziehbar aufgenommen und bspw. mit den in Kap. 5 beschriebenen Methoden expliziert. Wichtiger Bestandteil der Ist-Analyse ist dementsprechend die Befragung der am operativen Prozess beteiligten Mitarbeiter.

- Die *Kombination* verknüpft Wissen aus verschiedenen Bereichen oder Kategorien und generiert so neues Wissen. Dies ist vornehmlich in der Phase des Soll-Konzeptes relevant, welche das nun explizierte Wissen der Ist-Analyse mit Hilfe von explizitem Theorie- und Methodenwissen zu einem Soll-Konzept verknüpft. Die Konzeptüberprüfung erfolgt zunächst vor dem Erfahrungshintergrund der Fachexperten.
- Die *Internalisierung* wandelt explizites in implizites Wissen um. Durch Schulungs- und Trainingsmaßnahmen sollen die Mitarbeiter das neue Wissen lernen (learning by doing) und in ihrer täglichen Arbeit schließlich auch routinisiert anwenden.
- Durch eine *Sozialisation* wird Wissen implizit – bspw. durch Imitieren erfolgreicher Strategien oder Erfahrungsaustausch – übertragen, geht also vom Aufbau eines Interaktionsfeldes aus. Dies ist insbesondere in der Betriebsphase relevant, in der durch kontinuierliche Verbesserung die Logistikleistung schrittweise erhöht wird, vgl. a. Abschn. 7.1: Formkurve.

Die beschriebenen Phasen der Wissensentwicklung sind eng mit den geschilderten Aufgaben des Wissensmanagements verknüpft. Verschiedene Untersuchungen betonen als entscheidenden Faktor der Wissensentwicklung die Grundatmosphäre des Vertrauens und der gegenseitigen Wertschätzung [BacS94, S. 30].

7.3.2 Projektbausteine organisatorisch-methodische Aspekte

Die organisatorisch-methodischen Projektbausteine zeigt Abb. 7.12. Sie sind nach ihrem Bezug in projekt- und kernteambezogene Bausteine unterteilt:

- Die *projektbezogenen Bausteine* umfassen das *Risikomanagement* und das *Änderungsmanagement*, die Methoden zur Identifikation und Überwachung von Projektrisiken sowie organisatorische Regeln zur Behandlung von Änderungen zusammenfassen. Der Baustein *Projektidentität* dient der Vermittlung der Projektidee an Personen, die nicht unmittelbar an der Projektarbeit beteiligt sind.
- Die *kernteambezogenen Bausteine* unterscheiden Methoden zur operativen Projektbearbeitung (Bausteine *Ziel-Mittel-Denken, Visualisierung und Präsentation, methodische Workshop-Moderation*) von reflektierenden und qualifizierenden Maßnahmen und Methoden zur Verbesserung der Projektarbeit (Bausteine *Lessons Learned, Coaching, Qualifizierung*). Insbesondere Coaching und Qualifizierung sollen den Projektleiter bei der Kernteamarbeit unterstützen, sind aber grundsätzlich auch darüber hinaus einsetzbar.

Die Bausteine *Projektbesetzung* sowie *methodische Planung und Kontrolle* organisieren Projekt- und Kernteamarbeit methodisch. Sie sind deshalb beiden Bereichen zugeordnet. Die Bausteine *Projektkommunikation* und *Dokumentationsstandards* organisieren Projektwissen und ihren Informationstransfer; sie entfalten ihre Wirkung sowohl projekt- als auch kernteambezogen. Eine eindeutige Regelung und zuverlässige Einhaltung ist insbesondere in größeren Projekten bedeutsam.

Die Bausteine werden im Folgenden erläutert.

Baustein Projektbesetzung

Der Baustein *Projektbesetzung* beschreibt, wie die Projektbeteiligung in Form von Projektrollen und -treffen konkretisiert wird und was bei der Projektbesetzung beachtet werden sollte. Zunächst gibt Abb. 7.13 einen Überblick über die Projektgremien (Projektrollen und -treffen) in einem Auftragsmanagement-Projekt.

Abbildung 7.13a zeigt die *personenbezogenen Rollen*, die typischerweise für ein AM-Projekt zu unterscheiden sind, vgl. dazu ausführlich [DaeHu02, S. 265 ff.; PMI04]:

- Der *Auftraggeber* schafft den Projektrahmen (finanzielle, sachliche und/oder personelle Mittel) und erteilt den Projektauftrag formell, oftmals ist er auch Projektinitiator. Zusätzlich soll er das Projekt sichtbar unterstützen, also seine formelle und informelle Macht für den Projekterfolg einsetzen; deshalb finden sich auch die Begriffe Machpromotor oder Projektsponsor [DaeHu02, S. 267; PMI04, S. 26]. Grundsätzlich bestimmt der Gestaltungsumfang des Projektes die Wahl des Auftragsgebers.

  Für *Auftragsmanagement-Projekte* bedeutet dies: Ist die gesamte Auftragsabwicklung Gestaltungsgegenstand, ist der logische Auftraggeber der Geschäftsführer oder der für die Auftragsabwicklung zuständige Vorstand. Für Teilbereiche ist der entsprechend zuständige Bereichsleiter zu wählen, also bei einem Projekt zur Verbesserung der Produktionslogistik meist der Produktions- oder Segmentleiter. Bei Projekten mit Pilotcharakter für das Gesamtunternehmen

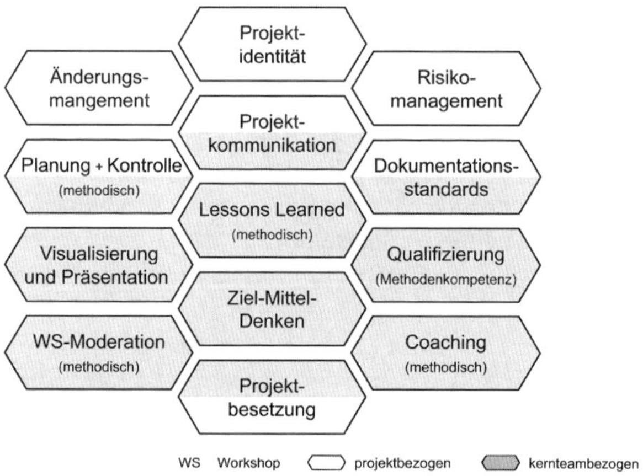

Abb. 7.12 Projektbausteine organisatorisch-methodische Aspekte

Abb. 7.13 Projektgremien für Auftragsmanagement-Projekte

ist als Auftraggeber die Geschäftsführung kombiniert mit einer entsprechenden Vertretung des Pilotbereichs im Lenkungsausschuss zu empfehlen.

- Der *Projektleiter* leitet das Projekt operativ und ist somit dessen sichtbarer Vertreter nach innen und außen. Er verantwortet die zielgerechte Bearbeitung (Inhalte, Termin, Kosten) und nimmt dazu projektbezogen Führungs- und Kommunikationsaufgaben wahr, und zwar sowohl innerhalb der Projektgruppe als auch gegenüber den Interessengruppen und -vertretern, vgl. dazu ausführlich [DaeHu02, S. 267; PMI04, S. 26; SOP08, S. 317 ff.].
  Für *Auftragsmanagement-Projekte* sind zwei Formen einer fachlichen Aufteilung überlegenswert: Zum einen die Benennung je eines Anwender- und IT-Projektleiters, mit entsprechender Verantwortungsteilung. Diese kommt insbesondere bei Projekten mit einem hohen Entwicklungs- und Customizinganteil der Software in Frage. Zum anderen ist zwischen internem und externem Projektleiter zu unterscheiden. Dies ist gängig bei umfangreicherer externer Projektunterstützung sowohl für die Organisationsberatung – ggf. mit Softwareauswahl – als auch für die Softwareeinführung. Wichtig ist hier die Rollenklärung mit den Externen sowie ihrem Rollenverständnis: Dieser kann immer nur beratende Funktion haben – außer er wird ausdrücklich als Manager auf Zeit verpflichtet.
- Der *Prozessbegleiter* (auch Projektcoach genannt) soll zunächst den sozialen Gruppenprozess so gestalten, dass die Gruppe effizient – also möglichst ohne sozial-emotionale Reibungsverluste – zusammenarbeitet. Darüber hinaus steuert er den Problemlösungs- und Entscheidungsprozess, so dass die Gruppe möglichst effektiv – also strukturiert an selbst vorgegebenen Zielen – arbeitet. Diese zweite, von Schübel beschriebene Aufgabe geht über die klassische Moderationsfunktion einer Gesprächsführung deutlich hinaus und erfordert neben fundiertem theoretischem Problemlösungswissen ein hohes Maß an Selbstreflexion und Einfühlungsvermögen im persönlichen Umgang, vgl. dazu ausführlich [Han98; MaKr01, S. 41 ff.; Schüb02; Schüb09].
  Für *Auftragsmanagement-Projekte* sind keine speziellen Anforderungen an den Prozessbegleiter erforderlich; günstig ist sicher die Kenntnis der unternehmensspezifischen Rahmenbedingungen. Generell vertraut der Prozessbegleiter darauf, dass die erforderliche Sachexpertise in der Projektleitung bzw. Projektgruppe vorhanden ist.

- Der *Experte* steuert sein Wissen zum Projekterfolg bei, wobei alle Projektaspekte relevant sind. Neben dem operativen Wissen über konkrete Zustände und Abhängigkeiten ist vor allem übergreifendes Zusammenhangswissen in der Prozesskette der Auftragsabwicklung wichtig. Dies beinhaltet sowohl schlecht strukturiertes Erfahrungswissen als auch wohl strukturiertes Theoriewissen. Die Expertenrolle umfasst zwei Aufgaben: Zum einen sollen sich die Experten so in die inhaltliche Arbeit einbringen, dass sie fachbezogen, organisatorisch oder atmosphärisch zu einer guten Lösung beitragen. Zum anderen sind die Analysen, Ergebnisse und Schlussfolgerungen so aufzubereiten, dass sie für die beteiligten Nicht-Experten verständlich und nachvollziehbar sind. Eine hohe didaktische Vermittlungskompetenz führt einerseits zu Anerkennung und Vertrauen in der Gruppe – andererseits ist damit starker Einfluss und eine entsprechend verantwortungsvolle Wahrnehmung der Aufgabe verbunden. Fehleinschätzungen haben gravierende Auswirkungen auf den Projektverlauf und -erfolg.
  Für *Auftragsmanagement-Projekte* sind zunächst die Fachinhalte Logistik und IT zu betrachten: Für die Logistik ist das geschäftsspezifische Wissen über die Auftragsabwicklung in den unterschiedlichen Bereichen, über ihre Ziele, Prozesse und Funktionen wichtig. Für die IT ist das Wissen über die aktuelle IT-technische Ausstattung und über neue Realisierungsmöglichkeiten zu betrachten. Bezogen auf die Organisation und die Akteure ist das Wissen zur bestehenden Unternehmens- und Veränderungskultur sowie über Eigenschaften wichtiger Akteure gemeint. In der Regel ist dieses Wissen im Unternehmen verfügbar. Schwierigkeiten können jedoch entstehen, wenn Wissensträger das Unternehmen verlassen. Darüber hinaus ist für alle Themen methodisches Theoriewissen zur Logistik, IT sowie zum Veränderungsmanagement erforderlich. Fehlt das Methodenwissen im Unternehmen, ist der Einsatz von externen Beratern zu prüfen (vgl. Abschn. 7.1: Projektdurchführung).
- Der *Anwender* betrachtet das Projekt als Träger des operativen Geschäfts meist pragmatisch unter Umsetzungs- und Nutzengesichtspunkten. Die Beurteilung erfolgt anhand seines operativen Wissens, der praktischen Umsetzbarkeit sowie der Interessen seiner Gruppe. Als Person stehen viele Anwender in einer Doppelrolle mit dem Fachexperten.
  Anwender in *Auftragsmanagement-Projekten* sind die Organisationseinheiten bzw. Personen mit Planungs- und Steuerungsverantwortung in der Auftragsabwicklungskette. Diese nutzen in der Regel auch die entsprechende Software: Dies sind (zentrale oder dezentrale) Planungs- und Steuerungsabteilungen und -funktionen wie bspw. Projektmanagement, Auftragsleitstelle (unternehmens-, bereichs- oder produktionsbezogen) und Arbeitsvorbereitung. Nicht zu vernachlässigen sind Vertrieb (Lieferterminermittlung) sowie die Personen in den abwickelnden Bereichen, die über Auftragsprioritäten oder Kapazitäten entscheiden (Meister oder Vorarbeiter in der Produktion; Terminverfolger im Einkauf, Gruppenleiter in der Konstruktion, …). Die zweite Gruppe der Betroffenen sind die Personen, die beplant und gesteuert werden. Hier bietet sich eine Prüfung anhand der klassischen Unternehmensfunktionen an, also Vertrieb, ggf. Konst-

ruktion (soweit in die Auftragsabwicklung integriert), Beschaffung, Produktion, Versand, ggf. Baustellenmontage.

- Der *Linienvorgesetzte* muss seine Mitarbeiter für das Projekt im vereinbarten Umfang freistellen. Letztlich verantwortet er damit auch die dem Projekt verfügbare Kompetenz und beeinflusst hierüber die Projektarbeit und -ergebnisse. Für diese Mitarbeiter besteht eine Berichtspflicht an Vorgesetzte und Kollegen über Projektfortschritt und -ergebnisse; mit entsprechender Gefahr von Rollenkonflikten, vgl. Abschn. 7.4.1.
  Für *Auftragsmanagement-Projekte* sind Vorgesetzte mit Interesse an logistischen Zusammenhängen wünschenswert, ein fundiertes Logistikwissen wäre ideal. Abgesehen von allgemeinen, für alle Projekte gültigen Überlegungen sind darüber hinaus keine speziellen Anforderungen notwendig.

Für die erfolgreiche *Projektbearbeitung* bestehen Voraussetzungen hinsichtlich Handlungskompetenz und Atmosphäre des fachlichen Projektleiters und Prozessbegleiters: Ersterer benötigt vor allem fachbezogene Methoden- und Organisationskompetenz, Zweiterer trägt korrespondierend die soziale Methoden- und Organisationskompetenz bei. Dies erfordert eine Atmosphäre des Vertrauens bei persönlicher Wertschätzung und die Anerkennung der gegenseitigen Fachkompetenz – bis in das gesamte Projektteam. Im Zusammenspiel wird also die persönliche Lernbereitschaft wichtiger als die Erfüllung praktisch ohnehin schwer realisierbarer Idealbilder, vgl. dazu ausführlich [DaHu02, S. 270 ff.; HaLo03, S. 152 ff.]. Darüber hinaus müssen die Beteiligten die Aufteilung in fachliche und prozessbegleitende Funktionen positiv als zeitliche und inhaltliche Entlastung empfinden – und nicht negativ als Kontroll- oder Autonomieverlust. Insbesondere die zwangsläufig entstehenden, gegenseitigen Verständnisfragen bergen die Chance einer laufenden Qualitätsverbesserung unter allen drei Projektaspekten, vgl. a. Abschn. 7.1: Projektaspekte und Leitungsverantwortung.

Abbildung 7.13b zeigt die *gruppenbezogenen Rollen*, die typischerweise für ein AM-Projekt zu unterscheiden sind, vgl. dazu ausführlich [DaeHu02, S. 265 ff.; PMI04]:

- Der *Lenkungsausschuss* (auch Projektausschuss, Steuerkreis genannt) ist das vom Auftraggeber eingesetzte und häufig von ihm geleitete Gremium. Es beschließt und bestätigt die Konzeptentscheidungen, überwacht den Projektablauf und achtet insbesondere auf die Einhaltung der Projektrahmenbedingungen. Er nimmt das Projekt nach Abschluss ab. Auch soll der Lenkungsausschuss das Projekt in der Organisation sichtbar verankern. Mitglieder des Lenkungsausschusses sind neben dem Auftraggeber ranghohe Vertreter beteiligter und betroffener Bereiche.
  Bei *Auftragsmanagement-Projekten* beinhaltet dies zu Projektbeginn die Zustimmung zu den logistiksystem- und projekt-bezogenen Zielen sowie dem Projektbudget. Während der Bearbeitung trifft der Lenkungsausschuss die wesentlichen Entscheidungen zur Logistikstrategie, zum Fachkonzept – ggf. mit Softwareauswahl – und zur Einführung. Potenzielle Mitglieder funktional organisierter

Unternehmen sind Geschäftsführer bzw. Vorstand (als Auftraggeber), Einkaufs-, Produktions- und IT-Leiter (der Konstruktionsleiter, soweit in von der zu gestaltenden Abwicklung betroffen). Bei anderen Organisationsformen nehmen die entsprechend betroffenen Bereichsleiter teil. Je nach Projektbedeutung kann auch das strategische Unternehmenscontrolling im Lenkungsausschuss vertreten sein.

- Das *Kernteam* (auch Projektgruppe genannt) ist das vom Auftraggeber oder Lenkungsausschuss eingesetzte Gremium, welches Ist-Analyse und Konzepte verantwortlich bearbeitet. Es ist so zu besetzen, dass es die wesentlichen Fachkompetenzen abdeckt. Die unterschiedlichen (fachlichen) Hintergründe ermöglichen einerseits Synergien, erschweren aber andererseits auch die Verständigung. Insbesondere zur Teamfindung – je nach Bedarf auch zur dauerhaften Moderation – ist deshalb ein Prozessbegleiter sinnvoll.
  Für *Auftragsmanagement-Projekte* beinhaltet die fachliche Kernteamarbeit die Erarbeitung von Logistikstrategie, Fachkonzept und Umsetzung (je nach Projektumfang). Im Kernteam sollten die Planungs- und Steuerungsexperten, die Anwender und die IT vertreten sein, s. o. Rollenbeschreibung von Experte und Anwender. Eine phasenbezogene Veränderung der Besetzung ist denkbar; mit zunehmender Umsetzungsnähe sollten mehr Anwender vertreten sein.
- Das *Teilteam* ist lediglich bei komplexen Projekten notwendig und ist ansonsten dem Kernteam hinsichtlich Besetzung und Organisation vergleichbar.
  Für *Auftragsmanagement-Projekte* ist eine Unterteilung in Teilteams insbesondere für komplexe ERP-Projekte üblich. Generell ist die funktionale Unterteilung (typischerweise anhand der Softwaremodule) von der prozessbezogenen Unterteilung (bspw. anhand der logistischen Geschäftsart in verschiedene Abwicklungsprozesse) zu unterscheiden.

Generell gilt: Bei der Erarbeitung von Teillösungen müssen diese integriert werden. Zeitlich-organisatorisch ist dies Aufgabe der Projektleitung; demgegenüber kann sie eine inhaltliche Integration aus Kapazitätsgründen i. d. R. nicht leisten. Für AM-Projekte ist die Integration also entweder über die Auftragsabwicklungskette (funktionale Unterteilung) oder über die Ressourcenabhängigkeiten (prozessbezogene Unterteilung) zu leisten. Dies kann durch das Kernteam oder auch ein separat einzusetzendes Integrationsteam geschehen.

Die Festlegungen zur Projektorganisation sind zu dokumentieren, bspw. in Form einer Darstellung der Projektorganisation und einer *Rollenbeschreibung*. Hier bietet sich eine Auflistung nach den Kriterien Aufgaben, Kompetenz und Verantwortung an:

- Die *Aufgaben* beschreiben die Pflichten der Rolle. Sie lässt sich auch durch die Fragen „Welche Handlungen werden von mir erwartet?“ bzw. „Was soll ich tun?“ beantworten. Allgemeine arbeitshygienische Pflichten (z. B. pünktliches Erscheinen zu Projektsitzungen, zuverlässiges Erledigen von Aufgaben) sind nicht separat aufzuführen.

- Die *Kompetenzen* beschreiben die Befugnisse (auch Erlaubnisse). Demnach ist die Frage „Was darf ich tun?" zu betrachten. Der zweite Aspekt der Handlungskompetenz (also die Fähigkeit des Rolleninhabers zur anforderungsgerechten Ausfüllung der Rolle) ist bei der eigentlichen Projektbesetzung wichtig.
- Die *Verantwortung* beschreibt die Erfüllungspflicht für Aufgaben sowie die Berichts- und Informationspflichten für andere Rollen. Hier ist die Frage „Wem gegenüber bin ich wozu verpflichtet?" relevant. Damit ist gleichzeitig die aufbauorganisatorische Einbindung beschrieben, die auch separat unter dem Kriterium Einbindung beschreibbar ist.

Die Gestaltung ist auf zwei Ebenen zu prüfen: Auf der *Rollenebene* ist für die jeweilige Rollen sicherzustellen, dass sich Aufgaben, Kompetenz und Verantwortung entsprechen. Auf *Projektebene* ist das Zusammenspiel der Rollen (auch Rollengefüge) wichtig – also die Verteilung von Verantwortung und Kompetenzen zwischen den Rollen. Die Fragen des Arbeitsstils (Auf welche Weise werden die Aufgaben erledigt?) sind üblicherweise nicht Inhalt einer solchen Beschreibung – im Sinne angestrebter atmosphärischer Ziele erscheint es aber durchaus sinnvoll, hierüber Vereinbarungen zu treffen und zu dokumentieren.

Abbildung 7.13c zeigt die *Projekttreffen*, die sich für AM-Projekte bewährt haben:

- Die *Lenkungsausschuss-Sitzung* genehmigt die Konzepte in der bereits beschriebenen Art und Weise. Ihre Durchführung ist ohne die jeweiligen Schlüsselpersonen (Auftraggeber, Vertreter des hauptsächlich betroffenen Bereichs, ...) nicht sinnvoll, weil die Beschlüsse sonst als nicht verpflichtend empfunden werden.
- Der *Jour Fixe* überprüft die vom Kern- oder Teilteam erarbeiteten Konzepte und informiert über den Projektfortschritt oft in einem festgelegten Rhythmus. Die Treffen dienen in der Analyse- und Konzeptphase dazu, dass sich die betroffenen Fachführungskräfte mit den Ergebnissen inhaltlich auseinandersetzen. Sie sichern auch ab, dass die Ergebnisse in der Umsetzung mitgetragen werden. Voraussetzung hierfür ist eine echte Beteiligung[12] unter Berücksichtigung der von den Fachführungskräften genannten Argumente.
- *Arbeitstreffen* dienen zur fachlichen Konzepterarbeitung, dies sind meist Kernteam- oder Teilteamtreffen, können aber auch Vorbereitungs- oder Abstimmungstreffen sein.
- *Informationstreffen* dienen zur Information über Zwischenergebnisse sowie über den Projektfortschritt für ein breiteres Spektrum der betroffenen Anwender.
- *Projektabstimmungstreffen* (auch Statussitzungen) dienen zur vorausschauenden Planung und zur Fortschrittsüberwachung des Projekts. Insbesondere zu Beginn

[12] Hiervon ist die *scheinbare Beteiligung* abzugrenzen: Diese verkauft Stakeholdern bereits feststehende Entscheidungen im Nachhinein so, dass diese den Eindruck eines Gestaltungsspielraums bzw. Mitspracherechts gewinnen (auch self-discovered logic). Diese Form ist äußerst risikoreich, da sie bei den „Beteiligten" oftmals den Eindruck der Manipulation erweckt. Dies führt zwangsläufig zu einem Vertrauens- und Glaubwürdigkeitsverlust, vgl. dazu ausführlich [Abr03, S. 79].

der Projektphasen sind solche Treffen erforderlich und evtl. sogar als Stabsfunktion der Projektleitung in größerer Runde mit Bereichsvertretern abzustimmen. Zur Fortschrittsüberwachung könnten bei umfangreichen Projekten separate Treffen notwendig sein, bei kleineren Projekten lässt sie sich meist in die fachbezogenen Arbeitssitzungen integrieren.

Bei breiter Themenstellung ist die Kernteambesetzung heftig umstritten: Aus politischen Gründen – d. h. damit alle Bereiche angemessen vertreten sind – entstehen oft große Teams mit Teilnehmern, die nur am Rande betroffen sind. Als Folge davon wird unnötig Zeit verschwendet. Auch besteht das Risiko nicht zielführender Sitzungen, insbesondere wenn die Fachkompetenz vieler Teilnehmer fehlt. Hier hat sich eine Unterscheidung in ständiges Kernteammitglied (überwiegend Betroffener) und Fachexperte (Spezialist für Teilaspekte, der bei Bedarf für Spezialthemen hinzugezogen wird) bewährt.

Darüber hinaus wird die Notwendigkeit der Teilnahme an Kernteamsitzungen oft kontrovers diskutiert. Mit der Begründung, dass nicht alle Themen alle Vertreter betreffen, erscheint eine themenunabhängig vollständige Teilnahme zunächst als Verschwendung. Sie birgt aber zwei wesentliche Vorteile: Zum einen entsteht ein Gesamtverständnis in einer größeren Gruppe über die gesamte Auftragsabwicklung. Somit werden Problemstellungen und Lösungen unter allen Aspekten geprüft und die Lösungsqualität steigt. Zum anderen sind die Ergebnisse von einer größeren Gruppe auch im Gesamtzusammenhang kommunizierbar, was insbesondere für die Umsetzung vorteilhaft ist. Somit scheinen – bei geeigneter Wahl der Teammitglieder – die Vorteile die Nachteile zu überwiegen:

Die eigentliche *Projektbesetzung* – also die Auswahl der Personen für die jeweiligen Kern- und Teilteams – steht in einem Spannungsfeld: Für das Projekt ist sowohl eine hohe Fachkompetenz als auch eine entsprechende Umsetzungskompetenz notwendig. Demgegenüber ist es für die Führungskräfte der betroffenen Organisationseinheiten wichtig und legitim, über die Besetzung Einfluss auf Projektverlauf und -ergebnisse in ihrem Sinne zu nehmen. Darüber hinaus ist unter zeitlichen Belastungsaspekten sicherzustellen, dass die Führungskräfte und Fachexperten für die Projektarbeit einen angemessenen Zeitanteil reservieren und nicht gleichzeitig in mehreren Großprojekten sitzen. Um diese Überlegungen zu berücksichtigen, bietet sich sowohl aus Gründen der Ergebnisqualität als auch der Akzeptanz ein Vorgehen in zwei Schritten an:

1. *Vorschlag erarbeiten*: Zunächst erarbeitet die Projektleitung – in enger Abstimmung mit dem Auftraggeber – einen Vorschlag. Dieser wird durch die am stärksten betroffenen Fachführungskräfte überprüft, um deren legitime Interessen zu berücksichtigen.
2. *Vorschlag kommunizieren*: Im Zuge der Projektvorstellung wird dieser Vorschlag den Betroffenen und Beteiligten – idealerweise über die Hierarchieebenen – erläutert (z. B. über einführende Einzel- und Gruppeninterviews). Erfahrungsgemäß ergeben sich hier ergänzende Hinweise („versteckte Talente“,

unberücksichtigtes Fachwissen) und durch die Beteiligung steigt die Akzeptanz, vgl. a. Abschn. 7.4.2: Baustein Einzel- und Gruppeninterviews.

Mit einem Offenlegen der legitimen Interessen der Betroffenen besteht die Chance, die dabei genannten Argumente sachlich zu diskutieren. Hierdurch sollte es zu einem für alle Beteiligten akzeptablen Ergebnis kommen.

Baustein Projektidentität

Der Baustein *Projektidentität* umfasst die Maßnahmen zur Herstellung einer Projektidentität und ihrer Kommunikation unter den Betroffenen, vgl. u. a. [SOP08, S. 417; WagE09]:

- Der *Projekttitel* beschreibt i. d. R. den Gestaltungsgegenstand und wird dementsprechend meist im Zuge der Projektdefinitionsphase festgelegt. Eine Verkürzung des oft langen Projekttitels zu Akronymen ist üblich.
- Das *Projektlogo* soll inhaltlich wesentliche Projektideen transportieren, meist also Projektziele oder erarbeitete Lösungsideen. Sollen sich Letztere im Logo wiederfinden, kann es erst am Ende der Phasen Logistikstrategie bzw. Grobkonzept festgelegt werden.

Inhaltliche Grundlage bildet die in der Logistikstrategie zu einer Kernbotschaft verdichtete Vision einer logistischen Abwicklung wie bspw. „We act as One" (vgl. a. Abschn. 7.2.1). Neben den inhaltlichen Überlegungen ist auch das Vorgehen zur Festlegung des Projekttitels und insbesondere des Projektlogos Ausdruck der Projektkultur. Im Sinne des angestrebten partizipativen Ansatzes hat sich das gemeinsame Erarbeiten eines Vorschlags im Kernteam zu den oben beschriebenen Zeitpunkten bewährt. Hier sind auch die inhaltlichen Erklärungen und Interpretationen festzulegen, um sie dann abgestimmt zu kommunizieren.

Die Kommunikation erfolgt sowohl mündlich als auch schriftlich – visualisiert bspw. auf Projektfolien oder -flyern, der Mitarbeiterzeitschrift, dem schwarzen Brett oder im Intranet. Sie ist Gegenstand der Projektkommunikation, die im Folgebaustein erläutert wird.

Baustein Projektkommunikation

Der Baustein *Projektkommunikation* umfasst die Methoden und Maßnahmen zur Kommunikation innerhalb des Projektes sowie in die betroffene Organisation hinein. Im Wesentlichen werden hier Projektziele, -vorgehen und -fortschritt sowie erarbeitete Ergebnisse (mit Bezug zur eigenen Aufgabe und Verantwortlichkeit) kommuniziert. Da die Akteure unterschiedliche Interessen und Informationsbedürfnisse haben, ist ein *zielgruppenorientiertes Vorgehen* wichtig. Demnach ergeben sich drei Schritte:

1. *Zielgruppen identifizieren*: Hier werden die (intern oder extern) Betroffenen in Adressatengruppen eingeteilt, um unter Berücksichtigung der jeweiligen Interessen angemessen informieren zu können. Basis ist hier einerseits die eher auf Personengruppen ausgerichtete Unterteilung in Betroffene und Beteiligte (Abschn. 7.2.2: Baustein Betroffene und Beteiligte) und andererseits die auch Einzelpersonen berücksichtigende Interessen- oder Stakeholderanalyse (Abschn. 7.4.2: Baustein Umfeldanalyse).

2. *Kommunikationsform festlegen:* Für die Zielgruppen (vgl. auch Abschn. 7.3.1) sind angemessene Kommunikationsformen festzulegen. Hierbei sind vor allem Häufigkeit und Inhalte der Informationen relevant.
3. *Projektinformationen kommunizieren*: Hierbei ist insbesondere auf eine gute zeitliche und inhaltliche Abstimmung – auch bezogen auf die hierarchische Position im Unternehmen – zu achten. Insbesondere bei kritischen Informationen ist es hilfreich, informelle Kommunikationskanäle zu nutzen, vgl. Abschn. 7.5.2: Baustein Schulung und Training.

Für Auftragsmanagement-Projekte bietet sich eine Unterscheidung der Informationstreffen in drei Gruppen an (vgl. a. Abschn. 7.3.2: Baustein Projektbesetzung):

- *Informationsveranstaltungen* dienen vornehmlich zur unidirektionalen Kommunikation von Projektergebnissen und Projektfortschritt für eine größere Interessengruppe (z. B. Planungs- und Steuerungsverantwortliche aller betroffenen Bereiche); am Schluss ist eine kurze Diskussion empfehlenswert.
- Der *Projekt Jour Fixe* dient der bidirektionalen Kommunikation von Ergebnissen und Fortschritt an die mittlere Führungsebene. Um eine Überprüfung und echte Beteiligung zu ermöglichen, sollte angemessener Raum für Diskussionen eingeplant werden.
- *Individuelle Informationstreffen* dienen der bidirektionalen Kommunikation von Ergebnissen und Fortschritt. Hierunter sind sowohl Regeltreffen (z. B. regelmäßige Berichterstattung der Projektleitung an die Geschäftsleitung) als auch ereignisgetriebene Treffen zu verstehen. Sie haben wegen der kleinen Runde oft einen informellen Charakter, so dass hier eine sehr individuelle Vorbereitung erforderlich ist.

Bei der Kommunikation ist es wichtig, ausgehend von den jeweiligen Informationszielen die (inhaltlichen) Kernbotschaften herauszuarbeiten, um die Akteure effektiv und effizient zu informieren, vgl. Bausteine *Ziel-Mittel-Denken, Visualisierung und Präsentation* sowie *Kernbotschaften* (Abschn. 7.5.2). Darüber hinaus hat sich ein Glossar bewährt, der für das Projekt und das künftige Tagesgeschäft wichtige Begriffe zusammenfasst. Dies kann durchaus zu einem Projekt-Wiki (der Begriff ist in Anlehnung an Wikipedia entstanden [Wiki09]) ausgebaut werden.

Zur eigentlichen Durchführung seien noch zwei praktische Hinweise angeführt: Zum einen sind projektbezogen abgestimmte *Informationsverteiler* je Zielgruppe (bspw. für bestimmte Projektinformationen oder Projekttreffen) sinnvoll. Zum anderen ist ein (im Intranet verfügbarer) *Projekt-Terminkalender* für bestimmte, regulär geplante Treffen hilfreich. Beides erleichtert den Verantwortlichen die zuverlässige Durchführung vereinbarter Aktivitäten.

Baustein Dokumentationsstandards

Das Ziel der *Projektdokumentation* besteht darin, die Nachvollziehbarkeit der Entscheidungen und der erarbeiteten Fachinhalte sicherzustellen. Dies ist einmal unter chronologischen und andererseits unter inhaltlichen Gesichtspunkten zu betrachten. Abbildung 7.14 ordnet die Informationsbedürfnisse nach ihrer zeitlichen Nutzungs-

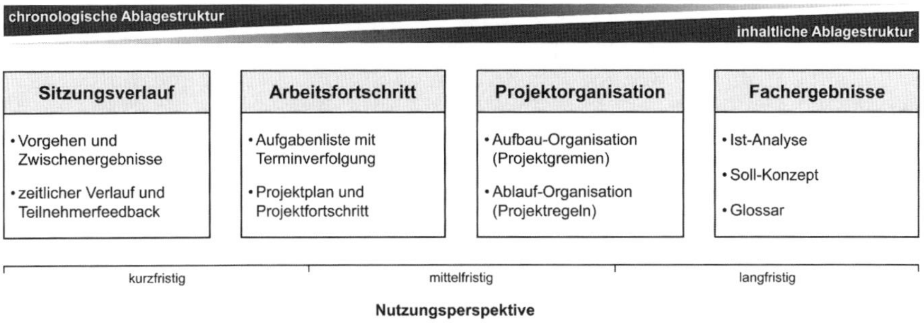

Abb. 7.14 Informationsbedürfnisse im Projekt. (H.-H. Wiendahl/H. R. Schübel)

perspektive im Projekt und leitet daraus einen grundsätzlichen Vorschlag zur Ablagestruktur der Projektdokumente ab.

Die Informationsinhalte sind in vier Gruppen zusammengefasst:

- Informationen zum *Sitzungsverlauf* betreffen zum einen Vorgehen und erarbeitete Zwischenergebnisse des Projekttreffens. Zum anderen ist ihr zeitlicher Verlauf (Agendapunkte bzw. Arbeitsschritte) sowie das Teilnehmerfeedback zu dokumentieren. Die Nutzungsperspektive dieser Informationen ist kurzfristig, so dass sich eine chronologische Ablagestruktur der Dokumente anbietet – bspw. differenziert nach Art der im Projekt festgelegten Treffen (Lenkungsausschuss-Sitzung, Jour Fixe, …), vgl. Abb. 7.13c.
- Informationen zum *Arbeitsfortschritt* sind zunächst in einer Aufgabenliste mit Terminverfolgung (auch Beschlussmatrix, Aktionsplan, ToDo-Liste genannt) zu dokumentieren. Hier sind die zu erledigenden Aufgaben (ToDo's) mit Verantwortlichkeiten, Termin und Erfolgskontrolle aufgeführt, vgl. u. a. [HaLo03, S. 61 f.; Schüb09]. Darüber hinaus sind Projektplan und -fortschritt zu überwachen und Projektstatus im Zeitverlauf festzuhalten. Wegen der kurz- bis mittelfristigen Informationsperspektive ist eine chronologische Ablagestruktur zu empfehlen, ggf. nach Themen oder Teilteams differenziert.
- Informationen zur *Projektorganisation* betreffen die Aufbau- und Ablauforganisation. Erstere dokumentiert die Projektgremien mit ihren Aufgaben, Verantwortlichkeiten und Kompetenzen, Letztere die vereinbarten Projektregeln und aktuellen Einschätzungen zum Projekt (z. B. Risikoposition, Interessenanalyse). Hier empfiehlt sich wegen der mittel- bis langfristigen Nutzungsperspektive eine inhaltliche Ablagestruktur. Die ergänzende Dokumentation im Zeitverlauf erhöht die Nachvollziehbarkeit.
- Informationen zu den *Fachergebnissen* wirken langfristig auch über das Projekt hinaus, deshalb ist eine inhaltliche Gliederung zu empfehlen. Die wichtigsten Ergebnisse sind Ist-Analyse (gewonnene Erkenntnisse der Ausgangssituation), Soll-Konzept (idealerweise mit einer nachvollziehbaren Erläuterung der Zusammenhänge) sowie Glossar (Überblick über die erarbeiteten Begriffe für die Betroffenen). Weitere Inhalte könnten bspw. Schulungsunterlagen oder Handbü-

cher mit Arbeitsanweisungen sein. Mit zunehmender Komplexität der Inhalte[13] ist neben dem erarbeitetem Vertiefungswissen auch zusätzlich Orientierungswissen aufzubauen, um die Inhalte dauerhaft in der Organisation verfügbar zu halten.

Zur projektbezogenen Ablagestruktur der Dokumente[14] (Dokumentenablage der Informationen auf Dateiservern mit geregelten Zugriffsrechten) zwei praktische Hinweise: Erstens ist ein „Liesmich" zu empfehlen, das Dokumentationsstruktur sowie Konventionen zur Dateibezeichnung beschreibt. Zweitens ist die konsequente Beachtung der Ablageregeln wichtig. Für die Umsetzung kann es sinnvoll sein, die Berechtigung zur Gliederung und Dokumentenablage auf ausgewählte Mitarbeiter einzuengen.

Darüber hinaus sind *einzeldokumentbezogen Struktur* und *Inhalte* festzulegen. Viele Unternehmen verfügen hierzu bereits über auch für die Projektarbeit geeignete Vorlagen. Aus sachlichen Gründen – aber auch zur Würdigung der erbrachten Projektleistungen – ist die Dokumentation der Autorenschaft in Präsentationen und Folien empfehlenswert (vgl. Abschn. 7.4: Würdigung von Leistungen).

Generell unterstützt eine gute Gliederung der Dokumente das Wissensmanagement im Projekt (z. B. Auffindbarkeit getroffener Festlegungen, Nachvollziehbarkeit von Änderungen und ihre Gründe) und fördert so Projektqualität und Akzeptanz der Mitarbeiter. Bei einer Projektarbeit mit Externen ist der Aspekt des Know-how-Schutzes zu berücksichtigen.

Baustein Ziel-Mittel-Denken

Zielorientiertes Handeln setzt das Klären von Zielen an den Aktivitätsbeginn und das Prüfen der Zielerreichung an ihr Ende. Hier ist ein hierarchisches Verständnis von Zielzusammenhängen vom prozessualen Verständnis von Wirkungsbeiträgen zu unterscheiden:

- *Zielzusammenhänge* lassen sich zu Zielhierarchien verdichten, so dass Ziel-Mittel-Beziehungen entstehen. Demnach gelten Aussagen einer oberen Ebene als Ziele und einer unteren als Mittel (zum Zweck der Zielerreichung der höheren Ebene). Nach diesem Verständnis gilt der Zielbegriff also immer nur relativ zu einer Betrachtungsebene, und je nach Ebenenbezug ist eine Aussage entweder Ziel oder Mittel (zum Zweck). Die Fragen „Wofür?" und „Wozu?" weisen in der

[13] Typischerweise entstehen die Fachinhalte erst im Projektverlauf, so dass die zentrale Vorgabe einer Gliederungsstruktur zu Projektbeginn häufig nicht möglich ist. Somit wäre eine entsprechende Nacharbeit durch die Projektleitung erforderlich, die allerdings wegen des persönlichen Zusatzaufwands und des erst zeitversetzt eintretenden Nutzens oft unterbleibt. Eine pragmatische Lösungsmöglichkeit für dieses Dilemma der Projektleitung könnte eine Dezentralisierung der Verantwortung bilden, bspw. über die Delegation dieser inhaltlichen Nachstrukturierungs- und Aktualisierungspflicht an Themenverantwortliche.

[14] Zur Archivierung größerer Mengen elektronischer Dokumente dienen sog. Dokumenten-Management-Systeme (DMS). Wesentliche Eigenschaften sind visualisierte Ordnungsstrukturen, Checkin/Checkout, Versionierung sowie datenbankgestützte Metadatenverwaltung zur index-gestützten Dokumentensuche. So gekennzeichnete Dokumente sind über mehr Informationsfelder recherchierbar, als sie ein Dateisystem zur Verfügung stellt, vgl. dazu ausführlich [GSS02; Göt08].

Hierarchie nach oben (zum Ziel), die Frage „Womit?“ nach unten (zum Mittel). Eine Hierarchie über mehrere Ebenen liefert also Begründungszusammenhänge für untergeordnete Aussagen. Sie ermöglicht außerdem eine Komplexitätsreduktion, denn bei der Entscheidung für ein Mittel wird seine Realisierung wiederum zum Ziel – der übergeordnete Gesamtzusammenhang ist dann für die eigentliche Lösungserarbeitung vernachlässigbar, vgl. dazu ausführlich [DIN 69901-2, S. 18, 25, 36, 45; BoBo85; DaHu02, S. 139 ff.].
- *Wirkungsbeiträge* führen zu logischen Ablaufketten, so dass Ziel-Maßnahmenbeziehungen entstehen. Demnach ist eine Maßnahme bezüglich ihres Beitrags zur Zielerreichung – also ihre Effektivität – zu bewerten. Diese Logik erfordert es, vom jeweiligen Ziel rückwärts zur Maßnahme zu denken. Die Reflexion von Zielzusammenhängen und Wirkungsbeiträgen auf einer Metaebene gibt den Handelnden gedankliche Orientierung; eine Zielformulierung als Ergebniszustand unterstützt diesen sogenannten funktionalen Denkansatz. Zieldefinitionen werden hier eher als kontinuierlicher Prozess verstanden, vgl. dazu ausführlich [GTZ97, S. 10 ff.; MaKr01, S. 14, 32 ff.].

Abgeleitet aus den in Abschn. 3.3 und 7.2 beschriebenen Zieleigenschaften existieren heute unterschiedliche Merkregeln einer guten Zielformulierung: Bekannte Beispiele sind SMART (*S*pezifisch, *M*essbar, *A*ktionsorientiert, *R*ealistisch, *T*erminiert), KREOL (*K*onkret, den *R*ahmen beschreibend, *E*rreichbar, *O*perational, *L*ösungsneutral oder KÜR (sachlich *K*lar d. h. hinreichende Systemabgrenzung, *Ü*berprüfbar d. h. Meßmethode und -zeitpunkt festgelegt, *R*ealistisch bzgl. grundsätzlicher Erreichbarkeit und verfügbarer Ressourcenausstattung), vgl. u. a. [SeiL98, S. 160 f.; MaKr01, S. 55; Schüb03].

Etappenziele geben Orientierung für Zwischenschritte. Die in Abschn. 4.2.3 beschriebenen Überlegungen zur Termin- und Leistungsabweichung (dort als Mengenabweichung benannt) gelten also sinngemäß und bilden die Grundlage für ein Projektcontrolling. Im Sinne der oben beschriebenen Projektaspekte ist es wichtig, nicht nur fachliche, sondern auch methodische und atmosphärische Ziele zu definieren.

Abbildung 7.15 zeigt hierzu ein Projektbeispiel. Im beschriebenen Fall handelt es sich um ein Einführungsprojekt einer ERP-Software. Anwender und IT-Abteilung waren sich uneinig, welche Softwarefunktionen für die erste Einführungsphase unabdingbar waren. Um sich über das weitere Vorgehen abzustimmen, wurden zunächst folgende Ziele formuliert:

- Die in Abb. 7.15a aufgeführten Ziele beziehen sich auf den angestrebten fachlichen Ergebniszustand (Einigkeit über die zu realisierenden Funktionen – auch Lasten- bzw. Pflichtenheft) sowie das Vorgehen unter methodischen und atmosphärischen Gesichtspunkten.
- Die hierzu für den ersten Klärungstermin zwischen Anwendern und IT-Vertretern angestrebten – und dann auch vereinbarten – Ziele zeigt Abb. 7.15b.

Diese Zielvereinbarung bildete die Grundlage für die weitere Zusammenarbeit. Ein Prozessbegleiter unterstützte die hierzu notwendige Verhaltensänderung bei den

Übergeordnete Ziele

Fachlich
- Alle relevanten Themen sind aufgeführt.
- Der Abarbeitungsstand der Themen ist sichtbar.
- Eine inhaltliche Risikoabschätzung ist möglich.

Methodisch
- Ab heute hat sich die Methodik der Zusammenarbeit deutlich und zufrieden stellend verbessert.

Atmosphärisch
- Bestehende Störungen sind deutlich geworden und überwunden.
- Die Phase der konstruktiven Zusammenarbeit läuft erfolgreich.

a) **Übergeordnete Ziele**
(weitere Zusammenarbeit im Projekt)

Heutige Ziele

Fachlich
- Inhaltliche Fragen sind am Rande mitbehandelt und an Beispielen knapp erläutert.

Methodisch
- Methodische Schwierigkeiten (unklare Fragen, ungenaue Antworten, ...) sind geklärt.
- Tragfähige Vereinbarungen für weiteres Vorgehen sind getroffen.

Atmosphärisch
- Aktuelle Missstimmungen sind angesprochen.
- Lösungsideen für aktuelle Missstimmungen wurden gefunden.

b) **Heutige Ziele**
(erster Termin)

Abb. 7.15 Ganzheitliche Zielformulierung (Projektbeispiel)

Beteiligten zu Beginn. Im späteren Projektverlauf begleitete er noch punktuell kritische Themen mit hoher Integrationswirkung über die gesamte Auftragsabwicklungskette wie bspw. Auftragsterminierung oder Materialdisposition.

Baustein Visualisierung und Präsentation

Der Baustein *Visualisierung und Präsentation* umfasst Methoden und Maßnahmen, die darauf abzielen, Ideen klar und verständlich zu kommunizieren. Eine logisch gut nachvollziehbare Darstellung der Projektfragestellungen und -ergebnisse benötigt zunächst weniger Zeit zur Vermittlung der Inhalte. Gelingt es hierüber, die wesentliche Fragestellung herauszuarbeiten und die jeweilige Kernbotschaft (vgl. Abschn. 7.5.2: Baustein Kernbotschaften) zu vermitteln, treffen die Entscheidungsträger fundierte Grundsatzentscheidungen. Damit steigt die Wahrscheinlichkeit, dass sie sich auch in der Umsetzungsphase sichtbar engagieren (vgl. Abschn. 7.5: Grundverständnis).

Zur *Visualisierung* der Fragestellungen und Ergebnisse ist heute die Verwendung von Präsentationssoftware üblich. Hier sind drei wichtige Visualisierungsformen zu unterscheiden:

- *Tabellen* ordnen Inhalte in Zeilen und Spalten. Ursprünglich für Zahlendarstellungen entwickelt, werden sie heute breiter eingesetzt (Abb. 2.7, Abb. 4.1). Als spezielle Form stellen Morphologien die Kriterien mit ihren Ausprägungen dar (Abb. 3.1, Abb. 5.6).
- *Abhängigkeitsdarstellungen* oder Diagramme visualisieren – quantitative oder qualitative – Zusammenhänge zwischen einer oder mehreren in Tabellen geordneten Größen. Tabellenkalkulations- und Statistikprogramme bieten hierzu eine Fülle unterschiedlicher Typen: vom Säulen- oder Balkendiagramm (Abb. 1.7), über Linien- und Punktdiagramme (Abb. 3.6 unten, Abb. 5.4, Abb. 5.17b), Kreis-, Flächen- und Spinnennetzdiagramme (Abb. 1.1b, Abb. 6.1a, Abb. 5.16), bis hin zu kombinierten Formen (Abb. 1.2). Aus diesen Grundformen entwickelten sich speziell für die Logistikanalyse und -gestaltung übliche Diagrammformen wie bspw. das Durchlaufdiagramm (Abb. 4.4), Häufigkeitsverteilungen,

v. a. für Termintreue- und Durchlaufzeitanalysen (Abb. 4.9, Abb. 6.11 unten), spezielle Logistik-Portfolios (Abb. 1.2, Abb. 5.5, Abb. 6.5) oder auch Turbulenzprofile (Abb. 5.16).

- *Beziehungsdarstellungen* oder Graphiken visualisieren Zusammenhänge beliebiger Art, oft werden Struktur- von Ablaufdarstellungen unterschieden. Eine weitere spezielle Art bilden die von T. Buzan eingeführten Mind Maps [BuBu02]. Ursprünglich dominierten Kästchen und Verbindungselemente wie Linien und Pfeile solche Darstellungen (Abb. 2.5, Abb. 2.6), heute werden beliebige Formen eingesetzt (Abb. 2.2, Abb. 2.4) und mit den bereits beschriebenen Formen kombiniert (Abb. 2.3, Abb. 2.11, Abb. 5.1). In der Logistik übliche Formen sind Darstellungen von Materialflüssen (Abb. 5.9, Abb. 5.11) und Arbeitsgangfolgen – ohne und mit Bezug zu Verantwortungsbereichen – (Abb. 5.13b) sowie Prozessablaufdarstellungen in unterschiedlichsten Formen (Abb. 5.29, Abb. 5.30, Abb. 6.6, Abb. 6.7, Abb. 6.10), teilweise mit Verantwortungsbereichen (Abb. 5.13b). Vielfach finden sich Ebenendarstellungen – z. B. für Abstraktions- oder Handlungsebenen (Abb. 2.5b, Abb. 3.14a) sowie Gestaltungs- oder Planungsebenen (Abb. 3.4, Abb. 5.18, Abb. 6.14a, Abb. 6.18a) – und Baumdarstellungen (Abb. 3.8b – Abb. 3.11b), v. a. auch für Stücklistenbeziehungen.

Text wird hier nicht direkt zu den Visualisierungsformen gezählt. Dennoch „visualisieren“ auch Textfolien Inhalte, wenn sie entsprechend gegliedert aufbereitet sind.

Von der Ebene der Gestaltung einzelner Folien ist die einer gesamten Präsentation zu unterscheiden. Zur Strukturierung nutzen Unternehmensberater gern den sogenannten pyramidalen Aufbau. Das von Minto entwickelte Gliederungsprinzip basiert auf der Grundidee, die Inhalte zur besseren Verständlichkeit in Gruppen zu ordnen. Hier sind vertikale Beziehungen (Frage/Antwort) von horizontalen Beziehungen (deduktiv/induktiv) zu unterscheiden, die zu einer Pyramide gruppiert werden. Die Präsentation erfolgt dann von „oben nach unten“ in der Pyramide; eng damit verknüpft ist die Erläuterungsreihenfolge, die erst die Ergebniszusammenfassung und dann Begründung empfiehlt, vgl. dazu ausführlich [MinB81; MinB05].

Neben den Präsentationsinhalten sind auch die Präsentationsmethoden und -formen relevant. In Projekten sind mehr oder weniger formelle Gesprächssituationen von Vortragssituationen zu unterscheiden. In beiden kommt es darauf an, die jeweiligen Inhalte adressatengerecht aufzubereiten und im Gespräch zu vermitteln. Hierzu existiert eine Fülle von Literatur und Weiterbildungsseminaren, die sich vor allem auf Vortragssituationen konzentrieren.

Baustein Änderungsmanagement

Der Baustein *Änderungsmanagement* umfasst die Methoden und Maßnahmen zur Organisation, Durchführung und Dokumentation von Änderungen während des Projektablaufs. Hierbei bestehen enge inhaltliche Wechselwirkungen zum Konfigurationsmanagement (Sicherstellung der inhaltlichen Konsistenz der für einen Auftrag hergestellten Produktkomponenten bzw. der Teilleistungen). Die Projektmanagementliteratur betont die Notwendigkeit eines geregelten Prozesses für Änderungen, der gleichzeitig die Grundlage für eine inhaltlich korrekte Dokumentation und die erforderliche Nachvollziehbarkeit von Entscheidungen bildet [PMI04, S. 96 f.; SOP08, S. 232, 239 f.]. Für den betrachteten Fall ist eine Unterteilung des Änderungsprozesses in zwei Teile ausreichend [DIN 199-4; PMI04, S. 96 f.; SOP08, S. 240 f.]:

- Der *Änderungsvorlauf* beschreibt den Teil des Änderungsprozesses vom Stellen des Änderungsantrages bis zum Entscheid über seine Durchführung. Es sind Ursache und Anlass der Änderung zu identifizieren, die Folgewirkungen zu prüfen und der Nutzen zu bewerten, ein Änderungsantrag zu verfassen, über die Änderung zu entscheiden und die Betroffenen über die Genehmigung oder Ablehnung zu informieren. Ein genehmigter Änderungsantrag führt zu einem Änderungsauftrag.
- Die *Änderungsdurchführung* umfasst den Teil des Änderungsprozesses vom Erstellen des Änderungsauftrags bis zu seinem Vollzug. Ausgelöst durch den Auftrag werden die Änderungen am Produkt oder der Leistung durchgeführt und dokumentiert. Nach Abschluss sind Erfolg bzw. Nutzen zu kontrollieren.

Nicht alle Schritte laufen immer streng formalisiert ab. Allerdings ist eine Mindestdokumentation nötig, um jederzeit – auch nachträglich – feststellen zu können, in welchem Zustand sich das Produkt bzw. die Leistung zu einem bestimmten Zeitpunkt befand.

Die folgenden Erläuterungen konkretisieren die allgemeinen Überlegungen zum Änderungsmanagement (vgl. u. a. [PMI04, S. 96 ff.; SOP08, S. 231 ff.]) für Auftragsmanagement-Projekte. Zunächst werden Änderungen für AM-Projekte definiert und näher erläutert. Daran anschließend wird der Änderungsprozess mit Fokus auf die Auftragsmanagement-spezifischen Prüfschritte und Bewertungskriterien beschrieben.

In Auftragsmanagement-Projekten wird unter einer *Änderung* eine inhaltliche Anpassung[15] des Auftragsmanagement-Konzeptes während der laufenden Projektarbeit ggü. der aktuell gültigen, verabschiedeten Vereinbarung verstanden. Diese kann alle sechs Gestaltungsaspekte (Ziel, Objekt und Funktion, Prozess und Stelle sowie Planungs- und Steuerungswerkzeuge) betreffen und sowohl in der Konzept- als auch der Umsetzungsphase auftreten.

Typische *Auslöser* von Änderungen in AM-Projekten sind eine geänderte inhaltliche Projektausrichtung oder geänderte Rahmenbedingungen (z. B. logistische Anforderungen), Konzeptfehler (d. h. logische Inkonsistenzen von Konzeptergebnissen), Ideen zur Konzeptverbesserung sowie unbefriedigende Realisierungserfahrungen (während der Tests, im Probebetrieb oder im Hochlauf).

Nicht jede neue Erkenntnis, die zu Anpassungen der laufenden Projektarbeit[16] führt, gilt als Änderung im definierten Sinne. In Analogie zum in Abschn. 3.5.1 beschriebenen Planungsverständnis ist die Fixierung des Plans – also eine verbind-

---

[15] Eine ablaufbezogene Änderung der Vereinbarungen gilt als Umplanung und ist deshalb dem Baustein Planung und Kontrolle zugeordnet, vgl. Abschn. 7.6.2: Baustein Planung und Kontrolle.

[16] Von den hier betrachteten Änderungen im Rahmen der Projektarbeit zur Umgestaltung von AM-Systemen sind kurzfristige Plananpassungen sowie Abweichungen ggü. den (fixierten) Plänen im laufenden Betrieb eines AM-Systems zu unterscheiden. Letztere können Turbulenzen auslösen, die mit einer geeigneten Gestaltung beherrschbar sind, vgl. Abschn. 5.2.5. Obwohl viele der Grundüberlegungen analog anwendbar sind, empfiehlt sich eine klare inhaltliche Trennung des sach-logischen Bezugs, um Verwechselungen vorzubeugen.

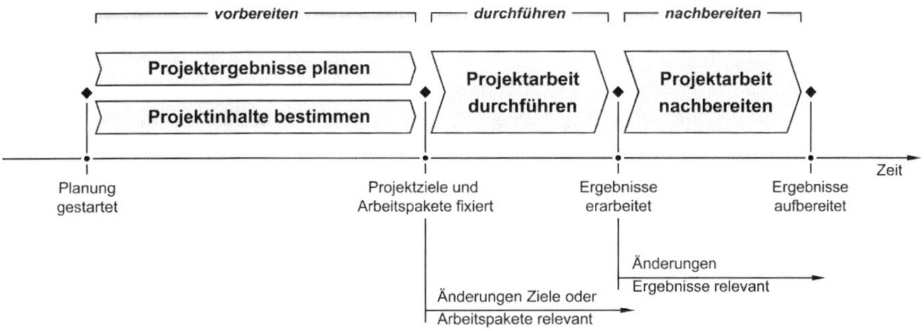

Abb. 7.16 Änderungsrelevanz in der fachlichen Projektarbeit

liche Verabschiedung und Übergabe an den Folgeverantwortlichen zur Weiterbearbeitung – *zeit-logische Voraussetzung*[17] für eine Änderung. Anpassungen gelten also erst dann als Änderung, wenn hiervon betroffene Vorgehensweisen oder Konzeptergebnisse bereits erarbeitet und verabschiedet sind.[18] Der im Baustein Strukturierung Fachinhalte beschriebenen Grundlogik (vgl. Abschn. 7.5.2) folgend, sind Anpassungen von Zielen, Arbeitspaketen oder erarbeiteten Ergebnissen denkbar. Abbildung 7.16 unterscheidet die Relevanz von Änderungen entsprechend dieser Grundlogik.

Anpassungen nach diesem Zeitpunkt bergen somit die Gefahr, dass Folgeaktivitäten bereits begonnen wurden. Deshalb sind aufbauend auf einer Nutzenbetrachtung die Konsequenzen von Änderungen zu bewerten. Hierbei sind Konzeptänderungen von software-technischen Änderungen zu unterscheiden. Die zugrunde gelegte Prüflogik ist die gleiche.

Es bietet sich ein *Vorgehen* in den zwei Schritten inhaltliche und projektbezogene Prüfung an:

1. *Inhaltliche Prüfung*
Grundlage der inhaltlichen Bewertung bilden die im Rahmen der Strukturierung der Fachinhalte ermittelten sach-logischen Abhängigkeiten. Hierbei sind erwünschte Wirkungen und unerwünschte Nebenwirkungen zu beachten:

- *Erwünschte Wirkungen* beziehen sich auf die unmittelbar betrachteten Inhalte (direkt betroffenes Arbeitspaket). Eine methodisch saubere Bewertung umfasst nicht nur den unmittelbaren Auslöser (bspw. die Abwicklung eines bestimmten Geschäftsfalls), sondern berücksichtigt auch die Erfüllung aller anderen logisti-

[17] Ergänzend wäre auch eine Definition einer *sach-logischen Voraussetzung* denkbar: Demnach würde eine Anpassung nur bei inhaltlich signifikanten Abweichungen von aktuell gültigen Vereinbarungen als Änderung gelten. Um dies zu prüfen, wäre – analog zum Planungsverständnis (vgl. Abschn. 3.3, 3.5.2) – eine inhaltliche Toleranzschwelle zu definieren. Eine solche theoretisch plausible Überlegung ist praktisch über die Bewertung der Auswirkungen von Änderungen zumindest implizit realisiert und wird deshalb nicht weiter verfolgt.

[18] Demnach ergibt sich folgendes, etwas allgemeiner definiertes Verständnis für Änderungen: Eine Änderung ist eine Anpassung von (technischen, logistischen oder kaufmännischen) Informationen, die aus Sicht des Empfängers eine (teilweise) Wiederholung seiner Aufgabe erfordert.

schen Anforderungen. Heterogene logistische Anforderungen erschweren somit die Bewertung und setzen die – typischerweise bereits bei der ersten Lösungsfindung durchlaufenen – Verhandlungsprozesse neu in Gang.

- *Unvermeidbare inhaltliche Nebenwirkungen* beziehen sich auf die – durch die inhaltliche Vernetzung von Arbeitspaketen beschriebene – mittelbar betroffenen Inhalte. Eine Prüfung auf inhaltliche Abhängigkeiten[19] ist in der Konzeptphase unter logistischen Gesichtspunkten (z. B. anhand der Wechselwirkungen zwischen Gestaltungsmerkmalen), in der Umsetzungsphase ergänzend unter software-technischen Gesichtspunkten (z. B. anhand des Datenmodells oder Zugriffen auf Datenattribute) möglich.
  Eine fachlich positive Bewertung bildet die notwendige Bedingung für eine inhaltliche Anpassung von Projektergebnissen während des Projektverlaufs.

2. *Projektbezogene Prüfung*
Grundlage der projektbezogenen Bewertung bilden die durch die gewünschte inhaltliche Anpassung ausgelösten Konsequenzen. Dementsprechend sind Zusatzaufwand und -zeitdauer sowie verfügbare Aufwands- und Zeitbudgets relevant:

- Die Abschätzung von *Zusatzaufwand* und *-zeitdauer* erfolgt auf Basis des geschätzten Arbeitsaufwands, der benötigten Mitarbeiterkompetenzen, der für die Aufgabe einsetzbaren Mitarbeiter und ihrer zeitlichen Verfügbarkeit. Diese Planungsgrundlagen entsprechen denen der üblichen Projektplanung.
- Je nach Projektrestriktionen ist nun *Zusatzaufwand* bzw. *-zeitdauer* mit den verfügbaren Budgets oder mit dem erwarteten Zusatznutzen zu vergleichen. Diese lassen sich nur projektspezifisch betrachten; die Genehmigung obliegt letztlich dem Auftraggeber.

Eine positive Prüfung bildet demnach die hinreichende Bedingung für die inhaltliche Anpassung von Projektergebnissen während des Projektverlaufs. Die Zustimmung (oder Ablehnung) ist zu dokumentieren (vgl. Abschn. 7.3.2: Baustein Dokumentationsstandards).

Wichtigster Einflussfaktor ist die sach-logische Vernetzung der Fachthemen, also die inhaltlichen Abhängigkeiten der zu Arbeitspaketen gebündelten erwarteten Ergebnisse. Tendenziell werden Änderungen mit enger werdender Vernetzung kritischer: Zunächst steigt der Prüfaufwand in der Phase des Änderungsvorlaufs und der Zusatzaufwand in der Phase der Änderungsdurchführung (Abarbeitung des Anpassungswunsches). Darüber hinaus erhöht eine engere inhaltliche Vernetzung aller Voraussicht nach auch das Fehlerrisiko.

Generell scheuen die Projektverantwortlichen Änderungen, da sie ein höheres Fehlerrisiko der Projektergebnisse befürchten und der resultierende Zusatzaufwand das Einhalten der versprochenen Termine und Aufwände gefährdet. Auch werden

---

[19] Auch hier wirkt sich der bereits geschilderte Fehler einer unzureichenden Projektabgrenzung aus: Ist das Projekt hinsichtlich Prozess und Entscheidungsebene nicht sauber abgegrenzt, können die Auswirkungen von Konzeptentscheidungen und -anpassungen nicht auf alle betroffenen Prozessschritte bzw. Planungs-, Steuerungs- und Überwachungsfunktionen geprüft werden, vgl. Abschn. 7.2.2: Baustein Projektgegenstand.

formal bereits abgeschlossene, oft mühsam ausgehandelte Ergebnisse wieder in Frage gestellt. Insbesondere in der Umsetzungsphase besteht daher die Tendenz, Änderungswünsche von Anwendern auf spätere, sogenannte „Optimierungsphasen" zu verschieben. Um die Anwender bei der inhaltlichen Bewertung der Änderungswünsche zu unterstützen, hat sich speziell für die Umsetzungsphase eine Grobunterscheidung in Effektivität und Effizienz bewährt (vgl. Abschn. 7.5.1). Abbildung 7.17 konkretisiert die Unterscheidung am Beispiel der Datenmodellierung und Datenpflege.

Die *Effektivität* bewertet, inwieweit die erarbeitete Lösung den logistischen Anforderungen gerecht wird. Im dargestellten Beispiel ging es um die Platzierung der Attribute am richtigen Datenobjekt. Abbildung 7.17a zeigt die im Projekt diskutierten Modellierungsalternativen des Steuerungsattributes Zielort:

- Eine Steuerung über den Netzplanvorgang würde einer Grobsteuerung entsprechen und für jeden Materialbedarf denselben Zielort vorgeben (Abb. 7.17a, links).
- Die alternativ denkbare Feinsteuerung würde unterschiedliche Zielorte je Einzelmaterial ermöglichen (Abb. 7.17a, rechts).

Im beschriebenen Fall sahen die Anwender eine individuelle Steuerung je Einzelmaterial als notwendig an, da immer wieder Ausnahmen (andere Zielorte einzelner Bedarfe) vorkommen.

Die *Effizienz* bewertet, inwieweit die erarbeitete Lösung die logistischen Anforderungen in einem angemessenen Aufwands-Nutzen-Verhältnis bewältigt. Im dargestellten Beispiel orientierte sich die Diskussion am erforderlichen Pflegeaufwand der Software für die gewählte Feinsteuerungsalternative. Abbildung 7.17b zeigt die nach dem Erarbeiten der Prinziplösung diskutierten Alternativen:

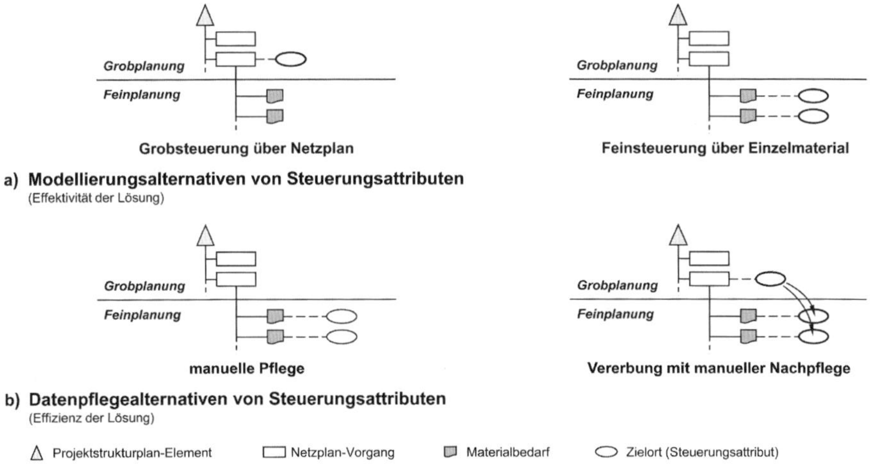

Abb. 7.17 Modellierungs- und Datenpflegealternativen von Steuerungsattributen (Praxisbeispiel)

- Eine manuelle Pflege des Zielortes an jedem einzelnen Materialbedarf ist zeitaufwendig (Abb. 7.17b, links).
- Die alternative Lösung einer Vererbung des Zielortes aus dem betreffenden Netzplanvorgang senkt den Pflegeaufwand deutlich: Die Mitarbeiter müssen den Zielort dann zunächst einmalig am Vorgang[20] pflegen, so dass dieser dann automatisch auf alle Materialbedarfe vererbt wird (Abb. 7.17b, rechts). Somit erfordern lediglich die wenigen Ausnahmefälle eine manuelle Nachpflege.

Im beschriebenen Fall bevorzugten die Anwender die zweite Lösungsalternative, die allerdings zusätzlichen Programmieraufwand für die IT erfordert.

Zunächst erscheint eine solche Unterscheidung trennscharf möglich. Doch in der Praxis verschwimmen die Grenzen: So kam im beschriebenen Fall die Diskussion auf, ob für den Fall abweichender Zielorte ein entsprechend neuer Netzplanvorgang anzulegen sei. Dies wurde von den Anwendern aus Aufwandsgründen verworfen, da die mit dem Zielort verbundene Terminpflege dadurch deutlich erhöht würde.

Bei einem definierten Funktionsumfang verbleibt somit lediglich der Bedienaufwand zur Erhaltung der Abwicklungsfähigkeit als einziges Bewertungskriterium. Es bietet sich daher an, frühzeitig im Projektverlauf Schwellwerte (z. B. absoluter Mehraufwand in Minuten pro Einzelaktivität oder relativ zu einem Arbeitspaket) für höheren Bedienaufwand zu vereinbaren.

Projektorganisatorisch und inhaltlich baut der Baustein Änderungsmanagement auf den Ergebnissen des Bausteins Strukturierung Fachinhalte (Abschn. 7.5.2) auf. Auch besteht eine enge inhaltliche Vernetzung zum Baustein Risikomanagement (Abschn. 7.6.2) sowie zum Baustein Dokumentationsstandards (Abschn. 7.3.2).

Baustein Risikomanagement

Der Baustein *Risikomanagement* zielt darauf ab, mögliche Projektrisiken bereits frühzeitig zu erkennen. In Abhängigkeit von Auftrittswahrscheinlichkeit und erwartetem Schaden sind entweder vorbeugende *Vermeidungsmaßnahmen* (Risikoplanung) oder begleitende *Überwachungsmaßnahmen* (Risikoüberwachung) einzuleiten. Hierunter fallen auch Informationspflichten innerhalb der Projekthierarchie. Als durchführungsbegleitender Baustein ist er in Abschn. 7.6.2 erläutert.

Baustein Workshop-Moderation (methodisch)

Der Baustein *Workshop-Moderation* bezieht sich auf die jeweiligen Projekttreffen. Grundsätzlich sind hier Vorbereitungs-, Durchführungs- und Nachbereitungsaufgaben zu unterscheiden. Als durchführungsbegleitender Baustein umfasst er mehrere Projektaspekte und ist deshalb in Abschn. 7.6.2 erläutert.

Baustein Planung und Kontrolle (methodisch)

Der Baustein *Planung und Kontrolle* fasst operative Projektplanungs- und -überwachungsthemen zusammen, die Organisation und Methodik im Projekt betreffen. Als durchführungsbegleitender Baustein umfasst er mehrere Projektaspekte und ist deshalb in Abschn. 7.6.2 erläutert.

---

[20] Eine Vererbung vom Projektstrukturplan-Element könnte den Pflegeaufwand nochmals reduzieren, wenn hinreichend viele Materialbedarfe denselben Zielort hätten. Dann wäre eine mehrstufige Vererbung vom Projektstrukturplan-Element über den Netzplanvorgang zum Materialbedarf vorzusehen.

Baustein Coaching (methodisch)
Der Baustein *Coaching* fasst die Methoden und Maßnahmen zur Projektbegleitung zusammen, die methodische Projektaspekte betreffen. Als durchführungsbegleitender Baustein umfasst er mehrere Projektaspekte und ist deshalb in Abschn. 7.6.2 erläutert.

Baustein Qualifizierung (Methodenkompetenz)
Der Baustein *Qualifizierung* fasst Methoden und Maßnahmen zur Weiterqualifizierung der Methodenkompetenz der Akteure zusammen. Als durchführungsbegleitender Baustein umfasst er mehrere Projektaspekte und ist deshalb in Abschn. 7.6.2 erläutert.

Baustein Lessons Learned (methodisch)
Der Baustein *Lessons Learned* fasst Methoden und Maßnahmen zur reflektierenden Begleitung des methodischen Projektzustandes zusammen. Als durchführungsbegleitender Baustein umfasst er mehrere Projektaspekte und ist deshalb in Abschn. 7.6.2 erläutert.

Der Folgeabschnitt betrachtet die sozialen Aspekte der Projektarbeit.

7.4 Soziale Aspekte

Die sozial-emotionalen Aspekte beinhalten sowohl die informellen Beziehungen (im Gegensatz zur formalen Organisation auch oft als soziale Realität beschrieben) als auch die Atmosphäre im Projekt. Dies betrifft also die Frage, wie die Akteure miteinander umgehen (sollen). Der hier vorgestellte Ansatz folgt dem *Grundverständnis* der aktiven Wertschätzung des Gegenübers – idealerweise verbunden mit einer persönlichen Lernbereitschaft, vgl. dazu ausführlich [MaKr01, S. 95 ff.]. Hier erscheinen drei Aspekte erwähnenswert:

- *Glaubwürdigkeit der Akteure*: Sie lässt sich an der Zuverlässigkeit beurteilen, mit der Vereinbarungen eingehalten werden (Werden die vereinbarten Aufgaben zuverlässig erfüllt?, Kommen Rückmeldungen über voraussichtliche Verspätungen oder inhaltliche Veränderungen rechtzeitig?, …). Neben dieser Verbindlichkeit beeinflussen auch die – bspw. durch Aussagen geweckten – Erwartungen[21] die Glaubwürdigkeit.
- *Atmosphäre der Zusammenarbeit*: Ziel ist eine konstruktive Atmosphäre, in der Konflikte frühzeitig aufgegriffen sowie offen und fair ausgetragen werden. Diese lässt sich in Projekttreffen über ein sogenanntes Blitzlicht am Ende aufnehmen und durch eine gezielte Auswertung mit daraus abgeleiteten Maßnahmen auch verbessern.

[21] Analysiert bspw. ein Unternehmensberater bestimmte Defizite der bisherigen Projektarbeit (z. B. unpünktliches Erscheinen, unzureichende Ergebnisdokumentation), wird seine Glaubwürdigkeit auch dadurch beeinflusst, ob ihm hinsichtlich der kritisierten Punkte eine (nachhaltige) Verbesserung im Projekt gelingt.

- *Würdigung von Leistungen*: Diese ist zunächst am persönlichen Umgang miteinander abzulesen. Darüber hinaus sollte der (inhaltliche) Ergebnisbeitrag von Personen für Nicht-Beteiligte nachvollziehbar sein. Bspw. beugt eine erkennbare Autorenschaft[22] von Präsentationen oder Folien einer Ergebnisokkupation (z. B. intern durch Vorgesetzte bzw. Kollegen oder extern durch Unternehmensberater) vor. Die Erkennbarkeit erhöht zudem die Identifikation der Beteiligten mit dem Projekt und den erarbeiteten Ergebnissen.

Die Aufgabe des Prozessbegleiters besteht darin, diese – und die kapiteleinleitend ausführlich beleuchteten – Aspekte (vgl. Abschn. 7.1: Projektaspekte und Leitungsverantwortung) in die Projektarbeit einfließen zu lassen und ihre Einhaltung nachhaltig einzufordern.

Zunächst behandelt Abschn. 7.4.1 die zum Verständnis notwendigen Grundlagen (hier: die prinzipbedingten Rollenkonflikte). Nach einem Überblick über die sozialemotionalen Projektbausteine erfolgt ihre Erläuterung (Abschn. 7.4.2).

7.4.1 Grundlagen

Werden Auftragsmanagement-Projekte in Form einer Matrix organisiert, stellen die Fachbereiche dem Projekt temporär Mitarbeiter zur Verfügung, auf die der Projektleiter in Projektbelangen ein vereinbartes Zugriffsrecht hat (vgl. Abschn. 7.1: Projektdurchführung). Die entsandten Mitarbeiter haben dann die Aufgabe, ihr Fachwissen in die Projektarbeit einzubringen und die jeweiligen Bereichsinteressen zu vertreten. Somit sind diese Projektmitglieder in der operativen Projektarbeit mit unterschiedlichen Erwartungen konfrontiert:

- In ihrer *Projektrolle* sollen sie sich für das Projekt inhaltlich und in der Organisation sichtbar so einsetzen, dass die vereinbarten Projektziele erfüllt werden.
- In ihrer *Bereichsrolle* sollen sie sich ggü. den anderen Bereichsvertretern für ihren Bereich so einsetzen, dass die jeweiligen Bereichsinteressen bestmöglich durchgesetzt werden.

Für die aus der eigenen Organisation kommenden Projektmitarbeiter[23] resultiert hieraus ein immanenter Rollenkonflikt, der eine Klärung der Rollenerwartung sowohl innerhalb der Projektgruppe (also zwischen den einzelnen Projektmitarbeitern) als

[22] Darüber hinaus beinhaltet dies natürlich auch den sachlichen Vorteil, inhaltliche Unklarheiten direkt mit den bei der Erarbeitung Beteiligten klären zu können, vgl. Abschn. 7.3.2: Baustein Dokumentationsstandards.

[23] Solche Rollenkonflikte sind nicht auf interne Mitarbeiter beschränkt: Bspw. stehen Berater im Rollenkonflikt ihrer Ergebnisorientierung und der Orientierung am Kundennutzen. Hieraus resultiert der typische Vorwurf, dass Berater vornehmlich am Projektumsatz und weniger an einer schnellen und erfolgreichen Umsetzung des Projektes mit geringstmöglicher, externer Unterstützung interessiert sind.

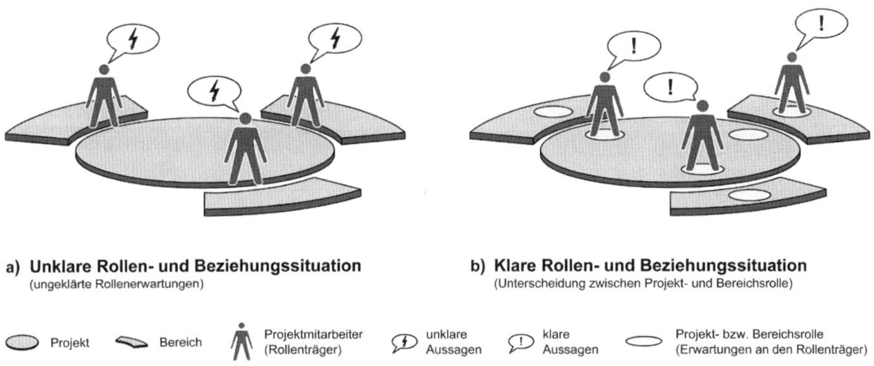

Abb. 7.18 Prinzipbedingte Rollenkonflikte in der Projektbearbeitung. (Nach H. R. Schübel)

auch ggü. dem entsendenden Bereich (also zwischen dem entsandten Mitarbeiter und seinem Vorgesetzten bzw. seinen Kollegen) erforderlich macht.

In der täglichen Projektarbeit besteht die Herausforderung der Beteiligten nun darin, die jeweiligen Rollenerwartungen herauszuarbeiten und mit diesen aktiv und offen umzugehen. Grundlage hierfür bildet eine klare Trennung zwischen der Person – also dem Rollenträger – und den jeweils eingenommenen Rollen – also den Erwartungen an den Rollenträger.[24] Abbildung 7.18 zeigt dies vereinfacht am Beispiel von Projekt- und Bereichsrolle.

Die Gegenüberstellung von zwei typischen Projektsituationen verdeutlicht:

- In einer *unklaren Rollen- und Beziehungssituation* sind sich die jeweiligen Projektmitarbeiter ihrer unterschiedlichen Rollenerwartungen nicht bewusst oder sie kaschieren die widersprüchlichen Interessenslagen. Sie fühlen sich zwischen Projekt und Bereich hin- und hergerissen, was dann oft zu unklaren oder widersprüchlichen Aussagen führt, Abb. 7.18a. Dies birgt das Risiko, dass die Glaubwürdigkeit der Projektmitarbeiter (z. B. Widersprüche in der Argumentationskette durch Wechsel zwischen Projekt- und Bereichsargumenten) infrage gestellt wird. Dies kann einen Fehlerkreis auslösen, der die Projektatmosphäre und den persönlichen Umgang in der Projektgruppe schleichend verschlechtert.
- In einer *klaren Rollen- und Beziehungssituation* haben die Projektmitarbeiter die unterschiedlichen Rollenerwartungen – bspw. mit Hilfe eines Prozessbegleiters[25]

[24] Grundsätzlich besteht das Problem der unterschiedlichen Rollenerwartungen an einzelne Personen durch eine Mehrfachbesetzung auch im operativen Tagesgeschäft: Demnach wäre es auch hier wünschenswert, bspw. zwischen der Person *Müller* und seinen Rollen als *Disponent* (Funktion in der Auftragsabwicklungskette), *Mitarbeiter* (seines Vorgesetzten Logistikleiter) oder *Vorgesetzter* (seiner Gruppe Materialdisposition) klar zu unterscheiden. Allerdings entschärft sich das Problem hier deutlich, wenn die jeweiligen Rollenerwartungen geklärt sind und die Akteure mit den unterschiedlichen Erwartungen reflektiert umgehen können.

[25] Für den Prozessbegleiter ergibt sich die Notwendigkeit, besonders reflektiert mit seiner Rolle umzugehen und diese ggü. den Beteiligten (in ihren verschiedenen Rollen) auch transparent zu machen.

– reflektiert. Sie unterscheiden klar zwischen Projekt- und Bereichsrolle, was dazu führt, dass die Akteure aus ihrer jeweils eingenommenen Rolle heraus – und auch für andere nachvollziehbar – argumentieren können, Abb. 7.18b. Dies verringert das Risiko des oben beschriebenen Fehlerkreises, erfordert aber nicht nur projektintern, sondern auch gegenüber Kollegen und Linienvorgesetzten eine rollenbezogene Kommunikation.

Die notwendige Klärung wird dadurch erschwert, dass das Projekt die Planungs-, Steuerungs- und Überwachungsaufgaben meist umorganisiert. Somit ändern sich die Rollenerwartungen des operativen Geschäfts zwangsläufig in mehr oder weniger großem Umfang. Oftmals befürchten die Beteiligten persönliche Nachteile, was Widerstände gegen die Veränderungen auslösen kann, vgl. u. a. [SchmR98, S. 337; BeFi01].

7.4.2 Projektbausteine sozial-emotionale Aspekte

Die sozial-emotionalen Projektbausteine zeigt Abb. 7.19. Sie sind nach ihrem Bezug in projekt- und kernteambezogene Bausteine unterteilt:

- Die *projektbezogenen Bausteine Einzel- und Gruppeninterviews* sowie *Umfeldanalyse* betrachten das Projekt aus Sicht der Interessenvertreter. Sie sollen die potenziell projektrelevanten Einflüsse so frühzeitig identifizieren, dass sie in der weiteren Arbeit berücksichtigt werden können.
- Die *kernteambezogenen Bausteine* unterscheiden Methoden zur operativen Projektbearbeitung (Bausteine *Teamentwicklung, atmosphärische Workshop-Moderation*) von reflektierenden und qualifizierenden Maßnahmen und Methoden zur Verbesserung der Projektarbeit (Bausteine *Lessons Learned, Coaching, Qualifizierung*). Insbesondere Coaching und Qualifizierung dienen der persönlichen Unterstützung des Projektleiters bei der Kernteamarbeit, sind aber grundsätzlich auch darüber hinaus einsetzbar.

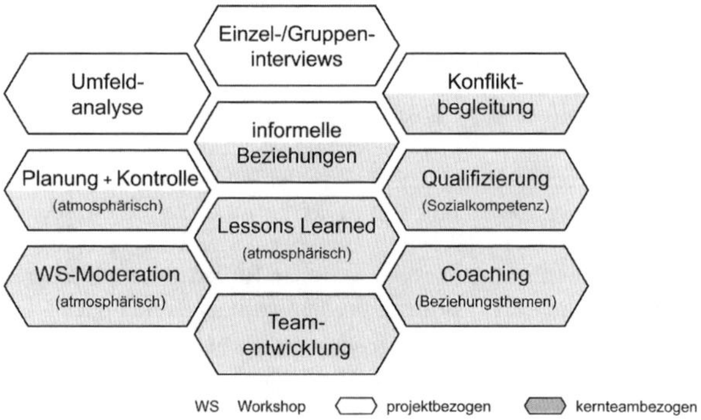

Abb. 7.19 Projektbausteine sozial-emotionale Aspekte

Die Bausteine *atmosphärische Planung und Kontrolle*, *informelle Beziehungen* sowie *Konfliktbegleitung* entfalten ihre Wirkung sowohl projekt- als auch kernteambezogen.

Die Bausteine werden im Folgenden erläutert.

Baustein Einzel- und Gruppeninterviews

Der Baustein *Einzel- und Gruppeninterviews* umfasst die Methoden und Maßnahmen, wie im Rahmen einer Befragung bestimmte Informationen von den Befragten ermittelt werden sollen. Neben der reinen Datenerhebung haben solche Interviews auch die Funktion der Beziehungsgestaltung (zwischen Befragten und Interviewer) sowie des Agenda Settings (also des Platzierens von Themen. Darüber hinaus sind sie (Selbst-)Ausdrucksmittel der Interviewer, vgl. dazu ausführlich [SvT08, S. 25 ff.]. Generell sind Einzel- von Gruppeninterviews zu unterscheiden:

- Bei *Einzelinterviews* wird eine Einzelperson von (einem oder mehreren) Interviewern befragt. Einzelinterviews sind auf der Beziehungsebene weniger komplex, da hier lediglich die Beziehung zwischen Befragtem und Interviewer zu berücksichtigen bzw. zu gestalten ist. In Auftragsmanagement-Projekten bieten sich Einzelinterviews vor allem für Führungskräfte und „graue Eminenzen" an.
- Bei *Gruppeninterviews* werden mehrere Personen von (einem oder mehreren) Interviewern befragt. Sie sind auf der Beziehungsebene deutlich komplexer, da neben der Beziehung zwischen Befragten und Interviewer zusätzlich die soziale Komplexität der Befragtengruppe zu berücksichtigen bzw. zu gestalten ist. In Auftragsmanagement-Projekten bieten sich Gruppeninterviews vor allem für einigermaßen homogene Mitarbeitergruppen an, die operativ in der Planungs- oder Steuerungsverantwortung stehen, wie bspw. Materialdisponenten, Fertigungsplaner oder -steuerer, Meister oder Vorarbeiter.

Die Vorbereitung, Durchführung und Nachbereitung erfolgt analog zu dem in den Bausteinen Workshop-Moderation (Abschn. 7.6.2) und Strukturierung Fachinhalte (Abschn. 7.5.2) beschriebenen Vorgehen. Wichtig ist eine Rückmeldung zu Ergebnissen und Schlussfolgerungen an die Befragten; Interviews und die Art der Rückmeldung dienen nicht nur der fachlichen Information, sondern auch der Vertrauensbildung der Betroffenen zu den Projektverantwortlichen.

In Auftragsmanagement-Projekten bieten sich solche Befragungen zu Projektbeginn an, um

- *projektbezogen* Informationen wie bspw. die bislang übliche *Organisations- und Projektkultur* (vgl. Abschn. 7.2.2) oder projektspezifisch *hemmende und treibende Kräfte* zu ermitteln (vgl. Baustein Umfeldanalyse), die *Betroffenen und Beteiligten* sowie die daraus abgeleitete *Projektbesetzung* zu überprüfen (vgl. Abschn. 7.2.2: Baustein Betroffene und Beteiligte, Abschn. 7.3.2: Baustein Projektbesetzung) sowie
- *unternehmensbezogen* Informationen zur Ist-Situation des Auftragsmanagements wie bspw. der *logistischen Anforderungen* (Abschn. 5.2.1, 5.2.2), der *Stolpersteinsymptome* (Abschn. 5.3.2) oder auch der *Zielkonsistenz* der logistischen Zielvorgaben im Ist (Abschn. 5.3.3)

zu erheben. Je nach Situation bietet sich den Interviewern auch eine gute Gelegenheit, Informationen über die Machtverteilung und Politik im Unternehmen sowie über informelle Beziehungen zu gewinnen (vgl. Baustein informelle Beziehungen).

Der weitere Projektverlauf kann unterschiedliche Gelegenheiten und Notwendigkeiten eröffnen, zu speziellen Themen Interviews in größerem Umfang durchzuführen.

Mit einer klaren Zielstellung in den Interviews kann es darüber hinaus gelingen, das Anliegen eines partizipativen Vorgehens glaubwürdig zu vermitteln. Dieses ist durch entsprechende Informationsveranstaltungen zu ergänzen (vgl. 7.3.2: Baustein Projektkommunikation).

Baustein Umfeldanalyse

Der Baustein *Umfeldanalyse* zielt darauf ab, akteursbezogene Einflüsse des Projektumfeldes auf das Projekt näher zu betrachten. Dies vertieft die Betroffenen- und Beteiligtenbetrachtung (vgl. Abschn. 7.2.2: Baustein Betroffene und Beteiligte). Es bestehen inhaltliche Verknüpfungen zum nachfolgend beschriebenen Baustein informelle Beziehungen. Die Umfeldanalyse soll dazu beitragen, die legitimen Interessen der Akteure offen zu legen. Diese können dann in den dafür vorgesehenen Gremien (Kernteam, Lenkungsausschuss, …) angemessen vorgetragen und verbindlich vereinbart werden, und die Projektarbeit lässt sich gezielt auf die getroffenen Vereinbarungen ausrichten, vgl. dazu ausführlich [MaKr01, S. 122 f.].

Eine solche Betrachtung gibt Hinweise auf Machtverteilung und Politik im Unternehmen und birgt damit potenziell Sprengstoff. Wichtige Erfolgsbedingung ist somit ein hohes Vertrauen der Befragten zum Interviewer. Eine gemeinsame Durchführung mit dem Prozessbegleiter ist deshalb zu empfehlen. Generell bietet sich ein Vorgehen mit zwei – zeitlich auch entkoppelt voneinander – durchführbaren Methoden an:

1. *Hemmende / Treibende Kräfte*

Die Idee dieser Methode besteht darin, aus Sicht der Befragten wesentliche, auf das Projekt wirkende Kräfte zu erfragen. Eine solche, zunächst sehr allgemeine Frage weitet den Blick über fachliche Themen hinaus und bringt so – durch gezielte Fragen des Prozessbegleiters unterstützt – schrittweise Hinweise auf die für viele Befragten ungewohnte personenbezogene Perspektive. Die Analyse erfolgt in drei Schritten:

- Im *ersten Schritt* nennen die Befragten aus ihrer Sicht hemmende und treibende Kräfte. Diese haben das Potenzial, das angestrebte Projektergebnis nach Einschätzung der Befragten negativ oder positiv zu beeinflussen. Die Ergebnisse werden – in Gegenwart der Befragten – grob sortiert, um ggf. noch weitere Informationen zu erhalten.
- Im *zweiten Schritt* werden die Ergebnisse nachbereitet und unter Stichworten zusammengefasst. Dies ist insbesondere bei einer getrennten Befragung von Personen und Personengruppen erforderlich.
- Der *dritte Schritt* spiegelt die aufbereiteten Ergebnisse den Befragten zurück. Dies gibt einerseits das erforderliche Feedback über die Befragungsergebnisse

und eröffnet andererseits die Chance, die Ergebnisse und ihre Systematik nochmals kritisch zu hinterfragen und ggf. vertiefend über bestimmte Aspekte zu diskutieren.

Eine solche Befragung kann sowohl in Einzel- als auch in Gruppeninterviews geschehen. Interessante Ergebnisse liefern vor allem die unterschiedlichen Blickwinkel der Betroffenen, die z. T. übereinstimmende, aber auch voneinander abweichende Hinweise geben.

2. *Interessenanalyse*
Diese auch unter den Begriffen Stakeholder- oder Machtstruktur-Analyse bekannte Methode zielt darauf ab, die personen(gruppen)bezogenen Interessen (Einstellungen ggü. dem Projekt) und ihre Einflussmöglichkeiten (Machtposition) zu analysieren. Die Analyse erfolgt pro Person bzw. Personengruppe, vgl. u. a. [Dick00; MaKr01, S. 187 ff.; SOP08, S. 46]:

- Die *Interessen bzw. Einstellungen* gegenüber dem Projekt lassen sich auf einer Skala bewerten. Fünf Ausprägungen (von stark positiv über neutral/unklar bis stark negativ) sind üblich. Zusätzlich bietet sich eine Einschätzung zur Aussagesicherheit an.
- Für die *Einflussmöglichkeiten* bzw. *Machtposition* der Person bzw. Personengruppe zur Veränderung von Projektinhalten, -fortgang oder -erfolg reicht meist eine Bewertung anhand dreier Ausprägungen (hoch – formales oder informelles Vetorecht; mittel – Durchsetzung ggü. abweichender Einstellung mit Zusatzaufwand möglich; gering – kaum Beeinflussungsmöglichkeiten) aus. Auch hier ist eine Einschätzung zur Aussagesicherheit sinnvoll.

Alternativ ist auch eine Betrachtung anderer Kriterien wie bspw. Betroffenheit und Einflussnahme denkbar. Die Ergebnisse lassen sich tabellenartig oder als Portfolio darstellen, vgl. dazu ausführlich [Dick00; MaKr01, S. 187 ff.; SOP 46]. Sie bilden die Grundlage für das Kommunikationskonzept, das – aufbauend auf den Beteiligungsformen – passende Kommunikationsstrategien im Umgang mit den identifizierten Personen und Personengruppen festlegt (vgl. Abschn. 7.3.1 und 7.3.2: Baustein Projektkommunikation).

Baustein informelle Beziehungen
Der Baustein *informelle Beziehungen* soll die für das Projekt wesentlichen Beziehungen zwischen den Akteuren ermitteln, die sich nur teilweise oder gar nicht in der formalen Aufbau- und Ablauforganisation widerspiegeln. Eine solche Betrachtung legt verdeckte Machtverhältnisse und die Politik im Unternehmen oder Projekt teilweise offen. Auch dieser Schritt birgt sozialen Sprengstoff, so dass solche Erkenntnisse oft nur informell und hinter verschlossenen Türen kommuniziert werden. Ohne eine Analyse der informellen Beziehungen können wichtige Chancen und Risiken für die Projektarbeit übersehen werden (vgl. dazu ausführlich [MaKr01, S. 120 ff.]). Aus den Ergebnissen lassen sich Handlungsempfehlungen für die operative Projektarbeit ableiten. Darüber hinaus gibt sie – gemeinsam mit der Betrof-

fenen- und Beteiligtenanalyse (vgl. Abschn. 7.2.2: Baustein Betroffene und Beteiligte) sowie der Umfeldanalyse (Baustein Umfeldanalyse) – Hinweise auf interessenbezogene Risiken im Projekt, vgl. Abschn. 7.6.2: Baustein Risikomanagement.

Eine entscheidende Erfolgsbedingung ist ein hohes Vertrauen zwischen Befragten und Interviewer. Deshalb ist es hilfreich, die Analyse gemeinsam mit dem Prozessbegleiter durchzuführen und mit glaubwürdigen Zusagen der Vertraulichkeit zu verbinden. Ansonsten besteht die Gefahr, dass die relevanten Informationen nicht ermittelt werden, woraus gravierende Fehleinschätzungen resultieren können.

Betrachtungsfokus sind die Beziehungen, die für das Projektverständnis und das Handlungsmuster von Akteuren wesentlich erscheinen. In der Analyse werden Informationen auf völlig unterschiedlichen Ebenen, wie bspw. Begebenheiten und Erfahrungen, (vermutete) persönliche und rollenbezogene Akteursinteressen oder auch charakterisierende Merkmale der Akteure oder der Organisationskultur (vgl. Abschn. 7.2.2: Baustein Organisations- und Projektkultur) ausgetauscht, vgl. dazu ausführlich [Mor34; Mor54]. Die hier vorgeschlagene Ergebnisdarstellung bildet eine Möglichkeit der Ergebnisdarstellung. Sie ordnet die betrachteten Personen zueinander an und bewertet ihre Rollenbeziehung und/oder persönliche Beziehung, ggf. differenziert nach Intensität. Bei der Analyse sind zwei Ebenen zu unterscheiden:

- *Projektbezogen* werden die wesentlichen, für den Projektfortgang relevanten Akteure betrachtet. Hierbei sind sowohl interne (wie bspw. Auftraggeber, Mitglieder des Lenkungsausschusses oder „graue Eminenzen“) als auch externe Akteure (wie bspw. Organisations- und IT-Berater oder Softwareanbieter) zu berücksichtigen.
- *Kernteambezogen* sind die Mitglieder des Kernteams oder andere Arbeitsgruppen zu betrachten. Auch hier sind sowohl Interne als auch Externe zu berücksichtigen.

Generell ist die Analyse nicht statisch, sondern nach Bedarf zu aktualisieren.

Abbildung 7.20 zeigt das stark vereinfachte Ergebnis einer solchen Analyse, hier bezogen auf das Kernteam. Drei Beziehungen erschienen für die Gruppe bestimmend:

Die gemeinsame *Projekterfahrung* (1) des IT-Vertreters einerseits und der Vertreter aus Konstruktion und Auftragseinplanung andererseits dominiert deren persönliche Beziehung stark negativ. Naturgemäß haben die Akteure eine eigene Sicht auf die Historie des bereits seit längerem abgeschlossenen Projektes:

- Aus *Anwendersicht* fühlten sich Konstruktion und Auftragseinplanung nicht angemessen berücksichtigt. Es fehlten bestimmte Basisfunktionalitäten der Software, was einen operativen Mehraufwand und intensive Abstimmungen verursachte.
- Aus *IT-Sicht* ist dieser operative Mehraufwand vernachlässigbar. Außerdem würde die geforderte Änderung einen hohen Programmieraufwand verursachen. Dies rechtfertigt die Ablehnung und ist im Sinne des Gesamtunternehmens sinnvoll, so die IT-Argumentation.

In der Innensicht ist die Rollenbeziehung der benannten Vertreter aus Konstruktion und Auftragseinplanung neutral – die Zusammenarbeit ist sachlich konstruktiv. Aus einer Außensicht rücken die gemeinsam betroffenen Anwender eng zusammen – es herrscht hohe Einigkeit in den Argumenten gegen die IT.

Eine zweite *Projekterfahrung* (2) zwischen dem IT-Vertreter und dem Vertreter des Einkaufs war positiv. Die Anwenderanforderungen konnten praktisch vollständig umgesetzt werden.

- Der *Einkäufer* lässt allerdings durchblicken, dass dies ja ohnehin die Aufgabe der IT war.
- Der *IT-Vertreter* nimmt dies schulterzuckend als typische Anwenderhaltung und spezielle Grundhaltung eines „Händlers" zur Kenntnis.

Die *tägliche Beziehung* (3) der Kollegen der Auftragseinplanung und der Belegungsplanung ist ambivalent:

- Ihre *Rollenbeziehung* ist deutlich negativ belastet: Die konkurrierende logistische Zielstellung (die Auftragseinplanung soll die Aufträge kundenwunschgerecht einplanen, die Belegungsplanung soll die kapitalintensiven Arbeitsplätze maximal auslasten) bedingt eine Dauerdiskussion und ist dementsprechend konfliktträchtig.
- Demgegenüber ist ihre *persönliche Beziehung* deutlich positiv geprägt: Die persönliche Sympathie führt bspw. dazu, dass sie trotz der rollenbedingten Konflikte regelmäßig gemeinsam Mittag essen. Dass dies nicht selbstverständlich ist, zeigt der Blick auf ihre Vorgänger. Hier verschlechterte sich auch die persönliche Beziehung so nachhaltig, dass die Personalabteilung bei den täglichen Anfeindungen schlichtend eingreifen musste.

Die weiteren, in Abb. 7.20 dargestellten Beziehungen erschienen zum Analysezeitpunkt für die Projektarbeit weder förderlich noch hinderlich. Sie werden deshalb nicht näher erläutert.

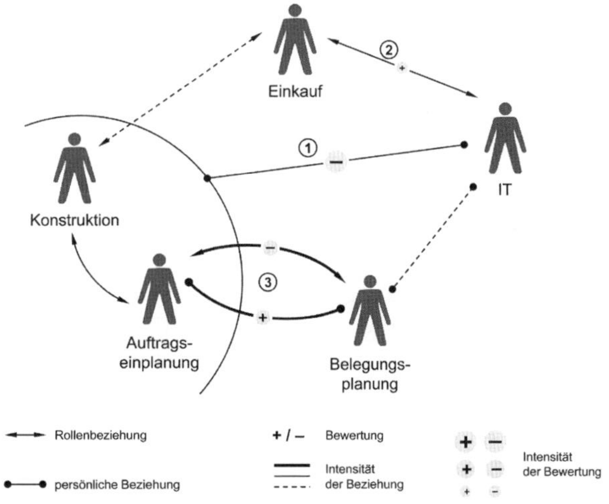

Abb. 7.20 Informelle Beziehungen Kernteam (Praxisbeispiel; H.-H. Wiendahl/H. R. Schübel)

Die Aufgabe des Prozessbegleiters besteht nun darin, den Einfluss der Beziehungslage im Projekt zu beurteilen, um die daraus resultierenden Chancen und Risiken zu erkennen. Generell gilt: Die förderlichen Bedingungen sind zu erhalten und zu stärken, um sie für das Projekt zu nutzen. Demgegenüber sind hinderliche Bedingungen zu beseitigen oder zu schwächen. Im besten Fall gelingt es, sie positiv zu verändern (vgl. dazu ausführlich [Tuc65; TuJe77; Ros87; MaKr01; HaLo03; GlaF04; Schüb09; SüKa09] sowie die Bausteine *Konfliktbegleitung* und *Teamentwicklung*).

Baustein Konfliktbegleitung

Der Baustein *Konfliktbegleitung* umfasst die Methoden und Maßnahmen zur Identifikation und Lösung von Konflikten. Da die Beteiligten Konflikte meist als unangenehm empfinden, werden sie oft bagatellisiert oder verdrängt. Somit besteht die Grundlage eines Konfliktmanagements darin, Konflikte als Normalfall zu verstehen. Nur dann können sie frühzeitig erkannt und konstruktiv behandelt werden [SüKa09].

Konflikte sind durch unvereinbare Handlungstendenzen gekennzeichnet, entweder innerhalb einer Person (intraindividueller Konflikt) oder zwischen unterschiedlichen Konfliktparteien (interindividueller oder sozialer Konflikt). Bezogen auf die soziale Beziehung spricht Glasl erst von einem Konflikt, wenn Unvereinbarkeiten im *Handeln* bestehen und mindestens auch auf einer der Ebenen des *Denkens*, *Fühlens* oder *Wollens*. Andernfalls besteht lediglich ein Konfliktpotenzial, vgl. dazu ausführlich [Ros87, S. 254; GlaF04, S. 14 ff.].

In der Literatur findet sich eine Fülle von Klassifikationsansätzen für Konflikte, ohne zu einer überzeugenden und abschließenden Klärung der Ursachen und Zusammenhänge zu führen, vgl. dazu ausführlich [RütB80; ZuTh89, S. 56 ff.; GlaF04, S. 53 ff.]. Deswegen erscheint es zielführender, für *Projektsituationen* typische Konflikte und ihre Ursachen zu betrachten und hierfür angemessene Interventionsmöglichkeiten aufzuführen, Abb. 7.21. Sie sind nach Schwierigkeit (a) bzw. Interventionskomplexität (b) von unten nach oben angeordnet.

Abbildung 7.21a zeigt eine pragmatische Unterteilung nach Konfliktursachen in drei *Konfliktarten*. [MaKr01, S. 81 ff.]:

- *Scheinkonflikte* resultieren aus abweichenden Begriffsverwendungen und fehlender Klärung in der Kommunikation. Kommen die Beteiligten bspw. aus unterschiedlichen Fachgebieten, kommt es oft zu Missverständnissen, eine „Übersetzungshilfe" zwischen den Begriffsverwendungen ist hilfreich.
- *Sachkonflikte* resultieren aus abweichenden fachlichen Sichtweisen oder stellenbezogenen Interessen. Als wesentliche Konfliktarten sind Zielkonflikte (Uneinigkeit über den angestrebten Zielzustand), Wegkonflikte (Uneinigkeit über das Vorgehen) sowie Verteilungskonflikte (Uneinigkeit über die Ressourcenzuordnung, bspw. hinsichtlich Personal oder Budget) zu unterscheiden.
- *Beziehungskonflikte* resultieren aus abweichenden persönlichen Werten und Einstellungen oder kulturellen Hintergründen. Wichtige Konfliktauslöser sind frühere schlechte Erlebnisse und Erfahrungen, unterschiedliche Normen und

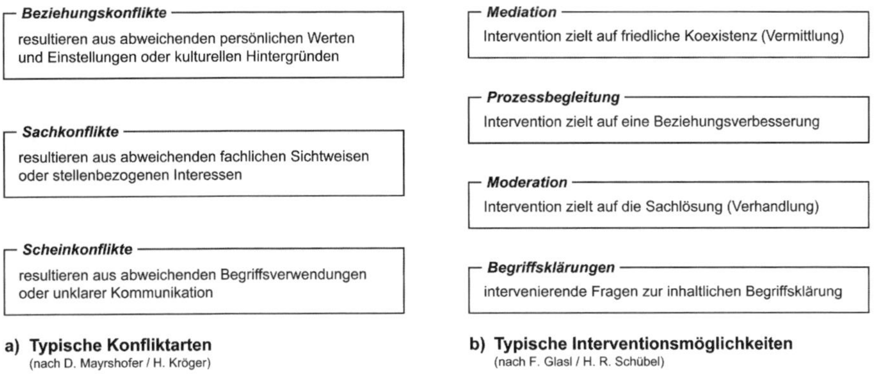

Abb. 7.21 Typische Konfliktarten und Interventionsmöglichkeiten in Projekten

Regeln (Wertekonflikte) oder fehlende Anerkennung und Wertschätzung sowie ungelöste Sach- bzw. Scheinkonflikte.

In der Praxis überlagern sich oftmals mehrere Konfliktarten gleichzeitig, was die Ursachenanalyse deutlich erschwert. Zusätzlich schieben die Konfliktparteien oft Argumente vor, um die tatsächlichen Ursachen – bspw. Beziehungsstörungen – zu verschleiern.

In Anlehnung an Glasl lassen sich vereinfachend vier wichtige Interventionsmöglichkeiten zur Konfliktlösung unterscheiden, Abb. 7.21b [GlaF04, S. 393 ff., 405 ff.; Schüb09; SüKa09]:

- Die *Begriffsklärung* repräsentiert die niedrigste Stufe der Konfliktlösung. Hier wird durch intervenierende Fragen eine Begriffsklärung eingeleitet. Basierend auf einer Grundhaltung der aktiven Wertschätzung sind aktives Zuhören und Fragetechniken wichtigste Hilfsmittel, vgl. dazu ausführlich [ZuTh89; BacS94; MaKr01; GorT05; Schüb09].
- Die *Moderation* beinhaltet im Wesentlichen die Leitung von Verhandlungssituationen. Sie zielt auf eine Sachlösung – also eine Verhandlung über die Ziel-, Weg- oder Verteilungskonflikte. Der Interventionsraum reicht von einfacher Sitzungsleitung (Zuweisung des Rederechtes) über Vorgehensvorschläge (zur Verhandlung und Problemlösung) bis zu kurzen Reflektionen des Verlaufes der Verhandlung mit den Konfliktparteien. Das Moderationsmodell ist geeignet, wenn der Konflikt aus eigenen Kräften der Parteien lösbar erscheint.
- Die *Prozessbegleitung* zielt auf eine nachhaltige Verbesserung der Beziehung ab. Sie setzt allerdings eine Grundbereitschaft der Betroffenen zur Beziehungsverbesserung voraus. Ihr Interventionsraum beinhaltet ein breites Spektrum von Interventionsmethoden, das sich sowohl zur Förderung der Handlungskompetenz der Individuen wie auch des beratenden sozialen Systems eignet. Die Pro-

zessbegleitung ist somit nicht nur für akute Konfliktlösungen, sondern auch für eine vorbeugende Konfliktvermeidung geeignet.

- Die *Mediation* zielt auf eine friedliche Koexistenz unterschiedlicher Ansichten – also eine reine Vermittlung der regulierbaren Aspekte zwischen den Konfliktparteien. Die Parteien sehen keine Möglichkeiten einer kooperativen Konfliktbehandlung und es geht darum, weiteren Schaden einzuschränken oder zu vermeiden. Dabei ist es von großer Bedeutung, dass die Konfliktparteien dem Mediator in der Rollenverhandlung ausreichende Machtmittel zugestehen, mit denen er die Verhandlungen vom „toten Punkt" wegführen kann. Mediatoren stehen als Kanalisatoren der Kommunikation vermittelnd zwischen den Parteien, vgl. dazu ausführlich [FUP00; FUP06].

Eine gründliche Ursachenanalyse bildet die Grundlage einer erfolgreichen Konfliktintervention, was aber noch keine Konfliktlösung garantiert. Die Ausführungen stellen Grundüberlegungen zur Konfliktdiagnose und -bewältigung vor; zur Vertiefung sei auf die weiterführende Literatur verwiesen [GlaF04].

Baustein Teamentwicklung

Der Baustein *Teamentwicklung* umfasst die Methoden und Maßnahmen zur Bildung eines Teams und zur Förderung seiner Arbeitsfähigkeit. Ein gut funktionierendes Projektteam ist durch folgende Merkmale gekennzeichnet: Das Team nutzt die unterschiedlichen Fähigkeiten seiner Mitglieder in der Zusammenarbeit und erzeugt so gute Ergebnisse. Methodisch konzentrieren sich die Mitglieder auf das Wesentliche und arbeiten zukunftsorientiert an Problemlösungen. Es herrscht eine Atmosphäre persönlicher Wertschätzung, Rechtfertigungen mit persönlichen Schuldzuweisungen unterbleiben. Fachliche und menschliche Zusammenarbeit sind untrennbar verbunden. Das macht die Arbeit interessant, aber auch anstrengend, vgl. dazu ausführlich [WBJ69; MaKr01, S. 67 f.; Schüb09].

Gute Teams stehen nicht zur Verfügung, sondern entstehen erst schrittweise. Den hierfür notwendigen Entwicklungsprozess zu initiieren und nachhaltig zu gestalten fällt in die Verantwortung des Prozessbegleiters, der fachliche Projektleiter hat eine Mitverantwortung.

Tuckman unterscheidet vier typische Phasen einer Gruppenarbeit, die jede Gruppe in ihrem Entwicklungsprozess durchschreiten muss. Abbildung 7.22 visualisiert die jeweilige Teamsituation mit ihren kennzeichnenden Merkmalen und die Übergangsbedingungen zur nächsten Phase [Tuc65; TuJe77; MaKr01, S. 67 ff.]:

- In der Phase des *Forming* lernen die Mitglieder einander kennen; Neugier, Unsicherheit und Zurückhaltung dominieren. Die Gruppe versucht Sicherheit darüber zu gewinnen, was wie zu tun ist. In dieser Orientierungsphase gibt es weder gemeinsam getragene Ziele noch übereinstimmende Arbeitsmethoden; eine Orientierung über Personen und Rollen der anderen fehlt (noch). Der Übergang in die in die nächste Phase ist durch eine – zunächst betont höfliche, auf persönlichen Abstand bedachte – Kommunikation gekennzeichnet.

- Die Phase des *Storming* treten Unterschiede in Auffassungen, Standpunkten und Sichtweisen hervor; die Machtverhältnisse und Entscheidungsstrukturen sind (noch) unklar. Für diese Konfliktphase sind Klatsch und Tratsch, endlose und mühsame Diskussionen sowie der innerliche Rückzug Einzelner charakteristisch. Reift in der Gruppe die Erkenntnis, dass es so nicht weitergehen kann, ist der Übergang in die nächste Phase möglich.
- In der Phase des *Norming* reflektiert die Gruppe ihr Verhalten. Über Verhandlungen kommt es zu klaren Strukturen und Vereinbarungen. In dieser Organisationsphase entsteht ein Team, also auch ein Wir-Gefühl, getragen von einer klaren Ordnung und von Regeln, die das tatsächliche Verhalten prägen. Diese Aufbruchsstimmung kennzeichnet den Übergang in die nächste Phase.
- Die Phase des *Performing* ist durch effektive und effiziente Kooperation gekennzeichnet, das Team ist konsolidiert und organisiert sich selbst. Die Mitglieder erleben in dieser Integrationsphase die Zusammenarbeit als wohltuend. Dies erlaubt dem Team, mit neuen Anforderungen kreativ und flexibel umzugehen. Ein Wechsel der Besetzung erzeugt üblicherweise wieder Unsicherheit und kennzeichnet den Übergang zu einer – wieder aufkommenden – Orientierungsphase.

Diese Phasen laufen nicht linear, sondern teilweise überlappend und in Schleifen. Sowohl ein Wechsel der inneren (z. B. Umbesetzung) als auch der äußeren Bedingungen (z. B. Projektziele) gefährdet die Stabilität und kann ein erneutes Durchlaufen der Phasen auslösen.

Mit Hilfe der Teamentwicklung kann die Gruppenarbeit gezielt unterstützt und verbessert werden. Die Unterstützung durch den Prozessbegleiter zielt auf effektive Vereinbarungen über die Zusammenarbeit durch eine schnelle Überwindung der unproduktiven Gruppenphasen Forming und Storming. Für den angestrebten hohen zeitlichen Anteil effizienter Gruppenarbeit (Performing) ist die Beobachtung der Gruppendisziplin (Einhaltung selbst gegebener Regeln) und der Arbeitsatmosphäre (aktive Wertschätzung, Vermeiden von Rechtfertigungsimpulsen) sowie ein Unterstützen des Lernens bedeutsam.

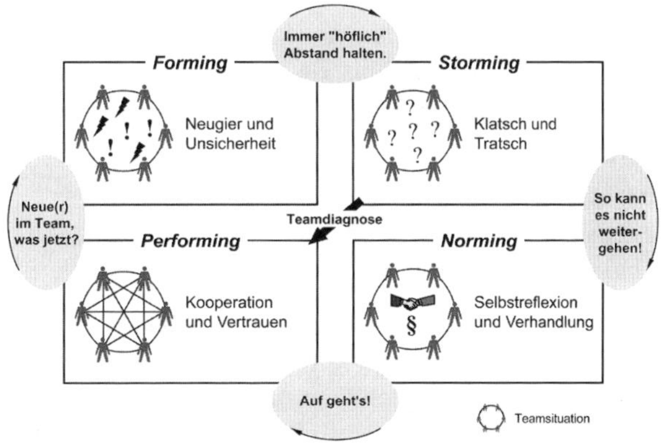

Abb. 7.22 Phasen und Unterstützungsmaßnahmen einer Gruppenarbeit. (H. R. Schübel nach B. Tuckman)

Zu folgenden *Anlässen* sind im Projektverlauf Maßnahmen zur Teamentwicklung besonders wirkungsvoll:

- Zu *Projektbeginn* soll sich das Kernteam als Gruppe finden. Hierzu bietet sich eine Teamentwicklung im Rahmen eines Kick off an. Ausgestaltung und Dauer hängen vom Klärungszustand des Auftrags und dem Stand der Projektplanung, der persönlichen Bekanntheit und Qualifikation der Beteiligten sowie der Durchsetzbarkeit solcher Maßnahmen im Unternehmen ab, vgl. dazu ausführlich [MaKr01, S. 133 ff.; HaLo03, S. 69 ff.].
- Ein *Wechsel der Teambesetzung* macht es erforderlich, die neuen Mitglieder mit den bestehenden Regeln vertraut zu machen und ihr Einverständnis abzuholen.
- Der *Start einer neuen Projektphase* bietet die Gelegenheit, die bestehenden Regeln in der Gruppe nochmals genauer zu prüfen und bei Bedarf zu überarbeiten.
- Zur *Krisenintervention*, wenn die Beobachtung des Gruppenverhaltens (erste) Abweichungen ggü. dem Zustand des Performings zeigt, ist eine geführte Reflexion des bisher Erreichten und der beobachteten Änderungen sinnvoll.

Generell gilt: Die vorbeugende Vermeidung von methodischen und atmosphärischen Unzulänglichkeiten ist kennzeichnendes Merkmal einer professionellen Prozessbegleitung. Dies birgt eine prinzipbedingte Gefahr für die ausdrückliche Rollenwahrnehmung im Projekt: Nehmen die Teammitglieder oder die Entscheidungsträger diesen „vorbeugenden Brandschutz" nicht ernst, erscheinen die Kosten für eine solche Leistung unnötig. Auch werden die damit erzielbaren Leistungsvorteile der Gruppe oftmals unterschätzt. Deshalb brechen manche Verantwortliche eine solche Unterstützung nach einer offensichtlich gut laufenden Startphase als unnötig ab oder greifen erst im Eskalationsfall auf diese Möglichkeit zurück.

Baustein Workshop-Moderation (atmosphärisch)
Der Baustein *Workshop-Moderation* bezieht sich auf die jeweiligen Projekttreffen. Grundsätzlich sind hier Vorbereitungs-, Durchführungs- und Nachbereitungsaufgaben zu unterscheiden. Als durchführungsbegleitender Baustein umfasst er mehrere Projektaspekte und ist deshalb in Abschn. 7.6.2 erläutert.

Baustein Planung und Kontrolle (atmosphärisch)
Der Baustein *Planung und Kontrolle* fasst operative Projektplanungs- und -überwachungsthemen zusammen, die die Projektatmosphäre beeinflussen. Als durchführungsbegleitender Baustein umfasst er mehrere Projektaspekte und ist deshalb in Abschn. 7.6.2 erläutert.

Baustein Coaching (Beziehungsthemen)
Der Baustein *Coaching* fasst die Methoden und Maßnahmen zur Projektbegleitung zusammen, die Beziehungsthemen betreffen. Als durchführungsbegleitender Baustein umfasst er mehrere Projektaspekte und wird deshalb in Abschn. 7.6.2 erläutert.

Baustein Qualifizierung (Sozialkompetenz)
Der Baustein *Qualifizierung* fasst Methoden und Maßnahmen zur Weiterqualifizierung der Sozialkompetenz der Akteure zusammen. Als durchführungsbegleitender Baustein umfasst er mehrere Projektaspekte und ist deshalb in Abschn. 7.6.2 erläutert.

Baustein Lessons Learned (atmosphärisch)
Der Baustein *Lessons Learned* fasst Methoden und Maßnahmen zur reflektierenden Begleitung des atmosphärischen Projektzustandes zusammen. Als durchführungsbegleitender Baustein umfasst er mehrere Projektaspekte und ist deshalb in Abschn. 7.6.2 erläutert.

Der Folgeabschnitt betrachtet die fachlichen Aspekte der Projektarbeit.

7.5 Fachliche Aspekte

Bei den fachlichen Aspekten handelt es sich um die Projektinhalte. Es geht also vor allem um die Frage, welche Fach- und Sachthemen im Projekt behandelt werden sollen. Der hier vorgestellte Ansatz folgt dem *Grundverständnis*: Ohne formulierte Kernbotschaften kein Fachergebnis. Eine Kernbotschaft beschreibt den prinzipiellen vermittlungs- oder entscheidungsrelevanten inhaltlichen Aspekt von Ist-Analyse oder Soll-Konzept. Die Verdichtung zu generellen inhaltlichen Schlüsselaussagen soll zweierlei bewirken:

- Zum einen sollen sich die *Entscheidungsträger* mit dem grundsätzlichen Aspekt auseinandersetzen und hierzu auch die notwendigen, grundsätzlichen Entscheidungen treffen bzw. bestätigen. Dies zielt darauf ab, über die inhaltliche Identifikation ihre Bereitschaft zu erhöhen, die für das Projekt notwendige, sichtbare Führung und Unterstützung bis zur erfolgreichen Umsetzung zu leisten.
- Zum anderen sollen die *operativ Verantwortlichen* erkennen, dass sich hinter den täglichen Kompromissen operativer Entscheidungen auch für längere Zeit gültige Leitlinien verbergen, die grundsätzlichen Charakter besitzen. Dies wirbt für die Notwendigkeit solcher Grundsatzentscheidungen, aus denen sich Leitlinien für das operative Geschäft ergeben. Das fordert die operativ Verantwortlichen, sich mit deren Machbarkeit stärker auseinander zu setzen und soll die inhaltliche Qualität der Ergebnisse und die Identifikation mit dem Projekt erhöhen.

Gelingt es, die Entscheidungsträger und operativ Verantwortlichen für die Kernbotschaften zu gewinnen, erhöht dies die Erfolgswahrscheinlichkeit (bzw. -geschwindigkeit) des Projektes.

Zunächst behandelt Abschn. 7.5.1 die Grundlagen (hier: die *Gestaltungsmethodik* und die typischen *Projektauslöser* von AM-Projekten). Nach einem Überblick über die fachlichen Projektbausteine erfolgt ihre Erläuterung (Abschn. 7.5.2).

7.5.1 Grundlagen

Ein Auftragsmanagement-System bildet das organisatorische und software-technische Rückgrat der logistischen Abwicklung eines Produktionsunternehmens. Inhaltlich birgt seine Gestaltung zwei wichtige Herausforderungen:

- Zum einen ist eine *anforderungsgerechte Gestaltung* wichtig, d. h. die gewählten Lösungen sollen die logistischen Anforderungen effektiv und effizient erfüllen.
- Zum anderen ist eine *konsistente Gestaltung* anzustreben, d. h. die gewählte Konfiguration sollte in sich schlüssig sein.

Da es sich bei einem Auftragsmanagement-System um ein sozio-technisches System handelt, sind beide Kriterien letztlich durch die betroffenen Anwender zu beurteilen. Die Lösungsfindung schließt damit ausdrücklich Verhandlungsprozesse der Akteure mit ihren unterschiedlichen Interessen ein, um zu einer hohen Lösungsakzeptanz zu kommen. Die Projektmanagementliteratur ordnet die Aufgabe einer konsistenten Konfiguration dem Konfigurationsmanagement zu, vgl. u. a. [SOP08, S. 232 ff.].

Das Vorgehen stützt sich fachlich-methodisch auf vier Grundideen:

- Bei der Festlegung von Betrachtungs- und Gestaltungsgegenstand im Projekt hat sich eine *durchgängige logistische Prozessbetrachtung* von Lieferung (Liefersicht von der Kundenanfrage bis zur Kundenabnahme, ggf. inkl. Zahlungsverkehr) und Herstellung (Dispositionssicht vom Artikelbedarf bis zu seiner Verfügbarkeit am vereinbarten Zielort) bewährt. Sie lassen sich bei Bedarf separat betrachten (vgl. Abschn. 6.2.2: Kopplung von Lieferung und Herstellung). Dies zielt auf eine hohe Integration der Teilprozesse in der logistischen Abwicklung mit den bereits in Abschn. 1.3 ausführlich diskutierten Haupt- und Nebenwirkungen.
- Die Diskussion von Gestaltungsalternativen sollte die Ergebnisse der *Stolpersteinanalyse* beachten. Die dort genannten Prüfregeln bieten eine geeignete Hilfe zur Bewertung der logistischen Schlüssigkeit, vgl. Abschn. 5.3. Dies zielt auf eine konsistente Gestaltung, die Umsetzungshindernisse aus Akteurssicht bereits in der Konzeptphase berücksichtigt.
- Die *gestaltungsmerkmalsbasierte Konfiguration* verdichtet logistische Schlüsselaussagen in Form von Extrem- oder Idealtypen, vgl. Abschn. 6.1 und 6.3. Dies zielt zum einen darauf ab, das Auftragsmanagement-System anforderungsgerecht zu konfigurieren. Zum anderen werden wesentliche logistische Aussagen durchgängig von der Logistikstrategie bis zur operativen Planungs- und Steuerungsentscheidung formuliert. Dies schafft eine gemeinsame Kommunikationsgrundlage von der Geschäfts- und Produktionsleitung bis zu den operativ Verantwortlichen und Prozessbeteiligten.
- Das empfohlene *iterative Gestaltungsvorgehen* wiederholt die Schritte Ist-Analyse, Anforderungen vereinbaren und Auftragsmanagement ausgestalten schleifenartig: Die erste Schleife betrachtet die Konfiguration grob und qualitativ, die zweite feiner und quantitativ. Das Vorgehen vom Groben zum Detail zielt darauf ab, zunächst ein Grundverständnis zu schaffen, um die Abhängigkeiten zwischen den Merkmalen diskutieren zu können. Dies fördert die angestrebte, konsistente Konfiguration und erlaubt gleichzeitig eine Überprüfung der Ergebnisse: Zum einen über die Genehmigung durch den Auftraggeber bzw.

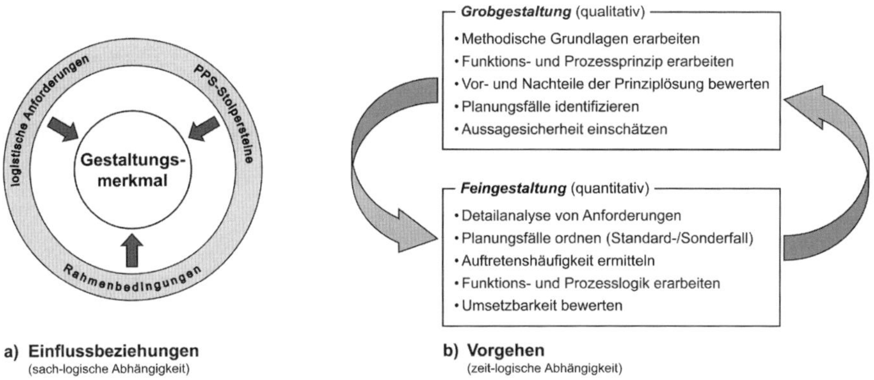

Abb. 7.23 Gestaltungsmethodik (Beispiel Gestaltungsmerkmale)

Lenkungsausschuss und zum anderen über das mehrfache Durchlaufen mit den Fachexperten.

Diese Grundideen der Gestaltungsmethodik fasst Abb. 7.23 am Beispiel des Fachkonzepts zusammen: Zunächst sind die *inhaltlichen Einflussbeziehungen* zu identifizieren. Sie beschreiben die sach-logischen Abhängigkeiten der AM-Gestaltung. Für die Gestaltungsmerkmale sind die folgende Punkte relevant: Rahmenbedingungen des Unternehmens bzw. Logistiksystems, die daran gestellten logistischen Anforderungen (z. B. abgeleitet aus dem Turbulenzprofil) und die Erkenntnisse der PPS-Stolpersteine im Istzustand, Abb. 7.23a.

Für das *Vorgehen* resultieren daraus die beiden Schritte Grob- und Feingestaltung. Abbildung 7.23b konkretisiert die zeit-logischen Projektabhängigkeiten für die Gestaltungsmerkmale:

- In der *Grobgestaltung* erfolgt die Entscheidung über das Grundsätzliche (Effektivität: Die richtigen Dinge tun); hierfür reichen meist qualitative – auf der Basis von Expertenbefragungen ermittelte – Analysen aus: Aufbauend auf einer anwendungsbezogenen Erläuterung der inhaltlich-methodischen Grundlagen (z. B. logistische Anforderungen, Stolpersteine und Gestaltungsmerkmale mit ihren inhaltlichen Zusammenhängen an konkreten Beispielen) wird das Funktions- oder Prozessprinzip erarbeitet. Für diese Prinziplösung sind die Vor- und Nachteile zu bewerten. Die Planungsfälle (auch Abwicklungsfälle) sind zu identifizieren. Hier ist bspw. eine Gliederung nach logistischen Geschäftsarten (vgl. Abschn. 6.2.2) oder den Portfolios der Lieferanforderungen (vgl. Abschn. 5.2.1) denkbar. Das ermöglicht eine erste Aussage über die Realisierbarkeit; bspw. mit Hilfe einer qualitativen Abschätzung hinsichtlich der Aussagesicherheit. *Ergebnis* der Grobgestaltung ist eine Prinziplösung. Diese ist dem Auftraggeber bzw. Lenkungsausschuss vorzustellen und durch diesen zu genehmigen.

- In der *Feingestaltung* erfolgt die Entscheidung über das Operative (Effizienz: Die Dinge richtig tun); hierfür sind quantitative Analysen vor allem dann erforderlich, wenn widersprüchliche Einschätzungen der Experten oder inhaltliche Unklarheiten existieren: Aufbauend auf einer Detailanalyse der Anforderungen sind die Planungsfälle zu ordnen (bspw. in Standard- und Sonderfälle) und deren Auftretenshäufigkeit zu ermitteln (über quantitative Analysen). Dann ist die Funktions- und Prozesslogik zu erarbeiten und anhand der gewonnenen Erkenntnisse die organisatorische und software-technische Umsetzbarkeit zu bewerten. *Ergebnis* der Feingestaltung ist eine Detaillösung. Diese ist dem Auftraggeber bzw. Lenkungsausschuss vorzustellen und durch diesen zu genehmigen.

Ein solches Vorgehen vom Groben zum Detail lässt sich durch eine schrittweise Gestaltung hierarchischer Gestaltungsmerkmale ergänzen: Auf der Ebene des Grobkonzepts werden bspw. die Ausprägungen der Merkmale *Marktkopplung*, *Bevorratungsstrategie* und *logistisches Leitbild* (vgl. a. Abschn. 6.3) grundsätzlich festgelegt. Diese sind dann im Feinkonzept zu detaillieren. Hierzu werden die Ausprägungen der folgenden untergeordneten Merkmale abgeleitet:

- *Steuerungsprinzip*: Nach welchem Steuerungsprinzip wird die Produktion synchronisiert? (Termin- oder Mengensteuerung)
- *Terminierungslogik*: Nach welcher Methode wird terminiert? (rückwärts, vorwärts, kombiniert, …), Welche Terminfelder gibt es? (Soll, Plan, Ist, …)
- *Fixierungslogik*: Zu welchem Zeitpunkt werden Planungsinhalte fixiert? (Auftragseröffnung, -freigabe, …), Welche Planungsinhalte sind betroffen? (Art, Menge, Termin, Lieferort, …), Welche Aktualisierungsregeln greifen? (zeitpunkt- oder ereignisbezogen)
- *Verrechungslogik*: Für welche Fälle werden Vorabbedarfe erzeugt? (Langläufer, hochwertige Rohmaterialien, …), Nach welchen Regeln werden diese mit den tatsächlich eintreffenden Bedarfen verrechnet? (wochen- oder monatsgenau, projektübergreifend oder projektintern, …)

Sie müssen über Abwicklungsregeln für einzelne Geschäftsfälle konkretisiert werden.

Generell zielt die Gestaltungsmethodik darauf ab,

- den jeweils grundsätzlichen Aspekt der Gestaltungsentscheidung hervorzuheben,
- die für die Entscheidung relevanten Einflussfaktoren zu identifizieren und
- Einigkeit über die daraus resultierenden Anforderungen zu gewinnen,

um darauf aufbauend eine fachlich abgesicherte Lösung zu entwickeln.

Neben der Gestaltungsmethodik prägen die jeweiligen *Projektauslöser* das Projekt. Je nach auslösender Instanz sind inhaltlicher Fokus und damit auch der Betrachtungs- und Gestaltungsgegenstand des Logistikprojektes unterschiedlich. Typische Fälle sind:

- Die *Geschäftsleitung* löst ein Projekt üblicherweise aus strategischen Überlegungen aus. Dementsprechend liegt der Fokus auf einer weitreichenden, oftmals grundlegenden Verbesserung der Logistik; er betrifft meist das gesamte Unternehmen.
- *Stabsabteilungen* wie bspw. technische Planungsabteilungen lösen Projekte vor dem Hintergrund ihres Verantwortungsbereiches aus. Dies betrifft dann häufig diesen Bereich. Typische Beispiele sind Einzelinvestitionen von Maschinen oder Software für spezielle Anwendungsfälle (z. B. Zeitberechnungsmodule zur Arbeitsplanerstellung). Verfügt das Unternehmen über eine eigene Organisationsabteilung, ist ein breiterer Fokus zu erwarten, der dem der Geschäftsleitung ähnelt.
- *IT-Abteilungen* lösen Projekte aufgrund IT-strategischer Überlegungen aus. Eine wichtige Rolle spielt hier die Wartungsfähigkeit von Software. Ist diese mittelfristig nicht mehr gegeben, muss auch eine funktional ausgereifte Software durch eine neue ersetzt werden. Der Fokus liegt hier meist auf den software-gestützten Prozessen. Somit besteht das Risiko, weitgehend manuelle Prozesse in der Betrachtung zu vernachlässigen.
- *Operativ Verantwortliche* lösen Projekte aufgrund von empfundenen Missständen in ihren jeweiligen Verantwortungsbereichen (z. B. Produktion, Einkauf, Konstruktion) aus. Dementsprechend liegt der Fokus auf einer logistischen Verbesserung, zu deren Realisierung ablauf- oder aufbauorganisatorische Veränderungen oder auch geeignete Planungs- und Steuerungswerkzeuge erforderlich sind.

Erfahrungsgemäß prägt der ursprüngliche Auslöser das Projekt nachhaltig. Oft stoßen die Verantwortlichen auf Schwierigkeiten, wenn sie diesen Fokus erweitern oder verändern wollen und bspw. bei einem IT-initiierten Projekt plötzlich auch stark manuell geprägte Planungs- oder Steuerungsprozesse mit betrachten möchten.

7.5.2 Projektbausteine fachliche Aspekte

Die fachlichen Projektbausteine zeigt Abb. 7.24. Sie sind nach ihrem Bezug in projekt- und kernteambezogene Bausteine unterteilt:

- Die *projektbezogenen Bausteine* umfassen die *Softwareauswahl* und *Softwareeinführung*. Beide beschreiben Methoden und Vorgehensweisen zum Einsatz der notwendigen Planungs- und Steuerungswerkzeuge mit dem Schwerpunkt auf der Software. Der Baustein *Schulung und Training* vermittelt den Mitarbeitern das zur Bedienung der Planungs- und Steuerungswerkzeuge erforderliche Wissen mit den benötigten Regeln. Der Baustein *Hochlaufunterstützung* unterstützt die Einübungsphase der Organisation und versucht, die unvermeidlichen Anlaufschwierigkeiten einer Umstellung bestmöglich zu reduzieren.

- Die *kernteambezogenen Bausteine* unterscheiden Methoden zur operativen Projektbearbeitung (Baustein *fachliche Workshop-Moderation*) von eher reflektierenden und qualifizierenden Maßnahmen und Methoden zur Verbesserung der Projektarbeit (Bausteine *Lessons Learned, Coaching, Qualifizierung*). Insbesondere die letzten beiden Bausteine dienen primär zur persönlichen Unterstützung des Projektleiters mit Blick auf die Kernteamarbeit, sind aber grundsätzlich auch darüber hinaus einsetzbar.

Die Bausteine *fachliche Planung und Kontrolle* sowie *Strukturierung Fachinhalte* organisieren das Projekt fachlich und sind deshalb doppelt zugeordnet. Der Baustein *Kernbotschaften* soll prinzipielle Zusammenhänge (z. B. Ist-Situation, Soll-Konzept) herausarbeiten und entfaltet seine Wirkung sowohl projekt- als auch kernteambezogen.

Die Bausteine werden im Folgenden erläutert.

Baustein Kernbotschaften

Der Baustein *Kernbotschaften* umfasst die Aktivitäten, die auf das Herausarbeiten von prinzipiellen Zusammenhängen zielen. Dies ermöglicht ein Grundverständnis des Problems und bildet die wesentliche Voraussetzung zur Lösung. Bezogen auf die Projektinhalte sind dies fachliche Fragestellungen (bzgl. fachlicher Projektziele, Ist-Situation oder Soll-Konzept), bezogen auf das Projekt insgesamt betrifft dies darüber hinaus organisatorische und atmosphärische Themen. Hier ist insbesondere auf eine geeignete Visualisierung zu achten, da diese den Verantwortlichen meist gut im Gedächtnis bleibt, vgl. Abschn. 7.3.2: Baustein Visualisierung und Präsentation. Bezogen auf die *Projektinhalte* sind Kernbotschaften zur Ist-Analyse und zum Soll-Konzept zu unterscheiden.

In der *Ist-Analyse* dominieren typischerweise Aussagen zu den empfundenen Unzulänglichkeiten und den daraus abgeleiteten Verbesserungsmöglichkeiten. Beispiele für Kernbotschaften finden sich hier insbesondere bei den PPS-Stolpersteinen (vgl. Abschn. 1.2, 5.3). Andere erhaltenswerte Zustände sollten hier betont werden, sowohl aus sachlichen Gründen als auch, um die Vergangenheit angemessen zu würdigen (vgl. Abschn. 7.4: Grundverständnis). Darüber hinaus ist es wichtig, die

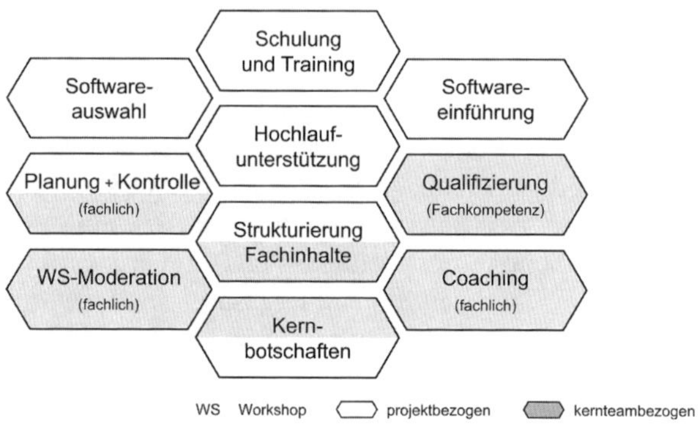

Abb. 7.24 Projektbausteine fachliche Aspekte

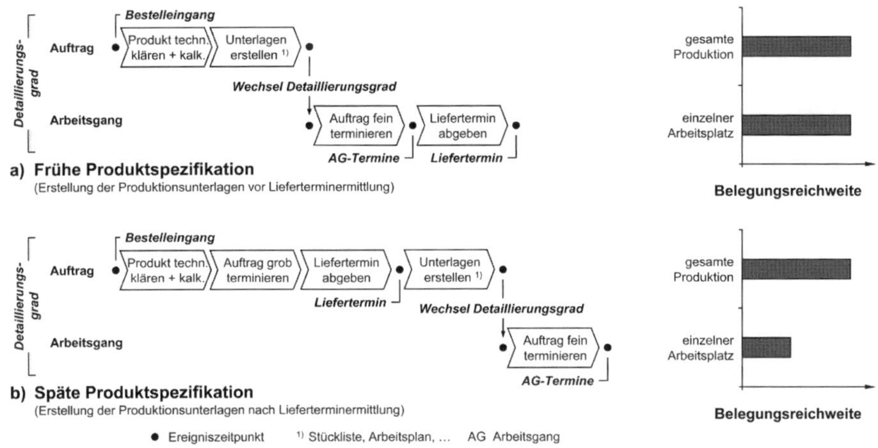

Abb. 7.25 Zusammenhang Spezifikationszeitpunkt und Belegungsreichweite (Praxisbeispiel)

wesentlichen geschäftsspezifischen Zusammenhänge zu erkennen. Sie bilden die sachliche Grundlage zur Bewertung des Istzustandes und der Erarbeitung des Sollkonzepts. Abbildung 7.25 konkretisiert dies an einem Praxisbeispiel, welches den im Unternehmen vielfach diskutierten Zusammenhang zwischen Spezifikationspunkt und Belegungsreichweite visualisiert.

In Abhängigkeit des Zeitpunktes der konkreten – aus Stücklisten und Arbeitsplänen abgeleitete – Produktspezifikation (Wechsel im Detaillierungsgrad) resultieren unterschiedliche Belegungsreichweiten für die Gesamtproduktion und den Einzel-Arbeitsplatz:

- Im Fall einer *frühen Produktspezifikation* erfolgt der Wechsel bereits so früh, dass die Feinterminierung vor der Lieferterminermittlung erfolgen kann, Abb. 7.25a. Somit stimmen die Auftragsreichweite der gesamten Fabrik und die des einzelnen Arbeitsplatzes (unter Vernachlässigung der Position im Materialfluss) überein.
- Im Fall einer *späten Produktspezifikation* erfolgt die Lieferterminermittlung vor dem Erstellen der Produktionsunterlagen und damit auch vor dem Wechsel des Detaillierungsgrades, Abb. 7.25b. Somit ist die Auftragsreichweite der gesamten Fabrik deutlich länger als die des Einzel-Arbeitsplatzes (unter Vernachlässigung der Position im Materialfluss).

Da Aufträge der unterschiedlichen Abwicklungsalternativen teilweise um dieselben Arbeitsplätze konkurrieren, resultieren *prinzipbedingt* Belegungskonflikte. Im betrachteten Fall lösten diese regelmäßig Diskussionen zur Planungsqualität und zur Einhaltung zugesagter Termine aus. Hier formulierten die Anwender nun die Hoffnung, dass eine Planung gegen begrenzte Kapazitäten Verbesserungen erzielen könne. Die Diskussionen verdeutlichten aber, dass bei heterogenen Lieferzeitanforderungen (vgl. Abschn. 5.2.5: Streuungen) andere Ansätze erforderlich sind (bspw. eine Reservierung von Kapazitätskontingenten).

Das *Soll-Konzept* beinhaltet Aussagen zum künftigen Zustand. Abhängig von den künftigen logistischen Anforderungen (die von der Ist-Situation abweichen können) sind Logistikstrategie und Fachkonzept zu entwerfen. Beispiele für Kernbotschaften finden sich in der Vision einer logistischen Abwicklung (vgl. Abschn. 7.2.1), in den Idealtypen der logistischen Geschäftsart (vgl. Abschn. 7.2.1), den Extremtypen der Gestaltungsmerkmale (vgl. Abschn. 6.2.2) oder den Haupt- und Nebenwirkungen logistischer Verbesserungen (vgl. Abschn. 1.3).

Darüber hinaus sind über reine Inhalte hinausgehende Kernbotschaften, bspw. zu Veränderungen der Projektkultur (vgl. Abschn. 7.2.2: Baustein Organisations- und Projektkultur) und vor allem zu reflektierenden Analysen wichtig (vgl. Abschn. 7.6.2: Bausteine Risikomanagement, Coaching oder Lessons Learned).

Projektleitung und Kernteam haben die Aufgabe, diese Fragestellungen zu erkennen und die notwendigen Maßnahmen zur Problemdiagnose und Lösungsfindung einzuleiten. Die Prozessbegleitung unterstützt dies methodisch-organisatorisch sowie sozial-emotional.

Baustein Strukturierung Fachinhalte

Der Baustein *Strukturierung Fachinhalte* beinhaltet die sach-logische Gliederung der Projektfragestellungen und -themen. Diese Gliederungsarbeiten sind sowohl für eine Projektphase als auch für einzelne Projekttreffen notwendig. Neue Erkenntnisse erfordern im Laufe der Projektarbeit ggf. Anpassungen. Somit wird aus einem zu Projektbeginn schlecht strukturierten Problem im Laufe der Projektarbeit ein wohl strukturiertes Problem und die Projektmitarbeiter vertrauen der erarbeiteten Lösung. Bei der Gliederung sind zwei *Strukturierungsziele* zu unterscheiden:

- Für die *inhaltliche Bearbeitung* sind die Fachinhalte so zu gliedern, dass im Ergebnis Arbeitspakete und eine Abarbeitungsreihenfolge vorliegen. Hierbei sind sach-logische Abhängigkeiten der Arbeitspakete und projektbezogene Vorgaben (z. B. Betriebsfähigkeit zum anstehenden Jahreswechsel) zu berücksichtigen.
- Für die *Ergebnisdarstellung* sind die Fachinhalte nach Abschluss der (Teil-) Arbeiten so zu gliedern, dass die avisierte Zielgruppe die erarbeiteten Ergebnisse und ihre inhaltlichen Abhängigkeiten nachvollziehen kann. Hierbei sind der Vermittlungszweck (z. B. Vermittlung einer Veränderungsnotwendigkeit, Einflussgrößen der Gestaltungsentscheidung, Genehmigung von Projektergebnissen, Vorstellung der künftigen Prozesse) und das jeweilige fachliche und projektbezogene Vorwissen zu berücksichtigen.

Im einfachsten Fall decken sich beide Gliederungen. Typischerweise ist der Vermittlungszweck aber ein anderer, und sowohl ausgewählte Inhalte als auch ihre Gliederung weichen voneinander ab. Die Strukturierung der Fachinhalte bildet die Grundlage der fachlichen Dokumentation der Ergebnisse (vgl. hierzu Abschn. 7.3.2: Baustein Dokumentationsstandards).

Die fachliche Arbeit folgt der Grundlogik Vorbereiten, Durchführen und Nachbereiten. Diese Reihenfolge gilt im Grundsatz für die Konzept- und Umsetzungs-

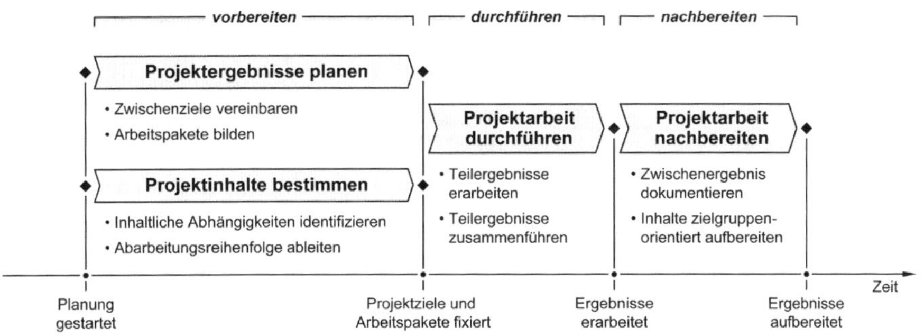

Abb. 7.26 Idealtypische Abfolge der fachlichen Projektarbeit (Bezug Projektphase)

phasen. In der praktischen Projektarbeit können Vorgehensschleifen auftreten: Entstehen während der Bearbeitung neue Erkenntnisse (bspw. inhaltliche Abhängigkeiten zwischen Arbeitspaketen), ist im ungünstigsten Fall eine Ergebnisrevision bereits abgeschlossener Pakete notwendig (vgl. Abschn. 7.3.2: Baustein Änderungsmanagement). Dies beeinflusst die Projektrisiken (vgl. Abschn. 7.6.2: Baustein Risikomanagement). Abbildung 7.26 konkretisiert die Schritte am Beispiel einer Projektphase, für einzelne Arbeitspakete oder Projekttreffen gelten sie analog.

Die *Vorbereitungsphase* umfasst zwei Schritte. Sie stehen in enger Wechselwirkung und sind deshalb zeitparallel dargestellt:

- Der Schritt *Projektergebnisse planen* vereinbart Zwischenziele und bildet inhaltliche Arbeitspakete.
- Der Schritt *Projektinhalte bestimmen* leitet aus den inhaltlichen Abhängigkeiten zwischen den Arbeitspaketen ihre Abarbeitungsreihenfolge ab. Im einfachsten Fall liegen eindeutig gerichtete Abhängigkeitsbeziehungen vor, aus denen sich eine sequenzielle Reihenfolge ergibt. Lassen sich auch bei bestmöglicher Arbeitspaketbildung inhaltliche Wechselbeziehungen nicht vermeiden, ist eine Parallelbearbeitung mit der Abstimmung von Zwischenergebnissen vorzusehen.

Ergebnis der Vorbereitungsphase sind die inhaltlichen Projektziele und die Arbeitspakete. Im Folgeschritt erfolgt die – nicht dargestellte – Projektterminplanung (mit Aufwandsschätzung und kapazitätsgeprüfter Terminierung der Arbeitspakete), vgl. dazu u. a. [MaKr01, S. 201 ff.] sowie Abschn. 7.6.2: Baustein Planung und Kontrolle.

Die *Durchführungsphase* erarbeitet Teilergebnisse und führt diese inhaltlich zusammen. Oft verkürzen die Projektbeteiligten die Projektarbeit auf diese Phase und übersehen hierbei die Notwendigkeit einer angemessenen Vor- und Nachbereitung. Typischerweise erzeugt diese Grundhaltung einen unnötigen Ergebnisdruck (vgl. Abschn. 7.6.1 sowie Abschn. 7.6.2: Baustein Planung und Kontrolle). *Ergebnis* dieser Phase sind die erarbeiteten Fachergebnisse.

Die *Nachbereitungsphase* dokumentiert die Zwischenergebnisse und bereitet die Inhalte zielgruppengerecht auf. Dies dient zum einen der Nachvollziehbarkeit für die Projektbeteiligten und zum anderen der Erläuterung für die Personen, die nicht umfassend am Erarbeitungsprozess beteiligt waren. Erfahrungsgemäß eröffnet eine qualitativ gute Nachbereitung darüber hinaus die Chance einer sach-logischen Ergebnisplausibilisierung sowie des Formulierens inhaltlicher Kernbotschaften (vgl. dazu Abschn. 7.5.2: Baustein Kernbotschaften). Eine Gliederung bietet sich bspw. anhand der Teilprozesse im Auftragsabwicklungsprozess oder anhand der funktionalen Gestaltungsmerkmale an. *Ergebnis* dieser Phase sind die aufbereiteten Fachergebnisse.

Projektorganisatorisch bilden die Ergebnisse des Bausteins Strukturierung Fachinhalte die inhaltliche Grundlage für die Bausteine Planung und Kontrolle (Abschn. 7.6.2), Änderungsmanagement (Abschn. 7.3.2) und Risikomanagement (Abschn. 7.6.2). Inhaltlich bilden die Ergebnisse Grundlage für den Baustein Dokumentationsstandards (Abschn. 7.3.2) sowie Kernbotschaften (Abschn. 7.3.2).

Baustein Softwareauswahl

Der Baustein *Softwareauswahl* umfasst die Methoden und Maßnahmen, die Softwarewerkzeuge[26] zur Planung und Steuerung angemessen auszuwählen. Die Softwareauswahl ist noch den Konzeptphasen zugeordnet. Aus der engen inhaltlichen Abhängigkeit von Organisationskonzept und Softwareauswahl empfiehlt sich eine zeitgleiche Bearbeitung (vgl. Abb. 7.2a); so lässt sich der gegenseitige Erkenntnisfortschritt angemessen berücksichtigen.

Generell ist der Einsatz von Individual- oder Standardsoftware möglich, vgl. dazu u. a. [BVW07b, S. 24 ff.]. Entscheiden sich die Verantwortlichen für eine Standardsoftware, stehen sie vor einem Auswahlproblem: Für die individuellen Anforderungen ist eine passende Softwarelösung auszuwählen und mit einem geeigneten Partner einzuführen. Hierfür ist ein strukturiertes Vorgehen zur Auswahl (und Einführung) empfehlenswert. Der Baustein gibt einen knappen Überblick über die Auswahllogik und die notwendigen Hauptkriterien, darüber hinaus sei auf weiterführende Literatur verwiesen, vgl. dazu u. a. [Spei82; Hac89, S. 304 ff.; Kolb95; SchmR98; GroN01; Schwe01; RoSm06; SontK06; BVW07a; Trov07a+b].

Die strategische Bedeutung der Softwareauswahl ist unumstritten: Zum einen wirkt die Software als Enabler für die Planung, Steuerung und Überwachung von Auslieferung und Herstellung (vgl. Abschn. 6.2.2). Zum anderen beeinflussen die bis heute nicht unüblichen Einsatzdauern zwischen 10 und 20 Jahren das operative Geschäft langfristig. Schließlich wird der Auswahl- und Einführungsaufwand – v. a. hinsichtlich Personalkapazität – oft stark unterschätzt. In der Praxis hat sich eine schrittweise Auswahl auf den Ebenen Grobauswahl und Feinauswahl bewährt, vgl. dazu ausführlich [RoSm06; BVW07b; SoTr07]. Abbildung 7.27 zeigt die Elemente der Softwareauswahl für AM-Projekte, also die Auswahllogik mit den Kriterienkategorien sowie die Auswahlebenen mit den relevanten Hauptkriterien.

---

26 Häufig sind neben der Software auch andere Planungs- und Steuerungswerkzeuge wie bspw. Sortierpuffer, FiFo-Bahnen, Andon-Tafeln oder Heijunka-Boards auszuwählen und einzuführen. Hier sind von der grundsätzlichen Vorgehenslogik zwar ähnliche, aber inhaltlich doch abweichende Methoden und Vorgehensweisen erforderlich. Soweit sie organisatorische Aspekte betreffen, gelten die Überlegungen zur Umsetzung des Fachkonzepts und der Hochlaufphase sinngemäß (vgl. Abschn. 7.1). Demgegenüber dominieren bei der Auswahl physischer Lösungen meist technische Überlegungen, die hier nicht weiter vertieft werden.

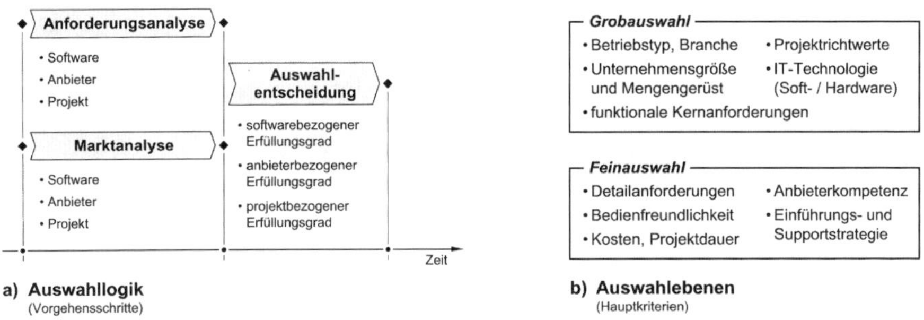

Abb. 7.27 Softwareauswahl in Auftragsmanagement-Projekten

Die *Auswahllogik* folgt dem klassischen Grundmuster logistischer Planung: Bedarf und Angebot werden gegenübergestellt, um mit einer vergleichenden Bewertung anhand von Kriterien eine Entscheidung zu treffen. Für die Softwareauswahl sind dies die Schritte Anforderungsanalyse, Marktanalyse sowie Auswahlentscheidung. Die Bewertung wird je Entscheidungsebene (Grob- und Feinauswahl) anhand der drei Kriterienkategorien Software, Anbieter und Projekt durchlaufen, Abb. 7.27a.

Die Schritte Anforderungsanalyse und Marktanalyse stehen in enger Wechselwirkung und verlaufen daher zeitparallel:

- Die *Anforderungsanalyse* erarbeitet die geforderten und gewünschten Eigenschaften von Software, Anbieter und Projekt (Bedarfsseite). Vor allem für die softwarebezogenen Anforderungen ist eine Priorisierung in ‚Muss' (Nichterfüllung ist kritisch und führt zum Ausschluss), ‚Soll' (notwendige Erfüllung) sowie ‚Kann' (optionale Erfüllung) empfehlenswert.
- Die *Marktanalyse* ermittelt, welche Angebote am Markt für die gewünschten Kriterien erhältlich sind (Angebotsseite). Eine Unterscheidung in ‚im Standard erfüllt' und ‚im Standard nicht erfüllt' hat sich für die Bewertung von Software bewährt.

Die *Auswahlentscheidung* stellt die Anforderungen und ihre Erfüllung für die jeweiligen Alternativen gegenüber. Grundsätzlich beruht der Vergleich auf einer Bewertung der folgenden vier Kriterien inhaltliche Erfüllung (Qualität), Anpassbarkeit der Software (vgl. Baustein Softwareeinführung sowie [SchmR98, S. 349 ff.; BVW07b, S. 13 ff.]), Kosten (Einmalinvestition und laufende Betriebskosten, differenziert nach internen und externen Kosten) sowie Zeit (frühestmöglicher Projektstart aus Anbietersicht, Projektdauer sowie Dauer der Hochlaufphase). Wegen der hohen Bedeutung und der Einmaligkeit für den Anwender spielen die inhaltliche Richtigkeit der Angaben des Anbieters und das Vertrauen in seine Leistungsfähigkeit eine große Rolle. Insbesondere bei mangelnder Erfahrung ist hier eine Unterstützung durch (anbieterunabhängige) Berater oder Forschungsinstitute sinnvoll, vgl. u. a. [VerO07; SoTr07].

Inhaltliche Grundlage der Auswahlentscheidung bilden strategische Vorüberlegungen, die oft bereits durch die IT-Strategie vorgegeben sind: Zum einen müssen sich die Anwender hinsichtlich der gewünschten Integration über die Auftragsabwicklungskette festlegen und – abgeleitet aus den drei Anwendungsbereichen PLM, CRM und SCM (vgl. Abschn. 5.1) – die hierfür in Frage kommenden Softwarekategorien (für den Bereich SCM bspw. PPS-, ERP-, APS-Software) identifizieren. Zum anderen gilt es, Vorstellungen zur Anbieterstrategie, Marktstellung sowie seines Forschungs- und Entwicklungspotenzials zu entwickeln.

Je *Auswahlebene* (Grob- und Feinauswahl) sind die Kategorien nach Inhalt und Auswahlziel zu konkretisieren. Abbildung 7.27b führt die wesentlichen Kriterien je Ebene auf:

- *Grobauswahl*: Aus Anwendersicht sind zunächst die Kriterien Betriebstyp oder logistische Geschäftsart (vgl. Abschn. 5.2.2, 6.2.2) bzw. der Branchenfokus des Anbieters, Unternehmensgröße (Anzahl User) und Mengengerüst (vgl. Abschn. 5.2.3) relevant. Funktionale Kernanforderungen können entweder als grobe Funktionsblöcke oder als detaillierte Mussforderungen formuliert werden. Zusätzlich ist es sinnvoll, Projektrichtwerte wie Projektbudget und -dauer abzufragen. Aus IT-Sicht kommen Technologie von Soft- und Hardware (inkl. Datenbanken) in Betracht. Die Eingrenzung erfolgt üblicherweise indirekt über eine Marktrecherche (z. B. basierend auf Marktübersichten) oder im direkten Anbieterkontakt über versendete Fragebögen. Mit Hilfe der Grobauswahl sollte es gelingen, die Auswahl von ca. 20–25 denkbaren Softwarewerkzeugen bzw. Anbietern auf etwa 3–5 Favoriten einzugrenzen. Die Validierung der Daten erfolgt meist über (geprüfte) Marktübersichten oder über Beraterkompetenz, vgl. dazu ausführlich [RoSm06, S. 343 ff.; VorO07, S. 81 ff.; SoTr07, S. 118 ff.; Trov07a+b].
- *Feinauswahl*: Die letzte Auswahlphase ist im direkten Anbieterkontakt durchzuführen. Hauptkriterien der Softwarebewertung sind die Detailanforderungen (oft prozessbezogen gegliedert) sowie die Bedienfreundlichkeit der Software. Projektbezogen sind Preis und Projektdauer auswahlrelevant. Anbieterbezogen sollten vor allem die Beraterkompetenz, die Einführungsstrategie sowie die Supportstrategie im laufenden Betrieb näher beleuchtet werden. Zur Evaluation sind persönliche Anbieterpräsentationen (mit Diskussion), Softwaretests (mit Realdaten des Unternehmens) sowie Referenzbesuche zu empfehlen. Die Verdichtung der unterschiedlichen Kriterien erfolgt üblicherweise über eine Nutzwertanalyse, ggf. ergänzt um ein Stärken-Schwächen-Profil oder Portfolio-Darstellungen, vgl. dazu ausführlich [RoSm06, S. 347 ff.; VerO07, S. 85 ff.; SoTr07, S. 122 ff.].

Ergebnis der Feinauswahl ist ein Favorit, mit dem Vertragsverhandlungen geführt werden. Hierbei sind vertragsrechtliche Aspekte zu berücksichtigen [BarM07]. Aus verhandlungstaktischen Gründen entscheiden sich die Verantwortlichen oftmals dafür, die Endverhandlung mit zwei Anbietern zu führen.

Im Sinne des partizipativen Vorgehens ist eine angemessene Einbindung der Anwender vorzusehen. Zur *praktischen Umsetzung* sind zwei Hinweise hilfreich: Für die Durchführung der Anbieterpräsentationen und der Softwaretests empfiehlt sich eine Moderation (gemäß der vorbereiteten Schwerpunkte); bevorzugt durch den externen Berater (soweit im Auswahlprojekt involviert), ansonsten durch den internen Projektleiter oder auch den Prozessbegleiter. Zwangsläufig ist die Bewertung der Anwender subjektiv. Um dennoch eine Mindestvergleichbarkeit zu gewährleisten, sollten in den Bewertungsrunden (d. h. Anbieterpräsentation, Softwaretests) dieselben Personen auf Kundenseite (Anwender und IT) teilnehmen.

Ergebnis dieses Bausteins ist eine ausgewählte Standardsoftware, die im nächsten Schritt eingeführt wird (vgl. Baustein Softwareeinführung). Dies erfordert sowohl eine Planung und Durchführung von Schulungs- und Trainingsmaßnahmen (vgl. Baustein Schulung und Training) als auch der Hochlaufunterstützung (vgl. Baustein Hochlaufunterstützung).

Baustein Softwareeinführung

Der Baustein *Softwareeinführung* umfasst die Methoden und Maßnahmen, um die ausgewählten Softwarewerkzeuge[27] zur Planung und Steuerung bestmöglich einzuführen. Deshalb sind die Aktivitäten der Softwareeinführung bereits den Umsetzungsphasen zugeordnet. Wegen der engen inhaltlichen Abhängigkeit zwischen der Umsetzung des Fachkonzepts (in Arbeitsanweisungen, Berechtigungskonzepte u. ä.) und der Softwareeinführung empfiehlt sich eine zeitgleiche Bearbeitung (vgl. Abb. 7.2a). Aufbauend auf den ersten Ergebnissen können die Schulungs- und Trainingsmaßnahmen geplant und umgesetzt werden (vgl. Baustein Schulung und Training).

Ausgangspunkt der Überlegungen bildet die Entscheidung über die *Umstellungsstrategie*. Hier sind zwei Alternativen denkbar, vgl. dazu u. a. [GroN01, S. 154 f.; RoSm06, S. 374 f.]:

- Die *schrittweise Umstellung* teilt die Einführung der neuen Software (mit Organisations- und Verhaltensänderung) auf verschiedene Zeitpunkte auf. Als Kriterien kommen vornehmlich Geschäftsobjekte bzw. logistische Geschäftsfälle (Kunden-, Artikel-, Projektarten, ...), Verantwortungsbereiche (Vertriebsregion, Geschäfts- oder Produktbereich, ...) oder Funktionen bzw. Programmmodule (Vertrieb, Einkauf, Produktion, ...) in Betracht. Diese Aufteilung entzerrt den Umstellungsumfang zeitlich (hinsichtlich Software und Daten, Organisation und Verhalten) um den Preis eines Parallelbetriebs von Alt- und Neu-System sowie den daraus resultierenden Schnittstellen.
- Der sogenannte *Big Bang* führt die neue Software (mit Organisations- und Verhaltensänderung) zeitgleich für den gesamten Gestaltungsbereich ein. Die zeitgleiche Umstellung vermeidet einen Parallelbetrieb von Alt- und Neu-System um den Preis eines großen Umstellungsumfangs (hinsichtlich Software und Daten, Organisation und Verhalten). Da die Bestandsführungs- und Disposi-

[27] Die folgenden Empfehlungen unterstellen eine Auswahlentscheidung für eine Standardsoftware mit relativ geringer Modifikation ggü. dem vorgesehenen Standard. Bei Erstellung einer Individuallösung sind demgegenüber Methoden der Softwareentwicklung mit denen des Projektmanagements zu kombinieren, vgl. dazu ausführlich [DeLi03; Spe05; Schö01]. Sie werden hier nicht weiter vertieft.

tionsfunktionen in der ERP-Software typischerweise hoch integriert ablaufen, ist hier eine Big Bang Umstellung typisch, mit der Konsequenz, dass (unter logistischen Gesichtspunkten) das Umstellungsrisiko hier am größten ist. Hier sind umfangreiche Tests unumgänglich.

Bei der Auswahl sind Chancen und Risiken anhand der Kriterien *inhaltliche Vernetzheit* (Notwendigkeit von Schnittstellen bzw. Doppeleingaben zur Datenintegrität), *Bedienaufwand* in der Umstellungszeit (v. a. Parallelbetrieb von zwei Softwarelösungen) und *Veränderungsumfang* (Umstellung der Ablauf- und/oder Funktionslogik, Notwendigkeit von Verhaltensänderungen, geänderte Softwarebedienung, ...) zu bewerten. Sie beschreiben den potenziellen Schaden und damit auch das operative Umsetzungsrisiko (vgl. Abschn. 7.6.2: Baustein Risikomanagement).

Aus diesen Überlegungen lassen sich im konkreten Einzelfall vielfältige *Mischformen* ableiten. Bspw. kann ein – nicht dispositionswirksamer – Parallelbetrieb im Neu-System das Umstellungsrisiko eines Big Bangs reduzieren – um den Preis eines deutlichen operativen Mehraufwands. Eine andere Variante besteht darin, zunächst viele Funktionen des Alt-Systems auch in der neuen Software abzubilden. Dies erscheint vor allem bei einer größeren Umstellung (von Funktions- oder Ablauflogik) überlegenswert: Im ersten Schritt würde nur die Technik – d. h. Software – umgestellt. Die inhaltliche Umstellung (Funktions- oder Ablauflogik) erfolgt erst im zweiten Schritt, wenn die Mitarbeiter mit der neuen Software vertraut sind. In jedem Fall ist kritisch zu prüfen, ob der Mehraufwand tatsächlich das Umsetzungsrisiko reduziert. Hierbei sind neben objektiven fachlichen Argumenten auch akteursbezogene Akzeptanzüberlegungen wichtig (vgl. dazu die in Abschn. 7.6.2: *Baustein Risikomanagement* beschriebenen Schadensarten).

Zu Beginn der Softwareeinführung ist es empfehlenswert, die Projektorganisation unter Berücksichtigung der gewählten Umstellungsstrategie zu überprüfen. Hier sind generelle von umstellungsstrategieabhängigen Überlegungen zu unterscheiden:

- Generell gilt: Zum einen ist hier eine intensive IT-Unterstützung notwendig. Dazu kommen Mitarbeiter des Softwareanbieters, Einführungsberater mit Software-Know-how und die eigene IT-Abteilung in Frage. Zum anderen muss ein sehr viel breiterer Kreis der Anwender eingebunden werden, vgl. dazu ausführlich [GroN01, S. 146 f.].
- Demgegenüber bestimmt die Umstellungsstrategie die konkrete Besetzung aus den betroffenen Bereichen. Insbesondere bietet eine schrittweise Umstellung nach Modulen oder Geschäftsbereichen die Chance, die jeweils von der Einführung betroffenen Bereiche oder Abteilungen direkt zu beteiligen. Sichtbarer Ausdruck hierfür wäre bspw. ein Projektleiterwechsel auf der Anwenderseite für die jeweiligen Einführungsphasen.

Die universelle Ausrichtung der Standardsoftware bedingt bei der individuellen Installation grundsätzlich eine mehr oder weniger umfangreiche *Anpassung*. Hierbei ist das sogenannte Customizing von der Individualprogrammierung zu unterscheiden. Die grundlegenden Anpassungen (d. h. Grundkonfiguration, vgl. Abb. 3.4) werden i. d. R. gemeinschaftlich durch den Anbieter (bzw. Einführungsberater), die eigene IT-Abteilung und die Endanwender (sogenannte Key User) festgelegt und vorgenommen. Das spätere Feintuning (d. h. Parametrierung, vgl. Abb. 3.4) sollte in einer Optimierung (Betriebsphase, vgl. Abb. 7.4) weitgehend autonom durch die Anwender vorgenommen werden können.

Das *Customizing* wird nach Granularität üblicherweise in Konfiguration und Parametrierung unterteilt [BVW07b, S. 14 f.]:

- Unter der *Konfiguration* (auch Modularisierung) versteht man die Auswahl benötigter bzw. gewünschter Programmbausteine. Sie legt fest, welche Module im konkreten Anwendungsfall genutzt werden sollen und ist damit von großer Bedeutung für die Lizenzkosten.
- Demgegenüber passt die *Parametrierung*[28] das Detailverhalten der Software durch das Setzen vordefinierter Parameter (bspw. verwendeter Planungsalgorithmen und ihrer Verfahrensparameter) an die individuellen Anforderungen an. Grundsätzlich steigt mit zunehmender Parameteranzahl die Anpassbarkeit der Software, erhöht aber den Parametrierungsaufwand und die Notwendigkeit von Konsistenzprüfungen.

Bei der *Individualprogrammierung* werden User Exits (vorgesehene Programmierungen) von Modifikationen (nicht vorgesehenen Programmierungen) unterschieden [BVW07b, S. 15 ff.]:

- Bei *User Exits* werden an den vom Anbieter vorgesehenen Stellen der Standardsoftware individuell erstellte Programme eingebunden. Eine Anbindung von Individualprogrammen oder einer anderen Standard-Software über definierte Schnittstellen modifiziert den Standard nicht, so dass die Releasefähigkeit für neue Versionen gesichert ist.
- Demgegenüber werden bei *Modifikationen* Änderungen direkt im Quellcode umgesetzt, so dass (theoretisch) jede Spezifikation umsetzbar ist. Sie bergen allerdings das Risiko, die Releasefähigkeit zu verlieren. Nach Modifikationsgrad werden üblicherweise Anzeige- und Auswertungsmodifikationen (z. B. Anpassung von Bildschirmmasken oder Maskenfolgen), funktionale Modifikationen (z. B. algorithmische Änderungen) sowie strukturelle Modifikationen (z. B. Anpassung von Datenstrukturen) unterschieden.

Aufgabe der Softwareeinführung ist es, für die jeweiligen individuellen Anforderungen die notwendigen Anpassungsbedarfe zu ermitteln, diese effizient umzusetzen und ihre Wirksamkeit am Schluss zu überprüfen. Abbildung 7.28 fasst die hierfür notwendigen Schritte und Prüfkriterien zusammen.

[28] Eine so definierte Software-Parametrierung kann demnach sowohl die in Abb. 3.4 definierten Gestaltungsaktivitäten der Ebene Grundkonfiguration (z. B. Wechsel der Dispositionsmethode von bedarfs- auf verbrauchsorientiert) als auch die Parametrierung (z. B. Anpassung der Planwerte für Durchlaufzeiten oder Losgrößen) beinhalten, vgl. Abschn. 3.2.2.

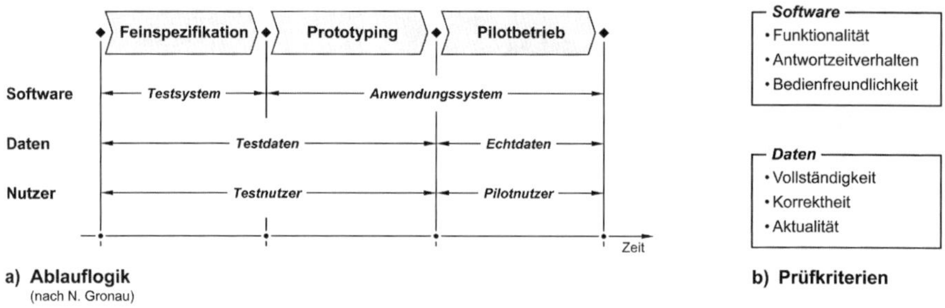

Abb. 7.28 Softwareeinführung in Auftragsmanagement-Projekten

Abbildung 7.28a zeigt die in drei Schritte unterteilte Ablauflogik. Hierbei sind die Kriterien Software, Daten und Nutzer näher zu betrachten, vgl. u. a. [GroN01, S. 145 ff.]:

- Die *Feinspezifikation* erarbeitet die Detaillösungen für die zu unterstützenden Geschäftsprozesse mit ihren Planungs-, Steuerungs- und Überwachungsfunktionen. Aufgabe ist es an dieser Stelle, Anforderungen an den Softwareprototyp umsetzungsreif zu formulieren. Darüber hinaus ergeben sich Anforderungen an die Organisation (vor allem in Form detaillierter Arbeitsanweisungen an die Nutzer und notwendiger Softwarekenntnisse), die den Gegenstand der Phase ‚Umsetzung Fachkonzept' bilden (vgl. Abb. 7.2a). Hier dominiert der Workshop als Arbeitsform. Neben einer guten Vorbereitung ist vor allem die Dokumentation der Anforderungen an die Software (über Lasten- und Pflichtenheft) und an die Organisation (also die Anwender) erfolgsentscheidend. Die Demonstration der Software erfolgt typischerweise am Testsystem mit Testdaten für ausgewählte Testnutzer (i. d. R. das Kernteam oder das entsprechende Teilteam, vgl. Abb. 7.13b).
- Das *Prototyping* setzt die gestellten Anforderungen mit den beschriebenen Anpassungsformen um und installiert die Software testreif. Aufgabe ist es, die Funktionsfähigkeit der Software anhand von Testdaten zu überprüfen. Hierbei werden vor allem Funktionalität (der Software und evtl. notwendiger Schnittstellen), zeitliches Antwortverhalten (der Rechenoperationen) und Bedienfreundlichkeit bewertet (Abb. 7.28b, oben). Die Tests erfolgen im Anwendungssystem mit Testdaten durch Testnutzer (auch als Key User bezeichnet), die bereits bei der Erarbeitung der Feinspezifikation beteiligt waren.
- Der *Pilotbetrieb* (auch Probebetrieb) unterscheidet sich vom vorhergehenden Schritt durch das Einspielen von Echtdaten. Aufgabe dieser Betriebstests ist die Freigabe zum operativen Betrieb. Neben der Softwarefunktionalität rückt somit die Qualität der Stamm- und Bewegungsdaten in den Mittelpunkt, Abb. 7.28b, unten: Sie müssen vollständig, korrekt und aktuell sein (vgl. dazu ausführlich [WieH06c]) und meist vom Altsystem übernommen werden. Hierbei ist die gewählte Umstellungsstrategie zu berücksichtigen. Die Tests erfolgen im Anwen-

dungssystem mit Echtdaten von Pilotnutzern. Um die Einführung bestmöglich vorzubereiten, sollte deren Anzahl die der Testnutzer deutlich übersteigen.

Insbesondere die Schritte Feinspezifikation und Prototyping sind als iterative, Rückkopplungsschleifen beinhaltende Schritte zu verstehen. Verläuft der Pilotbetrieb nicht zufriedenstellend, sind auch hier Wiederholungsschleifen unumgänglich.

Bezogen auf die Software beeinflusst die gewählte Umstellungsstrategie zum einen die bereitzustellende Softwarefunktionalität und zum anderen die notwendige Datenübernahme aus den Altsystemen. In der Projektarbeit wird der daraus resultierende Aufwand für Tests und Datenübernahme stark unterschätzt. Nach wie vor bildet die Aufbereitung der erforderlichen Daten und ihre Migration in die neue Software nach Einschätzung der Anwender das Hauptproblem bei der ERP-Einführung, vgl. [ERP-Z06, S. 81 f.]. Zur *praktischen Umsetzung* dienen folgende Hinweise:

- Die *Tests* umfassen zunächst Software und Schnittstellen. Als Funktionstests sind Einzel- von Massentests zu unterscheiden. Neben Funktionsprüfungen (inkl. aller intern und extern verwendeten Berichte und Belege) sind auch Laufzeitanforderungen (Antwortzeitverhalten der Software bzw. Schnittstelle) zu prüfen. Eine Überprüfung der Bedienfreundlichkeit betrachtet sowohl Effizienzgesichtspunkte (v. a. schnelle Bedienbarkeit) als auch Fehlermöglichkeiten bei der Eingabe. Letztere lassen sich bspw. über Auswahllisten (Zulässigkeit von Daten) oder Plausibilitätsprüfungen reduzieren.
- Die *Datenübernahme* (auch als Datenmigration bezeichnet) beinhaltet den Wechsel der Stamm- und Bewegungsdaten von der alten auf die neue Software. Hierbei sind nicht alle, sondern nur die im neuen Kontext erforderlichen Daten zu portieren. Dies erschwert die notwendigen Datenqualitätsprüfungen, da der neue Arbeitskontext die Prüfkriterien bestimmt. Erfahrungsgemäß sind vor allem weitreichende Änderungen im Datenmodell kritisch, so dass hier oftmals nur eine manuelle Datenübernahme mit allen Plausibilitätsprüfungen der neuen Software in Frage kommt. Auch unterschätzen viele Praktiker den Aufwand für das Erstellen der Migrationsregeln und -programme und vernachlässigen dabei häufig die unabdingbar notwendigen Datenqualitätsprüfungen nach der Übernahme.

Abschließend sind *Betriebstests* unter realitätsnahen Bedingungen empfehlenswert. Hierzu müssen die Softwarefunktionen vollständig verfügbar sein (was auch die Berechtigungen in der Software umfasst), die Stamm- und Bewegungsdaten realitätsnah bereitgestellt werden und die Mitarbeiter geschult sein. Hierbei sind zwei Ziele zu unterscheiden:

- Überprüfung der *durchgängigen Softwarebedienbarkeit* entlang des Geschäftsprozesses auch ohne unmittelbare Beobachtung der Vor- und Nachfolgeraktivitäten. Hierzu ist bspw. ein Test in unterschiedlichen Räumen denkbar. Gelingen realitätsnahe Betriebstests, lassen sich Erkenntnisse über das Zusammenspiel von Software und das notwendige bzw. verfügbare Bedienungswissen der Mitarbeiter gewinnen.

- Überprüfung des *Organisationsverhaltens* entlang des Geschäftsprozesses. Solche Simulationen der betrieblichen Realität zielen darauf ab, Verhalten und Rollenbeziehungen der Akteure zu klären und mögliche Schwierigkeiten im Vorhinein zu erkennen, vgl. dazu ausführlich [MaKr01, S. 207 ff.]. Gelingt eine realitätsnahe Simulation, lassen sich wertvolle Erkenntnisse über das Verhalten der Akteure und die Akzeptanz des neuen Auftragsmanagement-Systems gewinnen.

Hierbei ist projektindividuell anhand des Veränderungsschwerpunktes zu entscheiden, in welchem Umfang solche Betriebstests nutzbringend erscheinen.

Ziel dieser abschließenden Tests im Zusammenspiel von Mensch, Technik und Organisation ist die Überprüfung der Freigabefähigkeit zum Betrieb. Hierzu müssten auch die Schulungs- und Trainingsmaßnahmen abgeschlossen und evaluiert sein (vgl. Baustein Schulung und Training). Die Freigabe selbst muss durch die Anwender erfolgen, da diese das operative Geschäft verantworten.

Baustein Schulung und Training

Der Baustein *Schulung und Training* zielt darauf ab, die operativ Verantwortlichen in die Lage zu versetzen, den Betrieb des neuen Auftragsmanagement-Systems aufnehmen zu können. Hierbei soll die *Schulung* das notwendige Wissen über die Funktions- und Ablauflogik sowie die Softwarebedienung vermitteln. Demgegenüber soll das *Training* sicherstellen, dass die Mitarbeiter die vermittelten Inhalte im täglichen Betrieb auch sicher beherrschen – also handlungsfähig sind. Die Detailkonzeption der Schulungs- und Trainingsmaßnahmen kann frühestens nach Abschluss der Feinspezifikation bzw. des Prototyping begonnen werden (vgl. Baustein Softwareeinführung). Die Aktivitäten müssen vor der Freigabe zum operativen Betrieb soweit abgeschlossen sein, dass sie den Einführungserfolg nicht gefährden.

Die *Schulungsinhalte* lassen sich zweckmäßig vier Blöcken zuordnen:

- *Projektinformation*: Diese zielt darauf ab, die Betroffenen von Anfang an in die Umgestaltung gemäß der vorgesehenen Beteiligungsstufe mit einzubinden (vgl. Abschn. 7.3.1). Sie umfasst die kontinuierliche Information über Projektziele und -verlauf, Rückmeldungen zu den – oft gemeinsam mit den Betroffenen erarbeiteten – Analyseergebnissen sowie Informationen über die Konzeptbeschlüsse in den unterschiedlichen Detaillierungsstufen. Diese Informationen sind zielgruppengerecht aufzubereiten (vgl. Abschn. 7.3.2: Baustein Projektkommunikation).
- *Funktionslogik*: Der Block zielt darauf ab, das notwendige Wissen über die Planungs- und Steuerungsfunktionen und die hierfür relevanten logistischen Zusammenhänge zu vermitteln. Neben der Beteiligung leistet insbesondere das inhaltliche Verständnis der Betroffenen über die inhaltlichen Zusammenhänge einen wichtigen Beitrag zur Ergebnisakzeptanz. Besonders wichtig sind deshalb zwei Aspekte: Zum einen sollen die Verantwortlichen die logistischen Auswirkungen ihrer eigenen Entscheidungen verstehen. Zum anderen muss den Verantwortlichen die Bedeutung der Stammdatenpflege für einen reibungslosen Betrieb vermittelt werden, vgl. Abschn. 1.2, 3.2.2, 5.3.1. Beides kann bspw. mit

den in Abschn. 4.1 und 4.5 erläuterten Durchlaufdiagrammen und logistischen Kennlinien geschehen.

- *Ablauflogik*: Ziel ist es, das notwendige Wissen über die (neu gestalteten) Geschäftsprozesse und ihre Verantwortlichkeiten zu vermitteln. Auch hier soll das inhaltliche Verständnis die Akzeptanz der Betroffenen erhöhen. Dies ist insbesondere dann erforderlich, wenn eine Umgestaltung Aufwände in bestimmten Abteilungen erhöht, um den Gesamtprozess zu verbessern: So verursacht eine logistische Kennzeichnung von Materialien bei der Stücklistenerstellung Zusatzaufwand in der Konstruktion, der unnötigen Such- und Abstimmungsaufwand in anderen Abteilungen einspart.
- *Softwarebedienung*: Dieser Block vermittelt das erforderliche Wissen zur Softwarebedienung. Eine anwendergerechte Aufbereitung erhöht den Schulungserfolg. Dies könnte bspw. über eine fragenorientierte Gliederung der Schulungsinhalte geschehen: Die Anwender würden dann typische, für ihr Tagesgeschäft relevante Fragen vorbereiten und hierfür die Antworten in der alten Softwareumgebung formulieren. Aufgabe des Trainers ist es dann, die entsprechenden Antworten in der neuen Softwareumgebung so zu vermitteln, dass die Mitarbeiter die Bedienung weitgehend alleine trainieren können.

Bei der Erarbeitung des Schulungskonzeptes sind *Struktur* und *Inhalte* zu trennen:

- Die *Schulungsstruktur* gliedert die Inhalte zu Schulungsmodulen, die dann einzeln zu planen sind: Ausgehend von den Lernzielen wird festgelegt: Was? (Schulungsinhalte), Wer? (Funktion), durch Wen? (Trainer bzw. erforderliche Qualifikation), Wo? (Ort) und Wie lang? (Zeitraum) geschult werden soll. Zusätzlich sind Modulcharakter (z. B. Projektinformation, Wissen, Verhalten, Motivation), erforderliche Medien (Infrastruktur) sowie Methoden und Werkzeuge auszuwählen. Dann ist festzulegen, für welche Rolle welche Schulungsmodule relevant sind. Abb. 7.29 zeigt dies am Beispiel eines Projektes zur Verbesserung der Ter-

Was Schulungsinhalt	**Funktion** Wer?	**Trainer** Qualifikation	**Charakter** des Moduls	**Medien** Infrastruktur	**Methoden** und Werkzeuge	**Wo** Ort	**Wie lang** Zeitraum
Grundlagen	jeder	Basis	Wissen	Folien, Papier	**Vorlesung**	...	2 Stunden
Produktionslogistik I	...	erweitert 1	...	...	...	...	...
...	...	...	...	...	...	...	...
Flussorient. Strat. II	...	**erweitert 2**	**Verhalten**	...	...	...	**3 Stunden**
Datenlogik	Basisnutzer	Externer	Wissen	Folien, Softw.	...	...	...
Menüstruktur I	Basisnutzer	Externer	...	...	...	...	...
...	...	...	...	...	...	...	...
...	...	...	...	...	...	...	...
Simulationsspiel	jeder	Basis	Motivation	Mini Fabrik	**Übung**	...	**1 Stunde**
Rückmeldung	Werker	Basis	Verhalten	...	...	...	...
...	...	...	...	...	...	...	...
...	...	...	...	...	...	...	...
Projektinformation I	jeder	Proj.Sprecher	Information	...	**Vorlesung**	...	...
...	...	...	...	...	...	...	...

Modul

Element

Disponent, Meister
(Schulungsmodule der definierten Rolle)

Sichtweise

Abb. 7.29 Schulungskonzept Auftragsmanagement (Projektbeispiel) minierung und Disposition einer werkstattorientierten Fertigung, vgl. dazu ausführlich [WiWei02; WiWes04].

- Die *Schulungsinhalte* sind zielgruppengerecht aufzubereiten. Hierbei sind geeignete didaktische Methoden einzusetzen, vgl. dazu ausführlich [BGR94].

Anschließend ist ein Schulungsplan festzulegen und terminlich mit dem Projektverlauf zu koordinieren, vgl. dazu u. a. [SeDr99; WiWes04].

Zur *praktischen Durchführung* der Schulung hat es sich bewährt, die Softwareschulung gemeinsam durch IT-Experten und Anwendervertreter (meist Key User) vorzubereiten und durchzuführen. Bei entsprechender Vorbereitung erhöht dies erfahrungsgemäß sowohl die inhaltliche Qualität als auch die Akzeptanz bei den Mitarbeitern.

In der Vorbereitung ist primär zu klären, welche Schulungsmodule eine *Verhaltensänderung* beim Anwender bewirken sollen. Hier ist besondere Sorgfalt bei der Vermittlung erforderlich und hinreichend viel Zeit für Fragen und Diskussionen vorzusehen. Ein bewährtes Vermittlungsinstrument ist ein Simulationsspiel. Es reduziert die Inhalte auf die für den spezifischen Anwendungsfall wesentlichen Grundzusammenhänge und vermittelt sie spielerisch. Auch gelingt es mit Hilfe eines solchen Spiels erfahrungsgemäß, die Beteiligten positiv auf die Umstellung einzustimmen und sie entsprechend zu motivieren, da sie sich über Erfolgserlebnisse und ‚spielerische' Rollenübernahme mit den Inhalten identifizieren.

Abbildung 7.30 zeigt ein Beispiel für ein vom Verfasser entwickeltes Simulationsspiel, welches die logistischen Zielkonflikte in der Produktion thematisiert: Oftmals erscheinen diese den operativ Verantwortlichen zu abstrakt. Deshalb besteht das Ziel des Spiels darin, dass die Teilnehmer diesen Konflikt an einem einfachen Beispiel selbst erfahren, um ihn dann als Reflexionsbasis auf die eigene betriebliche Praxis übertragen zu können [WiWes02; WiFi07]:

Das Spiel simuliert den Betrieb einer Produktionslinie mit 4 Arbeitsplätzen (inkl. Materialversorgung aus einem Lager) durch Würfeln. Zur Veranschaulichung des klassischen Prognoseproblems einer Produktionsplanung (z. B. im Rahmen der Lieferzusagen) müssen die Spieler vor Spielbeginn die voraussichtliche Leistung in Stück/Periode schätzen und nach Spielende mit dem tatsächlichen Wert vergleichen.

Der statistische Erwartungswert beträgt bei einem Würfel mit 1 bis 6 Punkten $(1 + 6)/2 = 3{,}5$. Bei 20 Spielrunden ergeben sich theoretisch $20 \times 3{,}5 = 70$ Stück (Anzahl Runden × durchschnittliches Würfelergebnis). Meist wird dieser Erwartungswert nicht erreicht. Die logistische Analyse nach dem Spiel leitet die Ursachen hierfür ab und zeigt, wie stark der Umlaufbestand am Arbeitsplatz die Ausbringung beeinflusst. Nach erstmaligem Durchspielen simuliert eine einfache Software unterschiedliche Betriebszustände; dies geschieht durch das Setzen unterschiedliche Anfangsbestände. Auf dieser Basis werden die entsprechenden logistischen Kenngrößen für mittlere Leistung, Umlaufbestand und Durchlaufzeit berechnet (Abb. 7.30a). Die Auswertung leitet also die Produktionskennlinie (vgl. dazu ausführlich Abschn. 4.5.2) quasi empirisch aus dem Spiel selbst ab: durch Eintragen der jeweiligen Betriebszustände in die bekannte Darstellung entsteht eine Kennlinie

Kennzahl	Wert
Anfangsbestand (je AP)	***46***
mittlere Leistung	3,77
mittlerer Umlaufbestand	200
mittlere Durchlaufzeit	53,05

Kennzahl	Wert
Anfangsbestand (je AP)	***39***
mittlere Leistung	3,77
mittlerer Umlaufbestand	170
mittlere Durchlaufzeit	45,16

• • •

Kennzahl	Wert
Anfangsbestand (je AP)	***5***
mittlere Leistung	3,26
mittlerer Umlaufbestand	47
mittlere Durchlaufzeit	14,38

Kennzahl	Wert
Anfangsbestand (je AP)	***0***
mittlere Leistung	3,12
mittlerer Umlaufbestand	40
mittlere Durchlaufzeit	12,95

0 simulierter Anfangsbestand   40 berechnete Kenngröße

a) Kennzahlen Betriebszustände

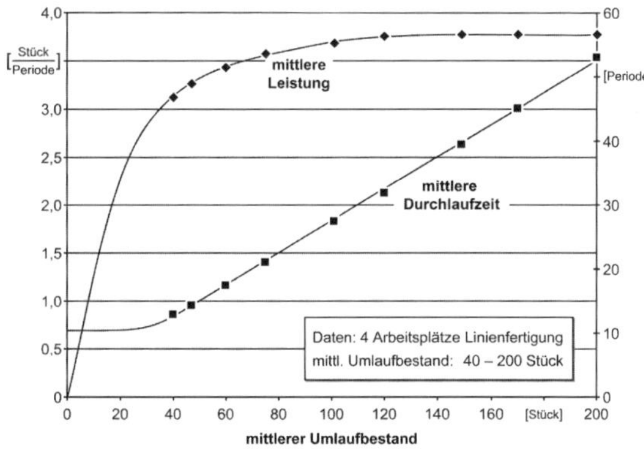

b) Leistungs- und Durchlaufzeitkennlinie

Abb. 7.30 Ergebnisse logistisches Simulationsspiel

(Abb. 7.30b). Hier wurde der Erwartungswert der mittleren Leistung bei einem hohen Umlaufbestand mit 3,77 Stück/Periode leicht übertroffen.

Die Anwendungserfahrungen in der Praxis sind durchweg positiv: Die Spieler erleben die logistische Realität am vereinfachten Beispiel. Unterschiedliche Spielvarianten veranschaulichen Themen wie statische und dynamische Engpässe, Methoden zur Logistikanalyse oder Alternativen der Kapazitätssteuerung und ermöglichen eine spezifische Ausrichtung auf den jeweiligen Einzelfall, vgl. dazu ausführlich [WiFi07].

Nach der Durchführung der Schulungs- und Trainingsmaßnahmen ist eine *Evaluation* sinnvoll, inwieweit die Vermittlungsziele erreicht wurden. Üblich ist eine Wissensabfrage (mündliche oder schriftliche Prüfung). Allerdings greift eine Beschränkung darauf zu kurz: Hier kommt es darauf an, die *Handlungsfähigkeit* der geschulten Mitarbeiter zu prüfen. Dies geschieht indirekt über folgende Aktivitäten:

- In den *Trainingsmaßnahmen* müssen die Mitarbeiter ihre eigene Handlungsfähigkeit selbst beurteilen. Dies lässt sich daran messen, ob sie die zur Vorbereitung der Softwareschulung erarbeiteten Fragen im neuen Kontext beantworten können und in der neuen Software sicher beherrschen (ggf. unter Zuhilfenahme von Kurzanleitungen).
- In den *Betriebstests* (vgl. Baustein Softwareeinführung) wird die Handlungsfähigkeit durch die gesamte Gruppe der Beteiligten Anwender und IT-Vertreter beurteilt.

Erst wenn beide Überprüfungen hinreichend positiv verlaufen, ist eine Freigabe für den operativen Betrieb empfehlenswert (vgl. auch Baustein Softwareeinführung). Eine weitere Überprüfungsmöglichkeit besteht in der Phase des Hochlaufs.

Baustein Hochlaufunterstützung

Der *Baustein Hochlaufunterstützung* zielt darauf ab, die Umstellung vom alten auf das neue Auftragsmanagement-System – also Software, Organisation und operativ

Verantwortliche – möglichst ohne Beeinträchtigung des operativen Tagesgeschäfts zu gestalten. Insbesondere geht es darum, in dieser Phase mögliche Umstellungsschäden – also vor allem Vertrauensverlust und Betriebsschäden (vgl. Baustein Risikomanagement) – durch eine geeignete Vorbereitung zu vermeiden oder ihre Auswirkungen durch ein entsprechendes Notfallmanagement zu minimieren.

Inhaltlich umfassen die Maßnahmen vor allem die *Bedienungsunterstützung* der Anwender sowie die *Fehlerbehebung* der Software. Generell sind zwei Phasen zu unterscheiden:

- In der *Planungsphase* werden abhängig von der gewählten Umstellungsstrategie (schrittweise, Big Bang oder eine Mischform, vgl. Baustein Softwareeinführung) die notwendigen Maßnahmen geplant und die hierfür erforderlichen Ressourcen bereitgestellt.
- In der *Ausführungsphase* ist eine entsprechende Bedienungsunterstützung und Fehlerbehebung zu realisieren. Zur Bedienungsunterstützung hat sich ein Stufenkonzept in drei Stufen bewährt: Level 1: typische Fragen zum Tagesgeschäft (FAQ=frequently asked questions); Level 2: Spezialfragen zum Tagesgeschäft und/oder inhaltlichen Zusammenhängen; Level 3: Expertenfragen zur Software.

Maßnahmeninhalt und -umfang hängen von den projekt- und unternehmensindividuellen Rahmenbedingungen ab. Angestrebtes Ergebnis ist ein stabil laufender Betrieb, vgl. Abb. 7.4.

Läuft der Betrieb operativ stabil, können die als Gesamtziel formulierten logistischen Verbesserungen schrittweise erreicht werden. Generell gilt: Im ersten Schritt sollte die interne Prozesssicherheit erhöht werden, im zweiten Schritt können die internen Durchlaufzeiten und externen Wiederbeschaffungszeiten verkürzt werden. Erst wenn diese zuverlässig eingehalten werden, empfiehlt sich eine Weitergabe an den Kunden in Form kürzerer Lieferzeit- bzw. anspruchsvollerer Liefertreueversprechen.

Baustein Workshop-Moderation (fachlich)

Der Baustein *Workshop-Moderation* bezieht sich auf die jeweiligen Projekttreffen. Grundsätzlich sind hier Vorbereitungs-, Durchführungs- und Nachbereitungsaufgaben zu unterscheiden. Als durchführungsbegleitender Baustein umfasst er mehrere Projektaspekte und ist deshalb in Abschn. 7.6.2 erläutert.

Baustein Planung und Kontrolle (fachlich)

Der Baustein *Planung und Kontrolle* fasst operative Projektplanungs- und -überwachungsthemen zusammen, die die fachliche Projektarbeit betreffen. Als durchführungsbegleitender Baustein umfasst er mehrere Projektaspekte und ist deshalb in Abschn. 7.6.2 erläutert.

Baustein Coaching (Fachkompetenz)

Der Baustein *Coaching* fasst Methoden und Maßnahmen zur Projektbegleitung zusammen, die fachliche Projektaspekte betreffen. Als durchführungsbegleitender Baustein umfasst er mehrere Projektaspekte und ist deshalb in Abschn. 7.6.2 erläutert.

Baustein Qualifizierung (Fachkompetenz)
Der Baustein *Qualifizierung* fasst Methoden und Maßnahmen zur Weiterqualifizierung der Fachkompetenz der Akteure Projektaspekte zusammen. Als durchführungsbegleitender Baustein umfasst er mehrere Projektaspekte und ist deshalb in Abschn. 7.6.2 erläutert.

Der Folgeabschnitt betrachtet die Aspekte der Projektplanung und -überwachung, die durchführungsbegleitend zur operativen Projektarbeit erfolgen.

7.6 Projektplanung und -überwachung

Die Projektplanung und -überwachung soll eine geordnete Projektarbeit gemäß den vereinbarten Zielen sicherstellen. Auch als Querschnittsaufgabe bezeichnet, betrachtet sie durchführungsbegleitend die Projektarbeit hinsichtlich der Rahmenbedingungen, der fachlichen, organisatorisch-methodischen und sozial-emotionalen Aspekte. Der hier vorgestellte Ansatz folgt dem *Grundverständnis*, inhaltlich nur so genau wie nötig zu planen und zu überwachen und hierbei weitestgehend eigenverantwortlich vorzugehen. Dies unterstellt bei den Projektbeteiligten ein konstruktives, am Gesamtinteresse ausgerichtetes Handeln, erfordert eine kritische Selbstreflektion des eigenen Verhaltens und überträgt aktiv Verantwortung an die Projektbeteiligten. Dieser Ansatz entspringt der Erkenntnis, dass Gestaltungsprozesse in sozio-technischen Systemen am besten unter Bedingungen der Partizipation verlaufen und durch permanente Reflexions- und Lernprozesse zu begleiten sind, vgl. u. a. [RieH82, S. 59 ff., 82].

Zunächst behandelt Abschn. 7.6.1 die zum Verständnis notwendigen Grundlagen (hier: die *Spannungsfelder* und die *Ausprägungen* der Projektplanung und -überwachung). Im Anschluss an den Überblick über die Projektbausteine der Projektplanung und -überwachung werden sie im Detail erläutert (Abschn. 7.6.2).

7.6.1 Grundlagen

Die Aufgabenstellung der Projektplanung und -überwachung beinhaltet unvermeidliche *Spannungsfelder*, in denen sich die Projektverantwortlichen (v. a. Auftraggeber, Projektleiter und Prozessbegleiter) positionieren müssen. Die Felder sind anhand der Projektaspekte gegliedert:

- Bezogen auf die *Rahmenbedingungen* besteht die Aufgabe darin, *Klarheit* über die *Einflussfaktoren* auf das Projekt zu gewinnen; die Faktoren sollten möglichst frühzeitig bekannt sein und die wesentlichen Einflüsse erfassen. Hieraus resultiert ein Spannungsfeld: Einerseits ist ein Aktivitätsdruck zu beobachten. Er resultiert aus einer diffusen Erwartungshaltung der Organisation, dem – tatsächlichen oder unterstellten – Ergebnisdruck durch den Auftraggeber und aus der

Ungeduld der Projektmitarbeiter, „endlich inhaltlich zu arbeiten". Andererseits ist eine gründliche und sorgfältige Prüfung der Rahmenbedingungen erforderlich, da sonst die Effektivität und die Effizienz stark beeinträchtig werden, vgl. Abschn. 7.2. Dies erfordert Reflexion, die unter (gefühltem) Zeitdruck erfahrungsgemäß nicht gelingt.

- *Fachlich* besteht die Aufgabe darin, eine *anforderungsgerechte Lösung* zu entwickeln. Hieraus resultiert das Spannungsfeld zwischen ideen- und methodengeleitetem Vorgehen (intuitive versus systematische Lösungsfindung, vgl. Abb. 6.1): Der erste Ansatz stellt eine (meist erfahrungsgeleitete, intuitive) Lösungsidee an den Ausgangspunkt der Diskussion und leitet Handlungsanweisungen für das Tagesgeschäft an konkreten Beispielen ab. Dies macht die Arbeitsergebnisse für die operativ Verantwortlichen schnell greifbar und unter Machbarkeitskriterien überprüfbar, engt aber die Denkweise stark ein. Demgegenüber beinhaltet der zweite Ansatz eine systematisch klare Gestaltungsmethodik mit Analyse und ergebnisoffenem Vorgehen. Er leitet eine anforderungsgerechte Lösung ab, was eine genaue Kenntnis der Problemstellung voraussetzt. Konkrete, im operativen Geschäft anwendbare Ergebnisse entstehen erst spät im Projektverlauf (vgl. Abschn. 6.1 sowie Abschn. 7.1: Projektdurchführung).

Den Projektablauf aus beiden Sichten vordenken

- *Organisatorisch* besteht die Aufgabe darin, eine *angemessene Geschwindigkeit* im Projekt zu erreichen. Das Spannungsfeld zwischen Geschwindigkeit und Nachhaltigkeit gilt sowohl für die Konzept- als auch für die Umsetzungsphase: In der Konzeptphase besteht ein Widerspruch zwischen schnellstmöglicher Konzepterstellung (zu Lasten der Ergebnisqualität) und inhaltlich vollständiger, durch Einbindung vieler Betroffener und im Konsens erarbeiteter, breit abgesicherter Konzepterstellung (zu Lasten der Geschwindigkeit). In der Umsetzungsphase besteht der Widerspruch zwischen schneller Umsetzung (zu Lasten der Akzeptanz der Betroffenen und damit des Umsetzungserfolges) und dem – aus dem Beharrungsvermögen von Organisation und Mitarbeitern resultierenden – zumutbaren Veränderungsumfang (zu Lasten der Geschwindigkeit), vgl. a. Abschn. 7.3.
- *Emotional* besteht die Aufgabe in einer angemessenen *Würdigung der Vergangenheit*, also des bisher Erreichten und Geleisteten. Das resultierende Spannungsfeld betrifft die Veränderungsbereitschaft: Eine kritische Reflexion mit ausschließlicher Betrachtung der Defizite der Ist-Situation überzeichnet die Veränderungsnotwendigkeit zugunsten der inhaltlichen Aussage: „Alles muss anders werden". Emotional löst dies bei den Betroffenen aber meist Rechtfertigungsdruck und damit Widerstände gegen mögliche Veränderungen aus. Eine Reflexion mit ausschließlicher Betrachtung von Vorteilen der Ist-Situation verdeckt die sachlich begründete Veränderungsnotwendigkeit. Emotional besteht bei den Betroffenen somit das Risiko fehlender Veränderungseinsicht, da die Botschaft inhaltlich missverstanden werden kann: „Alles soll so bleiben, wie es ist". Eine emotionale Brücke besteht darin, zu betonen, dass die bisherige Lösung zur Zeit ihrer Entstehung eine große Leistung war, sich aber mittlerweile neue Herausforderungen stellen und neue Möglichkeiten ergeben, die der Wettbewerb früher oder später ebenfalls aufgreift.

Dementsprechend ist eine Grundsatzentscheidung zur Positionierung in den Spannungsfeldern durch die Projektbeteiligten zu Beginn empfehlenswert. Im Verlauf der eigentlichen Projektarbeit sind die Beteiligten dann gefordert, diese Grundsatzentscheidung individuell in der jeweiligen Projektsituation am Einzelfall zu konkretisieren bzw. zu bestätigen. Dies erfordert ein hohes Maß an Konsequenz bei den Entscheidungsträgern mit entsprechender Reflexion. Mit einer durchgängigen Einhaltung können die Entscheidungsträger Respekt bei den Mitarbeitern gewinnen, was zu ihrer Glaubwürdigkeit – als notwendige Voraussetzung für Veränderungen – beiträgt. Demnach bestimmen inhaltliche Problemkomplexität und Veränderungsbereitschaft der bestehenden Organisation mit ihren Mitarbeitern die Möglichkeiten, die notwendige inhaltliche Qualität sowie die angestrebte Projekt- und Veränderungsgeschwindigkeit im Projekt umzusetzen.

Um die zielorientierte Abarbeitung der Projektaufgaben einerseits und die kritische Reflexion ihrer Notwendigkeit und der erreichten Ergebnisqualität andererseits bestmöglich zu unterstützen, ist die Projektplanung und -überwachung differenziert auszugestalten. Ein solches Projektverständnis sieht lernfördernde Evaluationsbausteine sowohl für das laufende Projekt (projektintern) als auch für andere

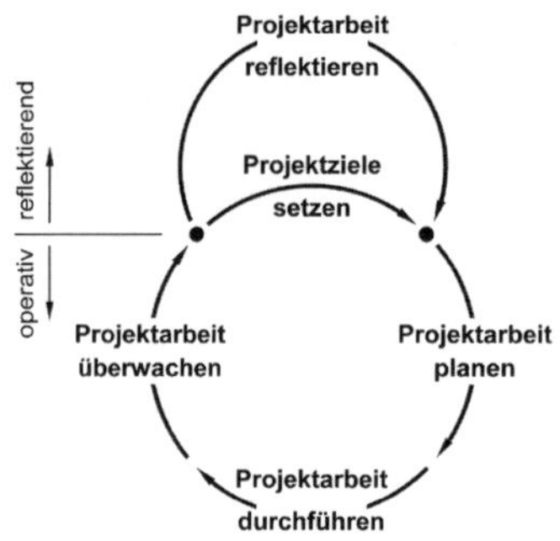

a) **Handlungskreis der Projektplanung und -überwachung**

Kriterien	Ausprägungen		
Ebene	**operativ** (Projektstatus)		**reflektierend** (Projektzustand)
Bezug	**Projekttreffen** (Gruppenergebnis)		**Projektphase** (Projektergebnis)
Projekt-aspekt	**fach-lich**	**metho-disch**	**atmos-phärisch**

b) **Ausprägungen der Projektplanung und -überwachung**

Abb. 7.31 Handlungskreis und Ausprägungen der Projektplanung und -überwachung

Projekte (projektübergreifend) vor. Abbildung 7.31 zeigt den Handlungskreis der Projektplanung und -überwachung und die wesentlichen Ausprägungen für ein Auftragsmanagement-Projekt.

Abbildung 7.31a zeigt den *Handlungskreis* der Projektplanung und Überwachung. Dem Regelkreisprinzip der Handlungstheorie folgend (vgl. Abschn. 2.3.2, 2.3.4) und analog zum Auftragsmanagement-Zyklus (vgl. Abschn. 3.5.1) sind die Aktivitäten zwei Ebenen zugeordnet:

- Die *operative Ebene* betrachtet die Inhalte der Projektarbeit und durchläuft – ausgehend von den Projektzielen – die Schritte *Projektarbeit planen, Projektarbeit durchführen* und *Projektarbeit überwachen* im Sinne einer rollierenden Planung und Überwachung. Hier werden die inhaltlichen Fragen „Wie soll es erreicht werden?" sowie „Wurde das angestrebte Ergebnis erreicht?" behandelt.
- Die *reflektierende Ebene* betrachtet Methodik und Vorgehen in den Schritten *Projektziele setzen* sowie *Projektarbeit reflektieren.* Bezogen auf die Ziele sind also die reflektierenden Fragen „Was soll erreicht werden?" bzw. „Warum soll es erreicht werden?" wichtig. Erst danach können Maßnahmen betrachtet, also die Projektarbeit operativ geplant werden. Bezogen auf die Reflexion sind Funktionalität („Warum wirkt es?") sowie Wirksamkeit („In welchem Umfang wirkt es?" oder „Wie instrumentell ist die Maßnahme?") relevant.

Erfahrungsgemäß kommt die Reflexionsarbeit im Projekt meist zu kurz und die Beteiligten konzentrieren sich auf operative Maßnahmen und Ergebnisse. Dies erklärt, warum bereits verhältnismäßig kurze Reflexionselemente in der Projektarbeit eine hohe Wirksamkeit entfalten und den Projekterfolg nachhaltig stärken können.

Abbildung 7.31b gliedert die Ausprägungen nach drei Kriterien in Form einer Morphologie:

- Nach der *Ebene* sind aktueller Projektstatus und genereller Projektzustand zu unterscheiden: Die operative Betrachtung beinhaltet die Planung und Überwachung des *aktuellen Projektstatus* – also des operativen Projektfortschritts hinsichtlich Leistung (Projektergebnis) und Aufwand (Zeit oder Kosten). Sie wird typischerweise durch Abweichungen vom geplanten Projektstatus oder durch geänderte Projektrahmenbedingungen ausgelöst wie bspw. Änderungen von Projektzielen und -gegenstand. Abweichend hiervon wird bei der Betrachtung des *generellen Projektzustands* die Wirksamkeit von Methodik und Vorgehen betrachtet. Diese reflektierende Planung beantwortet also die Frage, welche Arten von Maßnahmen hierfür erforderlich sind, während die reflektierende Überwachung den Planungserfolg (bezogen auf die gesetzten fachlichen, methodischen und atmosphärischen Ziele) hinterfragt. Planmäßig wird sie durch fest vorgesehene Lessons-Learned-Aktivitäten ausgelöst, bei gravierenden Projektereignissen wie bspw. einer neuen Projektausrichtung oder dem Verfehlen von Eckterminen ist ebenfalls eine Reflexion zu empfehlen.

- Nach *Bezug* sind Projekttreffen und Projektphase relevant: Für ein einzelnes Projekttreffen sind erwartetes Ergebnis, Vorgehen und evtl. Zwischenergebnisse durch eine entsprechende Vorbereitung zu planen und der Erfolg der Maßnahmen im Verlauf und am Ende des Treffens zu überwachen. Analoges gilt für die Projektphase. Hier beziehen sich Planung und Überwachung auf das – aus den Zwischenzielen der Projektphase erwartete – Ergebnis[29] dieser Phase. Neben diesen operativen Aufgaben sind auch reflektierende Betrachtungen im Sinne eines Lessons Learned notwendig. Es empfiehlt sich, solche Einheiten planmäßig sowohl workshop- als auch projektphasenbezogen vorzusehen und durch ereignisbezogene Aktivitäten zu ergänzen.
- Nach dem *Projektaspekt* sind fachliche, methodische und atmosphärische Kriterien zu unterscheiden. Planung und Überwachung betrachten Ziele, Maßnahmen und deren Erfolg. Dies bezieht sich sowohl auf die eigentliche Projektarbeit als auch auf die Überwachung der Rahmenbedingungen bezüglich Veränderungen.

Für die konkrete Planung und Überwachung in einem Projekt sind die Ausprägungen miteinander kombinierbar. Die im Folgenden beschriebenen Projektbausteine vertiefen diese.

7.6.2 Durchführungsbegleitende Projektbausteine

Die durchführungsbegleitenden Projektbausteine zeigt Abb. 7.32. Entsprechend der Anforderungen sind sie in operative Projektarbeit und reflektierende Begleitung

[29] Projektgesamtziele (und erwartetes Gesamtergebnis) sind Planungsgegenstand des Bausteins Projektziele. Idealerweise werden hier bereits phasenbezogen Projektzwischenziele grob formuliert – und auch mit den Betroffenen abgestimmt. Diese Planungsgrundlage ist dann zu Beginn der Projektphase nochmals kritisch zu hinterfragen, um die notwendige Verfeinerung durchführen zu können, vgl. Abschn. 7.2.2: Baustein Projektziele. Die Projektplanung folgt also auch hier dem, bereits in Abschn. 2.3.3 theoretisch erläuterten und in Abschn. 3.5.1 für das Auftragsmanagement konkretisierten, hierarchischen Planungsansatz.

unterteilt. Die folgende Erläuterung ordnet die Bausteine grob nach ihrem operativen Charakter. Sie beginnt also mit dem Baustein Workshop-Moderation und endet mit dem Baustein Lessons Learned. Im Sinne des ganzheitlichen Vorgehens betrachten alle Bausteine alle Projektaspekte.

Baustein Workshop-Moderation

Der Baustein *Workshop-Moderation* umfasst methodische, fachliche und atmosphärische Aspekte und bezieht sich auf die jeweiligen Projekttreffen. Gemäß der Projektmethodik ist die Leitungsverantwortung zwischen fachlicher Projektleitung und Prozessbegleitung aufgeteilt. Grundsätzlich sind Vorbereitungs-, Durchführungs- und Nachbereitungsaufgaben zu unterscheiden. Abbildung 7.33 konkretisiert Schwerpunkte der beiden Leitungsaufgaben mit Blick auf ein typisches Arbeitstreffen in der Konzeptphase. In der Umsetzungsphase können sich geringe Veränderungen der Fachinhalte ergeben. Planungsgrundlage bilden immer die Ziele, die am Ende des Treffens erreicht werden sollen:

- In der *Vorbereitung* erarbeitet die fachliche Projektleitung basierend auf den Fachzielen das hierzu passende fachmethodische Vorgehen. Demgegenüber betrachtet die Prozessbegleitung zunächst die atmosphärische Situation. Hieraus ergibt sich ein korrespondierender methodischer Vorgehensvorschlag zur Berücksichtigung der atmosphärischen Aspekte. Beide Überlegungen fließen in das Veranstaltungsdesign ein. Hierbei ist die gegenseitige Plausibilisierung nützlich: Der Prozessbegleiter plausibilisiert Aufbau und Inhalte der Fachthemen und der fachliche Projektleiter die sozial-emotionale Situation und ihre Konsequenzen. Den Abschluss der Vorbereitung bildet die gemeinsame kritische Durchsprache, ob die Ziele mit dem geplanten Vorgehen erreichbar erscheinen.
- Während der *Durchführung* dominieren die Aufgaben des Prozessbegleiters: Einleitend eröffnet er das Projekttreffen, stellt die Ziele vor und steckt den methodisch-organisatorischen und atmosphärischen Rahmen ab. Während der Durchführung hat er die Diskussionsleitung inne und überwacht hierbei die Einhaltung des vereinbarten Vorgehens und der selbst gegebenen Regeln. Mit Erarbeitung der Fachinhalte kommen zunehmend fachliche Projektleitungsaufgaben zum Tragen, vor allem bezogen auf die inhaltliche Überwachung und Plausibilisierung der Fachdiskussionen. In der Teilnehmerrolle beeinflusst die fachliche Projektleitung darüber hinaus auch die Arbeitsatmosphäre und trägt hier Mitverantwortung. Zur mitlaufenden Dokumentation hat sich eine vorher

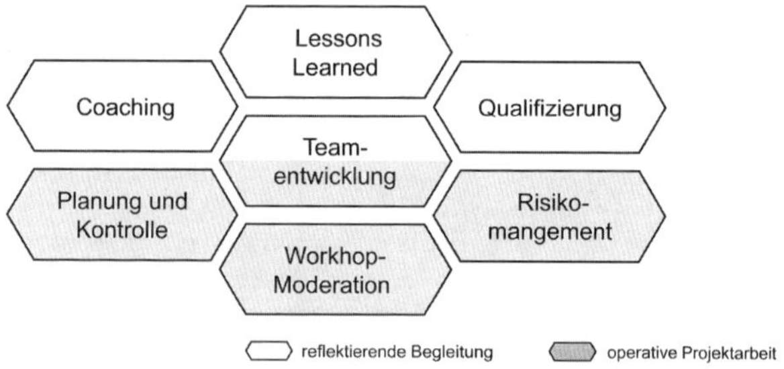

Abb. 7.32 Durchführungs-begleitende Projektbausteine

	Aufgaben		
	Vorbereitung	**Durchführung**	**Nachbereitung**
fachliche Projektleitung	*fachlich* • Vorstrukturierung der Fachinhalte • Aufzeigen in Frage kommender Gestaltungsalternativen *methodisch* • sach-logische Reihung der Inhalte • didaktische Aufbereitung der Fachinhalte	*fachlich* • Erläuterung der Fachinhalte *methodisch* • inhaltliche Überwachung der Fachdiskussion und der Wechselbeziehungen der Fachargumente • Herausarbeiten von inhaltlichen Widersprüchen	*fachlich* • Sicherstellung der logis(tis)chen Schlüssigkeit des Fachkonzepts *methodisch* • zielgruppengerechte Aufbereitung der Ergebnisse • Darstellung von inhaltlichem Konsens und Dissens
Prozess-begleitung	*methodisch* • Aufbereitung der Ziele und Auswahl geeigneter Arbeitsformen • Ausarbeitung des Ablaufplans *atmosphärisch* • Einschätzung erfolgskritischer Beziehungs- und Motivationslagen unter den Beteiligten	*methodisch* • situationsgerechte Umsetzung des Ablaufplans (ggf. Anpassung) • präzise Anwendung der Moderationsmethoden *atmosphärisch* • Förderung der Arbeitsfähigkeit (Gruppendynamik)	*methodisch* • zeitnahe Dokumentation der Vorgehensbeschlüsse • nachvollziehbare Darstellung des inhaltlichen Arbeitsverlaufs *atmosphärisch* • situationsgerechte Interventionen (z. B. bei Konfliktlagen)

Abb. 7.33 Projekttreffenbezogene Leitungsaufgaben. (H.-H. Wiendahl/H. R. Schübel)

vereinbarte Aufgabenteilung (Fachinhalte, Zeitverlauf und Anwesenheit, Teilnehmerrückmeldungen, …) zwischen den beiden Leitungsrollen bewährt. Abschließend ist die Zielerreichung – möglichst durch eine direkte Teilnehmerabfrage – zu prüfen.

- In der *Nachbereitung* sind die Fachinhalte von der fachlichen Projektleitung zu dokumentieren und ggf. durch den Prozessbegleiter auf Verständlichkeit zu prüfen. Analoges gilt für die Prozessbegleitung hinsichtlich der methodischen und atmosphärischen Nachbereitung. Unter beiden Gesichtspunkten ist eine nochmalige Zielüberprüfung sinnvoll und dient wiederum als Ansatzpunkt für Folgetreffen. Über den jeweiligen Termin hinaus sollte diskutiert werden, inwieweit die Ziele mit den vorgesehenen Maßnahmen erreicht wurden und was daraus übergreifend gelernt werden kann.

Die Beschreibung verdeutlicht, dass die Aufgaben des Prozessbegleiters über das auf eine Diskussionsleitung und Gesprächsführung reduzierte Moderationsverständnis deutlich hinaus gehen [SüKa09]: Erfolgreiche Projekttreffen beginnen mit einer ausgewogenen Vorbereitung, bezogen auf die Inhalte (Vorstrukturierung der Fachinhalte), das Vorgehen und auf die zu erwartende Gruppendynamik. Insgesamt ist die zentrale Bedeutung der Ziele hervorzuheben: Sie sollten so formuliert sein, dass ihre Zielerreichung abschließend von den Teilnehmern einfach eingeschätzt und für alle nachvollziehbar rückgemeldet werden kann.

Auslöser der Vor- und Nachbereitungstätigkeiten ist das geplante Projekttreffen:

- Die *inhaltliche Vorbereitung*[30] beginnt mit dem erforderlichen zeitlichen Vorlauf zum Projektreffen. Dieser ist durch den Vorbereitungsaufwand (der Projekt-

[30] Hiervon sind die terminlichen Vorbereitungsaktivitäten zu trennen. Diese haben üblicherweise einen längeren zeitlichen Vorlauf, da sie von der Projektterminplanung und der Verfügbarkeit der Eingeladenen abhängen.

leitung und der Teilnehmer zur fachlichen, methodischen und atmosphärischen Vorbereitung) bestimmt. Oft unterschätzen die Praktiker den Vorbereitungsaufwand, was zu ineffizienten Treffen führt. Typischer Indikator hierfür ist eine atmosphärische Unzufriedenheit der Teilnehmer.

- Eine *inhaltliche Nachbereitung* mit zeitnaher Bereitstellung der Ergebnisse an die Teilnehmer sollte selbstverständlich sein, erfordert aber in der täglichen Projektpraxis eine sehr hohe persönliche Disziplin. Unter praktischen Überlegungen macht es – auch bei projekttreffensübergreifend eng vernetzten Inhalten – wenig Sinn, bereits Folgetreffen vorzubereiten und durchzuführen, bevor die Nachbereitung des Vorgängertreffens abgeschlossen ist. In solchen Situationen besteht die Aufgabe des Prozessbegleiters darin, vom inhaltlich Verantwortlichen sachlogisch sinnvolle Unterteilungen einzufordern, so dass sich die Teilnehmer angemessen vor- und nachbereiten können.

Die beschriebene Rollenaufteilung mit geteilter Leitungsverantwortung eröffnet drei wesentliche Vorteile [MaKr01, S. 41 ff.; SüKa09]: Unter *Zeit- und Kostenkriterien* ist eine höhere Effizienz in der Durchführung – v. a. durch moderierende Zwischenfragen zum Zielbezug der Beiträge sowie durch die Begleitung des Gruppenprozesses – zu erwarten. Unter *Ergebniskriterien* tritt in aller Regel ein besseres Arbeitsergebnis ein, da Verständnisfragen ausdrücklich Raum gegeben wird; dieser Vorteil steigt mit zunehmender Problemkomplexität. Schließlich ist durch die Prozessbegleitung eine höhere *Arbeitszufriedenheit* in der Gruppe zu erwarten, wenn Störungen direkt aufgegriffen und schnell beseitigt werden, um danach wieder die volle Aufmerksamkeit auf die inhaltliche Bearbeitung zu richten.

In kleineren, bereits gut funktionierenden Arbeitsgruppen und bei inhaltlich nicht kontrovers diskutierten Themen ist eine gleichzeitige Rollenwahrnehmung von fachlicher Führungsfunktion und moderierender Prozessbegleitung denkbar. Mit zunehmender Gruppengröße und/oder inhaltlichen Kontroversen überwiegt der Nutzen der Rollentrennung den damit verbundenen Zusatzaufwand deutlich.

Baustein Planung und Kontrolle

Der Baustein *Planung und Kontrolle* umfasst die Methoden und Maßnahmen, die zur operativen Planung und Überwachung des Auftragsmanagement-Projektes erforderlich sind. Der Projektmethodik folgend sind fachliche, methodische und atmosphärische Ziele zu formulieren (vgl. Abschn. 7.2.2: Baustein Projektziele, Abschn. 7.3.2: Baustein Ziel-Mittel-Denken), daraus Maßnahmen (also Projektaktivitäten) abzuleiten und deren Wirksamkeit zu überwachen. Ihre Planung und Überwachung erfolgt analog der in Abschn. 3.5 beschriebenen Grundüberlegung zum regelkreisbasierten Auftragsmanagement zunächst operativ. Logisches Pendant dieses operativen Controllings (d. h. Planung und Kontrolle) bildet das reflektierende Controlling (vgl. Baustein Lessons Learned).

Das operative Controlling betrachtet die Projektaktivitäten: Auftragsmanagement-Projekte sind hinsichtlich ihrer Planung und Überwachung überwiegend durch die Koordination von Personalressourcen geprägt. Finanziell nehmen die Softwarelizenz- und Hardwarekosten typischerweise den geringsten Teil der Gesamtkosten ein – wenn auch der interne Aufwand dem Projekt mit zugerechnet wird. Somit besteht die Hauptaufgabe darin, die – intern oder extern – erforderlichen Mitarbeiter auszuwählen und im Projekt zielgerichtet einzusetzen. Für die Planung und Überwachung gilt (vgl. a. Abschn. 7.5.2: Baustein Strukturierung Fachinhalte):

- *Fachlich* sind Projektumfang und -inhalte zu planen. Hierauf basiert die Überwachung; zum einen hinsichtlich der Erreichung der geplanten Inhalte und zum anderen hinsichtlich der Einhaltung des festgelegten Betrachtungs- und Gestaltungsgegenstandes sowie der zu bewältigenden Gesamtkomplexität im Projekt.
- *Organisatorisch-methodisch* sind daraus Arbeitspakete und sach-logische Abhängigkeiten abzuleiten, um ihnen Verantwortliche zur Bearbeitung zuweisen zu können. Dann erfolgen Aufwandsschätzung und (kapazitätsgesicherte) Terminierung. Die Einhaltung der geplanten Aufwände und Termine ist zu überwachen.
- *Atmosphärisch* sind unter Berücksichtigung der bisherigen Projekterfahrungen und unternehmensspezifischen Rahmenbedingungen sowie des angestrebten inhaltlichen und verhaltensrelevanten Veränderungsumfangs entsprechende Maßnahmen zu planen. Die Überwachung ihrer Wirksamkeit erfolgt auf dieser Basis.

Ressourcenkonflikte zum Tagesgeschäft, zu anderen Projekten sowie zu persönlichen Belangen der Mitarbeiter wie bspw. Urlaubs- und Freizeitgestaltung kennzeichnen den Normalfall. Diese sind planerisch zu berücksichtigen, um ein inhaltlich gutes, von den Betroffenen und Beteiligten akzeptiertes Ergebnis zu erreichen. Dies gilt für die Konzeptarbeit, erforderliche Softwareentwicklungen sowie die notwendigen Schulungs- und Trainingsaktivitäten. Nach Vertragsabschluss gilt Analoges für Externe.

Zur *Planung* der Projektaktivitäten von Auftragsmanagement-Projekten sind unter pragmatischen Gesichtspunkten zwei Ausprägungen[31] zu unterscheiden:

- *Standard-Plan*: Die Grundidee besteht darin, einen Standard-Rhythmus für Regeltermine festzulegen, was eher einem Grobplanungsgedanken folgt. Planungsbasis bilden die wesentlichen, wiederkehrenden Projektaktivitäten. Für diese werden bestimmte Zeitfenster reserviert, was die Terminkoordination der Projekttermine deutlich vereinfacht. Ein solcher Plan ist über eine grobe Abschätzung der benötigten Arbeitsaufwände und Mitarbeiterressourcen abzusichern. Hierbei sind die – oft vernachlässigten – Vor- und Nachbereitungszeiten zu berücksichtigen. Typisches *Planungsergebnis* bildet ein Wochenplan, der den entsprechenden wochenbezogenen Kapazitätsbedarf je Mitarbeiter grob abschätzt. Treten Änderungen ggü. den Planungsannahmen auf, lässt sich die Wirkung auf den voraussichtlichen Endtermin lediglich schätzen.
  Ein solches Vorgehen bietet sich für kleine bis mittlere Projekte an. Darüber hinaus sind folgende Projektrahmenbedingungen zu prüfen: Der Zeitanteil an

---

[31] In der Praxis ist als weitere Ausprägung ein *aktivitätsorientiertes Vorgehen* zu beobachten: Hier werden notwendig erscheinende Aktivitäten aufgeführt, (oft ohne Aufwandsschätzung und Kapazitätsbetrachtung) terminiert und aktivitätsbezogen überwacht. Fehlt eine systematische Ableitung, sind weder Zielbezug (also ihre Sinnhaftigkeit) noch inhaltliche Vollständigkeit oder sachlogische Abhängigkeiten überprüfbar. Von einem solchen – typischerweise durch hohen Zeitdruck entstehenden – Vorgehen ist dringend abzuraten.

Regelterminen ist bei den Projektmitarbeitern gering, und es existieren entsprechende Verschiebemöglichkeiten anderer Termine. Es sind Notfallregeln für dringliche Aktivitäten (z. B. Tagesgeschäft) vereinbart und die Häufigkeit des Auftretens gefährdet die Arbeitsfähigkeit in den Projekttreffen nicht. Ein solcher Ansatz unterstellt, dass die Projektleitung inhaltlich und personell Planung und Überwachung ohne eine Zwischenhierarchie realisieren kann. Für die Anwendbarkeit hat sich die Beachtung folgender Faustregel bewährt: Bezogen auf den jeweiligen Mitarbeiter sollte der Projektanteil 2 Tage pro Woche nicht überschreiten.

- *Detailplan*: Die Grundidee besteht darin, einen detaillierten Terminplan unter Berücksichtigung der inhaltlichen Abhängigkeiten für alle relevanten Termine festzulegen, was eher einem Feinplanungsgedanken folgt. Typische Planungsmethode ist die Netzplantechnik, vgl. dazu ausführlich [PMI04, S. 123 ff.; SOP08, S. 179 ff.]. Planungsbasis sind detaillierte Arbeitspakete (ermittelt bspw. über einen Projektstrukturplan, vgl. dazu ausführlich [PMI04, S. 112 ff.; SOP08, S. 163 ff.]) und ihre inhaltliche Vernetzung sowie Arbeitsaufwand und benötigte Mitarbeiterressourcen. Auf dieser Basis erfolgt eine detaillierte Terminplanung mit personenbezogenem Ressourcenabgleich. *Planungsergebnis* bildet ein detaillierter, kapazitätsgeprüfter Terminplan. Treten Änderungen ggü. den Planungsannahmen auf, lässt sich die Wirkung auf den voraussichtlichen Endtermin berechnen.
  Ein solches Vorgehen bietet sich für mittelgroße bis große Projekte[32] an. Darüber hinaus sind folgende Projektrahmenbedingungen zu prüfen: Die inhaltlichen Abhängigkeiten sind alle erfasst und die Arbeitsaufwände realistisch abgeschätzt. Bei hoher Häufigkeit anderer, dringlicher Aktivitäten (z. B. Tagesgeschäft) sind hierfür Zeitfenster zu reservieren. Ein solcher Ansatz ist auch dann realisierbar, wenn die Projektleitung für die Planung und Überwachung (mindestens) eine Zwischenhierarchie benötigt und die Informationen aggregiert werden müssen. Für die Einplanung interner Mitarbeiter gilt die Faustregel, diese maximal 4 Tage pro Woche zu verplanen und tagesbezogene Nichtverfügbarkeiten (Urlaub, Fortbildung, …) zu berücksichtigen.

Auch eine Kombination beider Ansätze ist denkbar: Bspw. könnten zentrale Projekttermine über einen Standard-Wochenplan und Projektaktivitäten von Teilteams über eine detaillierte Planung ermittelt werden. Darüber hinaus sei zur Projektplanung auf die umfangreiche Literatur zum Projektmanagement verwiesen, vgl. dazu bspw. [DIN 69901; PMI04; SOP08].

Eine solche – systematisch aus den Projektzielen abgeleitete – Planung erscheint zunächst zeitaufwendig: Vor allem zu Beginn entsteht leicht der Eindruck eines

[32] Dieses Vorgehen ist auch dann zu empfehlen, wenn Termine entsprechend der Unternehmenskultur über Vergleichwerte geschätzt und dann verhandelt werden. Da solche Werte für Auftragsmanagement-Projekte in der Organisation typischerweise fehlen, ist die Gefahr zu optimistischer Einschätzungen besonders hoch, vgl. auch Abschn. 7.2.2: Baustein Organisations- und Projektkultur. Das daraus resultierende Risiko einer Terminverschiebung ist nicht nur unter inhaltlichen Aspekten, sondern auch unter Akzeptanz- und Glaubwürdigkeitsgesichtspunkten zu bewerten – sowohl in Richtung Auftraggeber als auch in Richtung Mitarbeiter.

unnötig langsamen Vorgehens, denn inhaltliche Ergebnisse werden erst später als beim aktivitätsorientierten Vorgehen erarbeitet. Das Vorgehen stellt jedoch die Effektivität – also die Zielorientierung – der Projektaktivitäten sicher und ist deshalb dem bereits beschriebenen aktivitätsorientierten Abarbeiten von mehr oder weniger zufällig abgeleiteten Maßnahmen vorzuziehen. Eine solche Zielorientierung hat auch den Vorteil, dass die Ziele mit dem Auftraggeber und den maßgeblichen Mitgliedern im Lenkungsausschuss gut abzustimmen sind und im weiteren Projektverlauf außerdem der Zielbezug aller Projektaktivitäten vergleichsweise leicht überprüfbar ist.

Die *Fortschrittskontrolle* ist Voraussetzung für eine zielgerichtete Projektsteuerung. Eine kontinuierliche und realistische Projektfortschrittsmessung liefert die notwendigen Informationen, um Fehlentwicklungen im Projekt frühzeitig zu erkennen und Gegenmaßnahmen einzuleiten. Generell ist eine zielorientierte Überwachung vorzusehen, d. h. die Effektivität der Projektaktivitäten wird über ihren Zielbezug bewertet. Somit bilden die formulierten Projektziele die Bewertungsgrundlage einer plangerechten Abarbeitung und der jeweils zur Messung unterstellte Ziel- oder Phasenbezug ist notwendige Information im Statusbericht.

Im Grundsatz ist das Vorgehen einfach: Im ersten Schritt werden Ziele erarbeitet und daraus im zweiten Schritt Projektaktivitäten (Arbeitspakete) abgeleitet. Diese sollen einen Ergebnisbeitrag (Leistung) mit einem gewissen Zeit- und Kostenbudget (Aufwand) erreichen. Die dann im dritten Schritt laufend erforderliche Fortschrittskontrolle[33] überprüft die tatsächlichen Aktivitäten auf ihren Zielbezug (Effektivität der Projektaktivitäten) und ermittelt den Projektfortschritt über die Bewertung von Leistung (bisheriges Projektergebnis) und Aufwand (bisheriger Zeit- und Kostenverbrauch) im Vergleich zu den Soll-Werten. Der aktuelle Projektstatus wird bspw. über einen Fortschritts- oder Fertigstellungsgrad bewertet (vgl. dazu u. a. [SOP08, S. 269]). Analog zum regelkreisbasierten Auftragsmanagement können hier Soll-, Plan- und Ist-Werte unterschieden werden, vgl. Abschn. 3.5.2.

Für Auftragsmanagement-Projekte ist eine Fortschrittskontrolle über Meilensteine[34] typisch (zu den verschiedensten Alternativen vgl. ausführlich [SOP08, S. 271 ff.]): Die Fertigstellung wird über den Abschluss von Arbeitspaketen gemessen; bei Bedarf ist eine Verfeinerung über subjektive Schätzungen von Teiler-

[33] Um die jeweils unterstellten Planungsannahmen präsent zu haben, sollten die Berichte standardmäßig sowohl den Projektfortschritt (bzw. die Planungsergebnisse) als auch die Annahmen und Rahmenbedingungen enthalten. Dies erinnert die Verantwortlichen (v. a. Projektleiter, Auftraggeber und Lenkungsausschuss) an diese Informationen und fördert so ihre kritische Überprüfung auf Aktualität und Realitätsnähe. Eine für die Projektleitung entlastende Nebenwirkung besteht darin, dass eine Plananpassung bei geänderten Rahmenbedingungen besser begründbar – da für Auftraggeber und Lenkungsausschuss leichter nachvollziehbar – ist.

[34] Eine Terminüberwachung erscheint zunächst trivial: Tatsächlich setzt sie allerdings die Definition von Ergebniszielen voraus. Die Betrachtung von Durchlaufzeit- und Termineinhaltung macht also erst nach Überprüfung der Ergebnisse Sinn. Die in Abschn. 4.2.3 beschriebenen Überlegungen zur Termin- und Leistungsabweichung (dort als Mengenabweichung beschreiben) gelten sinngemäß: Wichtig ist also die tatsächliche Bereitstellung notwendiger Ressourcen (kann zu Durchlaufzeitabweichungen führen) wie bspw. Personal oder Vorarbeiten wie bspw. Softwareanforderungen (kann zu Zugangsterminabweichungen führen).

gebnissen denkbar. Die Visualisierung erfolgt oft mit Hilfe von Ampelberichten, vgl. dazu u. a. [SOP08, S. 283].

Praktisch ergeben sich unterschiedliche Schwierigkeiten bei der Projektplanung und -überwachung. Neben fachlichen Fehleinschätzungen ist vor allem der Faktor der sozialen Erwünschtheit der berichteten Ergebnisse zu beachten: Dieser ist zum einen darin begründet, dass die Projektverantwortlichen beim Überbringen schlechter Nachrichten Sanktionen befürchten. Zum anderen ist ein solcher Faktor bei widersprüchlichen Bereichsinteressen zu erwarten und die Bereiche unterschiedliche Anforderungen (z. B. Einkauf einfacher Handelsteile versus Eigenfertigung komplexer, kundenindividueller Produkte) haben.

Die Verantwortlichen sollten folgende *praktische Einflüsse* bei der Ermittlung des aktuellen Projektstatus berücksichtigen. Sie beeinflussen ebenfalls die darauf aufbauenden Prognosen zur voraussichtlichen Fertigstellung sowie die Berichterstattung:

- *Realistische Sollwerte* bilden die erforderliche Überwachungsgrundlage. Hier gibt es eine Tendenz zur optimistischen Einschätzung, d. h. oft wird der Aufwand zu gering bewertet: Sachlich hängt dies mit den meist komplexen Projektaufgabenstellungen zusammen, bei denen die Notwendigkeit bestimmter Aktivitäten oder Arbeitspakete nicht immer leicht zu erkennen ist (oftmals verbunden mit fehlenden Erfahrungswerten in der Organisation). So neigen Praktiker bspw. dazu, wenig oder keine Zeit für die notwendige Begriffsbildung im Projekt vorzusehen. Emotional wirkt der Faktor der sozialen Erwünschtheit.
- Die *Leistungsmessung* birgt ebenfalls eine Tendenz zur optimistischen Einschätzung, vor allem bei einer Selbsteinschätzung des Fortschritts durch die Ausführenden, vgl. bspw. [SOP08, S. 271]: Sachlich sind dies meist unvorhergesehene Nacharbeiten: Entweder werden Bearbeitungsfehler erst nach Fertigstellung festgestellt oder Wechselwirkungen zu anderen Arbeitspaketen verursachen Mehraufwand. Emotional ist auch hier der Faktor der sozialen Erwünschtheit der Ergebnisse zu berücksichtigen, gestützt von der Hoffnung, Planüberschreitungen doch noch kompensieren zu können, vgl. u. a. [SOP08, S. 280].
- Die *Aufwandsmessung* erscheint demgegenüber unkritischer: Sachlich könnten Zeitverzüge durch Auswertung und Maßnahmenerarbeitung notwendige Entscheidungen hinauszögern. Hier könnte der Faktor der sozialen Erwünschtheit dazu führen, dass nicht alle Kosten oder der insgesamt geleistete Zeitaufwand dem Projekt zugerechnet werden.

Die genannten Faktoren führen oft zu einer optimistischen Darstellung des Projektfortschrittes, was das Erkennen von Handlungsbedarfen auf der Basis offizieller Berichte deutlich erschwert. Deshalb empfehlen Projektmanagementhandbücher zusätzlich den persönlichen Kontakt zu den Verantwortlichen, vgl. u. a. [SOP08, S. 284].

Baustein Risikomanagement

Der Baustein *Risikomanagement* zielt darauf ab, mögliche Projektrisiken bereits frühzeitig zu erkennen. In Abhängigkeit von Auftrittswahrscheinlichkeit und erwartetem Schaden sind demnach entweder vorbeugende *Vermeidungsmaßnahmen* (Risikoplanung) oder begleitende *Überwachungsmaßnahmen* (Risikoüberwachung) vorzusehen. Hierunter fallen auch Informationspflichten innerhalb der Projekthierarchie.

Generell sind Projektrisiken mögliche Ereignisse oder Situationen mit negativen Auswirkungen auf das Projektergebnis, auf beliebige einzelne Planungsgrößen oder Ereignisse, die neue unvorhergesehene und schädliche Aspekte aufwerfen können. Diese Schäden und die daraus abzuleitende Bedrohung des geplanten Projekterfolges werden durch die Wahrscheinlichkeit des Eintretens des Risikos und durch die Tragweite (möglicher Schaden) bei Eintreten des Risikos bestimmt. Somit besteht die Aufgabe des Risikomanagements im Erkennen und Umgehen einer Bedrohung aus Risikopotentialen, in Form von Abwehr, Ausweichen oder Mindern negativer Auswirkungen[35] [PMI04, S. 238; SOP08, S. 149 f.].

Die folgenden Erläuterungen konkretisieren die allgemeinen Überlegungen zum Risikomanagement in Projekten (vgl. u. a. PMI04: 237 ff.; SOP08: 149 ff.]) für Auftragsmanagement-Projekte. Abgeleitet aus den Risikoursachen wird zunächst der Handlungskreis des Risikomanagements erläutert. Danach werden Risikoplanung und -überwachung beschrieben.

Die Strukturierung der *Risikoursachen* folgt den vier Projektaspekten (vgl. Abb. 7.3a); hierbei ist die Projektdefinition von der Durchführungsphase der Projektbearbeitung zu trennen:

- *Unbeeinflussbare Rahmenbedingungen* des Projektes ergeben sich aus den betrachteten Inhalten der in Abb. 7.6 beschriebenen unternehmensbezogenen Projektbausteine. Unerwartete Veränderungen können hier Risiken verursachen, aber auch Chancen eröffnen. Die Einflüsse sind zu Projektbeginn aufzunehmen und während der Durchführungsphase auf Veränderungen hin zu überwachen. Ein Beispiel hierfür bilden Vorgesetztenwechsel, die negativ oder positiv auf laufende Verbesserungsprojekte wirken können. Demgegenüber wirken parallel laufende Projekte vor allem dann risikoerhöhend, wenn sie auf dieselben Personalressourcen zurückgreifen.
- *Fachliche Risiken* entstehen in der Projektdefinitionsphase durch unrealistisch formulierte Projektergebnisziele und einer dazu unpassenden oder ungeschickten Abgrenzung von Betrachtungs- und Gestaltungsgegenstand, vgl. a. Abschn. 7.2.2. In der Durchführungsphase bildet ein Verfehlen der notwendigen fachlichen Ergebnisqualität (bspw. aufgrund fehlender Kompetenzen der Projektmitarbeiter) – hinsichtlich Konzept und software-technischer Umsetzung – das Hauptrisiko.

[35] Im Sinne *unerwarteter Abweichungen* sollte ein Risikomanagement darüber hinaus auch *Chancen* betrachten. Chancen sind positive Abweichungen im Projekt und für den Erfolg von vergleichbarer Bedeutung wie das Vorbeugen und Verhindern von negativen Einflüssen. Auch ihr Eintreffen liegt nicht im sicheren Bereich und ist bzgl. möglicher Auswirkung und Wahrscheinlichkeit abzuschätzen, vgl. u. a. [PMI04, S. 240, 262 f.].

Eine vorbeugende Risikobetrachtung betrachtet somit auch entgangene Chancen. Daraus resultieren die Fragen: „Welche Chance könnte das Projekt verbessern?“, „Was ist zu tun, um diese Verbesserung zu erreichen?“ sowie „Wie groß ist der (zusätzliche) Aufwand?“

- *Projektmethodische Risiken* entstehen in der Projektdefinitionsphase durch unpassende Vorgehensziele und eine unpassende Projektorganisation (jeweils bezogen auf die Ergebnisziele). In der Durchführungsphase bildet das Verfehlen der notwendigen bzw. vereinbarten methodischen Vorgehensweise (bspw. aufgrund fehlender Kompetenzen der beauftragten Mitarbeiter) das Hauptrisiko.
- *Interessenbezogene Risiken* spiegeln die Akteurssicht wider. In der Projektdefinitionsphase sind dies die unzureichende Identifikation von Betroffenen und Beteiligten (bezogen auf die Ergebnisziele) sowie Fehleinschätzungen zur Organisations- und Projektkultur (sowohl im Ist als auch im Soll). In der Durchführungsphase kann die fehlende Nachvollziehbarkeit von Projektergebnissen oder Vorgehensentscheidungen Widerstand gegen die geplanten Veränderungen auslösen und wird somit zum interessenbezogenen Hauptrisiko.

Erfahrungsgemäß bildet die *Atmosphäre im Projekt* einen guten indirekten Indikator für das Auftreten der beschriebenen Risiken. Ein Ignorieren solcher Frühindikatoren erhöht somit das Durchführungsrisiko zusätzlich.

Um den unterschiedlichen Risikoursachen angemessen zu begegnen, ist das Risikomanagement differenziert auszugestalten. Analog zur Projektplanung und -überwachung werden auch hier operative und reflektierende Elemente unterschieden. Abbildung 7.34 zeigt den Handlungskreis des Risikomanagements und die Kriterien zur *Risikoplanung*, d. h. zur Risikoidentifikation und -bewertung für ein Auftragsmanagement-Projekt.

Abbildung 7.34a zeigt den Handlungskreis des Risikomanagements aufgeteilt in zwei Ebenen:

- Die *operative Ebene* betrachtet die Inhalte des Risikomanagements. Ausgehend von den identifizierten Projektrisiken werden die Schritte *Projektrisiken bewerten*, *Projektrisiken verringern* und *Projektrisiken überwachen* zyklisch durchlaufen. Hier werden die inhaltlichen Fragen „Welcher Schaden kann auftreten bzw. wie hoch ist die Auftrittswahrscheinlichkeit?", „Welche Maßnahmen verringern

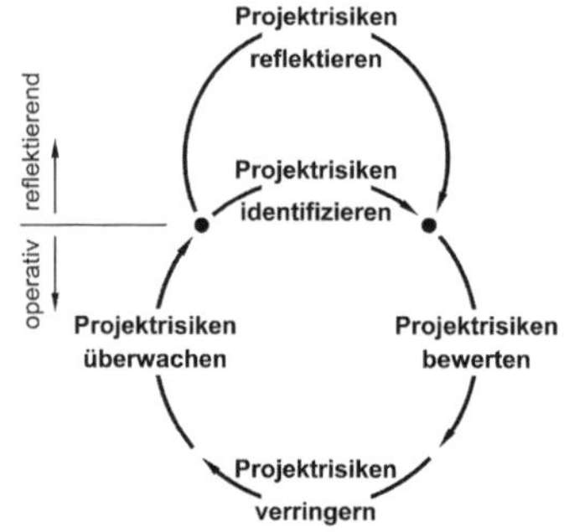

a) Handlungskreis des Risikomanagements

	Kriterien	Kategorien			
Identifikation	Risikoart	Konzeptrisiko (Konzeptphase)		Umsetzungsrisiko (Umsetzungsphase)	
Identifikation	Risikobezug	Rahmenbedingungen	Fachthema	Methodik	Interesse
Bewertung	Schaden	Änderungsnotwendigkeit	Vertrauensverlust		Betriebsschaden
Bewertung	Vorgehen	ideengeleitet	methodengeleitet	Big Bang	schrittweise

b) Untersuchungskriterien des Risikomanagements

Abb. 7.34 Handlungskreis und Untersuchungskriterien des Risikomanagements das Risiko – also Schaden und/oder Auftrittswahrscheinlichkeit?“ sowie „Wurde das angestrebte Ergebnis erreicht?“ untersucht.

- Die *reflektierende Ebene* betrachtet Methodik und Vorgehen und beinhaltet die Schritte *Projektrisiken identifizieren* sowie *Projektrisiken reflektieren*. Bezogen auf die Identifizierung ist also die Frage „Welche Risken können auftreten?“ zu beantworten, was im Schwerpunkt kreative Reflexionsanteile beinhaltet. Erst danach können Maßnahmen abgeleitet, also die Projektrisiken operativ bewertet und ggf. verringert werden. Bezogen auf die Reflexion sind Funktionalität („Warum wirkt es?“) sowie Wirksamkeit („In welchem Umfang wirkt es?“ oder „Wie instrumentell ist die Maßnahme?“) zu untersuchen.

Abbildung 7.34b gliedert die Untersuchungskriterien des Risikomanagements in Auftragsmanagement-Projekten nach den Schritten Risikoidentifikation und -bewertung:

- Nach *Risikoart* bietet sich für AM-Projekte eine generelle Unterteilung in Konzept- und Umsetzungsrisiko an (vgl. a. Abb. 7.2): Unter einem *Konzeptrisiko* wird hier ein Verfehlen der angestrebten inhaltlichen Ergebnisqualität[36] verstanden, es tritt schwerpunktmäßig in der Konzeptphase auf. Demgegenüber beinhaltet die Umstellung des Auftragsmanagement-Systems ein *Umsetzungsrisiko*. Es betrifft die Planungs- und Steuerungswerkzeuge (v. a. Umstellungen der Softwarefunktionen und -abläufe) und die Organisation (d. h. Veränderungen von Abläufen oder Aufbau mit den erforderlichen Verhaltensänderungen), vgl. Abschn. 7.5.2: Baustein Softwareeinführung.
- Nach *Risikobezug* sind die vier Kategorien *Rahmenbedingungen*, *Fachthema*, *Methodik* (und Vorgehen) im Projekt sowie *Interessen* der Betroffenen relevant. Sie wurden bereits ausführlich erläutert.
- Der *Schaden* beschreibt die Tragweite bei Risikoeintritt: Hierbei bezieht sich die *Änderungsnotwendigkeit* auf erforderliche Konzeptanpassungen (z. B. wegen nicht beachteter oder veränderter logistischer Anforderungen); sie tritt schwerpunktmäßig in der Konzeptphase auf (vgl. Abschn. 7.3.2: Baustein Änderungsmanagement). Ein *Vertrauensverlust* entsteht bei negativen Abweichungen zwischen persönlichen Erwartungen und (tatsächlicher oder vermuteter) Zielerfüllung. Der Vertrauensverlust kann intern bei Mitarbeitern und Vorgesetzen und extern bei Kunden und Lieferanten eintreten. Er betrifft die Konzept- und Umsetzungsphase. Ein *Betriebsschaden* ergibt sich aus einer Verschlechterung der Betriebsabläufe und/oder ihrer Unterstützung durch (Software-)Werkzeuge gegenüber der Ist-Situation. Er kann erst im Rahmen der Umsetzung auftreten. Aus diesen drei Schadenskategorien resultieren *Schadensfolgen*: In der Konzeptphase sind vor allem Zeit- und/oder Aufwandsüberschreitungen wichtig, in der Umstellungsphase sind Kunden-, Umsatz- und Liquiditätsminderungen (bspw. aufgrund fehlender Liefermöglichkeiten) relevant.

---

[36] Daraus resultierende Zeit- und Aufwandsüberschreitungen gelten nicht als originäres Risiko, sondern sie werden als Schadensfolge interpretiert.

- Das *Vorgehen* im Projekt beeinflusst die Auftretenswahrscheinlichkeit: In der Konzeptphase sind die beiden Extremfälle *ideen-* und *methodengeleitetes Vorgehen* zu unterscheiden (vgl. Einleitung zu Kap. 6 sowie Abschn. 7.6.1). In der Umsetzungsphase sind die beiden Umstellungsalternativen *Big Bang* und *schrittweise Umstellung* zu unterscheiden (vgl. auch Abschn. 7.5.2: Baustein Softwareeinführung). Tendenziell wirken ein methodengeleitetes Vorgehen in der Konzeptphase bzw. eine schrittweise Umstellung in der Umsetzungsphase risikomindernd.

Zur praktischen Anwendung der Risikoidentifikation und -bewertung im Projekt sind die beschriebenen Kriterien schrittweise zu verfeinern und zu konkretisieren. Hierzu dienen folgende *Leitfragen*. Dem Ansatz des Ziel-Mittel-Denkens folgend (vgl. Abschn. 7.3.2: Baustein Ziel-Mittel-Denken), sind sie „rückwärts" aus der Perspektive des angestrebten fachlichen Ergebniszustandes formuliert und um methodische und interessensbezogene Fragen ergänzt:

a) Konzeptphase

- Sind die *logistischen Anforderungen* der unterschiedlichen Bereiche bzw. der logistischen Geschäftsarten bekannt und beschrieben?
- Ist eine *logistische Zielgewichtung* erarbeitet und abgestimmt? Ist ggf. eine Differenzierung – bspw. nach logistischer Geschäftsart oder nach Außen- und Innensicht – erforderlich und sind die Kriterien hierfür erarbeitet und abgestimmt?
- Sind die für die logistischen Anforderungen und die logistische Zielgewichtung erforderlichen *Funktionen und Datenobjekte* definiert und beschrieben?
- Sind die für die logistischen Anforderungen und die logistische Zielgewichtung erforderlichen *Prozesse* und *Rollen* – Letztere differenziert nach Organisations- und Softwarerolle – definiert und beschrieben?
- Sind die aus den beschriebenen fünf AM-Gestaltungsaspekten – Ziel, Funktion und Objekt, Prozess und Stelle (bzw. Rolle) – resultierenden Softwareanforderungen in einem *Lastenheft* durch den Anwender dokumentiert?
- Inwieweit wirken gewählte Projekt- und Vorgehensmethodik, Projektbesetzung sowie Akteursinteressen risikomindernd? Inwieweit werden zusätzlich Chancen wahrgenommen?

b) Umsetzungsphase

- Sind die Softwareanforderungen des Lastenhefts im *Pflichtenheft* des Anbieters hinreichend genau beschrieben und zwischen Anwender und Softwarelieferant abgestimmt?
- Ist die *Umsetzung* aller relevanten Softwareanforderungen in der Software gewährleistet?
- Ist die *Abnahme* der software-technischen Umsetzung unter realitätsnahen Bedingungen (Geschäftsfälle, Prozesse, Datenqualität, Berechtigungen, …) durch den Anwender erfolgt?
- Sind alle benötigten *Daten* für die Umstellung in der erforderlichen Qualität (vollständig, korrekt, aktuell) verfügbar?

- Sind alle *Betroffenen* für die Einführung ausreichend qualifiziert und motiviert?
- Ist ein Konzept zur *Vor-Ort-Unterstützung* der Hochlaufphase ausgearbeitet und den Anwendern bekannt?
- Wie groß ist der erwartete *Veränderungsumfang* hinsichtlich der Planungs- und Steuerungswerkzeuge (v. a. Umstellungen der Softwarefunktionen und -abläufe) sowie der Organisation (d. h. Veränderungen von Abläufen oder Aufbau)?
- Inwieweit wirken gewählte Projekt- und Vorgehensmethodik, Projektbesetzung sowie Akteursinteressen risikomindernd? Inwieweit werden zusätzlich Chancen wahrgenommen?

Ergebnis dieser Betrachtung bildet eine Einschätzung der Risikoposition. Idealerweise entsteht sie bereits zu Projektbeginn und gilt zunächst für das Gesamtprojekt.

Auch im Risikomanagement lassen sich die Grundgedanken einer rollierenden, schrittweise feiner werdenden Planung etablieren. Dies aufgreifend, ist im Projektverlauf eine Differenzierung der generellen Risikobetrachtung – bspw. in Teilteams oder Arbeitspakete – empfehlenswert. Dies würde die Betrachtung detaillieren, die dann rollierend fortzuschreiben ist.

Die *Risikoüberwachung* bildet den zweiten, wichtigen Baustein des Risikomanagements. Meist ist eine objektive Bewertung der Risikofaktoren nicht möglich, vielmehr ist eine subjektive Einschätzung – meist durch den Projektleiter – erforderlich. Für die Überwachung bedeutet dies, dass abweichende Einschätzungen gute Indikatoren für Projektrisiken darstellen. Abbildung 7.35 zeigt die entsprechenden Leitfragen, strukturiert nach den vier Projektaspekten (Abb. 7.3a). Sie gelten als Indikatoren für die Einschätzung der aktuellen Projektsituation und bilden somit einen geeigneten Ausgangspunkt vertiefender Betrachtungen.

Das Ergebnis der auch Akteursinteressen umfassenden Risikoanalyse ist in realen Projekten nur sehr bedingt zur Kommunikation geeignet, da der politische Sprengstoff hoch ist. Auch besteht die Tendenz, unter Kommunikationsgesichtspunkten kritische Risiken auszufiltern oder nur eingeschränkt zu kommunizieren, vgl. dazu ausführlich [Oech03; SOP08, S. 414 f.].

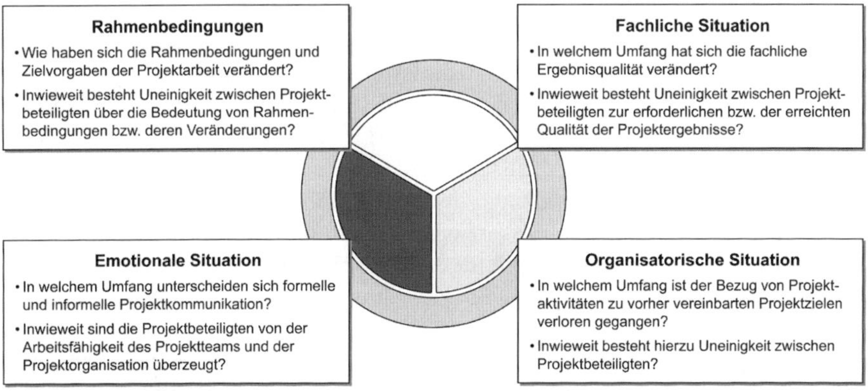

Abb. 7.35 Leitfragen zur Risikoüberwachung

Trotz aller Schwierigkeiten ist eine vorausschauende Risikovorsorge für Auftragsmanagement-Projekte dringend zu empfehlen. Die Ergebnisse sollten mindestens zwischen Projektleitung und Auftraggeber offen diskutiert werden. Gelingt dies nicht, ist dies bereits ein Indikator für ein grundlegendes Projektrisiko.

Baustein Teamentwicklung
Der Baustein *Teamentwicklung* umfasst die Methoden und Maßnahmen zur Bildung eines Teams und zur Förderung seiner Arbeitsfähigkeit. Eine solche Maßnahme erfolgt sinnvollerweise zu Projektbeginn und ist darüber hinaus bei einem Wechsel der Teambesetzung empfehlenswert. Darüber hinaus bietet der Start einer neuen Projektphase die Gelegenheit, auf der Basis der bisherigen Erfahrungen bestehende Regeln weiter zu entwickeln. Letzteres kann bspw. im Rahmen der nachfolgend beschriebenen Lessons-Learned-Workshops geschehen. Der Baustein ist detaillierter in Abschn. 7.4.2 erläutert.

Baustein Coaching
Der Baustein *Coaching* fasst die Methoden und Maßnahmen zusammen, die unter den drei genannten fachlichen, organisatorisch-methodischen sowie sozial-emotionalen Projektaspekten eine Projektbegleitung nützlich erscheinen lassen. Diese Aktivitäten bringen eine Sicht von außen auf das Projekt und sind der Reflexionsebene zugeordnet. Sie zielen darauf ab, über die Vorbereitung anstehender Aufgaben und die Reflexion vergangener Erlebnisse die individuelle Handlungskompetenz der Projektmitglieder zu stärken.

Die fachlichen, organisatorisch-methodischen sowie sozial-emotionalen Projektaspekte sind in der täglichen Projektarbeit eng verknüpft und weisen gegenseitige Wechselwirkungen auf. Eine sozio-technische Analyse betrachtet diese gemeinsam. Hierbei ist es wichtig, nicht nur die intendierten (typischerweise fachlich geprägten) Hauptwirkungen, sondern auch die nicht intendierten (typischerweise sozial-emotional geprägten) Nebenwirkungen zu beleuchten. Wie dies konkret aussehen könnte, soll am Beispiel der Ist-Analyse der auftragsbezogenen Steuerung in der Produktionslogistik verdeutlicht werden. Der als Analyseergebnis erarbeitete und in Abb. 7.36 dargestellte Fehlerkreis auftragsbezogener Steuerung erscheint typisch für die Situation vieler Einzel- und Kleinserienfertiger.

Aus *fachlicher Sicht* gilt: Ausgangspunkt des in Abb. 7.36a dargestellten Fehlerkreises bilden Eilaufträge oder Bedarfsspitzen. Mit ihrem Auftreten drohen Auftragsverspätungen, denen die Steuerer durch ein Priorisieren dieser Aufträge begegnen wollen. Die zu geringe Dispositionskapazität führt dazu, dass die Belegungspläne nur schleppend aktualisiert werden – die Planungsressourcen sind also kapazitiv überfordert. Dadurch sinkt die Realitätsnähe der Pläne, und die Auswirkungen neuer Aufträge auf bereits eingeplante Aufträge werden zunehmend unklar. Dadurch sind Terminabweichungen für diese – und alle anderen bereits eingeplanten oder schon priorisierten – Aufträge zu spät erkennbar; weitere Auftragsverspätungen drohen.

Aus dieser objektiven Fachsicht erscheinen Situationsanalyse und Lösungsansätze klar, Abb. 7.36b: Die *auftragsorientierte Ausrichtung* der Anwender ist Kern des Problems, da sie die Auswirkungen auf Belegung, Bestand und Rückstand vernachlässigt. Zur Überwindung ist ein Wechsel im Denkansatz auf einen stärker res-

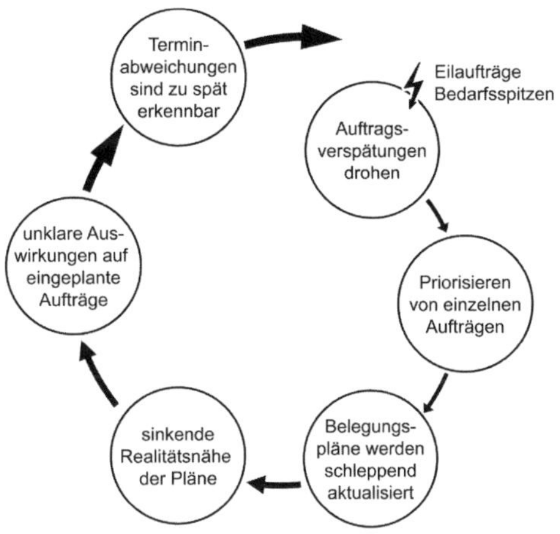

a) **Fehlerkreis auftragsbezogener Steuerung**

Situationsanalyse

Die Anwender steuern auftragsorientiert:

- Auftragsbezogene Terminbesprechungen sollen die Termintreue sicherstellen.
- Es werden einzelne Aufträge priorisiert.
- Die Auswirkungen auf Belegung, Bestand und Rückstand werden vernachlässigt.

Lösungsansätze

Die Anwender regeln ressourcenorientiert:

⇨ Steuerungskomplexität verringern durch Inselbildung.

⇨ Kapazitäten vorausschauend abstimmen, d.h. Bestand und Rückstand regeln.

⇨ Automatisiert mit begrenzten Kapazitäten planen.

b) **Schlussfolgerungen**

Abb. 7.36 Fehlerkreis auftragsbezogener Steuerung (Praxisbeispiel)

sourcenorientierten Ansatz notwendig. Als Lösungsansätze wurden im konkreten Fall eine Inselbildung (für wiederkehrende Produkte mit stabiler Bedarfssituation) sowie eine vorausschauende Kapazitätsregelung (für die weiterhin funktional organisierten Produktionsbereiche) über eine automatisierte Planung mit begrenzten Kapazitäten diskutiert.

Aus *sozial-emotionaler Sicht* kann eine klare und inhaltlich sauber herausgearbeitete Kernbotschaft Rechtfertigungsimpulse bei den Betroffenen auslösen. Die dann einsetzende Diskussion ist rückwärtsgerichtet und konzentriert sich auf ein Anführen von Gründen und Ursachen, die eine Verbesserung verhindern. Fast zwangsläufig entsteht eine gereizte Atmosphäre zwischen den veränderungsbereiten und (scheinbar) veränderungsresistenten Betroffenen.

In der Diskussion muss der Diskussionsleiter darauf achten, dass die inhaltlichen von den sozial-emotionalen Aspekten getrennt bleiben: Reagieren die Betroffenen in der Diskussion mit Rechtfertigungsimpulsen, greift dieser moderierend ein. Diese Moderationsaufgabe leistet typischerweise der Prozessbegleiter, kann aber in gut eingespielten Teams auch durch andere Kernteammitglieder wahrgenommen werden.

Das Beispiel verdeutlicht, wie Projektsituationen vor- oder nachbereitet werden können. Eine solche Coachingaufgabe wird typischerweise durch den Prozessbegleiter ausgeübt.

Baustein Qualifizierung

Der *Baustein Qualifizierung* umfasst Methoden und Maßnahmen, die unter den drei genannten fachlichen, organisatorisch-methodischen sowie sozial-emotionalen Projektaspekten auf eine Weiterqualifizierung der Akteure zielen. Die Aktivitäten sollen die individuelle Handlungskompetenz der Projektmitglieder stärken und sind der Reflexionsebene zugeordnet.

Nach klassischem Verständnis erfolgt eine Qualifizierung im Rahmen „echter“ Weiterbildungsveranstaltungen oder Fachseminaren. Oftmals ist hier der Bezug zum aktuellen Anwendungsfall oder zum Weiterbildungsbedarf nicht zielgruppen- oder anforderungsgerecht, was die Wirksamkeit der Maßnahme einschränkt. Wirkungsvoller erscheint demgegenüber die Weiterbildung im laufenden Projektbetrieb – d. h. während der Projektarbeit und idealerweise am konkreten eigenen Beispiel (learning by doing). Der Vorteil für die Teilnehmer liegt darin, dass die Maßnahmen auf den direkten Bedarf ausgerichtet sind, was zu einer unmittelbaren Anwendbarkeit und damit meist zu höheren Lernerfolgen führt. Der Preis ist eine aufwendigere, auf die individuellen Rahmenbedingungen ausgerichtete Vorbereitung.

Für eine *fach-logistische Weiterqualifizierung* ist das notwendige logistische Grundlagenwissen vom fachspezifischen Projektwissen zu unterscheiden. Für die fachliche Projektleitung sind beide Wissensarten erforderlich. Sind sie im Unternehmen nicht verfügbar, ist eine externe Unterstützung unumgänglich, vgl. Abschn. 7.1: Projektdurchführung.

Das in den vorhergehenden Kapiteln 3 bis 6 beschriebene logistische Grundlagenwissen (vgl. auch die dort zitierte Literatur) bildet die Basis für eine inhaltlich erfolgreiche Projektarbeit. Hier ist zu beachten, dass Verbesserungen in logistischen Systemen meist durch eine engere Kopplung der Aktivitäten in der logistischen Kette realisiert werden. Deshalb sollte sich eine fach-methodische Qualifizierung vor allem darauf richten, nicht nur die angestrebten Hauptwirkungen sondern auch – möglicherweise unerwünschte – Nebenwirkungen zu betrachten, um Auswirkungen abmildern zu können und die Organisation darauf vorzubereiten:

- In der *Ist-Analyse* sollten die Fachberater vor allem *Fehlerkreise* des logistischen Handelns erkennen. Hier greifen die Akteure vordergründig richtig ein, lösen aber durch ihre Handlungen unerwünschte Nebenwirkungen aus: Die Unkenntnis logistischer Wechselwirkungen führt zu einer schleichenden Verschlechterung der Situation. Bekanntestes Beispiel hierfür bildet der seit vielen Jahren in Literatur und Praxis diskutierte Fehlerkreis der PPS bzw. Fertigungssteuerung (engl. vicious manufacturing cycle), vgl. dazu ausführlich MaPlo77; KeBe81; WCW05: 464 f.]. Weitere sind der in Abb. 7.36 erläuterte Fehlerkreis auftragsbezogener Steuerung, die Fehlerkreise der Kapazitätsplanung in der Lieferkette und der Sicherheitsbestandsanpassung [Löd08b, S. 118, 160] oder der in Abb. 1.5 beschriebene Fehlerkreis symptomgetriebener Verbesserungsanstrengungen.
- Während des *Soll-Konzepts* müssen Fachberater nicht nur die angestrebte Hauptwirkung der Lösung, sondern auch unerwünschte Nebenwirkungen logistischer Veränderungen vordenken. Beispiele hierfür wurden in Abschn. 1.3 ausführlich beschrieben.

Grundlagen des *projektspezifischen Fachwissens* sind zunächst eher übergreifende und deshalb fachmethodisch geprägte Themen zur Gestaltungsmethodik, der fachlichen Strukturierung und dem Herausarbeiten von Kernbotschaften. Hierauf aufbauend lassen sich Inhalte zur Softwareauswahl und -einführung sowie zur Hochlaufunterstützung vermitteln, vgl. dazu ausführlich Abschn. 7.5 sowie die dort zitierte Literatur.

Für die *methodisch-organisatorische Weiterqualifizierung* sind Methoden zur Systemabgrenzung und Systematisierung, zur zielorientierten Arbeitsweise (Ziel-Mittel-Denken, Planen – Entscheiden – Erfolgskontrolle) sowie zur Präsentation und Visualisierung zu vermitteln und anzuwenden. Darüber hinaus ist Hintergrundwissen zum Wissensmanagement und den daraus abgeleiteten Überlegungen zur Projektdokumentation (und Projektkommunikation) nützlich, vgl. dazu ausführlich Abschn. 7.2 und 7.3 sowie die dort zitierte Literatur.

Die *sozial-emotionale Weiterqualifizierung* umfasst zunächst Grundregeln zur Kommunikation und zum Verständnis von Gruppenprozessen. Aufbauend auf diesem Wissen können Methoden und Maßnahmen zur Förderung der Selbstsicherheit im Umgang mit anderen, zur Moderation von Gruppen und Gruppenprozessen sowie zu Konflikten vermittelt und angewendet werden, vgl. dazu ausführlich Abschn. 7.2 und 7.4 sowie die dort zitierte Literatur.

Baustein Lessons Learned

Der Baustein *Lessons Learned* umfasst die Methoden und Maßnahmen, die zur reflektierenden Begleitung des generellen Projektzustandes erforderlich sind. Aus einer solchen Betrachtung können übergreifende methodische Verbesserungen oder grundsätzliche Projektanpassungen abgeleitet werden. Ein solches *reflektierendes Controlling* bildet das logische Pendant zum operativen Controlling (vgl. Baustein Planung und Kontrolle).

Generell ist der *Prozessbegleiter* für den Anstoß der Reflexion verantwortlich: Eine frühzeitige Identifikation von Schwachpunkten und potenziellen Zeit- und Kostentreibern im Vorgehen vermeidet mit einer Entwicklung von Verbesserungsstrategien unnötigem Aufwand und beugt so einer schlechten Arbeitsatmosphäre vor. Darüber hinaus geht es um die Sicherung des Lerngewinns für spätere Projektphasen. Für die praktische Durchführung sind zum einen *geplante Lessons-Learned*-Aktivitäten denkbar:

- In einer *Reflexionseinheit* am Ende des Workshops werden Hinweise auf Beizubehaltendes und Verbesserungsmöglichkeiten gesammelt. Dies ist mündlich über offene Fragen oder schriftlich über einen Kurzfragebogen (z. B. Zeitrahmen, Zielformulierung, -orientierung und -erreichung, Arbeitsmethodik und Arbeitsatmosphäre) umzusetzen.
- Das für Projektlernen reservierte *Projekttreffen* dient dazu, ausgewählte Fragestellungen ausführlicher zu behandeln. Ausgehend von einer Reflexion ist je nach Projektsituation bspw. die Klärung rollenspezifischer Konflikte oder die Weiterentwicklung bestehender Projektregeln denkbar.

Gibt es einen Anlass zur Unzufriedenheit, ist eine Detailanalyse notwendig. Als Strukturierungshilfe zur Beschreibung der Projektsituation und zur Untersuchung der Wechselwirkungen dienen die bereits mehrfach beschriebenen vier Projektaspekte (vgl. Abb. 7.3a). Abbildung 7.37 zeigt hierfür ein Beispiel. Anlass war die von unterschiedlichen Projektmitgliedern bemängelte geringe Verbindlichkeit von Projektentscheidungen.

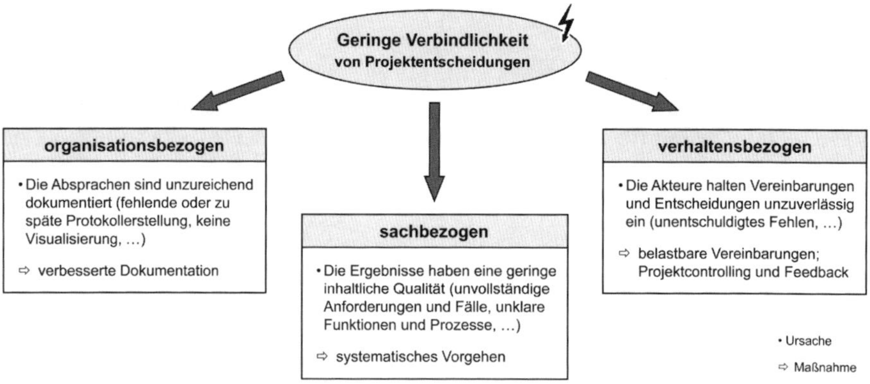

Abb. 7.37 Reflektierendes Projektcontrolling (Projektbeispiel)

Die Detailaussagen sind den Projektaspekten entsprechend zu drei Ursachenblöcken verdichtet. Die bestehenden Wechselwirkungen erfordern eine Abstimmung der Maßnahmen:

- *Sachbezogen* schätzten einige Kernteammitglieder die Ergebnisqualität als unzureichend ein. Sie bemängelten unvollständige logistische Anforderungen (keine systematische Ableitung der Abwicklungsfälle) und daraus resultierend unklare Funktions- und Prozessgestaltungsvorschläge. Zur Verbesserung wurde vereinbart, im ersten Schritt die relevanten Abwicklungsfälle aus den logistischen Geschäftsarten abzuleiten (vgl. Abschn. 6.2.2). Aufbauend auf der Kenntnis der genauen Anforderungen (und ihrer Auftretenshäufigkeit) sollten dann erst im zweiten Schritt Gestaltungsvorschläge erarbeitet werden.
- *Organisationsbezogen* bemängelten die Projektmitglieder, dass die erarbeiteten Ergebnisse nicht nachvollziehbar sind. Die unzureichende Dokumentation zeigt sich an fehlender oder zu später Protokollerstellung und unzureichender Visualisierung der Ergebnisse (vgl. Abschn. 7.3.2: Baustein Visualisierung und Präsentation). Zur Verbesserung wurden die bestehenden Dokumentationsregeln überprüft und vereinfacht sowie Kapazität zur Projektdokumentation bereitgestellt.
- *Verhaltensbezogen* erschien den Projektbeteiligten die Zuverlässigkeit der Projektmitglieder zu gering. Sie bemängelten insbesondere eine unregelmäßige Teilnahme in Projektsitzungen, die kurze Gültigkeit von Vereinbarungen und Entscheidungen sowie die sich wiederholenden Konzeptdiskussionen und Abstimmungsschleifen. Zur Verbesserung sind zunächst belastbare Vereinbarungen erforderlich, d. h. bei der Aufgabenvereinbarung sind Arbeitsumfang und Kapazitätsverfügbarkeit realistisch einzuschätzen. Flankierend wirken die Standardtagesordnungspunkte Protokoll und Aufgabenerledigung sowie ein Controlling zur Einhaltung.

Die im konkreten Beispiel beschriebene Analyse und Maßnahmenvereinbarung verdeutlicht typische Defizite einer unsystematischen Projektarbeit. Sie sollten mit den im Buch beschriebenen Vorgehensweisen der Projektgestaltung und -durchführung zu überwinden sein.

Neben geplanten Aktivitäten gibt es auch Anlässe für *ereignisbedingte Lessons-Learned*-Aktivitäten. Typischerweise werden diese durch einen unbefriedigenden Projektfortschritt ausgelöst. Identifikationsgrundlage bilden wiederum die in Abb. 7.35 aufgeführten Leitfragen zur Risikoüberwachung (vgl. Baustein Risikomanagement).

Der folgende Abschnitt verdichtet die Überlegungen zur Analyse, Konfiguration und Einführung von Auftragsmanagement-Systemen zu Vorgehens- und Gestaltungsleitlinien.

7.7 Vorgehens- und Gestaltungsleitlinien

Die Arbeit soll dazu beitragen, die noch vielfach üblichen, erfahrungsgeleitet organisierten Abläufe mit situationsgetriebenen Zuständigkeiten zu überwinden und durch kundenorientierte regelkreisbasierte Geschäftsprozesse mit klaren Verantwortlichkeiten zu ersetzen. Dieser Ansatz betrifft in besonderem Maße das Auftragsmanagement mit seinem Einfluss auf die Wettbewerbsfaktoren Lieferzeit und Liefertreue.

Die hierzu entwickelten Leitlinien sind zweigeteilt: Die *Vorgehensleitlinien* geben den organisatorisch-sozialen Projektrahmen vor; sie konzentrieren sich auf die Gestaltung von Wandlungsprozessen im Auftragsmanagement unter Berücksichtigung der Akteursinteressen. Demgegenüber behandeln die *Gestaltungsleitlinien* die logistisch-fachlichen Aspekte eines Auftragsmanagement-Systems mit Blick auf die betrieblichen Akteure.

Vorgehensleitlinien

Die *Vorgehensleitlinien* für eine akteursorientierte Gestaltung von Wandlungsprozessen beinhalten die generelle Ablaufstruktur und die Erfolgsfaktoren zur Beteiligung der Akteure.

Die Gestaltungsaktivitäten des Auftragsmanagement-Systems sind mit den operativen Planungs-, Steuerungs- und Überwachungsaktivitäten der operativen Betriebsphase eng verwoben. Abbildung 7.38 zeigt den Auftragsmanagement-Wandlungsprozess. Als Grundmodell wurde der vierphasige Problemlösungsprozess nach Deming (PDCA-Zyklus) gewählt (vgl. Abschn. 3.5.1).

Den Gestaltungsebenen des Auftragsmanagements folgend (vgl. Abschn. 3.2.2), unterscheidet die Prozesslogik nach Abb. 7.38a die Aktivitäten Parametrierung (Act 1), Grundkonfiguration (Act 2) sowie Logistikstrategie (Act 3):

- Die *Parametrierung* repräsentiert die unterste Veränderungsstufe des AM-Systems und erfolgt während des laufenden Betriebs. Sie dient der stetigen Nachführung der Planungs- und Steuerungsparameter des AM-Systems an geänderte Bedingungen der Auftrags- und Kapazitätssituation. Diese Aufgabe ist in der

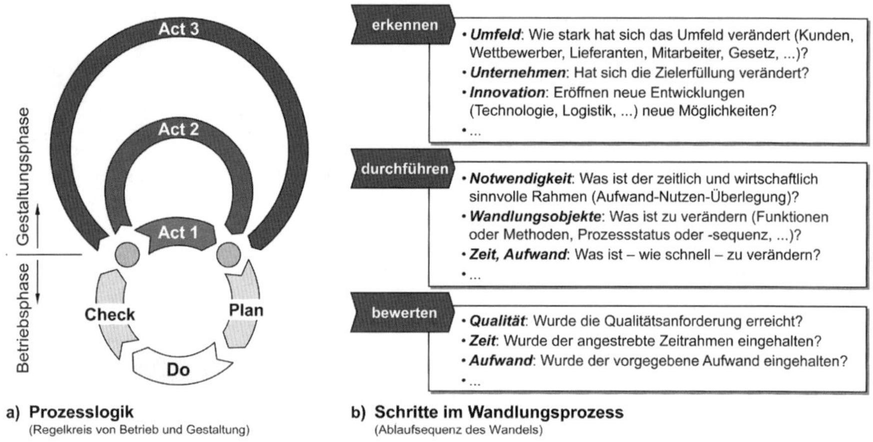

Abb. 7.38 Wandlungsprozess im Auftragsmanagement

Praxis häufig unzureichend definiert und ein wichtiger Faktor zur Verbesserung der Planungsqualität.

- Die *Grundkonfiguration* ist auf einer mittleren Veränderungsstufe angesiedelt und stellt den Kern der AM-Gestaltung dar. Sie dient der Umstellung der Funktions- und Ablauflogik des Auftragsmanagement-Systems an geänderte Bedingungen in den Absatz- oder Beschaffungsmärkten oder in der eigenen Produktion.
- Die *Logistikstrategie* bildet die höchste Veränderungsstufe im Auftragsmanagement. Sie richtet das bestehende Auftragsmanagement-System grundlegend neu aus. Beispiele sind der Wechsel der logistischen Zielausrichtung oder die Erschließung neuer Geschäftsfelder mit anderen logistischen Rahmenbedingungen.

Logistikstrategie und Grundkonfiguration ändern das Auftragsmanagement-System signifikant, was mindestens im direkt betroffenen Bereich Verhaltensänderungen der Akteure – und damit ein Auftragsmanagement-Projekt zu dessen Umgestaltung – erforderlich macht. Diese Aufgabe wird in der Praxis üblicherweise stark erfahrungsbasiert bearbeitet.

Die Neu- oder Umgestaltung eines AM-Systems birgt große Risiken funktionaler und finanzieller Art und greift darüber hinaus erheblich in gewohnte Abläufe und Aufgaben ein. Der damit verbundene Wandlungsprozess ist daher sorgfältig zu bedenken und systematisch zu planen. Die im Folgenden erläuterten Schritte betten die – in den vorhergehenden Abschnitten des Kapitels ausführlich beschriebene – Projektmethodik zur Einführung bzw. Umgestaltung eines Auftragsmanagement-Systems in einen übergeordneten Rahmen ein. Abbildung 7.38b detailliert diese Schritte anhand von praxisbewährten Prüffragen [WieH09]:

- *Erkennen*: Zunächst sind die Verantwortlichen permanent gefordert, mögliche Veränderungsbedarfe zu erkennen. Bezogen auf die operative logistische Abwicklung sind sowohl Veränderungen im *Umfeld* (Kunden, Wettbewerber, Lieferanten, …) als auch die (logistische) Zielerfüllung im eigenen *Unternehmen* (Leistung, Durchlaufzeit, Bestand und Zuverlässigkeit) relevant. Darüber hinaus sind *Innovationen* (v. a. technologische Entwicklungen) zu beobachten und auf ihre Anwendbarkeit für das Auftragsmanagement zu prüfen.

- *Durchführen*: Vor dem eigentlichen Start des Veränderungsprojektes sind Sinnhaftigkeit und Inhalt zu prüfen. Unter dem Begriff *Notwendigkeit* wird unter Aufwand-Nutzen-Überlegungen abgeschätzt, inwieweit ein Wandel sinnvoll ist. Daraus resultieren die zeitlichen und wirtschaftlichen Rahmenbedingungen des Veränderungsprojektes. Inhaltlich sind dann einerseits die betroffenen *Wandlungsobjekte* (Funktions-, Ablauflogik, Werkzeuge) und andererseits der dafür notwendige *Zeit- und Kostenaufwand* zu ermitteln. Eine Gegenüberstellung von Notwendigkeit und geschätztem Aufwand erlaubt eine Entscheidung über den Anstoß des Wandlungsprozesses.
- *Bewerten*: Nach Projektende ist die Veränderung anhand der Kriterien des Projektmanagements (Zeit, Aufwand, Qualität) zu bewerten.

Dieser formalisierte Rahmen soll vor allem die Projektinitiatoren an ihre Verantwortung erinnern, die Effektivität der Projektarbeit kontinuierlich kritisch zu reflektieren, Fehlentwicklungen frühzeitig zu erkennen und rechtzeitig lenkend einzugreifen.

Um den eigentlichen *Veränderungsprozess* inhaltlich erfolgreich und organisatorisch nachhaltig zu gestalten, sind die Betroffenen angemessen zu beteiligen. Das hier entwickelte akteursorientierte Vorgehen umfasst deshalb zwei Schritte: Zunächst sind die Verständigungsgrundlagen durch die Beteiligten (sogenannter common ground) zu erarbeiten und erst auf dieser Basis der gemeinsamen Grundlage rollenbedingte Konflikte zu lösen. Um die erfolgsentscheidende Balance der organisatorischen, fachlichen und sozialen Elemente zu gewährleisten, ist eine Aufteilung der Leitungsaufgaben in eine fachliche Projektleitung und eine Prozessbegleitung nachdrücklich zu empfehlen. Abbildung 7.39 gliedert die Erfolgsfaktoren einer akteursorientierten Umgestaltung anhand der beschriebenen vier Projektaspekte:

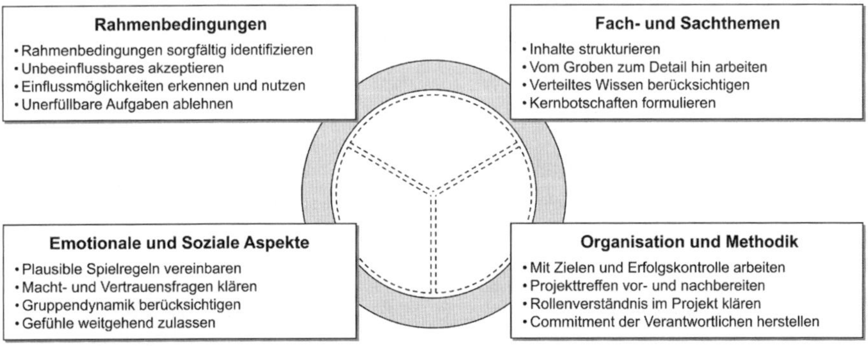

Abb. 7.39 Erfolgsfaktoren der akteursorientierten Umgestaltung. (H.-H. Wiendahl, H. R. Schübel)

- *Rahmenbedingungen*: Anknüpfend an den übergeordneten Wandlungsrahmen kommt es zunächst darauf an, die Rahmenbedingungen von Projekt und Unternehmen sorgfältig zu identifizieren: Unbeeinflussbare Rahmenbedingungen bezüglich Inhalt und Umfang sowie Zeit und Kosten sind zu akzeptieren. Gleichzeitig geht es darum, bestehende Einflussmöglichkeiten zu erkennen und konsequent zu nutzen. Obwohl generell einleuchtend, tun sich viele Projektverantwortliche schwer damit, nicht erfüllbare Aufgaben in der Sache unmissverständlich und substanziell begründet – und in der Form höflich – abzulehnen.
- *Fach- und Sachthemen*: Eine Fachstrukturierung der Inhalte bildet die Basis, um vom Groben zum Detail arbeiten zu können. Die Wissensverteilung auf unterschiedliche Personen erfordert eine entsprechende Projektbesetzung. Hier ist das heterogene Vorwissen der zu beteiligenden Personen zu beachten: Wissen ist Voraussetzung für eine echte inhaltliche Beteiligung. Das erfordert meist eine Wissensvermittlung zu Projektbeginn, was gleichzeitig eine gemeinsame Fachsprache als Verständigungsgrundlage schafft. Zur Vermittlung der erarbeiteten Inhalte sind Kernbotschaften zu formulieren und ggf. zu visualisieren.
- *Organisation und Methodik*: Ein Arbeiten mit Zielen und Erfolgskontrolle sowie eine adäquate Vor- und Nachbereitung der Projekttreffen bildet die Grundlage jeglicher effektiven und effizienten Projektarbeit. Erfahrungsgemäß unterschätzen Praktiker die Bedeutung beider Punkte, was dann Vorgehensschleifen oder inhaltliche Qualitätseinbußen verursacht. In der Projektarbeit ist es wichtig, das Rollenverständnis, also die Erwartungen (Außensicht) und deren Erfüllbarkeit (Innensicht des Rollenträgers), zu klären und darauf aufbauend ein belastbares Commitment der Verantwortlichen abzuholen.
- *Emotionale und soziale Aspekte*: Grundlage einer angemessen Projektatmosphäre bilden für alle Beteiligten plausible Spielregeln. Projekte sind oft durch versteckte Machtfragen belastet. Idealerweise gelingt es zu Beginn der Projektarbeit, diese Macht- und Vertrauensfragen angemessen zu klären, so dass die Akteure mit diesen bewusst umgehen. Projektarbeit ist Gruppenarbeit; dementsprechend ist es empfehlenswert, die Gruppendynamik zu berücksichtigen und Gefühle weitgehend zuzulassen.

Die Aufgabe des Prozessbegleiters besteht zum einen darin, die sozial-emotionalen Aspekte der Projektarbeit wirkungsvoll zu unterstützen. Zum anderen soll er methodisch-organisatorische Hilfestellung geben. Diese Aufgabe wird dadurch erleichtert, dass der Prozessbegleiter die Projektarbeit ohne fachliche Eigeninteressen beobachtet.

Die beschriebene Projektlogik folgt dem Grundgedanken eines *vorbeugenden Brandschutzes*: Dieser wirkt unspektakulär, ist aber meist billiger als dramatische Feuerwehraktionen im Projektverlauf. Letztere wirken vor allem eindruckvoll bei den Beteiligten nach, sind aber erfahrungsgemäß auch deutlich aufwendiger, sowohl finanziell als auch emotional.

Gestaltungsleitlinien

Die logistisch-fachliche Gestaltung eines AM-Systems ist aus Außen- und Innensicht zu betrachten: Aus der Außensicht ist das Auftragsmanagement anforderungsgerecht zu gestalten; hierfür dienen die situationsabhängigen Gestaltungsleitlinien. Aus der Innensicht muss das Auftragsmanagementdesign hinsichtlich der Ziele, Verfahren und Verantwortlichkeiten konsistent sein. Daraus haben sich situationsunabhängige Leitlinien ergeben. Diese müssen dann im täglichen Betrieb gelebt werden, um einen nachhaltigen Erfolg zu erzielen.

Die *situationsabhängigen Gestaltungsleitlinien* sind in zwei Schritten abgeleitet: Der erste Schritt nennt die Merkmale für den Idealzustand der logistischen Abwicklung aus Kundensicht und leitet hieraus Prüffragen ab. Deren Beantwortung bestimmt die im zweiten Schritt erläuterten Gestaltungsbedarfe für das Soll-Konzept.

Die logistische Perspektive setzt das Erreichen vereinbarter Qualitäts- und Kostenziele voraus. Damit ist der *ideale logistische Abwicklungsprozess* einer Produkt- oder Dienstleistung aus Kundensicht durch drei Merkmale gekennzeichnet: Er erreicht die gewünschte Lieferzeit (Geschwindigkeitsanforderung) für die Summe aller angefragten Bedarfsmengen (Flexibilitätsanforderung) innerhalb der zulässigen Abweichung (Toleranzanforderung). Für die Auftragsmanagement-Gestaltung sind diese Anforderungen mit der Leistungsfähigkeit des betrachteten logistischen Systems zu vergleichen. Abbildung 7.40 zeigt die relevanten Vergleichsgrößen für die situationsgerechte Auslegung des Auftragsmanagements.

Abgeleitet aus den alternativen logistischen Geschäftsarten (vgl. Abschn. 6.2.2) ist die Kopplung von Auslieferungs- und Herstellprozess zu gestalten [WiWes01; WieH02, S. 104 f.; WieH03a]:

- *Geschwindigkeit*: Der Vergleich von Lieferzeit- und Durchlaufzeitgrößen bewertet die Anforderungserfüllung. Hier lautet die Prüffrage: Erfordern heterogene Lieferzeiten (externe Sicht) heterogene Durchlaufzeiten[37] (interne Sicht)?
  Eine logistische Entkopplung von Auslieferung und Herstellung ist dann notwendig, wenn die kürzeste – gegenüber dem Kunden zugesagte – Soll-Lieferzeit kleiner ist als die mittlere Durchlaufzeit der Herstellungsaufträge (in Produktion

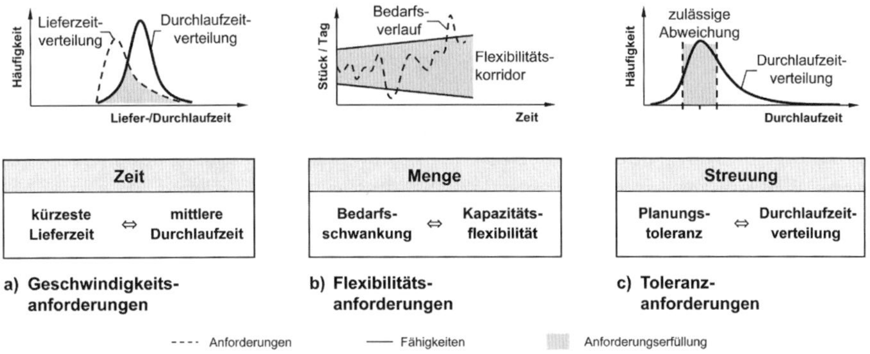

Abb. 7.40 Einflussgrößen der situationsgerechten Auftragsmanagement-Gestaltung

---

[37] Fremdvergabe aus Zeitanforderungen ist zu berücksichtigen, d. h.: Eilaufträge, die zur Erfüllung kurzer Lieferzeit extern bearbeitet werden, gelten als Sonderfall.

und Beschaffung). Dies erfordert eine entsprechende Bevorratungsstrategie (vgl. Abschn.6.3.2); wobei Wechselwirkungen mit den nachgefragten Bedarfsmengen und deren Schwankungen zu beachten sind.

- *Flexibilität*: Der Vergleich von Bedarfs- und Kapazitätsgrößen bewertet die Anforderungserfüllung. Hier lautet die Prüffrage: Übersteigen die Bedarfsschwankungen (externe Sicht) die Kapazitätsflexibilität in der Produktion[38] bzw. die Mengenflexibilität in der Beschaffung (interne Sicht)?
  Eine logistische Entkopplung von Auslieferung und Herstellung ist dann notwendig, wenn die Bedarfsschwankungen (bzgl. Gesamtmenge oder Auftragsmix) größere Kapazitätsbedarfsschwankungen in der betrachteten Planperiode verursachen, als von der verfügbaren Flexibilität in Beschaffung und Produktion bewältigt kann. Dies geschieht idealtypisch über die Marktkopplung (vgl. Abschn. 6.3.1); hierbei bestehen Wechselwirkungen mit den Lieferzeitanforderungen und ihrer Streuung.
- *Streuung*: Der Vergleich von Abweichungs- und Verteilungsgrößen bewertet die Anforderungserfüllung. Hier lautet die Prüffrage: Ist die geforderte Planungstoleranz (externe Sicht) kleiner als die intern realisierbare Verteilung der Durchlaufzeiten[39] bzw. Wiederbeschaffungszeiten (interne Sicht)?
  Eine logistische Entkopplung von Auslieferung und Herstellung ist dann notwendig, wenn die aus der geforderten Lieferzeittoleranz abgeleitete Planungstoleranz kleiner ist, als die realisierbare Streuung der Durchlaufzeiten bzw. Wiederbeschaffungszeiten. Die Entkopplung geschieht idealtypisch über Zeitpuffer oder Pufferbestände unter Berücksichtigung des angestrebten logistischen Leitbilds (vgl. Abschn. 6.3.3); hierbei bestehen Wechselwirkungen mit den beiden vorherigen Merkmalen.

Praxiserfahrungen bestätigen die enge inhaltliche Vernetzung dieser drei Anforderungen: Bereits das Verfehlen einer Anforderung verringert die Planbarkeit und Transparenz der Auftragsabwicklung und erhöht die Notwendigkeit manueller Eingriffe – Turbulenzen im Auftragsmanagement entstehen fast zwangläufig daraus, vgl. dazu ausführlich [WieH02, S. 104 f.]. Somit bewertet das unternehmensindividuelle Turbulenzprofil aus Anwendersicht, inwieweit das bestehende Auftragsmanagement-System in seiner Funktions- und Ablauflogik und seiner Werkzeugunterstützung geeignet erscheint, den spezifischen Anforderungen angemessen zu begegnen (vgl. Abschn. 5.2.5). Diese zunächst qualitative Bewertung kann bei Bedarf noch durch quantitative Analysen der Ist-Situation – über sogenannte logistische Fähigkeitsindizes – ergänzt werden, vgl. Abschn. 6.3.1 bis 6.3.3 sowie [WieH02, S. 152 ff.; WieH03a].

---

[38] Fremdvergabe aus Mengenanforderungen ist zu berücksichtigen, d. h. extern bereitgestellte Flexibilität (bspw. über Rahmenverträge abgesichert) zählt hier zur Kapazitätsflexibilität der Produktion.

[39] Die Prüffrage ist hier aus der Sicht einer zulässigen Terminabweichung formuliert. Die alternative Betrachtung einer zulässigen Mengenabweichung erfordert eine entsprechende Umformulierung. Das Steuerungsprinzip bestimmt die jeweils relevante Prüffrage, vgl. Abschn. 4.2.3, 5.2.5: Streuungen sowie 7.5.2.

Im zweiten Schritt lassen sich nun in Kenntnis der Ist-Situation Gestaltungsvorschläge für das Soll-Konzept ableiten. Die dabei maßgebenden Anforderungen sind gemäß der in Abschn. 6.1 vorgeschlagenen Konfigurationsmethodik abzuleiten.

Generell ergeben sich für den Umgang mit Turbulenz die Alternativen *Turbulenz vermeiden* (die Produktion und Beschaffung so gestalten, dass externe Veränderungen einen möglichst geringen Einfluss ausüben) oder *Turbulenz beherrschen* (die Produktion und Beschaffung mit den nötigen Fähigkeiten auszustatten, den externen Anforderungen zu begegnen), vgl. u. a. [ReiG99; WieH02, S. 24 ff.]:

- *Turbulenz vermeiden* heißt, sich zunächst auf eine Ursachenbeseitigung (etwa Maschinenausfälle) zu konzentrieren. Reicht dies nicht, ist im nächsten Schritt zu prüfen, ob geeignete Barrieren die Turbulenz reduzieren (bspw. Ausschluss unzuverlässiger Lieferanten).
- *Turbulenz beherrschen* ist sowohl durch eine Flexibilitätserhöhung der Produktions- und Beschaffungsprozesse (technische oder organisatorische Maßnahmen) als auch durch eine differenzierte Planung möglich. Schließlich ist auch eine Dämpfung der Auswirkungen denkbar (i. d. R. über Bestände oder Sicherheitszeitpuffer).

Mit Kenntnis des unternehmensspezifischen Turbulenzprofils (vgl. dazu Abschn. 5.2.5) lassen sich aus diesen Überlegungen fünf wesentliche Strategien zur *Turbulenzbewältigung* formulieren, vgl. dazu ausführlich [WRS00; West00b; WieH06b]:

1. *Beseitigen*: Gelingt es, die Ursachen für den Turbulenzkeim durch geeignete Maßnahmen zu beseitigen? – Maschinenausfälle könnten beispielsweise durch eine vorbeugende Wartung vermieden werden.
2. *Reduzieren*: Ist es möglich, den Turbulenzkeim zu reduzieren? – So könnte ein Preisaufschlag für Eilaufträge deren Anteil reduzieren.
3. *Reagieren*: Welche Gestaltungsmaßnahmen verbessern die Reaktionsfähigkeit in Beschaffung und Produktion soweit, dass ein Filtern von Turbulenzen unnötig wird – also unmittelbar auf Turbulenzen reagiert werden kann? – Bspw. könnte eine höhere Kapazitätsflexibilität Bedarfsschwankungen entschärfen, dann folgt die Produktion (und die Beschaffung) den Marktbedarfen unmittelbar.
4. *Planen*: Ist es möglich, die Auswirkungen des Turbulenzkeims durch eine differenziertere Planung zu beherrschen? – Saisonale Einflüsse könnten zum Beispiel durch entsprechend verbesserte Prognosemethoden besser vorhergesagt werden.
5. *Dämpfen*: Welche Maßnahmen sind geeignet, die Auswirkungen eines Turbulenzkeims zu dämpfen? – Durch Maschinenstillstände beim Kunden ausgelöste Eilaufträge könnten zum Beispiel über Lagerbestände von Serviceteilen verringert werden.

Die Systematik strukturiert das Ableiten konkreter Lösungsvorschläge im Einzelfall und identifiziert ähnliche Lösungsideen. Im Detail unterscheiden sich die jeweiligen Strategien nicht immer trennscharf und nicht alle Fragen erzeugen notwendigerweise sinnvolle Lösungen.

Die *situationsunabhängigen Gestaltungsleitlinien* sind in ebenfalls zwei Schritten abgeleitet: Der erste Schritt nennt Merkmale für den Idealzustand der Informationsverarbeitung im Auftragsmanagement. Darauf aufbauend werden im zweiten Schritt die zu ihrer Erreichung erforderlichen Gestaltungs- und Betriebsaktivitäten in Form von Leitlinien formuliert.

Versteht man Planung und Steuerung als *Informationsverarbeitungsprozess*, wandelt jede Aktivität Eingangs- in Ausgangsdaten um. Generell gilt das Gestaltungsprinzip der geschlossenen Handlungskreise (vgl. Abb. 3.2). Daher ist die Informationsverarbeitung im laufenden Betrieb eines Auftragsmanagement-Systems idealerweise durch fünf Merkmale gekennzeichnet. Sie sind hier als Fragen formuliert, vgl. u. a. [TraRu96, S. 289; WieH06c; WieP06, S. 506]:

- *Vollständigkeit*: Wurden alle für den Folgeprozess relevanten Informationen übermittelt? Der Zweckbezug der Informationen lässt sich einerseits aus den angestrebten Logistikzielen (z. B. 5 Tage Durchlaufzeit) und andererseits aus den vorgesehenen Folgeaktivitäten (z. B. Materialbearbeitung auf einer Maschine benötigt Fertigungshilfsmittel) prüfen.
- *Korrektheit*: Sind die ermittelten Ziel- bzw. Sollwerte realistisch (Planung)? bzw. verlief der Durchlauf wie geplant (Ausführung)? Für die Planung ist dies unter zwei Aspekten zu konkretisieren: Zum einen sollten die erzeugten Pläne konsistent sein, also keine widersprüchlichen Planungsdaten beinhalten (z. B. muss die Summe der Arbeitsvorgangsdurchlaufzeiten in der Feinplanung mit der Auftragsdurchlaufzeit des MRP-Laufs übereinstimmen). Zum anderen ist die Genauigkeit (Detaillierungsgrad der Vorgabe) zu prüfen. Für die Ausführung ist analog der Detaillierungsgrad der Rückmeldung relevant. Für beide Fälle bildet die vorgegebene Toleranz (zulässige Mengen- oder Terminabweichung) das Prüfkriterium.
- *Aktualität*: Sind die Informationslaufzeiten zwischen Realität und Planungsstand akzeptabel? Dies betrifft vor allem die Aktualität der in die Planerstellung eingeflossenen Bedarfs- und Angebotsinformationen sowie den Zeitverzug der Rückmeldedaten. Neben der bereits erwähnten Toleranz ist hier insbesondere die Dynamik der Umweltänderungen sowie der Prozesssicherheit in der Ausführung zu berücksichtigen.
- *Plausibilität*: Können die beteiligten Akteure die für sie relevanten Informationen (Vorgaben, Ergebnisse) aus ihrem Rollenverständnis inhaltlich nachvollziehen? Dieser Aspekt tritt in der klassischen Ingenieursicht in den Hintergrund, während er kognitionspsychologisch eine hohe Bedeutung hat, vgl. dazu ausführlich [HaOl75; HaOl80, S. 71 ff.; Klei06]. Dies betrifft zunächst die generelle Nachvollziehbarkeit der Planungsergebnisse und zwar sowohl für die Entscheidungsrolle (z. B. Materialdisponent) als auch für die Ausführungsrolle (z. B. Mitarbeiter an der Maschine). Darüber hinaus ist die Planaktualisierung unter zwei Aspekten zu betrachten: Sieht der Akteur lediglich die Plananpassung, wird die Frage der Umweltänderung (z. B. spätere Materialverfügbarkeit, Maschinenausfall, geänderter Kundentermin) relevant. Sieht der Akteur lediglich die Umweltänderung, wird die Frage nach der Konsequenz für eine Planänderung

(z. B. geänderter Starttermin, spätere Fertigstellung, neuer Liefertermin) gestellt und aus Sicht des Individuums nachvollziehbar sein müssen. Erst dann werden die Ergebnisse aus Akteurssicht plausibel.

- *Akzeptierbarkeit*: Haben sich die beteiligten Akteure die sie betreffenden Ziel zu eigen gemacht? Nach motivationspsychologischen Erkenntnissen ist die Akzeptanz entscheidend für die Internalisierung durch den Akteur, denn nur so werden Ziele zur Leitlinie seines Handelns, d. h. zum Handlungsziel. Hier sind unterschiedliche Faktoren relevant, wie bspw. die Spezifität von Zielen und die Schwierigkeit, sie zu erreichen, ihre Zeitperspektive oder die Bindung des Akteurs an das Ziel einer Rolle, vgl. dazu ausführlich [Klei06].

Die vorgestellten Merkmale mit den zugeordneten Fragen sind nun auf die sechs Gestaltungsaspekte des Auftragsmanagements zu beziehen. Sie sind in Form von Leitlinien verdichtet und als formale Anforderungen zu verstehen. Abbildung 7.41 differenziert diese situationsunabhängigen Leitlinien nach Gestaltungs- und Betriebsphase [WieH08].

Notwendige Bedingung für ein schlüssiges Auftragsmanagement ist seine konsistente, an den Zielen ausgerichtete Gestaltung, Abb. 7.41 linke Spalte.

- Unter dem *Zielaspekt* ist eine für alle Verantwortlichen konsistente Reihenfolge der Zielprioritäten ideal. Denn das bereits von Gutenberg vorgestellte Dilemma der Ablaufplanung [Gut51, S. 159] erfordert eine logistische Positionierung; d. h. ausgehend von Marktanforderungen und strategischen Unternehmensentscheidungen ist zunächst die logistische Zielpriorität unternehmensweit festzulegen, um dann die Auswirkungen auf die anderen Ziele zu bewerten. Gelingt eine solche ebenen- und bereichsübergreifende Harmonisierung nicht, sind Verhandlungen zwischen den Verantwortlichen (mit offengelegten strukturell bedingten Zielkonflikten) vorzusehen. Neben eindeutigen Zielprioritäten sind quantifizierte Ziele realistisch zu vereinbaren, d. h. sie sollten im operativen Betrieb erreichbar sein. Sowohl zur Unterstützung der logistischen Positionierung als auch der

Aspekt	Gestaltungsphase	Betriebsphase
Ziele	• Zielprioritäten konsistent vorgeben • Ziele realistisch vereinbaren	• Zielakzeptanz, -erreichung überprüfen • Realisierbarkeit der Ziele hinterfragen
Funktion	• Funktionen und Methoden korrekt modellieren	• Funktionen zweckgemäß nutzen • eingesetzte Methoden parametrieren
Objekt	• Planungsobjekte geeignet detailliert modellieren	• Datenqualität laufend überprüfen • Stamm- und Bewegungsdaten pflegen
Prozess	• Prozesse und Regelkreise angemessen detailliert beschreiben	• Prozesse zweckgerichtet anwenden • Entscheidungen konsequent umsetzen
Stelle	• Bereiche eindeutig abgrenzen • Leistungsanforderungen identifizieren	• Handlungskompetenz vermitteln • Logistikverständnis schulen
Werkzeug	• passende und ergonomische Werkzeuge bereitstellen	• Werkzeuge korrekt verwenden und mit den Standardwerkzeugen arbeiten

Abb. 7.41 Situationsunabhängige Gestaltungsleitlinien

Zielquantifizierung haben sich die logistischen Kennlinien bewährt, vgl. dazu Abschn. 4.5 sowie [NW99; NW07].

- Die *Funktionslogik* umfasst die Funktionen und Objekte: Die notwendigen Planungs- und Steuerungsfunktionen sind zunächst korrekt zu modellieren, um darauf aufbauend geeignete Methoden auszuwählen oder ggf. zu entwickeln. Dazu korrespondierend sind die Planungsobjekte geeignet detailliert zu modellieren. Hier entstehen Entscheidungsebenen mit jeweils spezifischem Zweck und Detaillierungsgrad. Die gestalterische Herausforderung einer so gebildeten Entscheidungsarchitektur besteht darin, die Ebenen über Regeln zur Aggregation und Disaggregation geeignet zu verknüpfen, vgl. dazu Abschn. 6.3.6 und 6.3.7.
- Die *Ablauflogik* fasst Prozesse und Stellen zusammen: Die Entscheidungsprozesse der Planung und Steuerung sind angemessen hinsichtlich Detaillierungsgrad und Ablaufvarianten zu beschreiben. Zentrales Prüfkriterium ist das Vorliegen geschlossener Regelkreise: Dies gilt zunächst zeitlich im Sinne des sogenannten Handlungskreises, vgl. dazu Abschn. 2.3.2 sowie [Geh40, S. 54 ff.; MGP60, S. 25 ff.; Rop99, S. 99 ff.]. In Systemen mit verteilter Verantwortung ist darüber hinaus der aufbauorganisatorische Bezug zu beachten: Informationskreisläufe gelten dann als geschlossen, wenn der Prozessstart- und -endpunkt bei derselben Person liegen, vgl. dazu ausführlich Abschn. 2.3.3, 5.3.6 sowie [MMT70, S. 49; Scherr1993; PMI04, S. 224, 229; GPS07, S. 18 ff.]. Aus Stellensicht sind Bereiche und Verantwortungsübergänge klar abzugrenzen und entsprechende Verantwortliche für Prozessabschnitte zu benennen. Schließlich sind entsprechende Leistungsanforderungen zu identifizieren: Dies betrifft zum einen den Stelleninhaber (Qualifikationsanforderung der Stelle). Zum anderen ist sicherzustellen, dass die für die Aufgaben erforderliche Personalkapazität ausreicht.
- Schließlich sind die *Werkzeuge* passend zu den logischen Gestaltungsaspekten auszuwählen bzw. zu entwickeln. Eine Projektsystematik zur Softwareauswahl (bzw. -entwicklung) und Softwareeinführung hat sich bewährt, vgl. Abschn. 7.5 sowie [GroN01; Spec05, S. 165 ff.; RoSm06; BVW07a]. Zur Alternativenbewertung und zur Forschrittsüberwachung sind im Auftragsmanagement die drei Sichtweisen Artikel, Ressource und Auftrag erforderlich. Hier bieten die entsprechenden Durchlaufdiagramme (Arbeitssystem-Durchlaufdiagramm für Ressourcen, Lager-Durchlaufdiagramm für Artikel, Kundenauftragsdiagramm für Aufträge) eine geeignete Visualisierung, vgl. dazu ausführlich Abschn. 4.1.

Hinreichende Bedingung für ein schlüssiges Auftragsmanagement ist die konsequente Umsetzung der beschriebenen Gestaltungsregeln im laufenden Betrieb, Abb. 7.41 rechte Spalte:

- Hinsichtlich der *Ziele* ist die tatsächliche Zielerreichung zu prüfen. Abweichungen erfordern ein kritisches Hinterfragen der Gründe für Zielverfehlungen (unrealistische Vorgabe, geänderte Rahmenbedingungen etc.). Aus Akteurssicht ist darüber hinaus die Zielakzeptanz hinsichtlich der genannten Kriterien wichtig, vgl. dazu ausführlich [Klei06].
- Bezogen auf die *Funktionslogik* sind Funktionen und Methoden zweckgemäß zu nutzen. Hier sind vor allem die korrekte Parametrierung der Planungs- und

Steuerungsverfahren sowie die konsistente Auslegung der Terminierungsparameter über unterschiedliche Entscheidungsebenen relevant [WB06, S. 21 f.]. Andererseits ist die Datenqualität laufend zu überprüfen und ggf. zu aktualisieren. Die Stamm- und Bewegungsdaten sind vollständig, korrekt und aktuell zu halten.

- Bezogen auf die *Ablauflogik* sind die Prozesse anzuwenden und erkannte Entscheidungsbedarfe konsequent umzusetzen. Oftmals besteht nämlich in der Praxis das Problem, dass Handlungsbedarfe zwar erkannt werden, aber die Verantwortlichen nicht konsequent danach handeln. Deshalb ist es wichtig, dass die Zielvorgaben und Planungsergebnisse für die Beteiligten plausibel sind. Aus Stellensicht sind den Stelleninhabern entsprechende Handlungskompetenzen zu vermitteln; das Logistikverständnis aller Rollen ist zu überprüfen und ggf. zu schulen.
- Aus *Werkzeugsicht* sollten die eingesetzten Werkzeuge zweckgemäß verwendet werden. Ein belastbares Prüfkriterium für die Benutzerakzeptanz der Standard-Software bildet die Anzahl individuell genutzter Hilfslösungen. Diese sogenannten Workarounds basieren meist auf lokalen Tabellenkalkulationsprogrammen. So können nur wenige Anwender auf die Daten zugreifen und die erforderliche Informationsverfügbarkeit wird verfehlt. Bleiben solche Lösungen nach wie vor im Betrieb, deutet dies auf weiterhin unzureichende Standard-Werkzeuge oder auf Schulungsbedarf hin.

Deshalb ist in der Betriebsphase darauf zu achten, dass die Anwender notwendige Verbesserungsbedarfe in den eingesetzten Standard-Werkzeugen auch aufzeigen und nicht ‚am System vorbei' arbeiten. Erst dies ermöglicht eine ständige Verbesserung.

Die beschriebenen Leitlinien ermöglichen eine systematische Prüfung der Auftragsmanagement-Konfiguration. Sie betrachten im Sinne eines Qualitätsmanagements, ob für dessen Gestaltung und Betrieb Regeln existieren und ob diese konsequent angewendet werden.

Damit sind die Darlegungen zur Einführung eines Auftragsmanagement-Systems abgeschlossen. Das Kapitel hat das Thema der Arbeit noch einmal unter dem Gesichtspunkt der praktischen Umsetzung und Einführung reflektiert. Wesentlich ist dabei, die erfolgsentscheidende Balance der fachlichen, organisatorischen und sozialen Elemente zu gewährleisten.

Kapitel 8
Zusammenfassung

Die Produktionsunternehmen im Hochlohnland Deutschland haben neben der ständigen Innovation ihrer Produkte und Fertigungstechnik die Verbesserung ihrer Logistik als Möglichkeit zur Sicherung ihrer Wettbewerbsstellung erkannt. Neben überlegener Produktfunktionalität, gleichbleibend hoher Produktqualität und einer akzeptablen Preisgestaltung kann vor allem eine zuverlässige und schnelle Lieferung Kunden langfristig binden. Damit wird das Auftragsmanagement für die industrielle Produktion zum strategischen Erfolgsfaktor.

Über Unternehmensbereiche und -ebenen hinweg sind zahlreiche Stellen daran beteiligt, diese komplexe Aufgabe zu bewältigen. Informationstechnisches Rückgrat der Auftragsabwicklung ist in den meisten Unternehmen eine Standard-ERP-Software. Passen die Anwender die Software den unternehmensspezifischen Anforderungen an oder ergänzen sie diese durch zusätzliche Software, steigt die IT-Komplexität zusätzlich. Hier eine Software einzuführen oder diese an neue Produkte und Märkte, Standorte und Produktionsformen sowie Fortschritte der Informationstechnologie anzupassen, erfordert aufwändige und risikoreiche Projekte.

Einig! – so tolerant sind wir

H.-H. Wiendahl, *Auftragsmanagement der industriellen Produktion*,
DOI 10.1007/978-3-642-19149-7_8, © Springer-Verlag Berlin Heidelberg 2011

In der Praxis verfehlen diese Veränderungsprojekte oft ihre Ziele: Erwartete logistische Verbesserungen oder Kosteneinsparungen werden nicht erreicht und Einführungsdauer und -aufwand der Projekte übersteigen die Planung. Oft suchen die Verantwortlichen dann den Grund in der Software und erkennen nicht, dass widersprüchliche Zielsetzungen, ungeklärte Organisationsentscheidungen, mangelhafte Projektvorbereitung und -durchführung oder fehlende Berücksichtigung der Akteursinteressen die tiefer liegenden Ursachen waren.

Ziel der vorliegenden Arbeit ist es, die genannten Probleme aus *Anwendersicht* offenzulegen, um damit einen Beitrag zu einem nachhaltigen Projekterfolg zu leisten. Der dazu gewählte sozio-technische Ansatz berücksichtigt insbesondere die Wechselbeziehung zwischen dem technischen System, den nutzenden Menschen sowie der formellen und informellen Organisation. Diese ist im Auftragsmanagement deutlich stärker ausgeprägt als etwa bei einer Produktionsanlage. Im Allgemeinen führen dort nämlich ausgiebig geschulte und erfahrene Mitarbeiter die Produktionsanlage und Spezialisten der eigenen Instandhaltung oder des Herstellers beheben Störungen. Demgegenüber greifen im Auftragsmanagement vielfach verschiedene mehr oder weniger kundige oder autorisierte Personen in das laufende System ein, teilweise ohne sich die Auswirkungen auf das logistische Gesamtverhalten bewusst zu machen. Das Spektrum reicht vom berühmten „Chefauftrag", der andere Aufträge beiseite drängt, bis zur selbsttätigen und unabgestimmten Veränderung der Auftragsreihenfolge am Arbeitsplatz durch den Werker, „weil damit doch teure Rüstzeit eingespart wird".

Der entwickelte sozio-technische Lösungsansatz gliedert sich wie folgt:

Kapitel 1 schildert zunächst *Stellhebel* zur logistischen Verbesserung, nennt typische Defizite des Auftragsmanagements (*Stolpersteine* der PPS) und macht auf die angestrebten Haupt- und die oftmals vernachlässigten *Nebenwirkungen einer exzellenten Logistikleistung* aufmerksam.

Die Arbeit gliedert sich danach in die drei Teile Grundlagen, Konfiguration und Einführung. Der *Grundlagenteil* umfasst die Kap. 2 bis 4:

Kapitel 2 legt die formalen und inhaltlichen Fundamente für ein sozio-technisches Auftragsmanagement und entwickelt daraus die Anforderungen an dessen Modellierung. Für den gewählten systemtheoretischen Ansatz sind relevant:

1. Die *aspektweise Modellierung* bestimmt die Blickwinkel für die Analyse und Gestaltung des Auftragsmanagements.
2. Der *Handlungskreis* bildet das grundlegende Konstruktionsprinzip eines sozio-technischen Systems. Er gilt sowohl für den Betrieb als auch die Gestaltung des Auftragsmanagements.
3. Ein *ganzheitliches Gestaltungsvorgehen* mit definierten Projektrollen und hoher Durchführungsdisziplin unterstützt Wandlungsprozesse in sozio-technischen Systemen.
4. Dies verdeutlicht, wie wichtig es ist, die meist im Vordergrund stehenden fachlichen Aspekte von denen der Projektplanung und -steuerung klar zu trennen.

Kapitel 3 entfaltet das Grundmodell des Auftragsmanagements: Die *Gestaltungsmatrix* mit drei Gestaltungsebenen (Logistikstrategie, Grundkonfiguration, Parametrierung) und sechs Gestaltungsaspekten (Ziel, Funktion, Objekt, Prozess, Stelle, Planungs- und Steuerungswerkzeuge) systematisieren die Wandlungsmöglichkeiten im Auftragsmanagement. Zentrales Gestaltungsprinzip ist der in Kap. 2 vorgestellte geschlossene Handlungskreis: In der Innensicht führt er zum *regelkreisbasierten Auftragsmanagement*. In der Außensicht ist er als *verhandlungsbasiertes Auftragsmanagement* realisiert. Ziele und Grundobjekte sind für beide Ausprägungen gleich. Dagegen sind Funktionen, Prozesse und Rollen spezifisch für Innen- und Außensicht definiert.

Bei der Entwicklung, Einführung und Nutzung von Auftragsmanagement-Systemen sind den Beteiligten die Zusammenhänge zwischen den logistischen Zielgrößen oft nur vage bewusst. Zwar kennen sie die prinzipiellen Grundkonflikte – bspw. zwischen hoher Auslastung und kurzen Durchlaufzeiten –, ziehen daraus im Tagesgeschäft aber oft falsche Schlüsse. Bei der Einführung einer neuen Software unterstellen die Verantwortlichen zudem oft, dass „das System" die Zielkonflikte stellvertretend für sie löst und eine wie auch immer geartete „Optimierung" stattfindet. Um das notwendige Grundverständnis zu vermitteln, führt daher *Kap. 4* die in Forschung und Praxis üblichen Logistikkennzahlen auf vier Typen (Leistung, Bestand, Durchlaufzeit und Zuverlässigkeit) und drei Sichtweisen (Auftrag, Ressource, Artikel) zurück und differenziert diese nach den Prozessabschnitten Lieferung und Disposition. Die gängigen Verfahrensparameter werden dieser Systematik zugeordnet. Ein Überblick über die wesentlichen Wirkzusammenhänge fördert das Verständnis für die logistischen Zielkonflikte und erklärt gleichzeitig einige für die Praxis typische Rollenkonflikte.

Der *Konfigurationsteil* umfasst die Analyse der Rahmenbedingungen und aktuellen Defizite (Kap. 5) sowie die eigentliche Konfiguration des Soll-Zustandes (Kap. 6).

Grundlage der Konfiguration des Auftragsmanagements ist eine vom Groben ins Detail fortschreitende Analyse. *Kap. 5* stellt hierzu einen Satz erprobter *Analysewerkzeuge* zur Verfügung, die als Projektbausteine unabhängig voneinander einsetzbar sind:

1. Die *logistischen Rahmenbedingungen* erheben die unternehmensexternen und -internen Einflussfaktoren für das Auftragsmanagement.
2. Die *Stolpersteinanalyse* untersucht die Symptome und Ursachen für typische Gestaltungsdefizite im Auftragsmanagement. Den Schwerpunkt bilden Unzulänglichkeiten, die aus der Missachtung von Akteursinteressen entstehen.

Im Mittelpunkt der Stolpersteinanalyse steht ein qualitatives Vorgehen, welches das Wissen der unternehmensinternen Experten nutzt. Das reduziert den Aufwand für die Analyse und bindet die Wissensträger wirkungsvoll in die Projektarbeit ein. Quantitative Analysen werden nur ergänzend eingesetzt, bspw. um Ergebnisse abzusichern.

Kapitel 6 ist der fachlichen Methodik zur *Konfiguration* des Auftragsmanagements gewidmet. Sie folgt den drei Schritten Ist-Analyse durchführen, logistische Anforderungen vereinbaren und Auftragsmanagement ausgestalten. Diese werden auf den Ebenen *Logistikstrategie* und *Fachkonzept* durchlaufen, jeweils differenziert in Grob- und Feinkonzept. Grundlage dieses Fachkonzepts bilden *7 Gestaltungsmerkmale* der Funktions- und Ablauflogik. Die Merkmale beschreiben *Idealtypen* und betonen so den prinzipiellen Aspekt der Gestaltungsentscheidung. Kennzeichnend für den sozio-technischen Ansatz ist es, das *Commitment der Verantwortlichen* einzufordern und die Wissensträger im Unternehmen durchgängig einzubeziehen.

Der dritte Teil *Einführung* des Auftragsmanagements folgt dem Grundgedanken des Systems Engineering zur sozio-technischen Systemgestaltung. *Kap. 7* betrachtet hierzu vier *Projektaspekte* (Rahmenbedingungen, organisatorische, soziale und fachliche Aspekte). Es ist Aufgabe der die Durchführung begleitenden Projektplanung und -überwachung, diese Aspekte gleichgewichtig zu behandeln. Eine *Aufteilung der Leitungsverantwortung* in fachliche Projektleitung und eine davon getrennte Unterstützung der sozialen Gruppenprozesse durch einen sogenannten Prozessbegleiter hat sich mehrfach als erfolgreich erwiesen. *36 Projektbausteine* unterstützen die Projektarbeit praktisch.

Die wesentlichen Erkenntnisse der Arbeit lassen sich wie folgt zusammenfassen:

1. Auftragsmanagement-Systeme sind durch einen besonders engen Zusammenhang zwischen dem technischen System, der Organisation sowie ihren Gestaltern und Nutzern gekennzeichnet. Dies erfordert einen *sozio-technischen Ansatz*, der die verschiedenen *Akteursrollen* mit ihren rollenspezifischen Interessen sowohl im laufenden Betrieb als auch im Umgestaltungsprojekt angemessen berücksichtigt.

Für die *Auftragsmanagement-Gestaltung* bedeutet dies:

- Naturgemäß kann ein Plan nie exakt eingehalten werden. Fachlich-inhaltlich ist also die aus dem Qualitätsmanagement bekannte Definition einer angemessenen *Toleranz* wichtig. Daraus entfalten sich folgerichtig die Funktionen, Verfahren und Kontrollinstrumente des Auftragsmanagements.
- Die logistischen Zielgrößen stehen in – teilweise konkurrierender – Wechselwirkung zueinander. Auf den sozialen Prozess bezogen sind daher rollenspezifisch widersprüchliche *logistische Ziele* zu vermeiden: Diese drängen die Akteure in ermüdende Einzelfallverhandlungen, erzeugen Gewinner-/ Verliererpositionen und können die Arbeitsatmosphäre schleichend vergiften.

2. Auftragsmanagement-Systeme sind komplexe Konstruktionen mit einer großen Zahl von Anwendern, die oft über mehrere Standorte und Zeitzonen verteilt sind. Sie bilden das Rückgrat der operativen Auftragsabwicklung; ein längerer Ausfall bringt die Beschaffung, Produktion und Auslieferung zum Stillstand. Änderungen des Auftragsmanagements erfordern daher eine *professionelle Projektorganisation.* Diese teilt die *Leitungsverantwortung* auf (fachlicher Projektleiter und Prozessbegleiter), fordert eine *hohe Projektdisziplin* und bezieht die *Systemnutzer* rechtzeitig ein.

Für das *Veränderungsmanagement* bedeutet dies:

- Fachlich-inhaltlich verursachen Verbesserungen von Logistikleistungen *Nebenwirkungen*. Insbesondere zwingen sie die Organisation zu schnellem und konsequentem Handeln.
- Auf den sozialen Prozess bezogen decken Auftragsmanagement-Projekte *Konflikte* in der Organisation und zwischen einzelnen Akteuren auf. Projektleiter müssen daher die rollenbedingten Akteursinteressen beachten, bevor sie Abläufe umstellen und Stellen verändern.

Die vorgestellten Methoden fußen auf der Systemtheorie. Der *wissenschaftliche Erkenntnisgewinn* lässt sich in folgenden Punkten zusammenfassen:

- *Systemverständnis*: Die Erweiterung des klassischen technokratischen Systemverständnisses um soziologische Aspekte hin zu einem sozio-technischen Systemverständnis rückt ein bisher vernachlässigtes Gestaltungsfeld des Auftragsmanagements in den Blick.
- *Wandlungsfähigkeit*: In einem turbulenten Umfeld müssen Auftragsmanagement-Systeme einerseits regelungsfähig (Eigenschaft des operativen Betriebs) und andererseits entwicklungsfähig (Eigenschaft der Gestaltung) sein. Um diese Eigenschaften zu erreichen, ist ein Modell erforderlich, welches Betriebs- und Gestaltungsaktivitäten konsistent verbindet und die Gestaltungsebenen und Schritte im Wandlungsprozess allgemeingültig vordenkt.
- *Nachhaltigkeit*: Die Produktionsmitarbeiter beeinflussen aufgrund ihrer Modellvorstellungen und ihrer persönlichen Interessen die Logistikleistung einer Produktion (Durchlaufzeit, Termintreue) deutlich stärker als die Produktionsleistung (Gutstückzahl). Letztere wird in erster Linie durch die Prozessfähigkeit der Produktionseinrichtungen bestimmt. Um eine nachhaltig erfolgreiche Umgestaltung des Auftragsmanagements sicherzustellen, sind die Betroffenen und Beteiligten daher systematisch in einen Umgestaltungsprozess mit einzubinden. Erfolgsentscheidend ist die Balance zwischen den organisatorischen, fachlichen und sozialen Elementen unter Berücksichtigung der unbeeinflussbaren Rahmenbedingungen. Hierzu ist eine Aufteilung der Leitungsaufgaben in eine fachliche Projektleitung und eine Prozessbegleitung nachdrücklich zu empfehlen.
- *Logistisch-fachliche Gestaltung* eines Auftragsmanagement-Systems: Hier ist zwischen Außen- und Innensicht zu differenzieren. Die entwickelten Gestaltungsleitlinien gehen jeweils von einem logistischen Idealzustand aus, aus dem dann situationsbezogen (Außensicht) bzw. situationsunabhängig (Innensicht) entsprechende Anforderungen und Prüffragen abgeleitet werden.
- *Situationsgerechte Gestaltungsleitlinien*: Die anforderungsgerechte Gestaltung aus Außensicht dient der Abstimmung des Auftragsmanagement-Systems auf die Markt- und Rahmenbedingungen. Zunächst sind die Anforderungen hinsichtlich Geschwindigkeit (Lieferzeit), Flexibilität (Bedarfsschwankung) sowie Streuung (Planungstoleranz) aufzunehmen. Die daraus zu entwickelnden Lösungen konkretisieren die Grundstrategien Turbulenz vermeiden oder beherrschen anwendungsspezifisch.

- *Situationsunabhängige Gestaltungsleitlinien*: Aus der Innensicht sind notwendige und hinreichende Bedingungen zu unterscheiden. Die konsistente, an den Zielen ausgerichtete Gestaltung bildet die notwendige Bedingung für ein funktionsfähiges Auftragsmanagement. Hinreichende Bedingung für ein schlüssiges Auftragsmanagement ist die konsequente Umsetzung der Leitlinien im laufenden Betrieb.

Die Wirksamkeit der Analyse- und Gestaltungsmethoden sowie des Gestaltungsvorgehens in der Praxis ist analytisch oder experimentell nicht beweisbar. Die entwickelten Leitlinien ermöglichen im Sinne eines Qualitätsaudits vielmehr die Überprüfung eines Auftragsmanagement-Systems darauf hin, ob für dessen Gestaltung und Betrieb klare Regeln existieren und ob diese konsequent angewendet werden. Somit kann beurteilt werden, ob sich die in dieser Arbeit formulierten Erkenntnisse mit dem impliziten Wissen der Praktiker decken und inwieweit sie zu objektiv messbaren oder subjektiv empfundenen Verbesserungen führen.

Die mit dem Ansatz gewonnenen Erfahrungen aus mehr als 20 Projekten lassen sich wie folgt zusammenfassen:

- Das Vorgehen strukturiert die Analyse und Gestaltung des Auftragsmanagements, was sich insbesondere bei logistisch hohen Anforderungen der Einzel- und Kleinserienfertigung komplexer Produkte als sehr hilfreich erweist. Durch seine Modularisierung ist es sowohl für Teilaspekte als auch für die Gesamtgestaltung gut einsetzbar.
- Der kritische Dialog mit nationalen und internationalen Fachexperten aus Forschung und Praxis, die die Ergebnisse auf inhaltliche Konsistenz und anhand ihrer Erfahrungen auf die Anwendbarkeit in der Stückgüterproduktion überprüft haben, ergab überwiegend Zustimmung. Gravierende Vorbehalte zeigten sich bislang nicht.
- Die Anwendbarkeit der Ansätze ist dann gegeben, wenn es um die Herstellung mehrstufiger variantenreicher Produkte der Stückgüterindustrie (primär Maschinen und Anlagen, Produkte der Elektrotechnik und Elektronik sowie Fahrzeugbau und deren Komponenten) geht, die als Einzelstücke oder in Serien aufgelegt werden.

Die Leitlinien ermöglichten es in vielen Fällen, vorhandene Logistikpotenziale zu identifizieren und Verbesserungswege aufzuzeigen. Ein Erschließen dieser Potenziale erfordert Disziplin im Tagesgeschäft und wird ohne das gegenseitige Vertrauen aller Beteiligten bis hin zur Unternehmensleitung nicht gelingen; Vergleichbares gilt auch für die Lieferanten und Kunden. Dann entfalten logistische Verbesserungen ihre Wirkung schrittweise und führen zu einer nachhaltigen logistischen Exzellenz.

Literatur

[Abr03] Abresch, J.-P.: Projektumfeld und Stakeholder. In: Projektmanagement Fachmann Band 1. 7., überab. u. aktual. Aufl. Eschborn : RKW, 2003, S. 59-86

[Ada80] Adam, D.: Kurzlehrbuch Planung. Wiesbaden 1980

[AFK01] Augustin, S.; Frühwald, Chr.; Kannt, A.: Entwurf eines Beschreibungs-Modells für Weltklasse-Logistik mit Ausprägung auf den After Sales Service. In: Göpfert, I. (Hrsg.): Logistik der Zukunft - Logistics for the Future. 3. Aufl. Wiesbaden: Gabler, 2001, S. 179-193

[Ahr98] Ahrens, V.: Dezentrale Produktionsplanung und -steuerung : Systemtheoretische Grundlagen und Anwendungspotentiale. Düsseldorf : VDI-Verlag, 1998 (Fortschritt-Berichte VDI: Reihe 2 472). Zugl. Diss. Uni Hannover 1998

[Aki99] Akin, B.: Festlegung der Bevorratungsstrategie in fertigungstechnischen Unternehmen. Wiesbaden: Gabler, 1999. Zugl. Mannheim, Univ., Diss., 1998

[Alio80] Alioth, A.: Entwicklung und Einführung alternativer Arbeitsformen. Bern: Huber, 1980. Zugl. St. Gallen, Univ., Diss, 1980

[AlLe01] Alavi, M.; Leidner, D. E.: Review: Knowledge Management and Knowledge Management Systems: Conceptual Foundations and Research Issues. In: MIS Quaterly 25 (2001) 1, S. 107-136

[And29] Andler, K.: Rationalisierung der Fabrikation und optimale Losgröße, Diss Uni Stuttgart 1929

[Andus08] Andus-Terminsystem, www.andus.de (15.05.2008)

[APIC98] Blackstone, J. H. (Ed.); Cox, J. F. (Ed.); APICS – The Educational Society for Resource Management: APICS Dictionary. 9th Edition. Alexandria, VA, USA, 1998

[APIC05] Blackstone, J. H. (Ed.); Cox, J. F. (Ed.); APICS – The Educational Society for Resource Management: APICS Dictionary : The Industry Standard for more than 3500 Terms and Definitions. 11th Edition. Alexandria, VA, USA, 2005

[Arl71] Arlt, J.: Dynamische Produktionsprogrammplanung : Voraussetzungen – Methodik – Durchführung. Aachen, RWTH, Diss., 1971

[Ash56] Ashby, W.R.: An Introduction to Cybernetics. London: Chapman and Hall, 1956.

[Aup99] Aupperle, G.: Ein generisches Modell für Zuordnungs- und Anpassungsaufgaben im Rahmen der Kapazitätsabstimmung. Berlin u.a.: Springer, 1999. (IPA-IAO – Forschung und Praxis; 287). Zugl. Stuttgart, Univ., Diss., 1998

[AW75] Adam, D.; Witte, T.: Betriebswirtschaftliche Modelle: Aufgabe, Aufbau, Eignung. In: WISU 4 (1975) 8 S. 369-371 und 4 (1975) 9 S. 419-423

[AW76] Adam, D.; Witte, T.: Typen betriebswirtschaftlicher Modelle. In: WISU Das Wirtschaftsstudium 5 (1976) 1, S. 1-5

H.-H. Wiendahl, *Auftragsmanagement der industriellen Produktion*,
DOI 10.1007/978-3-642-19149-7,

[Bae74] Baetge, J.: Betriebswirtschaftliche Systemtheorie : Regelungstheoretische Planungs-Überwachungsmodell für Produktion, Lagerung und Absatz. Opladen: Westdeutscher Verlag 1974

[BacS94] Bachmair, S., u.a..: Beraten will gelernt sein : ein praktisches Lehrbuch für Anfänger und Fortgeschrittene 5. Aufl. - Weinheim : Psychologie-Verl.-Union, 1994

[BalH99] Balzert, Heide: Lehrbuch der Objektmodellierung : Analyse und Entwurf. Heidelberg u.a.: Spektrum, 1999

[BalP02] Balve, P.: Ein Rahmenkonzept zur Gestaltung wandlungsfähiger Auftragsmanagementsysteme. Heimsheim : Jost-Jetter Verlag, 2002 (IPA-IAO Forschung und Praxis 343). Zugl. Stuttgart, Univ., Diss. 2001

[BarH06] Barthel, H.: Modell zur Analyse und Gestaltung des Bestellverhaltens für die variantenreiche Serienproduktion. Heimsheim : Jost-Jetter Verlag, 2006 (IPA-IAO Forschung und Praxis 449). Zugl. Stuttgart, Univ., Diss. 2006

[BarJ02] Barney, J. B.: Gaining and Sustaining Competitive Advantage. Reading: Prentice Hall 2002

[BarM07] Bartsch, M.: Vertragsgestaltung für ERP-Projekte. In: Becker, J.; Vering, O.; Winkelmann, A. (Hrsg.): Softwareauswahl und -einführung in Industrie und Handel. Berlin: Springer, 2007, S. 165-181

[Bau93] Baumgarten, H.: Trends und Strategien in der Logistik. Technische Universität Berlin, Bereich Materialflusstechnik und Logistik 1993

[Bau08] Baumgarten, H. (Hrsg.): Das Beste der Logistik : Innovationen, Strategien, Umsetzungen. Berlin: Springer, 2008

[Bay98] Bay, R. H.: Teams effizient führen. Teamarbeit, Teamentwicklung, TQM im Team. Würzburg: Vogel 1998

[BecH96] Beckmann, H.: Theorie einer evolutionären Logistik-Planung : Basiskonzepte der Unternehmensentwicklung in Zeiten zunehmender Turbulenz unter Berücksichtigung des Prototypingansatzes. Dortmund: Diss. Univ., 1996

[BecW84] Bechte, W.: Steuerung der Durchlaufzeit durch belastungsorientierte Auftragsfreigabe bei Werkstattfertigung. Düsseldorf: VDI-Verlag 1984 (Fortschritt-Berichte VDI-Z, Reihe 2, Nr.70). Zugl. Diss. Uni Hannover 1980

[BecW91] Bechte, W.: Aufbau und Realisierung des Kontroll- und Planungssystem zur Fertigungssteuerung – KPSF. In: Wiendahl, H.-P. (Hrsg.): Anwendung der Belastungsorientierten Fertigungssteuerung. München u.a..: Hanser, 1991, S. 117-137

[Beer95] Beer, S.: The Heart of Enterprise (Repr.). Chichester: Wiley, 1995

[BeFi01] Becker-Beck, U., Fisch, R. : Erfolg von Projektgruppen in Organisationen: Erträge der sozialwissenschaftlichen Forschung. In: Fisch, R.; Beck, D.; Englich B.; (Hrsg): Projektgruppen in Organisationen. Göttingen: Verlag für angewandte Psychologie, 2001S. 19-42

[Beg05] Begemann, C.: Terminorientierte Kapazitätssteuerung in der Fertigung. Hannover: PZH Produktionstechnisches Zentrum, 2005 (Berichte aus dem IFA 02/2005). Zugl. Hannover, Univ., Diss. 2005

[BeHu02] Beckert, B.; Hudetz, W.: Stand und Potenzial produktionsnaher Datenverarbeitung. In: PPS Management 7 (2002) 2, S. 35-39

[BGR94] Brockmann-Nooren, Ch.; Grieb, I.; Rapke, H.-D.: Handreichungen für die nebenberufliche Qualifizierung (NQ) in der Erwachsenenbildung. Bonn: Bundeszentrale für politische Bildung 1994

[Bis99] Bischoff, J.: Ein Verfahren zur zielorientierten Auftragseinplanung für teilautonome Leistungseinheiten. Berlin u.a..: Springer 1999. (IPA-IAO – Forschung und Praxis; 292). Zugl. Stuttgart, Univ., Diss., 1998

[BK99] Brödner, P.; Kötter, W. (Hrsg.): Frischer Wind in der Fabrik : Spielregeln und Leitbilder von Veränderungsprozessen. Berlin u.a..: Springer, 1999

[BL06] Balla, J.; Layer, F.: Produktionsplanung mit SAP APO-PP/DS, Bonn: Galileo Press, 2006

[Blei96a] Bleicher, K.: Management-Theorien: Modelle und Konzepte. In: Eversheim, W.; Schuh, G. (Hrsg.): Betriebshütte Produktion und Management, Teil 1, 7. völlig neu bearb. Aufl., Berlin u.a..: Springer, 1996, S. 1-1 – 1-11

[Blei96b] Bleicher, K.: Leitbilder als Ausdruck normativen Managements. In: Eversheim, W.; Schuh, G. (Hrsg.): Betriebshütte Produktion und Management, Teil 1, 7. völlig neu bearb. Aufl., Berlin u.a..: Springer, 1996, S. 2-50 – 2-55

[BlMü96] Bleicher, K.; Müller-Stewens, G.: Unternehmenskultur. In: Eversheim, W.; Schuh, G. (Hrsg.): Betriebshütte Produktion und Management, Teil 1, 7. völlig neu bearb. Aufl., Berlin u.a..: Springer, 1996, S. 2-38 – 2-50

[BNW07] Brosze, T.; Novoszel, T.; Wienholdt, H.: High Resolution Supply Chain Management : Informationsschärfe und konsistente Zielsysteme ebnen den Weg zur flexiblen Produktion In: PPS Management 12 (2007) 3, S. 55-58

[BoBo85] Bodemer, K.; Bolay, F.: ZOPP – Zielorientierte Projektplanung. In E+Z 26 (1985) 2, S. 16-17

[Born09] Bornhäuser, M.: Reifegradbasierte Werkstattsteuerung. Heimsheim: Jost-Jetter Verlab, 2009, (IPA-IAO Forschung und Praxis 485). Zugl. Stuttgart, Univ., Diss. 2009

[BranK67] Brankamp, K.: Ein Terminplanungssystem für Unternehmen der Einzel- und Kleinserienfertigung. Aachen, RWTH, Diss., 1967

[BranK71] Brankamp, K.: Planung und Entwicklung neuer Produkte. Berlin: de Gryter 1971

[BranK96] Brankamp, K.; Aengeneyndt, D.; Geer, O.: Produktplanung. In: Eversheim, W.; Schuh, G. (Hrsg.): Betriebshütte Produktion und Management, Teil 1, 7. völlig neu bearb. Aufl., Berlin u.a..: Springer, 1996, S. 7-1 – 7-16

[BranM81] Brandis, M.: Unternehmen Delphin. 7. Aufl. Freiburg, u.a..: Herder 1981

[Brei01] Breithaupt, J.-W.: Rückstandsorientierte Produktionsregelung von Fertigungsbereichen : Grundlagen und Anwendung. Düsseldorf: VDI-Verlag 2001 (Fortschritts-Berichte VDI; Reihe 2, Nr. 571). Zugl. Hannover, Univ., Diss., 2000

[Brei08] Breithaupt, J.-W.: Die Zukunft der "Passagierlogistik" – Upgrade to Industry Leadership. Forum Logistik: Entwicklungen in der Logistik, 15.02.2008 Institut für Fabrikanlagen und Logistik Hannover, Vortragsfolien

[Bri05] Brinzer, B.: Produktionsregelung für die variantenreiche Serienfertigung. Heimsheim : Jost-Jetter Verlag, 2005 (ISW Forschung und Praxis 154). Zugl. Stuttgart, Univ., Diss. 2005

[Brock07] Brockhaus - Die Enzyklopädie: in 30 Bänden. 21., neu bearbeitete Auflage. Leipzig, Mannheim: F.A. Brockhaus 2005-07.

[BroK94] Abels, H.; Anagnostou, E.; Brockmann, K.-H.: Wie gut ist Ihre Logistik? : Richtwertekatalog für Produktionsunternehmen. Köln : Verl. TÜV Rheinland, 1994

[BroK97] Brockmann, K.-H.; Friemuth, U.; Oster, M.; Sander, U.: Wie gut ist Ihre Logistik? : Kennzahlen für Produktionsunternehmen. 2. Aufl. Köln : Verl. TÜV Rheinland, 1997

[BrPa02] Breithaupt, J.-W., Panten, M.: Maximierung der Termintreue durch Produktionsregelung. In Industrie Management 18 (2002) 2, S. 25-28

[BuBu02] Buzan, T.; Buzan, B.: Das Mind-Map-Buch : Die beste Methode zur Steigerung Ihres geistigen Potentials. 4. Aufl. Landsberg am Lech: mvg-verlag, 1999

[Büc68] Büchel, A.: Aufbau eines Simulationsmodells der Werkstättenfertigung auf der Basis eines Markov-Prozesses. Zürich, ETH, Diss., 1968

[Büd91] Büdenbender, W.: Ganzheitliche Produktionsplanung und -steuerung : Konzepte für Produktionsunternehmen mit kombinierter kundenanonymer und kundenbezogener Auftragsabwicklung. Berlin u.a..: Springer, 1991. Zugl. Aachen, RWTH, Diss., 1990

[Bul96] Bullinger, H.-J.: Technologiemanagement. In: Eversheim, W.; Schuh, G. (Hrsg.): Betriebshütte Produktion und Management, Teil 1, 7. völlig neu bearb. Aufl., Berlin u.a..: Springer, 1996, S. 4-26 – 4-54

[Burr09] Burr, G.: Ein Instrument zur Führung teilautonomer Leistungseinheiten in der Produktion. Heimsheim : Jost-Jetter, 2009, (IPA-IAO Forschung und Praxis; 489). Zugl. Stuttgart, Univ., Diss. 2009
Stuttgart, Univ., Fak. Konstruktions-, Produktions- und Fahrzeugtechnik, Inst. für Industrielle Fertigung und Fabrikbetrieb, Diss. 2009

[Bux90] Buxey, G.: The myth of aggregate planning. In: Production Planning and Control 1 (1990) 4, S. 222-234

[BVW07a] Becker, J.; Vering, O.; Winkelmann, A. (Hrsg.): Softwareauswahl und -einführung in Industrie und Handel. Berlin: Springer, 2007

[BVW07b] Becker, J.; Vering, O.; Winkelmann, A.: Unternehmenssoftwareeinführung: Eine strategische Entscheidung. In: Becker, J.; Vering, O.; Winkelmann, A. (Hrsg.): Softwareauswahl und -einführung in Industrie und Handel. Berlin: Springer, 2007, S. 1-30

[BWW90] Bertrand, J. W. M.; Wortmann, J. C.; Wijngaard, J.: Production control : a structural and design oriented approach. Amsterdam u.a..: Elsevier, 1990

[CiNy07] v. Cieminski, G.; Nyhuis, P.: Zielorientierte Planung und Steuerung der industriellen Unternehmenslogistik. In: ZWF 102 (2007) 12, S. 853-856

[Coa37] Coase, R.: The Nature of the Firm. In: Economica 4 (1937), S. 386-405

[Com95] Comelli, G.: Training als Beitrag zur Organisationsentwicklung. München, Wien: Hanser 1995

[Contag08] Contag-Speed, www.contag.de (15.05.2008)

[Cub06] v. Cube, F.: Lust an Leistung : die Naturgesetze der Führung. Sonderausg. München, Zürich: Piper, 2006

[DaHe05] Davis, M.; Heineke, J.: Operations Management : Integrating Manufacturing and Services. 5. Aufl. Boston u.a..: McGraw-Hill/Irwin, 2005

[DaHu97] Daenzer, W.F.; Huber, F. (Hrsg.) Systems Engineering : Methodik und Praxis. 9. Aufl. Zürich: Verlag Industrielle Organisation: 1997

[DaHu02] Daenzer, W.F.; Huber, F. (Hrsg.) Systems Engineering : Methodik und Praxis. 11. Aufl. Zürich: Verlag Industrielle Organisation: 2002

[Dan98] Dantzig, G. B.: Linear Programming and Extensions. 11. Aufl. Princeton, NJ: Princeton Univ. Press, 1998 (Princeton landmarks in mathematics)

[DaWi97] Dangelmaier, W.; Wiedenmann, H.: Modellbasiertes Planen und Steuern der Fertigung : Generierbare Systeme für die Mengen-, Termin- und Kapazitätsplanung. Berlin u.a..: Beuth, 1997

[Del98] Deloitte & Touche; Deloitte Consulting: Vision in Manufacturing - Global Report 1998 : A Global Manufacturing Survey. New York, USA, 1998

[Dem92] Deming, W. E.: Out of Crisis. 18. Aufl. Cambridge/Mass, USA: Massachusetts Institute of Technology, 1992

[Delf99] Delfmann, W.: Logistische Segmentierung. In: Schulte, Chr. (Hrsg.) Lexikon der Logistik. München, Wien: Oldenbourg Verlag 1999, S. 363-367

[DeLi03] DeMarco, T.; Lister, T.: Bärentango : Mit Risikomanagement Projekte zum Erfolg führen. München: Hanser 2003

[DeRe08] Delfmann, W.; Reihlen, M.: Strategisches Logistikmanagement. In: Arnold, D. et al. (Hrsg.) Handbuch Logistik. Berlin, Heidelberg: Springer 2008, S. 891-897

[Dick00] Dick, B.: Stakeholder Analysis (version 2.04w) http://www.scu.edu.au/schools/gcm/ar/arp/stake.html (08.01.2009)

[DIN 19226-1] DIN 19226-1 1994-02: Leittechnik; Regelungstechnik und Steuerungstechnik, Allgemeine Grundbegriffe

[DIN 199-4] DIN 199-4 1981-10: Begriffe im Zeichnungs- und Stücklistenwesen – Teil 4: Änderungen

[DIN 69901-2] DIN 69901-2 Entwurf 2007-10: Projektmanagement – Projektmanagementsysteme – Teil 2: Prozesse, Prozessmodell

[DKW06] Dickersbach, J. Th.; Keller, G.; Weihrauch, K.: Produktionsplanung und -steuerung mit SAP : Umfassendes Handbuch zur Diskreten Fertigung. 2. Aufl. Bonn: Galileo Press, 2006

[Dom88] Dombrowski, U.: Qualitätssicherung im Terminwesen der Werkstattfertigung. Düsseldorf: VDI-Verlag 1988 (Fortschritts-Berichte VDI; Reihe 2, Nr. 159). Zugl. Hannover, Univ., Diss., 1988

[Dom89] Dombrowski, U.: Logistische Produktanalyse als Ausgangsbasis für eine Reorganisation des gesamten Auftragsdurchlaufs. In: Wiendahl, H-P. (Hrsg.); u.a..: Belastungsorientierte Fertigungssteuerung: Praxis der Weiterentwicklung. (IFA-Kolloquium) Tagungsbericht 10.-11.10.1989 in Hannover, München: gfmt, 1989, S. 73-99

[Dom91] Dombrowski, U.: Logistische Analyse mehrstufiger Produkte als Ausgangsbasis für eine Reorganisation des gesamten Auftragsdurchlaufs. In: Wiendahl, H.-P. (Hrsg.): Anwendung der Belastungsorientierten Fertigungssteuerung. München u.a..: Hanser, 1991, S. 361-379

[Dör93] Dörner, D.: Die Logik des Misslingens. Strategisches Denken in komplexen Situationen. Reinbek: Rowohlt Taschenbuch Verlag 1993

[DR04] Dittmar, R,; Pfeiffer, B.-M.: Modellbasierte prädiktive Regelung : Eine Einführung für Ingenieure. München: Oldenbourg 2004

[Dre94] Drexl, A.; Fleischmann, B.; Günther, H.-O.; Stadler, H.; Tempelmeier, H.: Konzeptionelle Grundlagen kapazitätsorientierter PPS-Systeme. In: zfbf (46) 1994, S. 1022-1045

[Dro65] Droschna, H.: Optimierung der Produktion durch Fertigungsregelung mit datenverarbeitendem 'Real-Time'-System. In: ZwF 60 (1965) 5, S. 221-225

[Dud85] Duden – Bedeutungswörterbuch. 2. Aufl. Mannheim u.a.: Dudenverlag, 1985

[Dud90] Der Duden: Bd 5: Fremdwörterbuch. 5. Aufl. Mannheim u.a.. Dudenverlag 1990

[Dud03] Duden – Deutsches Universalwörterbuch A-Z. 5. Aufl. Mannheim, u.a.: Dudenverlag 2003

[Dud06] Duden – Das Synonymwörterbuch. Ein Wörterbuch sinnverwandter Wörter. Mannheim, u.a.: Dudenverlag 2006

[Ehrl93] Ehrlenspiel, K.: Denkfehler bei der Maschinenkonstruktion: Beispiele, Gründe und Hintergründe. In: Strohschneider, St.; von der Wert, R. (Hrsg.): Ja mach nur einen Plan : Planen und Fehlschläge – Ursachen, Beispiele, Lösungen. Göttingen u.a.: Huber 1993, S. 196-207

[Ehrl95] Ehrlenspiel, K.: Integrierte Produktentwicklung: Methoden für Prozessorganisation, Produkterstellung und Konstruktion. München; Wien : Hanser, 1995

[Eid85] Eidenmüller, B.: Maßnahmen zur Senkung von Beständen im Produktionsbereich. In: RKW-Handbuch Logistik / Baumgarten, H.; et al. (Hrsg.), Berlin: Erich Schmidt, 9. Lfg. IX/85

[Eid89] Eidenmüller, B.: Die Produktion als Wettbewerbsfaktor. Köln: Industrielle Organisation, 1989

[Eid95] Eidenmüller, B.: Die Produktion als Wettbewerbsfaktor, 3. Aufl. Köln: Industrielle Organisation, 1995

[ElMa09] ElMaraghy, H. A. (Hrsg.): Changeable and Reconfigurable Manufacturing Systems. London: Springer 2009

[Emm94] Emmermann, M.: Logistikstrukturen für Entsorgung und Demontage. In: Bundesvereinigung Logistik e.V. (Hrsg.) 11. deutscher Logistik-Kongress, Berichtsband 1994, Band 2, S. 762-787

[Erl07] Erlach, K.: Wertstromdesign : Der Weg zur schlanken Fabrik. Berlin u.a.: Springer, 2007 (VDI-Buch)

[ERP-Z06] Sontow, K.; Treutlein, P.; Scherer, E.: Anwender-Zufriedenheit ERP/Business Software Deutschland 2006/2007 : Bericht (Stand 18.08.2006), Aachen, 2006

[Esp89] Espejo, R.: P.M. Manufacturers: the VSM as a diagnostic tool. In: Espejo, R.; Harnden, R. (Hrsg.): The viable system model : interpretations and applications of Stafford Beer's VSM. Chichester u.a.: Wiley, 1989

[Eve96] Eversheim, W.; et al.: Ausprägungen der Produktionsplanung und -steuerung. In: Produktion und Management „Betriebshütte": Teil 2 / Eversheim, W.; Schuh, G. (Hrsg.)., Berlin u.a.: Springer, 1996, S. 14-60 – 14-83

[Eve03] Eversheim, W. et al.: Methodenbeschreibung. In: Eversheim, W. (Hrsg.): Innovationsmanagement für technische Produkte. Berlin u.a.: Springer, 2003, S. 137-242

[EW78] Ellinger, Th.; Wildemann, H.: Planung und Steuerung der Produktion aus betriebswirtschaftlich-technologischer Sicht. Wiesbaden: Gabler, 1978 (Betriebswirtschaftlich-technologische Beiträge zur Theorie und Praxis des Industriebetriebes; 2)

[FaFr01] Faßnacht, W.; Frühwald, Chr.: Controlling von Logistikleistung und -kosten. In: Baumgarten, H.; Becker, J.; Wiendahl, H.-P.; Zentes, J. (Hrsg.): Logistik-Management – Band 2 : Strategien, Konzepte, Praxisbeispiele. Berlin; Heidelberg : Springer, 2001, Losebl.-Ausg., Lfg. 2/01 Stand: Januar 2001, Kap. 5 03 03 (Springer Experten System)

[Fas97] Fastabend, H.: Kennliniengestützte Synchronisation von Fertigungs- und Montageprozessen. Düsseldorf: VDI-Verlag, 1997 (Fortschritt- Berichte VDI, Reihe 2, Nr. 452, Zugl. Hannover, Univ., Diss., 1997

[FeMa95] Ferstl, O. K.; Mannmeusel, Th.: Dezentrale Produktionslenkung. In: CIM Management 11 (1995) 3; S. 33-37

[FeSi06] Ferstl, O. K.; Sinz, E. J.: Grundlagen der Wirtschaftsinformatik, 5. überarb. und erw. Aufl. München: Oldenbourg 2006

[Fir02] Forschungsinstitut für Rationalisierung (FIR), u.a.: (Hrsg.): 9. Aachener PPS-Tage, 15.-16. Mai 2002, Aachen, 2002.

[Fis07] Fischer, A.: Modellbasierte Wirkbeschreibung von Prioritätsregeln. Hannover : PZH Produktionstechnisches Zentrum, 2007 (Berichte aus dem IFA 02/2007). Zugl. Hannover, Univ., Diss. 2007

[Flo62] Flores, F.: Management and Communication in the Office of the Future. Berkeley, CA: University of California, Ph.D. dissertation, 1962

[Föl94] Föllinger, O.: Regelungstechnik : Einführung in die Methoden und ihre Anwendung. 8. überarb. Aufl., Heidelberg: Hüthig, 1994

[For58] Forrester, J. W.: Industrial dynamics: A Major Breakthrough for Decision Makers. In: Harvard Business Review (1958) 07/08, S. 37-68

[For72] Forrester, J. W.: Grundzüge der Systemtheorie : ein Lehrbuch. Wiesbaden: Deutscher Universitäts-Verlag; Gabler, 1972

[Frei93] Frei, F., u.a.: Die kompetente Organisation. Qualifizierende Arbeitsgestaltung – die europäische Alternative. Zürich/Stuttgart: vdf/Schäffer-Poeschel, 1993

[FUP00] Fisher, R.; Ury, W.; Patton, B.: Das Harvard-Konzept : Sachgerecht verhandeln - erfolgreich verhandeln. Frankfurt/Main (u.a.): Campus Verlag, 2000

[FUP06] Fisher, R.; Ury, W.; Patton, B.: Das Harvard-Konzept : der Klassiker der Verhandlungstechnik. Frankfurt/Main (u.a.): Campus Verlag, 2006.

[Gab88] Gabler Wirtschaftslexikon in 6 Bänden, 12. vollst. neu bearb. u. erw. Aufl., Taschenbuchausgabe. Wiesbaden : Gabler, 1988

[GanP03] Ganghoff, P.: Fertigungssimulation als interne Dienstleistung bei der Robert Bosch GmbH. In: Schraft, R. D. (Hrsg.) u.a.; Fraunhofer-Institut für Produktionstechnik und Automatisierung IPA: Fabriklogistik auf dem Prüfstand : Simulation gestaltet "best in class" Logistik. Fraunhofer IPA Seminar und Workshop F 89. 26. und 27. Juni 2003, Stuttgart. Stuttgart: FpF, 2003, S. 88-116

[Geh40] Gehlen, A.: Der Mensch : seine Natur und seine Stellung in der Welt. Berlin : Junker und Dünnhaupt, 1940.

[GFS95] Gausemeier, J.; Fink, A.; Schlake, O.: Szenario-Management : Planen und Führen mit Szenarien. München; Wien : Hanser, 1995

[GlaF04] Glasl, F.: Konfliktmanagement : ein Handbuch für Führungskräfte und Berater. 8. Aufl. Bern: Haupt, 2004

[GlaH92] Glaser, H.; Geiger, W.; Rohde, V.: PPS – Produktionsplanung und -steuerung : Grundlagen – Konzepte – Anwendungen, 2. Aufl., Wiesbaden: Gabler, 1992

[Glä93] Gläßner, J.: Controlling beschaffungslogistischer Abläufe. In: Wiendahl, H.-P. (Hrsg.): Neue Wege der PPS – Innovative Konzepte, Praxislösungen und Forschungsansätze zur durchgängigen Steuerung und Überwachung einer kundenorientierten Produktion (IFA-Kolloquium 1993) München: gmft, 1993, S. 309-337

[Glä95] Gläßner, J.: Modellgestütztes Controlling der beschaffungslogistischen Prozesskette. Düsseldorf: VDI-Verlag, 1995 (Fortschritts-Berichte VDI; Reihe 2, Nr. 337). Zugl. Hannover, Univ., Diss., 1994

[GM94] Gienke, H.; Mußbach-Winter, U.: PPS-Tuning. In: Arbeitsvorbereitung 31 (1994) 3, S. 161-163

[GoCo92] Goldratt, E. M.; Cox, J.: The goal : a process of ongoing improvement, 2. rev. ed., Great Barrington (USA): North River, 1992

[GolE81] Goldratt, E.: The unbalanced plant. In: 24th APICS annual international conference, Boston, Ma 1981. Falls Church, (USA), 1981, S. 195-199

[GolE90] Goldratt, E. M.: What is this thing called Theory of Contraints and how should it be implemented? Croton-on-Hudson, N.Y. : North River Press, 1990

[GolE02] Goldratt, E. M.: Die kritische Kette : Ein Roman über das neue Konzept im Projektmanagement. Frankfurt/Main, New York: Campus Verlag, 2002

[GorT05] Gordon, Th.: Managerkonferenz. Effektives Führungstraining, aktualisierte Neuausgabe München: Heyne, 2005

[Got96] Gottschalk, E.: Merkmalssystem zur Beschreibung und Bewertung logistischer Prozesse. In: Wiendahl, H.-P. (Hrsg.): Erfolgsfaktor Logistikqualität : Vorgehen, Methoden, und Werkzeuge zur Verbesserung der Logistikleistung. Berlin u.a.: Springer, 1996, S. 40-52

[Göt08] Götzer, K.; et.al.: Dokumenten-Management : Informationen im Unternehmen effizient nutzen. 4. Aufl. Heidelberg: dpunkt-Verlag, 2008

[GPS07] Gesellschaft zur Prüfung von Software: Prozesslandschaften : Für Unternehmen und Unternehmer. 1. Aufl. Ulm : GPS Gesellschaft zur Prüfung von Software, 2007

[Gra02] Grant, R. M.: Contemporary Strategy Analysis : Concepts, Techniques, Applications. 3. Aufl. Malden-Oxford: Blackwll Business 2002

[Gre91] Gremm, F.: Entsorgungs-Consulting Planen und Programmieren. In: Logistik heute 13 (1991) 4, S. 30-31

[Gro74] Grosse-Oetringhaus, W.-E.: Fertigungstypologie. Berlin: Duncker & Humbold, 1974

[GroN01] Gronau, N.: Standardsoftware – Auswahl und Einführung. München: Oldenbourg, 2001

[GSS02] Gulbins, J.; Seyfried, M.; Strack-Zimmermann, H.: Dokumenten-Management : vom Imaging zum Business-Dokument. 3. Aufl. Berlin u.a.: Springer, 2002

[Gul09] Gulyássy, F.; Hoppe, M; Isermann, M; Köhler, O.: Disposition mit SAP. Bonn: Galileo Press 2009

[Gut51] Gutenberg, E.: Grundlagen der Betriebswirtschaftslehre. Band 1: Die Produktion. 1. Aufl., Berlin u.a.: Springer, 1951

[GrWi04] Große-Heitmeyer, V.; Wiendahl, H.-P.: Grundansatz des Produktionsstufenkonzeptes. In: Wiendahl, H.-P.; Gerst, D.; Keunecker, L. (Hrsg.): Variantenbeherrschung in der Montage : Konzept und Praxis der flexiblen Produktionsendstufe. Berlin: Springer 2004, S. 21-40

[GTZ97] Deutsche Gesellschaft für technische Zusammenarbeit GTZ / Stabstelle 04 Grundsatzfragen der Unternehmensentwicklung: Ziel Orientierte Projekt Planung – ZOPP. Eschborn, 1997

[Hac89] Hackstein, R.: Produktionsplanung und -steuerung (PPS): Ein Handbuch für die Betriebspraxis. 2. Aufl. Berlin: Springer 1989

[Hah96] Hahn, D.: Strategische Produktionsplanung. In: Handwörterbuch der Produktionswirtschaft Bd. 7 / W. Kern et al. (Hrsg.). 2. Aufl. Stuttgart: Schäffer-Poeschel, 1996, Sp. 1521-1534

[Hal62] Hall. A. D.: A Methodology for Systems Engineering. Princeton, N.J., 1962

[HaLo03] Hansel J., Lomnitz G.: Projektleiterpraxis : Erfolgreiche Projektabwicklung durch verbesserte Kommunikation und Kooperation. 4. Aufl. 2003

[Han98] Hansel, J.: Mit Projektcoaching schwierige Projekte erfolgreich meistern. In: Schelle, Heinz; u.a. (Hrsg.): Projekte erfolgreich managen. 9. Aktualisierung. Köln: TÜV-Verlag, 1998 http://www.managementvision.de/Hansel/Veroeffentlichungen/projektcoach_situationen_04_11.htm (12.1.09)

[HaOl75] Hackman, J.; Oldham, G.: Development of the job diagnostic survey. In: Journal of Applied Psychology 60 (1975)2, S. 159-170.

[HaOl80] Hackman, J.; Oldham, G.: Work Redesign (Organization Development). Upper Saddle River (New Jersey): Prentice Hall, 1980

[Harr13] Harris, F. W.: How many parts to make at once. In: Factory 10 (1913) 2, S. 135-136, 152

[Hart97] Hartmann, M. (Hrsg.): DYNAPRO II. Erfolgreich produzieren in turbulenten Märkten. Stuttgart: LOGIS, 1997

[Hau84] Hautz, E.: Neues Produktionsmanagement – Denkanstöße JIT (Just-in-Time) Produktion. In: GF + M (Hrsg.) Produktionsmanagement –auf dem Weg zu neuen Lösungen. Tagungsband zur Jahrestagung am 27.1.1984, Würzburg, S. 43-57

[Hau93] Hautz, E.: PPS und Logistik, zukünftig ein Widerspruch; In: IFA-Kolloquium 1993 – Neue Wege der PPS Innovative Konzepte, Praxislösungen und Forschungsansätze zur durchgängigen Steuerung und Überwachung einer kundenorientierten Produktion / Wiendahl, H.-P. (Hrsg.). München: gmft, 1993, S. 11-30

[HB92] Higgins, P.; Browne, J.: Master production scheduling : A concurrent planning approach. In: Production Planning & Control 3 (1992) 1, S. 2-18

[HeiE68] Heinen, E.: Einführung in die Betriebswirtschaftslehre. Wiesbaden: Gabler, 1968

[Hegi71] Hegi, O.: Projekt-Management, ein Fremdkörper in der Stab-Linienorganisation. In: Industrielle Organisation 40 (1971) 9, S. 381-384

[HeiW74] Heinemeyer, W.: Die Analyse der Fertigungsdurchlaufzeit im Industriebetrieb. Diss. Uni Hannover 1974

[HeiW88] Heinemeyer, W.: Produktionsplanung und -steuerung mit Fortschrittszahlen für die interdependenten Fertigungs- und Montageprozesse; Kennziffer 6060. In: RKW-Handbuch Logistik / Baumgarten, H. u.a. (Hrsg.), 14.Lfg. XII/88; Berlin: Erich Schmidt, 1981 (lfd. ergänzt)

[HeRe06] Heizer, J.; Render, B.: Operations Management. 8. Aufl. Upper Saddle River, New Jersey (USA): Pearson Prentice Hall 2006

[HeWi74] Hegi, O.: Wiendahl, H.-P.: Produktplanung eines Maschinenbaukonzerns unter Einbeziehung der Unternehmensplanung. In: Congena-Texte (1974) 1/2, S. 3-14

[Hip21] Hippler, W.: Arbeitsverteilung und Terminwesen in Maschinenfabriken; Berlin: Springer 1921

[HiRe91] Hirschberger, D.: Reherer, I.: Entsorgungslogistik als unternehmensübergreifendes Konzept. In: Baumgarten, H. u.a. (Hrsg.) RKW-Handbuch Logistik; Berlin u.a.: Erich Schmidt 1981 (lfd ergänzt) Lfg V/91; Kennziffer 5760

[HJ98] Hill, C.; Jones, G.: Strategic management : an integrated approach. 4. Aufl. Boston : Houghton Mifflin, 1998

[HM75] Hax, A.C.; Meal, H.C.: Hierarchical integration of production planning and control. In: Logistics / Geisler, M. (Hrsg.). Amsterdam: North-Holland, 1975, S. 53-69 TIMS Studies in Management Science, Vol 1

[HoeRo85] Hoekstra Sj., Romme, J.H.J.M. (Hrsg.): Op weg naar integrale logistieke structuren. Deventer : Kluwer/Nive 1985

[HoeRo92] Hoekstra Sj., Romme, J.H.J.M. (Hrsg.): Integral logistic strutures : developing customer oriented goods flow. Berkshire (England): McGraw-Hill 1992

[HoFr03] Hope, J.; Fraser, R.; Beyond budgeting : wie sich Manager aus der jährlichen Budgetierungsfalle befreien. Stuttgart : Schäffer-Poeschel, 2003

[Hopf95] Hopfenbeck, G.: Allgemeine Betriebswirtschafts- und Managementlehre. 9. Auflage, München: Moderne Industrie, 1995

[HoSta90] Hout, Th.; Stalk, G.: Zeitwettbewerb : Schnelligkeit entscheidet auf den Märkten der Zukunft. Frankfurt; New York : Campus Verlag, 1990

[HS96] Hopp, W. J.; Spearman, M. L.: Factory physics : Foundations of Manufacturing Management. Chicago u.a.: Irwin, 1996

[HTB92] Higgins, P.; Tierney, K.; Browne, J.: From MRP II to mrp. In: Production Planning & Control 3 (1992) 3, S. 227-238

[HW07] Hülsmann, M.; Windt, K. (Hrsg.): Understanding Autonomous Cooperation and Control in Logistics : The Impact of Autonomy on Management, Information, Communication and Material Flow. Berlin: Springer, 2007

[IBM75] IBM: Executive Perspective of Manufacturing Control Systems. Broschüre IBM G360-0400-12 1975

[ISO90] ISO/TR 10314-1 1990 (E) Industrial automation – Shop floor production – Part 1

[Jäg00] Jäger, M.: Kennliniengestützte Parametereinstellung von PPS-Systemen. Hannover, Univ., Diss., 2000; http://edok01.tib.uni-hannover.de/edoks/e002/323286577.pdf (11.01.02)

[JB94] Jostock, J.; Bley, H. Von der Fertigungssteuerung zu einer ereignisorientierten Fertigungsregelung. In: VDI-Z 136 (1994) 3, S. 30-35

[JoRi95] Johansen, J.; Riis, J.O.: Managing seasonal fluctuations in demand: Practice and experience of selected industrial enterprises. In: Production Planning and Control 6 (1995) 5, S. 461-468

[JWW09] Jovane, F.; Westkämper, E.; Williams, D.: The ManuFuture Road : Towards Competive and Sustainable High-Adding-Value Manufacturing. Berlin: Springer 2009

[KaBr06] Kamiske, G. F.; Brauer, J.-P.: Qualitätsmanagement von A bis Z : Erläuterungen moderner Begriffe des Qualitätsmanagements. 5. Aufl. München; Wien : Hanser, 2006

[KalB94] Kaluza, B.: Rahmenentscheidungen zu Kapazität und Flexibilität produktionswirtschaftlicher Systeme. In: Corsten, H. (Hrsg.): Handbuch des Produktionsmanagements: Strategie – Führung – Technologie – Schnittstellen. Wiesbaden: Gabler 1994, S. 51-72

[Kan84] Kano, N.; Seraku, N.; Takahashi, F.; Tsuji, S.: Attractive Quality and Must-Be Quality In: Journal of the Japanese Society for Quality Control 14 (1984) 2, S.147-156

[Katz55] Katz, R. L.: Skills of an effective administrator. In: Harvard Business Review 33 (1955) 1, S. 33-42

[KD04] Kim, J.-H.; Duffie, N. A.: Backlog Control Design for a Closed Loop PPC System. In: CIRP Annals 53 (2004) 1, S. 357-360

[KeBe81] Kettner, H.; Bechte, W.: Neue Wege der Fertigungssteuerung durch belastungsorientierte Auftragsfreigabe. In: VDI-Z 123 (1981) 11, S. 459-465

[Kee98] Kees, A.: Ein Verfahren zur objektorientierten Modellierung der Produktionsplanung und -steuerung. Aachen: Shaker, 1998. Zugl. Aachen, RWTH, Diss., 1998

[Kem91] Kemmner, G.-A.: Anwenderorientierte Dezentralisierung von PPS-Systemen. Berlin u.a.: Springer, 1991. Zugl. Aachen, RWTH, Diss., 1991

[Kern95] Kernler, H.: PPS der 3. Generation: Grundlagen, Methoden, Anregungen. Heidelberg: Hüthig, 1995

[Kir04] Kirchner, S.: Ein Verfahren zur situationsgerechten Gestaltung der Bevorratungsebene in einer variantenreichen Serienproduktion. Heimsheim : Jost-Jetter Verlag, 2004 (IPA-IAO Forschung und Praxis 396). Zugl. Stuttgart, Univ., Diss., 2004

[Kiv79] Kivenko, B.: Reducing Work-In-Progress Inventory. In: Prod. Eng. 26 (1979) 3, S. 48-50

[Kla96] Klaus, P.: Lager: Funktionen und Arten. In: Handwörterbuch der Produktionswirtschaft Bd. 7 / W. Kern et al. (Hrsg.). 2. Aufl. Stuttgart: Schäffer-Poeschel, 1996, Sp. 1013-1037

[Klei06] Kleinbeck, U.: Handlungsziele. In: Heckhausen, J.; Heckhausen, H. (Hrsg.): Motivation und Handeln. 3. Aufl. Berlin u.a.: Springer, 2006, S. 255-276

[KoBu05] Kohnke, O.; Bungard, W. (Hrsg.).: SAP-Einführung mit Change-Management : Konzepte, Erfahrungen und Gestaltungsempfehlungen, Wiesbaden : Gabler 2005

[Kolb95] Kolb, A.: Die Nadel im Heuhaufen finden: Bewährte Vorgehensweise zur PPS-Systemauswahl. In: Fertigung/2 21 (1995) 1/2, S. 46-50

[Kor99] Koren, Y., Jovane, F., Heisel, U., et al. Reconfigurable Manufacturing Systems (keynote paper). In: CIRP Annals Manufacturing Technology 48 (1999) 2, S. 527-540

[Kot95] Kotter, J. P.: Acht Kardinalfehler bei der Transformation. In Harvard Business Review (1995) 03/04, S. 21-28

[Kov05] Kovács, A.: Novel Models and Algorithms for Integrated Production Planning and Scheduling. Univ., Ph.D. Thesis, Budapest 2005

[Krie71] Krieg, W.: Kybernetische Grundlagen der Unternehmensgestaltung. Bern, Stuttgart: Haupt, 1971. Zugl. Diss. Hochschule St. Gallen 1971

[KSB95] McKay, K.N.; Safayeni, F.; Buzacott, J.A.: A Review of Hierarchical Production Planning and its Applicability for Modern Manufacturing. In: Production Planning & Control 6 (1995) 5, S. 384-394

[Kuhl94] Kuhlmann, Th.: Konzeption und Entwicklung eines Systems zur Koordinierung der Produktion komplexer Unikate. Bremen, Univ., Diss., 1994

[Kuhn95] Kuhn, A. (Hrsg.): Prozessketten in der Logistik, Entwicklungstrends und Umsetzungsstrategien; Dortmund: Praxiswissen 1995

[Kun97] Kunerth, W.: Wandlungsfähige Produktion. In: Gesellschaft für Fertigungstechnik (Hrsg.): Stuttgart Impulse: Innovation durch Technik und Organisation FTK '97, Berlin: Springer, 1997, S. 28-43

[Kur03] Kurbel, K.: Produktionsplanung und -steuerung : Methodische Grundlagen von PPS-Systemen und Erweiterungen. 5. Aufl. München : Oldenbourg, 2003

[KW04] Kuhn, A.; Wenzel, S.: Simulation logistischer Systeme. In: Arnold, D. et.al. (Hrsg.) Handbuch Logistik; Berlin u.a.: Springer 2004; S. A2-41 – 2-61

[Lau03] Laux, H.: Entscheidungstheorie. 5., verb. Aufl. Berlin u.a.: Springer, 2003

[Lean06] http://www.lean.org/; Lean Success Stories (24.7.2006)

[LE98] Luczak, H.; Eversheim, W. (Hrsg.): Schotten, M.: Produktionsplanung und -steuerung: Grundlagen, Gestaltung und Konzepte. 1. Aufl. Berlin u.a.: Springer, 1998

[Leh80] Lehmann, H.: Organisationskybernetik. In: Grochla, E. (Hrsg.): Handwörterbuch der Organisation. 2. Aufl. - Stuttgart: Poeschel, 1980. Sp. 1569-1582

[Leo77] Leont'ev, A. N.: Tätigkeit, Bewusstsein, Persönlichkeit. Stuttgart: Klett 1977 (Dejatel'nost' – soznanie – licnost. Moskva : Polit. Literatury, 1975)

[Lev65] Levitt, Th.: Exploit the Product Life Cycle. In: Harvard Business Review 43 (1965) 5/6, S. 81-94

[LicM07] Lickefett, M.: Lean Production und Produktionsplanung - ein Widerspruch? In: Erlach, K.; Lickefett, M. (Seminarleiter); Management Circle; Fraunhofer-Institut für Produktionstechnik und Automatisierung IPA: Der Lean-Produktionsplaner : Was bedeutet Toyota für die Produktionsplanung? Praxis-Seminar 27. und 28. Juni 2007 in München.München, 2007, o. Z.

[LinU05] Lindemann, U.: Methodische Entwicklung technischer Produkte : Methoden flexibel und situationsgerecht anwenden. Berlin u.a.: Springer, 2005

[LN92] Ludwig, E.; Nyhuis, P.: Verbesserung der Termineinhaltung in komplexen Fertigungsbereichen durch einen neuen Ansatz zur Plan-Durchlaufzeit-Ermittlung. In: Görke, W.; u.a. (Hrsg.) : Information als Produktionsfaktor. 22. GI-Jahrestagung Karlsruhe, 28. September bis 2. Oktober 1992. Berlin u.a.: Springer, 1992 , S. 473-483

[LNW00] Lödding, H.; Nyhuis, P.; Wiendahl, H.-P.: Durchlaufzeitcontrolling mit dem logistischen Ressourcenportfolio. In: ZWF 95 (2000) 1-2, S. 46-51

[Loe99] Loeffelholz, F. Freiherr v.: APS – oder das Ende vom Irrtum der Vorlaufzeiten. In: AWF-PPS-Anwender-Foren 2000, 16.-17. Nov. 2000 in Leinfelden-Echterdingen / AWF – Ausschuss für wirtschaftliche Fertigung e.V. (Hrsg.), S. 635-644

[Löd01] Lödding, H.: Dezentrale Bestandsorientierte Fertigungsregelung. Düsseldorf: VDI-Verlag, 2001 (Fortschritts-Berichte VDI; Reihe 2, Nr. 587). Zugl. Hannover, Univ., Diss., 2001

[Löd05] Lödding, H.: Verfahren der Fertigungssteuerung. Berlin Heidelberg: Springer 2005

[Löd08a] Lödding, H.: Ein Modell der Fertigungssteuerung – Logistische Ziele systematisch erreichen. In Nyhuis, P. (Hrsg.): Beiträge zu einer Theorie der Logistik. Berlin u.a.: Springer, 2008, S. 219-233

[Löd08b] Lödding, H.: Verfahren der Fertigungssteuerung. 2. Aufl., Berlin Heidelberg: Springer 2008

[LPW97a] Lee, L. H.; Padmanabhan, V.; Whang, S.: The Bullwhip Effect in Supply Chains. In: Sloan Management Review 38 (1997) Spring, S. 93-102

[LPW97b] Lee, L. H.; Padmanabhan, V.; Whang, S.: Information Distortion in a Supply Chain: The Bullwhip Effect. In: Management Science 43 (1997) 4, S. 546-558

[LST06] Langer, I..; Schulz von Thun, F.; Tausch, R.: Sich verständlich ausdrücken. 8. Aufl. München, Basel : Ernst Reinhardt Verlag 2006

[Lud91] Ludwig, E.: Bausteine einer modellorientierten Fertigungsregelung. In: Wiendahl, H.-P. (Hrsg.): Modellbasiertes Planen und Steuern reaktionsschneller Produktionssysteme : Lösungskonzepte und Erfahrungen (IFA-Kolloquium 1991) München: gfmt, 1991, S. 91-120

[Lud93] Ludwig, E.: Konfiguration einer Durchlauforientierten Fertigungssteuerung bei Werkstättenfertigung. In: Neue Wege der PPS / Wiendahl, H.-P. (Hrsg.). München: gmft, 1993; S. 155-210

[Lutz02] Lutz, St.: Kennliniengestütztes Lagermanagement. Düsseldorf : VDI-Verlag, 2002 (Fortschritt-Berichte VDI: Reihe 13, Nr. 53). Zugl. Hannover, Univ., Diss. 2002

[LLW01] Lutz, St.; Lödding, H.; Wiendahl, H.-P.: Kennliniengestützte logistische Lageranalyse : ein neuer Ansatz zur Positionierung im Dilemma zwischen Bestand und Servicegrad. In: ZWF Zeitschrift für wirtschaftlichen Fabrikbetrieb 92 (2001) 9, S. 550-553

[Mag58] Magee, J. F.: Production Planning and Inventory Control. New York u.a.: McGraw-Hill 1958

[MaKr01] Mayrshofer, D.; Kröger, H. A.: Prozesskompetenz in der Projektarbeit : Ein Handbuch für Projektleiter, Prozessbegleiter und Berater. 2. Aufl., Hamburg: Windmühle 2001

[Mal96] Malik, F.: Strategie des Managements komplexer Systeme : ein Beitrag zur Management-Kybernetik evolutionärer Systeme. 5. Aufl., Bern u.a.: Haupt, 1996. Zugl.: Habil. Hochschule St. Gallen 1977

[Man97] Mannmeusel, T.: Dezentrale Produktionslenkung und Nutzung verhandlungsbasierter Koordinationsformen. Wiesbaden: Dt. Univ.-Verl., 1997. Zugl. Bamberg, Univ. Diss., 1997

[MaPlo77] Mather, H., Plossl, G. W.: Priority fixation versus throughput planning. In: Proceedings of the APICS International Conference, Cleveland, Ohio (USA) 1977, S. 27-51

[Mar01] Markus, L. M.: Toward a Theory of Knowledge Reuse: Types of Knowledge REuse Situations and Factors in Reuse Success. In: Journal of Management Informations Systems 18 (2001) 1, S. 57-93

[Mas98] Massey, B. S.: Mechanics of Fluids. 7. Aufl. London: Van Nostrand Reinhold, 1998

[May07] Mayrhofer, D.: Wissensentwicklung und -transfer in geographisch verteilter R&D von High-Technology-Unternehmen - Architekturvorschlag und Gestaltungselemente. St. Gallen, HSG, Diss. 2007

[MC03] Management Circle: Flexible "atmende" Produktion : Auftragsschwankungen in den Griff bekommen. Seminarreihe. 13./14.8.2003 in Düsseldorf. 9./10.9. 2003 in Frankfurt/Main. 17./18.9. 2003 in München. Eschborn, 2003

[McK06] McKinsey: Scheibchenweise. In: McK Wissen 16 (2006) S. 86-87, http://www.brandeins-wissen.de/Downloads/McK/mck16_16.pdf (01.09.2008)

[MerP96] Mertens, P.: Funktionen und Phasen der Produktionsplanung und -steuerung. In: Eversheim, W.; Schuh, G. (Hrsg.): Betriebshütte Produktion und Management, Teil 2, 7. völlig neu bearb. Aufl., Berlin u.a.: Springer, 1996, S. 14-11 – 14-60

[Mey98] Meyers Lexikonredaktion: Meyers Grosses Taschenlexikon in 24 Bänden. 6., neu bearb. Aufl. Mannheim : B.I. Taschenbuchverlag, 1998, Band "Stab-Tha"

[MGP60] Miller, G. A.; Galanter, E.; Pribram, K. H.: Plans and the Structure of Behavior, Orlando, FL (USA): Holt, Rinehart and Winston 1960

[MGP73] Miller, G. A.; Galanter, E.; Pribram, K. H.: Strategien des Handelns : Pläne und Strukturen des Verhaltens. 1. Aufl. Stuttgart: Klett 1973

[Mich72] Michels, W.: Systematische Produktüberwachung in Maschinenbauunternehmen. Diss. TH Aachen 1972

[MinB81] Minto, B.: The Pyramid Principle : logic in writing and thinking. London: Minto International Inc., 1981

[MinB05] Minto, B.: Das Prinzip der Pyramide : Ideen klar, verständlich und erfolgreich kommunzieren. München: Pearson, 2005

[MinH94] Mintzberg, H.: That's not „Turbulence", Chicken Little, It's Really Opportunity. In: Planning Review (1994) 11/12, S. 7-9

[MM89] Mattern, F.; Mehl, H.: Diskrete Simulation – Prinzipien und Probleme der Effizienzsteigerung durch Parallelisierung. In: Informatik-Spektrum 12 (1989), S. 198-210

[MMT70] Mesarović, M. D.; Macko, D.; Takahara, Y.: Theory of Hierarchical, multilevel, Systems. New York: Academic Press, 1970

[Mor34] Moreno, J. L.: Who Shall Survive? Foundations of Sociometry, Group Psychotherapy and Sociodrame. Washington: Nervous and Mental Disease Publishing 1934

[Mor54] Moreno, J. L.: Die Grundlagen der Soziometrie. Köln, Obladen: Westdeutscher Verlag 1974

[MülG92] Müller, G. (Hrsg.): Lexikon Technologie: Metallverarbeitende Industrie : erarbeitet von Hochschullehrern und Ingenieuren. 2. Aufl. Haan-Gruiten : Europa Lehrmittel, 1992, (Bibliothek des Technikers BDT)

[MülJ91] Müller, J.: Werkstattsteuerungsprinzipien im Vergleich : Schwerpunkt Belastungsorientierte Auftragsfreigabe. In: Anwendung der Belastungsorientierten Fertigungssteuerung / Wiendahl, H.-P. (Hrsg.). München u.a.: Hanser, 1991, S. 339-360

[Muß93] Mußbach-Winter, U.: Mit PPS-Tuning schneller am Markt. In: Fraunhofer-Institut für Produktionstechnik und Automatisierung (IPA): PPS in neuem Gewand : IPA-Technologie-Forum, 30. November 1993, Stuttgart-Vaihingen. Stuttgart, 1993, o.Z.

[MVK06] Monostori, L.; Váncza, J.; Kumara, S. R. T: Agent-based systems for manufacturing (keynote paper). In CIRP Annals 55 (2006) 2, S. 697-720

[NE90] Nowotny, H.; Eisikovic, R.: Entstehung, Wahrnehmung und Umgang mit Risiken. Schweizerischer Wissenschaftsrat, Bern 1990

[Nic08] Nickel, R.: Logistische Modelle für die Montage. Garbsen : PZH Produktionstechnisches Zentrum, 2008 (Berichte aus dem IFA; 02/2008). Zugl. Bremen, Univ., Diss. 2008

[NNB06] Nyhuis, P.; Mickel, R.; Busse, T.: Logistisches Controlling der Materialverfügbarkeit mit Bereitstellungsdiagrammen. In: ZWF Zeitschrift für wirtschaftlichen Fabrikbetrieb 101 (2006) 5, S. 265-268

[NoTa95] Nonaka, I.; Takeuchi, H.: The Knowledge-Creating Company : How Japanese Companies Create the Dynamics of Innovation. New York; Oxford : Oxford University Press, 1995

[NoTa97] Nonaka, I.; Takeuchi, H.: Die Organisation des Wissens : Wie japanische Unternehmen eine brachliegende Ressource nutzbar machen. Frankfurt/M.; New York : Campus Verlag, 1997

[NW99] Nyhuis, P.; Wiendahl, H.-P.: Logistische Kennlinien : Grundlagen, Werkzeuge und Anwendungen. Berlin et. al.: Springer 1999

[NW03] Nyhuis, P.; Wiendahl, H.-P.: Logistische Kennlinien : Grundlagen, Werkzeuge und Anwendungen. 2. Aufl., Berlin et. al.: Springer 2003

[NW07] Nyhuis, P.; Wiendahl, H.-P.: Ansätze einer Logistiktheorie. In: Hausladen, I. (Hrsg): Management am Puls der Zeit. Strategien, Konzepte und Methoden Festschrift für Univ.-Prof. Dr. Dr. h.c. mult. Horst Wildemann zum 65. Geburtstag München: TCW Transferzentrum 2007, S. 1015-1045

[NyF02] Nyhuis, F.: Material-, Auftrags- und Kapazitätscontrolling von Lieferketten. In: Schraft, Rolf Dieter (Hrsg.) u.a.; Fraunhofer-Institut für Produktionstechnik und Automatisierung IPA u.a.: Maßanzug PPS? : Planungs- und Steuerungslösungen für den Maschinen- und Anlagenbau. 7. Stuttgarter PPS-Seminar 19. September 2002, Stuttgart. Stuttgart: FpF, 2002, S. 46-64

[NyF07a] Nyhuis, F.: Monitoring von Logistikprozessen in der Materialwirtschaft. In: GTT u.a. (Hrsg.): Chancen und Wege zur Verbesserung der Logistikleistung, Seminar, Hannover 5./6. März 2007. Hannover: GTT Gesellschaft für Technologie Transfer, 2007, Getr. Z.

[NyF07b] Nyhuis, F.: Monitoring und Simulation des Auftragsdurchlaufs in der Produktion. In: GTT u.a. (Hrsg.): Chancen und Wege zur Verbesserung der Logistikleistung, Seminar, Hannover 5./6. März 2007. Hannover: GTT Gesellschaft für Technologie Transfer, 2007, Getr. Z.

[NyMü04] Nyhuis, P.; Mühlenbruch, H.: Das Produktionsstufenkonzept – ein prozesskettenorientierter Ansatz der variantenreichen Produktion, In: Produktionsstandorte sichern durch innovative Prozessketten: Begleitband zum Hannover Kolloquium, 4.-5. Nov. 2004 / Hrsg.: F.W. Bach u.a. Garbsen: PZH Produktionstechnisches Zentrum, 2004, S. 167-189

[NyP91] Nyhuis, P.: Durchlauforientierte Losgrößenbestimmung. Düsseldorf: VDI-Verlag 1991 (Fortschritts-Berichte VDI; Reihe 2, Nr. 225). Zugl. Hannover, Univ., Diss., 1991

[NyP02] Nyhuis., P.: Grundgesetze der Beschaffungslogistik. Arbeitspapier Supply Chain Consulting (SPLS) München: Siemens 2002

[NyP03] Nyhuis, P.: Ganzheitliche Gestaltung von Unternehmensprozessen. In: Die wandlungsfähige Fabrik : Integrierte Sicht von Fabrikstruktur, Logistik und Produktionssystemen. Tagungsband IFA-Fachtagung 20.-21. März 2003 in Hannover. / Wiendahl, Hans-Peter (Hrsg.). Hannover, 2003, o.Z.

[NyP08a] Nyhuis, P.: Entwicklungsschritte zu Theorien der Logistik. In Nyhuis, P. (Hrsg.): Beiträge zu einer Theorie der Logistik. Berlin u.a.: Springer, 2008, S. 1-17

[NyP08b] Nyhuis, P.: Produktionskennlinien – Grundlagen und Anwendungsmöglichkeiten. In Nyhuis, P. (Hrsg.): Beiträge zu einer Theorie der Logistik. Berlin u.a.: Springer, 2008, S. 185-218

[NyPa08] Nyhuis, P.; Pachow-Frauenhofer, J.: Grundlagen. In: Arnold, D. et al. (Hrsg.) Handbuch Logistik. Berlin, Heidelberg: Springer 2008; S. 295-307

[Obs00] Obst, A.: Analyse einer abstraktionsbasierten hierarchischen Produktionsplanung in komplexen Produktionssystemen. Frankfurt M. u.a.: Lang, 2000 (Europäische Hochschulschriften : Reihe 5, Bd 2631). Zugl. Marburg, Univ., Diss., 1998

[Odi67] Odiorne, G. S.: Management by objectives; München: Moderne Industrie, 1967

[Oech03] Oechtering, R. P.: Theorie kontra Praxis: Wie offen lassen sich Projektrisiken kommunizieren? In: Projekt Magazin: das Fachmagazin im Internet für erfolgreiches Projektmanagement (2003) 14 http://www.projektmagazin.de/magazin/abo/artikel/2003/1403-2.html (05.01.2009)

[Oer77] Oertli-Cajacop, P.: Praktische Wirtschaftskybernetik. München: Hanser 1977

[Oest81] Oesterreich, Rainer: Handlungsregulation und Kontrolle. München, Wien, Baltimore: Urban & Schwarzenberg 1981

[Ohn88] Ohno, T.: Toyota production system. Cambridge, Mass.: Productivity Press, 1988

[Olh01] Olhager, J.; Rudberg, M.; Wikner, J.: Long-term capacity management: linking the perspectives from manufacturing strategy ans sales and operations planning. In: Int. Journal of Production Economics 69 (2001) 2, S. 215-225

[OlSe07a] Olhager, J.; Selldin, E.: Manufacturing planning and control approaches: market alignment and performance. In: Int. Journal of Production Research 45 (2007) 6, S. 1469-1484

[OlSe07b] Olhager, J.; Selldin, E.: Strategic Choice of Manufacturing Planning and Control Approaches: Empirical Analysis of Drivers and Performance. In: Olhager, J.; Persson, F. (Hrsg.); IFIP / TC5 / WG 5.7: Advances in Production Management Systems : International IFIP TC 5, WG 5.7 Conference on Advances in Production Management Systems (APMS 2007), September 17-19, Linköping, Sweden. Berlin u.a.: Springer, 2007, S. 35-42

[Pat82] Patzak, G.: Systemtechnik – Planung komplexer innovativer Systeme. Berlin u.a.: Springer 1982

[PetD93] Petermann, D: Beherrschung des Produktionsprozesses – warum regeln und nicht steuern? In: Wiendahl, H.-P. (Hrsg.): Neue Wege der PPS – Innovative Konzepte, Praxislösungen und Forschungsansätze zur durchgängigen Steuerung und Überwachung einer kundenorientierten Produktion (IFA-Kolloquium 1993) München: gmft, 1993, S. 405-430

[PetD96] Petermann, D.: Modellbasierte Produktionsregelung. Düsseldorf: VDI-Verlag, 1996 (Fortschritts-Berichte VDI; Reihe 20, Nr. 193). Zugl. Hannover, Univ., Diss., 1995

[PetM93] Peteraf, M. A.: The Cornerstones of Competitive Advantage : A Resource-Based View. In: Strategic Management Journal 14 (1993), S. 179-191

[Petr62] Petri, C. A.: Kommunikation mit Automaten. Bonn: Schriften des Rheinisch-Westfälischen Institutes für instrumentelle Mathematik an der Universität Bonn, 1962

[Pfei96] Pfeifer, T.: Methoden und Werkzeuge des Qualitätsmanagements. In: Eversheim, W.; Schuh, G. (Hrsg.): Betriebshütte Produktion und Management, Teil 2, 7. völlig neu bearb. Aufl., Berlin u.a.: Springer, 1996, S. 13-25 – 13-43

[Pic99] Picot, A.; Dietl, H.; Franck, E.: Organisation : eine ökonomische Perspektive. 2. Aufl. Stuttgart : Schäffer-Poeschel, 1999

[Pic01] Picot, A.; Reichwald, R.; Wigand, R. T.: Die grenzenlose Unternehmung : Information, Organisation und Management; Lehrbuch zur Unternehmensführung im Informationszeitalter. 4. Aufl. Wiesbaden : Gabler, 2001

[Pir96] Pirron, J. (Hrsg.): Erfolgsfaktor Integration - Wege und Lösungen für das Informationsmanagement. 1. Aufl. Berlin u.a.: Beuth, 1996

[Pit83] Pittioni, V.: Modelle und Mathematik. In: Modelle – Konstruktion der Wirklichkeit; München: Wilhelm Fink 1983; S. 171 -221

[PMI04] Project Management Institute: A Guide to the Project Management Body of Knowledge : ANSI/PMI 99-001-2004. 3. Ausgabe (deutsch) Newton Square, PA, USA, 2004

[PolM66] Polanyi, M.: The tacit dimension. Garden City, NY: Doubleday, 1966

[PolM85] Polanyi, M.: Implizites Wissen. Frankfurt/Main: Suhrkam 1985

[Pop35] Popper, K. R.: Logik der Forschung Wien: Springer, 1935.

[Pop05] Popper, K. R.: Logik der Forschung. 11. Aufl. Tübingen: Mohr Siebeck, 2005

[Por80] Porter, M. E.: Competitive Strategy: Techniques for Analyzing Industries and Competitors. Export Ed. New York: Free Press, 1980

[Por04] Porter, M. E.: Competitive Strategy : Techniques for Analyzing Industries and Competitors. Export Ed. New York: Free Press, 2004

[Pro87] Probst, G. J. B.: Selbst-Organisation : Ordnungsprozesse in sozialen Systemen aus ganzheitlicher Sicht. Berlin, Hamburg: Parey, 1987

[Prof77] Profos, P.: Modellbildung und ihre Bedeutung in der Regelungstechnik. In: VDI-Berichte Nr. 276, Düsseldorf, 1977, S. 5-12

[PRR99] Probst, G., Raup, S., Romhardt, K.: Wissen managen : Wie Unternehmen ihre wertvollste Ressource optimal nutzen. 3. Aufl., Frankfurt am Main; Wiesbaden: Frankfurter Allgemeine Zeitung; Gabler, 1999

[RA04] Rall, B.; Alicke, K.: Lagersysteme. In: Arnold, D. et.al. (Hrsg.) Handbuch Logistik; Berlin u.a.: Springer 2004; S. C2-34 – 2-61

[Raf74] Raffée, H.: Grundprobleme der Betriebswirtschaftslehre. Göttingen: Vadenhoeck & Ruprecht 1974

[REFA91-3] REFA Verband für Arbeitsstudien und Betriebsorganisation: Planung und Steuerung - Teil 3. München : Hanser, 1991 (Methodenlehre der Betriebsorganisation)

[REFA91-6] REFA Verband für Arbeitsstudien und Betriebsorganisation: Planung und Steuerung - Teil 6. München : Hanser, 1991 (Methodenlehre der Betriebsorganisation)

[ReHo00] Reinhart, G.; Hoffmann, H. (Hrsg.): Münchner Kolloquium 2000 ...nur der Wandel bleibt : Wege jenseits der Flexibilität. München: Utz, 2000

[ReiG97] Autonome Produktionssysteme; In: Komplexität und Agilität / Schuh, G.; Wiendahl, H.-P. (Hrsg.). Berlin: Springer, 1997, S. 243-255

[ReiG99] Reinhart, G. et. al.: Reaktionsfähigkeit für Unternehmen. Eine Antwort auf turbulente Märkte. In: ZWF 94 (1999) 1/2, S. 21-24

[Reis86] Reisig, W.: Petrinetze : Eine Einführung. 2. Aufl. Berlin u.a.: Springer, 1986

[Rem99] Lieferfähigkeit in der variantenreichen Serienfertigung. In: Lieferfähigkeit sicherstellen! : Praxiserprobte Lösungen für die gesamte Lieferkette: 4. Stuttgarter PPS-Seminar, 17. Juni 1999 in Stuttgart/Westkämper, E.; Schraft, R. D. (Hrsg.). Stuttgart: FpF, 1999, S. 143-161

[Rem03] Rempp, B.: Regelungstechnische Untersuchung durchsatzgeregelter Produktionssysteme. Heimsheim : Jost-Jetter Verlag, 2003 (ISW Forschung und Praxis 146). Zugl. Stuttgart, Univ., Diss., 2003

[RF74] Rebitzer, B.; Foerster, H. von, et al. (Hrsg.): Cybernetics of Cybernetics or the Control of Control and the Communication of Communication. Urbana Ill.: Biological Computer Laboratory, 1974

[RieC93] Rieck, Chr.: Spieltheorie : Einführung für Wirtschafts- und Sozialwissenschafter. Wiesbaden : Gabler, 1993

[RieC06] Rieck, Chr.: Spieltheorie : eine Einführung. 6. Aufl. Eschborn : Rieck, 2006

[RieH82] Rieckmann, H.: Auf der grünen Wiese. Bern, Stuttgart: Haupt 1982

[Rieg97] Rieg, R.: Architektur und Datenmodell eines koordinationsorientierten Controlling-Informationssystems; Heidelberg: Physika 1997

[Riep79] Rieper, B.: Hierarchische betriebliche Systeme : Entwicklung einer Konzeption zur Analyse und Gestaltung des Verhaltens betrieblicher Systeme. Wiesbaden: Gabler, 1979. Zugl. Münster, Univ., Habil.-Schr., 1976

[Riep92] Rieper, B.: Betriebswirtschaftliche Entscheidungsmodelle – Grundlagen. Berlin: Neue Wirtschafts-Briefe, 1992

[RöFr07] Röösli, F.; Fraser, R.: Wie Spitzenunternehmen geführt werden. In io new management (2007) 6, S. 59-63

[Rom93] Rommel, G.; u.a.: Einfach überlegen: das Unternehmenskonzept, das die Schlanken schlank und die Schnellen schnell macht; McKinsey & Company, Inc,. Stuttgart: Schäffer-Poeschel 1993

[Rop75] Ropohl, G.: SystemtechnikGrundlagen und Anwendung. München: Hanser 1975

[Rop79] Ropohl, G.: Eine Systemtheorie der Technik: zur Grundlegung der allgemeinen Technologie. München: Hanser, 1979. Zugl.: Karlsruhe, Univ., Habil.-Schr., 1978

[Rop98] Ropohl, G.: Wie die Technik zur Vernunft kommt: Beiträge zum Paradigmenwechsel in den Technikwissenschaften. Chur: G+B Verl. Fakultas, 1998 (Schriftenreihe Technik interdisziplinär; 3)

[Rop99] Ropohl, G.: Allgemeine Technologie : eine Systemtheorie der Technik. 2. Aufl. München u.a.: Hanser, 1999

[Ros87] v. Rosenstiel, L.: Grundlagen der Organisationspsychologie, Basiswissen und Anwendungshinweise. 2. Aufl. Stuttgart: Poeschel, 1987

[RoSm06] Roesgen, R.; Schmidt, C.: Auswahl und Einführung von ERP-/PPS-Systemen. In: Schuh, G. (Hrsg.) Produktionsplanung und -steuerung; Berlin u.a.: Springer 2006; S. 330-376

[RoSo00] Rother, M., Shook, J.: Sehen lernen – mit Wertstromdesign die Wertschöpfung erhöhen und Verschwendung beseitigen. Fraunhofer IPA (Hrsg), Stuttgart: Log_X, 2000

[RütB80] Rüttinger, B.: Konflikt und Konfliktlösen. Goch: Bratt-Institut für neues Lernen, 1980

[Sai85] Sainis, P.: Die neuesten Tendenzen in der Fertigungssteuerung und ihre Anwendung in der Praxis. In: ZwF 80 (1985) 12, S. 561-566

[SCB05] Simchi-Levi, D.; Chen, X.; Bramel, J.: The Logic of Logistics : Theory, Algorithms, and Applications for Logistics and Supply Chain Management. 2. Aufl. Berlin u.a.: Springer, 2005 (Springer Series in Operations Research)

[SCC07] Supply Chain Operations Reference Model (SCOR-Modell) Version 8.0, http://www.supply-chain.org (4.4.2007)

[Scheer94] Scheer, A.-W.: Wirtschaftsinformatik. Berlin u.a.: Springer, 1994

[Scherr93] Scherr, A. L.: A New Approach to Business Processes. In: IBM Systems Journal 32 (1993) 1, S. 80-98

[Schlitt04] Schlitt, M.: Grundlagen und Methoden für Interpretation und Konstruktion von Informationssystemmodellen. Diss. Uni Bamberg 2004 http://elib.uni-bamberg.de/volltexte/2004/9.html (4.5.2007)

[SchmC07] Schmidt, C.: Status Quo und Potenziale : von der prozessorientierten Bewertung & Auswahl bis hin zur Optimierung des ERP-Systemeinsatzes. In: FIR; u.a. (Hrsg.): 14. Aachener ERP-Tage, 09.-10. Mai 2007, Aachen, 2007. Getr.Z.

[SchmT00] Schmidt, Th.: Grobplanung mit künstlichen neuronalen Netzwerken für die Halbleiterfertigung. Heimsheim: Jost-Jetter, 2000. (IPA-IAO – Forschung und Praxis, Nr. 313). Zugl. Stuttgart, Univ., Diss., 1999

[SchmR98] Schmitz, R.: Einführung von PPS-Systemen. In: Produktionsplanung und -steuerung: Grundlagen, Gestaltung und Konzepte/Luczak, H.; Eversheim, W. (Hrsg.), 1. Aufl. Berlin u.a.: Springer 1998, S. 327-375

[SchmW96] Schmitz, W. J.: Methodik zur strategischen Planung von Fertigungstechnologien : Ein Beitrag zur Identifizierung und Nutzung von Innovationspotentialen. Aachen : Shaker, 1996. Zugl. Diss. RWTH Aachen 1995

[Schn88] Schneeweiß, Ch.: Der Zeitaspekt in der Planung. In: Zeitaspekte betriebswirtschaftlicher Theorie und Praxis / Hax, H. et. al. (Hrsg.). Stuttgart: Poeschel, 1988, S. 3-19

[Schn91] Schneeweiß, Ch.: Planung – 1. Systemanalytische und entscheidungstheoretische Grundlagen. Berlin u.a.: Springer, 1991

[Schn92] Schneeweiß, Ch.: Planung – 2. Konzepte der Prozess- und Modellgestaltung. Berlin u.a.: Springer, 1992

[SchoA04] Scholl, A.: Grundlagen der modellgestützten Planung. In: Arnold, D. et.al. (Hrsg.) Handbuch Logistik; Berlin u.a.: Springer, 2004; S. A2-1 – A2-9

[SchoE80] Schomburg, E.: Entwicklung eines betriebstypologischen Instrumentariums zur systematischen Ermittlung der Anforderungen an EDV-gestützte Produktionsplanungs- und -steuerungssysteme im Maschinenbau. Aachen, RWTH, Diss., 1980

[SchoW03] Scholl, W. (2003): Modelle effektiver Teamarbeit - eine Synthese. In: Stumpf, S.; Thomas, A. (Hrsg.): Teamarbeit und Teamentwicklung. Göttingen: Hogrefe Verlag für Psychologie (Psychologie für das Personalmanagement), S. 3-34.

[Schö95] Schönsleben, P.: Corma: Capacity Oriented Materials Management. In: Proceedings of the APICS World Symposium, Auckland, NZ, 6.-8.3.1995, S. 160-164

[Schö00] Schönsleben, P.: Integrales Logistikmanagement : Planung und Steuerung von umfassenden Geschäftsprozessen. 2. Aufl. Berlin u.a.: Springer, 2000

[Schö01] Schönsleben, P.: Integrales Informationsmanagement : Informationssysteme für Geschäftsprozesse – Management, Modellierung, Lebenszyklus und Technologie. Berlin u.a.: Springer 2001

[Schö02] Schönsleben, P.: Integrales Logistikmanagement : Planung und Steuerung von umfassenden Geschäftsprozessen. 3. Aufl. Berlin u.a.: Springer 2002

[Schö07] Schönsleben, P.: Integrales Logistikmanagement : Operations und Supply Chain Management in umfassenden Wertschöpfungsnetzwerken. 5. Aufl. Berlin u.a.: Springer, 2007

[SchoP96] Scholtissek, P.: Simulationsprüfstand für Logistikkonzepte der Produktion. Düsseldorf: VDI-Verlag, 1996 (Fortschritts-Berichte VDI; Reihe 2, Nr. 377). Zugl. Hannover, Univ., Diss., 1995

[Schot98] Schotten, M. et. al.: Grundlagen der Produktionsplanung und -steuerung. In: Produktionsplanung und -steuerung: Grundlagen, Gestaltung und Konzepte / Luczak, H.; Eversheim, W. (Hrsg.), 1. Aufl. Berlin u.a.: Springer 1998, S. 9-258

[Schüb02] Schübel, H. R.: Optimierung interdisziplinärer Kooperation in der Umweltforschung durch psychologische Prozessbegleitung. In: Müller, K. et al. (Hrsg.): Wissenschaft und Praxis der Landschaftsnutzung : Formen interner und externer Forschungskooperation. Weikersheim: Markgraf, 2002, S. 308-316

[Schüb03] Schübel, H. R.: Ziele und Zielvereinbarungen. Arbeitspapier Consultoria Stuttgart: Consultoria Wissenschafts- und Unternehmensberatung 2003

[Schüb07] Schübel, H. R.: Interdisziplinäre Kooperation in transdisziplinärer Forschung besser machen? Prozessbegleitung als formative Evaluation. In: Stoll-Kleemann, S.; Pohl, Chr. (Hrsg.): Evaluation inter- und transdisziplinärer Forschung. München: oekom-Verlag, 2007; S. 195-210

[Schüb09] Schübel, H. R.: Gruppenmoderation. In: Hoffmann, V. (Hrsg.): Transdisziplinäre Umweltforschung. Methodenhandbuch. München: Oekom 2009 (Kulturlandschaft, 2), S. 146-152

[Schüp94] Schüpbach, H.: Prozeßregulation in rechnerunterstützten Fertigungssystemen. Zürich: Verl. d. Fachvereine, 1994. Zugl. Zürich, ETH, Habil.-Schr., 1994

[SchuG06] Schuh, G. (Hrsg.): Produktionsplanung und -steuerung. Berlin u.a.: Springer 2006

[SchuG07] Schuh, G. (Hrsg.): Effiziente Auftragsabwicklung mit myOpenFactory. München, Wien: Hanser 2007

[SchuG09] Schuh, G.; et. al.: Design for Changeability. In: ElMaraghy, H. A. (Hrsg.): Changeable and Reconfigurable Manufacturing Systems. London: Springer 2009, S. 251-266

[Schul99] Schulte, Chr. (Hrsg.) Lexikon der Logistik. München: Oldenbourg Verlag 1999

[Schul05] Schulte, Chr.: Logistik : Wege zur Optimierung der Supply Chain. 4. Aufl. München: Vahlen 2005

[SchuW91] Schuhmann, W.: Informations-Management : Unternehmensführung und Informationssysteme aus systemtheoretischer Sicht. Frankfurt u.a.: Campus Verlag, 1991.

[Schwa94] Schwaninger, M.: Managementsysteme. Frankfurt: campus-Verlag, 1994

[Schwe01] Schwetz, W.: Customer Relationship Management : Mit dem richtigen CRM-System Kundenbeziehungen erfolgreich gestalten. 2. Aufl. Wiesbaden: Gabler 2001

[SeDr99] Scherer, E., Drude, M:. Mit der Mannschaft ins Ziel! Grundsätze einer ganzheitlichen Unternehmensberatung, Management & Qualität, 9 (1999), S. 6-9

[SeiL98] Seiwert, L. J.: Wenn Du es eilig hast, gehe langsam : das neue Zeitmanagement in einer beschleunigten Welt. Frankfurt/Main, New York: Campus 1998

[SeSn08] Sennheiser, A.; Schnetzler, M.: Wertorientiertes Supply Chain Management : Strategien zur Mehrung und Messung des Unternehmenswerts durch SCM. Berlin u.a.: Springer 2008

[SeWi04] Schenk, M., Wirth, S.: Fabrikplanung und Fabrikbetrieb. Berlin, u.a.: Springer, 2004.

[SGS06] Schuh, G.; Gierth, A.; Schiegg, Ph.: Prozessarchitektur. In: Schuh, G. (Hrsg.) Produktionsplanung und -steuerung; Berlin u.a.: Springer 2006; S. 81-107

[She39] Shewhart, W. A.: Statistical Method from the Viewpoint of Quality Control Washington : Graduate School, Dep. of Agriculture, 1939

[She86] Shewhart, W. A.: Statistical method from the viewpoint of quality control. 1. publ., unabridged republ., Graduate School of the Department of Agriculture, Washington, D. C., 1939 New York : Dover Publ., 1986

[Sim91] Simon, H. A.: Bounded Rationality and Organizational Learning. In: Organization Sciene 2 (1991) 1, S. 125-134

[SiWi99] Sihn, W.; Wiendahl, H.-H.: Lieferfähigkeit am Standort sicherstellen : Basis für erfolgreiches Produzieren im Netzwerk. In: Lieferfähigkeit sicherstellen! : Praxiserprobte Lösungen für die gesamte Lieferkette: 4. Stuttgarter PPS-Seminar, 17. Juni 1999 in Stuttgart / Westkämper, E.; Schraft, R. D. (Hrsg.). Stuttgart: FpF, 1999, S. 7-31

[SmRo06] Schmidt, C.; Roesgen, R.: Reorganisation der PPS. In: Schuh, G. (Hrsg.) Produktionsplanung und -steuerung; Berlin u.a.: Springer 2006; S. 304-329

[SneiU96] Schneider, U.: Ein formales Modell und eine Klassifikation für die Fertigungssteuerung. Paderborn : HNI: 1996. Zugl. Paderborn, Univ-GH, Diss., 1996

[Sod06] Soder, J.: Hohe logistische Leistung bei einem Komponentenhersteller – Lean Manufacturing bei SEW-EURODRIVE. In: Westkämper, Engelbert (Hrsg.) u.a.; Fraunhofer IPA: Schlankes Auftragsmanagement – Lean-Ansätze versus klassische PPS : 11. Stuttgarter PPS-Seminar, 28. und 29. September 2006, Stuttgart. Stuttgart : FpF - Verein zur Förderung produktionstechnischer Forschung, 2006, S. 20-33

[SoHe06] Stolzenberg, K.; Heberle, K.: Change Management. Veränderungsprozesse erfolgreich gestalten – Mitarbeiter mobilisieren. Heidelberg: Springer 2006

[SoHö06] Scholz-Reiter, B.; Höhns, H.: Selbststeuerung logistischer Prozesse mit Agentensystemen. In: Schuh, G. (Hrsg.) Produktionsplanung und -steuerung; Berlin u.a.: Springer 2006; S. 745-780

[Sok98] Sokianos, N.; u.a.: Lexikon Produktionsmanagement. Landsberg/Lech : Verlag moderne industrie, 1998

[Sonn07] Sonntag, K.: Kompetenzmodelle im Human Resource (HR-) Management. In: Schäfer, E.; u.a. (Hrsg.): Arbeitsleben! Arbeitsanalyse, Arbeitsgestaltung, Kompetenzentwicklung. Kassel: Kassel Unviversity Press 2007, S. 264-279

[SOP08] Schelle, H.; Ottmann, R.; Pfeiffer, A.; Deutsche Gesellschaft für Projektmanagement: ProjektManager 3. Aufl. Nürnberg : GPM, 2008

[SontK06] Sontow, K.: Die Suche nach dem ERP-Maßanzug. In: Computerwoche (2006) 25, S. 26-27

[SoTr07] Sontow, K.; Treutlein, P.: Einsatz von Werkzeugen zur Softwareauswahl am Beispiel des IT-Mtchmakers. In: Becker, J.; Vering, O.; Winkelmann, A. (Hrsg.): Softwareauswahl und -einführung in Industrie und Handel. Berlin: Springer, 2007, S. 109-127

[Spa03] Spath, D. (Hrsg.): Ganzheitlich produzieren : Innovative Organisation und Führung. Stuttgart : LOG X Verlag, 2003

[Spe05] Specker, A.: Modellierung von Informationssystemen. 2. Aufl., Zürich: vdf 2005

[Spei82] Speith, G.: Vorgehensweise zur Beurteilung und Auswahl von Produktionsplanungs- und Steuerungssystemen für Betriebe des Maschinenbaus. Aachen, RWTH, Diss, 1982.

[Spen96] Spender, Making Knowledge the Basis of a Dynamik Theory of the Firm. In Strategic Management Journal (1996) 17 (winter special issue), S. 45-62

[Spu07] Spur, G.: Kritik der logistischen Vernunft. In: ZWF 102 (2007) 5, S. 254-259

[SSU96] Scherer, E.; Schönsleben, P; Ulich, E.: Werkstattmanagement – Organisation und Informatik im Spannungsfeld zentraler und dezentraler Strukturen, Zürich: vdf 1996

[SSW99a-b] Stühler, L.; Schmidt, M.; Wiendahl, H.-H.: Produzieren im turbulenten Umfeld der Halbleiterindustrie Teil 1: Branchenbedingungen und Fertigungsumfeld. In: PPS Management 4 (1999) 2, S. 12-16Teil 2: Einsatz der Betriebskennlinie im turbulenten Umfeld. In: PPS Management 4 (1999) 3, S. 14-20

[Sta73] Stachowiak, H.: Allgemeine Modelltheorie. Wien u.a.: Springer 1973

[Sta83a] Stachowiak, H.: Konstruierte Wirklichkeit – Zur Einleitung. In: Modelle – Konstruktion der Wirklichkeit; München: Wilhelm Fink 1983; S. 10-16

[Sta83b] Stachowiak, H.: Erkenntnisstufen zum Systematischen Neopragmatismus und zur Allgemeinen Modelltheorie. In: Modelle – Konstruktion der Wirklichkeit; München: Wilhelm Fink 1983; S. 87-146

[Stad88] Stadtler, H.: Hierarchische Produktionsplanung bei losweiser Fertigung. Heidelberg: Physika, 1988

[Stad02] Stadtler, H.: Supply Chain Management – An Overview. In: H. Stadtler, C. Kilger (Hrsg.), Supply Chain Management and Advanced Planning, Berlin: Springer 2002; S. 7-27

[Stau79] Staudt, E.: Planung als Stückwerktechnologie. Göttingen: Vandenhoeck und Ruprecht, 1979

[SteJ00] von Steinaecker, J.: Ein Informationsmodell zur Modellierung und Planung von netzwerkartigen Produktionsstrukturen. Heimsheim: Jost-Jetter, 2000. (IPA-IAO – Forschung und Praxis, Nr. 324). Zugl. Stuttgart, Univ., Diss., 2000

[SteM94] Steven, M.: Hierarchische Produktionsplanung. 2., überarbeitete und erweiterte Auflage. Heidelberg: Physika, 1994. 1. Aufl. unter Switalski, M. Zugl.: Bielefeld, Univ., Diss., 1989

[Stra05] Straube, F.; Dangelmaier, W.; Günthner, W. A.; Pfohl, H.-Chr.: Trends und Strategien in der Logistik : Ein Blick auf die Agenda des Logistik-Managments 2010. Bremen: Deutscher Verkehrs-Verlag 2005

[SüKa09] Schübel, H. R.; Kappus, B. M.: Konfliktbehandlung. In: Hoffmann, V. (Hrsg.): Transdisziplinäre Umweltforschung. Methodenhandbuch. München: Oekom 2009 (Kulturlandschaft, 2), S. 193-199

[SüWa94] Schübel, H.; Wall, H.: Risikokommunikation – Psychologische Aspekte der Kommunikation über Gefahren für Umwelt und Gesundheit. In: UPM Umweltpsychologische Mitteilungen. Bericht 2 (1994), S. 77-88

[SuGi06] Schuh, G.; Gierth, A.: Aachener PPS-Modell. In: Schuh, G. (Hrsg.) Produktionsplanung und -steuerung; Berlin u.a.: Springer 2006; S. 11-27

[SuRo06] Schuh, G.; Roesgen, R.: Aufgaben. In: Schuh, G. (Hrsg.) Produktionsplanung und -steuerung; Berlin u.a.: Springer 2006; S. 28-80

[SuSm06] Schuh, G.; Schmidt, C.: Prozesse. In: Schuh, G. (Hrsg.) Produktionsplanung und -steuerung; Berlin u.a.: Springer 2006; S. 108-194

[SuWe06] Schuh, G.; Westkämper, E. (Hrsg.); u.a.: Liefertreue im Maschinen- und Anlagenbau : Stand - Potenziale - Trends. Aachen, 2006

[SuWi97] Schuh, G.; Wiendahl, H.-P. (Hrsg.): Komplexität und Agilität. Berlin: Springer, 1997

[Suz87] Suzaki, K.: The New Manufacturing Challenge. Free Press New York 1987

[Suz89] Suzaki, K.: Modernes Management im Produktionsbetrieb : Strategien, Techniken, Fallbeispiele. München, Wien: Hanser 1989

[SvT08] Schulz von Thun, F.: Miteinander reden 1 : Störungen und Klärungen. Reinbek b. Hamburg : Rowohlt, 2008 Bd 1

[Tak95] Takeda, H.: Das synchrone Produktionssystem : just in time für das ganze Unternehmen. Landsberg: moderne Industrie, 1995

[Tay09] Taylor, F. W.: Die Betriebsleitung insbesondere der Werkstätten (Shop Management). Berlin: Springer 1909

[Tay13] Taylor, F. W.: Die Grundsätze wissenschaftlicher Betriebsführung (The Principles of Scientific Management). München, Berlin 1913

[Tee97] Teece, D. J.: Pisane, G.; Shuen, A.: Dynamic Capability and Strategic Management. In: Strategic Management Journal 19 (1997), S. 509-533

[TeKo08a] Deutsche Telekom (Hrsg.): Leistungsbeschreibung TDSL 2000. http://www.t-home.de/dlp/agb/32067.pdf (16.05.2008)

[TeKo08b] Deutsche Telekom (Hrsg.): Produktübersicht Privatkunden: Vor-Ort-Service 8 h Entstörzeit. http://xrl.us/bkmv7 (16.05.2008)

[TeKo08c] Deutsche Telekom (Hrsg.): Geschäftskunden: Serviceverträge http://xrl.us/bkmwb (16.05.2008)

[Thi98] Thiem, I.: Ein Strukturmodell des Fertigungsmanagements : Soziotechnische Strukturierung von Fertigungssystemen mit dem "Modell lebensfähiger Systeme". Aachen : Shaker, 1998 (Schriftenreihe des Lehrstuhls für Produktionssysteme 3/98). Zugl. Bochum, Ruhr-Univ., Diss., 1998

[Til05] Tilebein, M.: Nachhaltiger Unternehmenserfolg in turbulenten Umfeldern : die Komplexitätsforschung und ihre Implikationen für die Gestaltung wandlungsfähiger Unternehmen. Frankfurt u.a.: Lang 2005 (Schriften zur Unternehmensplanung, Bd. 69). Zugl.: Stuttgart, Univ., Diss., 2004

[TraRu96] Tracht, Th., Ruta, A.: Qualitätsorientierte Produktionslenkung. In: Wiendahl, H.-P. (Hrsg.): Erfolgsfaktor Logistikqualität : Vorgehen, Methoden, und Werkzeuge zur Verbesserung der Logistikleistung. Berlin u.a.: Springer, 1996, S. 281-300

[TraT96a] Tracht, Th.: Einleitung. In: Wiendahl, H.-P. (Hrsg.): Erfolgsfaktor Logistikqualität : Vorgehen, Methoden, und Werkzeuge zur Verbesserung der Logistikleistung. Berlin u.a.: Springer, 1996, S. 1-7

[TraT96b] Tracht, Th.: Umsetzung der Qualitätsprinzipien. In: Wiendahl, H.-P. (Hrsg.): Erfolgsfaktor Logistikqualität : Vorgehen, Methoden, und Werkzeuge zur Verbesserung der Logistikleistung. Berlin u.a.: Springer, 1996, S. 25-31

[TrBa51] Trist, E. L.; Bamforth, K.W.: Some social and psychological consequences of the longwall method of coal-getting. In: Human Relations 4 (1951) 1, S. 3-38

[Trov07a] Trovarit AG, Schuh, G; Stich, V. (Hrsg.): Brosze, T.; et. al.: Marktspiegel Business Software ERP/PPS 2007/2008. 4. überarb. Aufl. Aachen 2007

[Trov07b] Trovarit AG, Fraunhofer IPA (Hrsg.): Wiendahl, H.-H.; Mußbach-Winter, U.; Kipp, R. Marktspiegel Business Software: MES – Fertigungssteuerung 2007/2008. 2. überarb. Aufl. Stuttgart, Aachen, 2007

[Tuc65] Tuckman, B.: Developmental Sequence in Small Groups. In: Psychological Bulletin 63 (1965) Nr. 6, S. 384-399

[TuJe77] Tuckman, B. W.; Jensen, M. A. C.: Stages of Small-Group Development Revisited. In: Group & Organization Studies 2 (1977) Nr. 4, S. 419-427

[UK72] Ulrich, H.; Krieg, W.: Das St. Galler Management-Modell. Bern: Haupt, 1972

[Uli94] Ulich. E.: Arbeitspsychologie. 3. Aufl. Stuttgart: Schäffer Poeschel, 1994

[Uli99] Ulich, E.: Mensch – Technik – Organisation: Ein europäisches Produktionskonzept. In: Betonwerk und Fertigteil-Technik 65 (1999) 22, S. 26-31

[VaBru05] Valckenaers, P.; van Brussel, H.: Holonic Manufacturing Execution Systems. In: CIRP Annals 54 (2005) 1, S. 427-432

[VDA 5000] Verband der Automobilindustrie e.V. (VDA): VDA- Empfehlung 5000: Vorschläge zur Ausgestaltung logistischer Abläufe; Teil 1: Grundsätzliche Aussagen zur Ausgestaltung von Abläufen und Prozessen Frankfurt, 2003

[VDI74] VDI-Gesellschaft Produktionstechnik (ADB): Fertigungsterminplanung und -steuerung (VDI-Taschenbücher, 23). 2. Aufl. Düsseldorf: VDI-Verlag, 1974)

[VDI 2525] VDI 2525 1999-07: Praxisorientierte Logistikkennzahlen für kleine und mittelständische Unternehmen. 1999

[VDI 3300] VDI 3300 1973-08: Materialfluss-Untersuchungen. 1973 (ohne Ersatz zurückgezogen 2004-05)

[VDI 3633-1] VDI 3633 Blatt 1 Entwurf 2000-03: Simulation von Logistik-, Materialfluss- und Produktionssystemen – Grundlagen. 2000

[VDI 4400-1] VDI 4400 Blatt 1 2001-05: Logistikkennzahlen für die Beschaffung. 2001

[VDI 4400-2] VDI 4400 Blatt 2 2004-12: Logistikkennzahlen für die Produktion. 2004

[VDI 4400-3] VDI 4400 Blatt 3 2002-07: Logistikkennzahlen für die Distribution. 2002

[VerR66] Vernon, R.: International Investment and International Trade in the Product Cycle. In: The Quarterly Journal of Economics, 80 (1966) 2, S. 190-207

[VerO07] Vering, O.: Systematische Auswahl von Unternehmenssoftware. In: Becker, J.; Vering, O.; Winkelmann, A. (Hrsg.): Softwareauswahl und -einführung in Industrie und Handel. Berlin: Springer, 2007, S. 61-108

[VolH96] Volberda, H. W.: Towards the flexible firm: How to remain vital in hypercompetitive environments. In: Organization Science 17 (1996) 4, S. 359-387

[VolL00] Vollmer, L.: Agentenbasiertes Auftragsmanagement mit Hilfe von Preis-Liefertermin-Relationen. Düsseldorf: VDI-Verlag, 2000 (Fortschritts-Berichte VDI; Reihe 16, Nr. 119). Zugl. Hannover, Univ., Diss., 2000

[VolT05] Vollmann, Th. E.; Berry, W. L.; Whybark, D. C.; Jacobs, F. R.: Manufacturing Planning and Control for Supply Chain Management. 5th. ed. New York u.a. : McGraw-Hill, 2005

[WagE09] Wagner, E.: Fördern Sie das Image Ihres Projekts: Projektname und Logo überlegt auswählen. In: Projekt-Magazin: das interaktive Online-Magazin für erfolgreiches Projektmanagement(2009) 11. (zu beziehen über http://www.projektmagazin.de)

[Wah98] Wahlers, T.: Modellgestützte Analyse und Verbesserung der logistischen Merkmale komplexer Serienprodukte. Düsseldorf: VDI-Verlag,1998 (Fortschritt-Berichte VDI, Reihe 2, Nr. 475). Zugl. Hannover, Univ., Diss., 1998

[War89] Warnecke, H.-J. Die Produktion als Regelkreis, Überlegungen zu seiner Gestaltung. In: Automatisierungstechnische Praxis atp 31 (1989) 3, S. 110-115

[War92] Warnecke, H.-J.: Die Fraktale Fabrik: Revolution der Unternehmenskultur. Berlin u.a.: Springer, 1992

[War93] Warnecke, H.-J.: Revolution der Unternehmenskultur. Das Fraktale Unternehmen. 2. Aufl. Berlin u.a. Springer, 1993

[WB06] Wiendahl, H.-H.; Behringer, St.: Stolpersteine der Lieferterminermittlung und -erfüllung. In: Schuh, G.; Westkämper, E. (Hrsg.); u.a.: Liefertreue im Maschinen- und Anlagenbau : Stand - Potenziale - Trends. Aachen, 2006; S. 19-32

[WBH00] Wiendahl, H.-P.; Breithaupt, J.-W.; Hernández, R.: Logistische Rationalisierungspotentiale mittels flexibler Kapazitäten erschließen. In: wt Werkstattstechnik 90 (2000) 4, S. 144-148

[WBJ69] Watzlawick, P.; Beavin, J. H.; Jackson, D. D.: Menschliche Kommunikation : Formen, Störungen, Paradoxien. Bern: Huber, 1969

[WBN02] Wiendahl, H.-P.; Begemann, C.; Nickel, R.: Die klassischen Stolpersteine in der PPS und wie sie vermieden werden können. In: Schraft, R. (Hrsg.) u.a.; Fraunhofer-Institut für Produktionstechnik und Automatisierung IPA u.a.: Maßanzug PPS? : Planungs- und Steuerungslösungen für den Maschinen- und Anlagenbau. 7. Stuttgarter PPS-Seminar 19. September 2002, Stuttgart. Stuttgart, 2002, S. 95-116

[WBW05] Wiendahl, H.-H.; Barthel, H.; Westkämper, E.: Stolpersteine im Beschaffungs- und Anlieferprozess variantenreicher Serienprodukte : Symptome, Ursachen, Lösungsansätze. In: ZWF Zeitschrift für wirtschaftlichen Fabrikbetrieb 100 (2005) 12, S. 722-726

[WCW05] Wiendahl, H.-H., v. Cieminski, G., Wiendahl, H.-P.: Stumbling blocks of PPC: Towards the holistic configuration of PPC systems, Production Planning & Control 16 (2005) 7, S. 634-651

[WD05] Wöhe, G.; Döring, U.: Einführung in die Allgemeine Betriebswirtschaftslehre. 22., neubearb. Aufl. München : Vahlen, 2005

[WebJ08] Weber, J.: Überlegungen zu einer theoretischen Fundierung der Logistik in der Betriebswirtschaftslehre. In Nyhuis, P. (Hrsg.): Beiträge zu einer Theorie der Logistik. Berlin u.a.: Springer, 2008, S. 43-65

[Wed89] von Wedemeyer, H.-G.: Entscheidungsunterstützung in der Fertigungssteuerung mit Hilfe der Simulation. Düsseldorf : VDI-Verlag, 1989 (Berichte aus dem Institut für Fabrikanlagen der Universität Hannover). Zugl. Hannover, Univ., Diss. 1989

[WeGo96] Weinhardt, C.; Gomber, P.: Domänenunabhängige Kontrollmechanismen für die dezentrale betriebliche Planung. In: Information Management 11 (1996) 1; S. 6-16

[Wei94] Weigelt; M.: Dezentrale Produktionssteuerung mit Agentensystemen; Wiesbaden Gabler, Deutscher Universitätsverlag 1994

[WEP00] Wirth, S.; Enderlein, H.; Petermann, J.: Kompetenznetze der Produktion. In: "Fachtagung mit internationaler Beteiligung und Ausstellung Vernetzt Planen und Produzieren": 12.-14. Oktober, Chemnitz, Vortragsband Chemnitz : IBF, 2000, S. 17-27

[Weso06] Wesoly, M., Wittenstein, A.-K.; Schöllhammer, O.; Opitz, M.: Wertstromdesign – Schlanke Prozesse in der Administration : Ein Leitfaden vom Ist- zum Soll-Prozess im administrativen Bereich - Band 1. Stuttgart : Fraunhofer IRB Verlag, 2006

[West87] Westkämper, E.: Strategische Investitionsplanung mit Hilfe eines Technologiekalenders. In: Strategische Investitionsplanung: Methoden zu Bewertung neuer Investitionstechnologien; Wildemann, H. (Hrsg.). Wiesbaden: Gabler, 1987, S. 143-181

[West97] Westkämper, E.: Produktion in Netzwerken; In: Komplexität und Agilität / Schuh, G.; Wiendahl, H.-P. (Hrsg.). Berlin: Springer, 1997, S. 275-291

[West99] Westkämper, E.: Die Wandlungsfähigkeit von Unternehmen. In: wt Werkstatttechnik 89 (1999) 4, S. 131-140

[West00a] Westkämper, E., Zahn, E.; Balve, P.; Tilebein, M.: Ansätze zur Wandlungsfähigkeit von Produktionsunternehmen – Ein Bezugsrahmen für die Unternehmensentwicklung im turbulenten Umfeld. In: wt Werkstattstechnik 90 (2000) 1/2, S. 22-26

[West00b] Westkämper, E.; Pritschow, G.; Wiendahl, H.-H.; Rempp, B.; Schanz, M.: Turbulenz in der PPS - eine Analogie. In: wt Werkstattstechnik 90 (2000) 5, S. 203-207

[West07a] Westkämper, E.: Wandlungsfähige Unternehmen im Spannungsfeld von Globalisierung und Regionalisierung. In: Hausladen, I. (Hrsg.): Management am Puls der Zeit : Strategien, Konzepte und Methoden. München: TCW, 2007; S. 851-872

[West07b] Westkämper, E.: Management der Produktion im turbulenten Umfeld. In: PPS Management 12 (2007) 2, S. 70-72

[West08] Westkämper, E.: Fabriken sind komplexe langlebige Systeme. In Nyhuis, P. (Hrsg.): Beiträge zu einer Theorie der Logistik. Berlin u.a.: Springer, 2008, S. 85-107

[WeZa09] Westkämper, E.; Zahn, E. (Hrsg.): Wandlungsfähige Produktionsunternehmen : Das Stuttgarter Unternehmensmodell. Berlin u.a.: Springer, 2009

[WF86] Winograd, T., Flores, F.: Understanding Computers and Cognition: A New Foundation for Design. Norwood, NJ (USA): Ablex, 1986

[WG94] Wiendahl, H.-P.; Gläßner, J.: Vom Prozessmonitoring zum Auftragsmonitoring : Ein neuer Ansatz zur grafischen Darstellung und Analyse des Auftragsdurchlaufs mehrstufiger Erzeugnisse. Maschinenbau Industrie-Magazin, Zürich: Olympia 7-8 (1994) S. 12

[WH00] Wiendahl, H.-P.; Hernández, R.: Wandlungsfähigkeit – neues Zielfeld in der Fabrikplanung. In: Industrie management 16 (2000) 5, S. 37-41

[WhHa84] Wheelwreight, St. C.; Hayes, R. H.: Restoring our competitive Edge : competing through manufacturing. New York: Wiley, 1984

[WhHa85] Wheelwreight, St. C.; Hayes, R. H.: Fertigung als Wettbewerbsfaktor. In: Harvard Manager 4 (1985), S. 87-93

[Wied01] Wiedenmann, H.: Modellierung von Produktionsprozessen als Beitrag zur Generierung von Termin- und Kapazitätsplanungssystemen bei variantenreicher Serienfertigung. Heimsheim: Jost-Jetter, 2001. (Schriftenreihe IPA-IAO – Forschung und Praxis, Nr. 337). Zugl. Stuttgart, Univ., Diss., 2001

[WieH98] Wiendahl, H.-H.: Zentralistische Planung in dezentralen Strukturen? – Orientierungshilfen für die Praxis. In: Westkämper, E.; u.a. (Hrsg.): Auftrags- und Informationsmanagement in Produktionsnetzwerken – Konzepte und Erfahrungsberichte : 3. Stuttgarter PPS-Seminar, 18. Juni 1998, Stuttgart. Stuttgart : FpF, 1998, S. 79-107

[WieH02] Wiendahl, H.-H.: Situative Konfiguration des Auftragsmanagements im turbulenten Umfeld. Heimsheim: Jost-Jetter, 2002. (IPA-IAO – Forschung und Praxis, Nr. 358). Zugl. Stuttgart, Univ., Diss., 2002

[WieH03a] Wiendahl, H.-H.: Das logistische Leitbild : Neues Gestaltungsmerkmal der Produktion. In: Wt Werkstattstechnik 93 (2003) 4, S. 315-322

[WieH03b] Wiendahl, H.-H.: Lösungsansätze, um Auftragsschwankungen zu beherrschen. In: Wiendahl, H.-H. (Seminarleiter); Management Circle: Flexible "atmende" Produktion : Auftragsschwankungen in den Griff bekommen. 17. u. 18. September 2003 in München. Eschborn, 2003, o. Z.

[WieH04] Wiendahl, H.-H.: Wie Liefertermine ermitteln? Von den Anforderungen zur richtigen Lösung. In: Schraft, R. (Hrsg.), u.a.: Lieferterminermittlung : Produzieren zwischen Wunsch und Wirklichkeit. 9. Stuttgarter PPS-Seminar, 30. September 2004, Stuttgart. Stuttgart : FpF, 2004, S. 7-20

[WieH05a] Wiendahl, H.-H.: Changeability in Production Planning and Control : A Framework for Designing a Changeable Software Tool. In: IFIP / TC5 / WG 5.7:Advances in Production Management Systems / CD-ROM : Modeling and Implementing the Integrated Enterprise, IFIP 5.7, 18.-21.9. 2005, Rockville, USA.

[WieH05b] Wiendahl, H.-H.: Planungs- und Steuerungslösungen nachhaltig betreiben – bei einem programmgesteuerten Investitionsgüterhersteller. In: Westkämper, E.; u.a.

(Hrsg.): Formkurve PPS : Planungs- und Steuerungslösungen nachhaltig einführen und betreiben. 10. Stuttgarter PPS-Seminar, 29. und 30. September 2005, Stuttgart. Stuttgart : FpF, 2005, S. 7-19

[WieH06a] Wiendahl, H.-H.: Auftragsmanagement im turbulenten Umfeld, Teil 1: Anforderungen. wt Werkstattstechnik, 96 (2006) 4, S. 183-189

[WieH06b] Wiendahl, H.-H.: Auftragsmanagement im turbulenten Umfeld, Teil 2: Lösungsansätze, wt Werkstattstechnik, 96 (2006) 5, S. 325-330

[WieH06c] Wiendahl, H.-H.: Systematic Analysis of PPC System Deficiencies – Analytical Approach and Consequences for PPC Design. In: CIRP Annals Manufacturing Technology 55 (2006) 1, S. 479-482

[WieH07a] Wiendahl, H.-H.: Turbulence Germs and their Impact on Planning and Control – Root Causes and Solutions for PPC Design. In: CIRP Annals Manufacturing Technology 56 (2007) 1, S. 443-446

[WieH07b] Wiendahl, H.-H.: Fast and Reliable Order Management Design Using a Qualitative Approach. In: Olhager, J.; Persson, F. (Hrsg.); IFIP / TC5 / WG 5.7: Advances in Production Management Systems : International IFIP TC 5, WG 5.7 Conference on Advances in Production Management Systems (APMS 2007), September 17-19, Linköping, Sweden. Berlin u.a.: Springer, 2007, S. 237-244

[WieH08] Wiendahl, H.-H.: Stolpersteine der PPS : ein sozio-technischer Ansatz für das industrielle Auftragsmanagement. In Nyhuis, P. (Hrsg.): Beiträge zu einer Theorie der Logistik. Berlin u.a.: Springer, 2008, S. 275-304

[WieH09] Wiendahl, H.-H.: Adaptive Production Planning and Control – Elements and Enablers of Chanceability. In: ElMaraghy, H. A. (Hrsg.): Changeable and Reconfigurable Manufacturing Systems. London: Springer 2009, S. 197-212

[WieP84] Wiendahl, H.-P.: Erprobte Methoden zur Reduzierung von Durchlaufzeiten in der Produktion. In: Management Zeitschrift io 53 (1984) 9, S. 391-395

[WieP86] Wiendahl, H.-P.: Betriebsorganisation für Ingenieure. 2. Aufl. München, u.a.: Hanser 1986

[WieP87] Wiendahl, H.-P.: Belastungsorientierte Fertigungssteuerung : Grundlagen, Verfahrensaufbau, Realisierung. München u.a.: Hanser, 1987

[WieP88] Wiendahl, H.-P.: Das Durchlaufdiagramm – ein universelles Modell zur Abbildung, Steuerung und Kontrolle logistischer Prozesse, Teil 1: Grundlagen. In: wt Werkstattstechnik 78 (1988) 12, S. 675-678

[WieP89] Wiendahl, H.-P.: Das Durchlaufdiagramm - ein universelles Modell zur Abbildung, Steuerung und Kontrolle logistischer Prozesse. Teil 2: Anwendung. In: wt Werkstattstechnik 79 (1989) 1, S. 47-50

[WieP90] Wiendahl, H.-P.: Simulationsmodelle in der Produktionsplanung und -steuerung. In: Zeitschrift für wirtschaftlichen Fabrikbetrieb (ZWF) 85 (1990) 3, S. 137-141

[WieP91] Wiendahl, H.-P.: Zuerst messen, dann steuern. Monitoring und Diagnosesysteme als neue PPS-Komponenten. In: Technische Rundschau, Bern 83 (1991) 27, S. 48-55

[WieP96a] Wiendahl, H.-P. (Hrsg.): Erfolgsfaktor Logistikqualität : Vorgehen, Methoden, und Werkzeuge zur Verbesserung der Logistikleistung. Berlin u.a.: Springer, 1996

[WieP96b] Wiendahl, H.-P., Ahrens, V.; Burmeister, M.; Stritzke, H.: Grundlagen der Fabrikplanung. In: Eversheim, W.; Schuh, G. (Hrsg.): Betriebshütte Produktion und Management, Teil 2, 7. völlig neu bearb. Aufl., Berlin u.a.: Springer, 1996, S. 9-1 – 9-31

[WieP97] Wiendahl, H.-P.: Fertigungsregelung : Logistische Beherrschung von Fertigungsabläufen auf Basis des Trichtermodells. München: Hanser, 1997

[WieP00] Wiendahl, H.-P.: Grundlagen und Aufgaben der Industrielogistik; In: Logistik-Management : Strategien – Konzepte – Praxisbeispiele; Baumgarten, H.; Wiendahl, H.-P.; Zentes, J. (Hrsg.) Berlin u.a.: Springer, 2000, Kap. 7 01 01

[WieP05] Wiendahl, H.-P.: Betriebsorganisation für Ingenieure. 5. Aufl. München: Hanser, 2005

[WieP06] Wiendahl, H.-P. et. al: Controlling in Lieferketten. In: Schuh, G. (Hrsg.) Produktionsplanung und -steuerung; Berlin u.a.: Springer 2006, S. 467-510

[WieP07] Wiendahl, H.-P. et. al: Changeable Manufacturing – Classification, Design and Operation. In: CIRP Annals Manufacturing Technology 56 (2007) 2, S. 783-809

[WieP08a] Wiendahl, H.-P.: Betriebsorganisation für Ingenieure. 6. Aufl. München: Hanser, 2008

[WieP08b] Wiendahl, H.-P.: Logistikorientierte Kennzahlensysteme und -kennlinien. In: Arnold, D. et al. (Hrsg.) Handbuch Logistik. Berlin, Heidelberg: Springer 2008; S. 228-248

[WiFi07] Wiendahl, H.-H.; Fischmann, Chr.: Mitarbeiterqualifizierung für die Produktionslogistik : Logistische Zielkonflikte spielerisch erfahren. In: Industrie Management 23 (2007), Nr. 2, S. 25-28

[Wiki09] Wikipedia, die freie Enzyklopädie, http://de.wikipedia.org. (28.03.2009)

[WilH95] Wildemann, H.: Durchlaufzeit-Halbe : Leitfaden Durchlaufzeit-Halbe in allen Geschäftsprozessen. 3. Aufl. München : TCW Transfer-Centrum, 1995

[WilH96] Wildemann, H.; u.a.: Logistikstrategien. In: Eversheim, W.; Schuh, G. (Hrsg.): Betriebshütte Produktion und Management, Teil 2, 7. völlig neu bearb. Aufl., Berlin u.a.: Springer, 1996, S. 15-1 – 15-109

[WilH08] Wildemann, H.: Entwicklungslinien der Logistik. In Nyhuis, P. (Hrsg.): Beiträge zu einer Theorie der Logistik. Berlin u.a.: Springer, 2008, S. 19-41

[WilO85] Williamson, O. E.: The economic institutions of capitalism: firms, markets, relational contracting. New York: The Free Press, 1985

[WiMu03] Wiendahl, H.-H.; Mussbach-Winter, U.: Methoden und Techniken, die das "Atmen" unterstützen. In: Wiendahl, Hans-Hermann (Seminarleiter); Management Circle: Flexible "atmende" Produktion : Auftragsschwankungen in den Griff bekommen. 13. u.14. August 2003 in Düsseldorf. Eschborn, 2003, o. Z.

[WinK01] Windt, K.: Engpassorientierte Fremdvergabe in Produktionsnetzen. Düsseldorf: VDI-Verlag, 2001 (Fortschritts-Berichte VDI; Reihe 2, Nr. 579). Zugl. Hannover, Univ., Diss., 2000

[WinR91] Winter, R.: Mehrstufige Produktionsplanung in Abstraktionshierarchien auf der Basis relationaler Informationsstrukturen. Berlin u.a.: Springer, 1991. Zugl. Frankfurt, Univ., Diss. (gekürzte Fassung), 1990

[WiWei02] Wiendahl, H.-H.; Weippert, J.: Produktionsstrategie für die Zukunft : Flussorientierte Planung und Steuerung in einer Werkstattfertigung In: FB/IE 51 (2002) 5, S. 196-200

[WiWes01] Wiendahl, H.-H.; Westkämper, E.: Situation-Based Selection of PPC Methods: Fundamentals and Approaches. In: Proceedings of the 34rd CIRP International Seminar of Manufacturing Systems, 16-18 May 2001 in Athens, Greece / Chryssolouris, G. (Hrsg.), S. 241-246

[WiWes04] Wiendahl, H.-H.; Westkämper, E.: PPC Design and human aspects: Training-on-the-job enhances role-specific skills. In: Production Engineering: Research and Development 11 (2004) 1, S. 129-132

[WJ96] Womack, J.; Jones, D.: Lean Thinking. New York: Simon & Schuster, 1996

[WJ05] Womack, J.; Jones, D.: Auf dem Weg zum perfekten Unternehmen (Lean Thinking). 4. Aufl., München: Heyne 2005

[WPM93a-b] Wiendahl, H.-P.; Pritschow, G.; Milberg, J. Produktionsregelung – interdisziplinäre Zusammenarbeit führt zu neuen Ansätzen. Teil 1: Ebenenkonzept als Basis einer kaskadierenden Produktionsregelung. In: ZwF 88 (1993) 6, S. 265-268 Teil 2: Modellierung auf Basis kontinuierlicher Regelungstheorie und der Fuzzy-Logic. In: ZwF 88 (1993) 7-8, S. 352-354

[WRS00] Wiendahl, H.-H.; Rempp, B.; Schanz, M.: Turbulenzen erschweren die Planungssicherheit : Analogien aus der Physik erklären das Entstehen und Beherrschen von Turbulenzen. In: io management 69 (2000) 5, S. 38-43

[WRW02] Wiendahl, H.-H.; Roth, N.; Westkämper, E.: Logistical Positioning in a Turbulent Environment. In: CIRP Annals Manufacturing Technology 51(2002)1, S. 383-386

[WS07] Wiendahl, H.-H.; Sontow, K.: Potentiale Fertigungsplanung und -steuerung : MES das unbekannte Modewort?! Ergebnisse einer Studie. Aachen: Trovarit AG 2007

[WSF05] Wiendahl, H.-H.; Schatz, A.; Fischmann, Chr.: Aufgabenverantwortung in der PPS : Ist-Situation und Verbesserungspotenziale. In: PPS Management 10 (2005) 4, S. 32-35

[WSW00] Westkämper, E.; Schmidt, Th.; Wiendahl, H.-H.: Production Planning and Control with Learning Technologies: Simulation and Optimization of Complex Production Processes. In: Knowledge-Based Systems, Techniques and Applications; Vol. 3 / C. T. Leondes (Hrsg.). San Diego: Academic Press 2000, S. 839-887 (einger. 04/99)

[Wü63] Wüsteneck, K.D.: Zur philosophischen Verallgemeinerung und Bestimmung des Modellbegriffs. In: Dt. Zeitschrift für Philosophie 12 (1963), S. 1504-1523

[WW96] Westkämper, E.; Wiedenmann, H.: Dezentrale Organisation und ihre informationstechnische Unterstützung in der Produktionsplanung und -steuerung. In: Industrie Management (1996) 12, S. 39-42

[WWB98] Westkämper, E.; Wiendahl, H.-H.; Balve, P.: Dezentralisierung und Autonomie in der Produktion: Eine systematische Betrachtung der Klassifizierungsmerkmale. In: ZWF 93 (1998) 9, S. 407-410

[WWC05] Wiendahl, H.-H.; Wiendahl, H. -P.; Cieminski, G. v.: Stolpersteine der PPS : Symptome - Ursachen - Lösungsansätze. In: Wt Werkstattstechnik 95 (2005) 9, S. 717-725

[WWM99] Westkämper, E.; Wiendahl, H.-H.; März, L.: Fabrikplanung und Auftragsmanagement in wandlungsfähigen Unternehmensstrukturen : Ergänzung oder Konkurrenz? In: ZWF 94 (1999) 10, S. 610-613

[ZäMi87] Zäpfel, G.; Missbauer, H.: Produktionsplanung und -steuerung für die Fertigungsindustrie – ein Systemvergleich; In: ZfB 57 (1987) 9, S. 882-900

[Zäp98] Zäpfel, G.: Grundlagen und Möglichkeiten der Gestaltung dezentraler PPS-Systeme. In: Dezentrale Produktionsplanungs- und -steuerungs-Systeme / Corsten, H.; Gössinger R. (Hrsg.). Berlin u.a.: Kohlhammer, 1998, S. 11-54

[ZeSu03] Zeutschel, U.; Stumpf, S. (2003): Projektgruppen. In: Stumpf, S.; Thomas, A. (Hrsg.): Teamarbeit und Teamentwicklung. Göttingen: Hogrefe Verlag für Psychologie (Psychologie für das Personalmanagement), S. 431-445

[Zimm79] Zimmermann, G.: Grundkonzeption einer integrierten, dialogisierten Produktionsplanung und -steuerung, Auftragsabwicklung und Beschaffung. In: Scheer, A.-W. (Hrsg.): Produktionsplanung und -steuerung im Dialog. Würzburg; Wien: Physica-Verlag, 1979, S. 83-96

[Zü99] Züst, R.: Systems-Engineering: kurz und bündig. Zürich: Verlag Industrielle Organisation 1999

[Zü04] Züst, R.: Einstieg ins Systems Engineering : Optimale, nachhaltige Lösungen entwickeln und umsetzen. 3. Aufl. Zürich: Verlag Industrielle Organisation, 2004

[ZuTh89] Zuschlag, B.; Thielke, W.: Konfliktsituationen im Alltag. 2. Aufl. Stuttgart: Verlag für Angewandte Psychologie, 1989

Sachverzeichnis

H.-H. Wiendahl, *Auftragsmanagement der industriellen Produktion*,
DOI 10.1007/978-3-642-19149-7,

P